Karl Schilcher
Theoretische Physik kompakt
De Gruyter Studium

Karl Schilcher

Theoretische Physik kompakt

DE GRUYTER

Autor
Prof. Dr. Karl Schilcher
Johannes-Gutenberg-Universität Mainz
Institut für Physik
Staudingerweg 7
55128 Mainz
karl.schilcher@uni-mainz.de

ISBN 978-3-11-036197-1
e-ISBN (PDF) 978-3-11-037675-3
e-ISBN (ePUB) 978-3-11-039872-4

Library of Congress Cataloging-in-Publication Data
A CIP catalog record for this book has been applied for at the Library of Congress.

Bibliografische Information der Deutschen Nationalbibliothek
Die Deutsche Nationalbibliothek verzeichnet diese Publikation in der Deutschen
Nationalbibliografie; detaillierte bibliografische Daten sind im Internet über
http://dnb.dnb.de abrufbar.

© 2015 Walter de Gruyter GmbH, Berlin/München/Boston
Einbandabbildung: Autor
Druck und Bindung: CPI books GmbH, Leck
♾ Gedruckt auf säurefreiem Papier
Printed in Germany

www.degruyter.com

Vorwort

In dem Buch wird versucht, durch restriktive Stoffauswahl ein präzises und ganzheitliches Bild der gesamten Theoretischen Physik zu vermitteln. Das Buch repräsentiert das nötige Grundwissen für jeden Physiker. Bei der Auswahl der Themen werden die vielen Interrelationen sowohl physikalischer als auch mathematischer Art, die zwischen den verschiedenen, traditionell als autonom behandelten Zweigen der theoretischen Physik bestehen, herausgearbeitet. Dadurch stellt das Buch einen Gegenentwurf zu der Reihe von ausgezeichneten und umfangreichen Lehrbüchern der einzelnen Fachgebieten der Theoretischen Physik dar. Dort sind die Darstellungen notwendigerweise so detailliert, dass die Leser und Leserinnen oft vor lauter Bäumen den Wald nicht sehen. Das vorliegende Buch versucht daher, ein Destillat aus der gesamten Theoretischen Physik zu bilden. Es könnte die Grundlage für eine zwei- bis dreisemestrige Vorlesung auf Graduiertenniveau im Lehramts- oder Masterstudiengang bilden.

Erst die präzise mathematische Beschreibung erlaubt es, die engen Zusammenhänge zwischen unterschiedlichen Zweigen der Physik wirklich deutlich zu machen. Wichtige Beispiele für solche Zusammenhänge sind die folgenden:
- Das Prinzip der kleinsten Wirkung in der Mechanik, in der Elektrodynamik, in spezieller und allgemeiner Relativitätstheorie und, in modifizierter Form, in der Feynmanschen Formulierung der Quantentheorie.
- Die formale Ähnlichkeit der Quantenmechanik im Heisenberg-Bild und der Hamiltonschen Mechanik.
- Symmetrien und Erhaltungssätze in der klassischen und in der Quantenphysik.
- Bedeutung der Kovarianz physikalischer Gesetze in Hinsicht auf Galilei-, Lorentz- und allgemeinen Koordinatentransformationen.

Das Studium der Physik sollte vom Konkreten zum Abstrakten erfolgen. In dem Sinne baut dieses Buch auf den modernen Grundvorlesungen Physik und den mathematischen Begleitkursen auf, wie sie über vier Semester an den deutschen Universitäten angeboten werden. An mathematischen Kenntnissen wird die elementare Analysis vorausgesetzt. Darüber hinausgehende Techniken, wie die Variationsrechnung and die Legendre-Transformation, werden erklärt. Eine sinnvolle Behandlung der Quantenmechanik kommt ohne eine Beherrschung der Vektor und Matrizenrechnung nicht aus. Um eine frühe Vertrautheit mit den nötigen Techniken zu erreichen, werden Drehungen, Lorentz-Transformationen und Symmetrien schon in der Mechanik im Detail und vielleicht etwas formaler als üblich behandelt. Der Übergang zu komplexen endlich dimensionalen oder abzählbar unendlich dimensionalen Vektorräumen, zum Dirac-Formalismus und zu Symmetrien in der Quantenmechanik kann auf dieser Basis ohne Schwierigkeiten erfolgen.

Der Formalismus der Speziellen Relativitätstheorie wird aus den Einsteinschen Postulaten hergeleitet. Es wird betont, dass eine nicht-triviale relativistische Dynamik notwendigerweise Felder, wie z. B. das elektromagnetische, involvieren muss. Die Maxwell-Gleichungen werden auf der Basis relativistischer Invarianzüberlegungen „abgeleitet". Als Anwendungen der Maxwell-Theorie werden die Elektrostatik, Maxwell-Gleichungen in Materie, elektromagnetische Strahlung, elektromagnetische Wellen und geometrische Optik behandelt.

Ein großer Teil des Buches ist der Quantenmechanik gewidmet. Der Zugang ist nicht historisch, sondern beginnt mit Zwei-Zustandssystemen. An solchen Systemen lassen sich die Grundlagen der Quantenmechanik überzeugend demonstrieren und sie liefern die erstaunlichsten und überraschendsten Ergebnisse. Dazu gehören das Stern-Gerlach-Experiment, Verschränkung, Quanteninformation und die Bellschen Ungleichungen. Weiter behandelte Anwendungen der Quantenmechanik reichen vom Teilchen im Potentialtopf, harmonischer Oszillator und Wasserstoffatom bis zum Heliumatom. Spezielle Beachtung finden wieder Symmetrien und Invarianzen der Quantenmechanik und ihre Relation zu den Symmetrien in der klassischen Physik. Hier spielt die Symmetrie unter Drehungen und ihre Erzeugende, der Drehimpuls, eine besondere Rolle. Die Bedeutung des Drehimpuls liegt darin, dass er oft erhalten ist und damit für die Charakterisierung dreidimensionaler Zustände verwendet werden kann.

Für die Interpretation der Quantenmechanik ist auch die Formulierung über das Feynmansche Pfadintegral von Bedeutung. Speziell wird gezeigt, dass man das klassische Wirkungsintegral erhält, wenn man die Plancksche Konstante in der Feynmanschen Summe über alle Pfade gegen Null gehen lässt. Damit wird deutlich, dass der Begriff Teilchenbahn in der Quantenmechanik eine Bedeutung erhält, die nicht mehr der alltäglichen Anschauung entspricht.

Quantensysteme werden oft nicht durch einen einzelnen reinen Zustand beschrieben, sondern durch eine nicht-kohärente Mischung von Zuständen. Daher enthält das Buch auch eine Darstellung des Dichteoperator-Formalismus. Nachdem der Dichteoperator für die Beschreibung von statistischen Ensembles eingeführt wurde, ist die Präsentation der Statistischen Physik auch im Formalismus der Quantenmechanik möglich. Eine solche Beschreibung ist notwendig, um identische Teilchen zu berücksichtigen. Im Gegensatz zur klassische Formulierung auf der Basis bewegter Punktteilchen im Phasenraum ist die quantenmechanische Formulierung korrekt, ohne dabei wesentlich komplizierter zu sein. Als weitere Anwendungen des Dichteoperator-Formalismus werden das von Neumannsche Messpostulat und die Dekohärenz diskutiert.

Den Abschluss der Quantentheorie bildet eine kurze Einführung in die Quantenfeldtheorie. Untersucht werden freie massive und masselose Skalarfelder. Die Bedeutung der Quantenfeldtheorie für den Realitätsbegriff in der Quantentheorie wird diskutiert.

Der Vollständigkeit halber findet sich im letzten Kapitel noch eine kurze Darstellung der Allgemeinen Relativitätstheorie. Diese passt (noch) nicht in das ganzheitlichen Bild der Theoretischen Physik, da noch keine allgemein akzeptierte Quantisierung der Gravitation existiert.

Danksagung Das Buch beruht auf den Vorlesungen der Theoretischen Physik, die ich über eine Reihe von Jahren an der Universität Mainz gehalten habe. Daher gilt mein erster Dank den Mitarbeitern und der großen Zahl von Studierenden, die durch konstruktive Kritik wesentlich zum Konzept und zur Optimierung des Manuskripts beigetragen haben. Ich möchte auch meinen Kollegen und Freunden Jürgen Körner, Nikos Papadopoulos und Marcello Loewe danken, die Teile des Manuskriptes kritisch gelesen haben und die ich oft in Diskussionen über Inhalte der Vorlesung verwickelt habe. Frau Cornelia Kirch danke ich für die Ausarbeitung der Abbildungen.

Schließlich möchte ich meiner Frau Regina für ihre Unterstützung und ihre Geduld danken, die sie besonders in der Zeit als das Buch fertiggestellt wurde aufbringen musste.

Karl Schilcher

Inhalt

Vorwort —— v

1 Newtonsche Mechanik —— 1
1.1 Kinematik —— 1
1.2 Der reelle Vektorraum $\mathbb{R}^n$ —— 1
1.3 Euklidische Struktur —— 2
1.4 Bewegung eines Massenpunktes —— 4
1.5 Newtonsche Gesetze —— 5
1.6 Arbeit und Energie —— 7
1.7 Zweikörpersystem —— 9
1.8 Systeme von mehreren Massenpunkten —— 10

2 Das Prinzip der kleinsten Wirkung —— 15
2.1 Einführung —— 15
2.2 Zwangsbedingungen —— 16
2.3 Variation einer Funktion —— 18
2.4 Das Hamiltonsche Prinzip —— 19

3 Die Lagrangeschen Bewegungsgleichungen —— 21
3.1 Die Lagrangeschen Gleichungen —— 21
3.2 Forminvarianz der Lagrangeschen Gleichungen —— 23
3.3 Beispiele —— 25
3.4 Verallgemeinerte Potentiale —— 27
3.5 Lagrangesche Gleichungen und allgemeine Zwangsbedingungen —— 28

4 Symmetrien und Erhaltungssätze —— 33
4.1 Verallgemeinerte Impulse —— 33
4.2 Zyklische Koordinaten —— 34
4.3 Noether-Theorem —— 36
4.4 Impulserhaltung —— 37
4.5 Drehimpulserhaltung —— 38
4.6 Zentralkräfte —— 39
4.7 Hamilton-Funktion —— 43

5 Hamiltonsche Mechanik —— 45
5.1 Legendre-Transformation —— 45
5.2 Die Hamiltonschen Gleichungen —— 46
5.3 Der Phasenraum —— 50

| 5.4 | Das Prinzip der kleinsten Wirkung im Phasenraum —— 50 |
| 5.5 | Die Poissonschen Klammern —— 52 |

6 Kanonische Transformationen —— 55
- 6.1 Punkt- und kanonische Transformationen —— 55
- 6.2 Kanonische Transformationen und Poisson-Klammern —— 56
- 6.3 Infinitesimale kanonische Transformationen —— 57

7 Drehungen —— 61
- 7.1 Drehmatrix —— 61
- 7.2 Infinitesimale Drehungen —— 63
- 7.3 Drehgruppe —— 65
- 7.4 Drehungen und Observable —— 68
- 7.5 Tensoren —— 69
- 7.6 Tensoralgebra —— 72

8 Rotierende Koordinatensysteme —— 77
- 8.1 Winkelgeschwindigkeit —— 77
- 8.2 Geschwindigkeit im rotierenden Koordinatensystem —— 80
- 8.3 Bewegungsgleichung im rotierenden Koordinatensystem —— 81
- 8.4 Das Foucaultsche Pendel —— 83
- 8.5 Euler-Winkel —— 85

9 Relativitätstheorie —— 89
- 9.1 Postulate —— 89
- 9.2 Einfache Lorentz-Transformation —— 89
- 9.3 Intervalle, 4-Abstände —— 91
- 9.4 Transformation der Geschwindigkeiten —— 93
- 9.5 Transformation der Beschleunigung —— 94
- 9.6 4-Vektoren —— 95
- 9.7 Homogene Lorentz-Transformation —— 96
- 9.8 Infinitesimale Lorentz-Transformationen —— 99
- 9.9 4-Tensoren —— 103
- 9.10 Kovarianz der Naturgesetze —— 105
- 9.11 Lorentzkovariante Kinematik eines Massenpunktes —— 106
- 9.12 Kovariantes Wirkungsprinzip —— 109
- 9.13 Streuung von Teilchen —— 112

10 Maxwell-Gleichungen —— 115
- 10.1 Relativistische Dynamik —— 115
- 10.2 Die relativistische Kraft —— 116
- 10.3 Transformationsverhalten von $\vec{E}$ und $\vec{B}$ —— 119

10.4	Der elektromagnetische Feldtensor	120
10.5	4-Potentiale	121
10.6	Homogene Maxwell-Gleichungen	122
10.7	Die inhomogenen Maxwell-Gleichungen	123
10.8	Eichtransformationen	124
10.9	Differentialgleichungen für die Potentiale	125
10.10	Poyntingsches Theorem	126
10.11	Das Ohmsche Gesetz	128
10.12	Lagrangesche Formulierung	130
10.13	Noether-Theorem für Felder	132

11 Elektrostatik — 135
11.1	Das elektrostatische Feld	135
11.2	Das Coulombsche Gesetz	136
11.3	Die Green-Funktion	139
11.4	Multipolentwicklung in der Elektrostatik	140

12 Elektromagnetische Strahlung — 143
12.1	Green-Funktionen, Retardierte Potentiale	143
12.2	Multipolentwicklung der retardierten Potentiale	146
12.3	Elektrische Dipolstrahlung E1	149
12.4	Lineare Antennen	153

13 Maxwell-Gleichungen in Materie — 157
13.1	Mittelung	157
13.2	Mikroskopisches Modell	159

14 Ebene Elektromagnetische Wellen — 167
14.1	Die Wellengleichung	167
14.2	Polarisation	170
14.3	Brechung und Reflexion	171

15 Komplexe Vektorräume — 175
15.1	Vektoren	175
15.2	Der komplexe Vektorraum $\mathbb{C}^N$	175
15.3	Skalarprodukt	176
15.4	Basis	179
15.5	Lineare Operatoren	180
15.6	Inverser Operator	182
15.7	Der adjungierte Operator	183
15.8	Unitäre Operatoren	184
15.9	Eigenwerte und Eigenvektoren	185

15.10	Erwartungswert —— 187	
15.11	Operatoridentitäten —— 188	
15.12	Die Spur eines Operators —— 189	
15.13	Produktraum —— 189	
15.14	Der Hilbertsche Funktionenraum $\mathbb{L}^2$ —— 191	
15.15	Vollständigkeit in $\mathbb{L}^2$ —— 192	
15.16	Konvergenz —— 193	
15.17	Lineare Operatoren im Hilbertschen Funktionenraum —— 194	
15.18	Nicht-Normierbare Basen —— 195	
16	**Grundlagen der Quantenmechanik —— 197**	
16.1	Zustände und Observable in der klassischen Mechanik —— 197	
16.2	Postulate der Quantenmechanik —— 197	
16.3	Dynamik —— 204	
16.4	Heisenberg-Bild —— 206	
16.5	Schrödinger-Bild —— 207	
16.6	Energie-Eigenzustände —— 209	
17	**Quantentheorie des Spins —— 215**	
17.1	Das Stern-Gerlach Experiment —— 215	
17.2	Der zwei-dimensionale Zustandsraum $\mathbb{C}^2$ —— 218	
17.3	Spin-Operatoren —— 220	
17.4	Spinpräzession —— 226	
17.5	Allgemeinere Zwei-Zustandssysteme —— 230	
18	**Quanteninformation und Verschränkung —— 235**	
18.1	Qubits —— 235	
18.2	Verschränkung —— 236	
18.3	Die Bellsche Ungleichung —— 238	
19	**Der harmonische Oszillator —— 243**	
19.1	Energieeigenwerte —— 243	
19.2	Zeitliche Entwicklung —— 249	
20	**Orts- und Impulsdarstellung —— 253**	
20.1	Der Ortsoperator —— 253	
20.2	Translationen und der Impulsoperator: —— 256	
20.3	Der Hamilton-Differentialoperator —— 259	
20.4	Teilchen im Potentialtopf —— 260	
20.5	Der harmonische Oszillator —— 262	
20.6	Bahndrehimpuls —— 264	

| 20.7 | Starrer Rotator —— 265 |
| 20.8 | Impulsraum —— 267 |

21 Der Dichteoperator —— 269
- 21.1 Der Dichteoperator für reine Zustände —— 269
- 21.2 Der Dichte-Operator für statistische Gemische —— 271
- 21.3 Dichtematrix für Spin-$\frac{1}{2}$-Systeme —— 273
- 21.4 Eigenschaften der allgemeinen Dichtematrix —— 274
- 21.5 Zeitliche Entwicklung eines gemischten Systems —— 275
- 21.6 Dichte-Operator für Teilsysteme —— 276
- 21.7 Von Neumansches Messpostulat —— 278
- 21.8 Dekohärenz —— 280

22 Die Feynmansche Quantenmechanik —— 283
- 22.1 Der Propagator —— 283

23 Symmetrien in der Quantenmechanik —— 289
- 23.1 Das Wignersche Theorem —— 289
- 23.2 Unitäre Transformationen —— 290
- 23.3 Symmetrie —— 292
- 23.4 Drehungen in der klassischen Mechanik —— 294
- 23.5 Drehungen in der Quantenmechanik —— 295
- 23.6 Observable und Drehungen —— 296
- 23.7 Drehimpuls-Vertauschungsrelationen —— 298
- 23.8 Endliche Drehungen —— 299
- 23.9 Darstellungen von Spin-$\frac{1}{2}$-Systemen —— 300
- 23.10 Neutronen-Interferenz —— 302
- 23.11 Drehinvarianz und Drehimpulserhaltung —— 304

24 Eigenwertproblem von Drehimpulsoperatoren —— 307
- 24.1 Drehimpuls-Eigenvektoren: —— 307
- 24.2 Leiteroperatoren —— 308
- 24.3 Eigenwerte von J^2 und J_z —— 308
- 24.4 Matrixdarstellung des Drehoperators —— 311
- 24.5 Drehmatrix und Euler-Winkel —— 312
- 24.6 Entartungen —— 313
- 24.7 Ganzzahlige und Halbzahlige j —— 314

25 Addition von Drehimpulsen —— 315
- 25.1 Produktraum —— 315
- 25.2 Spin-Bahn-Kopplung —— 316

25.3	Clebsch-Gordan-Koeffizienten —— 319	
25.4	Zwei Spin-$\frac{1}{2}$-Systeme —— 321	
26	**Bahndrehimpuls in der Ortsdarstellung —— 325**	
26.1	Bahndrehimpuls —— 325	
26.2	Drehimpuls-Eigenfunktionen —— 328	
26.3	Bestimmung der $Y_l^m(\theta,\varphi)$ —— 331	
27	**Das Wasserstoffatom —— 333**	
27.1	Zentralpotentiale —— 333	
27.2	Das Wasserstoff-Atom —— 335	
28	**Diskrete Symmetrien —— 339**	
28.1	Raumspiegelungen, Parität —— 339	
28.2	Zeitumkehr —— 344	
29	**Zeitunabhängige Störungstheorie —— 351**	
29.1	Nicht-Entarteter Fall —— 351	
29.2	Entartung —— 354	
30	**Feinstruktur des Wasserstoffatoms —— 357**	
30.1	Spin-Bahn-Kopplung —— 357	
30.2	Relativistische Korrektur —— 360	
30.3	Darwin-Term —— 361	
31	**Identische Teilchen —— 365**	
31.1	Permutationssymmetrie —— 365	
31.2	Das Heliumatom —— 367	
32	**Quanten-Statistische Mechanik —— 371**	
32.1	Einführung —— 371	
32.2	Temperatur —— 377	
32.3	Statistische Quantenmechanik —— 378	
32.4	Entropie —— 381	
32.5	Stationäre Ensembles —— 382	
32.6	Thermodynamik —— 389	
32.7	Das ideale Boltzmann-Gas —— 390	
32.8	Systeme identischer Teilchen —— 392	
32.9	Das ideale Quantengas —— 394	

33	**Quantenfelder** —— 401
33.1	Felder und Teilchen —— 401
33.2	Quantisierung von Feldern —— 403
33.3	Beobachtbarkeit und Realität in der Quantentheorie —— 415

34	**Allgemeine Relativitätstheorie** —— 417
34.1	Gravitation in der klassischen Mechanik —— 417
34.2	Allgemeinen Koordinatentransformationen —— 418
34.3	Die kovariante Ableitung —— 423
34.4	Der Krümmungstensor —— 425
34.5	Geodäten —— 428
34.6	Die Einstein-Gleichungen —— 429
34.7	Die Schwarzschild-Lösung —— 435

Literatur —— 443

Stichwortverzeichnis —— 445

1 Newtonsche Mechanik

1.1 Kinematik

Das griechische Wort κινημα bedeutet Bewegung. In der modernen Physik bedeutet Kinematik die mathematische Beschreibung der zeitlichen Entwicklung der Raumpunkte, die ein physikalisches System einnimmt. Eine solche Beschreibung verlangt einen passende mathematischen Rahmen von Raum und Zeit. In die klassische Mechanik gehen Annahmen über Raum und Zeit ein, die oft nicht explizit angegeben werden, da sie völlig unserer Intuition entsprechen und wir sie als selbstverständlich ansehen. Dazu gehört, dass der Raum dreidimensional und die Zeit eindimensional ist. Das Zeitintervall und der räumliche Abstand zwischen zwei Ereignissen sind für alle Beobachter gleich. Außerdem wird angenommen, dass Massenpunkte existieren, die sich auf wohldefinierten Bahnen bewegen. Wir wissen heute, dass diese Annahmen bei sehr großen Geschwindigkeiten oder sehr kleinen Abständen nicht zutreffen. Als realistisches Modell für den physikalischen Raum der Mechanik dient der dreidimensionale Euklidische Vektorraum.

1.2 Der reelle Vektorraum $\mathbb{R}^n$

Eine einfache aber allgemeine Definition eines reellen Vektorraums lautet: Ein Vektorraum ist eine Menge von Objekten (Vektoren), die addiert werden und auf lineare Art mit reellen Zahlen multipliziert werden können, und die abgeschlossen ist unter diesen Operationen. Jeder Vektorraum hat einen Ursprung, d. h. einen Nullvektor. Der einfachste Vektorraum ist der Raum $\mathbb{R}^n$, der gebildet wird durch die Menge aller geordneten n-Tupel $(x_1, x_2, \ldots, x_n)$ von reellen Zahlen. Für den Ortsraum der Mechanik ist $n = 1, 2, 3$. Wir schreiben für ein Element aus $\mathbb{R}^n$

$$\boldsymbol{x} = (x_1, x_2, \ldots, x_n). \tag{1.1}$$

Die Zahlen x_k werden als *Komponenten* des Vektors bezeichnet. Die folgenden Operationen sind in $\mathbb{R}^n$ definiert:

a) (assoziative und kommutative) Addition,

$$\boldsymbol{x} + \boldsymbol{y} = (x_1 + y_1, x_2 + y_2, \ldots, x_n + y_n).$$

b) Multiplikation mit einer reellen Zahl (Skalar),

$$a\boldsymbol{x} = (ax_1, ax_2, \ldots, ax_n).$$

$\mathbb{R}^n$ ist abgeschlossen unter diesen Operationen,

$$\boldsymbol{x}, \boldsymbol{y} \in \mathbb{R}^n \Longrightarrow \boldsymbol{z} = \boldsymbol{x} + \boldsymbol{y} \in \mathbb{R}^n, \; a\boldsymbol{x} \in \mathbb{R}^n,$$

(Superpositionsprinzip).

Es existiert ein Null-Vektor $\mathbf{0} = (0, 0, \ldots, 0)$ mit der Eigenschaft

$$\mathbf{0} + \mathbf{x} = \mathbf{x}\,.$$

Zu jedem Element in $\mathbf{x}$ aus $\mathbb{R}^n$ existiert ein negatives Element $(-\mathbf{x})$ in dem Sinne, dass

$$(-\mathbf{x}) + \mathbf{x} = 0\,.$$

$\mathbb{R}^n$ ist der Prototyp eines n-dimensionalen reellen Vektorraumes. Jeder n-dimensionale reelle Vektorraum ist isomorph zum $\mathbb{R}^n$.

Ein Grund, weshalb man manchmal lieber mit allgemeinen Vektorräumen (anstatt mit $\mathbb{R}^n$) arbeitet, ist, dass es oft von Vorteil ist koordinatenfrei zu arbeiten (d. h. nicht in einer festen Basis).

1.3 Euklidische Struktur

Die Euklidische Geometrie behandelt Entfernungen zwischen Punkten und Winkel zwischen Linien oder Vektoren. Zu diesem Zweck erhält der Vektorraum $\mathbb{R}^n$ zusätzliche Struktur. Ein Euklidischer Raum ist ein reeller Vektorraum $\mathbb{R}^n$ in dem zusätzlich ein *Skalarprodukt* definiert ist.

Skalarprodukt

Das Skalarprodukt zwischen zwei Vektoren $\mathbf{x}, \mathbf{y} \in \mathbb{R}^n$ ist definiert durch

$$\mathbf{x} \cdot \mathbf{y} = \sum_{i=1}^{n} x_i y_i = x_1 y_1 + x_2 y_2 + \cdots + x_n y_n\,.$$

Das Ergebnis ist stets eine reelle Zahl. Zwei Vektoren $\mathbf{x}, \mathbf{y}$ heißen *orthogonal*, d. h. stehen senkrecht auf einander, wenn

$$\mathbf{x} \cdot \mathbf{y} = 0\,.$$

Da das Skalarprodukt von $\mathbf{x}$ mit sich selbst stets nicht-negative ist, können wir die Länge oder den Betrag eines Vektors $\mathbf{x}$ definieren als

$$|\mathbf{x}| = \sqrt{\mathbf{x} \cdot \mathbf{x}} = \sqrt{\sum_{i=1}^{n} (x_i)^2}\,.$$

Diese Längenfunktion erfüllt die Eigenschaften einer *Norm* und wird als Euklidische Norm bezeichnet. Das Skalarprodukt induziert also eine Norm in $\mathbb{R}^n$.

Der *Winkel* θ ($0 \leq \theta \leq \pi$) zwischen $\mathbf{x}$ und $\mathbf{y}$ ist definiert durch

$$\cos \theta = \frac{\mathbf{x} \cdot \mathbf{y}}{|\mathbf{x}||\mathbf{y}|}\,.$$

In drei Dimensionen kann man auch ein *Vektor-* oder *Kreuzprodukt* $\boldsymbol{x} \times \boldsymbol{y}$ definieren: $\boldsymbol{x} \times \boldsymbol{y}$ ist ein Vektor mit Betrag

$$|\boldsymbol{x} \times \boldsymbol{y}| = |\boldsymbol{x}||\boldsymbol{y}| \sin \theta$$

und Richtung senkrecht zu $\boldsymbol{x}$ und $\boldsymbol{y}$.

Man kann die Norm verwenden um eine *Metrik* (oder Abstandsfunktion) auf $\mathbb{R}^n$ zu definieren,

$$d(\boldsymbol{x},\boldsymbol{y}) = |\boldsymbol{x} - \boldsymbol{y}| = \sqrt{\sum_{i=1}^{n}(x_i - y_i)^2}.$$

Diese Abstandsfunktion heißt Euklidische Metrik. Sie erfüllt die Axiome des Pythagoras, z. B. die Dreiecksungleichung

$$d(\boldsymbol{x},\boldsymbol{y}) \leq d(\boldsymbol{x},\boldsymbol{z}) + d(\boldsymbol{z},\boldsymbol{y}).$$

Der reelle Vektorraum $\mathbb{R}^n$ mit Euklidischer Struktur heißt Euklidischer Raum und wird mit $\mathbb{E}^n$ bezeichnet. Die Euklidische Struktur macht $\mathbb{E}^n$ zu einem normierten Vektorraum, einem metrischen Raum und einem Hilbert-Raum.

Aus der Definition Gl. (1.1) und der Additionsregel folgt offensichtlich, dass man einen beliebigen Vektor $\boldsymbol{x} = (x_1, x_2, \ldots, x_n)$ aus $\mathbb{E}^n$ als Superposition schreiben kann

$$\boldsymbol{x} = \sum_{i=1}^{n} x_i \boldsymbol{e}_i,$$

mit

$$\boldsymbol{e}_1 = (1,0,\ldots,0), \quad \boldsymbol{e}_2 = (0,1,\ldots,0), \ldots, \boldsymbol{e}_n = (0,0,\ldots,1).$$

Man sagt, die Vektoren $\boldsymbol{e}_1, \ldots, \boldsymbol{e}_n$ spannen den Raum auf.

Definition Eine Basis ist eine Menge von linear unabhängigen orthonormierten Vektoren, die den Raum aufspannen.

Die Vektoren $\boldsymbol{e}_1, \ldots, \boldsymbol{e}_n$ bilden also eine Basis in $\mathbb{E}^n$. Sie erfüllen die Orthonormalitätsrelation

$$\boldsymbol{e}_i \cdot \boldsymbol{e}_j = \delta_{ij}$$

wo δ_{ij} das Kronecker-Deltasymbol ist,

$$\delta_{ij} = \begin{cases} 1 \text{ für } i = j \\ 0 \text{ für } i \neq j \end{cases}.$$

Die Zahl n der Basisvektoren heißt Dimension von $\mathbb{E}^n$. Es gibt viele Möglichkeiten für die Wahl der Basis. Jede Wahl definiert ein Koordinatensystem. □

Der Epsilon-Tensor
Das dreidimensionale Vektor- oder Kreuzprodukt kann auch in Komponenten geschrieben werden:
$$(a \times b)_i = \sum_{j,k=1}^{3} \varepsilon_{ijk} a_j b_k \equiv \varepsilon_{ijk} a_j b_k ,$$
wo wir die Einsteinsche Summenkonvention eingeführt haben, dass über doppelt vorkommende Indizes zu summieren ist. Der total antisymmetrische Levy-Cività-Tensor ist definiert als
$$\varepsilon_{ijk} = \begin{cases} +1 & \text{falls } (i,j,k) \text{ eine gerade Permutationen von } (1,2,3) \text{ ist} \\ -1 & \text{falls } (i,j,k) \text{ eine ungerade Permutationen von } (1,2,3) \text{ ist} \\ 0 & \text{sonst} \end{cases}$$

Für den Epsilon-Tensor gelten die nützlichen Identitäten:
$$\varepsilon_{ijk}\varepsilon_{klm} = \delta_{il}\delta_{jm} - \delta_{im}\delta_{jl} \quad \text{und} \quad \varepsilon_{ilk}\varepsilon_{jlk} = 2\delta_{ij} .$$

Mit Hilfe dieser Formeln lassen sich alle Formeln der Vektorrechnung, wie $a \times (b \times c) = b(a \cdot c) - c(a \cdot b)$, und der Vektoranalysis leicht ableiten.

1.4 Bewegung eines Massenpunktes

Die Position eines einzelnen Massenpunktes (oder Teilchens) wird durch einen Punkt x im dreidimensionalen Ortsraum, den wir mit dem $\mathbb{E}^3$ identifizieren, festgelegt. Diese Position kann sich mit der Zeit ändern, der Massenpunkt bewegt sich dann entlang einer Bahnkurve $x(t)$ mit Geschwindigkeit $\dot{x}(t)$ und Beschleunigung $\ddot{x}(t)$.

Notation Die Position eines Massenpunktes zur Zeit t wird durch den Ortvektor $x(t)$ beschrieben[1]. In einem kartesischen Koordinatensystem verwenden wir für die Komponenten des Ortsvektors die äquivalenten Notationen
$$(x(t), y(t), z(t)), \quad (x_1(t), x_2(t), x_3(t)) \quad \text{oder} \quad x_i(t), \, i = 1, 2, 3 .$$

Üblich ist auch die Schreibweise $\vec{x}(t)$ für $x(t)$. Die Ortsvektoren bilden den dreidimensionalen Vektorraum $\mathbb{E}^3$ mit dem Skalarprodukt:
$$x \cdot y = \sum_{i=1}^{3} x_i y_i = \|x\|\|y\|\cos\theta \quad \text{mit } \theta = \angle(x, y)$$

und der Norm
$$|x| = r \quad \text{Abstand vom Ursprung } O.$$

---
[1] Um die Notation später bei der Relativitätstheorie und der Feldtheorie nicht ändern zu müssen, vermeiden wir das auch gebräuchliche $r(t)$ für $x(t)$.

Für die Geschwindigkeit schreiben wir entsprechend

$$v(t) = \dot{x}(t) \equiv \frac{dx(t)}{dt}, \quad v_i(t) = \dot{x}_i = \frac{dx_i}{dt}$$

und für die Beschleunigung

$$a(t) = \ddot{x}(t) \equiv \frac{d^2x(t)}{dt^2}, \quad a_i(t) = \ddot{x}_i = \frac{d^2x_i}{dt^2}. \qquad \Box$$

Zu einer gegebenen Zeit t wird ein Massenpunkt physikalisch charakterisiert durch seine Koordinaten $x(t)$ und seine Masse m. Diese 4 Zahlen bestimmen aber noch nicht den Bewegungszustand des Massenpunktes, d. h. sie genügen noch nicht, den Ortsvektor des Massenpunktes zu einer zukünftigen Zeit vorherzusagen. Man würde denken, dass man zur Berechnung der Bewegung die Anfangsparameter sagen wir zur Zeit $t = 0$, d. h. die Position, $x(0)$, die Geschwindigkeit $\dot{x}(0)$ (bzw. den Impuls $p(0) \equiv m\,\dot{x}(0)$) und höhere Ableitungen angeben muss. Es stellt sich erstaunlicherweise heraus, dass die Dynamik der klassischen Mechanik, d. h. die Bewegungsgleichungen so beschaffen sind, dass der Bewegungszustand eines klassischen Massenpunktes eindeutig durch einen Punkt (x, p) im 6-dimensionalen *Phasenraum* festgelegt wird, wobei die zeitliche Entwicklung durch eine wohldefinierte eindeutige Trajektorie $(x(t), p(t))$ in diesem Phasenraum beschrieben wird.

1.5 Newtonsche Gesetze

Der traditionelle Ausgangspunkt der Mechanik sind die Newtonschen Bewegungsgleichungen:
1. Ein Massenpunkt verharrt im Zustand der Ruhe oder der geradlinig gleichförmiger Bewegung (v = konst.), solange keine Kraft auf ihn wirkt.
2. Wirkt auf einen Massenpunkt eine äußere Kraft F, so erfährt der Massenpunkt eine Beschleunigung $\ddot{x}$, die sich bestimmt aus

$$F = m\ddot{x},$$

   oder, mit der Definition des *Impulses* $p \equiv m\,\dot{x}$,

$$F = \dot{p} = \frac{dp}{dt}.$$

3. „actio est reactio": Die Kraft eines Massenpunkt A auf ein Massenpunkt B ist ungekehrt gleich der Kraft des Massenpunkts B auf das Massenpunkt A.

Die Begriffe *Masse* und *Kraft* sind in den Newtonschen Gleichungen nicht wirklich definiert. Hier sei angenommen, dass Masse und Kraft extern gegeben sind. Kraft und Impuls sind Vektoren, d. h. sie sind durch Betrag und Richtung festgelegt.

Inertialsystem

Gesetze 1. und 2. machen nur Sinn, wenn man angibt, in welchem Bezugssystem sie gelten. Newton nahm an, dass ein absoluter Raum existiert, in dem ein kräftefreies Massenpunkt sich mit konstanter Geschwindigkeit bewegt. Ein solches *Inertialsystem* wird durch das erste Gesetz *definiert*. Das zweite Gesetz gilt dann nur in den durch das erste Gesetz definierten Inertialsystemen. Der Fixsternhimmel ist in guter Näherung ein Inertialsystem. Ein festes Bezugssystem auf der Erde ist wegen der beschleunigten Bewegung um die Sonne und der Erdrotation weniger gut. Hat man ein Inertialsystem gefunden, dann gibt es unendlich viele andere, die sich relativ zu diesem mit konstanter Geschwindigkeit bewegen.

Galilei-Transformationen

Die Newtonschen Gesetze sind kovariant, d. h. haben die gleiche Form unter folgenden Transformationen:
- Translationen im Raum: $x \to x + a$, wo a ein konstanter Vektor ist,
- Translationen in der Zeit: $t \to t + c$,
- Rotation um einen konstanten Winkel: $x \to Rx$,
- Translationen im Raum mit konstanter Geschwindigkeit v_0 : $x \to x + v_0 t$.

Die Transformationen können auch kombiniert werden. Zur Demonstration betrachten wie die Bahn $x(t)$ eines Massenpunktes in einem Inertialsystem K. In einem anderen Inertialsystem K', das sich relativ zu K mit Geschwindigkeit v_0 bewegt und dessen Ursprung sich zur Zeit $t = 0$ (vom System K aus gesehen) in $x = x_0$ befindet, lautet die Bahn

$$x'(t) = x(t) - v_0 \cdot t - x_0, \quad t' = t.$$

Diese Formeln heißen eigentliche *Galilei-Transformation*. Die Geschwindigkeit des Massenpunktes in K' ist

$$\frac{d x'(t)}{dt} = \frac{d x(t)}{dt} - v_0.$$

D. h. wir erhalten das übliche Gesetz für die Addition der Geschwindigkeiten

$$v = v' + v_0.$$

Die Beschleunigung wird $\ddot{x} = \ddot{x}'$, d. h. das Kraftgesetz bleibt gleich.

Galileisches Relativitätsprinzip. Die Naturgesetze haben in allen Inertialsystemen die gleiche Form.

Die Zeit ist in der Newtonschen Mechanik absolut in dem Sinne, dass Ereignisse, die gleichzeitig (bzw. vorher, nachher) in einem Inertialsystem sind, auch in allen anderen Koordinatensystemen gleichzeitig (bzw. vorher, nachher) bleiben.

1.6 Arbeit und Energie

Im allgemeinen hängt die Kraft auf einen Massenpunkte vom Ort und der Zeit ab, man spricht von einem *Kraftfeld*

$$\mathbf{F} = \mathbf{F}(\mathbf{x}, t).$$

Sei $\mathbf{F} = \mathbf{F}(\mathbf{x})$ nicht explizit zeitabhängig. Unter einer räumlich konstanten Kraft bewegt sich der Massenpunkt auf einer Geraden. Die geleistete Arbeit ist elementar definiert durch

$$\text{Arbeit} = \text{Kraft} \cdot \text{Weg}.$$

Wenn die Kraft auf den Massenpunkt von dessen Position abhängt, muss diese Definition präzisiert werden.

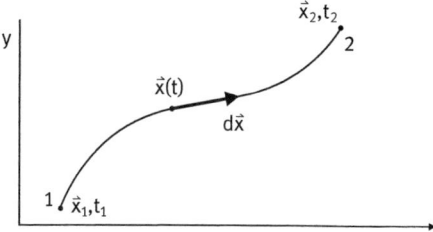

Abb. 1.1: Bahn eines Massepunktes.

Die Arbeit, die von der Kraft $\mathbf{F}(\mathbf{x})$ geleistet wird, wenn sie den Massenpunkt von $\mathbf{x}_1 = \mathbf{x}(t_1)$ nach $\mathbf{x}_2 = \mathbf{x}(t_2)$ bewegt, ist anschaulich gegeben durch (s. Abb.1.1) das Integral längs der Bahn:

$$W_{12} \equiv \int_{\mathbf{x}(t_1)}^{\mathbf{x}(t_2)} \mathbf{F}(\mathbf{x}(t)) \cdot d\mathbf{x}.$$

Für infinitesimal kleine Wege $d\mathbf{x}$ kann $\mathbf{F}(\mathbf{x})$ konstant angenommen werden und man hat wieder *Kraft · Weg*.

Das Wegintegral kann mit Hilfe des 2. Newtonschen Gesetzes wie folgt umgeschrieben werden:

$$\begin{aligned} W_{12} &= \int_{\mathbf{x}(t_1)}^{\mathbf{x}(t_2)} \mathbf{F}(\mathbf{x}(t)) \cdot d\mathbf{x} = \int_{t_1}^{t_2} \mathbf{F}(\mathbf{x}(t)) \cdot \frac{d\mathbf{x}(t)}{dt} dt \\ &= \int_1^2 (m \frac{d\mathbf{v}}{dt}) \cdot (\mathbf{v} dt) = m \int_1^2 \frac{d}{dt}(\frac{1}{2}\mathbf{v} \cdot \mathbf{v}) dt \\ &= \frac{1}{2} m (\mathbf{v}_2^2 - \mathbf{v}_1^2) = T_2 - T_1, \end{aligned} \quad (1.2)$$

mit der Definition:
$$T \equiv \frac{1}{2}mv^2 \quad \text{kinetische Energie.}$$

Damit gilt

Arbeit = Änderung der kinetischen Energie.

Ein Vektorfeld heißt *konservativ*, wenn es nicht explizit zeitabhängig ist und das Wegintegral zwischen zwei Punkten x_1 und x_2 unabhängig vom Weg ist (s. Abb. 1.2).

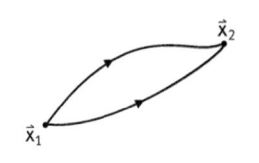

Abb. 1.2: Zwei mögliche Bahnen eines Massepunktes.

Für ein konservatives Vektorfeld verschwindet das Integral über einen geschlossenen Weg

$$\oint \boldsymbol{F} \cdot d\boldsymbol{x} = 0.$$

Ein Vektorfeld ist genau dann konservativ, wenn es ein skalares Feld $V(\boldsymbol{x})$ gibt mit

$$\boldsymbol{F}(\boldsymbol{x}) = -\nabla V(\boldsymbol{x}) \quad \text{d. h.} \quad F_i = -\frac{\partial}{\partial x_i} V, \quad i = 1, 2, 3.$$

Beweis (siehe z. B. Hohnerkamp 1993) □

Für solche Kräfte wird die Arbeit:

$$W_{12} = \int_1^2 \boldsymbol{F} \cdot d\boldsymbol{x} = -\int_1^2 \nabla V \cdot d\boldsymbol{x} = -\int_1^2 \left(\frac{\partial V}{\partial x} dx + \frac{\partial V}{\partial y} dy + \frac{\partial V}{\partial z} dz \right)$$

$$= -\int_1^2 dV = V_1 - V_2 \stackrel{(1.2)}{=} T_2 - T_1,$$

wo $V_1 \equiv V(\boldsymbol{x}(t_1))$ etc. Damit gilt

$$T_1 + V_1 = T_2 + V_2.$$

V heißt *potentielle Energie* und $E = T + V$ *Gesamtenergie*.

Energieerhaltung
Für konservative Kräfte ist die Gesamtenergie $E = T+V$ erhalten (d. h. zeitlich konstant).

1.7 Zweikörpersystem

Wir betrachten den Fall zweier Massenpunkte a und b zwischen denen eine Kraft wirkt. Die Bewegungsgleichung lautet in Abwesenheit von äußeren Kräften

$$m_a \ddot{\boldsymbol{x}}_a = \boldsymbol{F}_{ab}, \quad m_b \ddot{\boldsymbol{x}}_b = \boldsymbol{F}_{ba}, \tag{1.3}$$

wo $\boldsymbol{F}_{ab} = \boldsymbol{F}_{ab}(\boldsymbol{x}_a, \boldsymbol{x}_b)$ die Kraft auf das Massenpunkt a durch das Massenpunkt b ist und $\boldsymbol{F}_{ba}$ die Kraft auf b durch a. Nach dem dritten Newtonschen Gesetz ist

$$\boldsymbol{F}_{ba} = -\boldsymbol{F}_{ab}. \tag{1.4}$$

Die Kräfte zwischen a und b mögen nur vom Abstand abhängen und in Richtung der Verbindungsgeraden wirken

$$\boldsymbol{F}_{ab}(\boldsymbol{x}_a, \boldsymbol{x}_b) = (\boldsymbol{x}_a - \boldsymbol{x}_b) f(|\boldsymbol{x}_a - \boldsymbol{x}_b|). \tag{1.5}$$

Die Gln. (1.3) sind zwei gekoppelte Differentialgleichungen 2. Ordnung. Um sie zu lösen, müssen sie entkoppelt werden. Dies lässt sich durch Einführung von Relativ- und Schwerpunktkoordinaten erreichen. Die Koordinate des Schwerpunkts des Systems ist definiert durch

$$\boldsymbol{x}_{CM} = \frac{m_a \boldsymbol{x}_a + m_b \boldsymbol{x}_b}{m_a + m_b}$$

(CM steht für centre of mass). Aus Gl. (1.3) und (1.4) folgt

$$\ddot{\boldsymbol{x}}_{CM} = \frac{m_a \ddot{\boldsymbol{x}}_a + m_b \ddot{\boldsymbol{x}}_b}{m_a + m_b} = \frac{\boldsymbol{F}_{ab} + \boldsymbol{F}_{ba}}{m_a + m_b} = 0. \tag{1.6}$$

D. h. der Schwerpunkt bewegt sich in Abwesenheit äußerer Kräfte wie ein kräftefreier Massenpunkt, unabhängig von der Kraft zwischen a und b. Da die Impulse der Massenpunkte durch

$$\boldsymbol{p}_a = m_a \dot{\boldsymbol{x}}_a, \quad \boldsymbol{p}_b = m_b \dot{\boldsymbol{x}}_b$$

gegeben sind, folgt aus Gl. (1.6), dass der Gesamtimpuls

$$\boldsymbol{P} = \boldsymbol{p}_a + \boldsymbol{p}_b$$

erhalten, d. h. zeitlich konstant ist, $\dot{\boldsymbol{P}} = 0$.

Wenn wir *Relativkoordinaten* $\boldsymbol{x} = (\boldsymbol{x}_a - \boldsymbol{x}_b)$ und eine *reduzierte Masse*

$$\mu = \frac{m_a m_b}{m_a + m_b}$$

einführen, dann lautet die Bewegungsgleichung

$$\mu \ddot{\boldsymbol{x}} = \boldsymbol{x} f(|\boldsymbol{x}|). \tag{1.7}$$

Beweis

$$\ddot{\boldsymbol{x}}_a = \frac{\boldsymbol{F}_{ab}}{m_a}, \quad \ddot{\boldsymbol{x}}_b = \frac{\boldsymbol{F}_{ba}}{m_b} = -\frac{\boldsymbol{F}_{ab}}{m_b}$$

Wir bilden die Differenz

$$\ddot{\boldsymbol{x}}_a - \ddot{\boldsymbol{x}}_b = \left(\frac{1}{m_a} + \frac{1}{m_b}\right)\boldsymbol{F}_{ab} = \left(\frac{m_a + m_b}{m_a m_b}\right)\boldsymbol{F}_{ab}$$

$$= \frac{1}{\mu}(\boldsymbol{x}_a - \boldsymbol{x}_b)f(|\boldsymbol{x}_a - \boldsymbol{x}_b|) = \frac{1}{\mu}\boldsymbol{x}f(|\boldsymbol{x}|). \qquad \square$$

Gl. (1.7) ist eine gewöhnliche Differentialgleichung 2. Ordnung in der Variablen $\boldsymbol{x}$. Sie entspricht der Bewegungsgleichung eines Massenpunktes mit der Koordinate $\boldsymbol{x}$ und der Masse μ bei gegebener Kraft und lässt sich mit den gleichen Methoden lösen.

Spezielle Fälle:
a) $m_a = m_b = m$, dann ist $\mu = m/2$.
b) $m_b \to \infty$, dann ist $\mu = m_a$. Der Körper a bewegt sich um den ruhenden Körper b, da im Limes $m_b \to \infty$ der Schwerpunkt mit $\boldsymbol{x}_b$ identisch ist.

Die Bewegungsgleichungen für mechanische Systeme von drei und mehr Körpern können nicht mehr exakt gelöst werden. Es können nur Erhaltungssätze abgeleitet werden. In der Astronomie gibt es aber störungstheoretische Verfahren, die es z. B. erlauben die Planetenbahnen beliebig genau zu berechnen.

1.8 Systeme von mehreren Massenpunkten

Ausgedehnte mechanische Systeme lassen sich als Systeme von N Massenpunkten auffassen. Zur Festlegung der Lage eines solchen Systems müssen die N Ortsvektoren der Massenpunkte gegeben sein. Wir verwenden folgende Notation:

N Zahl der Massenpunkte,
m_n Massen der Massenpunkte, $n = 1, \ldots, N$,
$\boldsymbol{x}_n$ Ortsvektor des Massenpunktes n,
$\boldsymbol{F}_n$ äußere Kraft auf den Massenpunkt n,
$\boldsymbol{F}_{nn'}$ Kraft auf den Massenpunkt n durch den Massenpunkt n'.

Die Newtonschen Gleichungen ergeben ein System von gekoppelten Differentialgleichungen

$$m_n \ddot{\boldsymbol{x}}_n = \boldsymbol{F}_n + \sum_{\substack{n'=1 \\ n' \neq n}}^{N} \boldsymbol{F}_{nn'}.$$

Summiert man über alle Massenpunkte, so erhält man

$$\sum_n m_n \ddot{\boldsymbol{x}}_n = \sum_n^N \boldsymbol{F}_n + \sum_{\substack{n,n'=1 \\ n' \neq n}}^{N} \boldsymbol{F}_{nn'}. \qquad (1.8)$$

Aus dem 3. Newtonschen Gesetz folgt

$$\boldsymbol{F}_{nn'} = -\boldsymbol{F}_{n'n} \implies \sum_{\substack{n,n' \\ n \neq n'}}^{N} \boldsymbol{F}_{nn'} = 0.$$

Damit reduzieren sich die Newtonschen Bewegungsgleichungen auf

$$\boldsymbol{F} = \sum_{n=1}^{N} m_n \ddot{\boldsymbol{x}}_n, \qquad (1.9)$$

wo $\boldsymbol{F} \equiv \sum_{n=1}^{N} \boldsymbol{F}_n$ die *äußere* Gesamtkraft ist.

Schwerpunkt

Für ein System von Massenpunkten der Gesamtmasse $M = \sum_n m_n$ definiert man den Schwerpunkt oder Massenmittelpunkt $\boldsymbol{x}_{CM}$ durch

$$\boldsymbol{x}_{CM} = \frac{1}{M} \sum_n m_n \boldsymbol{x}_n = \frac{\sum_n m_n \boldsymbol{x}_n}{\sum_n m_n}, \qquad (1.10)$$

oder

$$M \boldsymbol{x}_{CM} = \sum_n m_n \boldsymbol{x}_n. \qquad (1.11)$$

Dann gilt wegen Gl. (1.9) und dem 2. Newtonschen Gesetz

$$M \ddot{\boldsymbol{x}}_{CM} = \sum_n m_n \ddot{\boldsymbol{x}}_n = \boldsymbol{F}. \qquad (1.12)$$

Schwerpunktsatz. Der Schwerpunkt eines Systems von Massenpunkten bewegt sich wie ein einzelner Massenpunkt der Masse M unter einer äußeren Gesamtkraft $\boldsymbol{F}$.

Anmerkung: Für eine kontinuierliche Massenverteilung der Dichte $\varrho(\boldsymbol{x})$ und Gesamtmasse $M = \int \varrho(\boldsymbol{x}) d^3x$ definiert man den Schwerpunkt durch

$$\boldsymbol{x}_{CM} \equiv \frac{1}{M} \int \boldsymbol{x} \varrho(\boldsymbol{x}) d^3x = \frac{\int \boldsymbol{x} \varrho(\boldsymbol{x}) d^3x}{\int \varrho(\boldsymbol{x}) d^3x}.$$

Gesamtimpuls

Wir definieren den Gesamtimpuls eines Systems von Massenpunkten durch

$$\boldsymbol{P} \equiv \sum_n \boldsymbol{p}_n = \sum_n m_n \dot{\boldsymbol{x}}_n.$$

Dann ist die zeitliche Änderung des Gesamtimpulses wegen Gl. (1.12) gleich der äußeren Gesamtkraft:

$$\dot{\boldsymbol{P}} = \sum_n m_n \ddot{\boldsymbol{x}}_n \underset{(1.12)}{=} M \ddot{\boldsymbol{x}}_{CM} = \boldsymbol{F}.$$

Impulssatz. Verschwindet die äußere Gesamtkraft, so ist der Gesamtimpuls erhalten (zeitlich konstant).

Wenn die Summe der äußeren Kräfte verschwindet, dann gilt wie für den kräftefreien Massenpunkt

$$M\ddot{\boldsymbol{x}}_{CM}(t) = 0 \quad \text{oder} \quad \boldsymbol{x}_{CM}(t) = \boldsymbol{x}_{CM}(0) + \frac{\boldsymbol{P}}{M}t.$$

Drehimpuls

Für einen **einzelnen** Massenpunkt definiert man den Drehimpuls um den Ursprung zu einer Zeit t:

$$\boldsymbol{L}(t) \equiv \boldsymbol{x}(t) \times \boldsymbol{p}(t) = m\boldsymbol{x}(t) \times \dot{\boldsymbol{x}}(t).$$

Die zeitliche Änderung des Drehimpulses ist dann

$$\dot{\boldsymbol{L}}(t) = m[\underbrace{\dot{\boldsymbol{x}} \times \dot{\boldsymbol{x}}}_{=0} + \boldsymbol{x} \times \ddot{\boldsymbol{x}}] = \boldsymbol{x} \times \boldsymbol{F} \equiv \boldsymbol{N}(t),$$

wo $\boldsymbol{x} \times \boldsymbol{F} \equiv \boldsymbol{N}(t)$ als *Drehmoment* bezeichnet wird. Das Drehmoment $\boldsymbol{N}$ bewirkt eine Änderung des Drehimpulses, wie $\boldsymbol{F}$ eine Änderung des Impulses bewirkt. Für ein System von N Massenpunkten definiert man den *Gesamtdrehimpuls* um den Ursprung durch:

$$\boldsymbol{L}(t) \equiv \sum_{n=1}^{N} \boldsymbol{L}_n(t) = \sum_{n=1}^{N} \boldsymbol{x}_n \times \boldsymbol{p}_n.$$

Dann erhält man für die zeitliche Änderung des Gesamtdrehimpulses

$$\dot{\boldsymbol{L}} = \sum_{n=1}^{N} \boldsymbol{x}_n \times \boldsymbol{F}_n + \sum_{\substack{n,n' \\ n \neq n'}}^{N} \boldsymbol{x}_n \times \boldsymbol{F}_{nn'},$$

mit den *äußeren* Kräften $\boldsymbol{F}_n$ und den *inneren* Kräften $\boldsymbol{F}_{nn'}$. Den zweiten Term kann man umschreiben in

$$\sum_{n,n'} \boldsymbol{x}_n \times \boldsymbol{F}_{nn'} = \frac{1}{2} \sum_{n,n'} (\boldsymbol{x}_n \times \boldsymbol{F}_{nn'} + \boldsymbol{x}_{n'} \times \boldsymbol{F}_{n'n}) = \frac{1}{2} \sum_{n,n'} (\boldsymbol{x}_n - \boldsymbol{x}_{n'}) \times \boldsymbol{F}_{nn'},$$

da $\sum_{n,n'} \boldsymbol{x}_n \times \boldsymbol{F}_{nn'} = \sum_{n,n'} \boldsymbol{x}_{n'} \times \boldsymbol{F}_{n'n}$ (Umbenennung der Summationsindizes) und $\boldsymbol{F}_{nn'} = -\boldsymbol{F}_{n'n}$. Für *Zentralkräfte* ist $\boldsymbol{F}_{nn'}$ parallel zu $(\boldsymbol{x}_n - \boldsymbol{x}_{n'})$, d. h. entlang der Verbindungslinie der Massenpunkte und

$$(\boldsymbol{x}_n - \boldsymbol{x}_{n'}) \times \boldsymbol{F}_{nn'} = 0.$$

Damit wird

$$\dot{\boldsymbol{L}} = \sum_{n=1}^{N} \boldsymbol{x}_n \times \boldsymbol{F}_n = \sum_{n=1}^{N} \boldsymbol{N}_n \equiv \boldsymbol{N}.$$

Für Zentralkräfte ist die Änderung des Gesamtdrehimpulses also allein durch das äußere Gesamtdrehmoment gegeben.

Drehimpulssatz. Ist das Gesamtdrehmoment für ein System von Massenpunkten unter dem Einfluss von Zentralkräften gleich Null (abgeschlossenes System), so ist der Gesamtdrehimpuls des Systems erhalten.

Energie eines Systems von Massenpunkten

Wir nehmen jetzt an, dass sich sowohl äußere als auch innere Kräfte in einem System von Massenpunkten durch zeitunabhängige Potentiale darstellen lassen,

$$\boldsymbol{F}_n = -\boldsymbol{\nabla}_{(n)} V_n(\boldsymbol{x}) \qquad \text{äußere Kraft auf den Massenpunkt } n$$
$$\boldsymbol{F}_{nn'} = -\boldsymbol{\nabla}_{(n)} V_{nn'}(\boldsymbol{x}, \boldsymbol{x}') \quad \text{Kraft auf den Massenpunkt } n \text{ durch den Massenpunkt } n',$$

wo der Gradient $\boldsymbol{\nabla}_{(n)} = \left(\frac{\partial}{\partial x_n}, \frac{\partial}{\partial y_n}, \frac{\partial}{\partial z_n}\right)$ auf die Koordinaten $\boldsymbol{x}$ des Massenpunkts n wirkt. Wir multiplizieren die Bewegungsgleichung Gl. (1.8) des Massenpunkts n mit $\dot{\boldsymbol{x}}_n$

$$\dot{\boldsymbol{x}}_n m_n \ddot{\boldsymbol{x}}_n = \dot{\boldsymbol{x}}_n \boldsymbol{F}_n + \dot{\boldsymbol{x}}_n \sum_{\substack{n'=1 \\ n' \neq n}}^{N} \boldsymbol{F}_{nn'}.$$

Da $\frac{d}{dt} V(x(t)) = \frac{dx}{dt} \frac{d}{dx} V(x(t)) = -\dot{x} F$ erhalten wir

$$\frac{d}{dt}\left(\frac{1}{2} m_n \dot{x}_n^2\right) = -\frac{d}{dt} V_n - \frac{d}{dt} \sum_{\substack{n'=1 \\ n' \neq n}}^{N} V_{nn'}.$$

Wir summieren jetzt über die N vollständigen Differentiale

$$\frac{d}{dt}\left[\sum_n^N \frac{1}{2} m_n \dot{x}_n^2 + \sum_n^N V_n + \frac{1}{2} \sum_{\substack{n',n \\ n' \neq n}}^{N} V_{nn'}\right] = 0. \tag{1.13}$$

Da der Ausdruck in der eckigen Klammer die *Gesamtenergie* ist,

$$E = \sum_n^N \frac{1}{2} m_n \dot{x}_n^2 + \sum_n^N V_n + \frac{1}{2} \sum_{\substack{n',n \\ n' \neq n}}^{N} V_{nn'}, \tag{1.14}$$

folgt aus Gl. (1.13) der Energiesatz.

Energiesatz

Sind die Potentiale eines Systems von Massenpunkten nicht explizit zeitabhängig, so bleibt die Gesamtenergie erhalten (zeitlich konstant).

Anmerkung der Faktor $\frac{1}{2}$ in letzten Term der Gl. (1.14) rührt daher, dass über die Indizes doppelt gezählt wird, z. B. für $N = 2$,

$$\frac{1}{2} \sum_{\substack{n'=1, n=1 \\ n' \neq n}}^{2} V_{nn'} = \frac{1}{2}[V_{12} + V_{21}] = V_{12},$$

da nach den 3. Newtonschen Gesetz $V_{12} = V_{21}$ (bis auf eine irrelevante Konstante). Dies sieht man wie folgt

$$F_{12} = -\nabla_{12} V_{12} = -F_{21} = -(-\nabla_{21} V_{21}) = -(\nabla_{12} V_{21}) \quad \rightarrow \quad V_{12} = V_{21}.$$

Die potentielle Energie des Massenpunktepaares (1, 2) ist nur V_{12}. Das ist die Energie, die frei wird, wenn man die Massenpunkte nach ∞ gehen lässt.

Wir haben die Erhaltungssätze für Energie, Impuls und Drehimpuls aus den Newtonschen Gleichungen abgeleitet. Wir werden später sehen, dass die Erhaltungssätze auf sehr allgemeinen Eigenschaften von Raum und Zeit beruhen. Die Erhaltungssätze haben aber auch praktischen Nutzen, sie liefern oft wichtige Informationen über die Dynamik von Systemen, deren vollständige Lösung zu kompliziert oder unmöglich ist.

2 Das Prinzip der kleinsten Wirkung

2.1 Einführung

Die in die *Newtonsche Mechanik* eingehenden messbaren physikalischen Größen oder Observable sind die Vektoren Kraft und Impuls. Dagegen postulierte *Leibniz*, dass sich die Mechanik aus einer skalaren Funktion, der *vis viva* oder lebendigen Kraft, ableiten lässt. Leibniz ersetzt den Newtonschen Impuls durch die kinetische Energie und die Newtonsche Kraft durch die Arbeit der Kraft. Bewegung beinhaltet stets eine Richtung. Es ist daher erstaunlich, dass ein Skalar die Bewegung, auch komplizierter Systeme, festlegen soll, allerdings auf der Basis eines Variationsprinzips nicht von Gleichungen. Leibniz gilt als Begründer der analytischen Mechanik, wenn auch über die genaue Formulierung des Prinzips lange gestritten wurde. Das zugehörige Prinzip wurde zuerst von *Euler und Lagrange* richtig formuliert.

Wir betrachten zunächst die Bewegung eines Massepunktes bei Erhaltung der Energie

$$T + V = E = \text{konstant}$$

Ein Massenpunkt befinde sich zur Zeit t_1 am Punkt P_1 und bewege sich mit gegebener (ortsabhängiger) Geschwindigkeit $\boldsymbol{v}$ und kinetischer Energie $T = \frac{1}{2}m\boldsymbol{v}^2$. Zur Zeit t_2 befinde es sich am Punkt P_2 (siehe Abb. 2.1). Jeder Pfad von P_1 nach P_2 scheint möglich, solange nur $\boldsymbol{v}$ so bestimmt wird, dass die Gesamtenergie konstant ist. Um den „richtigen" Pfad zu bestimmen, betrachten Euler und Lagrange das Zeitintegral der kinetischen Energie T über einen beliebigen Pfad von P_1 nach P_2,

$$S = \int_{t_1}^{t_2} T \, dt \, .$$

das mit *Wirkung* bezeichnet wird. Die Wirkung wird für die gedachten Pfade im Allgemeinen verschieden sein.

Euler-Lagrangesches *Prinzip der kleinsten Wirkung*: Die vom Massenpunkt wirklich durchlaufene Trajektorie ist die mit der kleinsten Wirkung (Variationsprinzip).

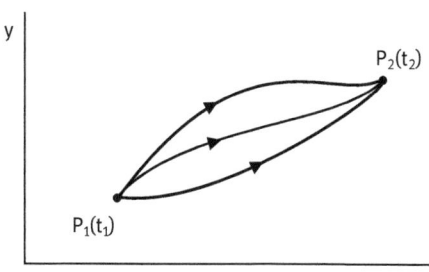

Abb. 2.1: Mögliche Bahnen für die Bewegung eines Masasenpunktes vom Punkt P_1 zum Punkt P_2.

Dieses Prinzip kann für eine beliebige Zahl von Teilchen und beliebig komplizierte mechanische Systeme verallgemeinert werden.

Oft ist die Arbeit nicht nur eine Funktion des Ortes, sondern auch eine Funktion der Zeit. Dann ist die Energie E nicht erhalten. Man betrachtet alle Pfade, die in einem vorgegebenen Zeitintervall $(t_2 - t_1)$ von einem (Raum-Zeit) Punkt (P_1, t_1) zu einem zweiten Punkt (P_2, t_2) führen, d. h. die in der gegebenen Zeit $t_2 - t_1$ von P_1 nach P_2 führen. (Dies kann man beim Euler-Lagrange-Prinzip nicht verlangen, da die Energieerhaltung die möglichen Bahnen einschränkt). Die Zeit, die das Teilchen auf den gedachten Pfaden von P_1 nach P_2 braucht, unterscheidet sich von der Zeit auf der wirklichen Bahn. Jetzt definiert man die Wirkung durch

$$S = \int_{t_1}^{t_2} dt (T - V) \,.$$

Die skalare Größe $L \equiv T - V$ wir als *Lagrange-Funktion* bezeichnet.

Hamiltonsches Prinzip
Die Wirkung nimmt für die wirklich angenommene Bahn ein Extremum (meist ein Minimum) an.

Vorteile der Variationsformulierung
- Zwangsbedingungen können einfach eingebaut werden.
- Der Übergang zur speziellen Relativitätstheorie, allgemeinen Relativitätstheorie und Quantenmechanik ist einfach. Die Relativitätstheorie verlangt, dass die Naturgesetze auf „kovariante" Art, d. h. unabhängig von einem gegebenen Koordinatensystem, formuliert werden. Die Methoden der Variationsformulierung erfüllen automatisch diese Forderung, da sie auf Skalaren basieren. Das Variationsprinzip bleibt gültig, nur die Wirkung muss so geändert werden, dass sie invariant ist.
- Der Lagrange-Formalismus lässt sich auch auf Feldtheorien wie die Elektrodynamik anwenden.
- Die Lagrangesche Mechanik folgt direkt aus der Feynmanschen Formulierung der Quantenmechanik, wenn man das Plancksches Wirkungsquantum nach Null gehen lässt.

2.2 Zwangsbedingungen

Zwangsbedingungen sind Bedingungen, die die Bewegung eines mechanischen Systems einschränken. Wir betrachten im folgenden nur *holonome* Zwangsbedingungen, d. h. Bedingungen, die durch m unabhängige Gleichungen der Form

$$f_\alpha(\mathbf{x}_1, \mathbf{x}_2, \ldots, \mathbf{x}_N; t) = 0, \quad \alpha = 1, \ldots, m \tag{2.1}$$

gegeben sind, wo $x_1, x_2, \ldots, x_N$ die Koordinaten der N Massenpunkte sind. Man unterscheidet zusätzlich, ob die Zwangsbedingungen zeitunabhängig (skleronom) oder explizit zeitabhängig (rheonom) sind. Beispiele für nicht-holonome Zwangsbedingungen sind solche, die neben den Koordinaten auch Geschwindigkeiten enthalten oder in der Form von Ungleichungen gegeben sind.

Typische **Beispiele** für holonome Zwangsbedingungen sind:
a) Bei einem starrern Körper sind Abstände zwischen den Massenpunkten fest, d. h. es gilt die Zwangsbedingung $|x_m(t) - x_n(t)|$ = konstant.
b) Beim ebene Pendel findet die Bewegung nur auf einem Kreissegment statt.

Zwangskräfte
Zwangskräfte sind die Kräfte, die die Massenpunkte auf der Bahn halten.

Bei Problemen mit Zwangsbedingungen sind die Koordinaten nicht mehr unabhängig und die Zwangskräfte meist nicht explizit gegeben. Gesucht ist daher eine Formulierung der Mechanik in der keine Zwangskräfte und nur unabhängige Koordinaten vorkommen.

Generalisierte (verallgemeinerte) Koordinaten
Bei Systemen mit m holonomen Zwangsbedingungen kann man mit Hilfe der Gl. (2.1) m der Koordinaten eliminieren. Statt der $3N$ kartesischen Koordinaten, werden $n = 3N - m$ unabhängige Koordinaten eingeführt, die die Konfiguration des mechanischen Systems eindeutig bestimmen. Man spricht von n *Freiheitsgraden*. Für ein N-Teilchensystem lautet der Zusammenhang zwischen den kartesischen und den generalisierten Koordinaten

$$x_1 = x_1(q_1, q_2, \ldots, q_n; t) \qquad (2.2)$$
$$\ldots$$
$$x_N = x_N(q_1, q_2, \ldots, q_n; t)$$

Die mögliche Zeitabhängigkeit erlaubt auch den Übergang auf bewegte Koordinatensysteme.

Beispiele:
a) Die Bewegung auf einer Kugeloberfläche wird beschrieben durch die Zwangsbedingung $x^2 + y^2 + z^2 = a^2$. Hier wählt man als generalisierte Koordinaten die Polarwinkel
$$q_1 = \theta, q_2 = \phi.$$
b) Die Bewegung zweier fest verbundener Massenpunkte mit Koordinaten x_1 und x_2 (eine Hantel oder ein zweiatomiges Molekül) wird bestimmt durch die Zwangsbedingung
$$(x_1 - x_2)^2 + (y_1 - y_2)^2 + (z_1 - z_2)^2 = a^2.$$

D. h. nur 5 der 6 Koordinaten sind unabhängig. Wegen der Symmetrie der Hantel ist es nicht sinnvoll eine der 6 kartesischen Koordinaten zu eliminieren. Besser wäre es die 3 kartesische Koordinaten des Schwerpunktes und 2 Winkel, die die Orientierung des Achse im Raum beschreiben, zu verwenden.

c) Bei einem starren Körpers mit mehr als drei Massenpunkten wird die Lage durch 6 verallgemeinerte Koordinaten festgelegt, die drei Koordinaten des Schwerpunktes und drei Winkel, die die Orientierung des Körpers im Raum festlegen.

Konfigurationsraum

Die verallgemeinerten Koordinaten $\{q_1, q_2, \ldots, q_n\}$ spannen einen $n = 3N - m$ dimensionalen (kartesischen) Raum auf, der Konfigurationsraum genannt wird. Ein dynamisches System beschreibt eine Kurve $q_1(t), q_2(t), \ldots, q_n(t)$ in diesem abstrakten Raum. Ein Punkt in diesem Raum charakterisiert einen möglichen Zustand (Konfiguration) des Systems. Zu einer gegebenen Zeit t wird das im Allgemeinen komplizierte mechanische System durch einen einzigen Punkt im Konfigurationsraum beschrieben. Die Konfiguration eines starren Körpers wird z. B. durch 6 verallgemeinerte Koordinaten beschrieben, die drei Koordinaten des Schwerpunktes und die drei Koordinaten der räumlichen Orientierung. Die Zahl n der generalisierten Koordinaten eines Systems gibt die *Zahl der Freiheitsgrade* des Systems an.

Anmerkung: Die Punkte im Konfigurationsraum bilden im Allgemeinen keinen Vektor, da die einzelnen Koordinaten verschiedene Dimension haben können (z. B. r, φ) und sich nicht addieren lassen.

2.3 Variation einer Funktion

Die Variation einer Funktion $q(t)$ ist definiert durch:

$$q(t) \to q(t) + \delta q(t), \tag{2.3}$$

wo $\delta q(t)$ die infinitesimale Änderung der Funktion am Punkt t ist. Die unabhängige Variable t nimmt am Variationsprozess nicht Teil. (Man betrachte zum Vergleich die gewöhnliche Ableitung: $dq = q(t + dt) - q(t)$, die die infinitesimale Änderung einer gegebenen Funktion $q(t)$ bei einer Änderung $t \to t + dt$ der unabhängigen Variablen ist). Wir schreiben explizit

$$q(t, \alpha) = q(t, 0) + \alpha \eta(t), \tag{2.4}$$

wo $\eta(t)$ eine *beliebige* Funktion ist, α ein kleiner Parameter, der nach Null geht, und $q(t, 0) = q(t)$. Dann ist die Variation definiert durch

$$\delta q \equiv q(t, \alpha) - q(t, 0) = \alpha \eta(t).$$

Die Ableitung nach der Zeit wird entsprechend

$$\delta \dot{q} \equiv \dot{q}(t,\alpha) - \dot{q}(t,0) = \frac{dq(t,0)}{dt} + \alpha \frac{d\eta}{dt} - \frac{dq(t,0)}{dt} = \alpha \frac{d\eta}{dt} = \frac{d}{dt}\delta q.$$

Variation und Differentiation vertauschen somit. Als nächstes betrachten wir das Integral über eine Funktion $F(q, \dot{q}; t)$,

$$I[q] = \int_{t_1}^{t_2} F(q, \dot{q}; t) dt.$$

Man bezeichnet die Zahl $I[q]$, die davon abhängt über welche Funktion $q(t)$ integriert wird, als *Funktional*. Die Variation des Funktionals $I[q]$ ist definiert als

$$\delta I[q] \equiv \delta \int_{t_1}^{t_2} F(q, \dot{q}; t) dt = I[q(\alpha)] - I[q(0)]$$

$$= \int_{t_1}^{t_2} F(q(t,\alpha), \dot{q}(t,\alpha); t) dt - \int_{t_1}^{t_2} F(q(t), \dot{q}(t); t) dt$$

$$= \int_{t_1}^{t_2} [F(q(t,\alpha), \dot{q}(t,\alpha); t) - F(q(t), \dot{q}(t); t)] dt$$

$$= \int_{t_1}^{t_2} \delta F(q, \dot{q}; t) dt.$$

Es vertauschen also auch Variation und Integration.

2.4 Das Hamiltonsche Prinzip

Ausgangspunkt ist eine Anfangskonfiguration $x(t_1)$ eines Systems von N Massenpunkten und eine Endkonfiguration $x(t_2)$, wo $x(t)$ für $(x_1(t), x_2(t), \ldots, x_N(t))$ steht. Wir betrachten eine beliebige Trajektorie $x(t)$, die Angangs- und Endpunkt verbindet. Dann ist die *Wirkung* definiert durch

$$S[x] = \int_{t_1}^{t_2} L(x, \dot{x}; t) \, dt.$$

Das Hamiltonsche Prinzip oder *Prinzip der stationären (kleinsten) Wirkung* besagt, dass die Variation der Wirkung verschwindet,

$$\delta \int_{t_1}^{t_2} L(x, \dot{x}; t) \, dt = 0. \tag{2.5}$$

Die Funktion $L(\mathbf{x}, \dot{\mathbf{x}}; t)$ heißt Lagrangefunktion des Systems. Es gibt keine allgemeine Regel zur Aufstellung der Lagrangefunktion. In vielen Fällen ist L durch die Differenz von kinetischer Energie T und potentieller Energie V gegeben,

$$L = T - V$$

mit

$$T = \sum_{i=1}^{N} \frac{1}{2} m \dot{\mathbf{x}}_i^2 \,.$$

Während sich die Newtonschen Gleichungen auf die einzelnen Massenpunkte für jeden einzelnen Zeitpunkt beziehen, bezieht sich das Hamiltonsche Prinzip auf das ganze System und auf die gesamte Zeit der Bewegung.

Die unterschiedlichen benachbarten Bahnkurven, unter denen die mit der kleinsten Wirkung gesucht wird, müssen mit den Zwangsbedingungen verträglich sein. Mögliche Zwangsbedingungen erscheinen aber nicht explizit und müssen zusätzlich gefordert werden. Holonome Zwangsbedingungen können allerdings direkt eingebaut werden, sofern sich die verallgemeinerten Koordinaten angeben lassen. Der Übergang zu verallgemeinerten Koordinaten ist nur eine Koordinatentransformation, unter der das Hamiltonsche Prinzip gleich bleibt, da L ein Skalar ist und die Koordinaten in der Forderung der stationären Wirkung nicht explizit vorkommen. In anderen Worten, bei der Berechnung des Minimums der Wirkung spielt es keine Rolle in welchem Koordinatensystem wir die Wirkung berechnen.

Für m holonomen Zwangsbedingungen und $n = 3N - m$ unabhängige generalisierte Koordinaten $q_j(\mathbf{x}_1, \ldots, \mathbf{x}_N; t)$ lautet dann das Hamiltonsche Prinzip

$$\delta \int_{t_1}^{t_2} L(q_1, \ldots, q_n; \dot{q}_1, \ldots, \dot{q}_n; t) dt = 0 \,. \tag{2.6}$$

wobei die Anfangspunkte $q_j(t_1)$ und Endpunkte $q_j(t_2)$ festgehalten werden.

3 Die Lagrangeschen Bewegungsgleichungen

3.1 Die Lagrangeschen Gleichungen

Wir betrachten zunächst ein mechanisches System mit nur einem Freiheitsgrad, $L = L(q, \dot{q}, t)$. Nach dem Hamiltonschen Prinzip nimmt das Wirkungsfunktional bei festgehaltenen Endpunkten, $\delta q(t_1) = \delta q(t_2)$, auf der real angenommenen Teilchenbahn ein Minimum (genauer ein Extremum) an,

$$\delta S[q] = \delta \int_{t_1}^{t_2} L(q, \dot{q}, t)dt = \int_{t_1}^{t_2} \delta L(q, \dot{q}, t)dt = 0. \tag{3.1}$$

Die Variation der Bahn $q(t)$ war definiert durch:

$$q(t) \to q(t) + \delta q(t),$$

wo $\delta q(t)$ die infinitesimale Änderung der Funktion $q(t)$ am Punkt t ist. Wir schreiben wieder explizit

$$q(t, \alpha) = q(t, 0) + \alpha \eta(t),$$

wo $\eta(t)$ eine *beliebige* Funktion ist, α ein kleiner Parameter, der nach Null geht, und $q(t, 0) = q(t)$. Für die Bestimmung von δS brauchen wir daher die Variation der Lagrangefunktion. Dazu führen wir eine Taylor-Entwicklung aus,

$$\delta L(q, \dot{q}, t) = L(q + \alpha\eta, \dot{q} + \alpha\dot{\eta}; t) - L(q, \dot{q}; t) \tag{3.2}$$

$$= \alpha \left(\frac{\partial L}{\partial q}\eta + \frac{\partial L}{\partial \dot{q}}\dot{\eta} \right) + O(\alpha^2).$$

Da $\alpha \to 0$, vernachlässigen wir Terme $O(\alpha^2)$. Zur Erinnerung, die Taylor-Entwicklung für 2 Variable lautet:

$$f(x + \varepsilon, y + \sigma) = f(x, y) + \varepsilon \frac{\partial}{\partial x}f(x, y) + \sigma \frac{\partial}{\partial y}f(x, y) + O(\varepsilon^2, \varepsilon\sigma, \sigma^2).$$

Wir können jetzt die Variation der Wirkung ausrechnen. Sei $q(t)$ die Funktion, die S zu einem Minimum macht. Die Wirkung für die Scharen der benachbarten Teilchenbahnen lautet:

$$S(\alpha) = \int_{t_1}^{t_2} L(q(t, \alpha), \dot{q}(t, \alpha); t)dt.$$

Für die Variation der Wirkung erhalten wir dann mit Gl. (3.2)

$$\delta S = \delta \int_{t_1}^{t_2} L dt = \alpha \int_{t_1}^{t_2} \left(\frac{\partial L}{\partial q}\eta + \frac{\partial L}{\partial \dot{q}}\dot{\eta} \right) dt.$$

Eine partielle Integration des 2. Terms der rechten Seite ergibt,

$$\int_{t_1}^{t_2}\left[\frac{\partial L}{\partial \dot{q}}\dot{\eta}\right]dt = -\int_{t_1}^{t_2}\left(\frac{d}{dt}\frac{\partial L}{\partial \dot{q}}\right)\eta\, dt + \left[\frac{\partial L}{\partial \dot{q}}\eta\right]_{t_1}^{t_2}. \qquad (3.3)$$

Bei festgehaltenen $q(t_1)$ und $q(t_2)$ ist $\eta(t_1) = \eta(t_2) = 0$, so dass der letzte Term verschwindet. Damit geht das Hamiltonsche Prinzip über in

$$\delta S = \alpha \int_{t_1}^{t_2}\left[\frac{\partial L}{\partial q} - \frac{d}{dt}\frac{\partial L}{\partial \dot{q}}\right]\eta\, dt = 0.$$

Da $\eta(t)$ eine beliebige Funktion ist, muss gelten

$$\frac{\partial L}{\partial q} - \frac{d}{dt}\frac{\partial L}{\partial \dot{q}} = 0. \qquad (3.4)$$

Dies ist die *Lagrangesche Gleichung*, in der Mathematik auch Euler-Lagrange-Gleichung genannt.

Für Systeme mit holonomen Zwangsbedingungen lautet das Hamiltonsche Prinzip in unabhängigen generalisierten Koordinaten

$$\delta \int_{t_1}^{t_2} L(q_1,\ldots,q_n;\dot{q}_1,\ldots,\dot{q}_n;t)dt = 0.$$

Die Ableitung der Lagrangeschen Gleichungen kann in diesem Fall wie oben erfolgen, da die q_i unabhängig variiert werden können. Für ein System von N Teilchen und m Zwangsbedingungen erhält man:

$$\frac{\partial L}{\partial q_i} - \frac{d}{dt}\frac{\partial L}{\partial \dot{q}_i} = 0, \quad i = 1,\ldots,n, \qquad (3.5)$$

wo $n = 3N - m$ ist. Die Lagrangeschen Gleichungen, die aus dem Hamiltonschen Prinzip der kleinsten Wirkung folgen, bilden ein System von n gekoppelten Differentialgleichungen.

Zusammenhang mit der Newtonschen Bewegungsgleichung
Betrachte die Lagrangefunktion eines Systems von Massenpunkten ohne Zwangsbedingungen

$$L = \sum_{a=1}^{N} \frac{1}{2}m_a \dot{\boldsymbol{x}}_a^2 - V(\boldsymbol{x}_1,\ldots,\boldsymbol{x}_N;t).$$

Die Lagrangeschen Bewegungsgleichungen lauten

$$\frac{d}{dt}\frac{\partial L}{\partial \dot{\boldsymbol{x}}_a} = \frac{\partial L}{\partial \boldsymbol{x}_a},$$

oder
$$m_a \frac{d}{dt}\dot{x}_a = -\frac{\partial V}{\partial x_a} = -\nabla_a V, \qquad (3.6)$$

mit der Notation:
$$\frac{\partial}{\partial \mathbf{x}} = \nabla = \left(\frac{\partial}{\partial x}, \frac{\partial}{\partial y}, \frac{\partial}{\partial z}\right) \quad \text{Gradient}$$
$$\frac{\partial}{\partial \dot{\mathbf{x}}} = \left(\frac{\partial}{\partial \dot{x}}, \frac{\partial}{\partial \dot{y}}, \frac{\partial}{\partial \dot{z}}\right).$$

Da die Kraft durch $\mathbf{F}_a = -\nabla_a V$ gegeben ist, sind die Gleichungen (3.6) identisch mit den Newtonschen Bewegungsgleichungen. Nachdem wir die Äquivalenz mit der Newtonschen Mechanik gezeigt haben, können wir das Hamiltonsche Prinzip auch als Ausgangspunkt der klassischen Mechanik auffassen. Für die Lösung eines bestimmten mechanischen Problems müssen wir, statt der Kräfte, nur die Lagrangefunktion angeben.

3.2 Forminvarianz der Lagrangeschen Gleichungen

Die Lagrangefunktion $L = L(q, p; t)$ führt mit Hilfe des Hamiltonschen Prinzips der kleinsten Wirkung
$$\delta \int_{t_1}^{t_2} L(q(t), \dot{q}(t); t) dt = 0$$

auf die Bewegungsgleichung
$$\frac{\partial L}{\partial q} - \frac{d}{dt}\frac{\partial L}{\partial \dot{q}} = 0. \qquad (3.7)$$

Es ist anschaulich klar, dass das Problem der Minimierung eines Wegintegrals zwischen zwei festen Punkten unabhängig von der Wahl eines Koordinatensystems ist. Explizit können wir dies zeigen, wenn wir folgende Punkttransformationen zwischen zwei Systemen von generalisierten Koordinaten betrachten

$$q_i \to Q_i = Q_i(q, t). \qquad (3.8)$$

Diese Abbildungen sollen umkehrbar und stetig differenzierbar sein (Diffeomorphismen)
$$q_i = q_i(Q, t).$$

Sie beschreiben z. B. den Übergang von kartesischen auf krummlinige Koordinaten, oder von einem Inertialsystem auf Nicht-Inertialsysteme (z. B. rotierende Koordinatensysteme). Unter dieser Ersetzung ändert sich die Lagrangefunktion in

$$\bar{L}(Q, \dot{Q}; t) \equiv L(q(Q; t), \dot{q}(Q; t); t)$$

mit
$$\dot{q}_i(Q;t) = \frac{\partial q_i(Q,t)}{\partial t} + \sum_{j=1}^{n} \dot{Q}_j \frac{\partial q_i}{\partial Q_j}.$$

Wenn die Wirkung ein Extremum haben soll,
$$\delta \int_{t_1}^{t_2} \bar{L}(q(Q;t), \dot{q}(Q;t); t) dt = 0,$$

dann ergeben sich in den neuen Koordinaten Lagrageschen Gleichungen,
$$\frac{\partial \bar{L}(Q, \dot{Q}; t)}{\partial Q_i} - \frac{d}{dt} \frac{\partial \bar{L}(Q, \dot{Q}; t)}{\partial \dot{Q}_i} = 0, \tag{3.9}$$

die genauso aussehen wie die ursprünglichen. Unter solchen Transformationen sind die Lagrangeschen Gleichungen also *forminvariant*. Die sich aus Gl. (3.9) ergebenden expliziten Bewegungsgleichungen haben dagegen im Allgemeinen verschiedene Form. Die Lagrangeschen Gleichungen stellen das erste Beispiel eines Invarianzprinzips dar, das in der Mathematik und Physik seit dem 19. Jahrhundert eine fundamentale Rolle spielt.

Die Lagrangefunktion eines gegeben physikalischen Systems ist *nicht eindeutig*. Wenn man zu einer gegebenen Lagrange-Funktion L eine Funktion $f(t)$ addiert, die unabhängig von q und $\dot{q}$ ist, so ändern sich die Bewegungsgleichungen offensichtlich nicht. Das gleiche ist der Fall wenn man zu L die totale Zeitableitung einer beliebigen Funktion addiert,
$$L' = L + \frac{d}{dt} f(q, t). \tag{3.10}$$

Dann wird
$$S' = \int_{t_1}^{t_2} L' dt = \int_{t_1}^{t_2} \left(L + \frac{d}{dt} f \right) dt$$
$$= \int_{t_1}^{t_2} L dt + f(q, t)\big|_{t_1}^{t_2}$$

und
$$\delta S' = \delta S + \delta f(q, t)\big|_{t_1}^{t_2} = \delta S + f'(q, t) \delta q \big|_{t_1}^{t_2} = \delta S,$$

für $\delta q(t_1) = \delta q(t_2) = 0$. Die Wirkung S' führt also auf das selbe Hamilton-Prinzip wie S, d. h. auch auf die selben Bewegungsgleichungen. *Ändert sich die Lagrange-Funktion nur um eine totale Zeitableitung einer Ortsfunktion, so bleiben die Lagrangeschen Bewegungsgleichungen ungeändert.* Man bezeichnet eine solche Transformation auch als mechanische Eichtransformation.

3.3 Beispiele

Beispiel 1: Zentralkraft in zwei Dimensionen
Die Bewegung eines Massenpunktes unter einer Zentralkraft wird durch die Lagrange-Funktion

$$L = \frac{1}{2} m \dot{x}^2 - V(r) \quad \text{mit } r = |x|$$

beschrieben. Diese Lagrange-Funktion ist drehinvariant, da sich die Länge oder der Betrag eines Vektors bei einer Drehung nicht ändert. Es ist daher günstig in ebenen Polarkoordinaten zu rechnen,

$$x = r \cos \theta, \quad \dot{x} = \dot{r} \cos \theta - r \sin \theta \, \dot{\theta}$$
$$y = r \sin \theta, \quad \dot{y} = \dot{r} \sin \theta + r \cos \theta \, \dot{\theta} \, .$$

Damit lautet die Lagrange-Funktion

$$L = \frac{1}{2} m \dot{x}^2 - V(r)$$
$$= \frac{1}{2} m \left[(\dot{r} \cos \theta - r \sin \theta \, \dot{\theta})^2 + (\dot{r} \sin \theta + r \cos \theta \, \dot{\theta})^2 \right] - V(r)$$
$$= \frac{1}{2} m \left[\dot{r}^2 + r^2 \dot{\theta}^2 \right] - V(r) \, .$$

Für die 2 Freiheitsgrade erhalten wir zwei Lagrangesche Gleichungen

$$\frac{d}{dt} \frac{\partial L}{\partial \dot{r}} = \frac{\partial L}{\partial r} \quad \rightarrow \quad \frac{d}{dt}(m\dot{r}) = mr\dot{\theta}^2 - \frac{d}{dr} V(r)$$

$$\frac{d}{dt} \frac{\partial L}{\partial \dot{\theta}} = \frac{\partial L}{\partial \theta} \quad \rightarrow \quad \frac{d}{dt}(mr^2\dot{\theta}) = 0 \, .$$

Der Drehimpuls $l \equiv mr^2\dot{\theta}$ ist also zeitlich konstant. Dies folgt aus der Tatsache, dass die Lagrange-Funktion für Zentralkräfte nicht vom Polarwinkel abhängt. Aus der 1. Lagrange-Gleichung erhalten wir dann

$$m\ddot{r} = \frac{l^2}{mr^3} - \frac{d}{dr} V(r) \, .$$

Der Beitrag $\frac{l^2}{mr^3}$ stammt aus der kinetischen Energie T, er kann als ein fiktive abstoßende Kraft oder Zentrifugalkraft, aufgefasst werden. Die verallgemeinerten Kräfte sind gegeben durch:

$$\tilde{F}_\theta = -\frac{\partial V}{\partial \theta} = 0$$

$$\tilde{F}_r = -\frac{\partial V}{\partial r} \, .$$

Beispiel 2: Perle auf einer Helix

Eine Perle kann sich ohne Reibung auf einem dünnen Draht in der Form einer Helix bewegen. Dabei wirkt auf die Perle eine Zentralkraft, die proportional zum Abstand vom Ursprung ist. Die Perle kann als Massenpunkt angesehen werden. Die Definition der Koordinaten ist aus der Abbildung ersichtlich.

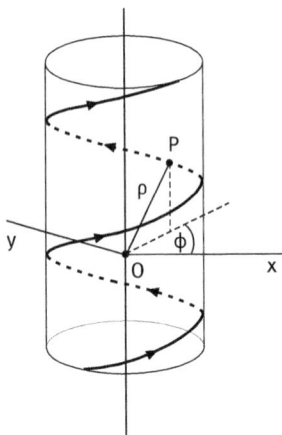

Abb. 3.1: Perle auf einer Helix

Auf Grund der Symmetrie des Problems, wählen wir zylinderische Koordinaten,

$$x = \rho \cos\varphi, \quad y = \rho \sin\varphi, \quad z = z. \tag{3.11}$$

Die Gleichung der Helix lautet dann:

$$\rho = b, \quad z = a\varphi.$$

Dies sind zwei holonome Zwangsbedingungen, d. h. nur eine Koordinate ist unabhängig. Als unabhängige generalisierte Koordinate wählen wir φ (oder z). Aus Gl. (3.11) folgt durch Ableitung nach der Zeit

$$\dot{x} = \dot{\rho}\cos\varphi - \rho\dot{\varphi}\sin\varphi = -b\dot{\varphi}\sin\varphi$$
$$\dot{y} = \dot{\rho}\sin\varphi + \rho\dot{\varphi}\cos\varphi = b\dot{\varphi}\cos\varphi$$
$$\dot{z} = a\dot{\varphi}.$$

Damit ergibt sich für die kinetische Energie

$$T = \frac{1}{2}m(\dot{x}^2 + \dot{y}^2 + \dot{z}^2) = \frac{1}{2}m(b^2\dot{\varphi}^2 + a^2\dot{\varphi}^2). \tag{3.12}$$

Auf den Perle wirkt die Zentralkraft

$$F_r = -\frac{\partial V}{\partial r} = -kr. \tag{3.13}$$

Die zugehörige potentielle Energie ist

$$V = \frac{1}{2}k(r^2) = \frac{1}{2}k(\rho^2 + z^2) = \frac{1}{2}k(b^2 + a^2\varphi^2). \tag{3.14}$$

Der konstante Term $\frac{1}{2}kb^2$ trägt zur Bewegungsgleichung nichts bei und kann weggelassen werden. Damit wird die Lagrange-Funktion

$$L = T - V = \frac{1}{2}m(b^2\dot\varphi^2 + a^2\dot\varphi^2) - \frac{1}{2}ka^2\varphi^2. \tag{3.15}$$

Für die Lagrangeschen Gleichungen brauchen wir

$$\frac{\partial L}{\partial \varphi} = -ka^2\varphi \quad \text{und} \quad \frac{\partial L}{\partial \dot\varphi} = m(b^2 + a^2)\dot\varphi.$$

Einsetzen in die Lagrangeschen Gleichungen ergibt,

$$\frac{\partial L}{\partial \varphi} - \frac{d}{dt}\frac{\partial L}{\partial \dot\varphi} = 0 \Rightarrow ka^2\varphi + \frac{d}{dt}m(b^2 + a^2)\dot\varphi,$$

oder

$$\ddot\varphi = -\frac{ka^2}{m(a^2 + b^2)}\varphi.$$

Dies ist die Differentialgleichung eines harmonischen Oszillators. Man sieht unmittelbar, dass die Lösung gegeben ist durch

$$\varphi(t) = A\cos\omega t + B\sin\omega t, \quad \omega = \sqrt{\frac{ka^2}{m(a^2 + b^2)}}.$$

Die Lösung stellt eine harmonische Schwingung in der Winkelvariablen φ dar. Die Amplituden A und B hängen nur von den Anfangsbedingungen ab.

Alternativ hätten wir auch z als unabhängige Variable verwenden können. Dann hätte wir die Differentialgleichung

$$\ddot z = -\frac{ka^2}{m(a^2 + b^2)}z$$

erhalten. Dies ist die Gleichung einer harmonischen Schwingung in der Variablen $z(t)$.

3.4 Verallgemeinerte Potentiale

Der Lagrangesche Formalismus lässt sich auf eine eingeschränkte Klasse von geschwindigkeitsabhängigen Kräften, die in der Physik eine wichtige Rolle spielen, erweitern. Die Lagrangefunktion sei von der Form

$$L(\mathbf{x}, \dot{\mathbf{x}}, t) = \frac{1}{2}m\dot{\mathbf{x}}^2 - V(\mathbf{x}, \dot{\mathbf{x}}, t),$$

wo der Wechselwirkungsterm $V(\mathbf{x}, \dot{\mathbf{x}}, t)$ linear in $\dot{\mathbf{x}}$ sei und die Dimension einer Energie besitze. Da L ein Skalar ist, kann die Geschwindigkeit nur in Form eines Skalarprodukts vorkommen,

$$L(\mathbf{x}, \dot{\mathbf{x}}, t) = \frac{1}{2} m \dot{\mathbf{x}}^2 - q\Phi(\mathbf{x}, t) + q \dot{\mathbf{x}} \cdot \mathbf{A}(\mathbf{x}, t)$$

Die Bezeichnungen sind schon an die später zu behandelnde Elektrodynamik angepasst. Der Parameter q wird mit der elektrischen Ladung, das Feld $\Phi(\mathbf{x}, t)$ mit dem elektrischen Potential und $\mathbf{A}(\mathbf{x}, t)$ mit dem magnetischen Vektorpotential identifiziert. Die Euler-Lagrange-Gleichungen

$$\frac{\partial L}{\partial x_i} - \frac{d}{dt} \frac{\partial L}{\partial \dot{x}_i} = 0 \, .$$

ergeben

$$-q \frac{\partial \Phi}{\partial x_i}(\mathbf{x}, t) + q \dot{\mathbf{x}} \cdot \frac{\partial \mathbf{A}}{\partial x_i} - \frac{d}{dt}(m\dot{x}_i + q A_i) = 0 \, . \qquad (3.16)$$

Mit der Kettenregel

$$\frac{d}{dt} A_i(\mathbf{x}, t) = \dot{x} \frac{\partial A_i}{\partial x} + \dot{y} \frac{\partial A_i}{\partial y} + \dot{z} \frac{\partial A_i}{\partial z} + \frac{\partial A_i}{\partial t}$$

folgt aus Gl. 3.16 die Bewegungsgleichung

$$m \frac{\partial \dot{x}_i}{\partial t} = q \left[-\frac{\partial \Phi}{\partial x} - \frac{\partial A_i}{\partial t} + \dot{y} \left(\frac{\partial A_y}{\partial x} - \frac{\partial A_x}{\partial y} \right) - \dot{z} \left(\frac{\partial A_x}{\partial z} - \frac{\partial A_z}{\partial x} \right) \right] .$$

Definiere wir das elektrische und das magnetische Feld durch

$$\mathbf{E} = -\nabla \Phi - \frac{\partial \mathbf{A}}{\partial t} \quad \text{und} \quad \mathbf{B} = \nabla \times \mathbf{A} \, ,$$

dann lautet die Bewegungsgleichung:

$$\mathbf{F} = m \frac{\partial}{\partial t} \dot{\mathbf{x}} = e \left(\mathbf{E} + \frac{\mathbf{v}}{c} \times \mathbf{B} \right) . \qquad (3.17)$$

Dies ist die Lorentz-Kraft. Jede Kraft, die proportional zur Geschwindigkeit ist, muss von dieser Form sein.

3.5 Lagrangesche Gleichungen und allgemeine Zwangsbedingungen

Zusammen mit den Lagrangeschen Gleichungen entwickelte Lagrange auch eine geniale Methode Zwangsbedingungen zu berücksichtigen, die auch angewendet werden kann, wenn die Zwangsbedingungen so kompliziert sind, dass sich die überflüssigen Freiheitsgrade nicht explizit eliminieren lassen.

Beispiel: Minimiere $f(x, y)$ unter der Zwangsbedingung $g(x, y) = $ konst. Die Funktion $f(x, y)$ nimmt ein Extremum an, wenn

$$df = f_{,x}dx + f_{,y}dy = 0 \tag{3.18}$$

wo $f_{,x} \equiv \frac{\partial f}{\partial x}, f_{,y} \equiv \frac{\partial f}{\partial y}$. Wenn dx und dy unabhängig sind, dann bedeutet dies $f_{,x} = f_{,y} = 0$. Hier sind dx und dy jedoch durch die Nebenbedingung eingeschränkt,

$$dg = g_{,x}dx + g_{,y}dy = 0. \tag{3.19}$$

Gleichungen (3.18) und (3.19) sind nur konsistent, wenn

$$\frac{f_{,x}}{g_{,x}} = \frac{f_{,y}}{g_{,y}} = \lambda \quad \text{konst.}, \tag{3.20}$$

oder,

$$f_{,x} - \lambda g_{,x} = 0; \quad f_{,y} - \lambda g_{,y} = 0.$$

Dies sind genau die Gleichungen, die man erhalten hätte, wenn man $f - \lambda g$ ohne Nebenbedingung minimiert hätte. Der Parameter λ heißt *Lagrangescher Multiplikator*.

Wir wenden diese Methode auf das Variationsprinzip an. Für ein System von N Teilchen lautet das Hamiltonsche Prinzip

$$\delta \int_{t_1}^{t_2} L(\mathbf{x}_1, \ldots, \mathbf{x}_N, \dot{\mathbf{x}}_1, \ldots, \dot{\mathbf{x}}_N; t)\, dt = 0.$$

Es gilt, wie wir gesehen haben, allgemein, d. h. auch wenn die Koordinaten $\mathbf{x}_i$ wegen der Existenz von Zwangsbedingungen nicht unabhängig sind. Allerdings lassen sich die zu erwartenden $3N$ Lagrangeschen Gleichungen nicht wie oben beschrieben herleiten, da die $\delta \mathbf{x}_i$ nicht mehr unabhängig sind. Die Methode der Lagrangeschen Multiplikatoren lässt sich vorteilhaft anwenden, wenn es schwierig ist die $\mathbf{x}_i$ auf unabhängige generalisierte Koordinaten zu reduzieren oder wenn die Zwangskräfte gesucht sind.

Gegeben seien m Zwangsbedingungen

$$g_s(\mathbf{x}_1, \ldots, \mathbf{x}_N; t) = 0, \quad s = 1, \ldots, m,$$

die von den Koordinaten abhängen, aber nicht von den Geschwindigkeiten. Wir folgen dem Lagrangeschen Rezept und führen eine neue Lagrange-Funktion ein

$$L \rightarrow L + \sum_{s=1}^{m} \lambda_s g_s(\mathbf{x}_1, \ldots, \mathbf{x}_N; t), \tag{3.21}$$

die ohne Zwangsbedingungen variiert wird, als ob die x_i unabhängig wären. Dann werden die Lagrangesche Multiplikatoren λ_s so bestimmt, dass die Nebenbedingungen erfüllt sind. Die Lagrangeschen Gleichungen gehen über in

$$\frac{\partial L}{\partial x_i} - \frac{d}{dt}\frac{\partial L}{\partial \dot{x}_i} + \sum_{s=1}^{m} \lambda_s \frac{\partial g}{\partial x_i} = 0, \quad i = 1,\ldots,N. \qquad (3.22)$$

Dies sind $3N$ Gleichungen für $3N + m$ Unbekannten, $3N$ Koordinaten und m Multiplikatoren. Die m Zwangsbedingungen liefern die nötigen zusätzlichen Gleichungen.

Beispiel: Wir betrachten noch einmal die Perle auf einer Helix unter einer Zentralkraft, die proportional zum Abstand vom Ursprung ist. In Zylinderkoordinaten,

$$q_1 = \rho, \quad q_2 = \varphi, \quad q_3 = z,$$

lauteten die Zwangsbedingungen

$$\rho = b, \quad g_1 = (\rho - b) = 0$$
$$z = a\varphi \quad g_2 = (z - a\varphi) = 0.$$

Für die Lagrangeschen Gleichungen (3.22) benötigen wir

$$\frac{\partial g_1}{\partial \rho} = 1, \quad \frac{\partial g_1}{\partial \varphi} = 0, \quad \frac{\partial g_1}{\partial z} = 0$$
$$\frac{\partial g_2}{\partial \rho} = 0, \quad \frac{\partial g_2}{\partial \varphi} = -a, \quad \frac{\partial g_2}{\partial z} = 1.$$

Die Lagrange-Funktion ist gegeben durch

$$L = \frac{1}{2}m(\dot{\rho}^2 + \rho^2\dot{\varphi}^2 + \dot{z}^2) - \frac{1}{2}k(\rho^2 + z^2) + \sum_{s=1}^{2} \lambda_s g_s(\rho,\varphi,z). \qquad (3.23)$$

Daraus ergeben sich die Lagrangeschen Gleichungen

$$\rho: \quad m\ddot{\rho} - m\rho\dot{\varphi}^2 + k\rho = \lambda_1 \frac{\partial g_1}{\partial \rho} + \lambda_2 \frac{\partial g_2}{\partial \rho} = \lambda_1 \qquad (3.24)$$

$$\varphi: \quad \frac{d}{dt}(m\rho^2\dot{\varphi}) = \lambda_1 \frac{\partial g_1}{\partial \varphi} + \lambda_2 \frac{\partial g_2}{\partial \varphi} = -a\lambda_2 \qquad (3.25)$$

$$z: \quad m\ddot{z} + kz = \lambda_1 \frac{\partial g_1}{\partial z} + \lambda_2 \frac{\partial g_2}{\partial z} = \lambda_2 \qquad (3.26)$$

Daneben müssen die Zwangsbedingungen erfüllt sein,

$$g_1: \quad \rho = b \qquad (3.27)$$
$$g_2: \quad z = \varphi a. \qquad (3.28)$$

Setze Gl. (3.27) und (3.28) in Gl. (3.25) ein, so erhalten wir:

$$\frac{d}{dt}\left(mb^2 \frac{\dot{z}}{a}\right) = -a\lambda_2 \quad \rightarrow \quad \lambda_2 = -\frac{mb^2}{a^2}\ddot{z}.$$

Dieses Ergebnis eingesetzt in Gl. (3.26) ergibt

$$m\ddot{z} + kz = -\frac{mb^2}{a^2}\ddot{z} \quad \rightarrow \quad \ddot{z} = -\frac{ka^2}{m(a^2+b^2)}z.$$

Dies ist die selbe Gleichung einer harmonischen Schwingung, die wir oben abgeleitet haben.

Physikalische Interpretation der Lagrangeschen Multiplikatoren

Gegeben sei ein mechanisches System von N Massenpunkten, das durch die Koordinaten $x_1,\ldots,x_N$ und durch eine Zwangsbedingung

$$g(x_1,\ldots,x_N) = 0$$

charakterisiert ist. Wir betrachten zunächst nur den statischen Fall $L = -V$. Dann verlangt die Multiplikator-Methode, dass

$$\delta V - \lambda \delta g = 0 \quad \text{oder} \quad \delta(V - \lambda g) = 0$$

ist. Man kann λg auffassen als potentielle Energie, die zu den Zwangskräften gehört. Wir schreiben

$$V_Z = -\lambda g$$

und berechnen die Kraft durch Gradientenbildung

$$\begin{aligned}\mathbf{Z}_i(\mathbf{x}) &= -\nabla_i V_Z(\mathbf{x}), \qquad i = 1,\ldots,N \\ &= \lambda \nabla_i g + g \nabla_i \lambda.\end{aligned}$$

Der zweite Term verschwindet wegen der Zwangsbedingung. Damit ist die Zwangskraft oder Reaktionskraft auf den i-ten Massenpunkt

$$\mathbf{Z}_i(\mathbf{x}) = \lambda \nabla_i g.$$

Wir sehen, dass man die Zwangskraft aus dem λ-Term erhält. Das gilt nicht nur im Gleichgewicht, sondern auch für bewegte Systeme.

Bemerkung: Die Methode der Lagrangeschen Multiplikatoren lässt sich auch anwenden, wenn die Zwangsbedingungen von den Geschwindigkeiten abhängen

$$g_s(x_1,\ldots,x_N;\dot{x}_1,\ldots,\dot{x}_N;t) = 0, \qquad s = 1,\ldots,m,$$

solange die zusätzlichen Zwangskräfte keine Arbeit verrichten. Dies ist bei Rollbewegung ohne Schlupf der Fall.

Beispiel: Ein Fass der Masse M und Radius R rollt ohne Schlupf eine um einen Winkel α geneigte schiefe Ebene hinunter.

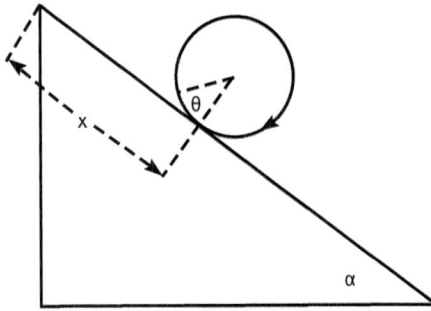

Abb. 3.2: Rollendes Fass.

Mit den verallgemeinerte Koordinaten x, θ lautet die Zwangsbedingung:

$$dx = R d\theta \quad \rightarrow \quad \dot{x} = R\dot{\theta} \, . \tag{3.29}$$

Die potentielle Energie durch die Erdanziehung ist

$$V = Mgx \sin\alpha \, .$$

Berechnen wir die kinetische Energie eines massiven Ringes und integrieren dann über den Radius des Ringes, so erhalten wir für die kinetische Energie des Fasses

$$T = \frac{3}{4} MR^2 \dot{\theta}^2 \, .$$

Die Variation der Lagrangefunktion lautet

$$\begin{aligned} \delta L &= \delta T - \delta V + \lambda(\delta x - R\delta\theta) \\ &= \frac{3}{2} MR^2 \ddot{\theta}\,\delta\theta - Mg\sin\alpha\,\delta x + \lambda(\delta x - R\delta\theta) \, . \end{aligned}$$

Da $\delta\theta$ und δx unabhängige Variationen sind, erhalten wir die Bewegungsgleichungen

$$-Mg\sin\alpha + \lambda = 0$$
$$\frac{3}{2} MR^2 \ddot{\theta} - \lambda R = 0 \, .$$

Diese Gleichungen können integriert werden um $\theta(t)$ zu bestimmen. Anschließend bestimmen wir $x(t)$ mit Hilfe von Gl. (3.29).

4 Symmetrien und Erhaltungssätze

4.1 Verallgemeinerte Impulse

Für ein freies Teilchen lautet die Lagrange-Funktion

$$L = \frac{1}{2} m \dot{\mathbf{x}} \cdot \dot{\mathbf{x}} \quad \Rightarrow \quad \mathbf{p} = m\dot{\mathbf{x}} \text{ oder } p_i = \frac{\partial L}{\partial \dot{x}_i}.$$

Für generalisierte Koordinaten $\{q_i\}$ definiert man entsprechend

$$p_i \equiv \frac{\partial L}{\partial \dot{q}_i} \tag{4.1}$$

und bezeichnet $p_i \equiv \frac{\partial L}{\partial \dot{q}_i}$ als den verallgemeinerten Impuls, auch als den zu q_i kanonisch konjugierten oder kurz *kanonischen* Impuls. Der kanonische Impuls unterscheidet sich im Allgemeinen vom gewöhnlichen Impuls, wie man an den folgenden Beispielen sieht.

Beispiele:

a) Ebenes Pendel: Geeigneten generalisierten Koordinaten sind hier die Polarkoordinaten r und φ mit $x = l \sin\varphi$ und $y = l \cos\varphi$, wo l die Länge des Pendels ist. In diesen Koordinaten lautet die Lagrangefunktion

$$L = \frac{1}{2} m l^2 \dot{\varphi}^2 + mgl \cos\varphi \,.$$

Der zugehörige kanonische Impuls ergibt sich zu

$$p_\varphi = \frac{\partial L}{\partial \dot{\varphi}} = ml^2 \dot{\varphi}\,,$$

und ist somit hier der Drehimpuls.

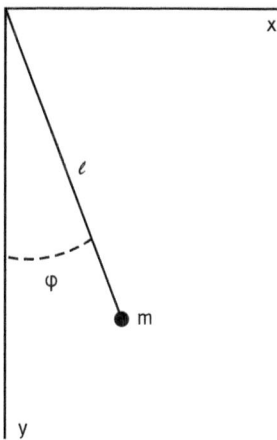

Abb. 4.1: Ebenes Pendel.

b) Ein Teilchen der Masse m und Ladung q im (geschwindigkeitsabhängigen) elektromagnetischen Potential:

$$V(\mathbf{x}, \dot{\mathbf{x}}, t) = \frac{1}{2}m\dot{\mathbf{x}}^2 - q\left(\Phi(\mathbf{x}, t) - \frac{1}{c}\mathbf{A}(\mathbf{x}, t) \cdot \dot{\mathbf{x}}\right)$$

Der kanonische Impuls gegeben durch

$$\mathbf{p} = m\dot{\mathbf{x}} + \frac{q}{c}\mathbf{A}. \tag{4.2}$$

4.2 Zyklische Koordinaten

Koordinaten q_i, die in der Lagrangefunktion nicht vorkommen, heißen *zyklisch*. D. h. für sie gilt

$$\frac{\partial L}{\partial q_i} = 0. \tag{4.3}$$

Für zyklischen Variable können die Lagrangeschen Gleichungen

$$\underbrace{\frac{\partial L}{\partial q_i}}_{=0} - \frac{d}{dt}\frac{\partial L}{\partial \dot{q}_i} = 0, \quad i = 1, \ldots, n$$

sofort integriert werden,

$$\frac{\partial L}{\partial \dot{q}_j} = p_j = \text{konst}. \tag{4.4}$$

Der zu einer zyklischen Koordinate gehörende kanonische Impuls ist also erhalten (zeitlich konstant). Zyklische Koordinaten lassen sich aus den Lagrangeschen Gleichungen eliminieren. Wir diskutieren den Fall einer einzigen zyklischen Koordinate, und zwar der n-ten

$$\frac{\partial L}{\partial \dot{q}_n} = c_n. \tag{4.5}$$

Lösen wir diese Gleichung nach $\dot{q}_n$ auf, dann ist

$$\dot{q}_n = f(q_1, \ldots, q_{n-1}; \dot{q}_1, \ldots, \dot{q}_{n-1}, c_n; t). \tag{4.6}$$

Wo immer $\dot{q}_n$ in der Lagrangeschen Gleichungen auftaucht, ersetzen wir es entsprechend Gl. (4.6). Die Integration der Lagrangeschen Gleichungen involviert dann nur noch die nicht-zyklischen Variablen.

Beispiel: Wir untersuchen die Bewegung eines Massenpunktes auf einem Kreiskegel unter dem Einfluss der Schwerkraft. Die Spitze des Kegels liege im Ursprung und die Achse des Kegels liege entlang der z-Achse. Der Öffnungswinkel α ist fest vorgegeben und keine dynamische Variable. Statt der kartesischen Koordinaten x, y, z verwendet

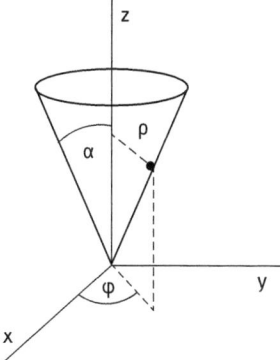

Abb. 4.2: Bewegung auf einem Kreiskegel.

man besser die dem Problem angepassten Zylinderkoordinaten ρ, φ, α, die wie folgt definiert sind

$$(x, y, z) = \rho(\cos\phi, \sin\phi, \cot\alpha). \tag{4.7}$$

In diesen Koordinaten lautet die Geschwindigkeit

$$(\dot{x}, \dot{y}, \dot{z}) = \dot{\rho}(\cos\phi, \sin\phi, \cot\alpha) + \rho(-\dot{\phi}\sin\phi, \dot{\phi}\cos\phi, 0)$$

und die Lagrangefunktion

$$\begin{aligned} L &= \frac{m}{2}[\dot{x}^2 + \dot{y}^2 + \dot{z}^2] - mgz \\ &= \frac{m}{2}[(1 + \cot^2\alpha)\dot{\rho}^2 + \rho^2\dot{\phi}^2] - mg\rho\cot\alpha. \end{aligned} \tag{4.8}$$

Leitet man ohne nachzudenken die Bewegungsgleichungen aus L ab, so erhält man die zwei gekoppelten Differentialgleichungen 2. Ordnung aus Kapitel 2, die schwer zu lösen sind. Aus Gl. (4.8) entnehmen wir aber, dass der Winkel ϕ zyklisch ist, und dass somit der zugehörige kanonische Impuls

$$p_\phi = \frac{\partial L}{\partial \dot{\phi}} = m\rho^2 \dot{\phi} = \text{konst.} \tag{4.9}$$

erhalten ist. Der kanonische Inpuls p_ϕ entspricht hier dem physikalischen Drehimpuls. Wir lösen Gl. (4.9) nach $\dot{\phi}$ auf,

$$\dot{\phi} = \frac{p_\phi}{m\rho^2},$$

und setzen diesen Ausdruck in L ein, mit dem Ergebnis

$$L = \frac{m}{2}\left[(1 + \cot^2\alpha)\dot{\rho}^2 + \frac{p_\phi^2}{m^2\rho^2}\right] - mg\rho\cot\alpha.$$

Die Lagrangesche Gleichung liefert nun

$$\rho: \quad -m\rho\left(\frac{p_\phi}{m\rho^2}\right)^2 - mg\cot\alpha - m(1 + \cot^2\alpha)\ddot{\rho} = 0.$$

Aus dieser gewöhnlichen Differentialgleichung 2. Ordnung für $\rho(t)$ lässt sich bei gegebenen Anfangsbedingungen die Funktion $\rho(t)$ berechnen. Setzen wir $\rho(t)$ wieder in die Gl. (4.9) ein, so erhalten wir $\phi(t)$ durch einfache Integration,

$$\phi(t) = \frac{p_\phi}{m} \int \frac{dt}{\rho^2(t)} \,. \tag{4.10}$$

An diesem Beispiel wird der Vorteil der Lagrangeschen Mechanik deutlich, wenn es gelingt zyklische Variable zu identifizieren. Die Berechnung von $\rho(t)$ wird noch einfacher, wenn man zusätzlich die Energieerhaltung verwendet.

4.3 Noether-Theorem

Es besteht ein enger Zusammenhang zwischen der Existenz von Erhaltungsgrößen und Symmetrien. Symmetrien sind Transformationen, die die Lagrange-Funktion nicht ändern, also invariant lassen. Wir schreiben abgekürzt $q(t)$ für die verallgemeinerten Koordinaten $\{q_1(t), \ldots, q_n(t)\}$ mit $n = 3N - m$ für ein Systems von N Massenpunkten und m Zwangsbedingungen. Die Koordinaten werden einer Transformation unterzogen,

$$q(t) \longrightarrow q(t, \alpha) \,, \tag{4.11}$$

die durch einen Parameter α charakterisiert ist und stetig aus der Einheit hervorgeht, mit $q(t, \alpha = 0) = q(t)$. Die Lagrangefunktion L sei invariant unter der Transformation, d. h. sie habe den selben Wert für alle Bahnen $q(t, \alpha)$, die durch die Transformation aus einer Bahn $q(t)$ hervorgehen,

$$L(q(t, \alpha), \dot{q}(t, \alpha); t) = L(q(t), \dot{q}(t); t) \quad \text{(numerisch)}. \tag{4.12}$$

Dies gilt speziell für die physikalisch angenommenen Bahnen, d. h. den Bahnen mit der stationären Wirkung. D. h. aus

$$\delta S = \delta \int L(q(t), \dot{q}(t); t) = 0$$

folgt auch, dass

$$\delta S_\alpha = \delta \int L(q(t, \alpha), \dot{q}(t, \alpha); t) = 0 \,.$$

Die Lösung sind jeweils die Lagrangeschen Gleichungen. Wir betrachten die Gl. (4.12). Da die rechte Seite nicht von α abhängt, hängt auch die linke Seite nicht von α ab.

$$\frac{d}{d\alpha} L(q(t, \alpha), \dot{q}(t, \alpha); t) = 0 \,. \tag{4.13}$$

Wir beschränken der Einfachheit halber auf infinitesimale Transformationen $\alpha \approx 0$, da endliche Transformationen aus infinitesimalen aufgebaut werden können. Nach der Kettenregel gilt

$$0 = \frac{dL}{d\alpha} = \sum_{i=1}^{n}\left(\frac{\partial L}{\partial q_i}\frac{dq_i}{d\alpha} + \frac{\partial L}{\partial \dot{q}_i}\frac{d\dot{q}_i}{d\alpha}\right)$$

$$= \sum_{i=1}^{n}\left(\frac{\partial L}{\partial q_i} - \frac{d}{dt}\frac{\partial L}{\partial \dot{q}_i}\right)\frac{dq_i}{d\alpha} + \frac{d}{dt}\sum_{i=1}^{n}\frac{\partial L}{\partial \dot{q}_i}\frac{dq_i}{d\alpha}.$$

Für q_i, die Lösungen der Bewegungsgleichungen sind, folgt somit

$$\frac{d}{dt}\sum_{i=1}^{n}\frac{\partial L}{\partial \dot{q}}\frac{dq}{d\alpha}\bigg|_{\alpha=0} = 0. \tag{4.14}$$

Noether-Theorem (Emmy Noether 1918)
Ist eine Lagrange-Funktion invariant unter einer (kontinuierlichen, stetig differenzierbaren) Koordinatentranformation, die stetig aus der Einheit hervorgeht

$$q_i(t) \longrightarrow q_i(t,\alpha) \quad i = 1,\ldots,n \quad q_i(t,\alpha)|_{\alpha=0} = q_i(t), \tag{4.15}$$

und löst $q_i(t)$ die Bewegungsgleichungen, so ist

$$I(q,\dot{q}) \equiv \sum_{i=1}^{n}\frac{\partial L}{\partial \dot{q}_i}\frac{dq_i}{d\alpha}\bigg|_{\alpha=0} \tag{4.16}$$

eine (zeitliche) Konstante der Bewegung, die auch als *Erhaltungsgröße* oder *Integral der Bewegung* bezeichnet wird.

Wenn die Tranformation, unter der L invariant ist, mehrere Parameter α_s, $s = 1, 2, 3, \ldots$ enthält, so gehört zu jedem Parameter α_s eine Erhaltungsgröße

$$I_s(q,\dot{q}) \equiv \sum_{i=1}^{n}\frac{\partial L}{\partial \dot{q}_i}\frac{dq_i}{d\alpha_s}\bigg|_{\text{alle }\alpha_s=0}. \tag{4.17}$$

Aus den Symmetrien der Lagrangefunktion folgen also physikalische Erhaltungssätze. Das Theorem gilt auch, wenn die Lagrange-Funktion sich unter der Transformation nur um eine totale Zeitableitung ändert.

4.4 Impulserhaltung

Die Lagrange-Funktion L eines Systems von N Massenpunkten sei invariant unter *Translationen* der kartesischen Koordinaten (Homogenität des Raumes),

$$\boldsymbol{x}_i(t) \longrightarrow \boldsymbol{x}_i(t,\alpha) = \boldsymbol{x}_i(t) + \alpha\boldsymbol{e}, \quad i = 1,\ldots,N, \tag{4.18}$$

wo $\boldsymbol{e}$ ein fester, beliebig gerichteter Einheitsvektor ist. Alle Punkte des Raumes werden also um die selbe Strecke verschoben. Die Lagrange-Funktion L ist invariant, wenn

$$L = \frac{1}{2}\sum_{i=1}^{N}m_i\dot{\boldsymbol{x}}_i^2 - V(\boldsymbol{x}_i - \boldsymbol{x}_j), \tag{4.19}$$

d. h. wenn das Potential V nur von den Koordinatendifferenzen abhängt. Dann lautet die zugehörige Erhaltungsgröße:

$$I = \sum_{j=1}^{N} \frac{\partial L}{\partial \dot{\boldsymbol{x}}_j} \frac{d\boldsymbol{x}_j}{d\alpha}\bigg|_{\alpha=0}$$

$$= \sum_{j=1}^{N} m_j \dot{\boldsymbol{x}}_j \cdot \boldsymbol{e} = \boldsymbol{P} \cdot \boldsymbol{e},$$

wo $\boldsymbol{P} = \sum \boldsymbol{p}_j = \sum m_j \dot{\boldsymbol{x}}_j$ der Gesamtimpuls des Systems und $\boldsymbol{P} \cdot \boldsymbol{e}$ die Komponente von $\boldsymbol{P}$ in Richtung $\boldsymbol{e}$ ist. Da $\boldsymbol{e}$ ein beliebig gerichteter Vektor war, ist der Gesamtimpuls erhalten.

Impulssatz
Wenn die Lagrange-Funktion eines Systems von Massenpunkten invariant unter Translationen ist, dann ist der Gesamtimpuls (alle 3 Komponenten) erhalten.

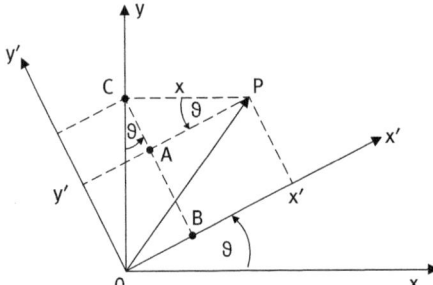

Abb. 4.3: Drehung um die z-Achse.

4.5 Drehimpulserhaltung

Die Lagrange-Funktion L eines Systems von Massenpunkten sei invariant unter *Rotationen* (Isotropie des Raumes), d. h. $V = V(|\boldsymbol{x}_i - \boldsymbol{x}_j|)$ hänge nur von den relativen Abständen ab. Wir betrachten zunächst den einfachen Fall eines einzelnen Massenpunktes und eine Drehung des Koordinatensystems um die z-Achse um den Winkel ϑ. Bei dieser passiven Rotation, drehen wir das Koordinatensystem und halten den Massenpunkt im Raum fest. Aus der Zeichnung sehen wir, wie die Koordinaten (x, y, z) des Massenpunktes P im ursprünglichen System mit seinen Koordinaten (x', y', z') im gedrehten System zusammenhängen. Es gilt:

$$x' = AP + OB = x\cos\vartheta + y\sin\vartheta$$
$$y' = CB - CA = -x\sin\vartheta + \underbrace{y\cos\vartheta}_{CB}$$
$$z' = z.$$

Die Notation von Gl. (4.15) übersetzt sich in $x' \equiv x(t,\vartheta)$. Die Lagrange-Funktion $L = \frac{1}{2}m\dot{x}^2 - V(x^2)$ ist offensichtlich invariant unter dieser Transformation. Mit

$$\frac{\partial x'}{\partial \vartheta}\Big|_{\vartheta=0} = (-x\sin\vartheta + y\cos\vartheta)_{\vartheta=0} = y$$

$$\frac{\partial y'}{\partial \vartheta}\Big|_{\vartheta=0} = (-x\cos\vartheta - y\sin\vartheta)_{\vartheta=0} = -x$$

$$\frac{\partial z'}{\partial \vartheta}\Big|_{\vartheta=0} = 0$$

finden wir für das Integral der Bewegung

$$I = \frac{\partial L}{\partial \dot{x}}\frac{\partial x}{\partial \vartheta}\Big|_{\vartheta=0} = \frac{\partial L}{\partial \dot{x}}\frac{\partial x}{\partial \vartheta} + \frac{\partial L}{\partial \dot{y}}\frac{\partial y}{\partial \vartheta}$$

$$= m\dot{x}y - m\dot{y}x$$

$$= p_x y - p_y x = -l_z$$

und damit die Erhaltung der z-Komponente des Drehimpulses $l = [x \times p]$. Da die z-Achse in beliebige Richtung gelegt werden kann, ist bei Drehinvarianz der Lagrangefunktion $L = T - V(x^2)$ jede Komponente des Drehimpulses eines Massenpunktes erhalten. Die Verallgemeinerung dieses Erhaltungssatzes auf N Massenpunkte lautet:

Drehimpulssatz
Wenn für ein System von N Massenpunkten die Kräfte nur von deren Abständen abhängen, dann ist der Gesamtdrehimpuls erhalten (jede Komponente).

4.6 Zentralkräfte

In Kapitel 1 hatten wir die Kinematik des Zweikörperproblems für den Fall untersucht, dass die Kräfte zwischen einem Teilchen a und einem Teilchen b nur vom Abstand abhängen und in Richtung der Verbindungsgeraden wirken. Dann ist die Kraft auf das Teilchen a durch das Teilchen b gegeben durch

$$\boldsymbol{F}_{ab}(\boldsymbol{x}_a, \boldsymbol{x}_b) = (\boldsymbol{x}_a - \boldsymbol{x}_b)f(|\boldsymbol{x}_a - \boldsymbol{x}_b|). \tag{4.20}$$

Jedes Teilchen hat 3 Freiheitsgrade, so dass der Phasenraum 12-dimensional ist. Das Problems ließ sich durch Einführung von Relativ- und Schwerpunktkoordinaten vereinfachen. Die Koordinate des Schwerpunkts $\boldsymbol{x}_{CM}$ und die Relativkoordinate $\boldsymbol{x}$ des Systems sind definiert durch

$$\boldsymbol{x}_{CM} \equiv \frac{m_a \boldsymbol{x}_a + m_b \boldsymbol{x}_b}{m_a + m_b} \qquad \boldsymbol{x} \equiv \boldsymbol{x}_a - \boldsymbol{x}_b \tag{4.21}$$

oder

$$\boldsymbol{x}_a = \boldsymbol{x}_{CM} + \frac{m_b}{m_a + m_b}\boldsymbol{x}, \qquad \boldsymbol{x}_b = \boldsymbol{x}_{CM} - \frac{m_a}{m_a + m_b}\boldsymbol{x}.$$

Wir hatten gezeigt, dass für die Zentralkraft der Form (4.20) die Energie erhalten ist und ein Potential existiert,

$$F(x) = -\nabla V(r) = -\frac{x}{r}\frac{d}{dr}V(r) \quad \text{mit} \quad r \equiv |x_a - x_b|,$$

wobei r den Abstand zwischen Teilchen a und Teilchen b bezeichnet. Die Lagrangefunktion lautet

$$\mathcal{L} = \frac{1}{2}m_a|\dot{x}_a|^2 + \frac{1}{2}m_b|\dot{x}_b|^2 - V(r) \tag{4.22}$$

$$= \frac{1}{2}(m_a + m_b)|\dot{x}_{CM}|^2 + \frac{1}{2}\mu|\dot{x}|^2 - V(r), \tag{4.23}$$

wo μ die reduzierte Masse ist,

$$\mu \equiv \frac{m_a m_b}{m_a + m_b}.$$

Die Lagrangefunktion ist invariant unter gemeinsamen Translationen und Drehungen der Koordinaten x_a und x_b. Daraus folgt, dass der Gesamtimpuls

$$P = p_a + p_b = m_a \dot{x}_a + m_b \dot{x}_b = (m_a + m_b)\dot{x}_{CM}$$

und der Gesamtdrehimpuls

$$L = x_a \times p_a + x_b \times p_b = x_{CM} \times P + \mu x \times \dot{x}$$

erhalten sind. Aus (4.23) ersieht man, dass $\mathcal{L}$ zusätzlich auch noch invariant ist, wenn x_{CM} und x einzeln gedreht werden. Das bedeutet, dass

$$L_{CM} = x_{CM} \times P \quad \text{und} \quad l = \mu x \times \dot{x} \tag{4.24}$$

jeweils separat erhalten sind. Wenn $l = 0$ ist, dann folgt aus (4.24), dass x und $\dot{x}$ in einer festen Ebene senkrecht zu l liegen. Aus der Drehimpulserhaltung für Zentralkräfte folgt also, dass die Bewegung in einer Ebene stattfindet. Eine weitere Folge ist das zweite Keplersche Gesetz: Gleiche Flächen werden in gleiche Zeiten überstrichen. Die sieht man wie folgt: In einer infinitesimal kleinen Zeit dt bewegt sich das Teilchen um dx auf der Bahn und überstricht dabei ein Flächenelement

$$da = x \times dx \quad \text{oder} \quad \frac{da}{dt} = x \times \frac{dx}{dt} = \frac{1}{\mu}l = \text{konstant}.$$

Das zweite Keplersche Gesetz folgt durch einfache Integration.

Nachdem der Schwerpunkt sich mit konstanter Geschwindigkeit bewegt, arbeiten wir am besten im *Schwerpunktsystem*, d. h. dem Inertialsystem in dem der Schwerpunkt ruht. In diesem System wird die Lagrangefunktion

$$\mathcal{L} = \frac{1}{2}\mu|\dot{x}|^2 - V(r).$$

Das Kepler-Problem

Wir betrachten die Bewegung eines Planeten der Masse m um die Sonne, deren Masse wir unendlich setzen. Dann ist $\mu = m$. Die Gravitationskraft und das Gravitationspotential sind gegeben durch,

$$\boldsymbol{F} = -\frac{dV(r)}{dr}\frac{\boldsymbol{x}}{r} \quad \text{mit} \quad V(r) = -\frac{k}{r}.$$

Um zu prüfen, ob es neben Energie, Impuls und Drehimpuls noch weitere Erhaltungsgrößen gibt, untersuchen wir, ob sich weitere unabhängige Tensoren aus $\boldsymbol{x}, \boldsymbol{p}$ und $\boldsymbol{l} = \boldsymbol{x} \times \boldsymbol{p}$ bilden lassen. Während die Skalarprodukte verschwinden,

$$\boldsymbol{l} \cdot \boldsymbol{x} = 0, \quad \boldsymbol{l} \cdot \boldsymbol{p} = 0,$$

ist dies für Vektorprodukte nicht der Fall. Ein möglicher Vektor wäre

$$\boldsymbol{Q} \equiv \boldsymbol{l} \times \boldsymbol{p}. \tag{4.25}$$

Wir untersuchen jetzt die Zeitabhängigkeit dieses Vektors:

$$\frac{d}{dt}\boldsymbol{Q} = \left(\frac{d\boldsymbol{l}}{dt} \times \boldsymbol{p} + \boldsymbol{l} \times \frac{d\boldsymbol{p}}{dt}\right) = \boldsymbol{l} \times \boldsymbol{F}. \tag{4.26}$$

Mit der Gravitationskraft wird

$$\frac{d}{dt}\boldsymbol{Q} = -mr^2\left(\frac{k}{r^2}\right)\frac{d}{dt}\frac{\boldsymbol{x}}{r} = -m\frac{d}{dt}\frac{\boldsymbol{x}}{r}$$

oder

$$\frac{d}{dt}\left(\boldsymbol{Q} + km\frac{\boldsymbol{x}}{r}\right) = 0. \tag{4.27}$$

Für das Kepler-Problem haben wir also eine weitere Konstante der Bewegung gefunden! Diese Erhaltungsgröße heißt *Runge-Lenz-Vektor*,

$$\boldsymbol{A} = \boldsymbol{Q} + km\frac{\boldsymbol{x}}{r} = \boldsymbol{l} \times \boldsymbol{p} + km\frac{\boldsymbol{x}}{r} = (\boldsymbol{x} \times \boldsymbol{p}) \times \boldsymbol{p} + km\frac{\boldsymbol{x}}{r}. \tag{4.28}$$

Der konstanten Vektor $\boldsymbol{A}$ bildet ein zweites Vektor-Integral der Bewegung. Da da $\boldsymbol{A}$ auf jedem Punkt der Bahn den selben Wert hat, kann es dazu verwendet werden, die Form und Orientierung der Umlaufbahn eines Planeten um die Sonne zu bestimmen. Man argumentiert wie folgt:

Da der Drehimpuls $\boldsymbol{l}$ stets senkrecht zur Bahnebene steht ($\boldsymbol{l} \cdot \boldsymbol{x} = 0$), folgt aus Gl. (4.28), dass $\boldsymbol{A}$ in der Bahnebene liegt,

$$\boldsymbol{A} \cdot \boldsymbol{l} = 0.$$

Jetzt betrachten wir das Skalarprodukt

$$\boldsymbol{A} \cdot \boldsymbol{x} = \boldsymbol{Q} \cdot \boldsymbol{x} + kmr$$
$$= (\boldsymbol{l} \times \boldsymbol{p}) \cdot \boldsymbol{x} + kmr = (\boldsymbol{p} \times \boldsymbol{x}) \cdot \boldsymbol{l} + kmr = -L^2 + kmr$$

oder
$$A r \cos \theta = -L^2 + kmr.$$

Durch Umschreiben entsteht die typische Kegelschnittgleichung in Polarkoordinaten:

$$\frac{1}{r} = \frac{km}{L^2}(1 - \varepsilon \cos \theta). \qquad (4.29)$$

Dabei ist θ der Winkel zwischen $\mathbf{A}$ und $\mathbf{x}$ und

$$\varepsilon \equiv \frac{A}{mk}.$$

Für $0 < \varepsilon < 1$ ist dies ist die Gleichung einer Ellipse mit Exzentrizität ε und mit dem Ursprung als einem der Foci.

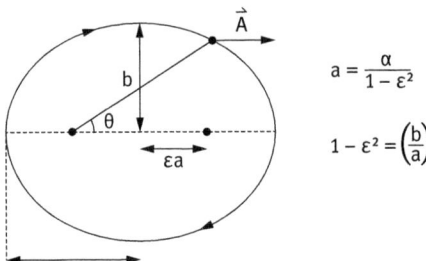

$$a = \frac{\alpha}{1 - \varepsilon^2}$$

$$1 - \varepsilon^2 = \left(\frac{b}{a}\right)^2$$

Abb. 4.4: Planetenbahn.

Die Bahnen sind offensichtlich geschlossen. Dies ist das erste Keplersche Gesetz. Für $\varepsilon = 0$ beschreibt die Bahngleichung (4.29) einen Kreis, für $\varepsilon = 1$ eine Parabel und $\varepsilon > 1$ eine Hyperbel.

Der Betrag von $\mathbf{A}$ ist also proportional zur Exzentrizität der Kegelschnitte.

Der Betrag des Runge-Lenz-Vektors kann durch die Erhaltungsgrößen E und L ausgedrückt werden. Ergebnis:

$$A^2 = 2mL^2 E + m^2 k^2 \quad \text{und} \quad \varepsilon = \sqrt{1 + \frac{2L^2 E}{mk^2}}.$$

Beweis Betrachte wieder nur den Punkt der Bahn $(a, 0, 0)$. Dann gilt wegen (4.28)

$$A^2 = A_x^2 = L^2 p_y^2 + k^2 m^2 - 2L p_y x k m \frac{1}{r} = L^2 p^2 + k^2 m^2 - 2L^2 km \frac{1}{r}$$

$$= 2mL^2 \left(\frac{p^2}{2m} - \frac{k}{r}\right) + k^2 m^2. \qquad \square$$

Die Orientierung des Kegelschnitts hängt mit der Richtung von $\mathbf{A}$ zusammen. Wir wollen die Richtung von $\mathbf{A}$ für die Ellipsenbahnen ($0 < \varepsilon < 1$) bestimmen. Dazu betrachten wir obige Abbildung einer Bahn, aus der der Zusammenhang zwischen Ekzentrizität und der großen und kleinen Halbachse abzulesen ist. Wir wählen den Mittelpunkt der Ellipse als Ursprung, die x-Achse entlang der großen und die y-Achse entlang der kleinen Halbachse. Dann zeigt der Drehimpuls in die z-Richtung, $\boldsymbol{l} = L\boldsymbol{e}_z$. Aus der Definition (4.28) folgt dann für die Komponenten des Runge-Lenz-Vektors

$$A_x = -L_z p_y + km\frac{x}{r} = -Lp_y + km\frac{x}{r} \tag{4.30}$$

$$A_y = L_z p_x + km\frac{x}{r} = Lp_x + km\frac{y}{r} \tag{4.31}$$

$$A_z = 0 : \tag{4.32}$$

Aus Abbildung 4.4 sieht man, dass an der Stelle, wo die Bahn die positive x-Achse kreuzt, gilt

$$y = 0, \quad p_x = 0, \quad \rightarrow \quad A_y = 0, \tag{4.33}$$

$$p_y = -p, \quad L = L_z = -p_y x = px. \tag{4.34}$$

Daher zeigt $\boldsymbol{A}$ in x-Richtung, d. h. entlang der großen Achse. Dies gilt überall auf der Bahn, da $\boldsymbol{A}$ konstant ist.

Die Existenz einer zweiten Vektorkonstante der Bewegung, $\boldsymbol{A}$, ist Ausdruck einer Symmetrie der Lagrage-Funktion. Diese Konstante der Bewegung bildet ein wesentliches und charakteristisches Merkmal des Kepler-Problems. Unsere algebraische Lösung des Problems nutzt die Symmetrie maximal aus. Natürlich hat auch die populäre Lösung des Problems über die Newtonsche Bewegungsgleichung ihre Berechtigung.

4.7 Hamilton-Funktion

Man bezeichnet die Größe

$$H \equiv \sum_{i=1}^{n} \dot{q}_i \frac{\partial L}{\partial \dot{q}_i} - L \tag{4.35}$$

als Hamilton-Funktion. Diese Funktion ist von besonderem Interesse, weil sie unter ziemlich allgemeinen Bedingungen erhalten ist. Wir betrachten ein mechanisches System mit holonomen Zwangsbedingungen und Lagrangefunktion $L = L(q, \dot{q}; t)$. Dann ist

$$\frac{dL}{dt} = \sum_{i=1}^{n} \left(\frac{\partial L}{\partial \dot{q}_i} \frac{d\dot{q}_i}{dt} + \frac{\partial L}{\partial q_i} \frac{dq_i}{dt} \right) + \frac{\partial L}{\partial t}$$

$$= \sum_{i=1}^{n} \left(\frac{\partial L}{\partial \dot{q}_i} \ddot{q}_i + \left(\frac{d}{dt} \frac{\partial L}{\partial \dot{q}_i} \right) \dot{q}_i \right) + \frac{\partial L}{\partial t},$$

wo wir die Lagrangeschen Gleichungen verwendet haben. Für die Hamilton-Funktion gilt

$$\frac{dH}{dt} = \sum_{i=1}^{n} \ddot{q}_i \frac{\partial L}{\partial \dot{q}_i} + \dot{q}_i \frac{d}{dt} \frac{\partial L}{\partial \dot{q}_i} - \frac{dL}{dt}.$$

Der Vergleich zeigt
$$\frac{dH}{dt} = -\frac{\partial L}{\partial t}. \quad (4.36)$$

Die Hamilton-Funktion ist genau dann erhalten, d. h. eine Konstante der Bewegung, wenn L nicht explizit von der Zeit abhängt, d. h. invariant ist unter Zeittranslationen. (Homogenität der Zeit).

Wir zeigen jetzt, dass für $L = \frac{1}{2}\sum_{i=1}^{N} m_i \dot{\mathbf{x}}_i^2 + V(\mathbf{x}_1, \ldots, \mathbf{x}_N)$ und $3N - n$ zeitunabhängige (skleronome) holonome Zwangsbedingungen, die Hamilton-Funktion die erhaltene Gesamtenergie des Systems darstellt, $H = T + V$. Holonome Zwangsbedingungen bedeutet, dass sich die unabhängigen verallgemeinerten Koordinaten q_j, $j = 1, \ldots, n$ aus $\mathbf{x}_i = \mathbf{x}_i(q_j)$ bestimmen lassen. Damit ist die kinetische Energie eine quadratische Form in den generalisierten Geschwindigkeiten,

$$T = \frac{1}{2}\sum_{i=1}^{N} m_i \dot{\mathbf{x}}_i^2 = \frac{1}{2}\sum_{i=1}^{N} m_i \sum_{j=1}^{n}\left(\frac{\partial \mathbf{x}_i}{\partial q_j}\dot{q}_j\right)^2. \quad (4.37)$$

Wenn V nicht explizit von der Zeit abhängt, $V = V(q)$, folgt daraus

$$H = \sum_{i=1}^{n}\dot{q}_i \frac{\partial L}{\partial \dot{q}_i} - L = \sum_{i=1}^{n}\dot{q}_i \frac{\partial T}{\partial \dot{q}_i} - L$$
$$= 2T - (T - V) = T + V. \quad (4.38)$$

Rechnerisches Detail:

$$\sum_{k=1}^{n}\dot{q}_k \frac{\partial T}{\partial \dot{q}_k} = \sum_{k=1}^{n}\dot{q}_k \frac{\partial}{\partial \dot{q}_k}\left(\frac{1}{2}\sum_{i=1}^{N} m_i \sum_{j=1}^{n}\left(\frac{\partial \mathbf{x}_i}{\partial q_j}\dot{q}_j\right)^2\right) = \sum_{k=1}^{n}\dot{q}_k\left(\frac{1}{2}\sum_{i=1}^{N} m_i \sum_{j=1}^{n} 2\frac{\partial \mathbf{x}_i}{\partial q_j}\dot{q}_j \delta_{jk}\right)$$
$$= \sum_{k=1}^{n}\dot{q}_k\left(\sum_{i=1}^{N} m_i \frac{\partial \mathbf{x}_i}{\partial q_k}\dot{q}_k\right) = 2T.$$

Bemerkung: In der Lagrangeschen Mechanik ist H eine Funktion von $q, \dot{q}$ und t, d. h. $H = H(q, \dot{q}; t)$. In der später zu besprechende Hamiltonschen Mechanik wird H als Funktion von q, p und t aufgefasst.

5 Hamiltonsche Mechanik

5.1 Legendre-Transformation

Gegeben sei eine Funktion $F(x, y)$ von 2 Variablen. Wir bezeichnen x als *passive* Variable und y als *aktive* Variable. Die Bedeutung dieser Bezeichnungen wird gleich klar. Wir wollen bei unverändertem x die Variable y auf die unabhängige Variable

$$z = \frac{\partial F}{\partial y} \tag{5.1}$$

transformieren. Da $F(x, y)$ und $F(x, y + c)$ dasselbe z ergeben, ist die Rücktransformation nicht eindeutig. Um eine Transformation zu erhalten, die sich invertieren lässt, transformieren wir nicht nur die Variable sondern auch die Funktion $F \to G$ wie folgt:

$$\text{Leg}[F(x,y)] = G(x,z) = y(z)z - F(x, y(z)) \quad \text{mit } z = \frac{\partial F}{\partial y} \to y = y(z). \tag{5.2}$$

Dabei wird y durch z mit Hilfe der Gleichung $z = \frac{\partial F}{\partial y}$ ausgedrückt. Dies ist stets möglich, wenn die Determinante der Hessematrix der 2. Ableitungen ungleich Null ist,

$$\det \begin{bmatrix} \frac{\partial^2 F}{\partial x^2} & \frac{\partial^2 F}{\partial x \partial y} \\ \frac{\partial^2 F}{\partial y \partial x} & \frac{\partial^2 F}{\partial y^2} \end{bmatrix} \neq 0.$$

Die Funktion G hängt jetzt nur von x und z ab. Die Variable x bleibt unangetastet, daher die Bezeichnung passive Variable. Wichtig ist, dass man aus der Kenntnis der Legendre-Transformierten $G(x, z)$ die ursprüngliche Funktion $F(x, y)$ wieder zurückerhalten kann. Die inverse Transformation lautet

$$\text{Leg}[G(x,z)] = F(x,y) = z(y)y - G(x, z(y)), \tag{5.3}$$
$$\text{mit } y(z) = \frac{\partial G}{\partial z} \to z = z(y).$$

Denn:

$$H(x,y) = \text{Leg}[G(x,z)] = zy - G(x, z(y)) = zy - (yz - F(x,y)) = F(x,y).$$

Die Transformation ist also vollkommen symmetrisch. Die Legendre-Tranformation ist ihre eigene Inverse,

$$\text{Leg}[\text{Leg}[F(x,y)]] = F(x,y).$$

Das „alte" und das „neue" System sind absolut äquivalent. Für die passiven Variablen gelten die Beziehungen

$$\frac{\partial F(x,y)}{\partial x} = -\frac{\partial G(x, z(y))}{\partial x}. \tag{5.4}$$

Beispiel:
Sei $F(x,y) = (1+x^2)y^2$. Die Legendre-Transformation lautet
$$G(x,z) = \frac{z^2}{4(1+x^2)} \quad \text{wo } z = \frac{\partial F}{\partial y}.$$

Beweis
$$z(y) = \frac{\partial F}{\partial y} = 2y(1+x^2); \quad \Rightarrow y = \frac{z}{2(1+x^2)}$$
$$G(x,z) = yz - F(x,y(z)) = \frac{z^2}{2(1+x^2)} - (1+x^2)[\frac{z}{2(1+x^2)}]^2$$
$$= \frac{z^2}{4(1+x^2)}. \qquad \square$$

Sei jetzt $G(x,z)$ gegeben. Dann berechnet sich daraus $F(x,y)$ wie folgt
$$y(z) = \frac{\partial G}{\partial z} = \frac{2z}{4(1+x^2)} \quad \Rightarrow z(y) = 2y(1+x^2)$$
$$F(x,y) = z(y)y - G(x,z(y)) = 2y^2(1+x^2) - \frac{[2y(1+x^2)]^2}{4(1+x^2)}$$
$$= 2y^2(1+x^2) - y^2(1+x^2) = y^2(1+x^2).$$

> **Zusammenfassung** Die Legendre-Transformation transformiert eine gegebene Funktion von gegebenen Variablen in eine neue Funktion von neuen Variablen. Die neuen und die alten Variablen hängen über eine Punkttransformation zusammen. Die Transformation ist symmetrisch: Dieselbe Transformation, die vom alten zum neuen System führt, führt auch vom neuen zum alten. Die Verallgemeinerung auf mehr Variable ist problemlos möglich (siehe unten). Die Legendre-Transformation findet in verschiedenen Gebieten der Physik Anwendung, z. B. in der Statistischen Physik, in der Quantenfeldtheorie und beim Übergang von der Lagrangeschen zur Hamiltonschen Mechanik.

5.2 Die Hamiltonschen Gleichungen

Die Hamiltonschen Gleichungen folgen aus den Lagrangeschen Gleichungen nach Anwendung einer Legendre-Transformation auf die Lagrange-Funktion. Wir betrachten zunächst ein mechanisches System mit einem Freiheitsgrad, das beschrieben wird durch die Lagrange-Funktion
$$L = L(q, \dot{q}; t).$$
Wir fassen die $\dot{q}$ als Variable auf, die unabhängig von den q sind, und wählen

$\dot{q}$ aktive Variable, $\quad q, t$ passive Variable.

Die Legendre-Transformation wird in 3 Schritten durchgeführt:

1. Wir führen die neue Variable ein:

$$p = \frac{\partial L}{\partial \dot{q}},$$

die wir *kanonischen Impulse* nennen.
2. Wir invertieren diese Relation, d. h. lösen sie nach $\dot{q}$ auf:

$$\dot{q} = \dot{q}(p)$$

3. Wir führen eine Legendre-transformierte Funktion $H(q, p; t)$ ein,

$$H(q, p; t) = p\dot{q}(p) - L(q, \dot{q}(p); t), \quad (5.5)$$

die wir *Hamilton-Funktion* nennen.

	Altes System	Neues System
Funktion	Lagrangefunktion L	Hamilton-Funktion H
Variable	Geschwindigkeiten	kanonische Impulse

Bemerkung: Wir hatten im Kapitel 4 die Hamilton-Funktion auch in der Lagrangeschen Mechanik über die Definition $H(q, \dot{q}, t) \equiv \dot{q} \partial L / \partial \dot{q} - L$ eingeführt. Wenn wir im Rahmen der Hamiltonschen Mechanik von der Hamilton-Funktion sprechen, wird diese immer als Funktion von q, p, t aufgefasst.

Die zusätzlichen Gleichungen der passiven Variablen lauten nach Gl. (5.5)

$$\frac{\partial L}{\partial q} = -\frac{\partial H}{\partial q} \quad (5.6)$$

$$\frac{\partial L}{\partial t} = -\frac{\partial H}{\partial t}. \quad (5.7)$$

Da wir aus Kapitel 4 wissen, dass $\frac{dH}{dt} = -\frac{\partial L}{\partial t}$, folgt

$$\frac{dH}{dt} = \frac{\partial H}{\partial t}. \quad (5.8)$$

Es gilt somit folgendes duales Schema:

$$L(q, \dot{q}, t) \qquad H(q, p, t)$$
$$p = \frac{\partial L}{\partial \dot{q}} \rightarrow \dot{q} = \dot{q}(p) \qquad \dot{q} = \frac{\partial H}{\partial p} \rightarrow p = p(\dot{q})$$
$$H = p\dot{q}(p) - L(q, \dot{q}(p); t) \qquad L = p(\dot{q})\dot{q} - H(q, p(\dot{q}), t)$$
$$H = H(q, p; t) \qquad L = L(q, \dot{q}; t)$$

Als nächstes untersuchen wir die Transformation der Lagrange-Gleichung

$$\frac{\partial L}{\partial q} - \frac{d}{dt}\frac{\partial L}{\partial \dot{q}} = 0. \quad (5.9)$$

Da $p = \frac{\partial L}{\partial \dot{q}}$ ist, geht diese Gleichung über in

$$\frac{\partial L}{\partial q} - \frac{d}{dt}p = 0 .$$

D. h. die Lagrange-Gleichung geht über in

$$\dot{p} = \frac{\partial L}{\partial q} .$$

Andererseits ist q passive Variable und daher gilt mit Gl. (5.6)

$$\dot{p} = \frac{\partial L}{\partial q} = -\frac{\partial H}{\partial q} .$$

Wir fassen die Ergebnisse zusammen:

$$\dot{p} = -\frac{\partial H}{\partial q}; \quad \dot{q} = \frac{\partial H}{\partial p}; \quad \text{und} \quad \frac{dH}{dt} = -\frac{\partial L}{\partial t} . \tag{5.10}$$

Die sind die *Hamiltonsche kanonischen Gleichungen*. Hängt L nicht explizit von der Zeit ab, so sind dies zwei gekoppelte Differentialgleichungen erster Ordnung. Dabei sind die $q(t)$ und $p(t)$ die zwei unbekannten Funktionen. Für jede davon wird eine Anfangsbedingung benötigt, $q(0)$ und $p(0)$. Die ursprüngliche Lagrangesche Gleichungen bilden dagegen eine Differentialgleichungen zweiter Ordnung für die eine Unbekannte $q(t)$. Man braucht hier zwei Anfangsbedingungen $q(0)$ und $\dot{q}(0)$.

Beispiel: Der Harmonische Oszillator

$$L = \frac{m}{2}\dot{x}^2 - \frac{k}{2}x^2 .$$

Aus der Lagrange-Funktion bestimmt sich der kanonischer Impuls,

$$p = \frac{\partial L}{\partial \dot{x}} = m\dot{x} \quad \rightarrow \quad \dot{x} = \frac{p}{m}$$

und die Hamilton-Funktion,

$$H = p\dot{x} - L = \frac{p^2}{m} - \frac{1}{2}\frac{p^2}{m} + \frac{k}{2}x^2 = \frac{1}{2}\frac{p^2}{m} + \frac{k}{2}x^2 .$$

Das hätte man erraten können, da hier $H = T + V$. Die Hamiltonschen Gleichungen ergeben

$$\dot{x} = \frac{\partial H}{\partial p} = \frac{p}{m},$$

$$\dot{p} = -\frac{\partial H}{\partial x} = -kx \quad \text{Hooksches Gesetz} .$$

Aus der 1. Gleichung folgt

$$\dot{p} = m\ddot{x} \quad \rightarrow \quad m\ddot{x} = -kx$$

wie erwartet.

Verallgemeinerung auf n Freiheitsgrade

Betrachte ein mechanisches N-Teilchen-System mit m Zwangsbedingungen und n generalisierten Koordinaten, das beschrieben wird durch die Lagrange-Funktion

$$L = L(q_1, \ldots, q_n; \dot{q}_1, \ldots, \dot{q}_n; t), \quad n = 3N - m.$$

Wir fassen die $\dot{q}_i$ als unabhängige Variable auf und wählen $\dot{q}_1, \ldots, \dot{q}_n$ als aktive Variable und $q_1, \ldots, q_n$, t als passive Variable. Die Legendre-Transformation erfolgt wieder in 3 Schritten:

1. Wir führen „neue Variablen" ein:

$$p_i = \frac{\partial L}{\partial \dot{q}_i} \quad \to \quad \dot{q}_i = \dot{q}_i(p) \tag{5.11}$$

   die wir *kanonische Impulse* nennen.

2. Wir definieren die Hamilton-Funktion über eine Legendre-Transformation:

$$H = \sum_{i=1}^{n} p_i \dot{q}_i - L. \tag{5.12}$$

3. Wir drücken die neue Funktion H durch die neuen Variablen p_i aus, indem wir die p_i mit (5.11) als Funktion der $\dot{q}_i$ berechnen, invertieren und in Gl. (5.12) einsetzen,

$$H = H(q_1, \ldots, q_n; p_1, \ldots, p_n; t).$$

Die zusätzlichen Gleichungen der passiven Variablen lauten

$$\frac{\partial L}{\partial q_i} = -\frac{\partial H}{\partial q_i} \quad (i = 1, \ldots, n) \tag{5.13}$$

$$\frac{\partial L}{\partial t} = -\frac{\partial H}{\partial t}.$$

Wenden wir die Legendre-Transformation auf die Lagrangeschen Gleichungen an, so erhalten wir die **Hamiltonschen kanonischen Gleichungen**:

$$\dot{p}_i = -\frac{\partial H}{\partial q_i}, \quad \dot{q}_i = \frac{\partial H}{\partial p_i}, \quad \frac{\partial H}{\partial t} = -\frac{\partial L}{\partial t} \quad \text{und} \quad \frac{dH}{dt} = -\frac{\partial L}{\partial t}. \tag{5.14}$$

Dies sind $2n$ Bewegungsgleichungen 1. Ordnung. Dabei sind die q_i und p_i die $2n$ Unbekannten; für jede davon wird je eine Anfangsbedingung benötigt, $q_i(0)$ und $p_i(0)$. Im Vergleich dazu bilden die Lagrangeschen Gleichungen n Differentialgleichungen 2. Ordnung für n Unbekannte $q_i(t)$. Man braucht hier aber je 2 Anfangsbedingungen $q_i(0)$ und $\dot{q}_i(0)$.

5.3 Der Phasenraum

Es liegt nahe, die Variablen q_i und p_i, $i = 1, \ldots, n$ eines Systems von n Massenpunkten einen $2n$-dimensionalen (q, p) Raum aufspannen zu lassen, den *Phasenraum*. Dieser Raum hat eigentlich keine metrische Struktur, aber es ist üblich, die q_i und p_i in einen $2n$-dimensionalen Euklidischen Raum abzubilden. Wir interpretieren die Menge $\{q_i, p_i\}$, $i = 1, 2, \ldots$ als Zustände des mechanischen Systems. Für n Teilchen in 3 Dimensionen ist der Phasenraum $6n$-dimensional. Ein Punkt im Phasenraum beschreibt bestimmte Werte der Koordinaten und Impulse aller Teilchen des Systems. Jeder gegebene Punkt im Phasenraum entspricht einem Bewegundzustand des Systems. Die Bewegung eines Systems kann von jedem Punkt des Phasenraums ausgehen. Wenn aber ein Punkt der Bahn im Phasenraum vorgegeben ist, dann ist die Bewegung eindeutig festgelegt (Differentialgleichungen 1. Ordnung).

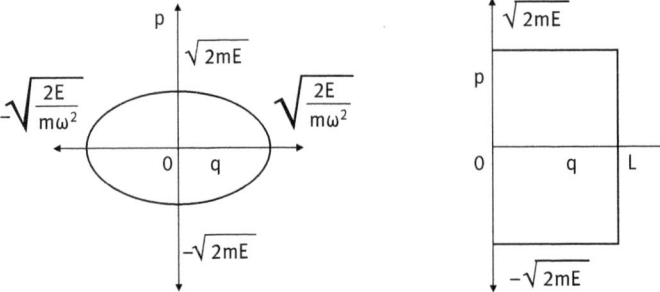

Abb. 5.1: Trajektorien im Phasenraum eines harmonischen Oszillators und eines Teilchens im Potentialtopf.

In der klassischen Mechanik ist der Zustand eines Systems eindeutig durch den Wert der gemessenen Variablen q_i und p_i bestimmt. Alle anderen Observablen, wie Energie oder Drehimpuls, lassen sich eindeutig aus diesen Werten berechnen. Implizit ist angenommen, dass die Variable q_i und p_i beliebig genau gemessen werden können. Dies ist ganz im Gegensatz zu der Situation in der Quantenmechanik.

5.4 Das Prinzip der kleinsten Wirkung im Phasenraum

Das Prinzip der kleinsten Wirkung $\delta \int_{t_1}^{t_2} L(q, \dot{q}) dt = 0$ lautet nach der Legendre-Transformation in den Variablen q und p

$$\delta \int_{t_1}^{t_2} (p\dot{q} - H(q, p))\, dt = 0\,. \tag{5.15}$$

Auf der Trajektorie $(q(t), p(t))$ durch den Phasenraum werden $q(t)$ und $p(t)$ unabhängig von einander variiert. Die Anfangs- und Endpunkte werden bei der Variation der Bahn festgehalten. Die beiden Formulierungen des Prinzips der kleinsten Wirkung sind nicht identisch. In der Lagrangeschen Mechanik wird nur die Bahn $q(t)$ variiert, der Impuls berechnet sich aus $p = \partial L/\partial \dot{q}$. In der Hamiltonschen Mechanik wir auch noch der Impuls $p(t)$ variiert. Nur auf der tatsächlich angenommenen Teilchenbahn sind die Impulse und das Wirkungsintegral in beiden Formulierungen gleich.

Aus Gl. (5.15) folgt

$$0 = \delta S = \int_{t_1}^{t_2} \left(\delta p \dot{q} + p \underbrace{\delta \dot{q}}_{\frac{d}{dt}\delta q} - \frac{\partial H}{\partial q} \delta q - \frac{\partial H}{\partial p} \delta p \right) dt$$

$$= \int_{t_1}^{t_2} \delta p \left(\dot{q} - \frac{\partial H}{\partial p} \right) dt + \int_{t_1}^{t_2} \frac{d}{dt}(p \delta q) \, dt - \int_{t_1}^{t_2} \delta q \left(\dot{p} + \frac{\partial H}{\partial q} \right) dt \, . \qquad (5.16)$$

Die Variationen δq und δp sind beliebig, außer, dass sie an den Endpunkten verschwinden sollen,

$$\delta q(t_1) = \delta q(t_2) = \delta p(t_1) = \delta p(t_2) = 0 \, .$$

Das 2. Integral verschwindet, da

$$\int_{t_1}^{t_2} \frac{d}{dt}(p \delta q) dt = (p \delta q)|_{t_1}^{t_2} = 0 \, .$$

Wir erhalten also die Hamiltonschen Gleichungen aus dem Prinzip der kleinsten Wirkung, wenn wir δq und δp unabhängig variieren, da dann die jeweiligen Koeffizienten verschwinden müssen, $(\dot{q} - \frac{\partial H}{\partial p}) = 0$ und $(\dot{p} + \frac{\partial H}{\partial q})$.

Bemerkungen:

a) In der Lagrangeschen Mechanik ist

$$p = p(q, \dot{q}, t) \text{ und } \delta p = \frac{\partial p}{\partial q} \delta q + \frac{\partial p}{\partial \dot{q}} \delta \dot{q} = \frac{\partial p}{\partial q} \delta q + \frac{\partial p}{\partial \dot{q}} \frac{d}{dt} \delta q \, .$$

D. h. δp ist keine unabhängige Variation. Beim Hamiltonschen Prinzip im Phasenraum vergisst man zunächst den Zusammenhang $p = p(q, \dot{q}, t)$ bzw. das Inverse $\dot{q} = \dot{q}(q, p, t)$ und behandelt $q(t)$ und $p(t)$ als unabhängige unbekannte Funktionen. Der Zusammenhang gilt nur für das Extremum, d. h. er folgt aus der Hamilton-Gleichung

$$\dot{q} = \frac{\partial H}{\partial p} = \frac{\partial}{\partial p}(p\dot{q} - L)$$

$$= \dot{q} + \left(p - \frac{\partial L}{\partial \dot{q}} \right) \frac{\partial \dot{q}}{\partial p} \quad \Rightarrow \quad p = \frac{\partial L}{\partial \dot{q}}$$

b) Streng genommen muss man bei der Ableitung der Hamiltonschen Gleichungen aus dem Wirkungsprinzip nur fordern dass $\delta q(t_1) = \delta q(t_2) = 0$. Die kanonischen Impulse können an den an den Randpunkten frei variieren.

Energiesatz und kanonischen Gleichungen

Sei H nicht explizit zeitabhängig

$$H = H(q_1, \ldots, q_n; p_1, \ldots, p_n) \,.$$

Dann gilt

$$\frac{dH}{dt} \underset{(5.8)}{=} \frac{\partial H}{\partial t} = 0$$
$$\rightarrow H = \text{konst.} = E \,.$$

Das System bleibt also stets auf der „Energiefläche" $H = E$. Nur wenn T quadratisch in $\dot{q}$ und V unabhängig von $\dot{q}$ ist, folgt aus Gl. (5.12), dass $H = T + V$ ist.

Zyklische Variable

Wenn in $H = H(q_1, \ldots, q_n; p_1, \ldots, p_n)$ eine verallgemeinerte Koordinate, sagen wir q_k, nicht vorkommt, dann ist der zugehörige kanonische Impuls p_k erhalten (zeitlich konstant), da $\dot{p}_i = -\frac{\partial H}{\partial q_i}$.

5.5 Die Poissonschen Klammern

Die Poisson-Klammer für zwei beliebige Funktionen $A = A(q_i, p_i, t)$ und $B = B(q_i, p_i, t)$ der kanonischen Koordinaten q_i und kanonischen Impulse p_i ist definiert durch

$$\{A, B\} \equiv \sum_i \left(\frac{\partial A}{\partial q_i} \frac{\partial B}{\partial p_i} - \frac{\partial A}{\partial p_i} \frac{\partial B}{\partial q_i} \right) \,. \tag{5.17}$$

Die Poisson-Klammer erfüllt offensichtlich folgende Beziehungen:

$$\{F, G\} = -\{G, F\}$$
$$\{F, c\} = 0$$
$$\{(F_1 + F_2), G\} = \{F_1, G\} + \{F_2, G\}$$
$$\{F_1 F_2, G\} = F_1 \{F_2, G\} + F_2 \{F_1, G\} \,.$$

Durch direktes Einsetzen zeigt man, dass die Poisson-Klammern die *Jacobi-Identität* erfüllen,

$$\{A, \{B, C\}\} + \{B, \{C, A\}\} + \{C, \{A, B\}\} = 0 \,. \tag{5.18}$$

Zu den kanonischen Koordinaten und Impulsen gehören die *fundamentalen Klammern*:

$$\{q_i, q_k\} = \{p_i, p_k\} = 0$$
$$\{q_i, p_k\} = \delta_{ik} \,.$$

Beweis der letzten Relation

$$\{q_i, p_k\} = \sum_{j=1}^{n} \bigg(\underbrace{\frac{\partial q_i}{\partial q_j}}_{\delta_{ik}} \underbrace{\frac{\partial p_k}{\partial p_j}}_{\delta_{kj}} - \underbrace{\frac{\partial q_i}{\partial p_j}}_{=0} \underbrace{\frac{\partial p_k}{\partial q_j}}_{=0} \bigg) = \delta_{ik} \, .$$

Wir betrachten die zeitliche Entwicklung einer beliebigen Funktion $F(q_i, p_i, t)$ der Koordinaten und Impulse. Unter F kann man sich eine physikalische Messgröße oder Observable vorstellen. Dann gilt

$$\frac{d}{dt} F = \frac{\partial F}{\partial t} + \sum_i \bigg(\frac{\partial F}{\partial q_i} \underbrace{\dot{q}_i}_{\frac{\partial H}{\partial p_i}} + \frac{\partial F}{\partial p_i} \underbrace{\dot{p}_i}_{-\frac{\partial H}{\partial q_i}} \bigg)$$

$$= \frac{\partial F}{\partial t} + \sum_i \bigg(\frac{\partial F}{\partial q_i} \frac{\partial H}{\partial p_i} - \frac{\partial F}{\partial p_i} \frac{\partial H}{\partial q_i} \bigg) \, .$$

D. h. die zeitliche Entwicklung einer Observablen $F(q_i, p_i, t)$ wird durch die Gleichung

$$\frac{d}{dt} F = \frac{\partial F}{\partial t} + \{F, H\} \tag{5.19}$$

beschrieben. □

Beispiele:
a) Ein Spezialfall sind die kanonischen Koordinaten und Impulse selbst. Mit Hilfe der Poisson-Klammern lassen sich die Hamiltonschen Gleichungen schreiben als

$$\frac{dq_i}{dt} = \{q_i, H\}, \quad \frac{dp_i}{dt} = \{p_i, H\} \, .$$

b) F ist eine Erhaltungsgröße oder *Bewegungsintegral*, wenn $\frac{dF}{dt} = 0$ oder

$$\frac{\partial F}{\partial t} = -\{F, H\} \, . \tag{5.20}$$

Hängt die Erhaltungsgröße nicht explizit von t ab, so gilt

$$\{F, H\} = 0 \, .$$

Poissonsches Theorem

Sind F und G zwei Erhaltungsgrößen, dann ist auch die Poisson-Klammer $\{F, G\}$ eine Erhaltungsgröße.

Beweis (für den Fall, dass F und G nicht explizit von der Zeit abhängen) Wir setzen in der *Jacobi-Identität* (5.18) $A = F$, $B = G$, $C = H$:

$$\{H, \{F, G\}\} + \{F, \underbrace{\{G, H\}}_{=0}\} + \{G, \underbrace{\{H, F\}}_{=0}\} = 0 \, .$$

Das bedeutet, dass $\{H, \{F, G\}\} = 0$ ist, woraus die Behauptung folgt. □

Das Poissonsche Theorem kann erneut angewendet werden, z. B. auf F und $\{F, G\}$. Die Anwendung liefert nicht unendlich viele neue Bewegungsintegrale. Es gibt maximal $2n-1$ Bewegungsintegrale für n Freiheitsgrade. Das Verfahren bricht ab, wenn $\{F, G\} = c$ (konstant) oder $\{F, G\}$ eine Funktion von F und G ist.

Bedeutung der Hamiltonschen Mechanik

Die Hamiltonschen Gleichungen eignen sich meist nicht zur leichteren Berechnung von physikalischen Problemen der Mechanik. Diese werden besser mit dem Lagrange-Formalismus gelöst. Der Hamilton-Formalismus eignet sich dagegen besonders für formale Untersuchungen. Er ist der Ausgangspunkt für die statistische Mechanik und erlaubt den Zusammenhang zwischen Quantenmechanik und Mechanik herzustellen,

$$\text{Quantenmechanik im Heisenbergbild} \underset{\hbar \to 0}{\to} \text{Hamiltonsche Mechanik}$$

Der Zusammengang wird über die Poissonschen Klammern und den Kommutator der Observablen (Operatoren) hergestellt

$$\{\cdot,\cdot\} \underset{\hbar \to 0}{\leftarrow} \frac{1}{i\hbar}[\cdot,\cdot]_{QM} .$$

Zum Beispiel gilt,

$$[Q_i, P_j] = i\hbar\delta_{ij} \underset{\hbar \to 0}{\to} \{q_i, p_k\} = \delta_{ik}$$

wobei Q_i und P_j die Orts- und Impulsoperatoren der Quantenmechanik sind. Wenn A_H eine beliebige Observable im Heisenberg-Bild ist, gilt in Analogie zu Gl. (5.19):

$$\frac{dA_H}{dt} = \frac{1}{i\hbar}[A_H, H] + \frac{\partial A_H}{\partial t} .$$

Der Zusammenhang mit der Quantenmechanik sei hier nur kursorisch erwähnt. Er wird später ausführlich in den Kapiteln zur Quantentheorie besprochen.

6 Kanonische Transformationen

6.1 Punkt- und kanonische Transformationen

Lagrangesche Mechanik

Die Lagrangeschen Bewegungsgleichungen sind invariant unter beliebigen *Punkttransformationen*

$$q_i \longrightarrow Q_i = Q_i(q_j, t).$$

Hamiltonsche Mechanik

Auch die Hamiltonschen Gleichungen behalten unter diesen Punkttransformationen ihre Form bei, da sie aus den Lagrangeschen Gleichungen abgeleitet werden können. Die Hamiltonschen Gleichungen lassen aber, neben den Punkttransformationen auch Transformationen in den kanonischen Impulsen zu,

$$q_i \longrightarrow Q_i = Q_i(p, q, t) \tag{6.1}$$

$$p_i \longrightarrow P_i = P_i(p, q, t). \tag{6.2}$$

Dies ist ein Vorteil der Hamiltonschen Formulierung. Die Transformationen sind jetzt allerdings nicht mehr beliebig, wenn sie dieselben Hamilton-Gleichungen ergeben sollen. Wenn die neuen Koordinaten und Impulse die Hamiltonschen Gleichungen erfüllen, dann heißen die Transformationen *kanonische Transformationen*. D. h. nach der Transformation soll gelten:

$$\dot{Q}_i = \frac{\partial K}{\partial P_i}, \quad \dot{P}_i = -\frac{\partial K}{\partial Q_i},$$

wo $K = K(Q, P, t)$ die transformierte Hamilton-Funktion ist. Wir werden gleich sehen, dass $K(Q, P, t)$ nicht unbedingt identisch sein muss mit $H(q(Q, P, t), p(Q, P, t), t)$.

Wenn q, p und Q, P kanonische Koordinaten sein sollen, so müssen sie jeweils das Hamiltonsche Prinzip erfüllen, d. h.

$$\delta \int_{t_1}^{t_2} \left(\sum_i p_i \dot{q}_i - H(q, p, t) \right) dt = 0 \tag{6.3}$$

und

$$\delta \int_{t_1}^{t_2} \left(\sum_i P_i \dot{Q}_i - K(Q, P, t) \right) dt = 0. \tag{6.4}$$

Die gleichzeitige Gültigkeit von (6.3) und (6.4) bedeutet nicht unbedingt, dass die Integranden gleich sind, sondern dass sie sich höchstens um eine totale Zeitableitung unterscheiden,

$$\left[\sum_i p_i \dot{q}_i - H - \left(\sum_i P_i \dot{Q}_i - K \right) \right] = \frac{d}{dt} F, \tag{6.5}$$

wo $F = F(q, p, Q, P, t)$ eine beliebige Funktion der alten und neuen Koordinaten ist, die *erzeugenden Funktion* genannt wird. Wegen (6.1), (6.2) sind aber nur die Hälfte der Variablen q, p, Q, P linear unabhängig. Es gibt folgende Möglichkeiten:

$$F_1(q, Q, t), F_2(q, P, t), F_3(p, Q, t), F_4(p, P, t).$$

Es hängt vom Problem ab, welches F benutzt werden sollte. Die Transformationsgleichungen sind durch F vollständig festgelegt, daher der Name *erzeugende Funktion*. Betrachtet man die Abhängigkeit der F_i von den Variablen, so sieht man, dass aus einer erzeugenden Funktion, sagen wir F_1, die anderen durch sukzessive Anwendung von Legendre-Transformationen folgen. $F_1, \ldots, F_4$ stellen die selbe kanonische Transformation dar.

Ein einfaches **Beispiel,** das den Ausgangspunkt für die infinitesimalen kanonischen Transformationen bildet, ist:

$$F_2 = \sum_j q_j P_j \tag{6.6}$$

$$p_i = \frac{\partial F_2}{\partial q_i} = P_i, \quad Q_i = \frac{\partial F_2}{\partial P_i} = q_i. \tag{6.7}$$

Dies ist die Einheitstransformation.

6.2 Kanonische Transformationen und Poisson-Klammern

Gegeben seien zwei Funktionen $A(q, p)$ und $B(q, p)$

Theorem *Die Poisson-Klammer ist invariant unter kanonischen Transformationen,*

$$\{A, B\}_{P,Q} = \{A, B\}_{p,q}. \qquad \square$$

Beweis Die Indizes i, j seien unterdrückt. Aus der Definition der Poisson-Klammer folgt unmittelbar

$$\{Q, P\}_{P,Q} = \{q, p\}_{p,q} = 1.$$

Wir betrachten die transformierten Funktionen

$$A(q(Q, P), p(Q, P)) \text{ und } B(q(Q, P), p(Q, P)).$$

Nach der Kettenregel gilt

$$\{A, B\}_{q,p} = \frac{\partial A}{\partial q} \frac{\partial B}{\partial p} - \frac{\partial A}{\partial p} \frac{\partial B}{\partial q}$$

$$= \left[\frac{\partial A}{\partial Q} \frac{\partial Q}{\partial q} + \frac{\partial A}{\partial P} \frac{\partial P}{\partial q} \right] \left[\frac{\partial B}{\partial P} \frac{\partial P}{\partial p} + \frac{\partial B}{\partial Q} \frac{\partial Q}{\partial p} \right]$$

$$- \left[\frac{\partial A}{\partial P} \frac{\partial P}{\partial p} + \frac{\partial A}{\partial P} \frac{\partial P}{\partial p} \right] \left[\frac{\partial B}{\partial Q} \frac{\partial Q}{\partial q} + \frac{\partial B}{\partial P} \frac{\partial P}{\partial q} \right].$$

Betrachte z. B. den Beitrag

$$\frac{\partial A}{\partial Q}\frac{\partial Q}{\partial q}\frac{\partial B}{\partial P}\frac{\partial P}{\partial p} - \frac{\partial A}{\partial P}\frac{\partial P}{\partial p}\frac{\partial B}{\partial Q}\frac{\partial Q}{\partial q}$$

$$= \frac{\partial A}{\partial Q}\frac{\partial Q}{\partial q}\frac{\partial P}{\partial p}\frac{\partial B}{\partial P} - \frac{\partial A}{\partial P}\frac{\partial P}{\partial p}\frac{\partial Q}{\partial q}\frac{\partial B}{\partial Q}$$

$$= \frac{\partial A}{\partial Q}\{Q,P\}\frac{\partial B}{\partial P}.$$

Auf diese Weise erhält man

$$\{A,B\}_{q,p} = \frac{\partial A}{\partial Q}\{Q,Q\}\frac{\partial B}{\partial Q} + \frac{\partial A}{\partial Q}\{Q,P\}\frac{\partial B}{\partial P}$$

$$+ \frac{\partial A}{\partial P}\{P,Q\}\frac{\partial B}{\partial Q} + \frac{\partial A}{\partial P}\{P,P\}\frac{\partial B}{\partial P}$$

$$= \frac{\partial A}{\partial Q}\frac{\partial B}{\partial P} - \frac{\partial A}{\partial P}\frac{\partial B}{\partial Q}$$

oder

$$\{A,B\}_{q,p} = \{A,B\}_{Q,P}. \tag{6.8}$$

Eine Anwendung der Formel Gl. (6.8) liefert

$$\{Q_i(q,p,t), P_k(q,p,t)\}_{pq} = \{Q_i, P_k\}_{PQ} = \delta_{ik}. \tag{6.9}$$

□

Die Bedingung

$$\{Q_i(q,p,t), P_k(q,p,t)\}_{pq} = \delta_{ik}$$

ist notwendig und hinreichend für eine kanonische Transformation. Damit können wir feststellen, ob eine Transformation kanonisch ist, ohne die erzeugende Funktion F zu kennen.

6.3 Infinitesimale kanonische Transformationen

$$Q_i = q_i + \delta q_i, \tag{6.10}$$
$$P_i = p_i + \delta p_i. \tag{6.11}$$

Die Transformation unterscheidet sich auch nur infinitesimal von der Einheitstransformation,

$$F_2(q,P,t) = q_i P_i + \varepsilon G(q,P,t) \qquad \varepsilon \ll 1.$$

Die Funktion

$$G(q,P,t) = \frac{\partial F_2(q,P,t)}{\partial \varepsilon}$$

heißt *infinitesimale Erzeugende* der Transformation (*F* war die Erzeugende der endlichen Transformation). Wir unterdrücken im Folgenden die *t*-Abhängigkeit. Nach Gl. (6.7) gilt

$$p_i = \frac{\partial F_2}{\partial q_i} = P_i + \varepsilon \frac{\partial G(q,P)}{\partial q_i} \quad \rightarrow \quad \delta p_i = -\varepsilon \frac{\partial G(q,P)}{\partial q_i}$$

und

$$Q_i = \frac{\partial F_2}{\partial P_i} = q_i + \varepsilon \frac{\partial G(q,P)}{\partial P_i} \quad \rightarrow \quad \delta q_i = \varepsilon \frac{\partial G}{\partial P_i}.$$

Da

$$\frac{\partial G(q, p+\delta p)}{\partial q_i} = \frac{\partial G(q,p)}{\partial q_i} + O(\delta p_i) \text{ und } \frac{\partial G(q, p+\delta p)}{\partial (p_i + \delta p_i)} = \frac{\partial G(q,p)}{\partial p_i} + O(\delta p_i),$$

können wir auch schreiben

$$\delta p_i = -\varepsilon \frac{\partial G(q,p)}{\partial q_i}, \quad \delta q_i = \varepsilon \frac{\partial G(q,p)}{\partial p_i}.$$

Die infinitesimalen kanonischen Transformationen lassen sich durch Poisson-Klammern ausdrücken,

$$\frac{\partial G(q,p)}{\partial q_i} = \{G, p_i\}, \quad \frac{\partial G(q,p)}{\partial p_i} = -\{G, q_i\}.$$

Beweis

$$\{G, p_i\} = \frac{\partial G}{\partial q_k}\frac{\partial p_i}{\partial p_k} - \frac{\partial G}{\partial p_k}\frac{\partial p_i}{\partial q_k} = \frac{\partial G}{\partial q_k}\delta_{ik}$$

und analog für $\{G, q_i\}$. □

Wie ändert sich nun eine skalare Funktion unter der infinitesimalen Transformation (6.10), (6.11)?

$$U(q,p) \longrightarrow U(Q,P) \quad \text{gleiche funktionale Abhängigkeit, nur } q,p \rightarrow Q,P$$

$$\begin{aligned}\delta U &= U(q+\delta q, p+\delta p) - U(q,p) \\ &= \frac{\partial U}{\partial q}\delta q + \frac{\partial U}{\partial p}\delta p \\ &= \varepsilon\left[\frac{\partial U}{\partial q}\frac{\partial G}{\partial p} - \frac{\partial U}{\partial p}\frac{\partial G}{\partial q}\right],\end{aligned}$$

oder

$$\delta U = \varepsilon \{U, G\}. \tag{6.12}$$

Sei speziell $U = H$, die Hamilton-Funktion. Wir hatten gezeigt, dass G eine Erhaltungsgröße ist, wenn $\{G, H\} = 0$ ist. D. h. *Infinitesimalen Erzeugende, die die Hamilton-Funktion invariant lassen sind Erhaltungsgrößen*. Man kann alle Erhaltungsgrößen oder Bewegungsintegrale aus den Symmetrien der Hamilton-Funktion ablesen.

Beispiele für infinitesimale Erzeugende
1. Der Impuls: Betrachte Translationen in den kartesischen Koordinaten $\vec{x}$ eines einzelnen Teilchens um einen konstanten Vektor $\varepsilon\vec{e}$,

$$\vec{x} \to \vec{x} + \varepsilon\vec{e}, \qquad \delta\vec{p} = 0.$$

Da $\delta\vec{x} = \varepsilon\frac{\partial G}{\partial \vec{p}}$ folgt $G = \vec{e}\cdot\vec{p}$, d. h. G ist die Komponente des Impulses in Richtung $\vec{e}$ der Translation. Die Verallgemeinerung für ein N-Teilchensystem lautet

$$\vec{x}_i \to \vec{x}_i + \varepsilon\vec{e}_i, \qquad \delta\vec{p}_i = 0 \quad (i = 1,\ldots,N).$$

$$G = \vec{e}\cdot\vec{P}, \quad \vec{P} = \sum_{i=1}^{N}\vec{p}_i \quad \text{(Gesamtimpuls)}$$

Eine skalare Observable transformiert sich unter Translationen entsprechend Gl. (6.12)

$$\delta U = \vec{\varepsilon}\cdot\{U,\vec{P}\}.$$

Der Impuls ist die infinitesimale Erzeugende der Translationen eines Systems.

2. Drehimpuls: Betrachte Drehungen um die z-Achse:

$$x'_i = \cos\theta\, x_i + \sin\theta\, y_i$$
$$y'_i = -\sin\theta\, x_i + \cos\theta\, y_i.$$

Der Index $i = 1,\ldots,N$, der die Teichen nummeriert, sei im Folgenden unterdrückt. Für infinitesimale Winkel $\delta\theta$ erhält man

$$x' = x + \delta\theta\, y \quad \to \delta x = \delta\theta\, y$$
$$y' = -\delta\theta\, x + y \quad \to \delta y = -\delta\theta\, x.$$

Der Impuls $\boldsymbol{p}$ ist ein Vektor, d. h. er transformiert sich unter Drehungen wie der Ortsvektor

$$p'_x = p_x + \delta\theta\, p_y \quad \to \delta p_x = \delta\theta\, p_y$$
$$p'_y = -\delta\theta\, p_x + p_y \quad \to \delta p_y = -\delta\theta\, p_x.$$

Es war $\delta q_i = \varepsilon\frac{\partial G}{\partial p_i}$, $\delta p_i = -\varepsilon\frac{\partial G}{\partial q_i}$ mit $G = G(q,p)$. Wir vermuten, dass G mit der z-Komponente des Drehimpulses zusammenhängt und versuchen den Ansatz

$$G = -[\boldsymbol{x}\times\boldsymbol{p}]_z = -(xp_y - yp_x).$$

Damit erhält man

$$\delta x = \delta\theta\,\frac{\partial G}{\partial p_x} = \delta\theta\, y; \quad \delta y = \delta\theta\,\frac{\partial G}{\partial p_y} = -\delta\theta\, x$$

$$\delta p_x = -\delta\theta\,\frac{\partial G}{\partial x} = \delta\theta\, p_y; \quad \delta p_y = -\delta\theta\,\frac{\partial G}{\partial y} = -\delta\theta\, x.$$

Bei einer Drehung um die z-Achse ist also die Erzeugende $G = -L_z$. Analog behandelt man Drehungen um die x- und y- Achsen.

Der Drehimpuls ist die infinitesimale Erzeugende der Drehungen eines mechanischen Systems.

3. Hamilton-Funktion: Sei $G = H(q, p)$ die Hamilton-Funktion und $\varepsilon = dt$ ein kleines Zeitintervall. Dann gilt

$$\delta q_i = \varepsilon \frac{\partial G}{\partial p_i} \quad \to \quad \delta q_i = dt \frac{\partial H}{\partial p_i} = \dot{q}_i dt$$

$$\delta p_i = -\varepsilon \frac{\partial G}{\partial q_i} \quad \to \quad \delta p_i = -dt \frac{\partial H}{\partial q_i} = \dot{p}_i dt \, .$$

Diese Transformation erzeugt

$$(q(t), p(t)) \longrightarrow (q(t + dt), p(t + dt)) = (q(t) + \dot{q}(t)dt, p(t) + \dot{p}(t)dt) \, .$$

Die Hamilton-Funktion ist die Erzeugende der zeitlichen Entwicklung eines Systems.

Die Betrachtung der zeitlichen Entwicklung eines System als eine Folge von kanonischen Transformationen erweist sich als fruchtbar in der höheren analytischen Mechanik.

7 Drehungen

Drehungen spielen in der gesamten Physik eine nicht zu unterschätzende Rolle. Dies hat seinen Ursprung in der Isotropie des Raumes und der daraus folgenden Drehimpulserhaltung. Beispiele aus der klassischen Mechanik sind die Planetenbewegung, rotierende Koordinatensysteme und der starre Körper. In der Elektrodynamik basiert die Multipolentwicklung auf der sphärischen Symmetrie des Feldes einer Punktladung. Eine noch größere Rolle spielen Drehungen in der Quantentheorie. Hier werden die Drehungen durch die Drehimpulsoperatoren erzeugt. Die Drehimpulsanalyse in der Quantenmechanik ist wesentlich für die Interpretation von Streuexperimenten und für das Verständnis der Spektroskopie der Atome und Moleküle. Da die Elementarteilchen punktförmig sein sollen, müssen die zugehörigen Quantenfelder Darstellungen der Drehgruppe bilden. Sie können einen Eigendrehimpuls oder Spin aufweisen, der kein Äquivalent in der klassischen Mechanik hat. Für ein gründliches Verständnis der Drehungen ist ein gewisser Formalismus unumgänglich, den wir an dieser Stelle einführen wollen.

7.1 Drehmatrix

Wir betrachte in diesem Kapitel die feste Rotationen eines kartesischen Koordinatensystems K in ein anderes kartesisches Koordinatensystem K'. Dabei wird ein gegebener Komponentenvektor x in einen anderen Komponentenvektor x' übergeführt. Wegen der Linearität des Raumes, ist diese Operation linear. Wenn wir lineare Operatoren auf einem Euklidischen Vektorraum betrachten wollen, so ist es vorteilhaft die Vektoren nicht als Zeilen- sondern als Spaltenvektoren zu schreiben. Dann wirken die Operatoren nach den üblichen Regel der Matrizenrechnung auf die Spaltenvektoren. Wir ordnen also die Komponenten des Ortsvektors eines Massenpunktes in einem gegebenen Koordinatensystem K als Spaltenvektor (3×1 Matrix) an und schreiben

$$x \equiv \begin{pmatrix} x_1 \\ x_2 \\ x_3 \end{pmatrix} = (x_1, x_2, x_3)^T,$$

mit $x_1 = x$, $x_2 = y$, $x_3 = z$. Wenn es der Verdeutlichung dient, schreiben wir manchmal auch $\tilde{x}$ für x.

Als einfaches **Beispiel** betrachten wir eine Drehung des Koordinatensystem um einen Winkel θ um die z-Achse. Sei K das ursprüngliches Koordinatensystem und K' das gedrehtes Koordinatensystem. Der Zusammenhang zwischen den Koordinaten war (s. Kapitel 4):

$$x' = x\cos\theta + y\sin\theta$$
$$y' = -x\sin\theta + y\cos\theta$$
$$z' = z,$$

oder umgekehrt

$$x = x'\cos\theta - y'\sin\theta$$
$$y = x'\sin\theta + y'\cos\theta$$
$$z = z'.$$

In Matrixform lautet die Drehung um einen Winkel θ_3 um die z-Achse, bzw. um den Einheitsvektor $\boldsymbol{e}_3$ um einen Winkel θ_3

$$\boldsymbol{x}' = M(\boldsymbol{e}_3, \theta_3)\boldsymbol{x},$$

mit

$$M(\boldsymbol{e}_3, \theta_3) = \begin{pmatrix} \cos\theta_3 & \sin\theta_3 & 0 \\ -\sin\theta_3 & \cos\theta_3 & 0 \\ 0 & 0 & 1 \end{pmatrix}. \tag{7.1}$$

Analog erhält man für Drehungen um die y-Achse (Einheitsvektor $\boldsymbol{e}_2$) und x-Achse (Einheitsvektor $\boldsymbol{e}_1$)

$$M(\boldsymbol{e}_2, \theta_2) = \begin{pmatrix} \cos\theta_2 & 0 & -\sin\theta_2 \\ 0 & 1 & 0 \\ \sin\theta_2 & 0 & \cos\theta_2 \end{pmatrix}, \tag{7.2}$$

$$M(\boldsymbol{e}_1, \theta_1) = \begin{pmatrix} 1 & 0 & 0 \\ 0 & \cos\theta_1 & \sin\theta_1 \\ 0 & -\sin\theta_1 & \cos\theta_1 \end{pmatrix}. \tag{7.3}$$

In Komponentenschreibweise lauten die Drehungen

$$x'_i = \sum_{k=1}^{3} M_{ik} x_k. \tag{7.4}$$

Im folgenden verwenden wir wieder die *Einsteinsche Summenkonvention*, d. h. über doppelt vorkommende Indizes wird summiert. Dann schreibt sich Gl. (7.4) einfach

$$x'_i = M_{ik} x_k.$$

Die Gleichung bedeutet, dass die Matrix M auf die Komponenten des Vektors im System K wirkt, um die Komponenten des selben Vektors im System K' zu erzeugen.

Richtungskosinus

Der gegebener Vektor a kann in beiden Koordinatensystemen ausgedrückt werden

$$a = x_1 e_1 + x_2 e_2 + x_3 e_3 = x'_1 e'_1 + x'_2 e'_2 + x'_3 e'_3 \,.$$

Wegen der Orthonormalität der Einheitsvektoren, folgt

$$x'_1 = x_1 (e_1 \cdot e'_1) + x_2 (e_2 \cdot e'_1) + x_3 (e_3 \cdot e'_1) \text{ etc.}$$

Wenn wir Richtungskosinusse definieren,

$$e_i \cdot e'_k = \cos(e_i, e'_k) = \cos\theta_{ik}, \quad i, k = 1, 2, 3\,,$$

dann sind die Matrixelemente M_{ik} durch die Richtungskosinusse gegeben,

$$M_{ik} = \cos(e'_i, e_k)\,.$$

Eine *allgemeine Drehung* wird charakterisiert durch eine Drehachse n und einen Drehwinkel φ. Sie lässt sich aus drei unabhängigen Drehungen um die kartesischen Achsen erzeugen, zwei Drehungen (z. B. der z-Achse) um die Drehachse zu erreichen und eine weitere für den Drehwinkel um diese Achse. Es gibt verschiedene Vorschriften die drei Drehungen vorzunehmen (s. Euler-Winkel im folgenden Kapitel).

7.2 Infinitesimale Drehungen

Für sehr kleine Drehwinkel können wir Beiträge $O(\theta_i^2)$ vernachlässigen und erhalten,

$$M(e_3, \theta_3) = \mathbf{1} + \theta_3 \begin{pmatrix} 0 & 1 & 0 \\ -1 & 0 & 0 \\ 0 & 0 & 0 \end{pmatrix} \equiv \mathbf{1} + \theta_3 X_3$$

$$M(e_2, \theta_2) = \mathbf{1} + \theta_2 \begin{pmatrix} 0 & 0 & -1 \\ 0 & 0 & 0 \\ 1 & 0 & 0 \end{pmatrix} \equiv \mathbf{1} + \theta_2 X_2$$

$$M(e_1, \theta_1) = \mathbf{1} + \theta_1 \begin{pmatrix} 0 & 0 & 0 \\ 0 & 0 & 1 \\ 0 & -1 & 0 \end{pmatrix} \equiv \mathbf{1} + \theta_1 X_1\,,$$

mit den 3×3 Matrizen

$$X_1 = \begin{pmatrix} 0 & 0 & 0 \\ 0 & 0 & 1 \\ 0 & -1 & 0 \end{pmatrix},\quad X_2 = \begin{pmatrix} 0 & 0 & -1 \\ 0 & 0 & 0 \\ 1 & 0 & 0 \end{pmatrix},\quad X_3 = \begin{pmatrix} 0 & 1 & 0 \\ -1 & 0 & 0 \\ 0 & 0 & 0 \end{pmatrix}. \quad (7.5)$$

Die antisymmetrischen Matrizen X_i heißen *infinitesimale Erzeugenden* der Drehungen. Die Erzeugenden der infinitesimalen Drehungen lassen sich in Komponenten schreiben als

$$(X_i)_{jk} = \varepsilon_{ijk}\,. \quad (7.6)$$

Die antisymmetrischen Matrizen X_i spannen einen dreidimensionalen Vektorraum auf, jede antisymmetrische 3×3 Matrix lässt sich als Linearkombination der X_i schreiben.

Bedingungen an die Matrix M

Die Länge eines Vektors ändert sich nicht unter Drehungen,

$$x'_j x'_j = x_j x_j \quad (\mathbf{x}'^2 = \mathbf{x}^2)$$

oder

$$M_{ji} x_i M_{jk} x_k = x_j x_j \,.$$

Daraus folgen die Bedingungen an die Drehmatrix

$$M_{ji} M_{jk} = \delta_{ik} \,, \tag{7.7}$$

oder in Matrixnotation

$$M^T M = 1 \quad \text{und} \quad M M^T = 1. \tag{7.8}$$

D. h. M ist eine *orthogonale Matrix*.

Gl. (7.7) ist symmetrisch in i und k. Damit ergeben sich 6 Bedingungen (3 diagonale und 3 nicht-diagonale, z. B. $M_{j1} M_{j2} = 0$), d. h. M hat nur $9 - 6 = 3$ unabhängige Parameter. Von den 9 Einträgen der Matrix M sind nur 3 unabhängig.

Aus

$$\det M^T M = \det M^T \det M = (\det M)^2 = \det 1 = 1$$

folgt

$$\det M = \pm 1 \,.$$

Für eigentliche Drehungen, die stetig aus der Einheit hervorgehen gilt $\det M = +1$. Transformationen mit $\det M = -1$ involvieren Drehungen plus Spiegelungen.

Zwei aufeinanderfolgende Drehungen vertauschen im Allgemeinen nicht. Wenn wir eine Streichholzschachtel zuerst um 90° um die x-Achse drehen und dann um 90° um die y-Achse, dann erhalten wir etwas anderes als bei Drehungen in umgekehrter Reihenfolge.

Bemerkung: Wenn man das Koordinatensystem dreht, spricht man von einer passiven Drehung. Alternativ kann man auch den physikalischen Apparat drehen und die Koordinatenachsen festhalten, dann spricht man von einer aktiven Drehung. Offensichtlich unterscheiden sich die jeweiligen Drehwinkel um ein Vorzeichen. Im Rahmen der Mechanik verwenden wir die passive Betrachtung.

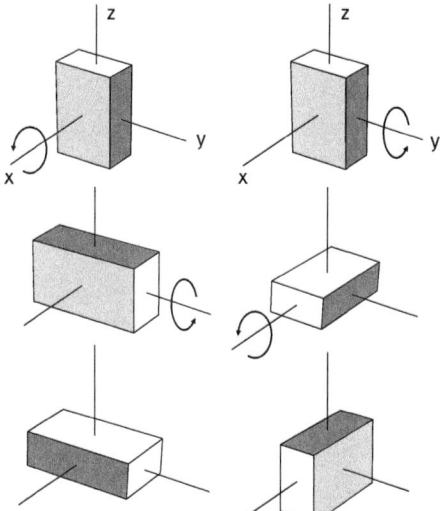

Abb. 7.1: Nicht-vertauschende Drehungen.

7.3 Drehgruppe

Die Drehmatrizen M bilden eine Gruppe, die Drehgruppe $O(3)$ bzw. $SO(3)$ für $\det M = +1$, d. h.

1. Das Produkt zweier orthogonalen Matrizen ist wieder orthogonal,
$$(M_1 M_2)(M_1 M_2)^T = M_1 M_2 M_2^T M_1^T = 1 \;.$$

   Zwei aufeinander folgende Drehungen R_1 und R_2, die beschrieben werden durch die Koordinatentransformationen
$$\mathbf{x}' = M_2 M_1 \mathbf{x} \;,$$
   sind äquivalent einer einzigen Drehung $\mathbf{x}' = M_3 \mathbf{x}$ mit $M_3 \equiv M_2 M_1$ orthogonal.

2. Assoziativität:
$$M_1(M_2 M_3) = (M_1 M_2) M_3$$
   (gilt allgemein für Matrizenmultiplikation).

3. Identität: (physikalisch: keine Drehung)
$$M\mathbf{1} = M = M \;.$$
   Die 3×3 Einheitsmatrix $\mathbf{1}$ ist eine orthogonale Matrix.

4. Inverses: (physikalisch: Drehung im ungekehrten Sinne)
$$M M^{-1} = M^{-1} M = \mathbf{1} \;,$$
   da $M^{-1} = M^T$ eine orthogonale Matrix ist.

Exponentielle Schreibweise

Eine orthogonale Matrix mit det $M = +1$ kann in der Form geschrieben werden

$$M = e^A,$$

wo A antisymmetrisch ist und die Exponentialfunktion einer Matrix A definiert ist durch die Reihenentwicklung

$$e^A \equiv \mathbf{1} + A + \frac{1}{2!}AA + \frac{1}{3!}AAA + \cdots$$

Die Antisymmetrie zeigt man unmittelbar,

$$MM^T = e^A e^{A^T} = \mathbf{1} \rightarrow A^T = -A.$$

Bemerkung: Im Allgemeinen gilt für zwei $n \times n$ Matrizen *nicht*, dass $e^A e^B = e^{(A+B)}$. Wenn der Kommutator $[A, B] = c$ eine Zahl, ist gilt die Campell-Baker-Hausdorff-Formel

$$e^A e^B = e^{(A+B+\frac{1}{2}[A,B])}.$$

Wir brauchen 3 Parameter zur Beschreibung der antisymmetrischen Matrix A. Sie lässt sich daher in der Form schreiben:

$$A = \begin{pmatrix} 0 & a_{12} & a_{13} \\ -a_{12} & 0 & a_{23} \\ -a_{13} & -a_{23} & 0 \end{pmatrix}. \tag{7.9}$$

Es folgt, dass

$$\text{Sp}\, A = \det A = 0. \tag{7.10}$$

Wir hatten argumentiert, dass jede antisymmetrische 3×3 Matrix eine Linearkombination der Basismatrizen X_1, X_2, X_3 aus Gl. (7.5) ist. D. h.

$$A(\boldsymbol{b}) = b_1 \begin{pmatrix} 0 & 0 & 0 \\ 0 & 0 & 1 \\ 0 & -1 & 0 \end{pmatrix} + b_2 \begin{pmatrix} 0 & 0 & -1 \\ 0 & 0 & 0 \\ 1 & 0 & 0 \end{pmatrix} + b_3 \begin{pmatrix} 0 & 1 & 0 \\ -1 & 0 & 0 \\ 0 & 0 & 0 \end{pmatrix}, \tag{7.11}$$

oder

$$A_{ik} = \varepsilon_{ike} b_e. \tag{7.12}$$

Wir zeigen jetzt, dass die Richtung von $\boldsymbol{b}$ die Drehachse $\boldsymbol{n}$ ist und, dass $|\boldsymbol{b}|$ der Drehwinkel ist. D. h. $\boldsymbol{b} = \varphi \boldsymbol{n}$ und

$$A = \varphi \boldsymbol{n} \cdot \boldsymbol{X},$$

wo wir auch die X_i in Vektornotation geschrieben haben.
- $\boldsymbol{b}$ ist Eigenvektor von A zum Eigenwert 0

$$A_{ik} b_k = \varepsilon_{ike} b_e b_k = 0.$$

- b ist Eigenvektor von M zum Eigenwert 1

$$M\boldsymbol{b} = \left(1 + A + \frac{1}{2}AA + \cdots\right)\boldsymbol{b} = \boldsymbol{b}.$$

  Die Drehmatrix M ändert $\boldsymbol{b}$ nicht, d. h. $\boldsymbol{b}$ ist die Drehachse
- $|\boldsymbol{b}|$ ist der Drehwinkel.

Beweis für eine Drehung um die z-Achse

$$A_{ik} = \varepsilon_{ik3} b_3.$$

Wenn wir $b_3 = \varphi$ setzen, dann ist A in Matrixschreibweise gegeben durch

$$A = \varepsilon\varphi \quad \text{mit } \varepsilon = \begin{pmatrix} 0 & 1 & 0 \\ -1 & 0 & 0 \\ 0 & 0 & 0 \end{pmatrix}.$$

Es gilt (im 2×2 Unterraum)

$$\varepsilon^2 = \begin{pmatrix} 0 & 1 \\ -1 & 0 \end{pmatrix}\begin{pmatrix} 0 & 1 \\ -1 & 0 \end{pmatrix} = \begin{pmatrix} -1 & 0 \\ 0 & -1 \end{pmatrix} = -1, \quad \varepsilon^3 = -\varepsilon$$

oder allgemein

$$\varepsilon^{2n} = (-1)^n 1, \quad \varepsilon^{2n+1} = (-1)^n \varepsilon.$$

Damit wird

$$\begin{aligned} e^A &= 1 + A + \frac{1}{2!}A^2 + \frac{1}{3!}A^3 + \cdots \\ &= 1 + \varepsilon\varphi - \frac{1}{2!}1\varphi^2 - \frac{1}{3!}\varepsilon\varphi^3 + \cdots \\ &= 1\left(1 - \frac{1}{2!}\varphi^2 + \frac{1}{4!}\varphi^4 + \cdots\right) + \varepsilon\left(\varphi - \frac{1}{3!}\varphi^3 + \frac{1}{5!}\varphi^5 + \cdots\right) \\ &= 1\cos\varphi + \varepsilon\sin\varphi \end{aligned}$$

Da

$$1\cos\varphi + \varepsilon\sin\varphi = \begin{pmatrix} \cos\varphi & \sin\varphi \\ -\sin\varphi & \cos\varphi \end{pmatrix},$$

folgt durch Vergleich mit Gl. (7.1), dass φ gleich dem Drehwinkel ist. □

Die gesamte Information zu den Drehungen im $\mathbb{R}_3$ steckt in den Erzeugenden X_i, die auch als Basismatrizen der Drehungen aufgefasst werden können. Die Erzeugende bilden die Lie-Algebra der Drehgruppe und erfüllen die Vertauschungsrelationen

$$[X_i, X_k] = -\varepsilon_{ikl} X_l. \tag{7.13}$$

Die gleichen Vertauschungsrelationen gelten in der Quantenmechanik, bis auf Faktoren i und $\hbar$.

Beispiel: $[X_1, X_2]$

$$\begin{pmatrix} 0 & 0 & 0 \\ 0 & 0 & 1 \\ 0 & -1 & 0 \end{pmatrix} \begin{pmatrix} 0 & 0 & -1 \\ 0 & 0 & 0 \\ 1 & 0 & 0 \end{pmatrix} - \begin{pmatrix} 0 & 0 & -1 \\ 0 & 0 & 0 \\ 1 & 0 & 0 \end{pmatrix} \begin{pmatrix} 0 & 0 & 0 \\ 0 & 0 & 1 \\ 0 & -1 & 0 \end{pmatrix} = \begin{pmatrix} 0 & -1 & 0 \\ 1 & 0 & 0 \\ 0 & 0 & 0 \end{pmatrix}.$$

Wir betrachten infinitesimale Drehungen um einen Winkel $\delta\varphi$ und Achse $\boldsymbol{n}$:

$$M = 1 + A$$
$$= 1 + \delta\varphi\, \boldsymbol{n}\cdot\boldsymbol{X}.$$

Im Gegensatz zu endlichen Drehungen, vertauschen infinitesimale Drehungen,

$$M_1 M_2 - M_2 M_1 = (1 + \delta\varphi_1 \boldsymbol{n}_1\cdot\boldsymbol{X})(1 + \delta\varphi_2 \boldsymbol{n}_2\cdot\boldsymbol{X}) - (1 + \delta\varphi_2 \boldsymbol{n}_2\cdot\boldsymbol{X})(1 + \delta\varphi_1 \boldsymbol{n}_1\cdot\boldsymbol{X})$$
$$= 1 + \delta\varphi_1 \boldsymbol{n}_1\cdot\boldsymbol{X} + \delta\varphi_2 \boldsymbol{n}_2\cdot\boldsymbol{X} - (1 + \delta\varphi_1 \boldsymbol{n}_1\cdot\boldsymbol{X} + \delta\varphi_2 \boldsymbol{n}_2\cdot\boldsymbol{X}) + O\left[(\delta\varphi)^2\right]$$
$$= 0 + O\left[(\delta\varphi)^2\right].$$

Eine endliche Drehung um eine Achse $\boldsymbol{n}$ kann als unendliche Folge von infinitesimalen Drehungen aufgefasst werden,

$$M(\boldsymbol{n}\varphi) = \lim_{N\to\infty} \left(1 + \frac{\varphi}{N}\boldsymbol{n}\cdot\boldsymbol{X}\right)^N = e^{\varphi \boldsymbol{n}\cdot\boldsymbol{X}}. \tag{7.14}$$

7.4 Drehungen und Observable

Betrachte eine physikalische Größe $F(x)$, die an einem Punkt P in einem Koordinatensystem K durch eine einzige Zahl bestimmt ist z. B. die Dichte. Dann muss offenbar der in K' beobachtete Wert $F'(P)$ gleich sein mit $F(P)$.

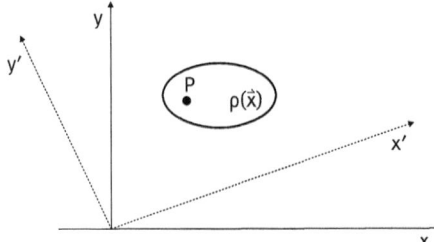

Abb. 7.2: Skalare Dichte bei Drehung des Koordinatensystems.

Sei x die Koordinate des Punktes P in K und x' die Koordinate von P in K'. Da sich x und x' unter der Drehung des Koordinatensystems auf den selben Punkt P beziehen, gilt

$$F'(P) = F(P) \quad \text{oder} \quad F'(x') \equiv F(x(x')) = F(x),$$

wo $F(\mathbf{x}(\mathbf{x}'))$ im Allgemeinen eine andere Funktion ist. Die Gleichheit $F(\mathbf{x}) = F'(\mathbf{x}')$ gilt nur numerisch. Man bezeichnet eine Funktion $F(\mathbf{x})$, für die unter einer Drehung

$$F(\mathbf{x}) = F'(\mathbf{x}')$$

gilt, als *Skalar*. Wenn zusätzlich gilt

$$F'(\mathbf{x}') = F(\mathbf{x}') \quad \text{oder} \quad F'(\mathbf{x}) = F(\mathbf{x})$$

(die selbe Funktion), dann ist $F(\mathbf{x})$ eine *Invariante*.

Beispiel: Drehung um die z-Achse,

$$x = x' \cos\theta - y' \sin\theta, \quad y = x' \sin\theta + y' \cos\theta$$

Sei

$$F(\mathbf{x}) = x + y \ .$$

Dann ist

$$F'(\mathbf{x}') = F(\mathbf{x}(\mathbf{x}')) = (x' \cos\theta - y' \sin\theta) + (x' \sin\theta + y' \cos\theta)$$
$$= x'(\cos\theta + \sin\theta) + y'(\cos\theta - \sin\theta) \neq x' + y' \ .$$

D. h. $F(\mathbf{x}) = x + y$ ist ein Skalar, aber nicht invariant.

Sei

$$F(\mathbf{x}) = x^2 + y^2 \ .$$

Dann folgt

$$F'(\mathbf{x}') = F(\mathbf{x}(\mathbf{x}')) = (x' \cos\theta - y' \sin\theta)^2 + (x' \sin\theta + y' \cos\theta)^2$$
$$= x'^2 + y'^2 = F(\mathbf{x}') \ \text{invariant} \ .$$

Der Betrag des Vektors $\mathbf{x}$ ändert sich nicht unter Drehungen, er ist ein invarianter Skalar.

7.5 Tensoren

Als nächstes betrachten wir eine physikalische Größe, die n Komponenten in K hat,

$$(F_1(\mathbf{x}), F_2(\mathbf{x}), \cdots F_n(\mathbf{x})) \ .$$

Im gedrehten System K' finden wir für die n Komponenten

$$\left(F'_1(\mathbf{x}'), F'_2(\mathbf{x}'), \cdots F'_n(\mathbf{x}')\right) \ .$$

Ein Beispiel mit $n = 3$ wäre das elektrisches Feld $\boldsymbol{E}(\boldsymbol{x})$. Da der Raum linear und homogen sein soll, hängen die F' mit den F über eine lineare homogene Transformation zusammen

$$F'_i(\boldsymbol{x}') = \sum_{k=1}^{n} T_{ik} F_k(\boldsymbol{x}) .$$

Die $n \times n$ Matrizen T hängen nur von den drei Drehwinkeln ab, die K und K' verbinden.

Wir betrachten jetzt zwei aufeinanderfolgende Drehungen $R_2 R_1$, die $K_1 \to K_2 \to K_3$ transformieren. Diese sind äquivalent einer einzigen Drehung R_3 von $K_1 \to K_3$. Daher müssen wir verlangen, dass

$$T(R_2) T(R_1) = T(R_3) \qquad \text{Matrizenmultiplikation} .$$

Wäre $T(R_2) T(R_1) \neq T(R_3)$, so würden wir für die physikalische Größe F jeweils verschiedene Ergebnisse erhalten, wenn wir K_1 direkt in K_3 drehen oder in zwei Schritten. Man sagt, die

$$T_{ik}(R), \quad i, k = 1, 2, \ldots, n$$

bilden eine n-dimensionale *Darstellung* der Drehgruppe $O(3)$.

Skalare: $n = 1$

$$F'(\boldsymbol{x}') = F(\boldsymbol{x}), \qquad T = 1$$

Da $R_2 R_1 = R_3$ sein muss, ist 1 die einzige eindimensionale Darstellung.

Vektoren: $n = 3$

Jede Größe $A_i(\boldsymbol{x})$ mit 3 Komponenten, die sich unter Drehungen so transformiert wie die Koordinaten, heißt *Vektor*,

$$A'_i(\boldsymbol{x}') = M_{ik}(\alpha, \beta, \gamma) A_k(\boldsymbol{x}), \quad i, k = 1, 2, 3 .$$

In diesem Fall sind $T = M$ die Drehmatrizen selbst, α, β, γ die unabhängigen Drehwinkel. Vektoren heißen auch Tensoren 1. Stufe.

Beispiel:

$$\boldsymbol{E}(\boldsymbol{x}) = \frac{e}{|\boldsymbol{x}|^3} \boldsymbol{x} \qquad \text{Coulombsches Gesetz} .$$

$\boldsymbol{E}(\boldsymbol{x})$ ist das elektrische Feld am Punkt $\boldsymbol{x}$, das von einer Ladung e am Ursprung herrührt. $\boldsymbol{E}(\boldsymbol{x})$ transformiert sich unter Drehungen offensichtlich wie der Ortsvektor $\boldsymbol{x}$.

Tensoren 2. Stufe

Andere Darstellungen können gefunden werden, indem man direkte Produkte von Vektoren bildet z. B.

$$\boldsymbol{A} \otimes \boldsymbol{B} : \qquad A_i B_k, \quad i, k = 1, 2, 3 \quad \text{direktes Produkt, Dyade} .$$

Die entsprechenden 9 Größen, die ein Beobachter in K' feststellt, sind:

$$A'_i B'_k = M_{il} M_{km} A_l B_m \ .$$

Jede Größe F_{ik} mit 9 Komponenten, die sich unter Drehungen transformiert wie

$$F'_{ik} = M_{il} M_{km} F_{lm}$$

heißt *Tensor 2. Stufe*. In Matrixnotation lautet das Tranformationsverhalten

$$F' = MFM^T \ .$$

Ein Beispiel ist der Trägheitstensor $I_{ik} = \int d^3x \rho(\mathbf{x}) \left(\delta_{ik} r^2 - x_i x_k \right)$.

Wir zeigen jetzt, dass $M \otimes M$ eine Darstellung der Drehgruppe bildet, d. h. dass für $R_2 R_1 = R_3$ gilt:

$$(M_2 \otimes M_2)(M_1 \otimes M_1) = (M_2 M_1) \otimes (M_2 M_1) = (M_3 \otimes M_3) \ ,$$

wo das direkte Produkt zweier Matrizen definiert ist durch

$$A \otimes B \ : \ A_{ik} B_{lm} \ .$$

Beweis Wir betrachten zwei Transformationen $F \xrightarrow{M_1} F' \xrightarrow{M_2} F''$ in Komponentenschreibweise,

$$\begin{aligned} F''_{ik} &= M^2_{il} M^2_{kj} F'_{lj} = M^2_{il} M^2_{kj} M^1_{lm} M^1_{jn} F_{mn} \\ &= (M_2 M_1)_{im} (M_2 M_1)_{kn} F_{mn} = (M_3)_{im} (M_3)_{kn} F_{mn} \ . \quad \square \end{aligned}$$

Die Darstellung $M \otimes M$ ist jedoch *reduzibel*, d. h. es gibt bestimmte Mengen von Elementen, die sich unter Drehungen nur ineinander transformieren. Im folgenden wollen wir die irreduziblen Anteile der Darstellung $M \otimes M$ bestimmen. Jeder Tensor lässt sich in einen symmetrischen und in einen antisymmetrischen Teil aufspalten,

$$F_{ik} = \frac{1}{2} \left(F_{ik} + F_{ki} \right) + \frac{1}{2} \left(F_{ik} - F_{ki} \right) \ .$$

Diese Aufspaltung hat invariante Bedeutung (siehe unten). Ein symmetrischer Tensor 2. Stufe hat 6 unabhängige Komponenten

$$\begin{pmatrix} \otimes & \otimes & \otimes \\ & \otimes & \otimes \\ & & \otimes \end{pmatrix} \ .$$

Ein antisymmetrischer Tensor hat 3 unabhängige Komponenten

$$\begin{pmatrix} 0 & \otimes & \otimes \\ & 0 & \otimes \\ & & 0 \end{pmatrix} \qquad A_{ik} = \varepsilon_{ikl} B_l \ .$$

Man schreibt
$$M \times M = \begin{pmatrix} (3) & 0 \\ 0 & (6) \end{pmatrix}.$$

Die Zahl in den Klammern gibt die Dimension der Untermatrix an. Die entsprechenden Elemente von F_{ih} transformieren sich nur untereinander,

$$[(\times \times \times)(\times \times \times \times \times \times)] \ .$$

Der 6-dimensionale Teil kann noch einmal in einen eindimensionalen und einen 5-dimensionalen Teil ausreduziert werden, da die Spur F_{ii} invariant ist. Man schreibt

$$M \times M = \begin{pmatrix} (1) & & \\ & (3) & \\ & & (5) \end{pmatrix}$$

oder

$$M \times M = 1 \oplus 3 \oplus 5 \ .$$

Analog kann man Tensoren höherer Stufe konstruieren. Für einen Tensor n-ter Stufe gilt

$$F'_{k_1 \cdots k_n}(\boldsymbol{x}') = M_{k_1 i_1} \cdots M_{k_n i_n} F_{i_1 \cdots i_n}(\boldsymbol{x}) \ .$$

$A_i B_l C_j$ ist z. B. ein Tensor 3. Stufe, wenn A_i, B_l, C_j Vektoren sind. Man kann zeigen, dass die irreduziblen Darstellungen der Drehgruppe ungerade Dimension haben.

> **Zusammenfassung** Jede Observable mit n Komponenten muss sich unter Drehungen wie eine n-dimensionale Darstellung der $O(3)$ transformieren.

7.6 Tensoralgebra

Folgende Operationen mit Tensoren sind erlaubt
1) *Addition von Tensoren der gleichen Stufe*: Seien $F_{kl\ldots}$, und $G_{kl\ldots}$ Tensoren der Stufe n, dann ist
$$T_{kl} \equiv \alpha F_{kl\ldots} + \beta G_{kl} \ldots$$
ein Tensor der Stufe n.
2) *Direktes Produkt*: Sei $F_{kl\ldots}$ ein Tensor der Stufe n und $G_{ij\ldots}$ ein Tensor der Stufe m, dann ist
$$F_{kl} \ldots G_{ij} \cdots = H_{kl\ldots ij\ldots}$$
ein Tensor der Stufe $n + m$.
3) *Verjüngung*: Wir addieren alle Komponenten mit gleichen Indizes in einem Paar, z. B.
$$G_l = \sum_{k=m=1}^{3} F_{klm} = \sum_{k=1}^{3} F_{klk} = F_{klk} = F_{1l1} + F_{2l2} + F_{3l3} \ .$$
Auf diese Weise wird die Stufe des Tensors um zwei reduziert.

4) *Symmetrisierung*: Jeder Tensor kann in einen symmetrischen und in einen antisymmetrischen Teil bezüglich jedes Indexpaares aufgespalten werden, z. B.

$$F_{ikl} = \frac{1}{2}\underbrace{(F_{ikl} + F_{lki})}_{\text{symm. in } i,l} + \frac{1}{2}\underbrace{(F_{ikl} - F_{lki})}_{\text{antisym. in } i,l}.$$

Ein völlig symmetrischer Tensor wird konstruiert, indem man die Summe aller möglicher Permutationen von Indizes bildet, z. B.

$$F_{ikl} + F_{kli} + F_{lik} + F_{kil} + F_{lki} + F_{ilk}.$$

Wenn man die geraden Permutationen mit + und die ungeraden mit – nimmt, erhält man einen völlig antisymmetrischen Tensor.

Die Regeln 1–4 haben absolute Bedeutung, d. h. sie gelten in K und K', wo K und K' über eine Drehung zusammenhängen, z. B.

$$G_l = F_{klk} \to G'_l = F'_{klk}.$$

Beweis

$$\begin{aligned}G'_l &= M_{ls}\, G_s = M_{ls}\, F_{ksk} = M_{ls}\, \delta_{ik}\, F_{isk} \\ &= M_{ls}\, M_{mi}\, M_{mk}\, F_{isk} = M_{ls}\, M_{mi}\, M_{nk}\, \delta_{nm}\, F_{isk} \\ &= \delta_{nm}\, F'_{mln} = F'_{mlm}.\end{aligned}$$
□

Invariante Tensoren

Es gibt keinen Vektor, der in jedem Koordinatensystem die gleichen Komponenten hat, aber es gibt Tensoren höherer Stufe mit diesen Eigenschaften. Ein Beispiel ist die Einheitsmatrix δ_{ik} in K,

$$\delta_{ik} = \begin{pmatrix} 1 & 0 & 0 \\ 0 & 1 & 0 \\ 0 & 0 & 1 \end{pmatrix}.$$

In K' ist dann

$$\delta'_{ik} = M_{il}\, M_{km}\, \delta_{lm} = M_{il}\, M_{kl} = M_{il}\,(M^T)_{lk} = \delta_{ik}.$$

D. h. δ_{ik} hat den gleichen Wert in allen Koordinatensystemen, die durch Drehungen aus einander hervorgehen.

Ein invarianter Tensor 3. Ranges ist der total antisymmetrische *Epsilon-Tensor*. Unter Drehungen transformiert er sich wie folgt:

$$\varepsilon'_{kms} = M_{kl}M_{mn}M_{st}\varepsilon_{lnt}.$$

Für beliebige 3 × 3 Matrizen gilt

$$A_{il}A_{jm}A_{kn}\varepsilon_{lmn} = \varepsilon_{ijk}\det A.$$

Es folgt, dass ε_{ijk} invariant ist unter den eigentlichen Drehungen mit det $M = 1$,

$$\varepsilon'_{kms} = \det M \varepsilon_{kms} = \varepsilon_{kms}.$$

Erlaubt man auch Spiegelungen, dann ist ε_{ijk} kein Tensor, da det $M = -1$. Ein Tensor mit dem Transformationsgesetz

$$A'_{ij\ldots} = M_{ik} M_{jl} \ldots A_{kl\ldots} \det M$$

heißt *Pseudotensor*. Beispiele sind

$$\mathbf{A} \cdot (\mathbf{B} \times \mathbf{C}) = A_i \varepsilon_{ijk} B_j C_k \qquad \text{Pseudoskalar}$$

$$(\mathbf{B} \times \mathbf{C})_i = \varepsilon_{ijk} B_j C_k \qquad \text{Pseudovektor}.$$

Ableitungen: Ist ein Tensor eine Funktion der Koordinaten (*Tensorfeld*), so kann Differenzieren zu den erlaubten Operationen genommen werden. Differenziert man jede Komponente eines Tensors nach x_1, x_2 und x_3, so erhält man einen Tensor mit einem um 1 erhöhten Rang

$$\frac{\partial F_{ik\ldots}}{\partial x_m} \equiv \partial_m F_{ik\ldots} = G_{mik\ldots}.$$

Wir beweisen dieses Ergebnis für ein Skalarfeld $F(\mathbf{x})$: Die Ableitung relativ zu einem System K ist

$$\frac{\partial F}{\partial x_i} \quad \text{d. h.} \quad \left(\frac{\partial F}{\partial x}, \frac{\partial F}{\partial y}, \frac{\partial F}{\partial z} \right).$$

In einem um einen festen Winkel gedrehten System K' ist der Skalar gegeben durch $F'(\mathbf{x}')$ mit Ableitungen $\frac{\partial F'(\mathbf{x}')}{\partial x'_i}$. Wir müssen beweisen, dass

$$\frac{\partial F'}{\partial x'_i} \stackrel{?}{=} M_{ik} \frac{\partial F}{\partial x_k}.$$

Beweis Die Definition eines Skalars war:

$$F'(\mathbf{x}') = F(\mathbf{x}(\mathbf{x}')) \qquad (= F(\mathbf{x}) \quad \text{numerisch})$$

$$\frac{\partial F'}{\partial x'_i} = \frac{\partial F}{\partial x_k} \frac{\partial x_k}{\partial x'_i}.$$

Aus $\mathbf{x}' = M\mathbf{x}$ folgt $\mathbf{x} = M^T \mathbf{x}'$ und somit

$$\frac{\partial x_k}{\partial x'_i} = \frac{\partial}{\partial x'_i}(M^T \mathbf{x}')_k = \frac{\partial}{\partial x'_i}(M^T_{kl} x'_l) = M_{lk} \delta_{il} = M_{ik}$$

$$\rightarrow \frac{\partial F'}{\partial x'_i} = \frac{\partial F}{\partial x_k} M_{ik} = M_{ik} \frac{\partial F}{\partial x_k}.$$

$\partial_i F = \partial F / \partial x_i$ transformiert sich also wie ein Vektor. □

Nützliche Regel: Gilt $A_l B_l = A'_l B'_l$ und ist A_l ein Vektor, so ist B_l auch ein Vektor. Bilden wir z. B. die totalen Ableitungen eines Skalars $F'(\mathbf{x}') = F(\mathbf{x})$,

$$\frac{\partial F'}{\partial x'_i} dx'_i = \frac{\partial F}{\partial x_i} dx_i,$$

dann folgt, dass $\frac{\partial F}{\partial x_i}$ ein Vektor ist.

Naturgesetze

Da der Raum isotrop ist, müssen Naturgesetze *kovariant* in Bezug auf Drehungen sein d. h. sie müssen sich als absolute Beziehungen (Regeln 1–4) zwischen Tensoren schreiben lassen

$$F(A, A_i, A_{ij}, \cdots) = 0.$$

Ein solches Gesetz hat dann die selbe Form in allen Systemen, die über eine Drehung zusammenhängen. Das 2. Newtonsches Gesetz

$$\mathbf{F} - m\ddot{\mathbf{x}} = 0$$

ist beispielsweise die Summe zweier Vektoren (Regel 1).

8 Rotierende Koordinatensysteme

Im vorigen Kapitel hatten wir den mathematischen Formalismus entwickelt, der die Koordinaten zweier Inertialsysteme verbindet, die relativ zueinander um einen festen Winkel gedreht sind. Jetzt betrachten wir den Fall, dass sich das der Drehwinkel des zweiten Systems zeitlich ändert. Damit ist das zweite System kein Inertialsystem mehr. Ein wichtige Beispiel sind mechanische Systeme auf der Erde, wenn man die Rotation der Erde mit berücksichtigt. In solchen Fällen möchte man wissen, wie sich die Bewegungsgleichungen beim Übergang in das Nicht-Inertialsystem ändern.

Beispiel: Eine Ameise läuft auf einem Plattenteller, der sich mit konstanter Winkelgeschwindigkeit ω entgegen dem Uhrzeigersinn um die z-Achse dreht. Wir unterscheiden das raumfeste Koordinatensystem K (Inertialsystem) und das rotierende Koordinatensystem K' auf dem Teller. Die Koordinaten der Ameise in beiden Systemen hängen wie folgt zusammen

$$x = x' \cos\theta - y' \sin\theta, \quad y = x' \sin\theta + y' \cos\theta$$

mit $\theta = \omega t$. Für die Geschwindigkeit der Ameise in den jeweiligen Systemen finden wir durch Ableitung nach der Zeit

$$v_x = v'_x \cos\theta - v'_y \sin\theta - \omega(x' \sin\theta + y' \cos\theta)$$
$$v_y = v'_y \cos\theta + v'_x \sin\theta + \omega(x' \cos\theta - y' \sin\theta).$$

$\mathbf{v}'$ ist die Geschwindigkeit der Ameise, wie sie ein Beobachter auf dem Plattenteller messen würde. Für die kinetische Energie findet man

$$\frac{1}{2}m\mathbf{v}^2 = \frac{1}{2}m\left[\mathbf{v}'^2 + 2\omega(v'_y x' - v'_x y') + \omega^2 r'^2\right]$$

wo $r'^2 \equiv \mathbf{x}'^2$. Dieses Beispiel ist besonders einfach, da sich die Drehachse fest ist. Wir wollen im Folgenden auch den allgemeineren Fall betrachten, dass sich die Richtung und der Betrag der Winkelgeschwindigkeit mit der Zeit ändern können.

8.1 Winkelgeschwindigkeit

Ein Koordinatensystem K' rotiere relativ zu einem Inertialsystem K mit Winkelgeschwindigkeit $\boldsymbol{\omega}(t)$, die im im Betrag und Richtung von der Zeit t abhängen kann. Die Ortskoordinaten in den beiden Systemen hängen zu jeder gegebenen Zeit zusammen über

$$x'_i(t) = M_{ik}(t) x_k(t).$$

Zu einer festen Zeit t ist $M(t)$ orthogonal:

$$M^T M = M M^T = 1.$$

Dann gilt

$$\frac{d}{dt}(MM^T) = M\dot{M}^T + \dot{M}M^T = 0,$$

$$\frac{d}{dt}(M^TM) = \dot{M}^TM + M^T\dot{M} = 0.$$

Wir definieren Matrizen $W(t)$ und $W'(t)$ durch

$$W \equiv M^T\dot{M} = -\dot{M}^TM = -W^T, \tag{8.1}$$

$$W' \equiv \dot{M}M^T = -M\dot{M}^T = -W'^T,$$

d. h. W und W' sind antisymmetrisch und hängen zusammen über

$$W' = \dot{M}M^T = MM^T\dot{M}M^T$$

$$= MWM^T.$$

Die Matrix W transformiert sich daher wie ein Tensor unter Drehungen, d. h. ist W eine Matrix im Inertialsystem, dann ist W' diese Matrix im rotierenden System. Eine antisymmetrische 3×3 Matrix besitzt 3 unabhängige Elemente. Die allgemeine Form der antisymmetrischen Matrix W ist daher

$$W_{ik}(t) = \varepsilon_{ike}\omega_e(t). \tag{8.2}$$

Explizit

$$W = \begin{pmatrix} 0 & \omega_3 & -\omega_2 \\ -\omega_3 & 0 & \omega_1 \\ \omega_2 & -\omega_1 & 0 \end{pmatrix}.$$

Wir vermuten, das $\boldsymbol{\omega}$ die Winkelgeschwindigkeit ist.

Man ist versucht für $M(t)$ wieder anzusetzen

$$M(t) = e^{A(t)}$$

mit A antisymmetrisch, $A_{ik} = \varepsilon_{ike}b_e(t)$ wo b_l der Drehwinkel ist. Für zeitlich veränderliche Drehachsen und endliche Drehwinkel gibt es aber *keinen Vektor*, der den Drehwinkel darstellt. Dies sieht man daran, dass endliche Drehungen nicht vertauschen. Wie wir gesehen haben, vertauschen jedoch infinitesimale Drehungen. Daher ist die Winkelgeschwindigkeit $\omega_i = db_i(t)/dt$ ein wohldefinierter Vektor. Für infinitesimale Drehungen gilt

$$M_{ik} \simeq (1 + A)_{ik} = \delta_{ik} + \varepsilon_{ikl}b_l + O(b^2).$$

Damit wird

$$W_{ik} = \varepsilon_{ikl}\omega_l, \quad \text{oder in Matrixnotation: } W = \varepsilon\boldsymbol{\omega}. \tag{8.3}$$

Beweis

$$W_{ik} = (M^T\dot{M})_{ik} = (\delta_{ij} - \varepsilon_{ijl}b_l)\varepsilon_{jkm}\dot{b}_m = \varepsilon_{ikl}\dot{b}_l + O(b). \qquad \square$$

Der Vektor $\boldsymbol{\omega}$ in Gl. (8.2) ist demnach die Winkelgeschwindigkeit im raumfesten Inertialsystem K.

Für die Matrix W' im rotierenden System erhält man auf die selbe Weise das Ergebnis
$$W'_{ij} = \varepsilon_{ijr}\omega'_r(t)$$
mit
$$\omega'_k \equiv M_{kl}\omega_l \quad \text{oder} \quad W' = \varepsilon\boldsymbol{\omega}'. \qquad (8.4)$$

Beweis der Gl. (8.4)
$$W'_{ij} = (MWM^T)_{ij} = M_{ik}W_{kl}M_{jl} = M_{ik}\left(\varepsilon_{klm}\omega_m(t)\right)M_{jl} = M_{ik}M_{jl}\left(\varepsilon_{klm}\omega_m(t)\right)$$
$$= M_{ik}M_{jl}\left(\varepsilon_{klt}(M^TM)_{tm}\omega_m(t)\right) = M_{ik}M_{jl}\left(\varepsilon_{klt}M^T_{tr}M_{rm}\omega_m(t)\right)$$
$$= (M_{ik}M_{jl}M_{rt}\varepsilon_{klt})M_{rm}\omega_m(t) = \varepsilon'_{ijr}M_{rm}\omega_m(t) = \varepsilon'_{ijr}\omega'_r(t). \qquad \square$$

Die Winkelgeschwindigkeit $\boldsymbol{\omega}$ transformiert sich demnach wie ein Vektor. Sie wird durch ihre kartesischen Koordinaten $\boldsymbol{\omega} = (\omega_1, \omega_2, \omega_3)^T$ im Inertialsystems K dargestellt, während $\boldsymbol{\omega}' = (\omega'_1, \omega'_2, \omega'_3)^T$ die Koordinaten der Winkelgeschwindigkeit in der instantanen Basis des rotierenden Systems K' sind, d. h. $\boldsymbol{\omega}' = M\boldsymbol{\omega}$. Speziell gilt $\boldsymbol{\omega}' = \boldsymbol{\omega}$, wenn die Drehachse fest ist, d. h. $\boldsymbol{\omega} = konst$. Dies ist anschaulich klar, da die Drehachse in beiden Systemen übereinstimmt und der Betrag der beiden Vektoren gleich ist.

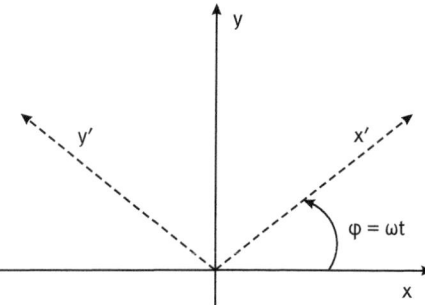

Abb. 8.1: Drehung um die z-Achse.

Beispiel: Drehung des Koordinatensystems um die z-Achse um einen Winkel $\phi = \omega t$. Die Matrix M ist hier
$$M = \begin{pmatrix} \cos\omega t & \sin\omega t & 0 \\ -\sin\omega t & \cos\omega t & 0 \\ 0 & 0 & 1 \end{pmatrix}$$
und
$$\dot{M} = \omega \begin{pmatrix} -\sin\omega t & \cos\omega t & 0 \\ -\cos\omega t & -\sin\omega t & 0 \\ 0 & 0 & 0 \end{pmatrix}.$$

Für die Matrix $W = M^T \dot{M}$ erhalten wir

$$M^T \dot{M} = \omega \begin{pmatrix} \cos \omega t & \sin \omega t & 0 \\ -\sin \omega t & \cos \omega t & 0 \\ 0 & 0 & 1 \end{pmatrix}^T \begin{pmatrix} -\sin \omega t & \cos \omega t & 0 \\ -\cos \omega t & -\sin \omega t & 0 \\ 0 & 0 & 0 \end{pmatrix}$$

$$= \omega \begin{pmatrix} 0 & \cos^2 t\omega + \sin^2 t\omega & 0 \\ -\cos^2 t\omega - \sin^2 t\omega & 0 & 0 \\ 0 & 0 & 0 \end{pmatrix} = \omega \begin{pmatrix} 0 & 1 & 0 \\ -1 & 0 & 0 \\ 0 & 0 & 0 \end{pmatrix},$$

oder

$$W_{ik} = \varepsilon_{ik3} \omega_3 \quad \text{mit } \omega_3 = \omega.$$

Im System K' wird

$$\boldsymbol{\omega}' = M\boldsymbol{\omega} = \begin{pmatrix} \cos \omega t & \sin \omega t & 0 \\ -\sin \omega t & \cos \omega t & 0 \\ 0 & 0 & 1 \end{pmatrix} \begin{pmatrix} 0 \\ 0 \\ 1 \end{pmatrix} \omega = \begin{pmatrix} 0 \\ 0 \\ 1 \end{pmatrix} \omega = \boldsymbol{\omega}.$$

In diesem Beispiel ist die Achse fest und $\boldsymbol{\omega} = \boldsymbol{\omega}'$. Da die Lage der z-Achse beliebig ist, gilt dieses Ergebnis für alle festen Drehachsen.

Wenn W oder W' auf Vektoren wirken, können wir auch schreiben

$$W \to -\boldsymbol{\omega} \times, \quad W' \to -\boldsymbol{\omega}' \times , \tag{8.5}$$

da

$$(W\dot{\boldsymbol{x}})_i = W_{ik} v_k = \varepsilon_{ike} \omega_e v_k = -[\boldsymbol{\omega} \times \boldsymbol{v}]_i$$

und ebenso für $(W'\dot{\boldsymbol{x}}')_i$.

8.2 Geschwindigkeit im rotierenden Koordinatensystem

Wir betrachten einen Massenpunkt, der sich im rotierenden System K' mit Geschwindigkeit $\dot{\boldsymbol{x}}' = \frac{d\boldsymbol{x}'}{dt}$ bewegt, z. B. eine Ameise auf einem rotierenden Plattenteller. Sei $\boldsymbol{v} = \dot{\boldsymbol{x}} = \frac{d\boldsymbol{x}}{dt}$ die Geschwindigkeit der Ameise im raumfesten System K. Die Ortskoordinaten in den beiden Systemen hängen zusammen über

$$\boldsymbol{x} = M^T \boldsymbol{x}'.$$

Damit wird

$$\dot{\boldsymbol{x}} = M^T \dot{\boldsymbol{x}}' + \dot{M}^T \boldsymbol{x}'$$
$$= M^T (\dot{\boldsymbol{x}}' + M \dot{M}^T \boldsymbol{x}') = M^T (\dot{\boldsymbol{x}}' - W' \boldsymbol{x}'),$$

oder, mit Gl. (8.5),

$$\dot{x} = M^T(\dot{x}' + [\omega' \times x']). \tag{8.6}$$

Da $M^T M = MM^T = 1$ kann man Gl. (8.6) auch in der Form schreiben

$$M\dot{x} = (\dot{x}' + [\omega' \times x']). \tag{8.7}$$

$M\dot{x}$ ist *nicht* die Geschwindigkeit $v' = \dot{x}'$ des Massenpunktes, die im rotierenden System K' gemessen wird. Bildet man das Quadrat der Geschwindigkeit $M\dot{x}$, dann hebt sich die Drehmatrix M weg, da $MM^T = 1$ ist,

$$\dot{x}^2 = (\dot{x}' + [\omega' \times x'])^2. \tag{8.8}$$

Zusammenfassung der Notation:

x	Koordinate des Massenpunktes im System K (Inertialsystem)
$x' = Mx$	Koordinate des Massenpunktes im System K' (Nicht-Inertialsystem)
$v = \dfrac{dx}{dt}$	Geschwindigkeit des Massenpunktes im System K
$v' = \dfrac{dx'}{dt}$	Geschwindigkeit des Massenpunktes im System K', aber i. A. ist $v' \neq Mv$
$\omega' = M\omega$	Winkelgeschwindigkeit in der Basis des Systems K'

8.3 Bewegungsgleichung im rotierenden Koordinatensystem

Wir betrachten ein Teilchen in einem *Zentralfeld* im Inertialsystem K. Die Lagrange-Funktion sei

$$L = \frac{1}{2}m\dot{x}^2 - V(r) \quad \text{mit } r = |x|.$$

Im rotierenden System K' sind die potentielle und kinetische Energiegegeben durch:

$$V(r) = V(r') \quad (r' = r),$$

$$T = \frac{1}{2}m\dot{x} \cdot \dot{x} \underset{(8.8)}{=} \frac{1}{2}m(\dot{x}' + [\omega' \times x'])^2.$$

In den Koordinaten des rotierenden System K' lautet die Lagrangefunktion somit

$$L = \frac{1}{2}m\{\dot{x}'^2 + 2\dot{x}' \cdot [\omega' \times x'] + [\omega' \times x']^2\} - V(r').$$

Der Term $2\dot{x}' \cdot [\omega' \times x']$ entspricht einem geschwindigkeitsabhängigen Potential. Wir hatten gesehen, dass man im Hamilton-Prinzip geschwindigkeitsabhängige Potentiale zulassen kann, vorrausgesetzt die zugehörigen Kräfte leisten keine Arbeit, was hier der Fall ist.

Mit $\dot{\boldsymbol{x}}' \cdot [\boldsymbol{\omega}' \times \boldsymbol{x}'] = \boldsymbol{x}' \cdot [\dot{\boldsymbol{x}}' \times \boldsymbol{\omega}']$ erhalten wir aus der Euler-Lagrange-Gleichung im rotierenden System K',

$$\frac{d}{dt}\frac{\partial L}{\partial \dot{x}'_i} - \frac{\partial L}{\partial x'_i} = 0,$$

die Bewegungsgleichung im rotierenden System,

$$m\{\ddot{\boldsymbol{x}}' + [\boldsymbol{\omega}' \times \dot{\boldsymbol{x}}'] + [\dot{\boldsymbol{\omega}}' \times \boldsymbol{x}'] - [\dot{\boldsymbol{x}}' \times \boldsymbol{\omega}'] - [[\boldsymbol{\omega}' \times \boldsymbol{x}'] \times \boldsymbol{\omega}']\} + \nabla' V(r') = 0. \quad (8.9)$$

Rechnerisches Detail:

$$\begin{aligned}\frac{d}{dx'_i}[\boldsymbol{\omega}' \times \boldsymbol{x}']^2 &= \frac{d}{dx'_i}\varepsilon_{klm}\omega'_l x'_m \varepsilon_{krs}\omega'_r x'_s \\ &= \varepsilon_{klm}\omega'_l \delta_{mi}\varepsilon_{krs}\omega'_r x'_s + \varepsilon_{klm}\omega'_l x'_m \omega'_r \varepsilon_{krs}\delta_{si} \\ &= \varepsilon_{kli}\omega'_l [\boldsymbol{\omega}' \times \boldsymbol{x}']_k + [\boldsymbol{\omega}' \times \boldsymbol{x}']_k \omega'_r \varepsilon_{kri} \\ &= 2[[\boldsymbol{\omega}' \times \boldsymbol{x}'] \times \boldsymbol{\omega}'].\end{aligned}$$

Es folgt schließlich die Bewegungsgleichung im rotierenden System:

$$m\ddot{\boldsymbol{x}}' = -2m[\boldsymbol{\omega}' \times \dot{\boldsymbol{x}}'] + m[[\boldsymbol{\omega}' \times \boldsymbol{x}'] \times \boldsymbol{\omega}'] - [\dot{\boldsymbol{\omega}}' \times \boldsymbol{x}'] - \nabla' V(r'). \quad (8.10)$$

Im Vergleich zur Bewegungsgleichung $m\ddot{\boldsymbol{x}} = -\nabla V(r)$ im Inertialsystem K, treten in K' folgende Extraterme auf

Coriolis-Kraft: $\quad \boldsymbol{F}'_C = -2m[\boldsymbol{\omega}' \times \dot{\boldsymbol{x}}']$
Zentrifugalkraft: $\quad \boldsymbol{F}'_Z = -m[\boldsymbol{\omega}' \times [\boldsymbol{\omega}' \times \boldsymbol{x}']]$
Euler-Kraft: $\quad \boldsymbol{F}'_E = -[\dot{\boldsymbol{\omega}}' \times \boldsymbol{x}']$

Es handelt sich hierbei um sogenannte *Scheinkräfte*, d. h. um Kräfte, die bei Übergang ins Inertialsystem K verschwinden. Für einen Beobachter im rotierenden System erscheint es, als ob Kräfte auf den Massenpunkt wirken.

Bemerkungen:
a) Für eine feste Drehachse ist $\boldsymbol{\omega} = \boldsymbol{\omega}'$.
b) Auch die Ableitung der Winkelgeschwindigkeit transformiert sich wie ein einfacher Vektor,

$$\dot{\boldsymbol{\omega}}' = M\dot{\boldsymbol{\omega}}.$$

Dies sieht man wie folgt:

$$\dot{\boldsymbol{\omega}}' = \dot{M}\boldsymbol{\omega} + M\dot{\boldsymbol{\omega}}$$

Der erste Term verschwindet, da

$$\dot{M}\boldsymbol{\omega} = MM^T\dot{M}\boldsymbol{\omega} = MW\boldsymbol{\omega} \underset{(8.5)}{=} -M[\boldsymbol{\omega} \times \boldsymbol{\omega}] = 0$$

c) Die Coriolis-Kraft wirkt senkrecht zur Geschwindigkeit und Drehachse. Sie trägt nicht zum Energieintegral (Wirkung) bei, da sie senkrecht zur Bewegungsrichtung ist, $\boldsymbol{F}'_C \cdot \dot{\boldsymbol{x}}' = 0$. Ihr Betrag ist

$$|\boldsymbol{F}'_C| = |-2m[\boldsymbol{\omega}' \times \dot{\boldsymbol{x}}']| = 2m\omega' \dot{x}' \sin\theta, \quad (8.11)$$

wo θ der Winkel zwischen $\boldsymbol{\omega}'$ und $\dot{\boldsymbol{x}}'$ ist.

Beispiel: Passatwinde (Coriolis-Kraft auf der Erdoberfläche)

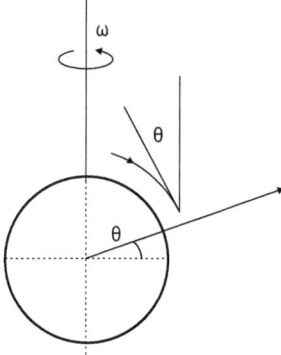

Abb. 8.2: Rotierende Erde.

Die Erde dreht sich im Uhrzeigersinn (von West nach Ost). Am Äquator steigt die Luft wegen der Sonneneinstrahlung auf, es bildet sich ein Tiefdruckgebiet, was auf der nördlichen Halbkugel zu Nord → Süd-Winden führt, die nach Ost abgelenkt (nach „rechts") werden. Der Winkel θ in Gl. (8.11) ist die geographische Breite. Die Coriolis-Kraft ist am Pol maximal und verschwindet am Äquator. Der Effekt ist auch für Raketen wichtig. Da diese Ablenkung beobachtet wird, schließen wir auch ohne Bezug auf die Fixsterne, dass die Erde kein Inertialsystem ist.

Die Zentrifugalkraft ist $\perp$ zu $\boldsymbol{\omega}$ und hat den Absolutwert

$$m|[\boldsymbol{\omega}' \times [\boldsymbol{\omega}' \times \boldsymbol{x}']]| = m\omega|[\boldsymbol{\omega}' \times \boldsymbol{x}']| = m\omega^2|\boldsymbol{x}'|\sin\theta\,,$$

wo wir verwendet haben, dass $[\boldsymbol{\omega}' \times \boldsymbol{x}']\perp\boldsymbol{\omega}'$ und dass $\omega = |\boldsymbol{\omega}| = |\boldsymbol{\omega}'| = \omega'$ ist. Die Zentrifugalkraft ändert die Beschleunigung durch die Gravitation (nur 0,3 %).

8.4 Das Foucaultsche Pendel

Die Corioliskraft bewirkt eine Drehung der Schwingungsebene eines Pendels. Wir betrachten nur kleine Schwingungen. Alle Koordinaten beziehen sich auf das mit konstanter Winkelgeschwindigkeit $\boldsymbol{\omega}$ rotierende Koordinatensystem der Erde (' weggelassen).

$$V = -mgl\cos\phi \simeq mgl\frac{\phi^2}{2} - 1 \simeq mg\frac{\rho^2}{2l}$$

da $\phi \simeq \frac{\rho}{l}$. Aus der Figur lesen wir ab

$$x - x_0 = \rho \quad \rightarrow \dot{x} = \dot{\rho}\,.$$

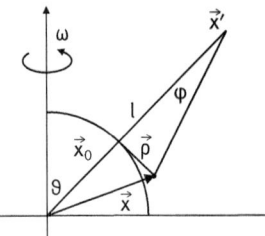

Abb. 8.3: Foucaultsches Pendel

Wir drücken L durch die Koordinaten x_0 und ρ aus

$$L = \frac{m}{2}\{\dot{x}^2 + 2\dot{x} \cdot [\boldsymbol{\omega} \times \boldsymbol{x}] + [\boldsymbol{\omega} \times \boldsymbol{x}]^2\} - V(x)$$

$$= \frac{m}{2}\{\dot{\boldsymbol{\rho}}^2 + 2\dot{\boldsymbol{\rho}} \cdot [\boldsymbol{\omega} \times (\boldsymbol{\rho} + \boldsymbol{x}_0)] + [\boldsymbol{\omega} \times (\boldsymbol{\rho} + \boldsymbol{x}_0)]^2\} - \frac{mg\rho^2}{2l}.$$

Der Term $\dot{\boldsymbol{\rho}} \cdot [\boldsymbol{\omega} \times \boldsymbol{x}_0]$ hat keinen Einfluss auf die Bewegungsgleichungen, da er eine totale Zeitableitung darstellt (oder $\frac{d}{dt}\frac{\partial L}{\partial \dot{\rho}} = 0$ für diesen Term). Die Terme $\sim \omega^2$ können vernachlässigt werden, da die Schwingungsfrequenz viel höher ist als die Rotationsfrequenz

$$\dot{\rho} \gg \omega\rho.$$

Der Zentrifugalterm kann damit vernachlässigt werden. Wir spalten $\boldsymbol{\omega}$ auf in eine Komponente $\parallel$ und eine $\perp$ zur Tangentialebene d. h. $\parallel$ und $\perp$ zu $\boldsymbol{\rho}$

$$\boldsymbol{\omega}_\perp \cdot \boldsymbol{\rho} = 0 \quad \boldsymbol{\omega}_\parallel \times \boldsymbol{\rho} = 0 \quad \boldsymbol{\omega} = \boldsymbol{\omega}_\parallel + \boldsymbol{\omega}_\perp$$

$$L = \frac{m}{2}\left\{\dot{\boldsymbol{\rho}}^2 + 2\dot{\boldsymbol{\rho}} \cdot \underbrace{[\boldsymbol{\omega}_\perp \times \boldsymbol{\rho}]}_{\neq 0} - \frac{g}{e}\rho^2\right\} \tag{8.12}$$

Dies sieht nach einer Drehung mit Winkelgeschwindigkeit $\boldsymbol{\omega}_\perp$ aus. Wir lassen daher $\boldsymbol{\rho}$ um $\boldsymbol{x}_0$ mit Winkelgeschwindigkeit $\boldsymbol{\omega}_\perp$ im Uhrzeigersinn rotieren (umgekehrt zur Erdrotationsrichtung)

$$\boldsymbol{\rho}' = M^{-1}\boldsymbol{\rho} = M^T\boldsymbol{\rho} \quad M = \begin{pmatrix} \cos\omega_\perp t & \sin\omega_\perp t \\ -\sin\omega_\perp t & \cos\omega_\perp t \end{pmatrix}$$

(Das Pendel schwingt in der horizontalen Tangentialebene). Dann erhält man durch Vergleich mit Gl. (8.8)

$$L = \frac{m}{2}\left\{\dot{\boldsymbol{\rho}}'^2 - \frac{g}{e}\rho'^2\right\} + O(\omega^2). \tag{8.13}$$

Gl. (8.13) ist die Lagrangefunktion eines harmonischen Oszillators mit Frequenz

$$\nu = \frac{1}{2\pi}\sqrt{\frac{g}{l}},$$

der in diesem System nicht rotiert. Im System der Erde dreht sich dann die Schwingungsebene im Uhrzeigersinn mit der Frequenz $\omega_\perp = \omega\cos\theta$. Am Pol ist $\omega_\perp = \omega$ und am Äquator ist $\omega_\perp = 0$. Numerisch ist ω klein, $\omega = 7.2 \times 10^{-5} \sec^{-1}$. Die Periode der Rotation der Schwingungsebene ist $T=(1\text{ Tag})/\cos\theta$. Dies entspricht $T = 1.3$ Tage in Paris.

8.5 Euler-Winkel

Eine beliebige räumliche Drehung wird durch die drei Parameter der orthogonalen Drehmatrix M beschrieben. Diese drei Parameter hängen mit drei Winkeln zusammen, die durch drei aufeinander folgende Drehungen festgelegt werden. Wir wollen den Zusammenhang zwischen M und den Drehwinkeln bestimmen. Die beiden Systeme K und K' sollen am Anfang übereinender liegen ($K' = K$). Dann drehen wir das System K' in drei Schritten, so dass es am Ende eine beliebige Richtung relativ zum festen System K hat. Eine allgemeine Drehung um eine beliebige Achse kann durch 3 aufeinanderfolgende Drehungen aufgebaut werden:

1. $M_1(\phi)$: Drehung von K' um die z-Achse um den Winkel ϕ ($0 \leq \phi \leq 2\pi$), $\mathbf{e}_i \to \mathbf{e}'_i$,

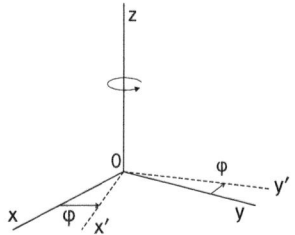

Abb. 8.4: Drehung um die z-Achse.

$$M_1(\phi) = \begin{pmatrix} \cos\phi & \sin\phi & 0 \\ -\sin\phi & \cos\phi & 0 \\ 0 & 0 & 1 \end{pmatrix}.$$

Dann ist

$$\mathbf{e}'_{iA} = M_1(\phi)\mathbf{e}_i.$$

2. $M_2(\theta)$: Drehung um die neue x-Achse ($\mathbf{e}'_1$) um den Winkel θ, $\mathbf{e}'_i \to \mathbf{e}''_i$,

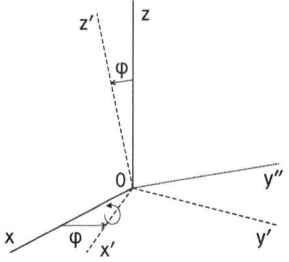

Abb. 8.5: Drehung um die x'-Achse.

$$M_2(\theta) = \begin{pmatrix} 1 & 0 & 0 \\ 0 & \cos\theta & \sin\theta \\ 0 & -\sin\theta & \cos\theta \end{pmatrix}.$$

Dann ist

$$\mathbf{e}''_{iBA} = M_2(\theta)M_1(\phi)\mathbf{e}_{\cdot i}$$

3. $M_3(\psi)$ Drehung um die neueste z-Achse (e_3'') um den Winkel ψ, $e_{i''} \to e_{i'''}$.

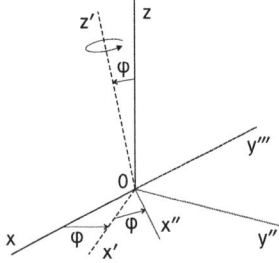

Abb. 8.6: Drehung um die neue z-Achse.

$$M_3(\psi) = \begin{pmatrix} \cos\psi & \sin\psi & 0 \\ -\sin\psi & \cos\psi & 0 \\ 0 & 0 & 1 \end{pmatrix}$$

Dann ist
$$e_i''' = M_3(\psi) M_2(\theta) M_1(\phi) e_i$$

Multipliziert man diese Drehmatrizen in der angezeigten Reihenfolge, so erhält man die gesamte Drehmatrix $M = M_3 M_2 M_1$ mit

$$\begin{pmatrix} \cos\psi\cos\phi - \cos\theta\sin\psi\sin\phi & \cos\psi\sin\phi + \cos\theta\cos\phi\sin\psi & \sin\theta\sin\psi \\ -\cos\phi\sin\psi - \cos\theta\cos\psi\sin\phi & -\sin\psi\sin\phi + \cos\theta\cos\psi\cos\phi & \sin\theta\cos\psi \\ \sin\theta\sin\phi & -\sin\theta\cos\phi & \cos\theta \end{pmatrix}.$$
(8.14)

Dies ist der Zusammenhang zwischen den Euler-Winkeln und der Drehmatrix. Entsprechend hängt auch die antisymmetrische Matrix W, die die Winkelgeschwindigkeit parametrisiert, mit der zeitlichen Änderung der Euler-Winkel zusammen. Zur Berechnung der Winkelgeschwindigkeit W und W' benötigen wir $\dot M$ und M^T,

$$\dot M = \dot\phi \frac{\partial}{\partial \phi} M + \dot\psi \frac{\partial}{\partial \psi} M + \dot\theta \frac{\partial}{\partial \theta} M$$

Sei $X = \frac{\partial}{\partial \phi} M$, $Y = \frac{\partial}{\partial \psi} M$, $Z = \frac{\partial}{\partial \theta} M$. Dann finden wir:

$$X = \begin{pmatrix} -\cos\psi\sin\phi - \cos\theta\cos\phi\sin\psi & \cos\psi\cos\phi - \cos\theta\sin\psi\sin\phi & 0 \\ \sin\psi\sin\phi - \cos\theta\cos\psi\cos\phi & -\cos\phi\sin\psi - \cos\theta\cos\psi\sin\phi & 0 \\ \sin\theta\cos\phi & \sin\theta\sin\phi & 0 \end{pmatrix}$$

$$Y = \begin{pmatrix} -\cos\phi\sin\psi - \cos\theta\cos\psi\sin\phi & -\sin\psi\sin\phi + \cos\theta\cos\psi\cos\phi & \sin\theta\cos\psi \\ -\cos\psi\cos\phi + \cos\theta\sin\psi\sin\phi & -\cos\psi\sin\phi - \cos\theta\cos\phi\sin\psi & -\cos\psi\sin\phi - \sin\theta\sin\psi \\ 0 & 0 & 0 \end{pmatrix}$$

$$Z = \begin{pmatrix} \sin\theta\sin\psi\sin\phi & -\sin\theta\cos\phi\sin\psi & \cos\theta\sin\psi \\ \sin\theta\cos\psi\sin\phi & -\sin\theta\cos\psi\cos\phi & \cos\theta\cos\psi \\ \cos\theta\sin\phi & -\cos\theta\cos\phi & -\sin\theta \end{pmatrix}.$$

In $W \equiv M^T\dot{M} = -\dot{M}^TM$ bestimmen wir als erstes den Koeffizient von $\dot{\phi}$:

$$\dot{\phi}(M^T * X) = \dot{\phi}\begin{pmatrix} 0 & \cos\theta & -\sin\theta\cos\psi \\ -\cos\theta & 0 & \sin\theta\sin\psi \\ \sin\theta\cos\psi & -\sin\theta\sin\psi & 0 \end{pmatrix}.$$

Analog verfährt man mit den anderen Ableitungen. Als Ergebnis erhalten wir aus $W = \varepsilon\boldsymbol{\omega}$ den Zusammenhang zwischen Winkelgeschwindigkeit und den Euler-Winkeln im Inertialsystem K

$$\boldsymbol{\omega} = \begin{pmatrix} \dot{\theta}\cos\phi + \dot{\psi}\sin\theta\sin\phi \\ \dot{\theta}\sin\phi - \dot{\psi}\sin\theta\cos\phi \\ \dot{\phi} + \dot{\psi}\cos\theta \end{pmatrix}$$

und in den rotierten Koordinatensystem K',

$$\boldsymbol{\omega}' \equiv M\boldsymbol{\omega} = \begin{pmatrix} \dot{\theta}\cos\psi + \dot{\phi}\sin\theta\sin\psi \\ -\dot{\theta}\sin\psi + \dot{\phi}\sin\theta\cos\psi \\ \dot{\psi} + \dot{\phi}\cos\theta \end{pmatrix}.$$

9 Relativitätstheorie

9.1 Postulate

Die spezielle Relativitätstheorie Einsteins lässt sich aus zwei Postulaten ableiten.
1. *Kovarianz der Naturgesetze*
2. *Konstanz der Lichtgeschwindigkeit c*

Zu 1: Ein Inertialsystem ist ein Bezugssystem, in dem sich ein Körper, der keinen äußeren Kräften unterliegt, mit konstanter Geschwindigkeit bewegt. Wenn sich zwei Bezugssysteme geradlinig und gleichförmig zueinander bewegen, und eines davon ein Inertialsystem ist, dann ist auch das andere ein Inertialsystem. Die Naturgesetze haben in allen Inertialsystemen die selbe Form. Dieses Postulat bildete auch schon die Grundlage der Newtonschen Mechanik.

Zu 2: Die Lichtgeschwindigkeit *in vacuo* ist in allen Inertialsystemen gleich. Das 2. Postulat wiederspricht unseren täglichen Erfahrungen bei Geschwindigkeiten, die viel kleiner als c sind. Bis ins späte neunzehnte Jahrhundert glaubte man daher, dass sich Licht in einem hypothetischen Äther wie Schall durch die Luft ausbreitet. Zum Nachweis des Äthers führten Michelson und Morley im Jahr 1879 ein Interferenzexperiment durch, in dem die Änderungen der Geschwindigkeit des Lichts gemessen werden sollte, die auftreten würden, wenn die Erde im Laufe des Jahres die Bewegungsrichtung ihrer Bahn um die Sonne ändert. Zur allgemeinen Überraschung war die Lichtgeschwindigkeit in allen Richtungen die gleiche.

9.2 Einfache Lorentz-Transformation

In der Relativitätstheorie spielt der Begriff des Ereignissen eine wichtige Rolle. Ein *Ereignis* ist definiert durch Ort und Zeit an dem es stattfindet (Lichtblitz). Sei

$(t, \vec{x})$: ein Ereignis in einem Inertialsystem K.

$(t', \vec{x}\,')$: das selbe Ereignis in einem zweiten Inertialsystem K'.

Wir betrachten zunächst den Fall einer Raumdimension. Einstein argumentierte, dass wegen der Homogenität der Raum-Zeit ein linearer Zusammenhang zwischen den Koordinaten (t, x) und (t', x') eines Ereignisses bestehen muss,

$$x = \alpha x' + \beta t' \qquad (9.1)$$
$$t = \gamma x' + \delta t',$$

wenn K' sich relativ zu K in x-Richtung mit Geschwindigkeit v bewegt. Wir werden sehen, dass $t = t'$ (d. h. $\gamma = 0$, $\delta = 1$) nicht mit der Konstanz der Lichtgeschwindigkeit vereinbar ist. Die Konstanten $\alpha, \beta, \gamma, \delta$ lassen sich aus den obigen zwei Postulaten bestimmen. Um die Übersichtlichkeit zu bewahren, setzen wir in der Ableitung $c = 1$, d. h. wir messen wir alle Geschwindigkeiten in Einheiten der Lichtgeschwindigkeit.

Aus Postulat 2) folgt
$$x = t \quad \rightarrow \quad x' = t'$$

(Da wir $c = 1$ gesetzt haben, ist $x = t$ ein Signal, das sich mit Lichtgeschwindigkeit ausbreitet), oder
$$\rightarrow \alpha + \beta = \gamma + \delta . \tag{9.2}$$

Licht kann sich auch in umgekehrter Richtung ausbreiten:
$$x = -t \quad \rightarrow \quad x' = -t' \tag{9.3}$$

oder
$$\rightarrow \alpha - \beta = \delta - \gamma .$$

Zusammen ergeben Gl. (9.2) und Gl. (9.3):
$$\alpha = \delta, \quad \beta = \gamma .$$

Als nächstes betrachten wir einen in K' festen Punkt x'. Dieser bewegt sich von K aus gesehen mit Geschwindigkeit v. Da x' fest angenommen wurde ($dx' = 0$), gilt
$$\frac{dx}{dt} = v = \frac{\beta}{\delta} \quad \text{oder} \quad \beta = v\delta \tag{9.4}$$

Mit (9.4) reduziert sich die Transformation (9.1) auf
$$x = k\left(x' + vt'\right) \tag{9.5}$$
$$t = k\left(vx' + t'\right)$$

wo k noch unbestimmt ist.

Wir können die Transformation (9.5) umkehren
$$x' = \frac{1}{k} \frac{(x - vt)}{1 - v^2} \tag{9.6}$$
$$t' = \frac{1}{k} \frac{(-vx + t)}{1 - v^2} .$$

Da K und K' völlig äquivalent sind, kann man die Diskussion von K' beginnen und $v \rightarrow -v$ ersetzen (in (9.5))
$$x' = k(x - vt)$$
$$t' = k(-vx + t) .$$

Der Vergleich mit Gl. (9.6) ergibt
$$\rightarrow \frac{1}{k(1 - v^2)} = k$$
$$\rightarrow k = \frac{1}{\sqrt{1 - v^2}}$$

Damit haben wir die Lorentz-Transformation aus den Postulaten abgeleitet. Führen wir die Lichtgeschwindigkeit auf der Basis von Dimensionsüberlegungen wieder ein, so lautet die Lorentz-Transformation

$$x = \frac{x' + vt'}{\sqrt{1 - v^2/c^2}}, \quad x' = \frac{x - vt}{\sqrt{1 - v^2/c^2}} \quad (9.7)$$

$$t = \frac{t' + \frac{v}{c^2}x'}{\sqrt{1 - v^2/c^2}}, \quad t' = \frac{t - \frac{v}{c^2}x}{\sqrt{1 - v^2/c^2}}$$

$$y = y'$$

$$z = z'.$$

Wir setzen $y = y'$, $z = z'$, da wir annehmen, dass eine Bewegung in x-Richtung keinen Einfluss auf die y und z Koordinaten hat. Üblich sind folgende Abkürzungen:

$$\frac{v}{c} \equiv \beta, \quad \frac{1}{\sqrt{1 - (v/c)^2}} \equiv \gamma.$$

Für $v \ll c$ erhält man aus Gl. (9.7) die *Galilei-Transformation*.

9.3 Intervalle, 4-Abstände

Sei $(t_a, \vec{x}_a)$ ein Ereignis und $(t_b, \vec{x}_b)$ ein zweites Ereignis, beide in einem Inertialsystem K. Der Abstand oder das *Intervall* zwischen zwei Ereignissen a und b ist definiert durch

$$s_{ab}^2 = c^2 (t_b - t_a)^2 - (\vec{x}_b - \vec{x}_a)^2 \quad (9.8)$$

Die Notation ist trügerisch, da s_{ab}^2 positive oder negative sein kann. Man kann $(ct, \vec{x})$ als 4-dimensionalen Vektor auffassen. Beachte das Minus-Zeichen in Gl. (9.8) im Vergleich zum 3-dimensionalen Abstand, man spricht von einer *pseudoeuklidischen Geometrie*. Mit Hilfe der Lorentz-Transformation (9.7) zeigt man die *Invarianz des Intervalls*,

$$s_{ab} = s'_{ab}$$

wo,

$$s'^2_{ab} = c^2 (t'_b - t'_a)^2 - (\vec{x}'_b - \vec{x}'_a)^2.$$

Der 4-Abstand zwischen zwei Ereignissen ist in allen Inertialsystemen gleich. Diese Ergebnis kann auch als Ausgangspunkt der Relativitätstheorie gewählt werden.

Relativitätsprinzip:
Physikalische Gesetze sind kovariant bezüglich Translationen in allen 4-Koordinaten (Homogenität der Raum-Zeit) und homogenen linearen Transformationen der Raum-Zeit Koordinaten, die 4-Abstände invariant lassen (Isotropie der Raum-Zeit).

Einfache Anwendungen

a) Zeitdilatation

Als repräsentatives Beispiel betrachten wir die Erzeugung und den Zerfall eines π-Mesons, das sich im Laborsystem (L) mit konstanter Geschwindigkeit $\vec{v}$ bewegt. Dann bewegt sich auch das Ruhsystem (R) relativ zum Laborsystem mit Geschwindigkeit $\vec{v}$. Wir betrachten Erzeugung und Zerfall des π-Mesons jeweils im Labor und im Ruhsystem. Im Laborsystem L sind die Raum-Zeit-Koordinaten der beiden Ereignisse gegeben durch:
a) die Erzeugung des π-Mesons in $\vec{x}_a$ zur Zeit t_a,
b) den Zerfall des π-Mesons in $\vec{x}_b$ zur Zeit t_b.

Damit ist die *Lebensdauer* τ_L des π im Laborsystem L

$$\tau_L = t_b - t_a \; .$$

Das Quadrat der Wegstrecke, die das π-Meson (das sich in L mit Geschwindigkeit v bewegt) zurücklegt bevor es zerfällt ist

$$(\vec{x}_b - \vec{x}_a)^2 = v^2 \tau_L^2 \; .$$

Wir beschreiben jetzt die selben beiden Ereignisse im Ruhsystem R des π-Mesons. In diesem System geschehen die beiden Ereignisse am selben Punkt $\vec{x}'_b = \vec{x}'_a$. Damit wird die *Lebensdauer* τ des Pi-Mesons

$$\tau = t'_b - t'_a \quad \text{(in } R\text{)}.$$

Wenn man in der Elementarteilchenphysik von der Lebensdauer eines Teilchens spricht, dann meint man stets die Lebensdauer im Ruhsystem. Experimentell findet man $\tau_{\pi^\pm} = (2.6033 \pm 0.0005) \times 10^{-8}$ sec. Die Invarianz des Intervalls bedeutet:

$$c^2 (t_b - t_a)^2 - (\vec{x}_b - \vec{x}_a)^2 = c^2 (t'_b - t'_a)^2 - (\vec{x}'_b - \vec{x}'_a)^2 \quad \rightarrow \quad c^2 \tau_L^2 - v^2 \tau_L^2 = c^2 \tau^2 \; ,$$

oder

$$\rightarrow \tau_L = \frac{\tau}{\sqrt{1 - v^2/c^2}} \; .$$

D. h. die Lebensdauer im Laborsystem ist größer als im Ruhsystem. Das Teilchen lebt länger im bewegten System, die Zeit läuft langsamer, man spricht von *Zeitdilatation*. Diese Vorhersage der Relativitätstheorie ist experimentell millionenfach verifiziert.

b) Längenkontraktion

Betrachte einen in einem Inertialsystem K parallel zur x-Achse ausgerichteten, ruhenden Maßstab der Länge: $\Delta x = x_{(2)} - x_{(1)}$ zu einer Zeit t. Sei K' ein, relativ zu K, bewegtes

Inertialsystem. Die Lorentz-Transformation, die beide Systeme verbindet lautet:

$$x_{(1)} = \frac{x'_{(1)} + vt'}{\sqrt{1 - v^2/c^2}}$$

$$x_{(2)} = \frac{x'_{(2)} + vt'}{\sqrt{1 - v^2/c^2}}$$

Für die Länge Δx folgt also

$$\Delta x = \frac{\Delta x'}{\sqrt{1 - v^2/c^2}},$$

oder

$$\Delta x' = \sqrt{1 - v^2/c^2}\, \Delta x\,.$$

wo $\Delta x' = x'_{(2)} - x'_{(1)}$ die Länge des Maßstabes in K' ist. Der Maßstab im bewegten System ist also kürzer, man spricht von *Längenkontraktion*.

Lorentz-Transformation in beliebiger Richtung

Um die Lorentz-Transformation in beliebiger Richtung zu erhalten, betrachtet man die Komponenten des Ortsvektors parallel und senkrecht zu $\vec{v}$ und nimmt an, dass nur die Komponente parallel zu $\vec{v}$ durch die Lorentz-Transformation beeinflusst wird. Dann erhält man

$$t = \gamma\left(t' + \vec{\beta}\vec{x}\,'\right) \quad \text{mit} \quad \vec{\beta} = \frac{\vec{v}}{c},\ \gamma = \frac{1}{\sqrt{1 - (v/c)^2}}$$

$$\vec{x} = \vec{x}\,' + \frac{(\gamma - 1)}{\beta^2}\left(\vec{\beta}\cdot\vec{x}\,'\right)\vec{\beta} + \gamma\vec{\beta}ct'\,.$$

Notation: Im Rahmen der relativistischen Physik verwenden wir der Klarheit halber das Symbol $\vec{x}$ (statt $\mathbf{x}$) für einen Vektor in $\mathbb{R}^3$.

9.4 Transformation der Geschwindigkeiten

Ein Inertialsystem K' bewege sich wie vorher relativ zu K mit Geschwindigkeit $\vec{v} = v\vec{e}_x$. Sei $\vec{u}$ die Geschwindigkeit eines Teilchens in K. Dann bestehen folgende Zusammenhänge:

$$
\begin{aligned}
u_x &= \frac{dx}{dt} \quad (\text{in } K) & u_y &= \frac{dy}{dt} & u_z &= \frac{dz}{dt} \\
u'_x &= \frac{dx'}{dt'} \quad (\text{in } K') & u'_y &= \frac{dy'}{dt'} & u'_z &= \frac{dz'}{dt'} \\
dx &= \frac{dx' + vdt'}{\sqrt{1 - v^2/c^2}} & dy &= dy' & dz &= dz' \\
dt &= \frac{dt' + \frac{v}{c^2}dx'}{\sqrt{1 - v^2/c^2}}
\end{aligned}
\tag{9.9}
$$

Um das Transformationsverhalten der Geschwindigkeiten zu erhalten, teilt man den ersten Ausdruck durch den letzten usw., mit dem Ergebnis

$$u_x = \frac{dx}{dt} = \frac{dx' + vdt'}{dt' + \frac{v}{c^2}dx'} = \frac{u'_x + v}{1 + \frac{vu'_x}{c^2}}$$

$$u_y = \frac{dy}{dt} = \frac{dy'}{\left[\frac{dt' + \frac{v}{c^2}dx'}{\sqrt{1-v^2/c^2}}\right]} = \frac{u'_y \sqrt{1 - v^2/c^2}}{1 + \frac{v}{c^2} u'_x} \qquad (9.10)$$

$$u_z = \frac{dz}{dt} = \frac{dz'}{\left[\frac{dt' + \frac{v}{c^2}dx'}{\sqrt{1-v^2/c^2}}\right]} = \frac{u'_z \sqrt{1 - v^2/c^2}}{1 + \frac{v}{c^2} u'_x} .$$

Für $v \ll c$ ergibt sich, wie erwartet

$$u_x = u'_x + v, \quad u'_y = u_y, \quad u_z = u'_z .$$

Die Gleichungen (9.10) liefern auch das *Additionsgesetz der Geschwindigkeiten*. Für ein Teilchen, das sich parallel zur x-Achse bewegt ($u_x = u$, $u_y = 0$, $u_z = 0$) lautet das Additionsgesetz:

$$u = \frac{u' + v}{1 + \frac{u'v}{c^2}}$$

Wir sehen aus diesem Ergebnis, dass $u < c$, wenn $u' < c$ ist. Die Geschwindigkeit kann in keinem Inertialsystem größer als die Lichtgeschwindigkeit sein. Für die Umkehrtransformation setzt man $v \to -v$.

9.5 Transformation der Beschleunigung

Ausgehend vom Transformationsverhalten der Geschwindigkeit Gl. (9.10) können wir die Beschleunigung eines Teilchens in einem bewegten System K' bestimmen, wenn wir die Beschleunigung in einem System K kennen. Das Inertialsystem S' bewege sich relativ zu K mit Geschwindigkeit $\vec{v} = v\vec{e}_x$. Sei $\vec{u}$ die Geschwindigkeit eines Teilchens in K. Die Beschleunigung in K ist definiert als

$$a_x = \frac{du_x}{dt}, \quad a_y = \frac{du_y}{dt}, \quad a_z = \frac{du_z}{dt} .$$

Aus Gl. (9.10) folgt mit der Ersetzung $v \to -v$

$$u'_x = \frac{u_x - v}{1 - vu_x/c^2} .$$

Damit wird

$$\frac{du'_x}{dt'} = \frac{du_x/dt'}{1 - vu_x/c^2} + (u_x - v)\frac{(u/c^2)du_x/dt'}{(1 - vu_x/c^2)^2} = \frac{du_x/dt'}{(1 - vu_x/c^2)^2}(1 - v^2/c^2)$$

$$= \frac{du_x/dt}{(1 - vu_x/c^2)^2}(1 - v^2/c^2)\frac{dt}{dt'} ,$$

$$\frac{du'_y}{dt'} = \frac{d}{dt'}\left[\frac{u_y\sqrt{1-v^2/c^2}}{1-\frac{v}{c^2}u_x}\right] = \frac{d}{dt}\left[\frac{u_y\sqrt{1-v^2/c^2}}{1-\frac{v}{c^2}u_x}\right]\frac{dt}{dt'}$$

$$= \left[\frac{u_y\sqrt{1-v^2/c^2}}{1-\frac{v}{c^2}u_x}\frac{du_y}{dt} + u_y\frac{\sqrt{1-v^2/c^2}}{\left(1-\frac{v}{c^2}u_x\right)^2}\frac{v}{c^2}\frac{du_x}{dt}\right]\frac{dt}{dt'}$$

und entsprechend für du'_z/dt'. Aus Gl. (9.10) folgt

$$\frac{dt'}{dt} = \frac{1-vu_x/c^2}{\sqrt{1-v^2/c^2}}$$

und wir erhalten

$$a'_x = \frac{du'_x}{dt'} = a_x\frac{(1-v^2/c^2)^{3/2}}{(1-vu_x/c^2)^3}$$

$$a'_y = \frac{du'_y}{dt'} = a_y\frac{(1-v^2/c^2)}{(1-vu_x/c^2)^2} + \frac{v}{c^2}a_xu_y\frac{(1-v^2/c^2)}{(1-vu_x/c^2)} \quad (9.11)$$

$$a'_z = \frac{du'_z}{dt'} = a_z\frac{(1-v^2/c^2)}{(1-vu_x/c^2)^2} + \frac{v}{c^2}a_xu_z\frac{(1-v^2/c^2)}{(1-vu_x/c^2)}$$

Die Bestimmung des Transformationsverhaltens der Beschleunigung stellt keineswegs nur eine akademische Übungsaufgabe dar, sondern steht, wegen der Newtonschen Bewegungsgleichungen, mit dem Transformationsverhalten der Kräfte in Beziehung. Die relativistische Dynamik wird im nächsten Kapitel behandelt.

9.6 4-Vektoren

Ein Ereignis wird charakterisiert durch die Raumkoordinaten ($x^i : i = 1-3$) und die Zeit t. Man kann die vier Größen zusammenfassen und folgende Notation einführen

$$x^\mu, \quad \mu = 0, 1, 2, 3$$

wo

$$x^0 = ct, \quad x^{1,2,3} = x, y, z.$$

Konvention Raum-Zeitindizes (0–3) werden mit griechische Buchstaben bezeichnet, Raumindizes (1–3) mit lateinische Buchstaben (oder $\vec{x}$). Beachte: alle Indizes stehen *oben*. Die Koordinate eines Ereignisses kann als *4-Vektor* betrachtet werden, wenn wir darunter die Differenz zum Ereignis $(0, \vec{0})$ verstehen. Die „Länge" dieses 4-Vektors ist definiert durch

$$x^2 \equiv x^{02} - \vec{x}^{\,2} = c^2t^2 - \vec{x}^{\,2}$$

Die Länge eines Vektors definiert den metrischen Tensor

$$x^2 = \sum_{\mu=0}^{3}\sum_{\nu=0}^{3} g_{\mu\nu}x^\mu x^\nu \tag{9.12}$$

$$(g_{\mu\nu}) = \begin{pmatrix} 1 & & & \\ & -1 & & \\ & & -1 & \\ & & & -1 \end{pmatrix}.$$

Die *Minkowski-Metrik* $g_{\mu\nu}$ ist pseudoeuklidisch, d. h. nicht positiv definit. Für eine kompakte Schreibweise führen wir auch hier die Einsteinsche Summationskonvention ein: Über doppelt vorkommende, jeweils oben und unten stehende, Indizes wird summiert. Damit schreibt sich (9.12) einfach als

$$x^2 = g_{\mu\nu}x^\mu x^\nu$$

An dieser Stelle ist es noch Definitionssache ob Indizes oben oder unten stehen.

9.7 Homogene Lorentz-Transformation

Ausgehend von der Invarianz des 4-Intevalls sollen jetzt die allgemeinen Eigenschaften der Lorentz-Transformationen untersucht werden. Wir werden sehen, dass neben den speziellen Lorentz-Transformationen oder „Boosts" auch Drehungen erlaubt sind. Sei $\Lambda^\mu{}_\nu$ die Transformation, die die Koordinaten x^μ eines Inertialsystems K mit den Koordinaten x'^μ eines dazu gleichförmig bewegten und um einen festen Winkel gedrehten Bezugssystem K' verbindet,

$$x'^\mu = \Lambda^\mu{}_\nu x^\nu.$$

Wir wollen die allgemeine Form der Lorentz-Transformation aus der Forderung der Invarianz des Intervalls x^2 ableiten. Aus $x^2 = x'^2$ folgt

$$g_{\mu\nu}\Lambda^\mu{}_\alpha \Lambda^\nu{}_\beta = g_{\alpha\beta} \tag{9.13}$$

Beweis

$$x'^2 = g_{\mu\nu}x'^\mu x'^\nu = g_{\mu\nu}\Lambda^\mu{}_\rho \Lambda^\nu{}_\sigma x^\rho x^\sigma$$

Wenn $x'^2 = x^2 = g_{\rho\sigma}x^\rho x^\sigma$ sein soll, dann muss gelten

$$g_{\sigma\rho} = g_{\mu\nu}\Lambda^\mu{}_\rho \Lambda^\nu{}_\sigma, \tag{9.14}$$

oder in Matrixnotation

$$\Lambda^T g \Lambda = g, \tag{9.15}$$

mit der Definition

$$[\Lambda^T]_\rho{}^\mu \equiv \Lambda^\mu{}_\rho \qquad \square$$

Gl. (9.15) ist offensichtlich die Verallgemeinerung der Bedingung $M^T M = 1$ für die Drehmatrizen. Wir bilden die Determinante von (9.15),

$$\det \Lambda^T \det \Lambda = 1 \quad (\det g = -1),$$

d. h.

$$\det \Lambda = {+1 \atop -1}.$$

Eine zweite Bedingung erhalten wir, wenn wir speziell $\alpha = \beta = 0$ in (9.13) setzen:

$$g_{\mu\nu} \Lambda^\mu{}_0 \Lambda^\nu{}_0 = g_{00} \quad \to \quad (\Lambda^0{}_0)^2 - \sum_i (\Lambda^i{}_0)^2 = 1$$

Daraus folgt

$$(\Lambda^0{}_0)^2 \geq 1 \quad \text{oder} \quad \begin{cases} \Lambda^0{}_0 \geq 1 \\ \Lambda^0{}_0 \leq -1 \end{cases}.$$

Zwischen den Transformationen mit $\Lambda^0{}_0 \geq 1$ und $\Lambda^0{}_0 \leq -1$ besteht eine Lücke von mindestens 2, die nicht durch stetige Schritte überwunden werden kann. Die Transformationen mit $\Lambda^0{}_0 \leq -1$ beinhalten Zeitumkehr.

Besonders interessant sind die *eigentlichen* Lorentz-Transformationen, d. h. die Lorentz-Transformationen, die stetig aus der Einheit hervorgehen,

$$\det \Lambda = +1 \quad \text{und} \quad \Lambda^0{}_0 \geq 1.$$

Wir meinen im Folgenden stets eigentliche Lorentz-Transformationen, wenn wir von Lorentz-Transformationen sprechen. Die eigentlichen Lorentz-Transformationen bilden die *Gruppe SO(1,3)*. Wichtigste Eigenschaft ist, dass zwei aufeinanderfolgende Lorentz-Transformationen wieder eine Lorentz-Transformation bilden:

$$x''^\mu = \Lambda'^\mu{}_\gamma x'^\gamma = \Lambda'^\mu{}_\gamma \Lambda^\gamma{}_\sigma x^\sigma \stackrel{?}{=} \Lambda''^\mu{}_\sigma x^\sigma.$$

Der Beweis erfolgt direkt unter Verwendung von Gl. (9.13).

Minkowski-Raum

Ein 4-dimensionaler Raum mit Metrik

$$g_{\mu\nu} = \begin{pmatrix} 1 & & & \\ & -1 & & \\ & & -1 & \\ & & & -1 \end{pmatrix}$$

heißt Minkowski-Raum.

Kontravarianter 4-Vektor

Jedes 4-komponentige Objekt v^μ, das sich unter Lorentz-Transformationen wie die Koordinaten x^μ transformiert, heißt kontravarianter 4-Vektor.

Skalarprodukt
Das Skalarprodukt zweier 4-Vektoren ist definiert durch

$$u \cdot v \equiv g_{\mu\nu} u^\mu v^\nu = u^0 v^0 - u^i \cdot v^i = u^0 v^0 - \vec{u} \cdot \vec{v}.$$

Das so definierte Skalarprodukt ist lorentzinvariant, da

$$u' \cdot v' = g_{\mu\sigma} u'^\sigma v'^\mu = g_{\mu\sigma} \Lambda^\sigma{}_\alpha \Lambda^\mu{}_\beta u^\alpha v^\beta \underset{\text{Gl. (9.13)}}{=} g_{\alpha\beta} u^\alpha v^\beta = u \cdot v.$$

Kontravariante und kovariante Komponenten eines Vektors
Die kontravarianten Komponenten eines 4-Vektors v^μ waren definiert durch

$$v^\mu = \left(v^0, \vec{v}\right).$$

Sie transformieren sich unter Lorentz-Transformationen wie

$$v^\mu \to v^{\mu\prime} = \Lambda^\mu{}_\nu v^\nu. \tag{9.16}$$

Alternativ kann man den *selben*Vektor v auch durch seine kovarianten Komponenten beschreiben, die definiert sind durch

$$v_\mu \equiv g_{\mu\nu} v^\nu \quad \to \quad v_\mu = \left(v^0, -\vec{v}\right).$$

oder umgekehrt

$$v^\mu = g^{\mu\nu} v_\nu \text{ mit } g^{\mu\nu} = g_{\mu\nu} = \begin{pmatrix} 1 & & & \\ & -1 & & \\ & & -1 & \\ & & & -1 \end{pmatrix}.$$

Die 4×4 Einheitsmatrix bezeichnen wir mit $\delta^\mu{}_\sigma$. Offensichtlich gilt:

$$g^{\mu\nu} g_{\nu\sigma} = \delta^\mu{}_\sigma.$$

Für die Zeitkomponenten sind kontravariante und kovariante Komponenten gleich $v_0 = v^0$, die Raumkomponenten unterscheiden sich durch ein Vorzeichen $v_i = -v^i$. Mit Hilfe dieser Unterscheidung lässt sich das Skalarprodukt einfacher schreiben,

$$u \cdot v = u_\mu v^\mu = u^\mu v_\mu.$$

Beweis

$$u_\mu v^\mu = (u_0 v^0 + u_i v^i) = (u_0 v^0 - \vec{u}\vec{v}) = (u^0 v_0 - \vec{u}\vec{v})$$

Eine alternative Formel für das Transformationsverhalten eines kovarianten 4-Vektors lautet

$$v_\mu \quad \to \quad v'_\mu = v_\nu \left(\Lambda^{-1}\right)^\nu{}_\mu. \tag{9.17}$$

Zur Gewöhnung an die Notation wollen wir diese Beziehung beweisen. Es gilt

$$v'_\mu = g_{\mu\lambda} v'^\lambda = g_{\mu\lambda} \Lambda^\lambda{}_\beta v^\beta = v_\sigma \left(\Lambda^{-1}\right)^\sigma{}_\mu .$$

Die letzte Gleichheit folgt aus der Definitionsgleichung $g_{\mu\lambda}\Lambda^\lambda{}_\beta\Lambda^\mu{}_\sigma = g_{\beta\sigma}$ durch Multiplikation mit $(\Lambda^{-1})^\sigma{}_\rho$,

$$g_{\mu\lambda}\Lambda^\lambda{}_\beta [\Lambda^\mu{}_\sigma (\Lambda^{-1})^\sigma{}_\rho] = g_{\beta\sigma}\left(\Lambda^{-1}\right)^\sigma{}_\rho .$$

Dabei haben wir verwendet, dass

$$\Lambda\Lambda^{-1} = \mathbf{1}, \quad \text{oder } \Lambda^\mu{}_\sigma (\Lambda^{-1})^\sigma{}_\rho = \delta^\mu{}_\rho ,$$

wo $\delta^\mu{}_\rho$ die 4-diomensionale Einheitsmatrix ist. Damit wird

$$g_{\mu\lambda}\Lambda^\lambda{}_\beta = g_{\beta\sigma}\left(\Lambda^{-1}\right)^\sigma{}_\mu$$
$$g_{\mu\lambda}\Lambda^\lambda{}_\beta v^\beta = g_{\beta\sigma}\left(\Lambda^{-1}\right)^\sigma{}_\mu v^\beta = \left(\Lambda^{-1}\right)^\sigma{}_\mu v_\sigma . \qquad \square$$

Der 4-*Gradient* $\partial_\mu \equiv \frac{\partial}{\partial x^\mu}$ ist ein natürlicher kovarianter 4-Vektor, da

$$\partial_\mu \to \partial'_\mu \equiv \frac{\partial}{\partial x'^\mu} = \frac{\partial x^\lambda}{\partial x'^\mu}\frac{\partial}{\partial x^\lambda} = \left(\Lambda^{-1}\right)^\lambda{}_\mu \frac{\partial}{\partial x^\lambda} = \partial_\lambda \left(\Lambda^{-1}\right)^\lambda{}_\mu .$$

Man beachte:

$$\partial_\mu = \frac{\partial}{\partial x^\mu} = \left(\frac{1}{c}\frac{\partial}{\partial t}, \vec{\nabla}\right), \quad \partial^\mu = \frac{\partial}{\partial x_\mu} = \left(\frac{1}{c}\frac{\partial}{\partial t}, -\vec{\nabla}\right).$$

Parameter der Lorentz-Transformation

Die Lorentz-Transformation Λ hat $4 \times 4 = 16$ Elemente. Die definierende Gl. (9.13), $g_{\mu\nu}\Lambda^\mu{}_\alpha\Lambda^\nu{}_\beta = g_{\alpha\beta}$, ergibt 10 Bedingungen $(4+3+2+1$, wegen der Symmetrie in $\alpha,\beta)$. Damit verbleiben 6 unabhängige Elemente oder Parameter, 3 Parameter beschreiben die relative Orientierung der Raum-Koordinatenachsen, 3 Parameter beschreiben die Relativgeschwindigkeit $\vec{v}$ der Systeme.

9.8 Infinitesimale Lorentz-Transformationen

Die eigentlichen Lorentz-Transformationen lassen sich aus infinitesimalen Transformationen mit Hilfe der Erzeugenden aufbauen. In Analogie zu den Drehungen machen wir dazu den Ansatz:

$$\Lambda = e^L, \quad \text{wo } L \text{ eine } 4 \times 4 \text{ Matrix ist.}$$

Für Transponierte gilt

$$\Lambda^T = \left[e^L\right]^T = e^{L^T}, \quad \text{da } \Lambda^T = (1 + L + \frac{1}{2}LL + \cdots)^T = (1 + L^T + \frac{1}{2}L^T L^T + \cdots)$$

und für die Determinante

$$\det \Lambda = \det\left(e^L\right) = e^{SpL}.$$

Beweis der letzten Beziehung: Nach Diagonalisierung wird $L = diag[L_1, L_2, L_3, L_4]$ und damit

$$\det\left(e^L\right) = e^{L_1} e^{L_2} e^{L_3} e^{L_4} = e^{L_1+L_2+L_3+L_4} = e^{SpL}.$$

Da für die eigentlichen Lorentz-Transformationen $\det \Lambda = 1$ ist, folgt dass die Spur von L verschwindet

$$Sp\, L = 0.$$

Wir wollen jetzt zeigen, dass gL antisymmetrisch ist. Aus der Definitionsgleichung

$$\Lambda^T g \Lambda = g$$

folgt durch Multiplikation von links mit g^{-1} und von rechts mit Λ^{-1}:

$$\Lambda^{-1} = g^{-1}\Lambda^T g = g\Lambda^T g \quad (g^{-1} = g,\ g^2 = 1)$$

$$= g(1 + L^T + \frac{1}{2!}L^T L^T + \cdots)g$$

$$= 1 + gL^T g + \frac{1}{2!}gL^T gg L^T g + \cdots = e^{g\Lambda^T g}. \tag{9.18}$$

Andererseits ist

$$\Lambda^{-1} = e^{-L} = (1 - L + \frac{1}{2!}LL + \cdots). \tag{9.19}$$

Ein Vergleich von Gl. (9.19) mit Gl. (9.18) ergibt

$$gL^T g = -L \quad \to \quad (gL)^T = -(gL).$$

Wenn man beachtet, dass $g = [1, -1, -1, -1]$ und dass L (wie Λ) sechs Parameter aufweisen muss, ergibt sich daraus die folgende allgemeine Form:

$$L^\mu{}_\nu = \begin{pmatrix} 0 & L^0{}_1 & L^0{}_2 & L^0{}_3 \\ L^0{}_1 & 0 & L^1{}_2 & L^1{}_3 \\ L^0{}_2 & -L^1{}_2 & 0 & L^2{}_3 \\ L^0{}_3 & -L^1{}_3 & -L^2{}_3 & 0 \end{pmatrix} = \left(\begin{array}{c|c} & \text{Boosts} \\ \hline \text{Boosts} & 3\times 3\ \text{Drehungen} \end{array}\right).$$

Beweis Mit

$$L = \begin{pmatrix} 0 & a & b & c \\ a & 0 & d & e \\ b & -d & 0 & f \\ c & -e & -f & 0 \end{pmatrix} \quad \text{und}\quad g = \begin{pmatrix} 1 & 0 & 0 & 0 \\ 0 & -1 & 0 & 0 \\ 0 & 0 & -1 & 0 \\ 0 & 0 & 0 & -1 \end{pmatrix}$$

ergibt die direkte Matrixmultiplikation

$$gL = \begin{pmatrix} 0 & a & b & c \\ -a & 0 & -d & -e \\ -b & d & 0 & -f \\ -c & e & f & 0 \end{pmatrix}.$$

D. h. gL ist antisymmetrisch. □

Es ist üblich, jedem der 6 Parameter von L eine Fundamentalmatrix zuzuordnen,

$$S_1 = \begin{pmatrix} 0 & & & \\ & 0 & 0 & 0 \\ & 0 & 0 & 1 \\ & 0 & -1 & 0 \end{pmatrix} \quad S_2 = \begin{pmatrix} 0 & & & \\ & 0 & 0 & -1 \\ & 0 & 0 & 0 \\ & 1 & 0 & 0 \end{pmatrix} \quad S_3 = \begin{pmatrix} 0 & & & \\ & 0 & 1 & 0 \\ & -1 & 0 & 0 \\ & 0 & 0 & 0 \end{pmatrix}$$

$$K_1 = \begin{pmatrix} 0 & 1 & 0 & 0 \\ 1 & & & \\ 0 & & 0 & \\ 0 & & & \end{pmatrix} \quad K_2 = \begin{pmatrix} 0 & 0 & 1 & 0 \\ 0 & & & \\ 1 & & 0 & \\ 0 & & & \end{pmatrix} \quad K_3 = \begin{pmatrix} 0 & 0 & 0 & 1 \\ 0 & & & \\ 0 & & 0 & \\ 1 & & & \end{pmatrix}.$$

Sie sind die *infinitesimalen Erzeugenden* der Lorentz-Transformation: $S, \cdots$ Drehungen, $K, \cdots$ Boosts

Die Erzeugenden für reine Drehungen waren

$$(S_i)_{kl} = \varepsilon_{ikl}.$$

Für die Quadrate gilt:

$$S_1^2 = \begin{pmatrix} 0 & & & \\ & 0 & & \\ & & -1 & \\ & & & -1 \end{pmatrix} \quad S_2^2 = \begin{pmatrix} 0 & & & \\ & -1 & & \\ & & 0 & \\ & & & -1 \end{pmatrix} \quad S_3^2 = \begin{pmatrix} 0 & & & \\ & -1 & & \\ & & -1 & \\ & & & 0 \end{pmatrix}$$

$$K_1^2 = \begin{pmatrix} 1 & & & \\ & 1 & & \\ & & 0 & \\ & & & 0 \end{pmatrix} \quad K_2^2 = \begin{pmatrix} 1 & & & \\ & 0 & & \\ & & 1 & \\ & & & 0 \end{pmatrix} \quad K_3^2 = \begin{pmatrix} 1 & & & \\ & 0 & & \\ & & 0 & \\ & & & 1 \end{pmatrix}.$$

Jede Potenz der S_i oder K_i ist daher bis auf Faktoren ± 1 gleich der Matrix selbst oder ihr Quadrat, z. B. $S_i^3 = -S_i$. Mit Hilfe der Basismatrizen lässt sich L und damit Λ schreiben als:

$$L = -\vec{\theta} \cdot \vec{S} - \vec{\xi} \cdot \vec{K}$$

$$\Lambda = e^{-\vec{\theta} \cdot \vec{S} - \vec{\xi} \cdot \vec{K}},$$

wo $\vec{\theta}$ und $\vec{\xi}$ konstante räumliche 3-Vektoren sind, die 6 Parameter der Lorentz-Transformationen.

Zusammenhang mit früheren Ergebnissen für Λ

Wir betrachten den einfachen Fall $\vec{\theta} = 0$ und $\vec{\xi} = \xi \vec{e}_1 = \xi(1,0,0)^T$. Dann ist $L = -\xi K_1$ und

$$\Lambda = e^L = e^{-\xi K_1} = (1 - K_1^2) - K_1 \sinh \xi + K_1^2 \cosh \xi \,.$$

In den Beweis gehen die Relationen $K_1^3 = K_1$, $\sinh x = x + \frac{x^3}{3!} + \frac{x^5}{5!} + \cdots$, $\cosh x = 1 + \frac{x^2}{2!} + \frac{x^4}{4!} + \cdots$ ein. Setzt wir ein

$$K_1 = \begin{pmatrix} 0 & 1 & & \\ 1 & 0 & & \\ & & 0 & \\ & & & 0 \end{pmatrix} \quad K_1^2 = \begin{pmatrix} 1 & & & \\ & 1 & & \\ & & 0 & \\ & & & 0 \end{pmatrix},$$

so erhalten wir

$$\Lambda = \begin{pmatrix} \cosh \xi & -\sinh \xi & 0 & 0 \\ -\sinh \xi & \cosh \xi & 0 & 0 \\ 0 & 0 & 1 & 0 \\ 0 & 0 & 0 & 1 \end{pmatrix}.$$

Da $x'^{\mu} = \Lambda^{\mu}{}_{\nu} x^{\nu}$, mit $x^{\nu} = (ct, x, y, z)^T$, folgt

$$ct' = ct \cosh \xi - x \sinh \xi$$
$$x' = x \cosh \xi - ct \sinh \xi, \quad y' = y, \quad z' = z \,.$$

Ein Vergleich mit den oben abgeleiteten Formeln (9.7) für die Lorentz-Transformation liefert:

$$\cosh \xi = \gamma = \frac{1}{\sqrt{1 - v^2/c^2}},$$
$$\sinh \xi = \beta \gamma = \frac{v/c}{\sqrt{1 - v^2/c^2}},$$
$$\tanh \xi = \beta = \frac{v}{c}.$$

D. h.

$$\Lambda = \begin{pmatrix} \gamma & -\gamma\beta & 0 & 0 \\ -\gamma\beta & \gamma & 0 & 0 \\ 0 & 0 & 1 & 0 \\ 0 & 0 & 0 & 1 \end{pmatrix}.$$

Dies entspricht einem Boost in Richtung x^1-Achse. Für einen (drehungsfreien) Boost in beliebiger Richtung ist der Boostvektor $\vec{\xi}$ gegeben durch

$$\vec{\xi} = \frac{\vec{\beta}}{\beta} \operatorname{artanh} \beta \quad \text{mit} \quad \vec{\beta} = \frac{\vec{v}}{c}, \beta = |\vec{\beta}|$$

Analog erhält man für $\xi = 0$ und $\vec{\theta} = \theta\, \vec{e}_3$

$$\Lambda = \begin{pmatrix} 1 & 0 & 0 & 0 \\ 0 & \cos\theta & \sin\theta & 0 \\ 0 & -\sin\theta & \cos\theta & 0 \\ 0 & 0 & 0 & 1 \end{pmatrix}$$

was einer Drehung der Raumkoordinaten um die z-Achse gegen den Uhrzeigersinn entspricht. Die sechs Matrizen S_i, K_i sind eine Darstellung des infinitesimalen Erzeugenden der Lorentz-Gruppe. Sie genügen den Vertauschungsrelationen

$$[S_i, S_j] = \varepsilon_{ijk} S_k, \tag{9.20}$$

$$[S_i, K_j] = \varepsilon_{ijk} K_k, \tag{9.21}$$

$$[K_i, K_j] = -\varepsilon_{ijk} S_k. \tag{9.22}$$

Anmerkungen zu diesen Vertauschungsrelationen:
- (9.20) sind Drehimpulsvertauschungsrelationen
- (9.21): K verhält sich unter Drehungen wie ein Vektor
- (9.22): Boosts vertauschen nicht

9.9 4-Tensoren

Wenn wir verlangen, dass die Naturgesetze kovariant bezüglich Lorentz-Transformationen sind, d. h. in allen Inertialsystemen die selbe Form haben, dann müssen wir allen physikalischen Größen 4-Tensoren zuordnen. Wir unterscheiden folgende Möglichkeiten:

4-Skalar
Eine einkomponentige Größe, die invariant unter Lorentz-Transformationen ist.

Kotravarianter 4-Vektor
Eine 4-komponentige Größe, die sich unter Lorentz-Transformationen transformiert wie

$$A'^{\mu} = \Lambda^{\mu}{}_{\nu} A^{\nu}.$$

Kovarianter 4-Vektor
Eine 4-komponentige Größe, die sich unter Lorentz-Transformationen transformiert wie

$$A'_{\mu} = A_{\nu} \left(\Lambda^{-1}\right)^{\nu}{}_{\mu}$$
$$= \Lambda_{\mu}{}^{\nu} A_{\nu} \quad \text{wo} \quad \Lambda_{\mu}{}^{\nu} \equiv \left(\Lambda^{-1}\right)^{\nu}{}_{\mu}.$$

Kontravarianter Tensor 2. Ranges
Eine 4 × 4-komponentige Größe, die sich unter Lorentz-Transformationen transformiert wie
$$F'^{\mu\alpha} = \Lambda^{\mu}{}_{\nu}\Lambda^{\alpha}{}_{\beta}F^{\nu\beta}.$$

Kovarianter Tensor 2. Ranges
Eine 4 × 4-komponentige Größe, die sich unter Lorentz-Transformationen transformiert wie
$$F'_{\mu\alpha} = \Lambda_{\mu}{}^{\nu}\Lambda_{\alpha}{}^{\beta}F_{\nu\beta}.$$

Gemischter Tensor 2. Ranges
Eine 4 × 4-komponentige Größe, die sich unter Lorentz-Transformationen transformiert wie
$$F'_{\mu}{}^{\alpha} = \Lambda_{\mu}{}^{\nu}\Lambda^{\alpha}{}_{\beta}F_{\nu}{}^{\beta}.$$

Analog werden Tensoren höheren Ranges definiert.

Bemerkung: $\Lambda_{\mu}{}^{\nu}$ und $\Lambda^{\mu}{}_{\nu}$ sind 4 × 4 Matrizen, aber *keine Tensoren*.

Tensoroperationen:
1. *Addition von Tensoren der gleichen Stufe*
2. *Direktes Produkt*
3. *Verjüngung*
4. *(Anti)Symmetrisierung*

Die Regeln 1–4 für 4-Tensoren gelten mit folgenden Einschränkungen:
- Addition ist nur zwischen Tensoren der gleichen Art definiert, z. B. ist $A_{\sigma} + B^{\sigma}$ sinnlos.
- Verjüngung darf nur bezüglich eines kovarianten und eines kontravarianten Indexes erfolgen z. B.
$$x^{\mu}x_{\mu} = s^2 \qquad \text{Skalar}$$
(aber $x_{\mu}x_{\mu} = x_0^2 + \vec{x}^2$ ist nicht invariant und daher keine erlaubte Operation).
- (Anti-)Symmetrisierung ist nur hinsichtlich der selben Art von Indizes definiert z. B. $A_{\mu}B^{\nu} + B_{\mu}A^{\nu}$ ist ein gemischter Tensor 2. Ranges, weder symmetrisch noch antisymmetrisch.

Invariante 4-Tensoren
Die Tensoren
$$g_{\mu\nu},\ g^{\mu\nu},\ \delta^{\mu}{}_{\nu}$$
haben in allen Inertialsystemen die selbe Form. Beispiel:
$$g'_{\mu\alpha} = \Lambda_{\mu}{}^{\nu}\Lambda_{\alpha}{}^{\beta}g_{\nu\beta} \underset{(9.13)}{=} g_{\mu\nu}.$$

In Analogie zum 3-dimensionalen ε-Tensor kann man auch einen 4-dimensionalen vollständig antisymmetrischen ε-Tensor definieren,

$$\varepsilon^{\mu\nu\sigma\tau} \quad \text{mit } \varepsilon^{\mu\nu\sigma\tau} = 1 \text{ für gerade Permutationen von 0123}$$
$$= -1 \text{ für ungerade Permutationen von 0123}$$
$$= 0 \text{ sonst,}$$

der invariant unter eigentlichen Lorentz-Transformationen ist,

$$\Lambda^{\mu}{}_{\alpha}\Lambda^{\nu}{}_{\beta}\Lambda^{\sigma}{}_{\gamma}\Lambda^{\tau}{}_{\delta}\varepsilon^{\alpha\beta\gamma\delta} = \varepsilon^{\mu\nu\sigma\tau} .$$

Strenggenommen ist $\varepsilon^{\mu\nu\sigma\tau}$ ein Pseudotensor, er wechselt sein Vorzeichen unter Spiegelungen.

9.10 Kovarianz der Naturgesetze

Naturgesetze müssen *lorentzkovariant* sein d. h. sie müssen sich als absolute Beziehungen (Regeln 1-4) zwischen Tensoren schreiben lassen,

$$F(A, A_{\mu}, A_{\mu\nu}, \cdots) = 0 .$$

Ein solches Gesetz hat dann in jedem Inertialsystem die selbe Form.

Beispiel 1:

$$\partial_{\mu}T^{\mu\nu} = 0 \text{ im Inertialsystem } K$$
$$\partial'_{\mu}T'^{\mu\nu} = \partial_{\sigma}(\Lambda^{-1})^{\sigma}{}_{\mu}\Lambda^{\mu}{}_{\alpha}\Lambda^{\nu}{}_{\beta}T^{\alpha\beta}$$
$$= \partial_{\sigma}\delta^{\sigma}{}_{\alpha}\Lambda^{\nu}{}_{\beta}T^{\alpha\beta} = \partial_{\alpha}\Lambda^{\nu}{}_{\beta}T^{\alpha\beta} = \Lambda^{\nu}{}_{\beta}\partial_{\alpha}T^{\alpha\beta} = 0 .$$

Beispiel 2:
Die Maxwell-Gleichungen *in vacuo* für das elektrische Feld $\vec{E}$ und das Magnetfeld $\vec{B}$ lauten

$$\vec{\nabla} \cdot \vec{E} = 4\pi\rho \quad \vec{\nabla} \times \vec{E} = -\frac{1}{c}\frac{\partial \vec{B}}{\partial t}$$
$$\vec{\nabla} \cdot \vec{B} = 0 \quad \vec{\nabla} \times \vec{B} = \frac{4\pi}{c}\vec{j} + \frac{1}{c}\frac{\partial \vec{E}}{\partial t} .$$

Die Lorentz-Kovarianz ist nicht offensichtlich. Führt man jedoch 4-Potentiale ein über

$$\vec{B} = \vec{\nabla} \times \vec{A} \quad \vec{E} = -\vec{\nabla}\Phi - \frac{1}{c}\frac{\partial \vec{A}}{\partial t}$$

mit der Lorenz-Bedingung,

$$0 = \vec{\nabla} \cdot \vec{A} + \frac{1}{c}\frac{\partial \varphi}{\partial t} ,$$

so lauten die Maxwell-Gleichungen

$$\frac{\partial}{\partial x^i}\frac{\partial}{\partial x^i}\Phi(\vec{x},t) - \frac{1}{c^2}\frac{\partial^2\Phi(\vec{x},t)}{\partial t^2} = -4\pi\varrho(\vec{x},t)$$

$$\frac{\partial}{\partial x^i}\frac{\partial}{\partial x^i}A_k(\vec{x},t) - \frac{1}{c^2}\frac{\partial^2 A_k(\vec{x},t)}{\partial t^2} = -\frac{4\pi}{c}j_k(\vec{x},t)$$

Wir nehmen folgende Zuordnung vor: $\vec{A},\vec{j}$ seien die Raumkomponenten eines 4-Vektoren, Φ, ϱ seien die Zeitkomponenten eines 4-Vektors, d. h.

$$A^\mu = (\Phi,\vec{A}), \quad j^\mu = (c\varrho,\vec{j}) \ .$$

Dann lassen sich die Maxwell-Gleichungen manifest kovariant schreiben:

$$\Box A^\mu \equiv \partial_\nu \partial^\nu A_\mu = \underbrace{\left(\frac{\partial^2}{\partial x_0^2} - \vec{\nabla}^2\right)}_{\text{Skalar}} \underbrace{A^\mu}_{\text{Vektor}} = -\frac{4\pi}{c}\underbrace{j^\mu}_{\text{Vektor}} \ .$$

Auch die Kontinuitätsgleichung und die Lorenz-Bedingungen lassen sich kovariant ausdrücken,

$$\frac{\partial \varrho}{\partial t} + \vec{\nabla}\vec{j} = 0 \quad \longrightarrow \quad \partial^\mu j_\mu = 0$$

$$\vec{\nabla}\vec{A} + \frac{1}{c}\frac{\partial \varphi}{\partial t} = 0 \quad \longrightarrow \quad \partial^\mu A_\mu = 0 \ .$$

Die Kovarianz der gesamten Maxwell-Gleichungen ist somit bewiesen, da wir $\vec{E}$ und $\vec{B}$ in jedem Inertialsystem aus A^μ ausrechnen können. Die Transformationseigenschaften von $\vec{E}$ und $\vec{B}$ selbst werden wir in Kapitel 10 untersuchen.

Beispiel 3:
Die Newtonsche Bewegungsgleichung lautet in 4-dimensionaler Schreibweise:

$$\underbrace{mc^2\frac{d}{dx_0}\frac{d}{dx_0}x^i}_{\text{Tensor}} - \underbrace{F_i}_{\text{Vektor}} = 0$$

d. h. sie ist nicht kovariant.

9.11 Lorentzkovariante Kinematik eines Massenpunktes

Wir betrachten zwei Punkte P_a und P_b auf der Raum-Zeitkurve (Weltlinie) eines Teilchens. Wir hatten gesehen, dass das Intervall von zwei Ereignissen

$$s_{ab}^2 = \left(x_a^0 - x_b^0\right)^2 - (\vec{x}_a - \vec{x}_b)^2 \equiv (\Delta x_0)^2 - (\Delta \vec{x})^2$$

invariant ist. Für die graphische Darstellung betrachtet man meist nur eine Raumdimension und trägt x_0 gegen x auf. Wir betrachten zunächst die Ausbreitung von Licht.

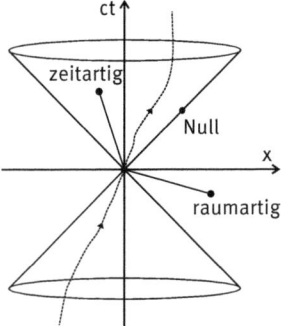

Abb. 9.1: Raum-Zeitdiagramm.

Ein Lichtpuls (Photon) bewegt sich auf dem Lichtkegel $x_0 = x$. In einer Raumdimension und für benachbarte Raum-Zeitpunkte ist

$$\Delta x_0 = c\Delta t = \Delta x \quad \rightarrow \quad v = \frac{\Delta x}{\Delta t} = c$$

Für ein massives Teilchen, das sich mit $v < c$ bewegt, ist $\frac{\Delta x}{\Delta x_0} < 1$ und damit $(\Delta s)^2 > 0$. Da das Intervall invariant ist, muss dies in jedem Inertialsystem gelten. Das Teilchen bewegt sich stets im Inneren des instantanen Vorwärtslichtkegels. Der Tangente an jedem Punkt der Bahn ist stets $< 45°$. Durch eine geeignete Lorentz-Transformation kann man stets erreichen, dass $s_{ab}^2 = \left(x_a^0 - x_b^0\right)^2$. Das Intervall zwischen zwei Punkten auf der Bahn heißt daher **zeitartig**. Das Gebiet außerhalb des Lichtkegels ist dadurch charakterisiert, dass $(\Delta s)^2 < 0$. Durch eine geeignete Lorentz-Transformation kann man stets erreichen, dass $s_{ab}^2 = -(\vec{x}_a - \vec{x}_b)^2$. Das Intervall zwischen zwei solchen Ereignissen heißt daher **raumartig**. Einen beliebigen 4-Vektor a^μ bezeichnet man als raumartig, lichtartig, zeitartig je nachdem ob $a^2 < 0$, $a^2 = 0$, oder $a^2 > 0$.

Die Eigenzeit

Wir beobachten von einem Inertialsystem K aus eine Uhr (z. B. in einer Rakete), die sich mit variabler Geschwindigkeit $\vec{u}(t)$ (im Allgemeinen ist. $\vec{u}(t) \neq$ konst.) bewegt. Die auf dieser Uhr gemessene Zeit heißt Eigenzeit. Betrachten wir einen infinitesimalen Zeitabschnitt dt (in K), dann kann in diesem Zeitabschnitt die Geschwindigkeit der Uhr als konstant angenommen werden. In diesem Zeitintervall legt die Uhr (in K) die Strecke $\sqrt{d\vec{x}^2}$ zurück. Frage: Welches Zeitintervall zeigt die bewegte Uhr dann an?

Die Uhr ruht im mit ihr verbundenen Koordinatensystem, d. h.

$$dx' = dy' = dz' = 0.$$

Wegen der Invarianz des Intervalls gilt

$$ds^2 = c^2 dt^2 - d\vec{x}^2 = c^2 dt'^2.$$

Daraus folgt

$$dt' = \frac{1}{c}\sqrt{ds^2} = dt\sqrt{1 - \frac{1}{c^2}\left(\frac{d\vec{x}}{dt}\right)^2} = dt\sqrt{1 - \frac{\vec{u}^2}{c^2}}.$$

Wir definieren
$$d\tau \equiv dt\sqrt{1 - \vec{u}^2/c^2}. \tag{9.23}$$

Das infinitesimale Zeitintervall $d\tau$, das auf einer bewegten Uhr gemessen wird, heißt *Eigenzeitdifferential*. Das Eigenzeitdifferential $d\tau$ ($= ds/c$) ist lorentzinvariant,
$$d\tau = \frac{1}{c}\sqrt{dx^\mu dx_\mu}. \tag{9.24}$$

Um die integrierte *Eigenzeit* τ (das Eigenzeitintervall) zu finden, muss $\vec{u}(t)$ bekannt sein,
$$\tau_2 - \tau_1 = \int_{t_1}^{t_2} dt\sqrt{1 - \frac{\vec{u}^2(t)}{c^2}}.$$

Da offensichtlich
$$\tau_2 - \tau_1 \leq t_2 - t_1,$$

folgt, dass im Inertialsystem K eine bewegte Uhr langsamer geht als eine ruhende Uhr. Wir können eine Uhr mit einer Rakete in den Weltraum und wieder zurück schicken. Wenn die Rakete wieder am Ausgangspunkt angelangt ist, können wir einen Zeitvergleich durchführen und finden $\tau_2 - \tau_1 < t_2 - t_1$. Dies steht nicht im Widerspruch zum Relativitätsprinzip, da das Ruhsystem der Uhr (die Rakete) wegen der nötigen Beschleunigungen kein Inertialsystem ist (Zwillingsparadox). Die Eigenzeit dient oft als lorentzinvariante Parametrisierung für die Weltlinie eines Teilchens,
$$x^\mu = x^\mu(\tau).$$

Mit Hilfe der Eigenzeit können wir die **4-Geschwindigkeit** u^μ definieren
$$u^\mu = \frac{dx^\mu}{d\tau} \equiv \dot{x}^\mu.$$

In der Relativitätstheorie bedeutet der Punkt über einem 4-Vektor stets die Ableitung nach der Eigenzeit. In Komponenten lautet die 4-Geschwindigkeit,
$$u^\mu = \left(c\frac{dt}{d\tau}, \frac{d\vec{x}}{d\tau}\right) = \frac{1}{\sqrt{1 - \vec{u}^2/c^2}}(c, \vec{u}),$$

wo $\vec{u} = \frac{d\vec{x}}{dt}$ ist die Geschwindigkeit des Teilchens im Inertialsystem K ist. Für kleine Geschwindigkeiten geht $u^\mu \xrightarrow[|\vec{u}|\to 0]{} (c, \vec{u})$. Die Norm von u^μ ist konstant
$$u^2 = u_\mu u^\mu = \frac{1}{(1 - \vec{u}^2/c^2)}(c^2 - \vec{u}^2) = c^2 \quad \text{konst.!}$$

obwohl u^μ selbst von der Zeit abhängen kann. Die 4-Geschwindigkeit u^μ hat nicht mehr die einfache Bedeutung der zeitlichen Änderung des Positionsvektors (außer für $|\vec{v}| \ll c$) da $d\vec{x}$ sich auf das System K bezieht, während sich $d\tau$ auf das Ruhsystem des Teilchens bezieht. Die 4-Geschwindigkeit ist ein zeitartiger Vektor, $u^2 = c^2 > 0$ (in jedem Koordinatensystem). Man kann ein Koordinatensystem finden, in dem $\vec{u} = 0$ ist (Ruhsystem), aber es ist stets $u^0 > 0$. Im Ruhsystem ist $u^0 = c$. Man verwendet u^μ für eine kovariante Formulierung der Mechanik, da die gewöhnliche Geschwindigkeit kein einfaches Transformationsverhalten hat.

9.12 Kovariantes Wirkungsprinzip

Mit Hilfe der Eigenzeit kann man eine kovariante Wirkung definieren,

$$S = \int_{\tau_1}^{\tau_2} L(x^\mu, \dot{x}^\mu; \tau) d\tau \ .$$

Dabei ist τ die Eigenzeit für die wirkliche Bahn (sie ist nicht die Eigenzeit für die benachbarten Bahnen, sie parametrisiert nur diese Bahnen).

Kovariantes Hamilton-Prinzip
Die Wirkung nimmt für die physikalische Weltlinie ein Extremum an. Wir halten bei der Variation die Endpunkte τ_1 und τ_2 fest (sie sind lorentzinvariant).
Das Prinzip der stationären Wirkung $\delta S = 0$ ergibt

$$\frac{d}{d\tau} \frac{\partial L}{\partial \dot{x}^\mu} - \frac{\partial L}{\partial x^\mu} = 0 \ . \tag{9.25}$$

Nicht-relativistisch war L ein Skalar bezüglich Drehungen und Translationen (z. B. $L = \frac{1}{2} m \left(\frac{d\vec{x}}{dt}\right)^2$). Relativistisch muss L nun lorentzinvariant sein. Ein Ansatz wäre:

$$L = -mc \sqrt{\dot{x}^\mu \dot{x}_\mu} \ . \tag{9.26}$$

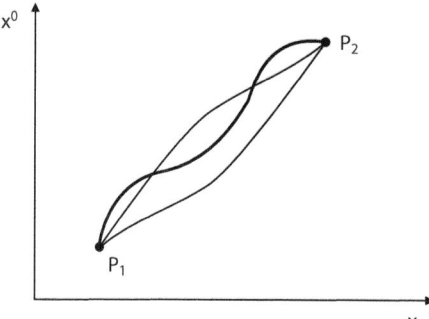

Abb. 9.2: Weltlinien in zwei Raum-Zeitdimensionen.

Für kleine Geschwindigkeiten erhält man (bis auf eine unwesentliche Konstante) die nicht-relativistische Wirkung

$$\int d\tau L = -mc \int \sqrt{\dot{x}^\mu \dot{x}_\mu} d\tau = -mc^2 \int \frac{1}{c} \sqrt{\frac{dx^\mu}{d\tau} \frac{dx_\mu}{d\tau}} d\tau$$

$$= -mc^2 \int \frac{1}{c} \sqrt{dx^\mu dx_\mu} \underset{(9.24)}{=} -mc^2 \int d\tau = -mc^2 \int \frac{d\tau}{dt} dt$$

$$= -mc^2 \int \sqrt{1 - \frac{\vec{u}^2}{c^2}} dt \simeq \int \left[-mc^2 + \frac{1}{2} m\vec{u}^2 \right] dt .$$

Bemerkung: $\dot{x}^\mu \dot{x}_\mu = c^2$ darf in L nicht eingesetzt werden. Diese Bedingung gilt nur entlang der wirklichen Weltlinie des Teilchens, aber nicht auf den Konkurrenzscharen.

Aus Gl. (9.25) und (9.26) folgt die Bewegungsgleichung:

$$\frac{d}{d\tau} m \dot{x}^\mu = 0 \quad \text{oder} \quad m\ddot{x}^\mu = 0 . \tag{9.27}$$

Beweis

$$\frac{\partial L}{\partial \dot{x}_\mu} = -mc \frac{\partial}{\partial \dot{x}_\mu} \sqrt{\dot{x}^\alpha \dot{x}_\alpha}$$

$$= -mc \frac{1}{2} \frac{1}{\sqrt{\dot{x}^\sigma \dot{x}_\sigma}} \frac{\partial}{\partial \dot{x}_\mu} g^{\alpha\beta} \dot{x}_\beta \dot{x}_\alpha$$

$$= -mc \frac{1}{2} \frac{1}{\sqrt{\dot{x}^\sigma \dot{x}_\sigma}} g^{\alpha\beta} (\delta^\mu_\beta \dot{x}_\alpha + \dot{x}_\beta \delta^\mu_\alpha) = -m\dot{x}^\mu . \quad \square$$

In der Bewegungsgleichung selbst kann $\dot{x}^\sigma \dot{x}_\sigma = 1$ gesetzt werden. Die Gleichung (9.27) kann man integrieren, um die kovariante Bahnkurve zu erhalten,

$$x^\mu (\tau) = x^\mu (0) + \tau \dot{x}^\mu (0) .$$

Das Teilchen bewegt sich mit konstanter 4-Geschwindigkeit $\dot{x}^\mu (\tau) = \dot{x}^\mu (0)$. Im nicht-relativistischen Limes erhält man eine gleichförmige Bewegung, wie es sein muss,

$$\vec{x} (\tau) = \vec{x} (0) + \tau \dot{\vec{x}} (0) = \vec{x} (0) + \tau \frac{1}{\sqrt{1 - \vec{u}^2/c^2}} \vec{u} \simeq \vec{x} (0) + \vec{u} t$$

$$\left(\tau = \int_0^t dt' \sqrt{1 - \frac{\vec{u}^2(t')}{c^2}} \simeq t \right) .$$

Analog zur nicht-relativistischen Mechanik definiert man den *4-Impuls*,

$$p^\mu \equiv \frac{-\partial L}{\partial \dot{x}_\mu} .$$

Für $L = -mc\sqrt{\dot{x}^\mu \dot{x}_\mu}$ wird

$$p^\mu = m\dot{x}^\mu = \left(\frac{mc}{\sqrt{1-\beta^2}}, \frac{m\frac{d\vec{x}}{dt}}{\sqrt{1-\beta^2}}\right).$$

Der Impuls p^μ ist ein 4-Vektor mit

$$p^2 = m^2 c^2.$$

Die 0-Komponente von p^μ ist die relativistische Energie

$$E \equiv p^0 c.$$

Für $|\vec{u}| \ll c$ wird diese

$$p^0 = \frac{mc}{\sqrt{1-\vec{u}^2/c^2}} \simeq \frac{1}{c}\left[mc^2\left(1 + \frac{1}{2}\frac{\vec{u}^2}{c^2} + \cdots\right)\right]$$
$$= \frac{1}{c}\left[mc^2 + \frac{1}{2}m\vec{u}^2 + \cdots\right] = \frac{E}{c}.$$

Der erste Term ist eine Konstante

$$mc^2 = \text{Ruhenergie} = \left(\text{Masse} \cdot c^2\right).$$

Im Ruhsystem eines Teilchens ist $p^0 = mc^2$. Dies ist die berühmte Einsteinsche Formel $E = mc^2$. Die Raumkomponente von p^μ ist der relativistische 3-Impuls $\vec{p}$, der nur im nicht-relativistischen Limes in den gewöhnlichen Impuls übergeht

$$\vec{p} = \frac{m\vec{u}}{\sqrt{1-\vec{u}^2/c^2}} \underset{|\vec{u}| \ll c}{\simeq} m\vec{u} = m\frac{d\vec{x}}{dt}.$$

Wir können daher schreiben

$$p^\mu = \left(\frac{E}{c}, \vec{p}\right).$$

E und $\vec{p}$ sind wegen $p^2 = m^2 c^2$ voneinander abhängig

$$\frac{E^2}{c^2} - \vec{p}^2 = m^2 c^2 \quad \rightarrow \quad E = \sqrt{\vec{p}^2 c^2 + m^2 c^4}.$$

In der Newtonschen Mechanik bildeten Energie und Impuls zwei unabhängige Größen. In der relativistischen Mechanik bilden sie die Komponenten eines 4-Vektors.

Manchmal definiert man auch eine „bewegte Masse" $\tilde{m}$ durch

$$\tilde{m} \equiv \frac{\vec{p}}{\vec{u}} = \frac{m}{\sqrt{1-\frac{\vec{u}^2}{c^2}}} \underset{|\vec{u}| \to c}{\longrightarrow} \infty.$$

Wir verstehen unter Masse stets die (lorentzinvariante) Ruhmasse m, d. h. in Einheiten mit $c = 1$ ist die Masse m definiert als die Energie im Ruhsystem.

9.13 Streuung von Teilchen

Betrachte die Streuung von n Teilchen mit Geschwindigkeiten $\vec{v}^{(\alpha)}$, $\alpha = 1,\ldots,n$. Wir beschränken uns auf eine Betrachtung der dynamischen Variablen außerhalb des Raum-Zeitgebietes, auf dem eine Wechselwirkung stattfindet.

1. Elastische Streuung

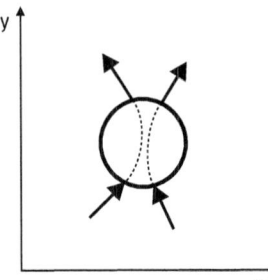

Abb. 9.3: Elastische Streuung.

Für ein isoliertes n-Teilchensystem gilt nicht-relativistisch die Erhaltung von Energie und Impuls:

$$\sum_{\alpha=1}^{n} \frac{1}{2} m^{(\alpha)} \vec{v}^{(\alpha)\,2}_{ein} = \sum_{\alpha=1}^{n} \frac{1}{2} m^{(\alpha)} \vec{v}^{(\alpha)\,2}_{aus} \qquad (9.28)$$

$$\sum_{\alpha=1}^{n} m^{(\alpha)} \vec{v}^{(\alpha)}_{ein} = \sum_{\alpha=1}^{n} m^{(\alpha)} \vec{v}^{(\alpha)}_{aus}\,. \qquad (9.29)$$

Wir vermuten, dass Gl. (9.28) und Gl. (9.29) der nicht-relativistische Limes der 4-Vektor Relation ist

$$\sum_{\alpha=1}^{n} p^{(\alpha)\mu}_{ein} = \sum_{\alpha=1}^{n} p^{(\alpha)\mu}_{aus}\,.$$

Diese Gleichung bedeutet die *Erhaltung des relativistischen Gesamt-4-Impulses*. In Komponenten:

$$\sum_{\alpha} E^{(\alpha)}_{ein} = \sum_{\alpha} E^{(\alpha)}_{aus} \quad (p^0 = \frac{E}{c} = \gamma m c) \quad \text{Energieerhaltung,}$$

$$\sum_{\alpha} \vec{p}^{\,(\alpha)}_{ein} = \sum_{\alpha} \vec{p}^{\,(\alpha)}_{aus} \quad (\vec{p} = \gamma m \vec{v}) \quad \text{3-Impulserhaltung.}$$

Wenn wir entwickeln

$$E = \frac{mc^2}{\sqrt{1 - \vec{v}^2/c^2}} = \underbrace{mc^2}_{\text{Ruhenergie}} + \underbrace{\frac{1}{2} m \vec{v}^2 + \cdots}_{\text{relat.kinetische Energie } T},$$

so können wir
$$T = E - mc^2$$
mit der relativistische kinetische Energie identifizieren. Für elastische Stöße ist $m^{(\alpha)}$ konstant und es folgt
$$\sum_\alpha T^{(\alpha)}_{ein} = \sum_\alpha T^{(\alpha)}_{aus}. \qquad (9.30)$$

Für $v \ll c$ gilt $T \approx \frac{1}{2} m \vec{v}^2$. Damit liefert Gl. (9.30) die nicht-relativistische Energieerhaltung. Wir haben die 4-Impulserhaltung nicht wirklich abgeleitet (folgt aus der 4-Translationsinvarianz). In der Hochenergiephysik wurden Millionen von Messungen durchgeführt, die die 4-Impulserhaltung bestätigen.

2. Inelastische Streuung

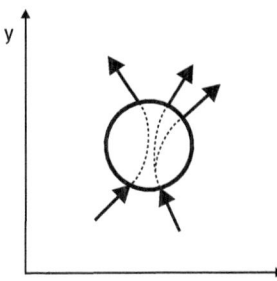

Abb. 9.4: Inelastische Streuung.

Bei inelastischen Stößen ist nicht-relativistisch der Impuls und die Gesamtmasse erhalten aber nicht die Energie:

$$\sum_{\alpha=1}^{n} m^{(\alpha)} \vec{v}^{(\alpha)}_{ein} = \sum_{\alpha=1}^{n'} m'^{(\alpha)} \vec{v}^{(\alpha)}_{aus} \qquad \text{3-Impulserhaltung,}$$

$$\sum_{\alpha=1}^{n} m^{(\alpha)} = \sum_{\alpha=1}^{n'} m'^{(\alpha)} \qquad \text{Skalar.}$$

Relativistisch gilt immer noch die 4-Impulserhaltung,

$$\sum_{\alpha=1}^{n} p^{(\alpha)\mu}_{ein} = \sum_{\alpha=1}^{n'} p^{(\alpha)\mu}_{aus},$$

wenn auch die Gesamtmasse nicht erhalten sein muss. Speziell gilt für die Komponenten $\mu = 0$:

$$\sum_{\alpha=1}^{n} \frac{m^{(\alpha)} c^2}{\sqrt{1 - (\vec{v}^{(\alpha)}_{ein}/c)^2}} = \sum_{\alpha=1}^{n'} \frac{m'^{(\alpha)} c^2}{\sqrt{1 - (\vec{v}^{(\alpha)}_{aus}/c)^2}} \qquad \text{Energieerhaltung}$$

$\mu = 1, 2, 3$:

$$\sum_{\alpha=1}^{n} \frac{m^{(\alpha)} \vec{v}_{ein}^{(\alpha)}}{\sqrt{1 - (\vec{v}_{ein}^{(\alpha)}/c)^2}} = \sum_{\alpha=1}^{n'} \frac{m'^{(\alpha)} \vec{v}_{aus}^{(\alpha)}}{\sqrt{1 - (\vec{v}_{aus}^{(\alpha)}/c)^2}} \quad \text{3-Impulserhaltung}$$

Für $v \ll c$ und $m^{(\alpha)} = m'^{(\alpha)}$ erhält man die nichtrelativistischen Gleichungen. Die Energieerhaltung kann in der Form geschrieben werden

$$\sum_{\alpha=1}^{n} \left(m^{(\alpha)} c^2 + T_{ein}^{(\alpha)} \right) = \sum_{\alpha=1}^{n'} \left(m'^{(\alpha)} c^2 + T_{aus}^{(\alpha)} \right) \, .$$

Wenn Masse in einer Reaktion verloren geht (erzeugt wird), muss sie als kinetische Energie wieder auftauchen (verschwinden).

10 Maxwell-Gleichungen

10.1 Relativistische Dynamik

In der nichtrelativistischen Mechanik wird die Dynamik eines Systems von Massenpunkten durch eine Lagrangefunktion beschrieben, die nur von den Koordinaten und Geschwindigkeiten der Teilchen zu einer Zeit t abhängt. Das Potential ist bei nichtrelativistischen Systemen von N Massenpunkten durch die Position der einzelnem Massenpunkte zu dieser Zeit festgelegt,

$$V(\vec{x}_1(t), \ldots, \vec{x}_N(t), t) .$$

Die Wechselwirkung (Kraft) breitet sich mit unendlicher Geschwindigkeit aus. Für ein System von Massenpunkten lassen sich die Kräfte zwischen den einzelnen Teilchen aus dem Potential ableiten. Man führt zur Beschreibung der Bewegung die Gesamtmasse, den Gesamtimpuls und den Gesamtdrehimpuls ein. Besonders einfach lässt sich ein starrer Körper beschreiben, bei dem die relative Lage der Teilchen fest ist. Der mechanische Zustand eines starren Körpers ist durch 3 Raumkoordinaten und 3 Geschwindigkeiten eindeutig festgelegt.

All diese Konzepte können nicht in die relativistische Dynamik wechselwirkender Teilchen übernommen werden. Die Kraft auf ein relativistisches Teilchen zu einer Zeit t wird nicht durch die Lage der anderen Teilchen zu dieser Zeit festgelegt (das wäre eine instantane Fernwirkung), sondern durch die Lage der anderen Teilchen zu einer früheren (retardierten) Zeit, da sich die Wechselwirkung nur mit endlicher Geschwindigkeit ausbreitet. Die Definition des Gesamtimpulses ist bei Anwesenheit von Kräften im Allgemeinen nicht mehr möglich, da man nicht mehr koordinatenunabhängig definieren kann, wann die Impulse zu addieren sind. Eine Ausnahme bildet ein isoliertes System von punktförmig wechselwirkenden Punktteilchen, wenn wir annehmen, dass der 4-Impuls bei jeder Kollision erhalten ist (relativistisches Billardspiel). Auch ein starrer Körper kann in der Relativitätstheorie nicht existieren, da er bei einem Anstoßen an einem Punkt seine Form verlieren würde, es sei den es gäbe eine instantane Fernwirkung. Ein relativistisches Objekt, dessen Zustand durch 3 Koordinaten und 3 Geschwindigkeiten festgelegt sein soll, kann in der relativistischen Dynamik nur wirklich punktförmig sein.

Als Folge der endlichen Geschwindigkeit der Wirkung, muss das Kraftfeld als selbständige dynamische Variable betrachtet werden. Man muss zusätzlich zu den Teilchenfreiheitsgraden die unendlich vielen Freiheitsgrade des Feldes einführen. Wir werden uns zunächst auf den Fall eines einzelnen Teilchens beschränken, das sich in einem äußeren Feld bewegt. Ein äußeres Feld rührt von Quellen im Unendlichen her. Das Teilchen produziert selbst ein Feld, das so klein sein soll, dass die Quellen im Unendlichen nicht beeinflusst werden. Es handelt sich also um ein Probeteilchen.

10.2 Die relativistische Kraft

Betrachte ein Teilchen, das sich in einem Inertialsystem K mit Geschwindigkeit $\vec{u}(t) \equiv \frac{d\vec{x}}{dt}$ bewegt. In der Speziellen Relativitätstheorie lautet die Newtonsche Bewegungsgleichung nicht $\vec{F} = m\vec{a}$ sondern

$$\vec{F} \equiv \frac{d\vec{p}}{dt}, \tag{10.1}$$

wo $\vec{p}$ die Raumkomponenten des relativistischen 4-Impulses

$$p^\mu = (p^0, \vec{p})$$

sind, mit

$$p^0 = \gamma_u mc, \quad \vec{p} = \gamma_u m\vec{u}, \quad \gamma_u = \frac{1}{\sqrt{1 - \vec{u}^2/c^2}}. \tag{10.2}$$

Die relativistische Kraft ist damit definiert als die zeitliche Änderung des der Raumkomponente des relativistischen Impulses. Gl. (10.1) erhält erst Inhalt, wenn man die Kraft angeben kann. Es stellt sich aber heraus, dass der Begriff der Kraft in der Relativitätstheorie mit Problemen behaftet ist (Goldstein 2006, S. 297–300). Der Weg über die relativistische Kraft führt trotzdem oft zu Bewegungsgleichungen, die in einem gegebenen Inertialsystem für alle Geschwindigkeiten $u < c$ gelten. Wir werden zeigen, dass die der Fall ist, wenn die in Gl. (10.1) definierte relativistische Kraft bestimmte Bedingungen erfüllt, die aus dem Verhalten der Kraft unter Lorentz-Transformationen folgen, wenn sie entsprechend Gl. (10.1) definiert ist.

Beispiel: Auf eine Punktladung q, die sich zur Zeit t am Ort $\vec{x}$ in einem elektromagnetischen Feld $\vec{E}, \vec{B}$ befindet, wirkt die *Lorentz-Kraft*:

$$\vec{F}(\vec{x}, t) = q\left[\vec{E}(\vec{x}, t) + \frac{1}{c}\vec{u}(t) \times \vec{B}(\vec{x}, t)\right]. \tag{10.3}$$

Experimente zeigen, dass diese Formel für alle $u < c$ gilt.

Obwohl die relativistische Kraft über den 4-Impuls definiert ist, hat sie kein einfaches Verhalten unter Lorentz-Transformationen.

Transformationsverhalten der relativistischen Kraft

Die relativistische Kraft auf ein Teilchen, das sich in einem Inertialsystem K mit Geschwindigkeit $\vec{u}$ bewegt, erfüllt die Beziehungen

$$\vec{F} = \frac{d\vec{p}}{dt}, \quad \frac{dp^0}{dt} = \frac{1}{c}\vec{u} \cdot \vec{F}. \tag{10.4}$$

Die letzte Beziehung zeigt man wie folgt:

$$0 = \frac{d}{dt}p^2 = 2p^\mu \frac{d}{dt}p_\mu = 2p_0 \frac{d}{dt}p_0 - 2\vec{p} \cdot \frac{d}{dt}\vec{p} \;\rightarrow\; \frac{d}{dt}p_0 = \frac{1}{p_0}\vec{p} \cdot \vec{F} = \frac{\gamma_u m\vec{u}}{\gamma_u mc} \cdot \vec{F} = \frac{1}{c}\vec{u} \cdot \vec{F}.$$

Wir betrachten ein zweites Inertialsystem K', das sich relativ zu K mit konstanter Geschwindigkeit $\vec{v} = v\vec{e}_x$ bewegt. Das obige Argument gilt auch im System K'

$$\vec{F}' = \frac{d\vec{p}'}{dt'}, \quad \frac{dp'_0}{dt'} = \frac{1}{c}\vec{u}' \cdot \vec{F}'$$

wo $\vec{u}'(t)$ die Geschwindigkeit des Teilchens in K' ist. Der Zusammenhang ist gegeben durch

$$F_x = \frac{dp_x}{dt} = \frac{d}{dt}\gamma\left(p'_x + \frac{v}{c}p'_0\right) = \gamma\frac{dt'}{dt}\frac{d}{dt'}\left(p'_x + \frac{v}{c}p'_0\right)$$

mit $\gamma = 1/1\sqrt{1 - \vec{v}^2/c^2}$ konstant. Aus

$$t = \gamma\left(t' + \frac{v \cdot x'}{c^2}\right) \qquad (\vec{v} = v\vec{e}_x)$$

folgt

$$\frac{dt}{dt'} = \gamma\left(1 + \frac{v}{c^2}\frac{dx'}{dt'}\right) = \gamma\left(1 + \frac{v}{c^2}u'_x\right).$$

Damit wird

$$F_x = \frac{1}{1 + \frac{vu'_x}{c^2}}\left[F'_x + \frac{v}{c^2}\vec{u}' \cdot \vec{F}'\right]$$

$$= F'_x + \frac{vu'_y/c^2}{1 + \frac{vu'_x}{c^2}}F'_y + \frac{vu'_z/c^2}{1 + \frac{vu'_x}{c^2}}F'_z. \qquad (10.5)$$

Auf die gleiche Weise finden wir

$$F_y = \frac{dp_y}{dt} = \frac{dt'}{dt}\frac{dp'_y}{dt'} = \frac{1}{\gamma\left(1 + \frac{vu'_x}{c^2}\right)}F'_y$$

$$F_z = \frac{1}{\gamma\left(1 + \frac{vu'_x}{c^2}\right)}F'_z.$$

Mit Hilfe der Formeln für die Lorentz-Transformation der Geschwindigkeit,

$$u'_x = \frac{u_x - v}{1 - \frac{u_x v}{c^2}}, \quad u'_y = \frac{u_y}{\gamma\left(1 - \frac{u_x v}{c^2}\right)}, \quad u'_z = \frac{u_z}{\gamma\left(1 - \frac{u_x v}{c^2}\right)},$$

lassen sich diese Formeln umschreiben in

$$F_x = F'_x + \gamma\frac{vu_y}{c^2}F'_y + \gamma\frac{vu_z}{c^2}F'_z \qquad (10.6)$$

$$F_y = \gamma\left(1 - \frac{vu_x}{c^2}\right)F'_y \qquad (10.7)$$

$$F_z = \gamma\left(1 - \frac{vu_x}{c^2}\right)F'_z. \qquad (10.8)$$

Beweis z. B. der Formel (10.6) Wir betrachten zunächst den Ausdruck

$$1 + \frac{v u'_x}{c^2} = 1 + \frac{v}{c^2}\left(\frac{u_x - v}{1 - v u_x/c^2}\right)$$

$$= 1 + \frac{\frac{v u_x}{c^2} - \frac{v^2}{c^2} + 1 - 1}{1 - v u_x/c^2}$$

$$= \frac{1 - v^2/c^2}{1 - v u_x/c^2} = \frac{1}{\gamma^2}\frac{1}{1 - v u_x/c^2}.$$

Damit wird

$$F_x = F'_x + \frac{v}{c^2}\frac{u_y}{\gamma\left(1 - \frac{u_x v}{c^2}\right)}\gamma^2\left(1 - \frac{v u_x}{c^2}\right)F'_y$$

$$+ \frac{v}{c^2}\frac{u_z}{\gamma\left(1 - \frac{u_x v}{c^2}\right)}\gamma^2\left(1 - \frac{v u_x}{c^2}\right)F'_z$$

$$= F'_x + \gamma\frac{v u_y}{c^2}F'_y + \gamma\frac{v u_z}{c^2}F'_z. \qquad \square$$

Aus den Formeln (10.6)–(10.8) folgt: Wenn eine Kraft in einem Inertialsystem K' nur von $\vec{x}'$ abhängt, $\vec{F}' = \vec{F}'(\vec{x}')$, dann hängt sie in allen anderen Inertialsystemen von $\vec{x}$ und $\vec{u}$ ab. Man muss also davon ausgehen, dass im Allgemeinen die relativistische Kraft in einem Inertialsystem von der Geschwindigkeit $\vec{u}(t)$ des Teilchens abhängt. Es liegt nahe, die relativistische Kraft F als Summe von zwei Termen $\vec{A}$ und $\vec{B}$ zu schreiben, mit

$$\vec{A} \equiv \begin{pmatrix} F'_x \\ \gamma F'_y \\ \gamma F'_z \end{pmatrix} \quad \text{und} \quad \vec{B} \equiv \begin{pmatrix} 0 \\ -\frac{v}{c}\gamma F'_z \\ \frac{v}{c}\gamma F'_y \end{pmatrix},$$

wo wir F'_i auffassen als Funktion der Koordinaten $x = (\vec{x}, t)$ des ursprünglichen Systems, $F'_i = F'_i(x'(x))$. Damit lassen sich (10.6), (10.7), (10.8) schreiben als

$$\vec{F}(x) = \vec{A}(x) + \frac{\vec{u}}{c} \times \vec{B}(x) \qquad (10.9)$$

wo $\vec{A}$ ein polarer und $\vec{B}$ ein axialer Vektor ist. Jede Kraft, die relativistisch definiert werden kann, muss von dieser Form sein. Beispiele wären die Lorentz-Kraft, Scheinkräfte in rotierenden Koordinatensystem und die linearisierte Gravitation[1].

Anmerkung: Die Definition der Kraft erhält erst Inhalt, wenn sie mit anderen experimentellen Größen in Verbindung gesetzt wird. Setzen wir z. B. $\vec{A} = \vec{E}$ in Gl. (10.9), so können wir $\vec{E}$ mit dem elektrischen und $\vec{B}$ mit dem magnetischen Feld identifizieren und erhalten die Lorentz-Kraft, die auf ein Teilchen der Ladung q im elektrischen und magnetischen Feld wirkt. Diese Identifizierung muss natürlich durch das Expe-

---

[1] In der Einsteinschen Gravitationtheorie wird dir Kraft durch die Krümmung der Raumes ersetzt.

riment verifiziert werden. Da die Formeln (10.9) für alle Geschwindigkeiten $\vec{u}$ gelten, lassen sich $\vec{E}$ und $\vec{B}$ im System K in einem echten Experiment auch durch langsame (nicht-relativistisch) Teilchen messen.

10.3 Transformationsverhalten von $\vec{E}$ und $\vec{B}$

Betrachte ein Koordinatensystem K und ein zweites Inertialsystem K', das sich relativ zu K mit Geschwindigkeit $\vec{v} = v\,\vec{e}_x$ bewegt. Die Kraft auf ein Teilchen in den jeweiligen Systemen ist

$$\vec{F} = q\left(\vec{E} + \frac{\vec{u}}{c} \times \vec{B}\right) \quad \text{in} \quad K,$$

$$\vec{F}' = q\left(\vec{E}' + \frac{\vec{u}'}{c} \times \vec{B}'\right) \quad \text{in} \quad K'.$$

Aus dem Transformationsverhalten von $\vec{F}$ und $\vec{u}$ lässt sich das Transformationsverhalten von $\vec{E}$ und $\vec{B}$ ableiten. Man findet

$$E_x = E'_x, \quad E_y = \gamma\left(E'_y + \frac{v}{c}B'_z\right), \quad E_z = \gamma\left(E'_z - \frac{v}{c}B'_y\right), \tag{10.10}$$

$$B_x = B'_x, \quad B_z = \gamma\left(B'_z + \frac{v}{c}E'_y\right), \quad B_y = \gamma\left(B'_y - \frac{v}{c}E'_z\right). \tag{10.11}$$

Beweis z. B. für E_y, B_z, B_x Gl. (10.7) lautet für F_y:

$$F_y = \gamma\left(1 - \frac{vu_x}{c^2}\right) F'_y$$

oder, ausgedrückt durch $\vec{E}$ und $\vec{B}$

$$E_y + \frac{1}{c}(u_z B_x - u_x B_z) = \gamma\left(1 - \frac{vu_x}{c^2}\right)\left[E'_y + \frac{1}{c}(u'_z B'_x - u'_x B'_z)\right].$$

Die Geschwindigkeiten in K und K' hängen zusammen über

$$u'_x = \frac{u_x - v}{1 - vu_x/c^2}, \quad u'_z = \frac{u_z}{\gamma\left(1 - \frac{vu_x}{c^2}\right)}.$$

Damit wird

$$E_y + \frac{1}{c}(u_z B_x - u_x B_z) = \gamma\left(1 - \frac{vu_x}{c^2}\right) E'_y + \frac{1}{c} u_z B'_x - (u_x - v)\gamma B'_z.$$

Diese Relation muss für beliebige u_x, u_z gelten, d. h. die Koeffizienten von $1, u_x, u_z$ müssen gleich sein. Ein Koeffizientenvergleich liefert:

$$1: \quad E_y = \gamma\left(E'_y + \frac{v}{c}B'_z\right) \tag{10.12}$$

$$u_x: \quad B_z = \gamma\left(B'_z + \frac{v}{c}E'_y\right)$$

$$u_z: \quad B_x = B'_x. \qquad \square$$

Die restlichen Gleichungen in (10.10) und (10.11) erhält man, wenn man die Gleichungen (10.6) und (10.8) betrachtet. Die Umkehrtransformation erhält man durch $\vec{E} \leftrightarrow \vec{E}'$, $\vec{B} \leftrightarrow \vec{B}'$ und $v \to -v$, oder durch Auflösen der 6 Gleichungen. Die Transformationsformeln von $\vec{E}$ und $\vec{B}$ lassen sich bequem zusammenfassen, wenn man in Komponenten senkrecht ($\perp$) und parallel ($\parallel$) zu $\vec{v}$ aufspaltet,

$$\vec{E}'_\perp = \gamma \left(\vec{E}_\perp + \frac{\vec{v}}{c} \times \vec{B}_\perp \right) \quad \vec{E}'_\parallel = \vec{E}_\parallel \tag{10.13}$$

$$\vec{B}'_\perp = \gamma \left(\vec{B}_\perp + \frac{\vec{v}}{c} \times \vec{E}_\perp \right) \quad \vec{B}'_\parallel = \vec{B}_\parallel . \tag{10.14}$$

Für $\frac{v}{c} \ll 1$ reduzieren sich diese Ausdrücke auf

$$\vec{E}' = \vec{E} + \frac{\vec{v}}{c} \times \vec{B} \quad \vec{B}' = \vec{B} + \frac{\vec{v}}{c} \times \vec{E} . \tag{10.15}$$

Ein reines elektrisches Feld in einem System erscheint als ein elektrisches und ein magnetisches Feld in einem anderen Inertialsystem. $\vec{E}$ und $\vec{B}$ sollten daher eine physikalische Einheit, das *elektromagnetisches Feld* bilden. Im Transformationsverhalten von $\vec{E}$ und $\vec{B}$ erkennt man allerdings die Lorentz-Transformation nicht direkt wieder.

10.4 Der elektromagnetische Feldtensor

Da $\vec{E}$ und $\vec{B}$ aus 6 unabhängigen Komponenten bestehen, liegt es nahe anzusetzen, dass $\vec{E}$ und $\vec{B}$ die Komponenten des antisymmetrischen 4-Tensors, des *elektromagnetischen Feldtensors* bilden,

$$F^{\mu\nu} \equiv \begin{pmatrix} 0 & -E_x & -E_y & -E_z \\ E_x & 0 & -B_z & B_y \\ E_y & B_z & 0 & -B_x \\ E_z & -B_y & B_x & 0 \end{pmatrix} . \tag{10.16}$$

$F^{\mu\nu}$ transformiert sich unter Lorentz-Transformationen wie ein Tensor 2. Stufe:

$$F'^{\mu\nu}(x') = \Lambda^\mu{}_\sigma \Lambda^\nu{}_\tau F^{\sigma\tau}(x) = \Lambda^\mu{}_\sigma F^{\sigma\tau}(x) \Lambda^\nu{}_\tau$$

oder

$$F' = \Lambda F \Lambda^T .$$

Beweis (Computeralgebra empfehlenswert)

$$\begin{pmatrix} \gamma & -\gamma\beta & 0 & 0 \\ -\gamma\beta & \gamma & 0 & 0 \\ 0 & 0 & 1 & 0 \\ 0 & 0 & 0 & 1 \end{pmatrix} \begin{pmatrix} 0 & -E_x & -E_y & -E_z \\ E_x & 0 & -B_z & B_y \\ E_y & B_z & 0 & -B_x \\ E_z & -B_y & B_x & 0 \end{pmatrix} \begin{pmatrix} \gamma & -\gamma\beta & 0 & 0 \\ -\gamma\beta & \gamma & 0 & 0 \\ 0 & 0 & 1 & 0 \\ 0 & 0 & 0 & 1 \end{pmatrix}^T$$

$$= \begin{pmatrix} 0 & -\gamma^2 E_x + \beta^2 \gamma^2 E_x & -\gamma E_y + \beta\gamma B_z & -\gamma E_z - \beta\gamma B_y \\ \gamma^2 E_x - \beta^2 \gamma^2 E_x & 0 & -\gamma B_z + \beta\gamma E_y & \gamma B_y + \beta\gamma E_z \\ \gamma E_y - \beta\gamma B_z & \gamma B_z - \beta\gamma E_y & 0 & -B_x \\ \gamma E_z + \beta\gamma B_y & -\gamma B_y - \beta\gamma E_z & B_x & 0 \end{pmatrix}.$$

Wenn man beachtet, dass $\gamma^2 - \beta^2 \gamma^2 = \gamma^2(1-\beta^2) = 1$ ist, dann ergibt sich das obige Transformationsverhalten von $\vec{E}$ und $\vec{B}$. □

10.5 4-Potentiale

Wir nehmen an (oder schließen aus dem Experiment), dass sich die statischen Felder $\vec{E}$ und $\vec{B}$ aus Potentialen ableiten lassen,

$$\vec{E}(\vec{x}) = -\vec{\nabla}\Phi(\vec{x}), \quad \vec{B}(\vec{x}) = \vec{\nabla} \times \vec{A}(\vec{x}) \dots \quad (10.17)$$

Dann liegt es nahe anzunehmen, dass sich auch die zeitabhängigen Felder aus Potentialen ableiten lassen. Dazu setzen wir an, dass $\Phi(\vec{x},t)$ und $\vec{A}(\vec{x},t)$ die vier Komponenten eines 4-Vektors bilden,

$$A^\mu(x) = (\Phi(x), \vec{A}(x)), \quad (x = (x^0, \vec{x})).$$

Ausgedrückt durch die Potentiale lautet dann der Feldtensor

$$F^{\mu\nu} = \partial^\mu A^\nu - \partial^\nu A^\mu. \quad (10.18)$$

In der üblichen Notation mit den Feldern $\vec{E}$ und $\vec{B}$ bedeutet diese Identifikation

$$\vec{E} = -\vec{\nabla}\Phi - \frac{1}{c}\frac{\partial \vec{A}}{\partial t}, \quad \vec{B} = \vec{\nabla} \times \vec{A}. \quad (10.19)$$

Beweis für das elektrische Feld

$$E^i = F^{i0} = \partial^i A^0 - \partial^0 A^i$$

oder, da $\partial^\mu = (\partial^0, -\vec{\nabla})$,

$$\vec{E} = -\vec{\nabla}\Phi(x) - \frac{1}{c}\frac{\partial}{\partial t}\vec{A}(x)$$

und für das Magnetfeld:

$$-B_z = F^{12} = \partial^1 A^2 - \partial^2 A^1 = -\partial_x A_y + \partial_y A_x$$
$$= -(\vec{\nabla} \times \vec{A})_z$$

und analog für die anderen Komponenten von B^i. □

Die Definitionen (10.19) gelten in jedem Intertialsystem. Wenn die Annahme der Existenz der Potentiale in der Natur realisiert ist, dann hat sich die Zahl der Freiheitsgrade von 6 auf 4 reduziert.

10.6 Homogene Maxwell-Gleichungen

Aus der Existenz der Potentiale folgen die *homogenen Maxwell-Gleichungen*:

$$\vec{\nabla} \times \vec{E} = -\frac{1}{c}\frac{\partial \vec{B}}{\partial t}, \quad \vec{\nabla} \cdot \vec{B} = 0.$$

Beweis

$$\vec{\nabla} \times \vec{E} = \vec{\nabla} \times \left(-\vec{\nabla}\Phi - \frac{1}{c}\frac{\partial \vec{A}}{\partial t}\right) = \vec{\nabla} \times \left(-\frac{1}{c}\frac{\partial \vec{A}}{\partial t}\right) = -\frac{1}{c}\frac{\partial \vec{B}}{\partial t}$$

$$\vec{\nabla} \cdot \vec{B} = \vec{\nabla} \cdot (\vec{\nabla} \times \vec{A}) = 0.$$ □

Die homogenen Maxwell-Gleichungen können mit Hilfe des Feldtensors kovariant geschrieben werden

$$\partial_\sigma F^{\mu\nu} + \partial_\nu F^{\sigma\mu} + \partial_\mu F^{\nu\sigma} = 0$$

oder, kompakter

$$\partial_\mu \tilde{F}^{\mu\nu} = 0,$$

wo $\tilde{F}^{\mu\nu}$ der *duale Feldtensor* ist,

$$\tilde{F}^{\mu\nu} = \frac{1}{2}\varepsilon^{\mu\nu\alpha\beta} F_{\alpha\beta}.$$

Beweis Da das Produkt eines antisymmetrischen Tensors mit einem symmetrische Tensor verschwindet, gilt

$$\varepsilon^{\mu\nu\alpha\beta}\partial_\mu\partial_\alpha A_\beta = 0 \text{ und } \varepsilon^{\mu\nu\alpha\beta}\partial_\mu\partial_\beta A_\alpha = 0.$$

Wir hatten gezeigt, dass die homogenen Maxwell-Gleichungen aus der Existenz der Potentiale folgen. Umgekehrt gilt auch, wenn die homogenen Maxwell-Gleichungen gelten, so existieren die Potentiale

$$\vec{\nabla} \cdot \vec{B} = 0 \quad \longrightarrow \quad \vec{B} = \vec{\nabla} \times \vec{A}$$

$$0 = \operatorname{rot}\vec{E} + \frac{1}{c}\frac{\partial}{\partial t}\vec{B} = \operatorname{rot}\vec{E} + \frac{1}{c}\frac{\partial}{\partial t}\operatorname{rot}\vec{A} = \operatorname{rot}\left(\vec{E} + \frac{1}{c}\frac{\partial \vec{A}}{\partial t}\right)$$

$$\rightarrow \vec{E} + \frac{1}{c}\frac{\partial \vec{A}}{\partial t} = -\vec{\nabla}\Phi.$$

Obwohl die Formeln ursprünglich in der Elektrodynamik abgeleitet wurden, sind sie allgemeine Formeln der relativistischen Mechanik, für den Fall, dass solche Potentiale existieren. □

10.7 Die inhomogenen Maxwell-Gleichungen

Ein Vektor wird eindeutig durch seine Rotation und Divergenz festgelegt. Wir *definieren* also eine *Ladungsdichte* $\rho(\vec{x}, t)$ und eine *Stromdichte* $\vec{j}(\vec{x}, t)$ (3-Vektor) durch

$$\vec{\nabla} \cdot \vec{E} = 4\pi\rho \tag{10.20}$$

$$\vec{\nabla} \times \vec{B} = \frac{4\pi}{c}\vec{j} + \frac{\partial \vec{E}}{\partial t}. \tag{10.21}$$

Die zweite Definition scheint willkürlich. Der Maxwellsche Verschiebungsstrom $\frac{\partial \vec{E}}{\partial t}$ muss eingeführt werden, damit die Stromerhaltung gilt (s. u.). Aus diesen Definitionen folgt die Kovarianz der inhomogenen Maxwell-Gleichungen, wenn man ρ und $\vec{j}$ zu einem 4-Vektor, den 4-Strom, zusammenfasst,

$$j^\mu \equiv (c\rho, \vec{j}). \tag{10.22}$$

Der Faktor 4π ist Gl. (10.20) ist Konvention. Dann kann Gl. (10.20) geschrieben werden als

$$\partial_\mu F^{\mu\nu}(x) = \frac{4\pi}{c} j^\nu(x) \tag{10.23}$$

wo $F^{\mu\nu}$ der elektromagnetische Feldtensor aus Gl. (10.16) ist. Diese Gleichung fasst die inhomogenen Maxwell-Gleichugen (10.20) und (10.20) kompakt zusammen. Für $\nu = 0$ gilt zum Beispiel

$$\partial_0 F^{00} + \partial_i F^{i0} = \frac{4\pi}{c} j^0 \text{ oder } 0 + \vec{\nabla} \cdot \vec{E} = 4\pi\rho .$$

Kontinuitätsgleichung

Aus (10.20) folgt auch die Kontinuitätsgleichung:

$$\frac{\partial}{\partial t}(4\pi\rho) = \frac{\partial}{\partial t}\left(\vec{\nabla} \cdot \vec{E}\right) = \vec{\nabla} \cdot \left(\frac{\partial \vec{E}}{\partial t}\right) = \vec{\nabla} \cdot \left(\vec{\nabla} \times \vec{B} - 4\pi\vec{j}\right)$$

$$\rightarrow \vec{\nabla} \cdot \vec{j} + \frac{\partial}{\partial t}\rho = 0$$

oder, kovariant

$$\partial_\mu j^\mu = 0.$$

Zusammenfassung Die Elektrodynamik von Feldern, Ladungen und Strömen wird durch die folgenden Gleichungen beschrieben: *Maxwell-Gleichungen*:

$$\vec{\nabla} \cdot \vec{E} = 4\pi\rho, \quad \vec{\nabla} \times \vec{E} + \frac{1}{c}\frac{\partial \vec{B}}{\partial t} = 0$$

$$\vec{\nabla} \cdot \vec{B} = 0, \quad \vec{\nabla} \times \vec{B} = 4\pi\vec{j} + \frac{1}{c}\frac{\partial \vec{E}}{\partial t}.$$

Kontinuitätsgleichung:

$$\vec{\nabla} \cdot \vec{j} + \frac{\partial}{\partial t}\rho = 0.$$

> **Lorentz-Kraft:**
> $$\vec{F} = \frac{d\vec{p}}{dt} = q\left(\vec{E} + \frac{\vec{v}}{c} \times \vec{B}\right).$$
> Für eine kontinuierliche Ladungs- und Stromverteilungen lautet die Verallgemeinerung der Lorentz-Kraft
> $$\vec{F}(x) = \rho(x)\vec{E}(x) + \frac{1}{c}\vec{j}(x) \times \vec{B}(x).$$

Die Gleichungen sind in Gaußschen Einheiten geschrieben, in denen $\vec{E}$ und $\vec{B}$ dieselbe Dimension haben. Diese Gleichungen erhält man aus den Maxwell-Gleichungen in SI Einheiten indem man ε_0 durch $1/4\pi$ und μ_0 durch 4π ersetzt. Gaußsche Einheiten eignen sich für theoretischen Behandlungen, da sie betonen, dass $\vec{E}$ und $\vec{B}$ eine physikalische Einheit bilden. Für eine besonders ausführliche Diskussion der Einheiten der Elektrodynamik siehe Scheck 2006, Band 3.

10.8 Eichtransformationen

Die Transformation des Vektorpotentials,

$$\vec{A}(\vec{x},t) \to \vec{A}'(\vec{x},t) = \vec{A}(\vec{x},t) + \vec{\nabla}\Lambda(\vec{x},t), \tag{10.24}$$

führt auf dasselbe $\vec{B}$, da $\vec{\nabla} \times \vec{\nabla}\Lambda = 0$. Das elektrische Feld $\vec{E}$ ändert sich jedoch,

$$\vec{E} \to \vec{E}' = -\vec{\nabla}\Phi - \frac{1}{c}\frac{\partial}{\partial t}(\vec{A} + \vec{\nabla}\Lambda)$$
$$= -\vec{\nabla}\left(\Phi + \frac{1}{c}\frac{\partial \Lambda}{\partial t}\right) - \frac{1}{c}\frac{\partial \vec{A}}{\partial t}.$$

Transformiert man aber gleichzeitig das skalare Potential,

$$\Phi(\vec{x},t) \to \Phi'(\vec{x},t) = \Phi(\vec{x},t) - \frac{1}{c}\frac{\partial \Lambda(\vec{x},t)}{\partial t}, \tag{10.25}$$

so bleiben in der Maxwellschen Elektrodynamik $\vec{E}$ und $\vec{B}$ und damit alle messbaren Effekte gleich. Diese Transformation der Potentiale heißt *Eichtransformation*. Kovariant geschrieben lauten die Eichtransformationen:

$$A^\mu(\vec{x},t) \to A^\mu(\vec{x},t) - \partial^\mu \Lambda(\vec{x},t).$$

Wegen der Eichfreiheit kann man noch eine Bedingung an $\vec{A}$ und Φ stellen. Je nach Anwendung werden verschiedene Möglichkeiten gewählt. Beispiele sind:
Die kovariante *Lorenz-Eichung* mit der Bedingung

$$\partial_\mu A^\mu = 0 \quad \text{oder} \quad \vec{\nabla} \cdot \vec{A} + \frac{1}{c}\frac{\partial \Phi}{\partial t} = 0$$

und die *Coulomb-Eichung*

$$\vec{\nabla} \cdot \vec{A} = 0.$$

10.9 Differentialgleichungen für die Potentiale

Ersetzt man die Felder $\vec{E}$ und $\vec{B}$ durch die Potentiale, dann erhält man aus $\vec{\nabla} \cdot \vec{E} = 4\pi\rho$

$$\nabla^2 \Phi + \frac{1}{c}\frac{\partial}{\partial t} \vec{\nabla} \cdot \vec{A} = -4\pi\rho \tag{10.26}$$

und aus $\vec{\nabla} \times \vec{B} - \frac{1}{c}\frac{\partial \vec{E}}{\partial t} = \frac{4\pi}{c}\vec{j}$

$$\operatorname{rot rot} \vec{A} + \frac{1}{c}\operatorname{grad}\frac{\partial \Phi}{\partial t} + \frac{1}{c^2}\frac{\partial^2 \vec{A}}{\partial t^2} = \frac{4\pi}{c}\vec{j}.$$

Mit der Identität $\operatorname{rot rot} \vec{A} = \operatorname{grad} \operatorname{div} \vec{A} - \nabla^2 \vec{A}$ geht diese Gleichung über in

$$\nabla^2 \vec{A} - \frac{1}{c^2}\frac{\partial^2 \vec{A}}{\partial t^2} - \operatorname{grad}\left(\operatorname{div}\vec{A} + \frac{1}{c}\frac{\partial \Phi}{\partial t}\right) = -\frac{4\pi}{c}\vec{j}. \tag{10.27}$$

Die beiden Gleichungen (10.26) und (10.27) bilden vier gekoppelte Differentialgleichungen zweiter Ordnung. Wir betrachten sie speziell in zwei Eichungen.

a) In der Lorenz-Eichung $\left(\partial^\mu j_\mu = \vec{\nabla} \cdot \vec{A} + \frac{1}{c}\frac{\partial \Phi}{\partial t} = 0\right)$ und kartesischen Koordinaten entkoppeln die vier Gleichungen

$$\nabla^2 \Phi - \frac{1}{c}\frac{\partial}{\partial t}\frac{1}{c}\frac{\partial \Phi}{\partial t} = -4\pi\rho$$

$$\nabla^2 \vec{A} - \frac{1}{c^2}\frac{\partial^2 \vec{A}}{\partial t^2} = -\frac{4\pi}{c}\vec{j}$$

oder kovariant

$$\left(\nabla^2 - \frac{1}{c^2}\frac{\partial^2}{\partial t^2}\right) A^\mu(x) = -\frac{4\pi}{c}j^\mu(x), \tag{10.28}$$

mit $j^\mu = (\rho, \frac{1}{c}\vec{j})$. Jede Komponente von A^μ erfüllt eine *inhomogene Wellengleichung*. Die Kovarianz der Maxwell-Gleichungen für die Potentiale ist manifest, da

$$\nabla^2 - \frac{1}{c^2}\frac{\partial^2}{\partial t^2} = -\partial_\mu \partial^\mu \equiv \square$$

ein invarianter Skalar ist.

b) In der Coulomb-Eichung ($\vec{\nabla} \cdot \vec{A} = 0$) entkoppelt nur die erste Gleichung (10.26),

$$\vec{\nabla}^2 \Phi(\vec{x}, t) = -4\pi\rho(\vec{x}, t).$$

Diese Gleichung sieht aus wie die Poisson-Gleichung der Elektrostatik. Die Coulomb-Eichung ist auch nützlich in der Magnetostatik. Wenn das Vektorpotential zeitunabhängig ist, geht (10.27) über in

$$\nabla^2 \vec{A}(\vec{x}) = \frac{4\pi}{c}\vec{j}(\vec{x}).$$

10.10 Poyntingsches Theorem

Multiplizieren wir die beiden homogenen Maxwell-Gleichungen mit $\vec{B}$ bzw. $\vec{E}$,

$$\frac{1}{c}\frac{\partial \vec{B}}{\partial t} = -\vec{\nabla} \times \vec{E} \quad \Big| \cdot \vec{B}$$

$$\frac{1}{c}\frac{\partial \vec{E}}{\partial t} = \vec{\nabla} \times \vec{B} - \frac{4\pi}{c}\vec{j} \quad \Big| \cdot \vec{E},$$

dann erhalten wir

$$\frac{1}{c}\left(\vec{B}\cdot\frac{\partial \vec{B}}{\partial t} + \vec{E}\cdot\frac{\partial \vec{E}}{\partial t}\right) = -\frac{4\pi}{c}\vec{j}\cdot\vec{E} - \underbrace{\left(\vec{B}\cdot\operatorname{rot}\vec{E} - \vec{E}\operatorname{rot}\vec{B}\right)}_{\vec{\nabla}\cdot(\vec{E}\times\vec{B})}$$

oder

$$\frac{1}{2c}\frac{\partial}{\partial t}\left(\vec{E}^2 + \vec{B}^2\right) = -\frac{4\pi}{c}\vec{j}\cdot\vec{E} - \vec{\nabla}\cdot\left(\vec{E}\times\vec{B}\right). \tag{10.29}$$

Der Faktor $\vec{E}\times\vec{B}$ im letzten Term heißt *Poynting-Vektor*,

$$\vec{S} \equiv \frac{c}{4\pi}\vec{E}\times\vec{B}.$$

Die physikalische Bedeutung dieses Vektors wird noch klar werden. Damit folgt aus Gl. (10.29) das

Poyntingsches Theorem

$$\frac{\partial}{\partial t}\frac{1}{8\pi}\left(\vec{E}^2 + \vec{B}^2\right) = -\vec{j}\cdot\vec{E} - \vec{\nabla}\cdot\vec{S}.$$

Um dieses Theorems zu interpretieren, integrieren wir über ein festes Volumen V mit Rand ∂V und verwenden den Gaußschen Satz für den letzten Term,

$$\frac{d}{dt}\int_V d^3x \frac{1}{8\pi}\left(\vec{E}^2 + \vec{B}^2\right) = -\int_V \vec{j}\cdot\vec{E}\,d^3x - \oint_{\partial V} \vec{S}\cdot d\vec{a}. \tag{10.30}$$

Das Oberflächenintegral verschwindet für $V \to \infty$.

Bedeutung des Termes $\int \vec{j}\cdot\vec{E}\,d^3x$

Wir betrachten eine Punktladungen q im elektromagnetischen Feld $\vec{E}, \vec{B}$. Die Lorentz-Kraft auf ein Teilchen der Ladung q, die sich zur Zeit t am Ort $\vec{x}$ befindet ist

$$\vec{F}(\vec{x},t) = q\left[\vec{E}(\vec{x},t) + \frac{1}{c}\vec{v}(t)\times\vec{B}(\vec{x},t)\right].$$

Bei einer Verschiebung um $d\vec{x}$ leistet das Feld an der Punktladung die Arbeit

$$dW^{mech} = \vec{F}\cdot d\vec{x} = q\vec{E}\cdot d\vec{x}.$$

Das Magnetfeld leistet keine Arbeit, da $\left[\frac{d\vec{x}}{dt} \times \vec{B}\right]$ senkrecht auf $d\vec{x}$ steht. Die Arbeit pro Zeiteinheit ist entsprechend gegeben durch:

$$\frac{dW^{(mech)}}{dt} = q\vec{E}(\vec{x},t) \cdot \vec{v}(t).$$

Wenn sich mehrere Ladungen im Feld bewegen, muss über die einzelnen Ladungen q_i summiert werden

$$\frac{dW^{(mech)}}{dt} = \sum_i q_i \vec{E}(\vec{x}_i,t) \cdot \vec{v}_i(t).$$

Im Kontinuumslimes geht $q_i \vec{v}_i$ in den Strom über,

$$q_i \vec{v}_i(t) \to \vec{j}(\vec{x},t).$$

Damit wird

$$\frac{dW^{(mech.)}}{dt} = \int_V d^3x\, \vec{j}(\vec{x},t) \cdot \vec{E}(\vec{x},t).$$

Diese Arbeit wird vom Feld an den Ladungsträgern verrichtet und führt zu einer Änderung der kinetischen Energie der Ladungen d. h. zu Wärme. Für das integrierte Poynting-Theorem (10.30) ergibt sich somit

$$\frac{d}{dt}\left\{\int_{Raum} d^3x\, \frac{1}{8\pi}\left(\vec{E}^2 + \vec{B}^2\right) + W^{mech.}(t)\right\} = 0.$$

Wenn wir davon ausgehen, dass die Gesamtenergie erhalten ist, so können wir den Term

$$W^{Feld}(t) = \frac{1}{8\pi}\int_V d^3x\left(\vec{E}^2 + \vec{B}^2\right) \tag{10.31}$$

als *Feldenergie* im Volumen V, und den Integranden

$$w^{Feld}(\vec{x},t) = \frac{1}{8\pi}\left(\vec{E}^2(\vec{x},t) + \vec{B}^2(\vec{x},t)\right)$$

als Energiedichte interpretieren. Dies gilt speziell auch für statische Felder. Wir betrachten noch einmal ein festes endliches Volumen V. Im betrachteten Zeitintervall möge keines der geladenen Teilchen das Volumen V verlassen. Dann ist

$$\underbrace{\frac{d}{dt}\left\{\int_V d^3x\, w^{Feld}(\vec{x},t) + W^{mech}\right\}}_{\text{zeitl. Änderung der Gesamtenergie}} = -\oint_{\partial V} \vec{S} \cdot d\vec{a}.$$

Das Oberflächenintegral $\oint \vec{S} \cdot d\vec{a}$ ist also der *Energiefluss* des elektromagnetischen Feldes (von innen nach aussen).

Die Formeln lassen sich mit Hilfe des *Energie-Impuls-Tensor* kovariant zusammenfassen. Wir definieren den Energie-Impuls-Tensor des elektromagnetischen Feldes durch

$$T_f^{\mu\nu} = \frac{1}{4\pi}\left[F^{\mu\alpha}F_\alpha{}^\nu + \frac{1}{4}g^{\mu\nu}F^{\alpha\beta}F_{\alpha\beta}\right], \qquad (10.32)$$

wo der Index f für „Feld" steht. Setzt man für $F^{\alpha\beta}$ explizit die elektrischen und magnetischen Felder aus Gl. (10.16) ein, so erhält man für die einzelnen Elemente

$$T_f^{00} = \frac{1}{8\pi}\left(\vec{E}^2 + \vec{B}^2\right) = w \qquad \text{Energiedichte des Feldes}$$

$$T_f^{0i} = \frac{1}{4\pi}(\vec{E}\times\vec{B})_i = (\vec{S})_i \qquad \text{Poynting-Vektor (Energiefluss)}$$

$$T_f^{ij} = \frac{-1}{4\pi}\left[E_iE_j + B_iB_j - \frac{1}{2}\delta_{ij}(\vec{E}^2 + \vec{B}^2)\right].$$

Man bezeichnet T_f^{ij} als den *Maxwellschen Spannungstensor*, $-T_f^{ij}n_j$ ist der pro Flächeneinheit abströmende Impulsfluss.

10.11 Das Ohmsche Gesetz

Das Ohmsche Gesetz besagt, dass der Strom proportional zum elektrischen Feld ist

$$\vec{j} = \sigma\vec{E}, \qquad (10.33)$$

wo σ die Leitfähigkeit ist. Wir wollen zeigen, wie diese Form des Gesetzes mit der üblichen Form $I = V/R$ zusammenhängt. Dazu betrachten wir einen dünnen Draht und ersetzen

$$\vec{j}(x)\,d^3x \to I\,d\vec{l},$$

wo I der konventionelle Strom ist.

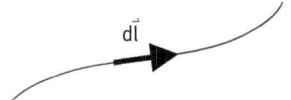

Abb. 10.1: Strom in einem dünnen Draht.

Für einen geraden Draht der Länge L zwischen den Punkten A und B in z-Richtung sind zum Beispiel Strom und Leitfähigkeit gegeben durch

$$\vec{j}(\vec{x}) = I(0,0,\delta(x)\delta(y)), \quad \sigma = \frac{L}{R}\delta(x)\delta(y),$$

mit $A \leq z \leq B$. Dabei ist R der *Widerstand*. Wir setzen diese Ausdrücke ins Ohmsche Gesetz ein,

$$\int d^3x\, \sigma(\vec{x})\, E_z(\vec{x}) = \frac{L}{R} \int d^3x\, \delta(x)\, \delta(y)\, E_z(\vec{x})$$

$$= \frac{L}{R} \int_A^B dz \cdot E_z(0,0,z) = \frac{L}{R} \int_A^B dz \left(-\frac{d\Phi}{dz}\right)$$

$$= \frac{L}{R}\left(\Phi^A - \Phi^B\right) = \frac{L}{R} V$$

und

$$\int j_z(\vec{x})\, d^3x = I \int d^3x\, \delta(x)\, \delta(y) = I \int_A^B dz = I \cdot L\,.$$

Wir erhalten also das Ohmsche Gesetz in der bekannten Form $I = V/R$.

Anmerkung: Die Diracsche Deltafunktion (besser Distribution) ist definiert durch

$$\int_a^b \delta(x - x_0) f(x) = f(x_0) \quad \text{für } a < x_0 < b \tag{10.34}$$

$$= 0 \quad \text{sonst}$$

für genügend glatte $f(x)$. Zur heuristischen Veranschaulichung kann das Riemannsche Integral dienen. Das Intervall $[a,b]$ wird in N Segmente der Breite

$$\Delta x = \frac{b-a}{N}\,, \quad \text{mit } N \to \infty$$

aufgeteilt. Dann gilt für glatte $f(x)$

$$\int_a^b \delta(x - x_0) f(x) = \lim_{N \to \infty} \sum_i \Delta x [\delta_{ij}/\Delta x] f(x_i) = f(x_j)\,.$$

D. h.

$$\delta(x) = \lim_{\Delta x \to 0} \sum_i \frac{\delta_{ij}}{\Delta x}\,.$$

Eine andere Darstellung ist

$$\delta(x) = \frac{1}{2\pi} \int_{-\infty}^{\infty} e^{\pm ikx}\,.$$

Aus der Definition (10.34) lassen sich eine Reihe von Eigenschaften der Deltafunktion ableiten.

Beispiele sind
a)
$$\delta(ax) = \frac{1}{a}\delta(x)$$
b)
$$\delta(g(x)) = \sum_i \frac{1}{\left|\frac{dg(x_i)}{dx}\right|}\delta(x),$$

wo x_i die Nullstellen von $g(x)$ sind.

Diese Formeln haben nur Sinn, wenn mit einer glatten Funktion multipliziert und integriert wird. Ein Beispiel für die Herleitung dieser Formeln und deren Bedeutung wäre

$$\int_{-\infty}^{\infty} \delta(ax)f(x)dx = \frac{1}{a}\int_{-\infty}^{\infty} \delta(ax)f\left(\frac{1}{a}ax\right)d(ax) = \frac{1}{a}\int_{-\infty}^{\infty} \delta(x)f\left(\frac{1}{a}x\right)dx = \frac{1}{a}f(0).$$

Eine weitere Distribution ist die sogenannte Theta- oder Stufenfunktion

$$\theta(x-x_0) = \begin{cases} 0 & \text{für } x < x_0, \\ 1 & \text{für } x > x_0. \end{cases}$$

Sie erfüllt die Beziehung

$$\frac{d}{dx}\theta(x-x_0) = \delta(x-x_0).$$

10.12 Lagrangesche Formulierung

Wir suchen nach einer Ableitung der Bewegungsgleichung und der Feldgleichungen der Elektrodynamik aus einem kovarianten Variationsprinzip. Als erstes wollen wir die Bewegungsgleichung eines geladenen Probeteilchens im äußeren Feld aus dem kovarianten Hamilton-Prinzip ableiten. Dazu müssen wir:
a) statt der Zeit eine kovariante Größe einführen, die die Teilchenbahn im Konfigurationsraum parametrisiert
b) eine Lagrange-Funktion definieren, die von den Minkowski-Koordinaten des Teilchens und deren Ableitungen nach dem Parameter abhängt.

Die Lorentz-Kraft

Eine naheliegende Parametrisierung der Bahn eines einzelnen Teilchens ist die Eigenzeit τ. Hier besteht allerdings das Problem, dass wegen $\dot{x}^\mu \dot{x}_\mu = c^2$ die 4-Geschwindigkeiten auf der Trajektorie nicht unabhängig sind. Dies Problem kann dadurch umgangen werden, dass man erst nach der Ableitung der Bewegungsgleichung $\dot{x}^\mu \dot{x}_\mu = c^2$

setzt. Das kovariante Hamiltonsche Prinzip lautet:

$$\delta S = \delta \int_{\tau_1}^{\tau_2} L(x^\mu, \dot{x}^\mu; \tau) d\tau = 0.$$

Die Lagrange-Funktion L muss lorentzinvariant sein, um die Kovarianz der Bewegungsgleichungen zu gewährleisten. Neben dem aus Kapitel 10 bekannten kinetischen Term $L_{kin} = -mc\sqrt{\dot{x}^\mu \dot{x}_\mu}$ brauchen wir einen invarianten Term, der das Potential involviert. Physikalisch relevant sind 4-Vektor-Potentiale $A^\mu(x)$, deren Komponenten Funktionen des Ortes und der Zeit sind. Die einfachste Invariante wäre $dx^\mu A_\mu$. Dann lautet die Wirkung

$$S = -\int_{\tau_1}^{\tau_2} \left[mc\sqrt{\dot{x}^\mu \dot{x}_\mu} + \frac{q}{c}\frac{dx_\mu}{d\tau} A^\mu(x) \right] d\tau, \tag{10.35}$$

mit $x = x(\tau)$. Der Parameter q nennen wir Ladung, er charakterisiert die Stärke der Kopplung. Die Wirkung ist über die Weltlinie des Teilchens zu nehmen. Die Lagrange-Gleichungen

$$\frac{d}{d\tau}\frac{\partial L}{\partial \dot{x}_\nu} - \frac{\partial L}{\partial x_\nu} = 0$$

legen die Teilchenbahn fest. Sie liefern

$$mc\frac{d}{d\tau}\left[\frac{\dot{x}^\nu}{\sqrt{\dot{x}^\mu \dot{x}_\mu}}\right] + \frac{q}{c}\frac{d}{d\tau}A^\nu(x) - \frac{q}{c}\frac{dx_\mu}{d\tau}\frac{\partial A^\mu(x)}{\partial x_\nu} = 0.$$

Jetzt kann man $\sqrt{\dot{x}^\mu \dot{x}_\mu} = c$ setzen. Mit der Kettenregel

$$\frac{d}{d\tau}A^\nu(x) = \frac{dx_\mu}{d\tau}\frac{\partial A^\nu(x)}{\partial x_\mu}$$

erhält man

$$m\ddot{x}^\nu = \frac{q}{c}(\partial^\nu A^\mu - \partial^\mu A^\nu)\dot{x}_\mu.$$

Die Bewegungsgleichung eines geladenen Teilchens im äußeren Feld lautet also

$$m\ddot{x}^\mu = \frac{q}{c}F^{\mu\nu}\dot{x}_\nu, \tag{10.36}$$

wo

$$F^{\mu\nu} \equiv \partial^\mu A^\nu - \partial^\nu A^\mu$$

der antisymmetrische Feldtensor ist. Diese Ergebnis ist konsistent mit der oben abgeleiteten Formel für die relativistischen Lorentz-Kraft (10.3).

Die Feldgleichungen
Die homogenen Maxwell-Gleichungen folgen unmittelbar aus der Definition des Feldstärketensors (10.36). Für die Ableitung der inhomogenen Maxwell-Gleichungen müs-

sen wir eine lorentzinvariante Lagrangefunktion aufstellen, die die Felder involviert. Dabei sind die Felder jetzt die dynamischen Variablen und $x^\mu = (ct, x^1, x^2, x^3)$ nur Parameter, die den Ort und die Zeit festlegen, wo das Feld gemessen wird. Das Integral über die Zeit im Wirkungsintegral wird ersetzt durch ein Integral über die Raum-Zeit $\int d^4x$. Dieses Integrationsmaß ist lorentzinvariant. Um lineare Feldgleichungen zu erhalten müssen die Felder quadratisch in der Wirkung auftreten. Der einfachste Ansatz ist

$$S = -\frac{1}{16\pi} \int d^4x F^{\mu\nu} F_{\mu\nu} . \tag{10.37}$$

Setzt man aus Gl. (10.16) die explizite Form für $F^{\mu\nu}$ ein, dann ergibt sich die dreidimensionale Form

$$S = \frac{1}{8\pi} \int dt \int d^3x \left(\vec{E}^2 - \vec{B}^2\right) .$$

Daneben soll noch eine lorentzinvariante Wechselwirkung mit einem äußeren Strom j_μ hinzugefügt werden. Dem einfachsten Ansatz für die Wirkung ist dann

$$S = -\frac{1}{16\pi c} \int d^4x F^{\mu\nu} F_{\mu\nu} - \frac{1}{c^2} \int d^4x j_\mu A^\mu = \int d^4x L(A^\mu, j^\nu) \tag{10.38}$$

mit der Lagrange-Funktion

$$L = -\frac{1}{16\pi c}(\partial^\mu A^\nu - \partial^\nu A^\mu)(\partial_\mu A_\nu - \partial_\nu A_\mu) - \frac{1}{c^2} j_\mu A^\mu . \tag{10.39}$$

Zur Ableitung der Maxwell-Gleichungen müssen wir die Felder variieren. Aus dem Hamiltonschen Prinzip $\delta S = 0$ folgen die Lagrangeschen Gleichungen in Analogie zur Dynamik eines Massenpunktes

$$\partial_\mu \frac{\partial L}{\partial^\nu A^\mu} - \frac{\partial L}{\partial A^\nu} = 0 .$$

Für die Lagrange-Funktion Gl. (10.39) folgt

$$-\frac{1}{4\pi} \partial_\mu (\partial^\mu A^\nu - \partial^\nu A^\mu) + \frac{1}{c} j^\nu = 0 \quad \text{oder} \quad -\frac{1}{4\pi} \partial_\mu F^{\mu\nu} + \frac{1}{c} j^\nu = 0 .$$

Dies ist gerade die inhomogene Maxwell-Gleichung für die Potentiale. In der Lorenz-Eichung ($\partial_\mu A^\mu = 0$) lautet die Gleichung z. B.

$$\partial_\mu \partial^\mu A^\nu = \frac{4\pi}{c} j^\nu .$$

Diese Ergebnisse stimmen mit den oben abgeleiteten Formel für die kovarianten Maxwell-Gleichungen (10.28) und (10.23) überein.

10.13 Noether-Theorem für Felder

Wir wollen das Noether-Theorem für Felder der Einfachheit halber am Beispiel eines skalaren Feldes $\Phi(x)$ studieren. Eine Lagrangefunktion

$$L = L\bigl(\Phi(x), \partial_\mu \Phi(x)\bigr)$$

geht unter einer infinitesimalen Transformation

$$\Phi(x) \to \Phi'(x) = \Phi(x) + \delta\Phi(x)$$

über in

$$L \to L + \delta L$$

mit

$$\begin{aligned}\delta L &= \frac{\partial L}{\partial \Phi}\delta\Phi + \frac{\partial L}{\partial(\partial_\mu \Phi)}\delta(\partial_\mu \Phi) \\ &= \left[\frac{\partial L}{\partial \Phi} + \left(\partial_\mu \frac{\partial L}{\partial(\partial_\mu \Phi)}\right)\right]\delta\Phi + \partial_\mu\left(\frac{\partial L}{\partial(\partial_\mu \Phi)}\delta\Phi\right) \\ &= \partial_\mu\left(\frac{\partial L}{\partial(\partial_\mu \Phi)}\delta\Phi\right),\end{aligned}$$

wo wir im letzten Schritt die Lagrangesche Bewegungsgleichung

$$\frac{\partial L}{\partial \Phi} + \left(\partial_\mu \frac{\partial L}{\partial(\partial_\mu \Phi)}\right) = 0$$

eingesetzt haben. Ist $\delta L = 0$, dann ist der „Strom"

$$J^\mu = \frac{\partial L}{\partial(\partial_\mu \Phi)}\delta\Phi \qquad (10.40)$$

erhalten, d. h.

$$\partial_\mu J^\mu = \partial_\mu\left(\frac{\partial L}{\partial(\partial_\mu \Phi)}\delta\Phi\right) = 0.$$

Noether-Theorem
Zu jeder Invarianz der Lagrange-Funktion gehört ein Erhaltungssatz.

Manchmal ist die Lagrange-Funktion nicht invariant, sondern ändert sich um eine 4-Divergenz

$$\delta L = \partial_\mu\left(\frac{\partial L}{\partial(\partial_\mu \Phi)}\delta\Phi\right) + \partial_\mu F^\mu,$$

die keine Auswirkung auf die Wirkung $\int d^4x L$ und damit auf die Bewegungsgleichungen hat. Man modifiziert $L \to \hat{L} = L - \partial_\mu F^\mu$, dann ist $\hat{L}$ manifest invariant und das Theorem kann auf $\hat{L}$ angewendet werden.

Wir betrachten speziell die Translationen $x^\mu \to x'^\mu = x^\mu + a^\mu$. Dann geht

$$\Phi(x) \to \Phi(x') = \Phi(x+a) = \Phi(x) + a^\nu \partial_\nu \Phi(x) \quad \to \delta\Phi = a^\nu \partial_\nu \Phi(x).$$

Dies ist eine Situation, wo die Lagrange-Funktion nicht manifest invariant ist, sondern übergeht in

$$L \to L' = L + a^\mu \partial_\mu L.$$

Dann ergibt das Noether-Theorem für $\hat{L} = L - a^\mu \partial_\mu L$

$$\delta \hat{L} = -a^\mu \partial_\mu L + \partial_\mu \left(\frac{\partial L}{\partial(\partial_\mu \Phi)} a^\nu \partial_\nu \Phi(x) \right) = 0 .$$

Dieses Ergebis kann man schreiben als

$$\partial^\mu T_{\mu\nu} = 0 \qquad (10.41)$$

mit dem Energie-Impuls-Tensor

$$T_{\mu\nu} = -g_{\mu\nu} L + \frac{\partial L}{\partial(\partial_\mu \Phi)} \partial_\nu \Phi(x) . \qquad (10.42)$$

Aus (10.41) folgt, durch räumliche Integration

$$0 = \int d^3x \partial^\mu T_{\mu\nu} = \int d^3x \left(\partial^0 T_{0\nu} + \partial^i T_{0i} \right) = \int d^3x \partial^0 T_{0\nu} ,$$

wenn T_{0i} in ∞ genügend schnell verschwindet.

Da Translationen in der Zeit die Energie und Translationen in den Ortskoordinaten den Impuls erzeugen, identifizieren wir

$$P_\nu = \int d^3x T_{0\nu} = -g_{0\nu} L + \frac{\partial L}{\partial(\partial_0 \Phi)} \partial_\nu \Phi(x) , \qquad (10.43)$$

mit dem erhaltenen 4-Impuls des Feldes. Ganz analog, aber mit etwas mehr Aufwand, bestimmt man den Energie-Impuls-Tensor des elektromagnetischen Feldes,

$$T^{\mu\nu} = \frac{1}{4\pi} \left[F^{\mu\alpha} F_\alpha{}^\nu + \frac{1}{4} g^{\mu\nu} F^{\alpha\beta} F_{\alpha\beta} \right] . \qquad (10.44)$$

11 Elektrostatik

11.1 Das elektrostatische Feld

Für zeitunabhängige Felder und Quellen vereinfachen sich die Maxwell-Gleichungen und Lösungen stark. Man sieht sofort, dass für das statische elektrische Feld gilt

$$\vec{\nabla} \cdot \vec{E}(\vec{x}) = 4\pi \rho(\vec{x}) \tag{11.1}$$

$$\vec{\nabla} \times \vec{E}(\vec{x}) = 0. \tag{11.2}$$

Da $\vec{\nabla} \times \vec{E}(\vec{x}) = 0$ ist, folgt, dass das elektrische Feld sich aus einem skalaren Potential ableitet

$$\vec{E}(\vec{x}) = -\vec{\nabla}\Phi(\vec{x}). \tag{11.3}$$

Setzt man dies in Gl. (11.1) ein, so erhält man die *Poisson-Gleichung*,

$$\nabla^2 \Phi(\vec{x}) = -4\pi \rho(\vec{x}). \tag{11.4}$$

In Gebieten wo es keine Ladungen gibt, erfüllt das Potential die *Laplace-Gleichung*,

$$\nabla^2 \Phi(\vec{x}) = 0.$$

Aus der Laplace-Gleichung folgt unmittelbar, dass die zweiten partiellen Ableitungen des Potentials nicht alle das gleiche Vorzeichen haben können, d. h. das Potential kann kein Maximum oder Minimum besitzen.

Wir integrieren Gl. (11.1) über ein (einfach zusammenhängendes) Raumgebiet V

$$\int_V d^3x \vec{\nabla} \cdot \vec{E}(\vec{x}) = 4\pi \int_V d^3x \rho(\vec{x}).$$

Wenn wir jetzt den Gaußschen Satz anwenden, erhalten wir das **Gaußsche Gesetz**

$$\oint_S \vec{n} \cdot \vec{E}(\vec{x}) \, da = Q \tag{11.5}$$

wo Q die Ladung im Inneren des Volumens V ist

$$Q = \int_V d^3x \rho(\vec{x}),$$

S die Oberfläche des Volumens V und $\vec{n}$ ein nach außen gerichteter Einheitsvektor senkrecht zur Fläche S ist.

Bemerkungen:
a) Wenn $\rho(\vec{x})$ vorgegeben und und ganz im Inneren von S lokalisiert ist, dann kann man auf der linken Seite von Gl. (11.5) die Fläche beliebig wählen. Der Fluss $\vec{n} \cdot \vec{E}(\vec{x})$ durch eine beliebige Fläche ist derselbe wie der Fluss durch eine Kugelfläche, als ob wirklich etwas fließt.

b) Die Ladungsdichte für eine Punktladung q, die am Punkt $\vec{x}_a$ lokalisiert ist, lautet

$$\rho(\vec{x}) = q\delta^3(\vec{x} - \vec{x}_a).$$

Für System von n Punktladungen q_i lauten das Gaußsche Gesetz

$$\oint_S \vec{n} \cdot \vec{E}(\vec{x})da = 4\pi \sum_{i=1}^{m} q_i, \qquad (11.6)$$

wo $m \leq n$ die Zahl der Punkladungen innerhalb der Fläche S ist.

c) Das Gaußsche Gesetz kann bei symmetrischen Ladungsverteilungen angewendet werden, wenn man die Richtung von $\vec{E}(\vec{x})$ auf Grund von Symmetrieüberlegungen erraten kann oder, wenn $\vec{E}(\vec{x})$ gegeben ist und Q berechnet werden soll.

11.2 Das Coulombsche Gesetz

Als einfache Anwendung des Gaußschen Gesetzes betrachten wir das elektrische Feld einer Punktlandung q im Ursprung. Aus Symmetriegründen muss das elektrische Feld an jedem Messpunkt (Aufpunkt) radial auswärts oder einwärts gerichtet sein und nur von $r = |\vec{x}|$ abhängen. Wir betrachten in Gl. (11.5) einen Kugelfläche mit Radius r. Der Fluss durch diese Fläche ist $4\pi r^2 E$. Damit ergibt sich für das Feld

$$E = \frac{q}{r^2} \quad \text{oder} \quad \vec{E}(\vec{x}) = q\frac{\vec{x}}{|\vec{x}|^3}.$$

Dies ist das Coulombsche Gesetz. Wenn sich die Ladung, statt im Ursprung, im Punkt $\vec{x}'$ befindet, dann ist das Feld am Aufpunkt $\vec{x}$ gegeben durch

$$\vec{E}(\vec{x}) = q\frac{\vec{x} - \vec{x}'}{|\vec{x} - \vec{x}'|^3}. \qquad (11.7)$$

Für ein System von n Punktladungen q_i lautet das *Coulombsche Gesetz:*

$$\vec{E}(\vec{x}) = \sum_{i=1}^{n} q_i \frac{\vec{x} - \vec{x}_i}{|\vec{x} - \vec{x}_i|^3}. \qquad (11.8)$$

Kraft zwischen zwei Punktladungen

Die Kraft auf eine Punktladung q im äußeren Feld war allgemein gegeben durch die Lorentz-Kraft $\vec{F} = q(\vec{E} + \frac{\vec{v}}{c} \times \vec{B})$. Im statischen Fall, wo die Ladungen sich nicht bewegen, ist also

$$\vec{F} = q\vec{E}.$$

Mit Gl. (11.7) erhält man dann die Kraft zwischen zwei Punktladungen q_1 bei $\vec{x}_1$ und q_2 bei $\vec{x}_2$. Die Kraft auf Ladung 1 durch Ladung 2 ist

$$\vec{F}_1 = q_1 q_2 \frac{\vec{x}_1 - \vec{x}_2}{|\vec{x}_1 - \vec{x}_2|^3} = -q_1 q_2 \vec{\nabla}_1 \frac{1}{|\vec{x}_1 - \vec{x}_2|}.$$

Analog ist die Kraft auf Ladung 2 durch Ladung 1

$$\vec{F}_2 = q_1 q_2 \frac{\vec{x}_2 - \vec{x}_1}{|\vec{x}_1 - \vec{x}_2|^3} = -q_1 q_2 \vec{\nabla}_2 \frac{1}{|\vec{x}_1 - \vec{x}_2|} \quad (= -\vec{F}_1).$$

D. h. die Kraft ist der Gradient eines Skalars, der potentiellen Energie

$$U(\vec{x}_1 - \vec{x}_2) = q_1 q_2 \frac{1}{|\vec{x}_1 - \vec{x}_2|}.$$

Die potentielle Energie U ist nur bis auf eine Konstante bestimmt.

Superpositionsprinzip

Betrachte ein System von N Punktladungen. Die Kraft auf die Ladung 1 durch die restlichen $N - 1$ Ladungen ist die Superposition der einzelnen Kräfte

$$\vec{F}_1 = q_1 \sum_{i=2}^{N} q_i \frac{\vec{x}_1 - \vec{x}_i}{|\vec{x}_1 - \vec{x}_i|^3} = -\vec{\nabla}_1 U(\vec{x}_1, (\vec{x}_2, \ldots, \vec{x}_N)),$$

wo

$$U(\vec{x}_1, (\vec{x}_2, \ldots, \vec{x}_N)) = q_1 \sum_{i=2}^{N} q_i \frac{1}{|\vec{x}_1 - \vec{x}_i|}$$

mit festen $(\vec{x}_2, \ldots, \vec{x}_N)$. Wir können zu dieser potentiellen Energie noch eine Konstante addieren, d. h. eine Größe, die unabhängig von $\vec{x}_1$ ist. Aus gleich ersichtlichen Gründen addieren wir

$$\frac{1}{2} \sum_{\substack{i,j=2 \\ i \neq j}}^{N} \frac{q_i q_j}{|\vec{x}_i - \vec{x}_j|}.$$

Damit wird die potentielle Energie

$$U(\vec{x}_1, (\vec{x}_2, \ldots, \vec{x}_N)) = \frac{1}{2} \sum_{\substack{i,j=1 \\ i \neq j}}^{N} \frac{q_i q_j}{|\vec{x}_i - \vec{x}_j|}. \tag{11.9}$$

Es ist klar, dass wir das selbe Ergebnis für die potentielle Energie erhalten hätten, wenn wir mit einem Teilchen k (statt 1) gearbeitet hätten. D. h. aus $U(\vec{x}_1, \vec{x}_2, \ldots, \vec{x}_N)$ bestimmt sich die Kraft auf eine beliebige der N Punktladungen zu

$$\vec{F}_k = -\vec{\nabla}_k U(\vec{x}_1, \vec{x}_2, \ldots, \vec{x}_N) = -\frac{1}{2} \sum_{\substack{i,j=1 \\ i \neq j}}^{N} q_i q_j \vec{\nabla}_k \frac{1}{|\vec{x}_i - \vec{x}_j|}$$

$$= q_k \sum_{\substack{j=1 \\ j \neq k}}^{N} q_j \frac{\vec{x}_k - \vec{x}_j}{|\vec{x}_k - \vec{x}_j|^3}.$$

Die potentielle Energie

$$U(\vec{x}_1, \vec{x}_2, \ldots, \vec{x}_N) = \frac{1}{2} \sum_{\substack{i,j=1 \\ i \neq j}}^{N} \frac{q_i q_j}{|\vec{x}_i - \vec{x}_j|} \tag{11.10}$$

stellt die Arbeit dar, die notwendig war, um die gegebene Ladungskonfiguration aufzubauen, d. h. um die Ladungen aus ∞ auf ihren Platz zu bringen. Dies sieht man daran, dass $U = 0$ ist, wenn sich alle Ladungen im unendlichen Abstand voneinander befinden.

Energiesatz

Die Bewegungsgleichung für die k-te Ladung lautet

$$m_k \frac{d\vec{v}_k}{dt} = \vec{F}_k = -\vec{\nabla}_k U(\vec{x}_1, \vec{x}_2, \ldots, \vec{x}_N)$$

wo $\vec{v}_k$ die Geschwindigkeit der Ladung k ist. Wir multiplizieren mit $\vec{v}_k$ und summieren über k,

$$\sum_k \frac{d}{dt}\left(\frac{1}{2}m\vec{v}_k^2\right) = -\sum_k (\vec{\nabla}_k U)\frac{d\vec{x}}{dt} = -\frac{d}{dt}U(\vec{x}_1, \vec{x}_2, \ldots, \vec{x}_N) \,.$$

Da $T = \sum_k \frac{1}{2}m\vec{v}_k^2$ die kinetische Energie des Systems ist, folgt, dass die Gesamtenergie $T + U$ erhalten ist,

$$\frac{d}{dt}(T + U) = 0 \,.$$

Wir schließen wieder, dass $U(\vec{x}_1, \vec{x}_2, \ldots, \vec{x}_N)$ die potentielle Energie des Systems ist.

Für eine stetige Ladungsverteilung lautet das Coulombsche Gesetz

$$\vec{E}(\vec{x}) = \int d^3x' \rho(\vec{x}') \frac{\vec{x} - \vec{x}'}{|\vec{x} - \vec{x}'|^3} \,. \tag{11.11}$$

Probe: für Punktladungen bei $\vec{x}_i$ gilt

$$\rho(\vec{x}) = \sum_i q_i \delta^3(\vec{x} - \vec{x}_i)$$

und

$$\vec{E}(\vec{x}) = \sum_i q_i \int d^3x' \delta^3(\vec{x}' - \vec{x}_i) \frac{\vec{x} - \vec{x}'}{|\vec{x} - \vec{x}'|^3} = \sum_i q_i \frac{\vec{x} - \vec{x}_i}{|\vec{x} - \vec{x}_i|^3} \,,$$

wie Gl. (11.8). Mit Hilfe von (11.11) verifiziert man direkt, dass $\vec{\nabla} \times \vec{E}(\vec{x}) = 0$ ist. Das elektrische Feld ist endlich überall dort wo $\rho(\vec{x})$ endlich ist, d. h. obige Formel (11.11) gilt auch im Inneren einer stetigen Ladungsverteilung. Die Formel kann verwendet werden, wenn $\rho(\vec{x})$ im ganzen Raum gegeben ist und das elektrische Feld berechnet werden soll.

Gleichung (11.11) lässt sich für das Potential schreiben

$$\Phi(\vec{x}) = \int d^3x' \rho(\vec{x}') \frac{1}{|\vec{x} - \vec{x}'|} \,. \tag{11.12}$$

Die Verallgemeinerung der Formel (11.10) für die potentielle Energie lautet

$$W = \frac{1}{2} \int\int d^3x \, d^3x' \frac{\rho(\vec{x})\rho(\vec{x}')}{|\vec{x} - \vec{x}'|} \,. \tag{11.13}$$

Hier erscheint W als Energie, die in den Ladungen bzw. in der Ladungsverteilung steckt. Man kann W auch als Energie interpretieren, die im elektrischen Feld steckt. Dazu setzen wir Gl. (11.12) in Gl. (11.13) ein

$$W = \frac{1}{2} \int d^3x \rho(\vec{x}) \Phi(\vec{x})$$
$$= -\frac{1}{8\pi} \int d^3x (\nabla^2 \Phi(\vec{x})) \Phi(\vec{x})$$
$$= \frac{1}{8\pi} \int d^3x \vec{\nabla} \Phi(\vec{x}) \cdot \vec{\nabla} \Phi(\vec{x}),$$

oder

$$W = \frac{1}{8\pi} \int d^3x |\vec{E}(\vec{x})|^2. \tag{11.14}$$

Dies Ergebnis stimmt mit dem elektrischen Anteil der Feldenergie der relativistischen Formel aus dem letzten Kapitel überein. Man nennt

$$w(x) = \frac{1}{8\pi} |\vec{E}(\vec{x})|^2$$

die *Energiedichte*.

Anmerkung zur partiellen Integration: Sei $f(\vec{x}) = g(\vec{x}) = 0$ auf dem Rand eines Volumens V. Dann ist

$$\int_V d^3x \left(\vec{\nabla} f(\vec{x})\right) g(\vec{x}) = -\int_V d^3x f(\vec{x}) \left(\vec{\nabla} g(\vec{x})\right),$$

da nach dem Gaußschen Satz $\int_V d^3x \vec{\nabla}(f(\vec{x}) g(\vec{x})) = 0$.

Anwendung: Mit Hilfe von W kann man die Kraft zwischen geladenen Körpern erhalten, wenn man die Änderung unter kleinen Verrückungen betrachtet, z. B.

$$F_x = -\frac{\Delta W}{\Delta x}.$$

11.3 Die Green-Funktion

Eine Green-Funktion ist die Lösung einer linearen inhomogenen Differentialgleichung für eine δ-funktionsartige Inhomogenität. In unserem Fall ist dies die Lösung der Poisson-Gleichung (11.4) für eine Punktquelle mit Ladung $q = 1$,

$$\nabla_x^2 G(\vec{x}, \vec{x}') = -4\pi \delta^3(\vec{x} - \vec{x}'),$$

wobei mögliche Randbedingungen außer der, dass im Unendlichen die Felder verschwinden sollen, außer Acht gelassen werden. Der Aufpunkt sei $\vec{x}$ und die Position der Ladung $\vec{x}'$. Die Green-Funktion ist nicht eindeutig, da man zu ihr noch eine

Lösung der homogenen Differentialgleichung addieren kann. Wir kennen eine Green-Funktion der Poisson-Gleichung schon, es ist das Coulomb-Potential

$$G(\vec{x}, \vec{x}') = \frac{1}{|\vec{x} - \vec{x}'|}.\qquad(11.15)$$

Kennt man die Green-Funktion, so erhält man die Lösung für einen beliebige Ladungsverteilung durch lineare Superposition

$$\Phi(\vec{x}) = \int d^3x' G(\vec{x}, \vec{x}')\rho(\vec{x}').\qquad(11.16)$$

Beweis

$$\nabla_x^2 \Phi(\vec{x}) = \int d^3x' \nabla_x^2 G(\vec{x}, \vec{x}')\rho(\vec{x}')$$
$$= \int d^3x' \left(-4\pi\delta^3(\vec{x} - \vec{x}')\right)\rho(\vec{x}') = -4\pi\rho(\vec{x}).\qquad\square$$

Diese Lösung (11.16) ist nur nützlich, wenn die Ladungsverteilung $\rho(\vec{x})$ explizit vorgegeben ist. In vielen Fällen ist aber die Ladungsverteilung nicht überall bekannt, z. B. an der Grenzfläche eines metallischen Leiters, wo das Potential konstant sein muss. Man kann mit Hilfe der Green-Funktion auch solche *Randwertprobleme* lösen. Dabei macht man sich die oben erwähnte Mehrdeutigkeit zunutze und addiert Lösungen der homogenen Gleichung um die Randbedingungen zu erfüllen.

11.4 Multipolentwicklung in der Elektrostatik

Elektrischer Dipol
Zwei Punktladungen $-q$ und $+q$ befinden sich auf einer Linie mit dem Nullpunkt an den Positionen $-\vec{a}/2$ und $+\vec{a}/2$. Wir lassen $|\vec{a}| \to 0$ und $q \to \infty$, so dass $q\vec{a} = \vec{p}$ endlich bleibt. Der Vektor $\vec{p}$ heißt Dipolmoment. Dann wird das Potential

$$\Phi(\vec{x}) = \lim_{\substack{a\to 0\\q\to\infty}} q\left\{\frac{1}{|\vec{x} - \vec{a}/2|} - \frac{1}{|\vec{x} + \vec{a}/2|}\right\}$$
$$= \lim_{\substack{a\to 0\\q\to\infty}} q\left\{\frac{1}{(r^2 - \vec{x}\cdot\vec{a} + a^2/4)^{\frac{1}{2}}} - \frac{1}{(r^2 + \vec{x}\cdot\vec{a} + a^2/4)^{\frac{1}{2}}}\right\}$$
$$= \lim_{\substack{a\to 0\\q\to\infty}} q\frac{\vec{x}\cdot\vec{a}}{r^3} \quad (\text{mit } r = |\vec{x}|)$$

oder

$$\Phi(\vec{x}) = \frac{\vec{p}\cdot\vec{x}}{r^3} \quad \text{für einen Dipol am Ursprung.}$$

Die *Ladungsdichte* eines Dipols am Ursprung ist

$$\rho_{dip}(\vec{x}) = -\vec{p}\cdot\vec{\nabla}\delta^3(\vec{x}),$$

denn

$$\Phi(\vec{x}) = \int d^3x' \frac{1}{|\vec{x}-\vec{x}'|} \rho(\vec{x}') \Phi(\vec{x}) = -p_i \int d^3x' \frac{1}{|\vec{x}-\vec{x}'|} \nabla_i' \delta^3(\vec{x}')$$

$$= p_i \int d^3x' \left(\nabla_i' \frac{1}{|\vec{x}-\vec{x}'|} \right) \delta^3(\vec{x}')$$

$$= p_i \int d^3x' \left(\frac{-(x-x')_i}{|\vec{x}-\vec{x}'|^3} \right) \delta^3(\vec{x}') = \frac{\vec{p} \cdot \vec{x}}{r^3}.$$

Dann gilt in Analogie zu $q = \int d^3x \rho(\vec{x})$:

$$\vec{p} = \int d^3x\, \vec{x} \rho_{dip}(\vec{x}),$$

da

$$-p_i \int d^3x\, x_k \nabla_i \delta^3(\vec{x}) = p_i \int d^3x\, \underbrace{(\nabla_i x_k)}_{=\delta_{ik}} \delta^3(\vec{x}) = p_k.$$

Das elektrische Feld eines Dipols

Wir betrachten das elektrische Feld eines Dipols im Ursprung:

$$\vec{E}_{dip}(x) = -\vec{\nabla}\Phi(\vec{x}) = -\vec{\nabla}\frac{\vec{p}\cdot\vec{x}}{r^3}$$

$$E_i^{dip} = -p_k \nabla_i \frac{x_k}{r^3} = -\frac{p_i}{r^3} + p_k x_k \frac{3x_i}{r^5}.$$

D. h.

$$\vec{E}_{dip}(x) = \frac{1}{r^3}\left[3\frac{\vec{p}\cdot\vec{x}}{r^3}\vec{x} - \vec{p} \right] \quad (r \neq 0).$$

Im folgenden wollen wir eine Ladungsverteilung betrachten, die in einem Gebiet D lokalisiert ist, das definiert ist durch

$$\rho(\vec{x}) = 0 \text{ für } r = |\vec{x}| > a.$$

Wenn keine Randbedingungen vorgegeben sind, berechnet sich das Potential aus

$$\Phi(\vec{x}) = \int d^3x' \frac{1}{|\vec{x}-\vec{x}'|} \rho(\vec{x}').$$

Für einen Beobachtungspunkt $\vec{x}$, der außerhalb der Ladunsverteilung gelegen ist ($|\vec{x}| > |\vec{x}'| > a$), kann man entwickeln

$$\frac{1}{|\vec{x}-\vec{x}'|} = \frac{1}{|\vec{x}|} - x_i' \frac{\partial}{\partial x_i}\frac{1}{|\vec{x}|} + \frac{1}{2!} x_i' x_k' \frac{\partial}{\partial x_i}\frac{\partial}{\partial x_k}\frac{1}{|\vec{x}|} + \cdots. \qquad (11.17)$$

Anmerkung: Die gewöhnliche Taylor-Entwicklung

$$f(x+a) = f(x) + a\frac{df(x)}{dx} + \frac{1}{2!}\frac{d^2f(x)}{dx^2} + \cdots$$

lautet in 3 Dimensionen

$$f(\vec{x} + \vec{a}) = f(\vec{x}) + a_i \frac{\partial}{\partial x_i} f(\vec{x}) + \frac{1}{2!} a_i a_k \frac{\partial}{\partial x_i} \frac{\partial}{\partial x_k} f(\vec{x}) + \cdots .$$

Eine kompakte Schreibweise für die Taylor-Entwicklung ist:

$$f(x + a) = e^{a \frac{d}{dx}} f(x) = \sum_{n=0}^{\infty} \frac{a^n}{n!} \frac{d^n}{dx^n} f(x) .$$

D. h. $e^{a \frac{d}{dx}}$ ist der *Translationsoperator*. Analog gilt für Vektoren

$$f(\vec{x} + \vec{a}) = e^{\vec{a} \cdot \vec{\nabla}} f(\vec{x}) .$$

In der Quantenmechanik ist $\vec{P} = -i\hbar \vec{\nabla}$ der Impulsoperator und $\exp[-i\vec{a} \cdot \vec{P}/\hbar]$ der Translationsoperator.

Wir benötigen in Gl. (11.17)

$$\frac{\partial}{\partial x_i} \frac{1}{|\vec{x}|} = \frac{\partial}{\partial x_i} \frac{1}{(x_l x_l)^{\frac{1}{2}}} = -\frac{1}{2} \frac{1}{r^3} 2 x_i = -\frac{x_i}{r^3}$$

$$\frac{\partial}{\partial x_i} \frac{\partial}{\partial x_k} \frac{1}{|\vec{x}|} = \frac{\partial}{\partial x_k} \left(-\frac{x_i}{r^3}\right) = -\frac{\delta_{ik}}{r^3} + \frac{3 x_i x_k}{r^5} .$$

Damit erhalten wir für $|\vec{x}| \gg |\vec{x}'|$ die Entwicklung für das elektrostatische Potential:

$$\Phi(\vec{x}) = \frac{1}{r} \int d^3 x' \rho(\vec{x}') + \frac{x_i}{r^3} \int d^3 x' x_i' \rho(\vec{x}')$$
$$+ \frac{1}{2} \left(\frac{3 x_i x_k - r^2 \delta_{ik}}{r^5}\right) \int d^3 x' x_i' x_k' \rho(\vec{x}') + \cdots .$$

Da

$$\mathrm{Sp}(3 x_i x_k - r^2 \delta_{ik}) = (3 x_i x_k - r^2 \delta_{ik}) \delta_{ik} = 0 ,$$

können wir auch schreiben

$$\Phi(\vec{x}) = \frac{1}{r} \int d^3 x' \rho(\vec{x}') + \frac{x_i}{r^3} \int d^3 x' x_i' \rho(\vec{x}')$$
$$+ \frac{1}{2} \frac{x_i x_k}{r^5} \int d^3 x' (3 x_i' x_k' - r'^2 \delta_{ik}) \rho(\vec{x}') + \cdots .$$

Die ersten beiden Terme involvieren die Ladung und das Dipolmoment. Der dritte Term enthält den Quadrupoltensor Q_{ij}, der definiert ist durch

$$\int d^3 x' (3 x_i' x_k' - r'^2 \delta_{ik}) \rho(\vec{x}') = Q_{ij} .$$

Damit lautet die Multipolentwicklung des elektrostatischen Potentials:

$$\Phi(\vec{x}) = \frac{q}{r} + \frac{\vec{p} \cdot \vec{x}}{r^3} + \frac{1}{2} \frac{x_i x_k}{r^5} Q_{ij} + \cdots .$$

Für eine gegebene Ladungsverteilung sind die Multipolmoment feste (dimensionsbehaftete) Zahlen. Ist man in dieser Situation am Feld außerhalb der Ladungsverteilung interessiert, dann verwendet man vorteilhaft die schnell konvergierende Multipolentwicklung.

12 Elektromagnetische Strahlung

12.1 Green-Funktionen, Retardierte Potentiale

Die elektromagnetischen Potentiale erfüllen in der Lorenz-Eichung die inhomogene Wellengleichung

$$\left(\nabla^2 - \frac{1}{c^2}\frac{\partial^2}{\partial t^2}\right)A^\mu(\vec{x},t) = -\frac{4\pi}{c}j^\mu(\vec{x},t) \tag{12.1}$$

mit $A^\mu = (\Phi, \vec{A})$, $j^\mu \equiv (c\rho, \vec{j})$. Die Potentiale hängen mit den elektrischen und magnetischen Feldern über $\vec{E} = -\vec{\nabla}\Phi - \frac{1}{c}\frac{\partial \vec{A}}{\partial t}$, $\vec{B} = \vec{\nabla} \times \vec{A}$ zusammen. Wenn Randbedingung im Unendlichen vorgegeben sind, kann die Lösung der inhomogenen Gleichung mit Hilfe der *Green-Funktion* erfolgen. Die Green-Funktion ist definiert als Lösung der Differentialgleichung für eine Punktquelle,

$$\left(\nabla_x^2 - \frac{1}{c^2}\frac{\partial^2}{\partial t^2}\right)G(\vec{x},t;\vec{x}',t') = -\frac{4\pi}{c}\delta^3(\vec{x}-\vec{x}')\delta(t-t').$$

Wegen der Linearität der Wellengleichung kann die eigentliche Lösung der Wellengleichung als Superposition von Lösungen für Punktquellen geschrieben werden,

$$A^\mu(\vec{x},t) = \int d^3x' dt' G(\vec{x},t;\vec{x}',t') j^\mu(\vec{x}',t').$$

Beweis durch Einsetzen in die Wellengleichung

$$\begin{aligned}\left(\nabla^2 - \frac{1}{c^2}\frac{\partial^2}{\partial t^2}\right)A^\mu(\vec{x},t) &= \int d^3x' dt' \left(\nabla^2 - \frac{1}{c^2}\frac{\partial^2}{\partial t^2}\right) G(\vec{x},t;\vec{x}',t') j^\mu(\vec{x}',t') \\ &= \int d^3x' dt' [-\frac{4\pi}{c}\delta^3(\vec{x}-\vec{x}')\delta(t-t')] j^\mu(\vec{x}',t') \\ &= -\frac{4\pi}{c}j^\mu(\vec{x},t). \quad \square\end{aligned}$$

Da keine Randbedingungen vorliegen, folgt aus der Invarianz bezüglich Translationen in x und t

$$G(\vec{x},t;\vec{x}',t') = G(\vec{x}-\vec{x}',t-t').$$

D. h. wir brauchen nur die Green-Funktion $G(\vec{x},t) \equiv G(\vec{x},t;\vec{x}'=0,t'=0)$ für eine Quelle im Ursprung zu betrachten.

Berechnung der Green-Funktion

In den hier verwendeten kartesischen Koordinaten zerfällt die Wellengleichung in vier entkoppelte Differentialgleichungen für $A^\mu(\vec{x},t)$. Wir betrachten die Gleichung

$$\left(\nabla^2 - \frac{1}{c^2}\frac{\partial^2}{\partial t^2}\right)\psi(\vec{x},t) = -4\pi f(\vec{x},t),$$

wo $\psi(\vec{x},t)$ eine der 4 Komponenten $cA^\mu(\vec{x},t)$ ist. Eine Fouriertransformation in der Zeitvariablen ergibt

$$\psi(\vec{x},t) = \int d\omega\, \tilde{\psi}(\vec{x},\omega) e^{-i\omega t} \tag{12.2}$$

$$f(\vec{x},t) = \frac{1}{2\pi} \int d\omega\, \tilde{f}(\vec{x},\omega) e^{i\omega t}. \tag{12.3}$$

Damit geht die Wellengleichung über in

$$\left(\nabla^2 + k^2\right) \tilde{\psi}(\vec{x},\omega) = -4\pi \tilde{f}(\vec{x},\omega) \quad \text{mit} \quad k = \frac{\omega}{c}.$$

Dies ist die Helmholzsche Gleichung. Die zugehörige Green-Funktion ist

$$G_k(\vec{x},\vec{x}') = \frac{1}{|\vec{x}-\vec{x}'|} e^{\pm ik|\vec{x}-\vec{x}'|}.$$

Beweis Zu zeigen ist, dass

$$\left(\nabla^2 + k^2\right) \frac{e^{\pm ikr}}{r} = -4\pi \delta^3(\vec{x}). \tag{12.4}$$

mit $r = |\vec{x}|$ ist. In der Formel

$$\frac{\partial^2}{\partial r^2} f \cdot g = f''g + g''f + 2f'g'$$

setzen wir $f = 1/r$, $g = e^{\pm ikr}$ und erhalten

$$\nabla^2 \frac{e^{\pm ikr}}{r} = \left(\frac{\partial^2}{\partial r^2} + \frac{2}{r}\frac{\partial}{\partial r}\right) \frac{e^{\pm ikr}}{r}$$

$$= e^{\pm ikr} \left(\frac{\partial^2}{\partial r^2} + \frac{2}{r}\frac{\partial}{\partial r}\right)\frac{1}{r} + \frac{1}{r}[\frac{\partial^2}{\partial r^2} + \frac{2}{r}\frac{\partial}{\partial r}]e^{\pm ikr} + 2\left(\frac{\partial}{\partial r}\frac{1}{r}\right)\left(\frac{\partial}{\partial r}e^{\pm ikr}\right)$$

$$= e^{\pm ikr} \nabla^2 \frac{1}{r} + \frac{1}{r}\frac{\partial^2}{\partial r^2} e^{\pm ikr}$$

$$= -4\pi \delta^3(\vec{x}) - k^2 \frac{e^{\pm ikr}}{r},$$

wo wir verwendet haben, dass

$$\nabla^2 \frac{1}{r} = -4\pi \delta^3(\vec{x}). \tag{12.5}$$

Diese Relation lässt sich wie folgt plausibel erklären:

Sei $r \neq 0$, dann gilt

$$\nabla^2 \frac{1}{r} = \left(\frac{\partial^2}{\partial r^2} + \frac{2}{r}\frac{\partial}{\partial r}\right)\frac{1}{r} = \left(2\frac{1}{r^3} + \frac{2}{r}\times\frac{-1}{r^2}\right) = 0.$$

Für $r = 0$ ist

$$\nabla^2 \frac{1}{r} = \infty,$$

da
$$\int_{\text{Kugel } V} \vec{\nabla} \cdot \vec{\nabla} \frac{1}{r} d^3x = \int_{\partial V} \left(\vec{\nabla} \frac{1}{r}\right) \cdot d\vec{a}$$
$$= \int_{\partial V} \left(-\frac{1}{r^2}\right) \vec{n} \cdot d\vec{a} = \int \left(-\frac{1}{r^2}\right) r^2 d\Omega = -4\pi \ .$$

Das gleiche gilt für die Relation Gl. (12.5). □

Die Lösung der inhomogenen Helmholtzgleichung lautet somit
$$\tilde{\psi}(\vec{x}, \omega) = \int d^3x' \, G_k(\vec{x}, \vec{x}') \, \tilde{f}(\vec{x}', \omega) \ .$$

Diesen Ausdruck für $\tilde{\psi}(\vec{x}, \omega)$ setzen wir in Gl. (12.2) ein:
$$\psi(\vec{x}, t) = \int d\omega \, \tilde{\psi}(\vec{x}, \omega) \, e^{-i\omega t} = \int d\omega \int d^3x' \, G_k(\vec{x}, \vec{x}') \, \tilde{f}(\vec{x}', \omega) \, e^{-i\omega t}$$
$$= \int d^3x' \int d\omega \frac{e^{\pm ik|\vec{x}-\vec{x}'|}}{|\vec{x}-\vec{x}'|} e^{-i\omega t} \frac{1}{2\pi} \int dt' \, e^{i\omega t'} f(\vec{x}', t') \quad \left(k = \frac{\omega}{c}\right)$$
$$= \int d^3x' \frac{1}{|\vec{x}-\vec{x}'|} \int dt' \, f(\vec{x}', t') \frac{1}{2\pi} \int d\omega \, e^{i\omega \left(t' - t \pm \frac{|\vec{x}-\vec{x}'|}{c}\right)}$$
$$= \int d^3x' \frac{1}{|\vec{x}-\vec{x}'|} \int dt' \, f(\vec{x}', t') \, \delta\left(t' - t \pm \frac{|\vec{x}-\vec{x}'|}{c}\right)$$
$$= \int d^3x' \frac{1}{|\vec{x}-\vec{x}'|} f\left(\vec{x}', t \mp \frac{|\vec{x}-\vec{x}'|}{c}\right) \ .$$

Beide Vorzeichen sind mathematisch möglich.

Kausalität

Der Effekt am Punkt $\vec{x}$ zur Zeit t muss von der Quelle zu einem früheren Zeitpunkt ausgegangen sein, d. h. nur das obere Vorzeichen ist sinnvoll ($t > t'$). Man bezeichnet
$$t' \equiv t - \frac{|\vec{x}-\vec{x}'|}{c}$$

als *retardierte Zeit*, da $t - t' = \frac{|\vec{x}-\vec{x}'|}{c}$ die Zeit ist, die das Licht braucht, um von $\vec{x}'$ nach $\vec{x}$ zu gelangen. Gehen wir zurück zu Gl. (12.1), so erhalten wir entsprechend die *retardierten Potentiale*,
$$A^\mu(\vec{x}, t) = \frac{1}{c} \int d^3x' \frac{j^\mu\left(\vec{x}', t - \frac{|\vec{x}-\vec{x}'|}{c}\right)}{|\vec{x}-\vec{x}'|} \tag{12.6}$$

oder
$$A^\mu(\vec{x}, t) = \frac{1}{c} \int d^3x' dt' j^\mu(\vec{x}', t') \frac{\delta\left(t' - t + \frac{|\vec{x}-\vec{x}'|}{c}\right)}{|\vec{x}-\vec{x}'|} \theta(t - t') \ . \tag{12.7}$$

Aus dem Vergleich dieser Gleichung mit Gl. (12.1) kann man die Green-Funktion der Wellengleichung ablesen

$$G_{ret}(\vec{x} - \vec{x}', t - t') = \frac{\delta\left(t' - t + \frac{|\vec{x} - \vec{x}'|}{c}\right)}{|\vec{x} - \vec{x}'|} \theta(t - t') \,.$$

Man kann G_{ret} auch manifest lorentzinvariant schreiben,

$$G_{ret}(x) = 2\delta(x^2)\theta(x_0) \,, \tag{12.8}$$

mit $x \equiv (x_0, \vec{x})$, $x^2 \equiv x_0^2 - \vec{x}^2$. Die Stufenfunktion $\theta(x_0)$ ist invariant, da es keine Lorentz-Transformation gibt, die Zukunft in Vergangenheit transformiert.

Beweis der Formel (12.8) Mit

$$\left|\frac{\partial}{\partial x^0}\left(x^{0^2} - \vec{x}^2\right)\right|_{x^0 = \pm|\vec{x}|} = |2x^0|_{x^0 = \pm|\vec{x}|}$$

wird

$$G_{ret}(x) = 2\delta\left(x^{0^2} - |\vec{x}|^2\right)\theta(x^0) \qquad \text{Nullstellen: } x^0 = \pm|\vec{x}|$$

$$= 2\frac{1}{2|\vec{x}|}[\delta(x^0 - |\vec{x}|) + \underbrace{\delta(x^0 + |\vec{x}|)}_{\Rightarrow 0}]\theta(x_0) \,,$$

wo wir die Formel

$$\delta(f(x)) = \sum_{\text{Nullstellen } x_i} \frac{\delta(x - x_i)}{|f'(x_i)|}$$

verwendet haben. Also ist

$$G_{ret}(x) = \frac{1}{|\vec{x}|}\delta(x^0 - |\vec{x}|) \,. \tag{12.9}$$

□

Die retardierte Green-Funktion erfüllt die *Kausalitätsbedingung* $G_{ret}(\vec{x} - \vec{x}', t - t') = 0$ für $t < t'$ (eine Störung breitet sich auf dem Vorwärtslichtkegel aus). Man kann G_{ret} auch direkt mittels 4-dimensionaler Fouriertransformation und Integration im Komplexen berechnen.

12.2 Multipolentwicklung der retardierten Potentiale

Die Lösung Gl. (12.6) eignet sich meist nur für numerische Auswertung. Oft interessiert man sich aber nur für das Feld außerhalb ($r > r'$) einer räumlich lokalisierten 4-Stromverteilung. Dann kann man die retardierten Potentiale über die folgende Taylor-Entwicklung berechnen,

$$\frac{1}{|\vec{x} - \vec{x}'|} = \frac{1}{|\vec{x}|} - x_i' \frac{\partial}{\partial x_i} \frac{1}{|\vec{x}|} + \frac{1}{2!} x_i' x_k' \frac{\partial}{\partial x_i} \frac{\partial}{\partial x_k} \frac{1}{|\vec{x}|} + \cdots \tag{12.10}$$

für $|\vec{x}'| < |\vec{x}|$.

12.2 Multipolentwicklung der retardierten Potentiale

Wenn wir verwenden, dass

$$\frac{\partial}{\partial x_i} \frac{1}{|\vec{x}|} = \frac{\partial}{\partial x_i} \frac{1}{(x_l x_l)^{\frac{1}{2}}} = -\frac{1}{2} \frac{1}{(x_l x_l)^{\frac{3}{2}}} 2x_i = -\frac{x_i}{r^3},$$

dann erhalten wir für $|\vec{x}| \gg |\vec{x}'|$ und $\vec{x} = \vec{n} \cdot r$

$$\frac{1}{|\vec{x} - \vec{x}'|} = \frac{1}{r} + \frac{\vec{n} \cdot \vec{x}'}{r^2} + \cdots.$$

Damit wird

$$A^i(\vec{x}, t) = \frac{1}{rc} \int j^i(\vec{x}', t') d^3 x' + \frac{n_k}{r^2 c} \int x'_k j^i(\vec{x}', t') + \cdots, \tag{12.11}$$

wo t' die retardierte Zeit ist,

$$t' = t - \frac{|\vec{x} - \vec{x}'|}{c} = \underbrace{t - \frac{r}{c}}_{} + \frac{\vec{n} \cdot \vec{x}'}{c} + O\left(\frac{x'^2}{r}\right). \tag{12.12}$$

Zur Vereinfachung der Integration würden wir gerne $t' = t - \frac{r}{c}$ setzen. Der zweite Term in Gl. (12.12) ist aber selbst für $r \gg r'$ nicht immer klein gegen den ersten, sondern nur, wenn die relative Retardierung klein genug ist, d. h. wenn sich die Ladungsträger nicht zu schnell bewegen. Der Strom $\vec{j}(\vec{x}', t')$ darf sich in der Zeit $\vec{n} \cdot \vec{x}'/c$ nicht wesentlich ändern. Sei T die Periode der Schwingungen der Ladungsträger und a die Ausdehnung der Quelle, dann muss

$$\frac{\vec{n} \cdot \vec{x}'}{c} \simeq \frac{a}{c} \ll T \left(= \frac{\lambda}{c}\right)$$

oder $\lambda \gg a$ sein. D. h. die Wellenlänge muss viel größer als die Ausdehnung der Quelle sein. Die Geschwindigkeit der Ladungsträger ist $v \sim a/T$, d. h. eine äquivalente Bedingung ist $v \ll c$. Dies sei im Folgenden stets vorausgesetzt, so dass wir $t' = t - \frac{r}{c}$ setzen können. Das Verhältnis λ/r kann beliebig sein.

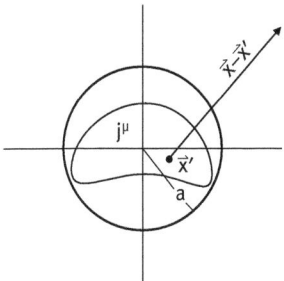

Abb. 12.1: Lokalisierte Stromdichte.

12 Elektromagnetische Strahlung

Wir formen den ersten Term des Vektorpotentials um:

$$A^{(1)}_i(\vec{x},t) = \frac{1}{rc} \int d^3x' \, j_i\left(\vec{x}',t-\frac{r}{c}\right) \qquad (= 0 \text{ in der Magnetostatik})$$

$$= \frac{1}{rc} \int j_k\left(\vec{x}',t-\frac{r}{c}\right) \overbrace{(\nabla'_k x'_i)}^{\delta_{ik}} d^3x'$$

$$= \frac{-1}{rc} \int \left(\nabla'_k j_k\left(\vec{x}',t-\frac{r}{c}\right)\right) x'_i \, d^3x' \qquad \text{(partielle Integration)}$$

$$= \frac{1}{rc} \int \frac{\partial}{\partial t} \rho\left(\vec{x}',t-\frac{r}{c}\right) x'_i \, d^3x' \qquad \text{(Kontinuitätsgleichung)}.$$

D. h.

$$\vec{A}^{(1)}(\vec{x},t) = \frac{1}{cr} \frac{\partial}{\partial t} \vec{p}\left(t-\frac{r}{c}\right),$$

wo

$$\vec{p}\left(t-\frac{r}{c}\right) \equiv \int d^3x' \, \vec{x}' \, \rho\left(\vec{x}',t-r/c\right)$$

das *elektrische Dipolmoment* der Ladungsverteilung zur retardierten Zeit $t' = t - \frac{r}{c}$ ist. Für den 2. Term erhält man nach einigen ähnlichen Manipulationen:

$$\vec{A}^{(2)}(\vec{x},t) = -\frac{1}{2c} \frac{\partial}{\partial t} \vec{n}_i \frac{\partial}{\partial x_j} \frac{Q_{ij}\left(t-\frac{r}{c}\right)}{3r} + \frac{1}{c} \vec{\nabla} \times \frac{\vec{m}\left(t-\frac{r}{c}\right)}{r},$$

wo

$$Q_{ij}(t) = \int \left(3x_i x_j - r^2 \delta_{ij}\right) \rho(\vec{x},t) \, d^3x$$

das *elektrischesQuadrupolmoment* und

$$\vec{m}(t) = \frac{1}{2c} \int d^3x \, \vec{x} \times \vec{j}(\vec{x},t)$$

das *magnetisches Dipolmoment* ist. Analog erhält man für das skalare Potential

$$\Phi(\vec{x},t) = \int d^3x' \left[1 - \vec{x}' \cdot \vec{\nabla} + \frac{1}{2}(\vec{x}' \cdot \vec{\nabla})^2 + \cdots\right] \frac{1}{r} \rho\left(\vec{x}',t-\frac{r}{c}\right)$$

$$= \frac{1}{r} \int d^3x' \rho\left(\vec{x}',t-\frac{r}{c}\right) - \vec{\nabla} \cdot \int \frac{\vec{x}' \rho\left(\vec{x}',t-\frac{r}{c}\right)}{r} d^3x' + \cdots.$$

Der erste Term wird

$$\Phi^{(0)}(\vec{x},t) = \frac{q\left(t-\frac{r}{c}\right)}{r},$$

wo $q\left(t-\frac{r}{c}\right) = \int \rho\left(\vec{x},t-\frac{r}{c}\right) d^3x$ die Ladung des Systems zur Zeit $t-\frac{r}{c}$ ist. Da die gesamte Ladung des Systems im Allgemeinen zeitliche konstant ist, lassen wir diesen Term bei der Betrachtung zeitabhängiger Felder weg.

Der zweite Term,

$$\Phi^{(1)}(\vec{x},t) = -\vec{\nabla} \cdot \left[\frac{\vec{p}\left(t-\frac{r}{c}\right)}{r}\right],$$

wird wieder durch das elektrische Dipolmoment bestimmt.

Abschätzung der einzelnen Terme

Der Ursprung liege im Gebiet wo j und $\rho \neq 0$ sind. Sei dort $|\vec{x}'| < a$.

$$\begin{bmatrix} \vec{A}(r,t) \\ \Phi(r,t) \end{bmatrix}^{(i)} \approx \frac{a}{r} \begin{bmatrix} \vec{A}(r,t) \\ \Phi(r,t) \end{bmatrix}^{(i-1)}$$

d. h. für $r \gg a$ brauche ich nur die führenden Terme zu betrachten, d. h. den elektrischen Dipol $\vec{A}^{(1)}$ und $\Phi^{(1)}$. Wir betrachten die Beiträge zum elektrischen Feld $\vec{E} = -\vec{\nabla}\Phi - \frac{1}{c}\frac{\partial \vec{A}}{\partial t}$. Das skalare Potential ergibt

$$\begin{aligned} |\vec{\nabla}\Phi^{(1)}| &= \left| \vec{\nabla}\left(\vec{\nabla} \cdot \frac{\vec{p}\left(t - \frac{r}{c}\right)}{r} \right) \right| \\ &\simeq \left| \frac{1}{r} \vec{\nabla}\left(\vec{\nabla} \cdot \vec{p}\left(t - \frac{r}{c}\right) \right) \right| \\ &= \frac{1}{r} \frac{1}{c^2} \frac{\partial^2}{\partial t^2} |\vec{p}|, \end{aligned}$$

wo wir verwendet haben, dass

$$\frac{\partial}{\partial x} f(x-t) = -\frac{\partial}{\partial t} f(x-t).$$

Für das Vektorpotential wird

$$\frac{1}{c} \left| \frac{\partial \vec{A}^{(1)}}{\partial t} \right| = \left| \frac{\partial^2}{\partial t^2} \frac{\vec{p}}{rc} \right|,$$

d. h. Vektor- und skalares Potential tragen gleich stark zu $\vec{E}$ bei. Die elektrischen Dipolterme ($E\,1$) dominieren in der Multipolentwicklung.

12.3 Elektrische Dipolstrahlung E1

Betrachte einen schwingenden Dipol mit periodischer Zeitabhängigkeit,

$$\vec{p}(t) = \vec{p}_0 e^{-i\omega t}.$$

Die Maxwell-Gleichungen sind linear. Wenn man komplexe Lösungen betrachtet, so lösen sowohl der Realteil als auch der Imaginärteil die Gleichungen. Bei periodischen Größen ist die komplexe Formulierung günstig, da es leichter ist mit Exponentialfunktionen zu arbeiten als mit sin und cos. Am Ende der Rechnung muss man zu physikalischen Größen zurückkehren. Konventioneller Weise wählt man den Realteil. Das physikalisches Dipolmoment ist $\operatorname{Re} \vec{p}(t)$. Das Vektorpotential ist in diesem Fall:

$$\begin{aligned} \vec{A}^{(1)} &= \frac{1}{rc} \frac{\partial}{\partial t} \vec{p}_0 e^{-i\omega\left(t - \frac{r}{c}\right)} \\ &= -\frac{i\omega}{rc} \vec{p}_0 e^{-i\omega\left(t - \frac{r}{c}\right)} \\ &= -ik \frac{e^{ikr}}{r} \vec{p}(t) \quad \text{mit } k = \frac{\omega}{c}. \end{aligned}$$

Das zugehörige Magnetfeld wird

$$\vec{B}^{(1)} = \vec{\nabla} \times \vec{A}^{(1)} = -ik \left(\vec{\nabla} \frac{e^{ikr}}{r} \right) \times \vec{p}(t) .$$

Wir verwenden, dass

$$\frac{\partial}{\partial x_i} f(r) = \frac{\partial}{\partial x_i} f\left((x_k x_k)^{1/2}\right) = f'\left((x_k x_k)^{1/2}\right) \frac{1}{2} (x_k x_k)^{-1/2} 2 x_i$$

oder

$$\vec{\nabla} f(r) = \frac{\vec{x}}{r} \frac{\partial}{\partial r} f(r) = \vec{n} \frac{\partial}{\partial r} f(r) ,$$

wo $\vec{n}$ der Einheitsvektor in Richtung $\vec{x}$ ist. Damit wird

$$\vec{B}^{(1)} = k^2 (\vec{n} \times \vec{p}(t)) \frac{e^{ikr}}{r} \left(1 - \frac{1}{ikr} \right) .$$

Das Magnetfeld $\vec{B}$ ist transversal ($\perp$ zu $\vec{x}$) $\forall t$. Für sehr große r wird

$$\vec{B}^{(1)} = ik\vec{n} \times \vec{A}^{(1)} .$$

Das elektrische Feld $\vec{E}$ können wir über $\Phi^{(1)}(\vec{x}, t)$ und $\vec{A}^{(1)}$, oder aus $\vec{B}^{(1)}$ mit den Maxwell-Gleichungen

$$\vec{\nabla} \times \vec{B} = \frac{1}{c} \frac{\partial \vec{E}}{\partial t} = -i \frac{\omega}{c} \vec{E} \qquad \text{für} \quad \vec{E} \propto e^{-i\omega t}$$

berechnen. Wir finden

$$\vec{E} = \frac{i}{k} \vec{\nabla} \times \vec{B} .$$

Die Berechnung der Rotation ergibt:

$$E_i = \frac{i}{k} \varepsilon_{ike} \nabla_k B_e = ik \varepsilon_{ike} \nabla_k \varepsilon_{emn} x_m \frac{e^{ikr}}{r} \left(1 - \frac{1}{ikr}\right) p_n$$
$$= ik \varepsilon_{ike} \varepsilon_{emn} \left\{ \delta_{km} \frac{e^{ikr}}{r} \left(1 - \frac{1}{ikr}\right) + x_m n_k \frac{\partial}{\partial r} \frac{e^{ikr}}{r} \left(1 - \frac{1}{ikr}\right) \right\} p_n .$$

Wenn wir verwenden, dass

$$\nabla_k x_m = \delta_{km}, \quad \nabla_k f(r) = n_k f'(r), \quad n_k = \frac{x_k}{r}$$

finden wir für das elektrische Feld

$$\vec{E}^{(1)} = k^2 (\vec{n} \times \vec{p}) \times \vec{n} \frac{e^{ikr}}{r} \qquad (12.13)$$
$$+ [3\vec{n}(\vec{n} \cdot \vec{p}) - \vec{p}] \left(\frac{1}{r^3} - \frac{ik}{r^2}\right) e^{ikr} .$$

Das elektrische Feld ist nur für große r senkrecht zur Ausbreitungsrichtung, $\vec{E} \perp \vec{x}$, d. h. für $r \gg \frac{1}{k}$ oder $r \gg \lambda$. Das Verhältnis $\frac{\lambda}{r}$ war beliebig, aber $a \ll \lambda$ (und $r \gg a$) musste stets für die Dipol-Approximation gefordert werden. Für kleine λ d. h. $r \ll \lambda = \frac{2\pi}{k}$ (Wellenlänge) ist der $1/r^3$ Term dominant.

Beweis des Ergebnisses (12.13)

$$E_i = \frac{i}{k}\varepsilon_{ike}\nabla_k B_e = ik\varepsilon_{ike}\nabla_k \varepsilon_{emn} x_m \frac{e^{ikr}}{r^2}\left(1 - \frac{1}{ikr}\right) p_n$$

$$= ik\varepsilon_{ike}\varepsilon_{emn}\delta_{km}\frac{e^{ikr}}{r^2}\left(1 - \frac{1}{ikr}\right) p_n + ik\left(\delta_{im}\delta_{kn} - \delta_{im}\delta_{km}\right) x_m p_n n_k \frac{\partial}{\partial r}\frac{e^{ikr}}{r^2}\left(1 - \frac{1}{ikr}\right)$$

$$= ik(-2\delta_{in})\frac{e^{ikr}}{r^2}\left(1 - \frac{1}{ikr}\right) p_n + ik\underbrace{(x_i p_k - x_k p_i)}\, n_k \frac{e^{ikr}}{r^2}\left[ik - \frac{1}{r} - \frac{2}{r} + \frac{3}{r^2 ik}\right]$$

$$= ik(-2)\frac{e^{ikr}}{r^2}\left(1 - \frac{1}{ikr}\right) p_i + ik\left(n_i(p\cdot n) - p_i n^2\right)\frac{e^{ikr}}{r}\left[ik - \frac{1}{r} - \frac{2}{r} + \frac{3}{r^2 ik}\right]$$

$$= k^2\left[(\vec{n}\times\vec{p})\times\vec{n}\right]_i \frac{e^{ikr}}{r} + p_i \frac{e^{ikr}}{r^2}\left[-2ik + \frac{2}{r} + 3ik - \frac{3}{r}\right] + n_i(p\cdot n)\frac{e^{ikr}}{r^2}\left[-3ik + \frac{3}{r}\right]$$

$$= k^2\left[(\vec{n}\times\vec{p})\times\vec{n}\right]_i \frac{e^{ikr}}{r} + p_i \frac{e^{ikr}}{r^2}\left[ik - \frac{1}{r}\right] + n_i(p\cdot n)\frac{e^{ikr}}{r^2} 3\left[-ik + \frac{1}{r}\right] \qquad \square$$

Die Ergebnisse vereinfachen sich für große und kleine r.

1. **Fernzone**: Sei $r \gg \lambda$, dann wird:

$$\vec{B} = k^2(\vec{n}\times\vec{p}(t))\frac{e^{ikr}}{r}$$

$$\vec{E} = \vec{B}\times\vec{n}, \quad \text{d. h. } \vec{E} \perp \vec{B} \perp \vec{x}.$$

Setzt man die Zeitabhängigkeit $\vec{p}(t) = \vec{p}_0 e^{-i\omega t}$ ein, so ist

$$\vec{B} = k^2(\vec{n}\times\vec{p}_0)\frac{1}{r} e^{i(kr-\omega t)}.$$

Dies ist eine auslaufende **Kugelwelle** d. h. $\vec{k} = k\vec{n}$ und $\vec{k} \perp \vec{B} \perp \vec{E}$. Die Phase $\Phi = kr - \omega t$ $(= \vec{k}\cdot\vec{x} - \omega t)$ hat auf allen Punkten einer Kugel r = konst. denselben Wert.

2. **Nahzone**: Für $r \ll \lambda$, $kr \ll 1$ $e^{ikr} \sim 1$ (aber immer noch $r \gg r' \simeq a$) erhalten wir:

$$\vec{B} = ik(\vec{n}\times\vec{p})\frac{1}{r^2} \qquad \text{transversal}$$

$$\vec{E} = [3\vec{n}(\vec{n}\cdot\vec{p}) - \vec{p}]\frac{1}{r^3} \qquad \text{longitudinal + transversal}$$

d. h. $\vec{E}$ verhält sich in der Nahzone wie ein statischer elektrischer Dipol (bis auf Oszillation in t, $\vec{p} = \vec{p}_0 e^{-i\omega t}$). Das Magnetfeld ist viel kleiner als das elektrische,

$$\vec{B} = ikr\left(\frac{\vec{n}\times\vec{p}}{r^3}\right) \ll \vec{E}, \quad \text{da } ikr \ll 1.$$

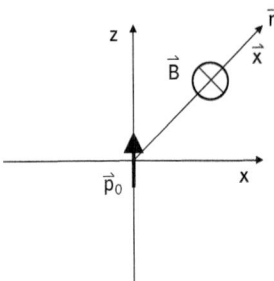

Abb. 12.2: Auslaufende Kugelwelle.

Abgestrahlte Leistung

Der Energiefluss des elektromagnetischen Feldes (von innen nach aussen) war $\oint_{\partial V} \vec{S}\cdot d\vec{a}$, wobei der physikalische Poynting-Vektor gegeben ist durch

$$\vec{S}(\vec{x},t) = \frac{c}{4\pi} \vec{E}_{phys.} \times \vec{B}_{phys.}$$
$$= \frac{c}{4\pi} \operatorname{Re} \vec{E}(\vec{x},t) \times \operatorname{Re} \vec{B}(\vec{x},t) \quad (\operatorname{Re} z = \frac{1}{2}(z+z^*)).$$

Von praktischem Interesse ist der zeitlich gemittelte Poynting-Vektor

$$\langle \vec{S}(\vec{x},t)\rangle = \frac{1}{T}\int_0^T dt\, \vec{S}(\vec{x},t) \quad \text{wo } T = \frac{2\pi}{\omega} \text{ die Periode ist.}$$

Für periodische Felder $\vec{E}(\vec{x},t) = \vec{E}(\vec{x})e^{-i\omega t}$ und $\vec{B}(\vec{x},t) = \vec{B}(\vec{x})e^{-i\omega t}$ ist der zeitlich gemittelte Poynting-Vektor gegeben durch

$$\langle \vec{S}(\vec{x},t)\rangle = \frac{c}{8\pi} \operatorname{Re}\{\vec{E}(\vec{x}) \times \vec{B}^*(\vec{x})\}.$$

Da das Ergebnis plausibel erscheint, ersparen wir uns hier den Beweis. Für eine Kugelfläche vom Radius R in der Strahlungszone berechnet sich die abgestrahlte Leistung damit aus:

$$P = \frac{c}{8\pi} \operatorname{Re} \int (\vec{E}\times\vec{B}^*)\cdot d\vec{a}$$
$$= \frac{c}{8\pi} \int (\vec{E}\times\vec{B}^*)\cdot\vec{n} R^2 d\Omega.$$

Die Abgestrahlte Leistung pro Raumwinkeleinheit ist gegeben durch

$$\frac{dP}{d\Omega} = \frac{c}{8\pi} \operatorname{Re}(\vec{E}\times\vec{B}^*)\cdot\vec{n} R^2.$$

In der Strahlungszone ist $\vec{E} = \vec{B}\times\vec{n}$ und damit wird

$$\frac{dP}{d\Omega} = \frac{c}{8\pi}((\vec{B}\times\vec{n})\times\vec{B}^*)\cdot\vec{n} R^2$$
$$= \frac{c}{8\pi}(\vec{n}|\vec{B}|^2)\cdot\vec{n} R^2 \qquad (\vec{B}\cdot\vec{n}=0).$$

Mit $\vec{B} = k^2 (\vec{n} \times \vec{p}_0) \frac{e^{i(kr-\omega t)}}{r}$ folgt

$$|\vec{B}|^2 = k^4 \underbrace{(\vec{n} \times \vec{p}_0) \cdot (\vec{n} \times \vec{p}_0)}_{} \frac{e^{i(kr-\omega t)} \cdot e^{-i(kr-\omega t)}}{R^2}$$
$$= \frac{k^4}{R^2} |\vec{n} \times \vec{p}_0|^2 = \frac{k^4}{R^2} p_0^2 \sin^2\theta ,$$

wo θ der Winkel zwischen $\vec{x}$ und $\vec{p}_0$ ist. Damit wird

$$\frac{dP}{d\Omega} = \frac{c}{8\pi} k^4 p_0^2 \sin^2\vartheta .$$

Die Strahlung ist stark gerichtet und senkrecht zu $\vec{p}_0$. Die Winkelverteilung ist typisch für einen Dipol. Die gesamte abgestrahlte Leistung ist

$$P = \int \frac{dP}{d\Omega} d\Omega = \int \frac{dP}{d\Omega} \sin\theta \, d\theta \, d\Phi$$
$$P = \frac{ck^4}{3} |\vec{p}_0|^2, \quad \text{da} \int_0^\pi \sin^3\theta \, d\theta = \frac{4}{3}, \int_0^{2\pi} d\Phi = 2\pi .$$

Da $k = \frac{\omega}{c}$, steigt die abgestrahlte Leistung wie ω^4 an, d. h. mit der vierten Potenz der Frequenz. Licht, das unser Auge nicht direkt von der Sonne erreicht, stammt von der Abstrahlung von Molekülen in der Atmosphäre, die die Strahlung unmittelbar vorher absorbiert hatten. Dies ist die Ursache der Frequenzabhängigkeit der Streuung von Licht in der Atmosphäre, d. h. für das Blau des Himmels.

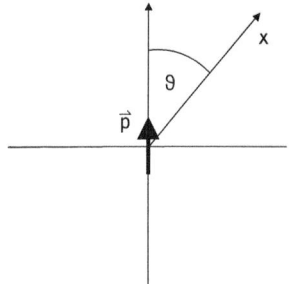

Abb. 12.3: Dipol.

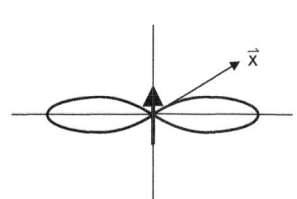

Abb. 12.4: Dipolstrahlung.

12.4 Lineare Antennen

Wesentliche Annahme für die Multipolentwicklung war, dass die Dimension d der Quelle viel kleiner sein musste als die Wellenlänge λ der Strahlung. Dies führt dazu, dass die zugeführte Energie hauptsächlich in Wärme umgewandelt wird und nur wenig als elektromagnetische Feldenergie abgestrahlt wird. Für eine effektive Abstrahlung muss man $d \simeq \lambda$ wählen. Dann spricht man von einer Antenne.

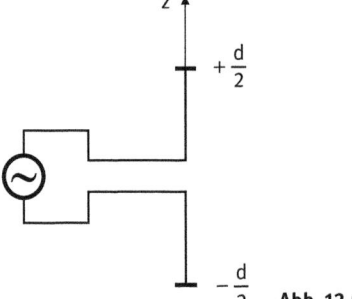

Abb. 12.5: Lineare Antenne.

Als Beispiel betrachten wir eine Antenne, die aus zwei dünnen Drähten, jeweils Länge $\frac{d}{2}$ besteht, mit einer kleinen Lücke dazwischen. Über die Drähte wird ein oszillierender Strom angelegt. Für ein System, das sinusartig schwingt, ist

$$\vec{j}(\vec{x},t) = \vec{j}(\vec{x})\, e^{-i\omega t}$$

mit vorgegebenen $j^\mu(\vec{x})$. Ein realistisches Beispiel ist eine stehende Welle in der Antenne

$$\vec{j}(\vec{x}) = I_0 \sin(\frac{kd}{2} - k|z|)\delta(x)\delta(y)\vec{e}_z, \qquad (12.14)$$

wo $k = \frac{\omega}{c}$. Da die Dimesion der Antenne vergleichbar ist mit der Wellenlänge, ist die Multipolentwicklung nicht anwendbar. Wir müssen die Integration in der Formel für das Vektorpotential explizit ausführen. Bei sinusartiger Zeitabhängigkeit ergibt sich für das Vektorpotential

$$\vec{A}(\vec{x},t) = \vec{A}(\vec{x})e^{-i\omega t}, \qquad (12.15)$$

mit

$$\vec{A}(\vec{x}) = \frac{1}{c}\int \vec{j}(\vec{x}')\frac{e^{ik|\vec{x}-\vec{x}'|}}{|\vec{x}-\vec{x}'|}d^3x' \qquad (12.16)$$

und der Wellenzahl $k = \frac{\omega}{c}$.

Beweis Wie an Kapitelanfang diskutiert, geht die Wellengleichung

$$\left(\nabla^2 - \frac{1}{c^2}\frac{\partial^2}{\partial t^2}\right)\vec{A}(\vec{x},t) = -\frac{4\pi}{c}\vec{j}(\vec{x},t)$$

für die $\vec{A}(\vec{x}) = \vec{A}(\vec{x})e^{-i\omega t}$ über in die Helmholz-Gleichung

$$(\nabla^2 + k^2)\vec{A}(\vec{x}) = -\frac{4\pi}{c}\vec{j}(\vec{x}), \quad k = \frac{\omega}{c}.$$

Für die Helmholz-Gleichung hatten wir die retardierter Green-Funktion bestimmt:

$$G_k(\vec{x},\vec{x}') = \frac{1}{|\vec{x}-\vec{x}'|}e^{ik|\vec{x}-\vec{x}'|}$$

Damit folgt Gl. (12.16). □

Es genügt das 3-Vektorpotential zu betrachten, da sich daraus die Felder berechnen lassen. Das magnetische Feld ist gegeben berechnen wir aus

$$\vec{B}(\vec{x},t) = \vec{\nabla} \times \vec{A}(\vec{x},t)$$

und das elektrische $\vec{E}$ außerhalb der Quellen aus der 4. Maxwell-Gleichung, $\vec{\nabla} \times \vec{B} = \frac{1}{c}\frac{\partial \vec{E}}{\partial t} = -i\frac{\omega}{c}\vec{E}$ (für $\vec{j} = 0$),

$$\vec{E} = \frac{i}{k}\vec{\nabla} \times \vec{B}.$$

Wir betrachten die Taylor-Entwicklung für $|\vec{x} - \vec{x}'|$ etwas genauer:

$$|\vec{x} - \vec{x}'| = r\left[1 - \frac{\vec{n}\cdot\vec{x}'}{r} + \frac{r'^2}{2r^2} - \frac{1}{2}\left(\frac{\vec{n}\cdot\vec{x}'}{r}\right)^2 + \cdots\right]$$

$$= r - \vec{n}\cdot\vec{x}' + \frac{r'^2}{2r}\sin^2\theta \qquad (12.17)$$

wo $\vec{x} = \vec{n}r$ und θ der Winkel zwischen $\vec{x}$ und $\vec{x}'$ ist. Für $|\vec{x}| \gg |\vec{x}'|$, d. h. $r \gg d$, kann man im Nenner von Gl. (12.16) problemlos $|\vec{x} - \vec{x}'| \simeq r$ setzen. Die Exponentialfunktion in Gl. (12.16) dagegen oszilliert sehr schnell. Der Phasenfaktor ist empfindlich auf Änderungen der Phase $k|\vec{x} - \vec{x}'|$. D. h. der 3. Term in (12.17) ist nur vernachlässigbar, wenn die zugehörige Phasenverschiebung deutlich kleiner als 2π ist.

$$k\frac{r'^2}{2r}\sin^2\theta \ll 2\pi \quad \text{oder} \quad \frac{r'^2}{2r}\sin^2\theta \ll \lambda \qquad (\lambda = \frac{2\pi}{k})$$

Da $2r'\sin\theta \leq d$ ist, lautet die Bedingung:

$$\frac{(\frac{d}{2})^2}{2r} \ll \lambda \quad \text{oder} \quad r \gg \frac{d^2}{8\lambda}.$$

Dies ist die *Fraunhofer-Bedingung*. Ist sie erfüllt, so kann man die Phase durch eine lineare Funktion ersetzen,

$$|\vec{x} - \vec{x}'| \simeq r - \vec{n} \cdot \vec{x}' = r - r'\cos\theta.$$

Damit wird

$$\vec{A}(\vec{x}) = \frac{1}{c}\frac{e^{ikr}}{r}\int \vec{j}(\vec{x}')e^{-ikr'\cos\theta}d^3x'$$

oder

$$\vec{A}(\vec{x},t) = \frac{1}{c}\frac{e^{i(kr-\omega t)}}{r}\int \vec{j}(\vec{x}')e^{-ikr'\cos\theta}d^3x'.$$

Dies ist eine auslaufende *Kugelwelle* mit Wellenvektor $\vec{k} = k\vec{n}$. Da $\vec{\nabla}f(r) = \vec{n}\frac{\partial}{\partial r}f(r)$ (= $ik\vec{n}f(r)$ für Kugelwellen) erhalten wir in der Strahlungszone:

$$\vec{B} = \vec{\nabla} \times \vec{A} = ik\vec{n} \times \vec{A} \quad \left(+O\left(\frac{1}{r^2}\right)\right)$$

$$\vec{E} = \frac{i}{k}\vec{\nabla} \times \vec{B} = -\vec{n} \times \vec{B} \quad \left(+O\left(\frac{1}{r^2}\right)\right)$$

Dies ist wieder eine auslaufende Kugelwelle mit $\vec{k} = k\vec{n}$ und $\vec{k} \perp \vec{B} \perp \vec{E}$.

Rechnerisches Detail:
$$\vec{E} = \frac{i}{k}\vec{\nabla} \times \vec{B} = \frac{i}{k}\vec{n} \times \frac{\partial}{\partial r}\vec{B} = \frac{i}{k}\vec{n} \times (ik)\vec{B}.$$

Im obigen Beispiel (12.14) liegt die Antenne in der z-Achse und wir erhalten:

$$\vec{A}(\vec{x}) = \frac{I_0}{c}\frac{e^{ikr}}{r}\int_{-\frac{d}{2}}^{\frac{d}{2}} \sin\left(\frac{kd}{2} - k|z'|\right)e^{-ikz'\cos\theta} dz'\, \vec{e}_z$$

$$= \frac{I_0}{c}\frac{e^{ikr}}{r}\int_0^{\frac{d}{2}} \sin\left(\frac{kd}{2} - kz'\right) \times \underbrace{\left[e^{-ikz'\cos\theta} + e^{ikz'\cos\theta}\right]}_{\cos(kz'\cos\theta)} dz'\, \vec{e}_z.$$

Das Integral lässt sich elementar berechnen mit dem Ergebnis

$$\vec{A}(\vec{x}) = \frac{I_0}{c}\frac{e^{ikr}}{kr}\left[\frac{\cos(\frac{kd}{2}\cos\theta) - \cos\frac{kd}{2}}{\sin^2\theta}\right]\vec{e}_z.$$

Da $\vec{A}(\vec{x})$ nur eine Komponente in z-Richtung besitzt, ist $|\vec{n} \times \vec{A}| = A_z \sin\theta$, und das Magnetfeld in der Fernzone wird

$$|\vec{B}| = kA_z \sin\theta.$$

Mit Hilfe der Formel $\vec{A} \times (\vec{B} \times \vec{C}) = \vec{B}(\vec{A} \cdot \vec{C}) - \vec{C}(\vec{A} \cdot \vec{B})$ berechnet sich der zeitlich gemittelte Poynting-Vektor zu

$$\langle \vec{S} \rangle = \frac{c}{8\pi} \operatorname{Re}\{\vec{E}^*(\vec{x}) \times \vec{B}(\vec{x})\} = \frac{c}{8\pi}|\vec{B}|^2 \vec{n}.$$

Damit wird die zeitgemittelte abgestrahlte Leistung pro Raumwinkeleinheit

$$\left\langle \frac{dP}{d\Omega} \right\rangle = r^2 \langle \vec{S} \rangle \cdot \vec{n} = \frac{I_0^2}{4\pi c}\left[\frac{\cos(\frac{kd}{2}\cos\theta) - \cos\frac{kd}{2}}{\sin\theta}\right]^2.$$

Von besonderem Interesse ist der Fall, wo die Antennenlänge ein ganzzahliges Vielfaches der Wellenlänge der Schwingung ist

$$d = m\lambda = \frac{2m\pi}{k}, \quad m = 1, 2, \ldots.$$

Für $m = 1$ ($\frac{kd}{2} = \pi$) erhält man dann z. B. für die gesamte abgestrahlte Leistung

$$P = \frac{I_0^2}{4\pi c} 2\pi \int_0^\pi \left[\frac{\cos(\pi\cos\theta) + 1}{\sin\theta}\right]^2 \sin\theta\, d\theta.$$

Das Integral kann numerisch ausgeführt werden,

$$\int_0^\pi \left[\frac{\cos(\pi\cos\theta) + 1}{\sin\theta}\right]^2 \sin\theta\, d\theta = 3.318.$$

Bei gegebenen Strom wird viel mehr Leistung abgestrahlt als im Fall der Dipolantenne mit $d \ll \lambda$.

13 Maxwell-Gleichungen in Materie

13.1 Mittelung

Die Maxwell-Gleichungen sind universell gültig. In einer typischen makroskopischen Messung kommt eine Messsonde von einer Dimension $\Delta V \sim (10^{-2})^3$ cm^3 zur Anwendung. In diesem Volumen befinden sich $\sim 10^{18\pm3}$ Ladungen (e^-, p^+). Es technisch unmöglich und physikalisch völlig uninteressant, die Maxwell-Gleichungen in einer solchen Situation exakt zu lösen. Stattdessen ist es sinnvoll, über das Volumen der Messsonde zu mitteln und nur gemittelte Felder und Quellen zu betrachten. Die Ladungen im Messvolumen bewegen sich sehr rasch. Eine räumliche Mittelung würde aber zu jedem Zeitpunkt dasselbe Ergebnis liefern. Wenn sich die Moleküle relativ zur Lichtgeschwindigkeit sehr langsam bewegen, was in den meisten Situationen der Fall ist, braucht man die Zeitabhängigkeit nicht in die Mittelung einzubeziehen. Damit vernachlässigt man die sehr kleinen Strahlungs- und Induktionsverluste. Wir betrachten Materie, die aus Elementen besteht (Atome, Moleküle), deren Gesamtladung verschwindet. Mögliche Überschussladungen können sich bewegen und bilden dann einen Strom.

Wenn $\vec{E}(\vec{x},t), \vec{B}(\vec{x},t), \rho(\vec{x},t), \vec{j}(\vec{x},t)$ die mikroskopischen Felder und Quellen sind, dann lauten die mikroskopischen Maxwell-Gleichungen

$$\vec{\nabla} \cdot \vec{E}(\vec{x},t) = 4\pi\rho(\vec{x},t), \quad \vec{\nabla} \times \vec{E}(\vec{x},t) + \frac{1}{c}\frac{\partial}{\partial t}\vec{B}(\vec{x},t) = 0$$

$$\vec{\nabla} \cdot \vec{B}(\vec{x},t) = 0, \quad \vec{\nabla} \times \vec{B}(\vec{x},t) - \frac{1}{c}\frac{\partial}{\partial t}\vec{E}(\vec{x},t) = \frac{4\pi}{c}\vec{j}(\vec{x},t).$$

Da die Zeitabhängigkeit nicht in die Mittelung eingeht, unterdrücken wir sie der Einfachheit halber im Folgenden. Die räumliche Mittelung einer Funktion $F(\vec{x})$ kann wie folgt durchgeführt werden:

$$\langle F(\vec{x})\rangle = \int d^3x f(\vec{x}-\vec{x}')F(\vec{x}'), \tag{13.1}$$

wo $f(\vec{x}-\vec{x}')$ eine *Testfunktion* sein soll, die um $\vec{x}' = \vec{x}$ konzentriert ist, beziehungsweise $f(\vec{x}')$ um $\vec{x}' = 0$. Für die Anwendung hier werden folgende Eigenschaften der Testfunktion $f(\vec{x})$ verlangt:

$$f(\vec{x}) = f(|\vec{x}|), \quad f(\vec{x}) \geq 0, \quad \int d^3x f(\vec{x}) = 1 \quad \text{Normierung}$$

$$f(\vec{x}) \neq 0 \quad \text{nur für } |\vec{x}| < 10^{-6}\text{cm}^3 \quad \text{(Größe der Messsonde)}$$

Beispiele:

$$f(\vec{x}) = \begin{cases} \frac{3}{4\pi R^3} & r < R \\ 0 & r > R \end{cases}$$

Diese Testfunktion ist ungünstig, sie führt zu „Zittern". Besser wäre eine Gauss-Verteilung

$$f(\vec{x}) = (\pi R)^{-\frac{3}{2}} e^{-\frac{r^2}{R^2}}$$

Die Testfunktion $f(\vec{x})$ sollte beliebig oft differenzierbar sein. Die Mittelung ist unabhängig von der Form der Testfunktion, so lange das Gebiet in dem $f(\vec{x}) \neq 0$ und das Gebiet in dem $f(\vec{x})$ abfällt viel größer ist als die atomare Dimension (damit die Taylor-Reihe konvergiert, siehe unten). Wir erstzen in der Definition der Mittelung Gl. (13.1) $\vec{x}' \to \vec{x}' + \vec{x}$ und erhalten

$$\langle F(\vec{x}) \rangle = \int d^3x' f(\vec{x}') F(\vec{x} + \vec{x}') .$$

Jetzt ist $f(\vec{x}')$ um $\vec{x}' = 0$ zentriert. Die Mittelung vertauscht mit der Ableitung,

$$\vec{\nabla} \langle F(\vec{x}) \rangle = \langle \vec{\nabla} F(\vec{x}) \rangle , \quad \vec{\nabla} \times \langle \vec{F}(\vec{x}) \rangle = \langle \vec{\nabla} \times \vec{F}(\vec{x}) \rangle .$$

Beweis der ersten Relation

$$\langle \vec{\nabla} F(\vec{x}) \rangle = \int d^3x' f(\vec{x}') \vec{\nabla}_{x+x'} F(\vec{x} + \vec{x}')$$

$$= \int d^3x' f(\vec{x}') \vec{\nabla}_x F(\vec{x} + \vec{x}') = \vec{\nabla} \langle F(\vec{x}) \rangle . \quad \square$$

Dann lauten die gemittelten Maxwell-Gleichungen:

$$\vec{\nabla} \cdot \langle \vec{E}(\vec{x},t) \rangle = 4\pi \langle \rho(\vec{x},t) \rangle, \quad \vec{\nabla} \times \langle \vec{E}(\vec{x},t) \rangle + \frac{1}{c} \frac{\partial}{\partial t} \langle \vec{B}(\vec{x},t) \rangle = 0$$

$$\vec{\nabla} \cdot \langle \vec{B}(\vec{x},t) \rangle = 0, \quad \vec{\nabla} \times \langle \vec{B}(\vec{x},t) \rangle - \frac{1}{c} \frac{\partial}{\partial t} \langle \vec{E}(\vec{x},t) \rangle = \frac{4\pi}{c} \langle \vec{j}(\vec{x},t) \rangle .$$

Die gemittelten Dichten $\langle \rho(\vec{x},t) \rangle$ und $\langle \vec{j}(\vec{x},t) \rangle$ hängen von den Feldern ab und müssen mit einem atomistischen Modell der Materie berechnet werden. Die Mittelung müsste über quantenmechanische Ensembles erfolgen, wir beschränken uns auf ein einfaches Modell.

13.2 Mikroskopisches Modell

Ladungsdichte

Die Materie besteht aus freien Ladungen $\rho_{frei}(\vec{x})$ (Elektronen, Ionen), auch Überschussladungen genannt, und Ladungen $\rho_{mol}(\vec{x})$, die an die Moleküle gebunden sind, d. h. (e^-, p^+). Die mikroskopische Ladungsdichte ist also

$$\rho(\vec{x}) = \rho_{frei}(\vec{x}) + \rho_{mol}(\vec{x}).$$

Die Ladungsdichte der freien Ladungen ist gegeben durch

$$\rho_{frei}(\vec{x}) = \sum_k q_k \delta^3(\vec{x} - \vec{x}^{(k)}),$$

wo sich die Summe über k über alle freien Ladungen mit Koordinaten $\vec{x}^{(k)}$ im Messvolumen ΔV erstreckt. Die molekulare Ladungsdichte ist

$$\rho_{mol}(\vec{x}) = \sum_{n=1}^{N} \rho_n(\vec{x}), \quad \text{mit} \quad \rho_n(\vec{x}) = \sum_j q_j^{(n)} \delta^3(\vec{x} - \vec{x}_j^{(n)}),$$

wo sich die Summe über j über alle Elektronen und Protonen im Molekül n erstreckt und die Summe über n über alle N Moleküle im Messvolumen ΔV geht.

Wir *mitteln* zunächst über die Ladungsdichte des Moleküls n und *summieren* dann über alle Moleküle im Messvolumen ΔV. Sie $\vec{x}^{(n)}$ ein beliebiger aber *fester* Punkt im Molekül n und $\vec{x}_j^{(n)}$ die Koordinate der Ladung j im Molekül n. Der Differenzvektor $\Delta \vec{x}_j^{(n)}$ ist definiert durch

$$\vec{x}_j^{(n)} = \vec{x}^{(n)} + \Delta \vec{x}_j^{(n)}.$$

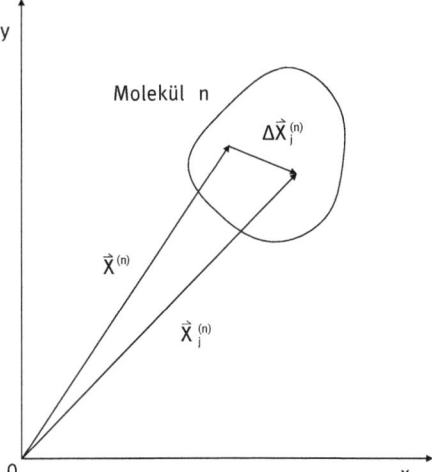

Abb. 13.1: Molekül im Dielektrikum.

Dann ergibt sich für die molekulare Ladung:

$$\langle \rho_n(\vec{x}) \rangle = \int d^3x' f(\vec{x}') \rho_n(\vec{x} + \vec{x}')$$

$$= \sum_j q_j^{(n)} \int d^3x' f(\vec{x}') \delta^3(\vec{x} - \vec{x}_j^{(n)} + \vec{x}')$$

$$= \sum_j q_j^{(n)} f(\vec{x}_j^{(n)} - \vec{x}) = \sum_j q_j^{(n)} f(\vec{x} - \vec{x}_j^{(n)}), \quad \text{da } f(\vec{x}) = f(|\vec{x}|)$$

$$= \sum_j q_j^{(n)} f(\vec{x} - \vec{x}^{(n)} - \Delta\vec{x}_j^{(n)})$$

$$= \sum_j q_j^{(n)} [f(\vec{x} - \vec{x}^{(n)}) - \Delta\vec{x}_j^{(n)} \cdot \vec{\nabla} f(\vec{x} - \vec{x}^{(n)}) + \cdots].$$

Es ist

$q_n = \sum_j q_j^{(n)}$ die Ladung des Moleküls ($q_n = 0$, da das Molekül neutral ist),

$\vec{p}_n = \sum_j q_j^{(n)} \Delta\vec{x}_j^{(n)}$ das Dipolmoment des Moleküls n.

Damit wird

$$\langle \rho_n(\vec{x}) \rangle = -\vec{p}_n \cdot \vec{\nabla} f(\vec{x} - \vec{x}^{(n)}) + \cdots. \tag{13.2}$$

Dieses Ergebnis lässt sich anders schreiben:

$$\langle \rho_n(\vec{x}) \rangle = -\vec{\nabla} \cdot \langle \vec{p}_n \delta^3(\vec{x} - \vec{x}^{(n)}) \rangle + \cdots. \tag{13.3}$$

Beweis

$$\langle \vec{p}_n \delta^3(\vec{x} - \vec{x}^{(n)}) \rangle = \vec{p}_n \int d^3x' f(\vec{x}') \delta^3(\vec{x} - \vec{x}^{(n)} + \vec{x}')$$

$$= \vec{p}_n f(\vec{x}^{(n)} - \vec{x}) = \vec{p}_n f(\vec{x} - \vec{x}^{(n)}). \quad \square$$

Die Taylor-Entwicklung ist fast überall in ΔV erlaubt, außer in dem vernachlässigbaren Bereich, wo $\vec{x}$ direkt im Molekül liegt. Jetzt können wir über alle Moleküle im Messvolumen ΔV summieren,

$$\langle \rho_{mol}(\vec{x}) \rangle = \left\langle \sum_{n=1}^{N} \rho_n(\vec{x}) \right\rangle = \sum_{n=1}^{N} \langle \rho_n(\vec{x}) \rangle.$$

Die Mittelung ist linear und vertauscht daher mit der Summation. Setzen wir für $\sum_{n=1}^{N} \langle \rho_n(\vec{x}) \rangle$ aus Gl. (13.3) ein so erhalten wir

$$\langle \rho_{mol}(\vec{x}) \rangle = -\vec{\nabla} \cdot \sum_n \langle \vec{p}_n \delta^3(\vec{x} - \vec{x}^{(n)}) \rangle + \cdots.$$

Dazu kommt noch die Mittelung über die freien Ladungen in ΔV.

$$\langle \rho_{frei}(\vec{x}) \rangle = \left\langle \sum_k q_k \delta^3(\vec{x} - \vec{x}^{(k)}) \right\rangle.$$

Damit erhalten wir schließlich

$$\langle \rho(\vec{x}) \rangle = \left\langle \sum_k q_k \delta^3(\vec{x} - \vec{x}^{(k)}) \right\rangle - \vec{\nabla} \cdot \sum_n \left\langle \vec{p}_n \cdot \delta^3(\vec{x} - \vec{x}^{(n)}) \right\rangle, \quad (13.4)$$

wo die Summe $\sum_k$ sich über alle freien Ladungen in ΔV und die Summe $\sum_n$ sich über alle Moleküle in ΔV erstreckt.

Der erste Term ist die makroskopische freie oder Überschussladungsdichte $\langle \rho_{frei}(\vec{x}) \rangle$ und der zweite Term ist die Divergenz der *Polarisation* oder mittleren Dipoldichte,

$$\langle \vec{P}(\vec{x}) \rangle \equiv \sum_n \left\langle \vec{p}_n \cdot \delta^3(\vec{x} - \vec{x}^{(n)}) \right\rangle.$$

Wenn wir die Zeitabhängigkeit wieder mitnehmen, lautet Gl. (13.4):

$$\langle \rho(\vec{x}, t) \rangle = \langle \rho_{frei}(\vec{x}, t) \rangle - \vec{\nabla} \cdot \langle \vec{P}(\vec{x}, t) \rangle. \quad (13.5)$$

Damit erhalten wir für die 1. makroskopische Maxwell-Gleichung:

$$\vec{\nabla} \cdot \langle \vec{E}(\vec{x}, t) \rangle = 4\pi \left[\langle \rho_{frei}(\vec{x}, t) \rangle - \vec{\nabla} \cdot \langle \vec{P}(\vec{x}, t) \rangle \right].$$

Oder

$$\vec{\nabla} \cdot \left[\langle \vec{E}(\vec{x}, t) \rangle + 4\pi \langle \vec{P}(\vec{x}, t) \rangle \right] = 4\pi \langle \rho_{frei}(\vec{x}, t) \rangle.$$

Die makroskopische Stromdichte
Für die mikroskopische Stromdichte gilt

$$\vec{j}(\vec{x}, t) = \vec{j}_{frei}(\vec{x}) + \vec{j}_{mol}(\vec{x})$$

mit

$$\vec{j}_{frei}(\vec{x}) = \sum_k q_k \vec{v}_k \delta^3(\vec{x} - \vec{x}^{(k)})$$
$$\vec{j}_{mol}(\vec{x}) = \sum_n \sum_j q_j^{(n)} \vec{v}_j^{(n)} \delta^3(\vec{x} - \vec{x}_j^{(n)}).$$

Die Summe über k erstreckt sich über alle freien Ladungen q_k, die sich im Messvolumen ΔV mit Geschwindigkeit $\vec{v}_k$ bewegen. Bei der molekularen Stromdichte erstreckt sich die Summe über j über alle Elektronen und Protonen im Molekül n. Die Summe über n geht über alle N Moleküle im Messvolumen ΔV. Wenn wir mitteln, wird

$$\langle \vec{j}(\vec{x}, t) \rangle = \langle \vec{j}_{frei}(\vec{x}) \rangle + \langle \vec{j}_{mol}(\vec{x}) \rangle.$$

Eine ähnliche Rechnung (siehe z. B. Honerkamp 1993) wie für die Ladung führt zu

$$\langle \vec{j}_{mol}(\vec{x}) \rangle = \frac{\partial \vec{P}(\vec{x})}{\partial t} + c\vec{\nabla} \times \left\langle \vec{m}^{(n)} \delta(\vec{x} - \vec{x}^{(n)}) \right\rangle + \cdots,$$

wo
$$\vec{m}^{(n)} = \frac{1}{2c}\sum_j q_j^{(n)}\left(\Delta\vec{x}_j^{(n)} \times \dot{\Delta\vec{x}}_j^{(n)}\right).$$

das **magnetische Moment** der Stromverteilung im Molekül n ist. Die über das Messvolumen ΔV gemittelte Dipoldichte bezeichnet man als Magnetisierung,

$$\langle\vec{M}(\vec{x},t)\rangle = \left\langle\sum_n \vec{m}^{(n)}\delta(\vec{x}-\vec{x}^{(n)})\right\rangle(\vec{x},t).$$

Damit werden

$$\langle\vec{j}_{mol}(\vec{x})\rangle = \frac{\partial\langle\vec{P}(\vec{x},t)\rangle}{\partial t} + c\vec{\nabla}\times\langle\vec{M}(\vec{x},t)\rangle + \cdots$$

$$\langle\vec{j}(\vec{x},t)\rangle = \langle\vec{j}_{frei}(\vec{x},t)\rangle + \frac{\partial\langle\vec{P}(\vec{x},t)\rangle}{\partial t} + c\vec{\nabla}\times\langle\vec{M}(\vec{x},t)\rangle + \cdots$$

und die 4. Maxwellgleichung geht über in

$$\vec{\nabla}\times\langle\vec{B}(\vec{x},t)\rangle - \frac{1}{c}\frac{\partial}{\partial t}\langle\vec{E}(\vec{x},t)\rangle = \frac{4\pi}{c}\left[\langle\vec{j}_{frei}(\vec{x})\rangle + \frac{\partial\langle\vec{P}(\vec{x},t)\rangle}{\partial t} + c\vec{\nabla}\times\langle\vec{M}(\vec{x},t)\rangle + \cdots\right],$$

oder

$$\vec{\nabla}\times\left[\langle\vec{B}(\vec{x},t)\rangle - 4\pi\langle\vec{M}(\vec{x},t)\rangle\right] - \frac{1}{c}\frac{\partial}{\partial t}\left[\langle\vec{E}(\vec{x},t)\rangle + 4\pi\langle\vec{P}(\vec{x},t)\rangle\right] = \frac{4\pi}{c}\langle\vec{j}_{frei}(\vec{x})\rangle.$$

Es liegt nahe, folgende Definitionen einzuführen:

die **dielektrische Verschiebung**

$$\langle\vec{D}\rangle \equiv \langle\vec{E}\rangle + 4\pi\langle\vec{P}\rangle$$

und das **magnetische H-Feld**

$$\langle\vec{H}\rangle \equiv \langle\vec{B}(\vec{x})\rangle - 4\pi\langle\vec{M}\rangle.$$

Dann lauten die makroskopischen Maxwell-Gleichungen

$$\vec{\nabla}\times\langle\vec{E}\rangle + \frac{1}{c}\frac{\partial}{\partial t}\langle\vec{B}\rangle = 0, \quad \vec{\nabla}\cdot\langle\vec{D}\rangle = 4\pi\langle\rho_{frei}\rangle$$
$$\vec{\nabla}\cdot\langle\vec{B}\rangle = 0, \quad\quad\quad \vec{\nabla}\times\langle\vec{H}\rangle = \frac{4\pi}{c}\langle\vec{j}_{frei}\rangle + \frac{1}{c}\frac{\partial}{\partial t}\langle\vec{D}\rangle.$$
(13.6)

Die gemittelten Felder sind per Definition die *makroskopischen Felder*. Wir können im folgenden auch die $\langle\rangle$-Klammern der Mittelung weglassen, wenn wir vereinbaren, dass wir von nun an nur noch über gemittelte Felder sprechen. Der Konvention folgend, lassen wir auch den Index *frei* weg. Historisch bedingt wird das H-Feld oft als magnetische Feldstärke bezeichnet. Diese irreführende Notation wollen wir vermeiden, da $\vec{B}$ das fundamentale Feld ist. Die Überschussladungen sind die Quellen des $\vec{D}$-Feldes. $\vec{D}$ ist auch nur eine Hilfsgröße, eine Abkürzung für $\vec{E}+4\pi\vec{P}$.

Wir schreiben die makroskopischen Maxwell-Gleichungen noch einmal mit der neuen Konvention auf

$$\vec{\nabla} \times \vec{E} + \frac{1}{c}\frac{\partial}{\partial t}\vec{B} = 0, \quad \vec{\nabla} \cdot \vec{D} = 4\pi\rho$$
$$\vec{\nabla} \cdot \vec{B} = 0, \qquad \vec{\nabla} \times \vec{H} = \frac{4\pi}{c}\vec{j} + \frac{1}{c}\frac{\partial}{\partial t}\vec{D}. \quad (13.7)$$

Um Gl. (13.7) zu lösen, braucht man den Zusammenhang zwischen $\vec{D}$ und $\vec{E}$ und $\vec{H}$ und $\vec{B}$. Da $\vec{P}$ das gemittelte induzierte Dipolmoment der Moleküle ist, gilt, außer für Elektrete, dass $\vec{P} = 0$ für $\vec{E} = 0$. Man kann also für kleine Felder (relativ zu den intermolekularen Feldern von $\sim 10^9 V/cm$) $\vec{P}$ in eine Potenzreihe entewickeln

$$P_i = a_{ik}E_k + b_{ikj}E_kE_j + \cdots.$$

Für die üblichen Felder ist der zweite und höhere Terme vernachlässigbar. Für isotrope Substanzen ist $a_{ik} = \chi_e \delta_{ik}$ oder

$$\vec{P} = \chi_e \vec{E},$$

wo χ_e als *elektrische Suszeptibilität* bezeichnet wird.

Daneben definiert man eine weitere Materialgröße, die Dielektrizitätskonstante

$$\varepsilon = 1 + 4\pi\chi_e.$$

Dann erhält man für $\vec{D} \equiv \vec{E} + 4\pi\vec{P}$ die einfache Beziehung

$$\vec{D} = \varepsilon\vec{E}.$$

Im allgemeinen ist $\varepsilon = \varepsilon(\vec{x})$. Für homogene Medien ist ε konstant. Dann lautet die 1. Maxwell-Gleichung:

$$\varepsilon\vec{\nabla} \cdot \vec{E} = 4\pi\rho. \qquad (13.8)$$

Für $\varepsilon = $ *konst.* erhalten wir eine Gleichung wie im Vakuum, nur $\rho \to \rho/\varepsilon$. Typische Werte der Dielektrizitätskonstanten sind

Luft: $\varepsilon = 1.00054$,

Wasser: $\varepsilon = 80$,

Glas: $\varepsilon = 5$–10.

Analog gilt für kleine Magnetfelder eine lineare Beziehung zwischen $\vec{H}$ und $\vec{B}$

$$\vec{H} = \frac{1}{\mu}\vec{B}$$

wo μ die *Permeabilität* ist. Für gewöhnliche Substanzen ist μ nur wenig von 1 verschieden. Für Ferromagnete ist $\mu \sim 10 - 10^3$.

Grenzbedingungen

Wir betrachten die Grenzfläche zwischen zwei dielektrischen oder magnetischen Medien. Um die Stetigkeitsbedingungen für die Normalkomponenten abzuleiten, wenden wir den Gaußschen Satz auf eine gedachte winzige flache Dose an, die parallel zur Grenzfläche liegt.

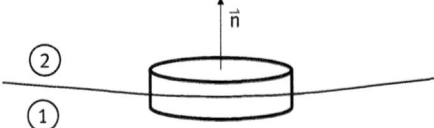

Abb. 13.2: Normalkomponente an einer Grenzfläche.

Dann gilt:
$$\int_V \vec{\nabla} \cdot \vec{D} d^3x = \int_{\partial V} \vec{D} \cdot d\vec{a} = 0 \quad (\text{da } \rho = 0)$$

oder
$$(\vec{D}_2 - \vec{D}_1) \cdot \vec{n} = 0 .$$

Wir haben angenommen, dass keine Oberflächenladungen vorhanden sind.

Analog, folgt aus $\vec{\nabla} \cdot \vec{B} = 0$
$$(\vec{B}_2 - \vec{B}_1) \cdot \vec{n} = 0 .$$

Die Normalkomponenten von $\vec{D}$ und $\vec{B}$ sind stetig an der Grenzfläche:

$$\vec{D}_\perp \text{ ist stetig, } \vec{B}_\perp \text{ ist stetig} .$$

Um die Grenzbedingungen für die Tangentialkomponenten der Felder abzuleiten, wenden wir den Stokesschen Satz auf ein kleines Rechteck, dessen Breite gegen Null geht und das senkrecht zur Grenzfläche steht,

$$\int_{[\text{Fläche}]} \vec{\nabla} \times \vec{H} \cdot d\vec{a} = \int_C \vec{H} \cdot d\vec{s} = (H_1^t - H_2^t) \times \text{Länge}$$

$$= \text{Differenz der Tangentialkomponenten} \times \text{Länge}$$

$$= \int_C \frac{1}{c} \frac{\partial}{\partial t} \vec{D} \cdot d\vec{a} = 0 \quad \text{da } \frac{\partial}{\partial t} \vec{D} \text{ nicht singulär ist.}$$

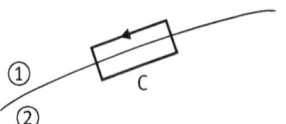

Abb. 13.3: Rechteckkurve senkrecht zur Grenzfläche.

Dabei haben wir vorausgesetzt, dass keine Oberflächenströme vorhanden sind. Analog erhält man aus $\vec{\nabla} \times \vec{E} = -\frac{1}{c}\frac{\partial}{\partial t}\vec{B}$, dass

$$\int_C \vec{E} \cdot d\vec{s} = \left(E_1^t - E_2^t\right) \times L\ddot{a}nge = 0 \, .$$

Die Tangentialkomponenten von $\vec{E}$ und $\vec{H}$ sind also stetig an der Grenzfläche:

$$H_\parallel \text{ ist stetig}, \quad E_\parallel \text{ ist stetig} \, .$$

Oft genügen ein oder zwei dieser Bedingungen, die anderen bringen nichts Neues.

14 Ebene Elektromagnetische Wellen

14.1 Die Wellengleichung

In Abwesenheit von Quellen erlauben die Maxwell-Gleichungen Wellenlösungen für $\vec{E}(\vec{x},t)$ und $\vec{B}(\vec{x},t)$ und damit Energietransport. Sei $\rho = 0$ und $\vec{j} = 0$, dann lauten die Maxwell-Gleichungen für ein nichtleitendes Medium mit räumlich und zeitlich konstanter Dielektrizitätskonstante ε und magnetischer Permeabilität μ

$$\vec{\nabla} \cdot \vec{E} = 0 \tag{14.1}$$

$$\vec{\nabla} \cdot \vec{B} = 0 \tag{14.2}$$

$$\vec{\nabla} \times \vec{E} + \frac{1}{c}\frac{\partial \vec{B}}{\partial t} = 0 \tag{14.3}$$

$$\vec{\nabla} \times \vec{B} - \frac{\mu\varepsilon}{c}\frac{\partial \vec{E}}{\partial t} = 0. \tag{14.4}$$

Um diese Differentialgleichungen zu entkoppeln, leiten wir die Gleichung (14.4) nach der Zeit ab

$$\frac{1}{c}\frac{\partial}{\partial t}(14.4): \quad \frac{1}{c}\frac{\partial}{\partial t}\vec{\nabla} \times \vec{B} - \frac{\mu\varepsilon}{c^2}\frac{\partial^2 \vec{E}}{\partial t^2} = 0.$$

Mit Gl. (14.3) folgt

$$-\vec{\nabla} \times (\vec{\nabla} \times \vec{E}) - \frac{\mu\varepsilon}{c^2}\frac{\partial^2 \vec{E}}{\partial t^2} = 0.$$

Wenn wir die Formel $\vec{\nabla} \times (\vec{\nabla} \times \vec{E}) = \vec{\nabla}(\vec{\nabla} \cdot \vec{E}) - \nabla^2 \vec{E}$ und die Gleichung (14.1) verwenden, dann erhalten wir die *Wellengleichung*

$$\left[\nabla^2 - \frac{1}{v^2}\frac{\partial^2}{\partial t^2}\right]\vec{E} = 0, \tag{14.5}$$

wo

$$v \equiv \frac{c}{\sqrt{\mu\varepsilon}}.$$

Auf analoge Weise finden wir, dass auch das Magnetfeld $\vec{B}(\vec{x},t)$ die Wellengleichung erfüllt,

$$\left[\nabla^2 - \frac{1}{v^2}\frac{\partial^2}{\partial t^2}\right]\vec{B} = 0. \tag{14.6}$$

Es wird sich zeigen, das v die Ausbreitungsgeschwindigkeit der Welle (Lichtgeschwindigkeit) im Medium ist.

Lösungsansatz

Es liegt nahe für die Lösungen ebene, monochromatische Wellen anzusetzen,

$$\vec{E}(\vec{x},t) = \vec{E}_0\, e^{i(\vec{k}\cdot\vec{x}-\omega t)} \tag{14.7}$$

$$\vec{B}(\vec{x},t) = \vec{B}_0\, e^{i(\vec{k}\cdot\vec{x}-\omega t)}.$$

Dabei ist ω die Kreisfrequenz und $\vec{k}$ der Wellenvektor. Einsetzen des Lösungsansatzes in die Wellengleichung ergibt die Bedingung $\vec{k}^2 = \omega^2/v^2$, oder

$$k = |\vec{k}| = \frac{\omega}{v} = \sqrt{\mu\varepsilon}\,\frac{\omega}{c}\,. \tag{14.8}$$

Man bezeichnet den Faktor in der Exponentialfunktion

$$\phi \equiv \vec{k}\cdot\vec{x} - \omega t \tag{14.9}$$

als Phase. Punkte konstanter Phase (Wellenfront) bewegen sich mit Geschwindigkeit $v = \frac{\omega}{k} = \frac{c}{\sqrt{\mu\varepsilon}}$ in Richtung $\vec{k}$. Sei z. B. $\vec{k} = k\vec{e}_x$ dann sind die Punkte konstanter Phase bestimmt durch

$$kx = \omega t + konst. \qquad \text{Punkt mit konstanter Phase}$$
$$\Rightarrow \frac{dx}{dt} = \frac{\omega}{k}$$

Die Flächen konstanter Phase sind Ebenen senkrecht zu $\vec{k}$ (klar für $\vec{k}$ in x-Richtung), daher die Bezeichnung „ebene Welle".

Bemerkungen:

a) Die Wellengleichung ist linear in den Feldern, d. h. auch Superpositionen von ebenen Wellen lösen die Gleichung. Sind z. B. $\vec{E}_1(\vec{x},t)$ und $\vec{E}_2(\vec{x},t)$ Lösungen der Wellengleichung, dann auch $\vec{E}_1(\vec{x},t) + \vec{E}_2(\vec{x},t)$.

b) Die Dielektrizitätskonstante ε und damit die Phasengeschwindigkeit hängt im Allgemeinen von der Frequenz ab. Monochromatischen Wellen sind unendlich ausgedehnt. Wellenpakete d. h. endliche Wellenzüge erhält man durch Überlagerung von ebenen Wellen verschiedener Frequenz. Die Frequenzabhängigkeit von v führt zu einem Zerfließen, *Dispersion* genannt, des Wellenpakets.

c) Die Wellenlösungen sind in komplexer Form geschrieben. Da der Differentialoperator reell ist, erfüllen auch $\vec{E}^*$ und $\vec{B}^*$ die Wellengleichungen und damit auch Real- und Imaginärteil der Felder. Gemessen werden nur reelle Felder. Die Einführung von komplexen Feldern dient nur der Vereinfachung der mathematischen Notation. Dies muss man unterscheiden von den Wellenfunktionen der Quantenmechanik, die originär komplex sind. Physikalische Felder werden konventionellerweise mit dem Realteil der Felder verbunden, z. B.

$$\vec{E}_{phys} = \operatorname{Re}\vec{E}\,.$$

Der Ansatz ebener monochromatischer Wellen Gl. (14.7) mit den Bedingungen (14.8) und (14.9) erfüllt zwar die Wellengleichung. Das ist aber noch nicht hinreichend, da aus den vollen Maxwell-Gleichungen noch zusätzliche Bedingungen folgen. Um diese abzuleiten, benötigen wir die Zeitableitung der ebenen Wellen,

$$\frac{\partial\vec{E}}{\partial t} = -i\omega\,\vec{E}\,,$$

und die Raumableitung

$$\nabla_l E_i = \frac{\partial}{\partial x_l} E_{0_i} e^{i(k_j x_j - \omega t)} = E_{0_i} i k_j \delta_{lj} e^{i(\vec{k}\cdot\vec{x} - \omega t)} = i k_l E_i \,.$$

Damit gilt

$$\vec{\nabla} \cdot \vec{E} = i\vec{k} \cdot \vec{E}$$
$$\vec{\nabla} \times \vec{E} = i\vec{k} \times \vec{E} \quad \text{(analog für } \vec{B}\text{)}\,.$$

Aus den Maxwell-Gleichungen ergeben sich die Bedingungen

$$\vec{\nabla} \cdot \vec{E}(\vec{x},t) = 0 \;\Rightarrow\; \vec{k} \cdot \vec{E} = 0 \tag{14.10}$$

$$\vec{\nabla} \times \vec{E} = -\frac{1}{c}\frac{\partial \vec{B}}{\partial t} \;\Rightarrow\; \vec{k} \times \vec{E} = \frac{\omega}{c}\vec{B} \tag{14.11}$$

$$\vec{\nabla} \cdot \vec{B} = 0 \;\Rightarrow\; \vec{k} \cdot \vec{B} = 0 \tag{14.12}$$

$$\vec{\nabla} \times \vec{B} = +\frac{\mu\varepsilon}{c}\frac{\partial \vec{E}}{\partial t} \;\Rightarrow\; \vec{k} \times \vec{B} = -\frac{\mu\varepsilon}{c}\omega\vec{E}\,. \tag{14.13}$$

Diese Bedingungen bedeuten, dass
a) $\vec{k}, \vec{E}$, und $\vec{B}$ jeweils senkrecht aufeinander stehen,
b) $\vec{E}$ und $\vec{B}$ relativ zueinander in Phase sind (wegen (14.11) oder (14.13)),
c) der Poynting-Vektor (Energietransport),

$$\vec{S} = \frac{c}{4\pi}\vec{E} \times \vec{H}\,,$$

in Richtung $\vec{k}$ zeigt,
d) die Amplituden $|\vec{E}|$ und $|\vec{B}|$ im konstanten Verhältnis zueinander stehen (14.11),

$$\frac{\omega}{c}|\vec{B}| = |\vec{k}||\vec{E}| \quad \left(k = \frac{\omega}{v}\right).$$

D. h.

$$|\vec{B}| = \frac{c}{v}|\vec{E}|, \quad \text{oder} \quad B_0 = \frac{c}{v}E_0\,.$$

Die Situation ist graphisch in Abb. 14.1 dargestellt. Das Verhältnis von Lichtgeschwindigkeit im Vakuum zu der im Medium,

$$n = \frac{c}{v} = \sqrt{\mu\varepsilon}\,,$$

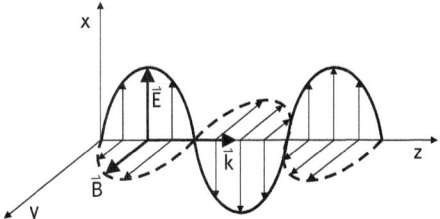

Abb. 14.1: Elektromagnetische Welle.

heißt *Brechungsindex*, weil, wie wir sehen werden, es die Stärke der Brechung beim Übergang der Welle von einem Medium zum anderen bestimmt.

Energietransport einer elektromagnetischen Welle
Die übertragene Energie einer komplexen Welle ist bestimmt durch dem Poynting-Vektor (s. Kapitel 10)
$$\vec{S} = \frac{c}{4\pi}(\text{Re } \vec{E}) \times (\text{Re } \vec{H}).$$
Meist beobachtet man nur über die Zeit t gemittelte Felder. Dann gilt für den zeitlich gemittelten Poynting-Vektor
$$\langle\vec{S}\rangle = \frac{1}{2}\frac{c}{4\pi}\vec{E}\times\vec{H}^*.$$

14.2 Polarisation

Die fundamentale Lösung der Wellengleichung ist eine *linear polarisierte Welle*
$$\vec{E} = \vec{\varepsilon} E_0 e^{i(\vec{k}\cdot\vec{x}-\omega t)},$$
wo $\vec{\varepsilon}$ ein Einheitsvektor in Richtung $\vec{E}$ ist und E_0 komplex sein kann (dann ist $\vec{E}$ immer noch Lösung der Wellengleichung)
$$E_0 = |E_0| e^{i\phi}.$$
Dies führt zu einer *Phasenverschiebung*
$$\vec{E} = \vec{\varepsilon} |E_0| e^{i(\vec{k}\cdot\vec{x}-\omega t+\phi)}.$$
$\vec{E}$ schwingt stets in einer Richtung in der Ebene senkrecht zu $\vec{k}$. Für einen allgemeinen Polarisationszustand benötigt man zwei linear unabhängige linear polarisierte Wellen,
$$\vec{E}_1 = \vec{\varepsilon}_1 E_1 e^{i(\vec{k}\cdot\vec{x}-\omega t)}$$
$$\vec{E}_2 = \vec{\varepsilon}_2 E_2 e^{i(\vec{k}\cdot\vec{x}-\omega t)}$$
$$\vec{\varepsilon}_1 \cdot \vec{\varepsilon}_2 = 0 \quad \text{o.B.d.A.}$$
E_1 und E_2 können komplex und relativ zueinander phasenverschoben sein. Die allgemeine Lösung lautet dann
$$\vec{E}(\vec{x},t) = (\vec{\varepsilon}_1 E_1 + \vec{\varepsilon}_2 E_2) e^{i(\vec{k}\cdot\vec{x}-\omega t)}.$$

Wir betrachten verschiedene Möglichkeiten:
a) Lineare Polarisation: E_1 und E_2 haben dieselbe Phase.
b) Zirkularpolarisation: E_1 und E_2 haben den selben Betrag, sind aber um 90^0 phasenverschoben:

$$\vec{E}(\vec{x},t) = E_0 (\vec{\varepsilon}_1 \pm i\vec{\varepsilon}_2) \, e^{i(\vec{k}\vec{x}-\omega t)}.$$

E_0 kann reell angenommen werden. Wir wählen ein Koordinatensystem, so dass $\vec{\varepsilon}_1$ in x-Richtung, $\vec{\varepsilon}_2$ in y-Richtung und $\vec{k}$ in z-Richtung liegen. Das physikalische Feld ist gegeben durch:

$$\text{Re } E_x(\vec{x},t) = E_0 \cos(kz - \omega t)$$
$$\text{Re } E_y(\vec{x},t) = \mp E_0 \sin(kz - \omega t).$$

Für einen *festen Punkt* $\vec{x}$ (z. B. $\vec{x} = 0$) dreht sich $\vec{E}$ mit Frequenz ω. Es gibt zwei Möglichkeiten:

$\vec{\varepsilon}_1 + i\vec{\varepsilon}_2$ ↻ linkshändige Polarisation, positive Helizität
$\vec{\varepsilon}_1 - i\vec{\varepsilon}_2$ ↺ rechtshändige Polarisation, negative Helizität
(Blick auf entgegenkommende Welle)

$|\vec{E}_{phys.}|$ ist konstant für festen Punkt $\vec{x}$:

$$|\vec{E}_{phys.}|^2 = (\text{Re } E_x)^2 + (\text{Re } E_y)^2$$
$$= E_0^2 \cos^2(kz - \omega t) + E_0^2 \sin^2(kz - \omega t)$$
$$= E_0^2.$$

c) Ist $E_1 \neq E_2$ und die Phase beliebig, dann erhält man *elliptische Polarisation*.

14.3 Brechung und Reflexion

In diesem Abschnitt wollen wir das Verhalten von elektromagnetischen Wellen bei Übergang von einem Dielektrikum zu einem anderen, die durch eine ebene Grenzfläche getrennt sind, betrachten. Dabei sind folgende, im Kapitel 13 abgeleitete, Grenzbedingungen von Bedeutung:

$$\vec{D}_\perp \text{ und } \vec{B}_\perp \text{ sind stetig}$$
$$\vec{H}_\parallel \text{ und } \vec{E}_\parallel \text{ sind stetig }.$$

Die (x,y)-Ebene ($z = 0$) sei die Grenzfläche, und die (x,z)- Ebene ($y = 0$) die Einfallsebene, in der $\vec{k}_1$ liegt. Die Grenzbedingungen können nur erfüllt werden, wenn auch

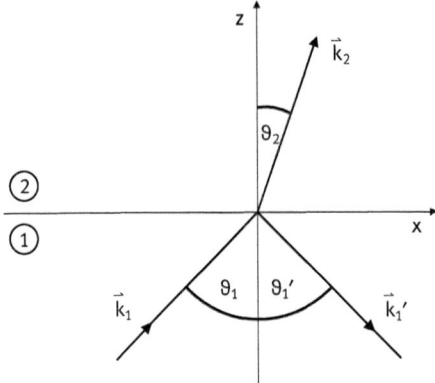

Abb. 14.2: Reflexion und Brechung an einer Grenzfläche.

alle anderen Wellenvektoren in der Einfallsebene liegen:

$$\vec{E}_{ein} = \vec{E}_1 \, e^{i(\vec{k}_1 \vec{x} - \omega t)} = \vec{E}_1 \, e^{i(k_1^z z + k_1^x x - \omega t)}$$
$$= \vec{E}_1 \, e^{i(k_1 \cos\theta_1 z + k_1 \sin\theta_1 x - \omega t)}$$
$$\vec{E}_{aus} = \vec{E}_2 \, e^{i(k_2 \cos\theta_2 z + k_2 \sin\theta_2 x - \omega t)}.$$

Es stellt sich heraus, dass man mit diesen beiden Wellen noch nicht die Grenzbedingungen erfüllen kann. man braucht noch eine reflektierte Welle

$$\vec{E}_{refl.} = \vec{E}_1' \, e^{i(-k_1' \cos\theta_1' z + k_1' \sin\theta_1' x - \omega t)} .$$

Für den Wellenvektor muss $k_1' = k_1$ sein, da $k = \frac{\omega}{v}$. Wir müssen für alle Wellen dieselbe Frequenz ansetzen, da es sonst unmöglich wäre die Grenzbedingungen für alle t zu erfüllen. Es ist auch intuitiv einsichtig, dass Wellen beim Übergang von einem Medium in ein anderes im Gleichklang schwingen.

Aus der Stetigkeit von $\vec{E}_\parallel$ folgt für $z = 0$:

$$E_x^{ein} + E_x^{refl} = E_x^{aus} \quad \forall \, x, t$$

$$\left(\vec{E}_1\right)_x e^{i(k_1 \sin\theta_1 x - \omega t)} + \left(\vec{E}_1'\right)_x e^{i(k_1 \sin\theta_1' x - \omega t)} = \left(\vec{E}_2\right)_x e^{i(k_2 \sin\theta_2 x - \omega t)} .$$

Da die Grenzbedingungen bei $z = 0$ für alle x, t erfüllt sein müssen, folgt dass die x- und t-Abhängigkeit bei $z = 0$ für alle Felder gleich sein muss, d. h. dass die Phasen gleich sein müssen

$$k_1 \sin\theta_1 = k_1 \sin\theta_1' = k_2 \sin\theta_2 .$$

Es folgt das *Reflexionsgesetz*: Der Einfallswinkel ist gleich dem Ausfallwinkel

$$\theta_1 = \theta_1' .$$

Die Bedingung $k_1 \sin\theta_1 = k_2 \sin\theta_2$ ergibt

$$\sin\theta_1 / \sin\theta_2 = k_2/k_1 = (\omega/v_2)/(\omega/v_1) = \frac{v_1}{v_2} .$$

Dies ist das *Brechungsgesetz* von Snellius,

$$\frac{\sin\theta_1}{\sin\theta_2} = \frac{n_2}{n_1},$$

wo

$$n_i = \sqrt{\varepsilon_i \mu_i} = \frac{c}{v_i}, \quad i = 1, 2$$

der Brechungsindex (>1) ist. Für $n_1 > n_2$ kann es passieren, dass

$$\sin\theta_2 = \frac{n_1}{n_2}\sin\theta_1 > 1.$$

Der Einfallwinkel θ_1 für $\theta_2 = \pi/2$ heißt *Grenzwinkel*. Er ist definiert durch

$$\sin\theta_1 = \frac{n_2}{n_1} \quad (\text{für } \sin\theta_2 = 1).$$

Für $\frac{n_1}{n_2} > 1$ ist $\sin\theta_2 > 1$ reell und $\cos\theta_2 = \sqrt{1 - \sin^2\theta_2}$ rein imaginär. Wir schreiben

$$k_2 \cos\theta_2 = k_2\sqrt{1 - \sin^2\theta_2} = ik_2\sqrt{\sin^2\theta_2 - 1} \equiv i\gamma.$$

Dann ist die gebrochene Welle

$$\vec{E}^{aus} = \vec{E}_2 e^{i(k_2 \sin\theta_2 x - \omega t)} e^{-\gamma z}$$
$$= \vec{E}_2 e^{i(k_2(n_2/n_1)x - \omega t)} e^{-\gamma z}$$

in z-Richtung exponentiell gedämpft. Es existiert jedoch eine Oberflächenwelle in x-Richtung. Es gilt:

$$\text{Poynting-Vektor}|_{ein} = \text{Poynting-Vektor}|_{refl.}$$
$$|\vec{E}_1| = |\vec{E}_1'|$$

d. h. die gesamte Energie wird reflektiert. Die *Totalreflexion* findet z. B. Anwendung bei Glasfaserkabeln.

15 Komplexe Vektorräume

15.1 Vektoren

Die mathematischen Basisbausteine der Quantenmechanik sind komplexe Vektoren, komplexe Skalarprodukte und lineare Transformationen zwischen Vektoren. Wir führen den nötigen Formalismus am Beispiel endlichdimensionaler oder abzählbar unendlichdimensionaler Vektorräumen ein. Diese spielen in der Quantenmechanik eine besondere Rolle. Es treten dort aber auch Vektorräume nicht-abzählbarer Dimension auf, die wir nur in Hinblick auf Anwendungen ohne Anspruch auf mathematische Strenge abhandeln wollen.

Ein Vektorraum ist einen Menge von Elementen (Vektoren), für die (assoziative und kommutative) Addition und Multiplikation mit einem Skalar (reelle oder komplexe Zahl) definiert ist und, die abgeschlossen ist unter diesen Operationen. Ein Vektor ist also ein Objekt, das mit einem Skalar (reelle oder komplexe Zahl) multipliziert werden kann und das zu anderern Objekten der selben Art addiert werden kann. In der elementare Vektoranalysis des $\mathbb{R}^3$ wird der Vektorraum durch die Menge aller möglichen Spaltenvektoren $\vec{a} = (a_1, a_2, a_3)^T$ gebildet, wo die a_i die reelen Zahlen durchlaufen. Da drei reelle Zahlen genügen, um einen Vektor eindeutig zu bestimmen, ist dieser Vektorraum dreidimensional (3D). Man kann auch Zeilenvektoren (a_1, a_2, a_3) betrachten. Die Menge aller Zeilenvektoren bilden den *Dualraum*. Der Raum ist zu unterscheiden, da man Zeilenvektoren nicht zu Spaltenvektoren addieren kann. Wenn wir uns an die Regeln der Matrizenrechnung halten, dann können wir das Skalarprodukt auch folgendermaßen schreiben

$$\vec{a} \cdot \vec{b} = [\vec{a}]^T \vec{b} = (a_1, a_2, a_3) \begin{pmatrix} b_1 \\ b_1 \\ b_3 \end{pmatrix} = a_1 b_1 + a_2 b_2 + a_3 b_3 \ .$$

Diese Formalisierung ist für reelle Vektorräume nicht unbedingt erforderlich. Sie ist aber in komplexen Vektorräumen, die in der Quantenmechanik zur Anwendung kommen, sehr hilfreich.

15.2 Der komplexe Vektorraum $\mathbb{C}^N$

Wir verallgemeinern die Analyse des $\mathbb{R}^3$ auf N-dimensionale Vektoren und erlauben komplexe Komponenten. Den zugehörigen Vektorraum bezeichnen wir mit $\mathbb{C}^N$. Der Vektorraum $\mathbb{C}^N$ ist der Raum der N geordneten komplexen Zahlen $a_1, a_2, \ldots, a_N$. Wir folgen Dirac und verwenden die Notation

$$|a\rangle = \begin{pmatrix} a_1 \\ a_2 \\ \vdots \\ a_N \end{pmatrix}, \quad a_i \in \mathbb{C}, \ i = 1.2, \ldots, n,$$

wo a_i die komplexen Komponenten der Vektoren sind. Die Notation ist etwas ungewöhnlich. Der Vektorpfeil ($\vec{a}$) wir durch eine pfeilähnliche Klammer $|\rangle$ ersetzt. Addition und Multiplikation mit einem Skalar sind wie im $\mathbb{R}^3$ definiert,

$$|a\rangle + |b\rangle = \begin{pmatrix} a_1 \\ \vdots \\ a_N \end{pmatrix} + \begin{pmatrix} b_1 \\ \vdots \\ b_N \end{pmatrix}, \quad \alpha |a\rangle = \begin{pmatrix} \alpha a_1 \\ \vdots \\ \alpha a_N \end{pmatrix} \quad \alpha \in \mathbb{C},$$

nur dass α jetzt eine komplexe Zahl ist. Dirac bezeichnet $|a\rangle$ als *Ket-Vektor*.

Zeilenvektoren werden wie folgt definiert

$$\langle a| = |a\rangle^\dagger = \begin{pmatrix} a_1^* & a_2^* & \ldots & a_N^* \end{pmatrix}. \tag{15.1}$$

Man beachte, dass der Vektor transponiert wird und die Einträge komplex-konjugiert werden. Nach Dirac bezeichnen wir die Zeilenvektoren *Bra-Vektoren*. Die Zeilenvektoren bilden einen neuen Vektorraum, den Dualraum $\tilde{\mathbb{C}}^N$.

15.3 Skalarprodukt

Gegeben seien zwei Vektoren $|a\rangle, |b\rangle \in \mathbb{C}^N$, dann definieren wir das Skalarprodukt durch

$$(|a\rangle, |b\rangle) = \sum_{k=1}^{N} a_k^* b_k,$$

oder in der Bra-Ket-Notation:

$$\langle a| \, |b\rangle = \langle a|b\rangle = \begin{pmatrix} a_1^* & a_2^* & \ldots & a_N^* \end{pmatrix} \begin{pmatrix} b_1 \\ b_2 \\ \vdots \\ b_N \end{pmatrix} = \sum_{k=1}^{N} a_k^* b_k.$$

Dies entspricht den Regeln der Matrizenmultiplikation, wenn wir $\langle a|$ als eine $1 \times N$ Matrix und $|b\rangle$ als eine $M \times 1$ Matrix auffassen. Das Skalaprodukt besitzt folgenden Eigenschaften:

$$\langle a|b\rangle = \langle b|a\rangle^* \tag{15.2}$$

$$\langle a|\alpha b\rangle = \alpha \langle a|b\rangle, \quad \langle \alpha a|b\rangle = \alpha^* \langle a|b\rangle$$

$$\langle a|a\rangle \geq 0 \quad (= 0 \ \text{nur für} \ |a\rangle = |0\rangle).$$

Zwei Vektoren $|a\rangle$ und $|b\rangle$ sind *orthogonal* zueinander, wenn

$$\langle a|b\rangle = 0.$$

Ein Skalarprodukt oder inneres Produkt $\langle a|b\rangle$ kann nur gebildet werden, wenn $|a\rangle$ und $|b\rangle$ Elemente des selben Vektorraumes sind. Das Skalarprodukt induziert eine Norm

$$\||a\rangle\|^2 = \langle a|a\rangle = |a_1|^2 + |a_2|^2 + \cdots + |a_N|^2 \geq 0.$$

Bemerkung: Um eine positive Norm zu erhalten, geht in die Definition der dualen Vektoren in Gl. (15.1) die komplexe Konjugation ein.

Schwarzsche Ungleichung
Für beliebige $|a\rangle$ und $|b\rangle$ aus $\mathbb{C}^N$ gilt

$$|\langle a|b\rangle|^2 \leq \||a\rangle\|^2 \||b\rangle\|^2. \tag{15.3}$$

Wegen der Bedeutung der Ungleichung in der Quantenmechanik sei hier der Beweis skizziert.

Beweis Für jede komplexe Zahl $\alpha = u + iv$ gilt

$$\begin{aligned}
0 &\leq \langle a + \alpha b|a + \alpha b\rangle \\
&= \langle a|a\rangle + \alpha\langle a|b\rangle + \alpha^*\langle b|a\rangle + \alpha\alpha^*\langle b|b\rangle \quad (15.4) \\
&= \langle a|a\rangle + 2u\,\mathrm{Re}\,\langle a|b\rangle - 2v\,\mathrm{Im}\,\langle a|b\rangle + (u^2 + v^2)\langle b|b\rangle \\
&\equiv f(u,v).
\end{aligned}$$

Für die schärfste Ungleichung müssen wir $f(u,v)$ minimieren. Wir setzen also

$$0 = \frac{\partial f(u,v)}{\partial u} = 2\,\mathrm{Re}\,\langle a|b\rangle + 2u\langle b|b\rangle$$

$$0 = \frac{\partial f(u,v)}{\partial v} = -2\,\mathrm{Im}\,\langle a|b\rangle + 2v\langle b|b\rangle.$$

Die Lösung dieser Gleichungen ist

$$\begin{aligned}
\alpha_{\min} = u_{\min} + iv_{\min} &= -\frac{\mathrm{Re}\,\langle a|b\rangle - i\,\mathrm{Im}\,\langle a|b\rangle}{\langle b|b\rangle} \\
&= -\frac{\mathrm{Re}\,\langle b|a\rangle + i\,\mathrm{Im}\,\langle b|a\rangle}{\langle b|b\rangle} = -\frac{\langle b|a\rangle}{\langle b|b\rangle}.
\end{aligned}$$

Die zweiten Ableitungen von $\partial f(u,v)$ sind offensichtlich positiv, so dass es sich bei $f(u_{\min}, v_{\min})$ wirklich um ein Minimum handelt. Einsetzen in Gl. (15.4) ergibt

$$\begin{aligned}
0 &\leq \langle a|a\rangle + \alpha\langle a|b\rangle + \alpha^*\langle b|a\rangle + \alpha\alpha^*\langle b|b\rangle \\
&= \langle a|a\rangle + (-\langle b|a\rangle\langle a|b\rangle - \langle a|b\rangle\langle b|a\rangle + \langle b|a\rangle\langle a|b\rangle)/\langle b|b\rangle \\
&= \langle a|a\rangle - \frac{\langle b|a\rangle\langle a|b\rangle}{\langle b|b\rangle}.
\end{aligned}$$

Daraus folgt Gl. (15.3). □

Auch in einen allgemeinen (abstrakten) komplexen Vektorraum kann man ein Skalarprodukt definieren, indem man die Eigenschaften Gl. (15.2) des Skalarprodukts als Axiome einführt.

Äußeres Produkt

Neben dem Skalarprodukt kann man auch ein äußeres Produkt definieren. Sei $|a\rangle \in \mathbb{C}^N$ (eine $N \times 1$ Matrix) und $|b\rangle \in \mathbb{C}^M$ (eine $M \times 1$ Matrix), dann ist $|b\rangle\langle a|$ ist eine $M \times N$ Matrix,

$$(|b\rangle\langle a|)_{mn} = b_m a_n^* \, .$$

Hier muss nicht unbedingt $M = N$ sein. In obigem Beispiel ist für $M = 2, N = 3$

$$|b\rangle\langle a| = \begin{bmatrix} b_1 a_1^* & b_1 a_2^* & b_1 a_3^* \\ b_2 a_1^* & b_2 a_2^* & b_2 a_3^* \end{bmatrix} \, .$$

Da $|b\rangle\langle a|$ eine $M \times N$ Matrix ist, kann man sie auf Vektoren $|c\rangle$ der Dimension N wirken (der Dimension von $|a\rangle$) lassen (von rechts mit $|c\rangle$ multiplizieren). Das Ergebnis der Operation ist

$$|b\rangle\langle a||c\rangle = |b\rangle(\langle a||c\rangle) = (\langle a||c\rangle)|b\rangle = \langle a|c\rangle |b\rangle \, . \quad (15.5)$$

Erläuterung: Mit den Regeln der Matrizenrechnung wird

$$\sum_{n=1}^{N}(|b\rangle\langle a|)_{mn}c_n = \sum_{n=1}^{N} b_m a_n^* c_n$$

$$= b_m \sum_{n=1}^{N} a_n^* c_n = \langle a|c\rangle \, b_m = \text{Skalar} \times b_m \, .$$

$\langle a|c\rangle |b\rangle$ ist also parallel zu $|b\rangle$ für alle Vektoren $|c\rangle$. Der äußere Produkt $|b\rangle\langle a|$ projiziert in die Richtung von $|b\rangle$. Man bezeichnet die Matrix $|b\rangle\langle a|$ in diesem Zusammenhang auch als *Operator*.

Funktionen können als Vektoren aufgefasst werden, da $af(t)$ und $f(t) + g(t)$ wohl definiert und wieder Funktionen sind. Funktionsräume sind oft unendlichdimensional. Die Definition des Skalarproduktes kann auf Funktionen ausgedehnt werden, indem man die Summen durch Integrale ersetzt.

Als **Beispiel** betrachten wir die Funktionen einer Variablen $f_i(x)$ und $f_j(x)$, die wir mit f_i und f_j bezeichnen, wenn wir sie als Vektoren auffassen wollen. Dann definieren wir

$$\langle f_i|f_j\rangle \equiv \int_{-\infty}^{\infty} dx f_i^*(x) f_j(x) \quad (15.6)$$

$$\|f_i\|^2 = \int_{-\infty}^{\infty} dx |f_i(x)|^2 \, . \quad (15.7)$$

Man vergleiche

$$\langle a|b\rangle = \sum_{k=1}^{N} a_k^* b_k, \quad \langle f_i|f_j\rangle \equiv \int_{-\infty}^{\infty} dx f_i^*(x) f_j(x).$$

Der diskrete Index k wird durch die kontinuierliche Variable x ersetzt.

Der Raum aller Funktionen $f(x)$ mit $||f||^2 < \infty$ ist ein unendlichdimensionaler Vektorraum, dessen Elemente (eindimensionale) Funktionen sind.

Ein Vektorraum mit einer (endlichen) Norm heißt normierter Vektorraum oder, mit einigen technischen Annahmen, *Banach-Raum*. Ist in einem Banach-Raum auch ein Skalarprodukt definiert, so spricht man von einem *Hilbert-Raum*. Der durch Gl. (15.6) definierte Hilbertraum wird mit $L^2(\mathbb{R})$ bezeichnet. Dabei steht L^2 für den Raum der quadratisch integrierbaren Funktionen und $\mathbb{R}$ zeigt an, dass die Integration über die reelle Achse, $-\infty < x < \infty$, erfolgt.

Die Verallgemeinerung auf Funktionen in 3D lautet

$$\langle f_i|f_j\rangle \equiv \int_{-\infty}^{\infty} dxdydz f_i^*(x,y,z) f_j(x,y,z) = \int_{-\infty}^{\infty} d^3x f_i^*(\vec{x}) f_j(\vec{x})$$

$$||f_j||^2 = \int_{-\infty}^{\infty} d^3x |f_j(\vec{x})|^2.$$

15.4 Basis

Eine Menge von orthogonalen und normierten Vektoren $\{|u_n\rangle \in \mathbb{C}^N, n = 1, \ldots, N\}$, mit

$$\langle u_n|u_m\rangle = \delta_{mn}$$

bildet eine (orthonormierte) Basis in einem N-dimensionalen Vektorraum $\mathbb{C}^N$, wenn jeder Vektor $|f\rangle$ aus $\mathbb{C}^N$ als Summe (Superposition) dieser Vektoren geschrieben werden kann,

$$|f\rangle = \sum_{n=1}^{N} a_n |u_n\rangle. \tag{15.8}$$

Die komplexen Entwicklungskoeffizienten heißen *Komponenten* von $|f\rangle$ bezüglich der Basis $\{|u_n\rangle\}$ und sind durch

$$a_n = \langle u_n|f\rangle. \tag{15.9}$$

gegeben (Beweis: Multipliziere Gl. (15.8) von links mit $\langle u_m|$).

Beispiel: In $\mathbb{C}^2$ bilden die Vektoren

$$|v_1\rangle = \begin{pmatrix} 1 \\ 0 \end{pmatrix} \text{ und } |v_2\rangle = \begin{pmatrix} 0 \\ 1 \end{pmatrix}$$

eine Basis. Die Basisvektoren sind nicht eindeutig, eine andere Wahl für $\mathbb{C}^2$ wäre

$$|v_1\rangle = \frac{1}{\sqrt{2}} \begin{pmatrix} 1 \\ 1 \end{pmatrix} \text{ und } |v_2\rangle = \frac{1}{\sqrt{2}} \begin{pmatrix} 1 \\ -1 \end{pmatrix}.$$

Vollständigkeitsrelation

Für einen beliebigen Vektor $|f\rangle$ gilt also

$$|f\rangle = \sum_{n=1}^{N} a_n |u_n\rangle = \sum_{n=1}^{N} \langle u_n|f\rangle |u_n\rangle = \sum_{n=1}^{N} |u_n\rangle \langle u_n|f\rangle,$$

wo wir $\langle a|c\rangle |b\rangle = |b\rangle \langle a| |c\rangle$ (Gl. (15.5)) verwendet haben. Zur Erinnerung: $\langle a|c\rangle$ ist eine komplexe Zahl, $|b\rangle \langle a|$ ist ein Operator (Matrix). Da die Basis vollständig ist, muss

$$\sum_{n=1}^{N} |u_n\rangle \langle u_n| = \mathbf{1}$$

sein, wo $\mathbf{1}$ der Einheitsoperator ist. Dies ist die in der Quantenmechanik häufig verwendete Vollständigkeitsrelation.

Existiert in einem Hilbert-Raum eine endlich- oder abzählbar unendlichdimensionale Basis so heißt der Hilbertraum *separabel*. In der Quantenmechanik werden wir es mit separablen Hilbert-Räumen zu tun haben.

15.5 Lineare Operatoren

Ein Operator A wirkt auf einen Vektor $|f\rangle$ aus einem Vektorraum $\mathbb{U}$ und macht aus diesen einen Vektor $|g\rangle$, der im Allgemeinen in einem anderen Vektorraum $\mathbb{V}$ liegen kann

$$|g\rangle = A |f\rangle.$$

Die Mathematiker schreiben

$$A : \mathbb{U} \to \mathbb{V}$$

$\mathbb{U}$ ist der Definitionsbereich und $\mathbb{V}$ der Wertebereich oder Bildbereich des Operators A.
Für lineare Operatoren gilt

$$A(\alpha |f_1\rangle + \beta |f_2\rangle) = \alpha A |f_1\rangle + \beta A |f_2\rangle$$

für alle $|f_1\rangle, |f_2\rangle$ aus $\mathbb{U}$ und α, β aus $\mathbb{C}$. Operatoren können addiert und mit komplexen Zahlen multipliziert werden

$$(A + B)|f\rangle = A|f\rangle + B|f\rangle$$
$$(\alpha A)|f\rangle = \alpha(A|f\rangle) \equiv \alpha A|f\rangle.$$

Ein Produkt von Operatoren ist wie folgt definiert.

$$(AB)|f\rangle = A(B|f\rangle) \equiv AB|f\rangle.$$

Man beachte, dass dieses Produkt im Allgemeinen nicht kommutativ ist, $AB \neq BA$.

Matrixdarstellung

Wegen der Linearität ist der Effekt eines Operators auf einen Vektor durch seine Wirkung auf die Basisvektoren festgelegt. In unserem endlich oder abzählbar unendlich dimensionalen Vektorraum $\mathbb{C}^N$ können Operatoren durch Matrizen dargestellt werden. Sei $\{|u_n\rangle\}$ eine ortonormale Basis in $\mathbb{C}^N$. Dann kann ein beliebigen Vektor $|f\rangle \in \mathbb{C}^N$ in der Basis $\{|u_n\rangle\}$ entwickelt werden

$$|f\rangle = \sum_j a_j |u_j\rangle. \tag{15.10}$$

Ein Operator A bilde einen Vektor $|f\rangle \in \mathbb{C}^N$ auf einen Vektor $|g\rangle \in \mathbb{C}^M$ ab. Wenn $\{|v_m\rangle\}$ eine Basis im Bildraum $\mathbb{C}^M$ ist, dann erhält man

$$A|f\rangle = \sum_{n=1}^{N} A a_n |u_n\rangle = \sum_n a_n A |u_n\rangle$$
$$= \sum_{n=1}^{N} a_n \sum_{m=1}^{M} |v_m\rangle \langle v_m| A |u_n\rangle$$
$$= \sum_{n=1}^{N} \sum_{m=1}^{M} \langle v_m| A |u_n\rangle a_n |v_m\rangle.$$

Es ist also

$$A|f\rangle = \sum_{n=1}^{N} \sum_{m=1}^{M} A_{mn} a_n |u_m\rangle \quad \text{mit} \quad A_{mn} \equiv \langle v_m|A|u_n\rangle \quad \textbf{Matrixelement}$$

Während der Operator A basisunabhängig definiert ist, hängt das Matrixelement A_{nm} von der gewählten Basis ab. A_{kl} ist das Matrixelement des Operators A bezüglich der Basen $\{|u_n\rangle\}$ und $\{|v_m\rangle\}$. In der Quantenmechanik hat man es meist mit Operatoren zu tun, die auf den ganzen Raum abbilden $A: \mathbb{C}^N \to \mathbb{C}^N$. Dann gilt

$$A|f\rangle = \sum_{m,n=1}^{N} A_{mn} a_n |u_m\rangle \quad \text{mit} \quad A_{mn} \equiv \langle u_m|A|u_n\rangle.$$

In einer gegebenen Basis, kann man einen Operator, der einem Vektor $|f\rangle$ in $|u\rangle = A\,|f\rangle$ überführt, durch seine Wirkung auf die Komponenten definieren. Sind a_k die Komponenten des Ausgangsvektors $|f\rangle = \sum_k a_k |u_k\rangle$ und b_k die Komponenten des neuen Vektors $|g\rangle = \sum_k b_k |u_k\rangle$, dann gilt

$$|g\rangle = A\,|f\rangle = \sum_k b_k |u_k\rangle \quad \text{bzw.} \quad A\,|f\rangle = \sum_{k,l} A_{kl} a_l |u_k\rangle \ .$$

Somit gilt für die Komponenten

$$a_k \to b_k = (Aa)_k = \sum_l A_{kl} a_l \ .$$

Dies ist gerade die Regel für die Multiplikation einen Matrix mit einem Spaltenvektor. Für das Produkt zweier Operatoren gilt die Regel für die Multiplikation von Matrizen

$$\begin{aligned} (AB)_{ik} &= \langle u_i|AB|u_k\rangle \\ &= \sum_n \langle u_i|A\,|u_n\rangle \langle u_n|\,B|u_k\rangle \\ &= \sum_n A_{in} B_{nk} \ . \end{aligned}$$

Ein Operator lässt sich auch in der Form schreiben

$$A = \sum_{i,k}^{N} A_{ik} |u_i\rangle \langle u_k| \ . \tag{15.11}$$

Zum Beweis multipliziert man beide Seiten mit $\langle u_l| \cdots |u_m\rangle$. Ein linearer Operator, der Funktionen aus $L_2(\mathbb{R}^3)$ auf Funktionen aus $L_2(\mathbb{R}^3)$ abbildet, ist von der Form

$$g(\vec{x}) = \int d^3x'\, A(\vec{x},\vec{x}') f(\vec{x}') \ .$$

15.6 Inverser Operator

Gibt es zu einem Operator A einen Operator B, so dass

$$BA = AB = I,$$

dann ist B das Inverse von A und wir schreiben $B = A^{-1}$. Nicht jeder Operator hat ein Inverses.

15.7 Der adjungierte Operator

Hermitesche Konjugation
Ein Operator A sei definiert durch seine Wirkung auf die Kets $|f\rangle \in \mathbb{C}^N$

$$A : |f\rangle \to |g\rangle = A\,|f\rangle$$

mit $|g\rangle \in \mathbb{C}^M$. Der duale Vektor (Bra) zu $|f\rangle$ ist $\langle f|$, der zu $|g\rangle$ ist $\langle g|$. Dann gibt es einen Operator, der $\langle g|$ in $\langle f|$ überführt, den wir mit $A^\dagger$ bezeichnen,

$$A^\dagger : \langle g| \to \langle f| = \langle g|\,A^\dagger .$$

In Hinblick auf die Regeln der Matrizenmultiplikation schreiben wir den Operator $A^\dagger$ rechts vom Bra-Vektor. Der Operator $A^\dagger$ heißt *Adjungierte* oder *Hermitesch Konjugierte* von A.

Wichtige Relation

$$\langle g|A|f\rangle^* = \langle f|A^\dagger|g\rangle . \tag{15.12}$$

Beweis Wenn $|f\rangle \in \mathbb{C}^N$, $|\alpha\rangle = A\,|f\rangle \in \mathbb{C}^M$ und $\langle \alpha| = \langle f|\,A^\dagger \in \tilde{\mathbb{C}}^M$, dann gilt für beliebige $|\Phi\rangle \in \mathbb{C}^M$

$$\langle \alpha|\Phi\rangle = \langle \Phi|\alpha\rangle^* = \langle \Phi|A|f\rangle^* = \langle f|A^\dagger|\Phi\rangle . \qquad \square$$

Wir beschränken uns wieder auf den Fall, dass Definitions- und Wertebereich des Operators A gleich sind. Dann ist $A\,|f\rangle$ wieder ein Ket im Hilbert-Raum $\mathbb{C}^M$. In einer gegebenen Basis $\{|u_n\rangle\}$ sind

$$|f\rangle = \sum_n f_n\,|u_n\rangle, \quad |g\rangle = \sum_m g_m\,|u_m\rangle$$

$$\langle f| = \sum_n f_n^*\,\langle u_n|, \quad \langle g| = \sum_m g_m^*\,\langle u_m| .$$

Für die Matrixelemente gilt

$$\langle g|A|f\rangle = \sum_{n,m} g_m^* f_n\,\langle u_m|A|u_n\rangle$$

$$= \sum_{n,m} g_m^* f_n A_{mn} \quad \text{mit } A_{mn} = \langle u_m|A|u_n\rangle$$

und

$$\langle g|A^\dagger|f\rangle = \sum_{n,m} g_m^* f_n\,\langle u_m|A^\dagger|u_n\rangle = \sum_{n,m} g_m^* f_n A_{mn}^\dagger$$

$$= \sum_{n,m} g_m^* f_n\,\langle u_n|A|u_m\rangle^* = \sum_{n,m} g_m^* f_n A_{nm}^* .$$

Die Matrixelemente von $A^\dagger$ und A hängen über Hermitesche Konjugation von Matrizen zusammen

$$A_{mn}^\dagger = A_{nm}^* .$$

Beispiel:

$$A = \begin{pmatrix} 1 & i \\ 3 & i \end{pmatrix} \quad \to \quad A^\dagger = \begin{pmatrix} 1 & 3 \\ -i & -i \end{pmatrix}$$

Für Produkte von Operatoren gilt offensichtlich

$$(AB)^\dagger = B^\dagger A^\dagger .$$

Hermitesche Operatoren
Ein Operator A heißt *Hermitesch*, wenn

$$A = A^\dagger .$$

Ein Operator kann nur Hermitesch sein, wenn Definitions- und Wertebereich von $A^\dagger$ und A gleich sind (wir nehmen an, der ganze Vektorraum). Für einen Hermiteschen Operator lautet die Relation Gl. (15.12)

$$\langle g|A|f \rangle^* = \langle f|A|g \rangle . \tag{15.13}$$

Die Matrixelemente eines Hemitesche Operators A erfüllen

$$A_{mn} = A^*_{nm} .$$

Dies ist die Verallgemeinerung von symmetrischen Operatoren. Ein Operator heißt Anti-Hermitesch, wenn $A_{mn} = -A^*_{nm}$.

15.8 Unitäre Operatoren

Ein unitärer Operator U erfüllt

$$U^\dagger = U^{-1} \quad \text{oder} \quad UU^\dagger = U^\dagger U = \mathbf{1} .$$

Dies ist die Verallgemeinerung orthogonaler Operatoren auf komplexe Vektorräume.

Unitäre Operatoren treten bei der Transformation von Ket-Vektoren in der Quantenmechanik, wie Drehungen, Translationen in Ort und Zeit auf. Skalarprodukte sind invariant unter unitären Transformationen. Betrachte dazu die Transformation

$$\psi \to |\tilde{\psi}\rangle = U|\psi\rangle , \quad |\chi\rangle \to |\tilde{\chi}\rangle = U|\chi\rangle .$$

Dann wird

$$\langle \tilde{\psi}|\tilde{\chi}\rangle = \langle \psi|U^\dagger U|\chi\rangle = \langle \psi|\chi\rangle .$$

Die Definition eines Skalarproduktes erhält Inhalt, wenn es mit einer Invarianz in Verbindung gebracht wird (z. B. das Skalarprodukt in $\mathbb{R}^3$ mit der Drehinvarianz).

15.9 Eigenwerte und Eigenvektoren

Wir betrachten speziell Abbildungen (Operatoren) von $\mathbb{C}^N$ auf $\mathbb{C}^N$, die durch $N \times N$ Matrizen dargestellt werden. Wenn die Anwendung eines Operators A auf einen Vektor $|a\rangle$ bis auf einen skalaren Faktor λ wieder den selben Vektor ergibt,

$$A |a\rangle = \lambda |a\rangle ,$$

dann wird dieser Vektor als Eigenvektor und der Faktor λ als Eigenwert bezeichnet. Eigenvektoren sind nur bis auf einen multiplikativen Faktor definiert.

Für einen endlichdimensionalen Vektorraum lautet die notwendige Bedingung für einen Eigenvektor

$$\det (A - \lambda I) = 0 .$$

In einem komplexen Vektorraum der Dimension d hat diese Gleichung d komplexe Lösungen für λ. Die Eigenwerte für verschiedene Eigenvektoren können gleich sein, man spricht dann von *Entartung*. Für endlichdimensionale Vektorräume nennt man die Menge der Eigenwerte das *Spektrum*. Operatoren auf endlichdimensionalen Vektorräumen haben ein diskretes Spektrum. In diesem Fall kann man die Eigenvektoren normieren.

Hermitesche Operatoren auf N-dimensionalen Hilbert-Räumen haben besonders angenehme Eigenschaften:

1. Sie besitzen N unabhängige Eigenvektoren und Eigenwerte

$$A |a_n\rangle = a_n |a_n\rangle$$

2. Die Eigenwerte sind reell
3. Die Eigenvektoren sind orthonormal $\langle a_n | a_m \rangle = \delta_{mn}$
4. Die Eigenvektoren bilden eine Basis im Definitionsbereich von A, d. h. jeder Vektor $|f\rangle$ aus dem Definitionsbereich von A kann als Superposition der Eigenvektoren geschrieben werden,

$$|f\rangle = \sum_{n=1}^{N} \alpha_n |a_n\rangle \quad \text{mit } \alpha_n = \langle a_n | f \rangle$$

5. Die Wirkung von A auf einen beliebigen Vektor ist damit einfach zu berechnen $A |f\rangle = \sum_{n=1}^{N} a_n |a_n\rangle$.

Für $N \to \infty$ gelten dies Aussagen nur für kompakte Hermitesche Operatoren, siehe Mathematik.

Spektraltheorem

Die Spektralzerlegung drückt einen Operator A durch seine Eigenvektoren $\{|a_j\rangle\}$ aus. Mit $A|a_k\rangle = a_k|a_k\rangle$ lautet die Spektralzerlegung

$$A = \sum_{k=1}^{N} a_k P_k \tag{15.14}$$

wo P_k der Projektionsoperator auf den Unterraum ist, der durch die entarteten Eigenvektoren $|a_{k,i}\rangle$, $i = 1,\ldots,d(k)$ aufgespannt wird und dessen Dimension der Entartungsgrad $d(k)$ der Eigenwerte a_k ist,

$$P_k = \sum_{i=1}^{d(k)} P_{k,i} \quad \text{mit } P_{k,i} = |a_{k,i}\rangle\langle a_{k,i}|, \tag{15.15}$$

wo $d(k)$ der Entartungsgrad des Eigenwertes $a_{k,i}$ ist. Die Projektionsoperatoren erfüllen

$$P^\dagger = P,$$
$$P^2 = P, \quad P_k P_l = \delta_{kl} P_k.$$

Wenn der Eigenwert nicht entartet ist, dann gilt

$$P_k = |a_k\rangle\langle a_k|$$

oder

$$A = \sum_k a_k |a_k\rangle\langle a_k|. \tag{15.16}$$

Die Matrixdarstellung A_{ik} ist in dieser Basis diagonal,

$$A_{ij} = \sum_k \langle a_i|a_k\rangle a_k \langle a_k|a_j\rangle = \delta_{ij} a_j.$$

Ein linearer Operator A heißt *normal*, wenn $AA^\dagger = A^\dagger A$. Beispiele für normale Operatoren sind die Hermiteschen und die unitären Operatoren. Normale Operatoren lassen sich diagonalisieren und besitzen eine Spektralzerlegung.

Bemerkung: Die obigen Formeln gelten auch für $N = \infty$ solange A ein beschränkter Hermitescher Operator ist. Für unbeschränkte Operatoren in unendlichdimensionalen Hilberträumen müssen der Begriff Hermitesch und das Spektraltheorem modifiziert werden (siehe Mathematik).

Funktionen von Operatoren

Das Spektraltheorem erlaubt Funktionen von Operatoren zu definieren

$$f(A) = \sum_{k=1}^{N} f(a_k) P_k = \sum_{k=1}^{N} f(a_k) |a_k\rangle\langle a_k|. \tag{15.17}$$

Wenn $f(x)$ in eine Potenzreihe entwickelt werden kann,

$$f(x) = \sum_{n=0}^{\infty} c_n x^n,$$

dann definieren wir

$$f(A) = \sum_{n=0}^{\infty} c_n A^n.$$

Als **Beispiel** betrachten wir die Funktion $\exp(iA)$, wo A ein Hermitescher Operator A mit reellen Eigenwerten a_n und Eigenvektoren $|a_n\rangle$ ist. Dann gilt nach Gl. (15.17)

$$U = \exp(iA) = \sum_{k=0} e^{ia_k} |a_k\rangle \langle a_k| \qquad (15.18)$$

Hermitesche Konjugation ergibt

$$U^\dagger = \sum_{k=0} e^{-ia_k} |a_k\rangle \langle a_k| = \exp(-iA).$$

D. h. U ist ein unitärer Operator. Man kann zeigen, dass jeder unitäre Operator in der Form (15.18) geschrieben werden kann.

Ableitung eines Operators nach einem Parameter
Betrachtet man Operatoren, die von einem Parameter t abhängen, z. B. $A(t) = \exp(-iHt)$, so defiert man die Ableitung wie für gewöhnliche Funktionen

$$\frac{dA(t)}{dt} = \lim_{\varepsilon \to 0} \frac{A(t+\varepsilon) - A(t)}{\varepsilon}.$$

Bei der Produktregel muss man aber auf die Reihenfolge der Operatoren achten,

$$\frac{d(AB)}{dt} = \frac{dA(t)}{dt} B(t) + A(t) \frac{dB(t)}{dt}.$$

15.10 Erwartungswert

Der Erwartungswert eines Operators A bzgl. eines Kets $|\psi\rangle$ ist definiert als

$$\langle A \rangle \equiv \langle \psi | A | \psi \rangle.$$

Der Ket-Vektor $|\psi\rangle$ kann in der Eigenbasis $\{|a_n\rangle\}$ von A mit $A|a_n\rangle = a_n |a_n\rangle$ entwickelt werden

$$|\psi\rangle = \sum_n b_n |a_n\rangle.$$

Dann wird

$$\langle A \rangle = \sum_{n,m} \langle a_n | b_n^* A b_m | a_m \rangle = \sum_n a_n |b_n|^2.$$

Der Erwartungswert ist invariant unter unitären Transformationen

$$|\Psi\rangle \to U|\Psi\rangle, \quad A \to UAU^{-1} \quad \text{mit} \quad U^\dagger U = UU^\dagger = 1.$$

Beachte, dass $|\Psi\rangle$ und A transformiert wurden. Da in der Quantenmechanik nur Erwartungswerte eindeutigen Messgrößen entsprechen, folgt, dass die Quantenmechanik nur bis auf unitäre Transformationen festgelegt ist. Dem entspricht klassisch, dass ich mein gegebenes System (Gerät und Koordinatensystem) als Ganzes rotiere.

15.11 Operatoridentitäten

Wir setzen voraus, dass alle Operatoren auf den selben Hilbert-Raum wirken.

Kommutator
Der Kommutator zweier Operatoren ist definiert als

$$[A, B] = AB - BA.$$

Aus der Definition folgt

$$[AB, C] = A[B, C] + [A, C]B, \tag{15.19}$$

die Jacobi-Identität

$$[A, [B, C]] + [B, [C, A]] + [C, [A, B]] = 0 \tag{15.20}$$

und die Baker-Campbell-Hausdorff-Formel

$$e^A B e^{-A} = B + [A, B] + \frac{1}{2!}[A, [A, B]] + \cdots. \tag{15.21}$$

Spezialfälle:
1. $[A, B]$ vertauscht mit A und B (man sagt, $[A, B]$ ist eine c-Zahl). Dann gilt

$$e^A B e^{-A} = B + [A, B] \tag{15.22}$$

und die verwandte Identität

$$e^A e^B = e^{(A+B) + \frac{1}{2}[A, B]}. \tag{15.23}$$

2. $[A, B] = \alpha B$. Dann ergibt Gl. (15.21)

$$e^A B e^{-A} = e^\alpha B \tag{15.24}$$

Theorem
Zwei vertauschende Hermitesche Operatoren besitzen gemeinsame Eigenvektoren, d. h. sie können gleichzeitig diagonalisiert werden.

15.12 Die Spur eines Operators

Die Spur eines Operators (Matrix) in einem N-dimensionalen Hilbert-Raum ist definiert als die Summe der Diagonalelemente,

$$Sp A = \sum_{m=1}^{N} \langle u_m | A | u_m \rangle \, ,$$

für jede orthonormale Basis $\{|u_i\rangle\}$. Wählt man für die $\{|u_i\rangle\}$ die Eigenvektoren von A, dann ist die Spur gerade die Summen der Eigenwerte von A. Für eine beliebige Matrix A_{ik} ist die Spur gegeben durch die Summe der Diagonalelemente.

Eigenschaften der Spur

$$Sp(AB) = Sp(BA)$$
$$Sp(ABC) = Sp(CAB) = Sp(BCA) \quad \text{(zyklisch)}$$
$$Sp(UAU^\dagger) = Sp(A) \quad \text{für } U \text{ unitär}$$
$$Sp |\alpha\rangle \langle \beta| = \langle \beta | \alpha \rangle \, .$$

Beweis der letzten Formel Sei $\{|u_i\rangle\}$ eine Basis. Dann gilt

$$Sp |\alpha\rangle \langle \beta| = \sum_i \langle u_i | \alpha \rangle \langle \beta | u_i \rangle$$
$$= \sum_i \langle \beta | u_i \rangle \langle u_i | \alpha \rangle = \langle \beta | \alpha \rangle \, . \qquad \square$$

15.13 Produktraum

Gegeben seien zwei Hilbert-Räume $\mathbb{V}$ und $\mathbb{W}$ mit den zugehörigen Basiszuständen $\{|v_i\rangle\} = \{|v_1\rangle, |v_2\rangle, \ldots, |v_n\rangle\}$ und $\{|w_j\rangle\} = \{|w_1\rangle, |w_2\rangle, \ldots, |w_m\rangle\}$. Dann kann man aus diesen beiden Räumen einen Produktraum $\mathbb{V} \otimes \mathbb{W}$ mit der Dimension $n \times m$ bilden. Dieser ist definiert als der Raum, der durch die Basisvektoren $\{|v_i\rangle \otimes |w_j\rangle\}$ aufgespannt wird. Damit ist ein allgemeiner Zustand im Produktraum gegeben durch das Tensorprodukt

$$|\Phi\rangle = \sum_{i,j} c_{ij} |v_i\rangle \otimes |w_j\rangle \, .$$

Beispiel: $\mathbb{V} = \mathbb{C}^2$ und $\mathbb{W} = \mathbb{C}^3$

$$|\Phi\rangle = |a\rangle \otimes |b\rangle = \begin{bmatrix} a_1 \\ a_2 \end{bmatrix} \otimes \begin{bmatrix} b_1 \\ b_2 \\ b_3 \end{bmatrix} = \begin{bmatrix} a_1 \begin{bmatrix} b_1 \\ b_2 \\ b_3 \end{bmatrix} \\ a_2 \begin{bmatrix} b_1 \\ b_2 \\ b_3 \end{bmatrix} \end{bmatrix} = \begin{bmatrix} a_1 b_1 \\ a_1 b_2 \\ a_1 b_3 \\ a_2 b_1 \\ a_2 b_2 \\ a_2 b_3 \end{bmatrix}$$

Oft lässt man das ⊗ weg, dann muss man aber beachten, dass $|v_i\rangle$ und $|w_j\rangle$ Vektoren in verschiedenen Hilbert-Räumen sind. Noch kürzer, aber undurchsichtiger, ist die Notation $|v_i\rangle \otimes |w_j\rangle \rightarrow |v_i, w_j\rangle$

Das Tensorprodukt ist linear bezüglich der Multiplikation mit einer komplexen Zahl

$$[\alpha |\psi\rangle_V] \otimes |\varphi\rangle_W = \alpha \left[|\psi\rangle_V \otimes |\varphi\rangle_{(W)} \right].$$

Das induzierte Skalarprodukt ist

$$(\langle v| \otimes \langle w|)(|v'\rangle \otimes |w'\rangle) = \langle v, w|v', w'\rangle = \langle v|v'\rangle_V \cdot \langle w|w'\rangle_W.$$

Man kann zeigen, dass der so definierte Produktraum wieder ein Hilbert-Raum ist.

Operatoren: Gegeben seien zwei Operatoren $A : \mathbb{V} \rightarrow \mathbb{V}$ und $B : \mathbb{W} \rightarrow \mathbb{W}$. Dann kann man ein äußeres Produkt der beiden Operatoren, d. h. einen Operator $A \otimes B$, der auf $\mathbb{V} \otimes \mathbb{W}$ wirkt, definieren durch

$$A \otimes B(|\Psi\rangle_V \otimes |\Phi\rangle_W) = (A |\Psi\rangle_V) \otimes (B |\Phi\rangle_W).$$

wobei wir, wo nötig, den Raum angeben, auf den die Operatoren wirken. Notation:

$$(A_{(V)} \otimes B_{(W)}) |v, w\rangle \equiv AB |v, w\rangle$$
$$(A_{(V)} \otimes \mathbf{1}) |v, w\rangle = |Av, w\rangle \equiv A |v, w\rangle.$$

Beispiel:

$$A \otimes B = \begin{bmatrix} a & b \\ c & d \end{bmatrix} \otimes \begin{bmatrix} x & y \\ u & v \end{bmatrix} = \begin{bmatrix} a \begin{bmatrix} x & y \\ u & v \end{bmatrix} & b \begin{bmatrix} x & y \\ u & v \end{bmatrix} \\ c \begin{bmatrix} x & y \\ u & v \end{bmatrix} & d \begin{bmatrix} x & y \\ u & v \end{bmatrix} \end{bmatrix} = \begin{bmatrix} ax & ay & bx & by \\ au & av & bu & bv \\ cx & cy & dx & dy \\ cu & cv & du & dv \end{bmatrix}$$

Oft führt man auch eine Summe ein

$$A + B \equiv A_{(V)} \otimes \mathbf{1}_{(W)} + \mathbf{1}_{(V)} \otimes B_{(W)}.$$

Zwei Operatoren, die in verschiedenen Räumen wirken, vertauschen

$$A_{(V)} \otimes B_{(W)} = B_{(W)} \otimes A_{(V)}.$$

Eigenvektoren im Produktraum

Wir betrachten zunächst den Hilbert-Raum $\mathbb{V}$. Sei a_i der Eigenwert und $|a_i\rangle$ der Eigenvektor des Operators $A_{(V)}$,

$$A |a_i\rangle = a_i |a_i\rangle$$

Dann ist auch $|a_i, b\rangle$ Eigenvektor von A (genauer, von $A \otimes \mathbf{1}$) in $\mathbb{V} \otimes \mathbb{W}$,

$$A|a_i, b\rangle = a_i |a_i, b\rangle \quad \text{für beliebige } |b\rangle \in \mathbb{W}$$

Seien $|b_j\rangle$ die Eigenvektoren von B im Hilbert-Raum $\mathbb{W}$, dann ist auch $|a, b_j\rangle$ Eigenvektor von B (genauer, von $\mathbf{1} \otimes B$) in $\mathbb{V} \otimes \mathbb{W}$,

$$B|a, b_j\rangle = b_j |a, b_j\rangle \quad \text{für beliebige } |a\rangle \in \mathbb{V}.$$

Es folgt, dass $|a_i, b_j\rangle$ gemeinsame Eigenvektoren von A und B sind.

15.14 Der Hilbertsche Funktionenraum $\mathbb{L}^2$

Die Elemente von $\mathbb{L}^2$ sind die komplexwertgen Funktionen $f(x), g(x), \ldots$, die auf einem Intervall $[a, b]$ quadratisch (Lebesque) integrierbar sind, d. h.

$$\int_a^b dx\, |f(x)|^2 < \infty$$

mit dem Skalarprodukt

$$\langle f|g\rangle = \int_a^b dx\, f^*(x) g(x)$$
$$= \langle g|f\rangle^*.$$

Die Intervallgrenzen können auch ∞ sein.

Wir betrachten eine abzählbare Menge von Funktionen

$$u_i(x) \in L^2, \quad i = 1, 2, \ldots, \infty.$$

Die Menge ist *orthonormiert*, wenn

$$\langle u_i|u_k\rangle^* \equiv \int dx\, u_i^*(x) u_k(x) = \delta_{ik}.$$

Diese Menge bildet eine *Basis*, wenn jede Funktion $f(x) \in L^2$ eindeutig in den u_i entwickelt werden kann,

$$f(x) = \sum_i f_i u_i(x). \tag{15.25}$$

Beispiel: Wenn man die Menge der Polynome $P_N = a_0 1 + a_1 x + a_2 x^2 + \cdots + a_n x^N$, $N = 0, 1, 2, \ldots, \infty$ über dem Intervall $(-1, +1)$ orthonormiert, dann erhält man die Legendre-Polynome.

In einer solchen Basis kann man von **Komponenten** der Funktion sprechen:

$$\langle u_k | f \rangle = \sum_l f_l \langle u_k | u_l \rangle = f_k$$

$$\left(= \sum_l f_l \int dx\, u_k^*(x) u_l(x) = \sum_l f_l \delta_{kl} \right)$$

$$f_k = \langle u_k | f \rangle = \int dx\, u_i^*(x) f(x) \,.$$

Wie im Endlichdimensionalen wird eine Funktion durch ihre Komponenten dargestellt. Auch das Skalarprodukt lässt sich durch die Komponenten ausdrücken

$$\langle f | g \rangle = \left\langle \sum_k f_k u_k \middle| \sum_l g_l u_l \right\rangle$$

$$= \sum_{k,l} f_k^* g_l \langle u_k | u_l \rangle = \sum_k f_k^* g_k \,.$$

15.15 Vollständigkeit in $\mathbb{L}^2$

Wenn die $\{u_i(x)\}$ eine Basis bilden, dann gilt

$$f(x) = \sum_i f_i u_i(x) = \sum_i \langle u_i | f \rangle u_i(x)$$

$$= \sum_i \left[\int dx'\, u_i^*(x') f(x') \right] u_i(x)$$

$$= \int dx'\, f(x') \left[\sum_i u_i^*(x') u_i(x) \right] \,.$$

Diese Gleichung ist erfüllt für

$$\sum_i u_i^*(x') u_i(x) = \delta(x' - x) \,.$$

Dies ist die **Vollständigkeitsrelation**.

15.16 Konvergenz

Mit Hilfe der Methode der kleinsten Quadrate können wir eine beliebige stetige Funktion $f(x)$ durch eine Funktion $f_N(x)$ aus einem N-dimensionalen Funktionenraum approximieren. Man minimiert

$$\Delta_N = \langle f - f_N | f - f_N \rangle = \int dx \, |f - f_N|^2 \, .$$

Dann nimmt Δ_N ein Minimum an für

$$f_N(x) = \sum_{k=1}^{N} f_k u_k(x) \, ,$$

mit

$$f_k = \langle u_k | f \rangle \, .$$

Es gilt auch

$$\langle f|f \rangle \geq \sum_{k=1}^{N} |f_k|^2 \, .$$

Wir gehen jetzt über zum abzählbar-unendlich-dimensionalen Funktionen-Raum. Wenn

$$\lim_{N \to \infty} \Delta_N = 0$$

dann sagt man, dass $f_N(x)$ gegen $f(x)$ **konvergiert** und, dass

$$\langle f|f \rangle = \sum_{k=1}^{\infty} |f_k|^2 \, . \tag{15.26}$$

Beispiel: Betrachte die Menge aller komplexwertigen quadratintegrierbaren Funktionen auf dem Intervall $x \in [0, 1]$, die an den Endpunkten verschwinden. Sie bildet offensichtlich einen komplexen Vektorraum. Wir identifizieren $|f\rangle$ mit $f(x)$. Mit dem Skalarprodukt

$$\langle f|g \rangle = \int_0^1 dx f^*(x) g(x)$$

kann man zeigen, dass die Vektoren einen Hilbert-Raum bilden. Die Fourier-Analyse liefert eine Basis

$$u_n(x) = \sqrt{2} \sin(n\pi x) \, .$$

Ein Ergebnis der Fourier-Theorie ist, dass jede quadratintegrierbare Funktion, die am Rand verschwindet, in einen Fourier-Reihe entwickelt werden kann,

$$g(x) = \sum_{n=1}^{\infty} \alpha_n u_n(x)$$

mit
$$\alpha_n = \langle u_n | g \rangle \ .$$

Die Norm des Vektors $|g\rangle$ ist gegeben durch
$$||g\rangle| = \sum_{n=1}^{\infty} |\alpha_n|^2 \ .$$

15.17 Lineare Operatoren im Hilbertschen Funktionenraum

Ein Operator A macht aus einer Funktion $f(x)$ eine andere Funktion $g(x)$
$$g = Af \ . \tag{15.27}$$

A ist ein linearer Operator, wenn
$$A(f_1 + f_2) = Af_1 + Af_2; \quad A(cf) = cAf \ .$$

Beispiele für lineare Operatoren sind
$$g(x) = \left(\frac{d^2}{dx^2} + a \frac{d}{dx} + b \right) f(x)$$

oder
$$g(x) = \int A(x, x') f(x') dx' \ . \tag{15.28}$$

Wir können die Zerlegung nach Basisfunktionen $\{u_k(x)\}$,
$$f(x) = \sum_{k=1}^{N} f_k u_k(x), \ g(x) = \sum_{l=1}^{N} g_l u_l(x) \ ,$$

in Gl. (15.28) einsetzen und erhalten
$$\sum_l g_l u_l(x) = \sum_k \int f_k A(x, x') u_k(x') dx' \ .$$

Multiplikation mit $u_i(x)$ und Integration über x liefert
$$\sum_l g_l \int dx u_i(x) u_l(x) = \sum_k \int dx dx' u_i(x) A(x, x') u_k(x') f_k$$

oder
$$g_i = \sum_k A_{ik} f_k \tag{15.29}$$

mit
$$A_{ik} = (u_i, Au_k) = \int dx dx' u_i(x) A(x, x') u_k(x') .$$

Wir haben also die Operator-Gleichung $g = Af$ ersetzt durch eine Matrix-Gleichung (15.29). Die Matrix ist im Allgemeinen unendlichdimensional.

Bemerkung: Im unendlichdimensionalen Fall gibt es lineare Operatoren, die nicht auf dem ganzen Hilbert-Raum definiert sind. Ein Beispiel wäre der lineare Operator

$$Af = \frac{\partial f}{\partial x}$$

im oben beschriebenen Hilbertschen Funktionenraum $\mathbb{L}^2$. Es gibt viele quadratintegrierbare Funktionen (z. B. Stufenfunktionen), die nicht differenzierbar sind. Der Definitionsbereich dieses Operators sind nur solche quadratintegrablen Funktionen, deren Ableitung auch quadratintegrabel ist. Das Definitionsbereichs- und Wertebereichsproblem kompliziert die Behandlung linearer Operatoren auch in der Quantenmechanik beträchtlich. Wir werden dieses Problem soweit möglich ausblenden.

15.18 Nicht-Normierbare Basen

Die oben eingeführten Basen bestehen aus quadratintegrierbaren Funktionen. Oft ist es bequem auch Basen zu betrachten, die nicht zu $\mathbb{L}^2$ gehören. Als Beispiel diskutieren wir die Fourier-Transformation einer Funktion $f(x) \in \mathbb{L}^2$, d. h. die Entwicklung

$$f(x) = \frac{1}{\sqrt{2\pi}} \int_{-\infty}^{+\infty} dp \tilde{f}(p) e^{ipx} \tag{15.30}$$

$$\tilde{f}(p) = \frac{1}{\sqrt{2\pi}} \int_{-\infty}^{+\infty} dx f(x) e^{-ipx} .$$

Wir können

$$v_p(x) = \frac{1}{\sqrt{2\pi}} e^{ipx}$$

als Basisfunktionen auffassen. Dann lautet Gl. (15.30):

$$f(x) = \int_{-\infty}^{+\infty} dp \tilde{f}(p) v_p(x)$$

mit

$$\tilde{f}(p) = \langle v_p | f \rangle = \int_{-\infty}^{+\infty} dx v_p^*(x) f(x) .$$

Die $\tilde{f}(p)$ sind die Komponenten der Funktion $f(x)$. Die Funktion $f(x)$ ist laut Voraussetzung aus $\mathbb{L}^2$. Wegen des Parsevalschen Theorems

$$\langle f|f\rangle = \int dx|f(x)|^2 = \int dp|\tilde{f}(p)|^2$$

ist damit auch $\tilde{f}(p)$ aus $\mathbb{L}^2$.

Die Basisfunktionen selbst sind nicht normierbar

$$\int_{-\infty}^{+\infty} dx|v_p(x)|^2 = \int_{-\infty}^{+\infty} dx \frac{1}{2\pi} = \infty.$$

Sie gehören daher nicht zu den Vektoren des Hilbertraumes. Man bezeichnet sie manchmal als fiktive oder uneigentliche Vektoren. Die Vollständigkeitsrelation gilt jedoch,

$$\int dp v_p(x') v_p(x) = \frac{1}{2\pi} \int dp e^{ip(x-x')} = \delta(x-x').$$

Wir wollen auch noch das Skalarprodukt $\langle v_p|v_{p'}\rangle$ betrachten, um zu sehen, ob so etwas wie Orthogonalität existiert:

$$\langle v_p|v_{p'}\rangle = \int dx v_p^*(x) v_{p'}(x) = \frac{1}{2\pi} \int dx e^{-i(p-p')x} = \delta(p-p').$$

Dies ist die Verallgemeinerung des Kroneckerschen Deltasymbol für diskrete Indizes auf kontinuierliche Indizes.

Anmerkungen:
a) Die Basisvektoren eines Hermiteschen Operators, einschließlich der uneigentlichen, bilden ein vollständiges Basissystem. Die kontinuierlichen Basen sind beim Rechnen nützlich, man darf aber nicht vergessen, dass physikalische Zustände quadratintegrierbaren Vektoren (Funktionen) sein müssen.
b) Die Deltafunktion kann als Basis aufgefasst werden, da

$$f(x) = \int dx' f(x') \delta(x-x').$$

16 Grundlagen der Quantenmechanik

Die Quantentheorie ist ein mathematisches Abbild der physikalischen Welt. Man muss definieren, durch welche mathematischen Objekte physikalische Zustände, der Messprozess, Observable und Dynamik dargestellt werden. Wenn möglich, sollte sich der mathematische Formalismus anhand einiger Experimente auch begründen lassen. Dies wird z. B. in den Vorlesungen von J. Schwinger (J. Schwinger 2003) durch eine eingehende Untersuchung selektiver Messungen an Stern-Gerlach-Experimenten versucht. Eine solche Analyse ist allerdings umfangreich und technisch. Wir folgen daher den umgekehrten Weg, formulieren Postulate und zeigen dann, dass sie die teilweise erstaunlichen Ergebnisse der Quanten-Experimente erklären.

16.1 Zustände und Observable in der klassischen Mechanik

In der klassischen Mechanik wird der Zustand eines Systems von Massenpunkten durch einen einzigen Punkt (q, p) im $2N$-dimensionalen Phasenraum bestimmt, wo N die Zahl der Freiheitsgrade des Systems ist. Für einen einzelnen Massenpunkt ist der Phasenraum 6-dimensional und besteht aus den Vektoren $(\vec{x}, \vec{p})$. Für einen starren Körper besteht der 12-dimensionale Phasenraum aus den Vektoren $(\vec{x}_{CM}, \alpha, \beta, \gamma, \vec{p}_{CM}, \vec{L})$, wo α, β, γ die Euler-Winkel, $\vec{L}$ der Drehimpuls und $\vec{x}_{CM}, \vec{p}_{CM}$ die Schwerpunkt-Koordinaten bzw. Impulse sind. Man kann auch für Felder einen klassischen Phasenraum definieren, der jetzt aber ∞-dimensional ist und aus den Feldern und ihren kanonisch konjugierten Impulsen besteht. Ist ein Punkt im Phasenraum gegeben, so ist die weitere zeitliche Entwicklung eindeutig festgelegt (Differentialgleichungen 1. Ordnung). Der Punkt im Phasenraum wird daher auch als *Zustand* des Systems bezeichnet. Die physikalischen Messgrößen, oder *Observable*, sind Funktionen $F(q_i, p_i)$, die zu jeder festen Zeit t einen wohldefinierten reellen Wert annehmen, der eindeutig und beliebig genau bestimmt ist, wenn man $q_i(t)$ und $p_i(t)$ kennt. Beispiele für eine Observable bilden die potentielle Energie $V(q_1, \ldots, q_N)$ und die Hamilton-Funktion. Sind die Zustandsvektoren $q_i(t)$ und $p_i(t)$ bekannt, so sind alle Observable eindeutig festgelegt. Es besteht also im Prinzip kein Unterschied zwischen Zustand und Observable.

16.2 Postulate der Quantenmechanik

Der fundamentale Unterschied zur klassischen Mechanik ist, dass wir in der Quantenmechanik zwischen Zustand und Observable unterscheiden müssen.

1. Postulat
Zu jedem Zeitpunkt wird der Zustand eines quantenmechanischen Systems durch einen komplexen Vektor im Hilbert-Raum der Zustände beschrieben

In der klassischen Mechanik traten nur reelle Vektoren und Matrizen auf (wenn wir auch manchmal aus rechentechnischen Gründen komplexe Größen einführten). In der Quantenmechanik ist ein Zustand ein komplexer Vektor $|\Psi\rangle$ in einem vollständigen, komplexen Vektorraum mit Skalarprodukt (Hilbert-Raum). Die Identifizierung eines Zustandes mit einem Vektor im Hilbertraum bedeutet, dass auch die Superposition von zwei Zuständen einen möglichen Zustand des Systems darstellt. Diese Postulat hat weitreichende Konsequenzen. Ist z. B. $|\Psi_1\rangle$ der Zustand eines Teilchens am Punkt $\vec{x}_1$ und $|\Psi_2\rangle$ der Zustand des selben Teilchens am Punkt $\vec{x}_2$, dann ist auch die Superposition des Teilchens an verschiedenen Punkten ein möglicher Zustand. Dieses Postulat wird durch viele Experimente, z. B. das Doppelspalt-Experiment mit Elektronen, bestätigt[1]. Ein Zustand, der durch einen Vektor im Hilbert-Raum beschrieben werden kann, heißt reiner Zustand.

Zwei Zustände $|\Psi\rangle$ und $e^{i\alpha}|\Psi\rangle$ beschreiben das selbe physikalische System. Die relative Phase zwischen zwei Zuständen ist jedoch signifikant. Wir identifizieren $a|\Psi_1\rangle + b|\Psi_2\rangle$ mit $e^{i\alpha}(a|\Psi_1\rangle + b|\Psi_2\rangle)$ aber nicht mit $a|\Psi_1\rangle + e^{i\alpha}b|\Psi_2\rangle$. Diese Aussage folgt erst aus den Postulaten 2-4, sei aber hier schon erwähnt.

Der Einfachheit halber nehmen wir zunächst an, dass der Vektorraum N-dimensional oder abzählbar unendlichdimensional ist.

2. Postulat
Jede Observable eines physikalischen Systems entspricht einem Hermiteschen Operator, der auf die Zustandsvektoren wirkt.

Eine Observable ist eine Eigenschaft eines physikalischen Systems, die gemessen werden kann. Die Eigenzustände eines Hermiteschen Operators A bilden eine vollständige orthonormale Basis. Ein Hermitescher Operator A besitzt eine Spektraldarstellung.

3. Postulat
Eine einzelne Messung einer Observablen A liefert einen der möglichen Eigenwerte des Operators.

Einem Messprozess für eine bestimmte Observable an einem System $|\Psi\rangle$ entspricht die Anwendung des zugehörigen Operators A auf den physikalischen Zustandsvektor $|\Psi\rangle$. Das Messergebnis sollte reell sein. Dies ist der Fall, da die Eigenwerte eines Hermiteschen Operators reell sind. Die Folgerungen des 3. Postulats für Operatoren mit diskretem Spektrum sind gravierend. So liefert eine Messung der Energieniveaus des Wasserstoffatoms nur diskrete Werte. Dies ist der Ursprung der Bezeichnung „Quantum". Wenn die Observable ein kontinuierliches Spektrum aufweist, wie Ort und Impuls, dann ist das 3. Postulat nicht so überraschend. Die Eigenwerte einer Observablen

---

[1] Claus Jönsson, Elektroneninterferenzen an mehreren künstlich hergestellten Feinspalten; Zeitschrift für Physik 161 (1961), 454.

A werden mit gewissen Wahrscheinlichkeiten gemessen. Diese werden durch das 4. Postulat und die Bornsche Regel bestimmt.

4. Postulat (Nicht-entarteter Eigenwert)
Die Wahrscheinlichkeit bei einer Messung einer Observablen A an einem Zustand $|\Psi\rangle$ den (nicht-entarteten) Eigenwert a_n zu finden, ist gegeben durch

$$w(a_n) = |\langle a_n|\Psi\rangle|^2 \, ,$$

d. h. *durch das Quadrat des Skalarproduktes von $|\Psi\rangle$ mit dem Eigenzustand $|a_n\rangle$ von A.*
- Die komplexen Zahlen $\langle a_n|\Psi\rangle$ heißen Wahrscheinlichkeitsamplituden.
- Die Zustände werden als normiert vorausgesetzt

$$\langle\Psi|\Psi\rangle = 1$$

$$\langle a_m|a_n\rangle = \delta_{mn} \, .$$

Für Observable mit kontinuierlichem Spektrum ersetzt man δ_{mn} durch die Diracsche δ-Funktion, z. B. $\delta(x-x')$ für den Ortsoperator.
- Wenn das System vor der Messung in einem Eigenzustand ist, dann ist die Wahrscheinlichkeit diesen Eigenwert zu messen gleich 1.

Im Allgemeinen ist ein System nicht in einem Eigenzustand. Ein generischer Zustand kann aber als Superposition der Eigenzustände von A dargestellt werden (Vollständigkeit)

$$|\Psi\rangle = \sum_l c_l |a_l\rangle \, .$$

Wenn wir annehmen, dass der Eigenwert a_n nicht entartet ist, dann ist die Wahrscheinlichkeit den Wert a_n zu messen

$$w(a_n) = |\langle a_n|\Psi\rangle|^2 = |\langle a_n|\sum_l c_l|a_l\rangle|^2$$
$$= |\sum_l c_l \delta_{nl}|^2 = |c_n|^2 \, .$$

Wir hatten verlangt, dass die physikalische Zustände normiert sein sollen,

$$\langle\Psi|\Psi\rangle = 1 \quad \to \quad \sum_n |c_n|^2 = 1 \, .$$

Die Wahrscheinlichkeit irgendeinen Wert zu messen ist gleich eins.

4. Postulat (allgemeiner Fall)
Die Wahrscheinlichkeit bei einer Messung einer Observablen A an einem Zustand $|\Psi\rangle$ den möglicherweise entarteten Eigenwert a_k zu finden, ist gegeben durch

$$w(a_k) = |P_k|\Psi\rangle|^2 = \langle\Psi|P_k|\Psi\rangle \, ,$$

wo P_k der Projektionsoperator auf den Unterraum ist, der durch die entarteten Eigenvektoren $|a_{k,i}\rangle$, $i = 1, \ldots, d(k_i)$ aufgespannt wird und $d(k_i)$ der Entartunsgrad des Eigenwertes a_k ist.

Sei z. B. der Zustand $|a_k\rangle$ 2-fach entartet. Wir wählen eine orthogonale Basis $|a_{k,1}\rangle, |a_{k,2}\rangle$ im Eigenraum, mit Eigenwerten $a_{k,1} = a_{k,2} = a_k$. Dann ist

$$w(a_k) = |\langle a_{k,1}|\Psi\rangle|^2 + |\langle a_{k,2}|\Psi\rangle|^2$$
$$= \langle\Psi||a_{k,1}\rangle\langle a_{k,1}||\Psi\rangle + \langle\Psi||a_{k,2}\rangle\langle a_{k,2}||\Psi\rangle$$
$$= \langle\Psi|P_k|\Psi\rangle$$

die Wahrscheinlichkeit den Eigenwert a_k zu messen, wo P_k der Projektionsoperator

$$P_k = ||a_{k,1}\rangle\langle a_{k,1}| + ||a_{k,2}\rangle\langle a_{k,2}|$$

ist ($P_k^2 = P_k$). Im allgemeineren Fall, wenn der Eigenwert a_k $d(k)$-fach entartet ist, gilt

$$P_k = \sum_{i=1}^{d(k)} P_{k,i} \quad \text{mit } P_{k,i} = |a_{k,i}\rangle\langle a_{k,i}| . \tag{16.1}$$

Eine Entartung der Zustände bildet nicht etwa die seltene Ausnahme in Quantensystemen, sondern kommt durchaus häufig vor, z. B. bei den Energie-Eigenzuständen des Wasserstoffatoms. Eine etwas andere Formulierung des 4. Postulats ist die Bornsche Regel.

Bornsche Regel

Die Wahrscheinlichkeit, ein, im Zustand $|\Psi\rangle$ präpariertes System, im Zustand $|\Phi\rangle$ zu finden, ist gleich dem Betragsquadrat des Skalarprodukts $\langle\Phi|\Psi\rangle$,

$$w_{|\Psi\rangle\to|\Phi\rangle} = |\langle\Phi|\Psi\rangle|^2 . \tag{16.2}$$

Das 4. Postulat ist nicht unbedingt ein unabhängigen Postulat, da es aus der Hilbert-Raum Struktur (1. Postulat) folgt, wenn man plausible Annahmen über Wahrscheinlichkeiten macht. Die ist die Aussage eines von Gleason 1957 bewiesenes wichtigen Theorems[2].

Erwartungswert

Nach den Regeln der Wahrscheinlichkeitsrechnung können wir den Mittelwert oder den Erwartungswert der Observablen A bestimmen. Wenn $|c_n|^2$ die Wahrscheinlichkeit ist, für die Observable A der Wert a_n zu messen, dann ist der Erwartungswert (Mittelwert) von A gegeben durch

$$\langle A\rangle = \sum_n a_n|c_n|^2 .$$

---

[2] Gleason, A. M., Journal of Mathematics and Mechanics 6 (1957), 885.

Wir zeigen jetzt, dass der Erwartungswert von A in einem System $|\Psi\rangle = \sum_l c_l |a_l\rangle$ gegeben ist durch
$$\langle A \rangle = \langle \Psi | A | \Psi \rangle . \tag{16.3}$$

Beweis

$$\begin{aligned}\langle \Psi | A | \Psi \rangle &= \sum_{k,l} c_k^* c_l \langle a_k | A | a_l \rangle \\ &= \sum_{k,l} c_k^* c_l a_l \langle a_k | a_l \rangle = \sum_{k,l} c_k^* c_l a_k \delta_{kl} \\ &= \sum_k a_k |c_k|^2 = \sum_k a_k w(a_k) . \end{aligned} \tag{16.4}$$

□

Der Erwartungswert $\langle \Psi | A | \Psi \rangle$ der Observablen A im Zustand $|\Psi\rangle$ ist der *Mittelwert* über eine große Zahl von Messungen. Zur Berechnung des Erwartungswertes brauchen wir also weder Eigenvektoren noch Eigenwerte. Dafür erhalten wir aber auch keine Information über mögliche Messwerte und deren Wahrscheinlichkeiten.

5. Postulat (Nicht-entarteter Eigenwert)
Unmitebar nach einer Messung der Observablen A an einem Zustand $|\Psi\rangle$, die den nicht-entarteten Eigenwert a_n ergeben hat, befindet sich das System in normierten Eigenzustand $|a_n\rangle$.

Man spricht von der *Reduktion* oder *Kollaps* des Zustandes. Nach einer Einzelmessung der Observablen A, die das Ergebnis a_n lieferte, befindet sich das System plötzlich im Zustand $|\Psi\rangle = |a_n\rangle$. Die Interpretation des 5. Postulats, ist umstritten. Die Frage stellt sich, wie genau und wann der Kollaps passiert. Bei der ersten Messung ist das Ergebnis unbestimmt. Wird die Messung unmittelbar darauf wiederholt, so ist das Ergebnis nicht mehr statistisch verteilt, das zweite Ergebnis ist mit Sicherheit gleich a_n. Es sei angemerkt, dass die Messung $|\Psi\rangle$ durch $|a_n\rangle$ ersetzt und *nicht* durch $|\langle a_n|\Psi\rangle|^2 |a_n\rangle$. Die Reduktion des Zustandes ändert die Normierung nicht.

Im Falle von entarteten Eigenzuständen lautet das 5. Postulat

5. Postulat (Allgemeiner Fall)
Unmitebar nach einer Messung der Observablen A an einem Zustand $|\Psi\rangle$, die den möglicherweise entarteten Eigenwert a_k ergeben hat, befindet sich das System in normierten Eigenzustand
$$\frac{P_n |\Psi\rangle}{\langle \Psi | P_n | \Psi \rangle} ,$$

wo P_n in Gl. (16.1) gegeben ist.

Die Folgerungen aus diesen Vorschriften sind dramatisch. Wenn eine Observable A an einem generischen Zustand $|\Psi\rangle = \sum c_k |a_k\rangle$ gemessen wird, dann hat diese Observable vor der Messung keinen wohldefinierten scharfen Wert, sondern nur einen

Mittelwert (den Erwartungswert), den man erhält, wenn man die Messung vielfach an identisch präparierten Systemen wiederholt. Eine einzelne Messung liefert einen der möglichen Eigenwerte a_j, und zwar mit Wahrscheinlichkeit $|c_j|^2$. Diese eingeschränkte Beobachtbarkeit ist eine fundamentale Eigenschaft unserer Welt, die durch unzählige Experimente bestätigt wurde.

Reines Ensemble

Um den Erwartungswert zu bestimmen müssen wir eine große Zahl von Experimenten an identisch präparierten quantenmechanischen Systemen (identische Zustände) ausführen. Diese Kollektion von identisch präparierten Systemen nennt man reines Ensemble.

Zum Schluss betrachten wir den Grenzwert $N \to \infty$. Der einfachere Fall besteht, wenn abzählbar unendlich viele Eigenwerte existieren. In diesem Fall können die obigen Überlegungen einfach übernommen werden. Wenn sich unter den Observablen Operatoren mit kontinuierlichem Spektrum befinden, wie z. B. der Impulsoperator, dann ist die Mathematik komplizierter. Wir identifizieren zunächst Observable mit Matrizen (Heisenberg 1925).

Unbestimmtheitsrelation

Eine Observable A wird an einem Zustand $|\Psi\rangle$ gemessen. Wir definieren das *Schwankungsquadrat* oder die Dispersion durch

$$(\Delta A)^2 = \langle A^2 \rangle - \langle A \rangle^2$$
$$= \langle (A - \langle A \rangle)^2 \rangle ,$$

wo $\langle A \rangle \equiv \langle \Psi | A | \Psi \rangle$ der Erwartungswert (Mittelwert) der Observablen A ist.

Für Hermitesche Operatoren gilt die *Heisenbergsche Unbestimmtheits-* oder *Unschärferelation*,

$$\Delta A \Delta B \geq \frac{1}{2} | \langle [A, B] \rangle | . \tag{16.5}$$

Die Heisenbergsche Unbestimmtheitsrelation besagt, dass zwei nicht-vertauschende Observable nicht gleichzeitig scharf gemessen werden können. Es gibt keine gemeinsame Eigenzustände.

Beweis In der Schwarzschen Ungleichung

$$|\langle \Phi | \Psi \rangle|^2 \leq |\langle \Phi | \Phi \rangle| |\langle \Psi | \Psi \rangle| \tag{16.6}$$

setzen wir

$$|\Phi\rangle \Rightarrow (A - \langle A \rangle)|\Psi\rangle ; \quad |\Psi\rangle \Rightarrow (B - \langle B \rangle)|\Psi\rangle .$$

Dann ist

$$|\langle \Phi | \Phi \rangle| \Rightarrow |\langle \Psi | (A - \langle A \rangle)(A - \langle A \rangle) | \Psi \rangle| = (\Delta A)^2$$
$$|\langle \Psi | \Psi \rangle| \Rightarrow |\langle \Psi | (B - \langle B \rangle)(B - \langle B \rangle) | \Psi \rangle| = (\Delta B)^2 .$$

Mit Gl. (16.6) erhalten wir

$$(\Delta A)^2 (\Delta B)^2 \geq |\langle \Psi | (A - \langle A \rangle)|(B - \langle B \rangle) |\Psi\rangle|^2 \,.$$

Für ein Produkt zweier Hermitescher Operatoren gilt die allgemeine Zerlegung in einen Hermiteschen und einen Anti-Hermiteschen Anteil

$$F \cdot G = \frac{1}{2}[F, G]_+ + \frac{1}{2}[F, G] \,,$$

da

$$[FG \pm GF]^\dagger = [G^\dagger F^\dagger \pm F^\dagger G^\dagger] = \pm [FG \pm GF] \,.$$

Damit wird

$$|\langle \Psi|(A - \langle A \rangle)(B - \langle B \rangle |\Psi\rangle|^2$$
$$= \left|\left\langle \Psi \left| \frac{1}{2}[(A - \langle A \rangle), (B - \langle B \rangle]_+ \right| \Psi \right\rangle + \frac{1}{2} \langle \Psi|[A, B]|\Psi\rangle\right|^2 \,.$$

Der erste Term ist reell, der zweite rein imaginär. Da $|a + ib|^2 = a^2 + b^2$ erhalten wir

$$(\Delta A)^2 (\Delta B)^2 \geq |\langle \Psi|\frac{1}{2}[(A - \langle A \rangle), (B - \langle B \rangle)]_+|\Psi\rangle|^2 + |\frac{1}{2}\langle \Psi|[A,B]|\Psi\rangle|^2$$
$$\geq |\frac{1}{2}\langle \Psi|[A,B]|\Psi\rangle|^2 \,. \qquad \square$$

Aus der Unschärferelation folgt:
- *Zwei Observable können gleichzeitig scharf gemessen werden, wenn sie vertauschen.*

Die Bedingung ist auch hinreichend.

Die hier abgeleitete Unbestimmtheitsrelation ist eine intrinsische Eigenschaft der Quantentheorie, sie hat nichts damit zu tun, dass die Messung der einen Observablen eine Störung des Systems verursacht, die sich auf die anschließende Messung der zweiten, nicht-kompatiblen, Observablen auswirkt. Wie kann man überhaupt gleichzeitig den Erwartungswert zweier nicht vertauschender Observable an einem Quantensystem messen? Wir gehen aus von einem Ensemble, d. h. von einer sehr großen Zahl gleich präparierter Systeme, die alle im Zustand $|\Psi\rangle$ sind. Dann teilen wir das Ensemble in zwei Hälften. An der einen messen wir die Observable A, an der anderen die Observable B und berechnen die zugehörigen Schwankungsquadrate. Diese erfüllen dann die Heisenbergsche Unbestimmtheitsrelation Gl. (16.5).

Manche Autoren beziehen die Unbestimmtheitsrelation auf ein einzelnes System. Gleichzeitige Messung zweier Observabler (z. B. Ort und Impuls) bedeutet dann, dass eine Observable unmittelbar nach der anderen an diesem einen System gemessen wird. Anschließend werden diese Messungen sehr oft wiederholt. Die Messung der ersten Observablen führt auf eine Unschärfe, die sich bei der anschließenden Messung der zweiten Observablen zusätzlich auswirkt. Eine genaue Analyse zeigt, dass dann der Faktor $\frac{1}{2}$ in der Unbestimmtheitsrelation durch 1 ersetzt wird.

Vertauschende Observable

Meist wird ein physikalisches System durch mehrere Observable $A, B, C, \ldots$ (Ort, Energie, Impuls, Drehimpuls, Spin,...) beschrieben. Wenn zwei Operatoren A, B vertauschen, $[A, B] = 0$, dann können beide Observable gleichzeitig gemessen werden, d. h. es gibt gemeinsame Eigenzustände. Genauer: Wenn zwei Operatoren vertauschen, dann kann man aus den jeweiligen Eigenvektoren einen Produktraum konstruieren, in dem dann gemeinsame Eigenvektoren, z. B. Eigenvektoren von $A \otimes B$ oder $A \otimes \mathbf{1} + \mathbf{1} \otimes B$ existieren. Die beiden Operatoren sind *kompatibel*.

6. Postulat

Der Zustandsraum eines zusammengesetzten Systems (z. B. von zwei oder mehr Elektronen) ist das Tensorprodukt der einzelnen Zustandsräume.

Wenn eine Komponente im Zustand $|\Psi_1\rangle$ und die zweite im Zustand $|\Psi_2\rangle$, dann ist ein möglicher Zustand des zusammengesetzten Systems $|\Psi_1\rangle \otimes |\Psi_2\rangle$. Nicht alle Vektoren im Produktraum können als Tensorprodukt von Zuständen der Einzelsysteme beschrieben werden. Dies wird im später verdeutlicht.

16.3 Dynamik

Eine klassische dynamische Observable (Messgröße) kann *implizit* oder *explizit* von der Zeit abhängen. Die implizite Abhängigkeit steckt in den Variablen $q(t)$ und $p(t)$. Eine explizite Zeitabhängigkeit entsteht, wenn auf das System eine äußere zeitabhängige Kraft wirkt, z. B. wenn sich ein Teilchen in einem äußeren Magnetfeld $\vec{B}(t)$ bewegt. Wir betrachten zunächst nur Systeme mit ausschließlich impliziter Zeitabhängigkeit.

In der klassischen Hamiltonschen Mechanik eines Systems von Teilchen mit $2s$ Freiheitsgraden und dem Phasenraum $(q = q_1, q_2, \ldots, q_s;\ p = p_1, p_2, \ldots, p_s)$ erfüllt eine Observable $F(q, p)$ die Bewegungsgleichung

$$\frac{dF}{dt} = \{F, H\}, \tag{16.7}$$

wo H die Hamilton-Funktion ist und $\{,\}$ die Poisson-Klammer, die definiert ist durch

$$\{F, G\} = \sum_{i=1}^{s} \left(\frac{\partial F}{\partial q_i} \frac{\partial G}{\partial p_i} - \frac{\partial G}{\partial q_i} \frac{\partial F}{\partial p_i} \right).$$

Speziell gilt für die fundamentale Klammer:

$$\{q_i, p_k\} = \delta_{ik}.$$

7. Postulat

In der Quantenmechanik ersetzt man die Poisson-Klammer durch den Kommutator entsprechend der *Diracschen Quantisierungsvorschrift*,

$$\{F, G\} \to \frac{1}{i\hbar} [F, G], \tag{16.8}$$

wo $\hbar$ eine Konstante mit der Dimension einer Wirkung ist, die experimentell bestimmt werden muss,

$$\hbar = 1.054\,571\,68(18) \times 10^{-34} \text{ Joule sek} \quad \text{Plancksches Wirkungsquantum.}$$

Die imaginäre Einheit i muss eingeführt werden, damit man man die klassische Mechanik als Grenzfall der Quantenmechanik erhält (siehe unten).

Die fundamentale Poisson-Klammer geht über in

$$[Q_i, P_k] = i\hbar \delta_{ik},$$

oder in einer Dimension

$$[Q, P] = i\hbar.$$

Später werden wir sehen, dass wir Q und P als Differentialoperatoren darstellen können. Ort und Impuls vertauschen nicht, es gibt also keine gemeinsamen Eigenzustände.

Die Drehimpuls-Poisson- Klammer

$$\{L_x, L_y\} = L_z$$

geht in der Quantenmechanik über in

$$[L_x, L_y] = i\hbar L_z.$$

Ehrenfest-Theorem

Die klassische Mechanik folgt aus der Quantenmechanik und nicht umgekehrt. Dieser Übergang ergibt sich präzise auf folgende Weise: Im Limes $\hbar \to 0$ gehen die Erwartungswerte der Operatoren in die klassischen Observablen über. Diese Aussage gilt natürlich nicht für Observable, wie den Spin des Elektrons, für die kein klassisches Äquivalent existiert. Die Bewegungsgleichung der Quantenmechanik muss daher für die Erwartungswerte die Form haben

$$\frac{d}{dt} \langle F \rangle = \frac{1}{i\hbar} \langle [F, H] \rangle \tag{16.9}$$

und bei expliziter Zeitabhängigkeit

$$\frac{d}{dt} \langle F \rangle = \frac{\partial}{\partial t} \langle F \rangle + \frac{1}{i\hbar} \langle [F, H] \rangle. \tag{16.10}$$

Im Limes $\hbar \to 0$ erfüllen die Mittelwerte der Quantenmechanik die Bewegungsgleichungen der klassischen Hamiltonschen Mechanik. Dies ist das *Ehrenfest-Theorem*. Die Formulierung „Die Erwartungswerte der Quantenmechanik gehorchen den klassischen Gesetzen" ist in dieser allgemeinen Form nicht ganz richtig!

Da nur die Erwartungswerte echte Messgrößen sind, folgt, dass Zustände und Operatoren nur bis auf unitäre Transformationen

$$|\Psi\rangle \to |\Psi'\rangle = U|\Psi\rangle \quad \text{und } F \to F' = U F U^\dagger \quad \text{mit } U^\dagger = U^{-1}$$

eindeutig festgelegt sind, da

$$\langle \Psi'|F'|\Psi'\rangle = \langle \Psi|U^\dagger UFU^\dagger U|\Psi\rangle = \langle \Psi|F|\Psi\rangle.$$

Die Ausgangsformel Gl. (16.10) lässt sich auf verschiedene Weise (Bilder) realisieren:

16.4 Heisenberg-Bild

Die Zustände sind zeitunabhängig, die Zeitabhängigkeit steckt nur in den Operatoren, d. h. sie erfüllen die *Heisenbergsche Bewegungsgleichung*

$$\frac{dF(t)}{dt} = \frac{\partial}{\partial t}F(t) + \frac{1}{i\hbar}[F(t),H], \quad \frac{d}{dt}|\Psi\rangle = 0. \tag{16.11}$$

Dies ist die einfachste Möglichkeit die Grundgleichung (16.10) zu erfüllen, ist also eine hinreichende Bedingung. Wenn der Hamilton-Operator nicht explizit von der Zeit abhängt, gilt

$$\frac{dH(t)}{dt} = \frac{\partial}{\partial t}H = 0.$$

Damit lautet die Lösung der Heisenbergschen Gleichung

$$F(t) = U^{-1}(t)F(0)U(t), \tag{16.12}$$

wo $U(t)$ der Zeitentwicklungsoperator ist,

$$U(t) = \exp\left(\frac{1}{i\hbar}Ht\right), \quad U^{-1}(t) = \exp\left(\frac{-1}{i\hbar}Ht\right).$$

Offensichtlich ist $U(t)$ unitär, $UU^\dagger = U^\dagger U = 1$.

Beweis Folgende Ableitungen werden benötigt,

$$\frac{dU(t)}{dt} = \frac{1}{i\hbar}HU(t) = \frac{1}{i\hbar}U(t)H,$$

$$\frac{dU^{-1}(t)}{dt} = \frac{-1}{i\hbar}HU^{-1}(t),$$

wo wir verwendet haben, dass U nur eine Funktion von H ist und daher mit H vertauscht. Damit wird

$$\frac{d}{dt}F(t) = \frac{d}{dt}\left(U^{-1}(t)F(0)U(t)\right) \tag{16.13}$$

$$= \frac{1}{i\hbar}\left(-HU^{-1}(t)F(0)U(t) + U^{-1}(t)F(0)U(t)H\right)$$

$$= \frac{1}{i\hbar}[F(t),H]. \qquad \square$$

16.5 Schrödinger-Bild

Setzen wir die Lösung Gl. (16.12) in die Grundgleichung (16.10) ein, so erhalten wir

$$\frac{d}{dt}\left\langle\Psi|U^{-1}(t)F(0)U(t)|\Psi\right\rangle = \frac{1}{i\hbar}\left\langle\Psi|[U(t)^{-1}F(0)U(t),H]|\Psi\right\rangle$$
$$= \frac{1}{i\hbar}\left\langle\Psi|U(t)^{-1}[F(0),H]U(t)|\Psi\right\rangle,$$

wo wir wieder verwendet haben, dass $[H,U] = 0$ ist. Wir können wir diese Gleichung auch schreiben als

$$\frac{d}{dt}\langle\Psi,t|F(0)|\Psi,t\rangle = \frac{1}{i\hbar}\langle\Psi,t|[F(0),H]|\Psi,t\rangle,$$

wo wir jetzt die Zeitabhängigkeit in die Zustände geschoben haben,

$$|\Psi(t)\rangle \equiv U(t)|\Psi\rangle = e^{\frac{1}{i\hbar}Ht}|\Psi(0)\rangle.$$

Diese Zustände erfüllen offensichtlich die Differentialgleichung

$$\frac{d}{dt}|\Psi(t)\rangle = \frac{1}{i\hbar}H|\Psi(t)\rangle.$$

Dies ist die (basisunabhängige) *Schrödinger-Gleichung*. Sie ist der Ausgangspunkt für die meisten quantenmechanischen Rechnungen.

Manchmal, verwenden wir zur Klarheit die Notation:

$$|\Psi(0)\rangle = |\Psi\rangle = |\Psi\rangle_H \quad (H \text{ für Heisenberg})$$
$$|\Psi(t)\rangle = |\Psi(t)\rangle_S \quad (S \text{ für Schrödinger})$$
$$A_H(t) = U^\dagger(t)A_H(0)U(t)$$
$$A_S = A_H(0), \quad (A_S(t) = U(t)A_H(t)U^\dagger(t))$$

(beachte $H_H = H_S \equiv H$)

Im Schrödinger-Bild sind die Operatoren zeitunabhängig, die Zeitabhängigkeit steckt nur in den Zuständen. Wenn H nicht explizit von der Zeit abhängt, lautet die Lösung der Schrödinger-Gleichung

$$|\Psi(t)\rangle_S = e^{\frac{1}{i\hbar}Ht}|\Psi(0)\rangle_S.$$

D. h. die zeitliche Änderung eines physikalischen Zustands erfolgt auf vollkommen *deterministische* Weise. Der Hamilton-Operator erzeugt die zeitliche Entwicklung der Zustände. Seine Eigenzustände spielen daher eine privilegierte Rolle.

Zusammenfassung

$$\frac{d}{dt}|\Psi\rangle_H = 0 \qquad \frac{dA_H(t)}{dt} = \frac{1}{i\hbar}[A_H(t), H]$$

$$A_H(t) = U^\dagger(t)A_H(0)U(t) \quad \text{mit } U(t) = \exp\left(\frac{1}{i\hbar}Ht\right)$$

$$i\hbar\frac{d}{dt}|\Psi(t)\rangle_S = H|\Psi(t)\rangle_S \qquad \frac{d}{dt}A_S = 0$$

$$|\Psi(t)\rangle_S = e^{\frac{1}{i\hbar}Ht}|\Psi(0)\rangle_S$$

$$|\Psi(t)\rangle_S \equiv U(t)|\Psi\rangle_H, \quad |\Psi\rangle_H = |\Psi(0)\rangle_S$$

$$A_S = A_H(0), \quad (A_S(t) = U(t)A_H(t)U^\dagger(t))$$

Für praktische Rechnungen erweist sich das oft Schrödinger-Bild, für theoretische Überlegungen oft das Heisenberg-Bild als praktischer. Wir sehen z. B. anhand von Gl. (16.13) sofort, dass $\langle A \rangle$ zeitunabhängig ist, wenn $[A, H] = 0$. Im Heisenberg-Bild ist die Analogie mit der klassischen Mechanik deutlicher und die Quantisierung von Feldern einfacher.

Es ist klar, dass noch andere Bilder existieren, bei denen die Zeitabhängigkeit sowohl in den Zuständen als auch in den Operatoren steckt. Wenn der Hamilton-Operator in der Form geschrieben werden kann, dass

$$H = H_0 + H_1,$$

wo die Lösung der Heisenbergschen Bewegungsgleichung für H_0 bekannt ist und H_1 eine kleine Störung darstellt, dann arbeitet man vorteilhaft im *Wechselwirkungsbild*. Im Wechselwirkungsbild schiebt man die mit H_0 verbundene Zeitabhängigkeit in die Operatoren und die mit H_1 verbundene Zeitabhängigkeit in die Zustände. Dieses Bild eignet sich für die zeitabhängige Störungstheorie.

Basiszustände

Betrachte die Eigenzustände einer Observablen A zur Zeit $t = 0$,

$$A|a_l\rangle = a_l|a_l\rangle .$$

Im Schrödinger-Bild ist A zeitunabhängig. Die Basisvektoren, als Lösung der Eigenwertgleichung müssen daher auch zeitunabhängig sein

$$|a_l\rangle_S = |a_l\rangle .$$

Die Basisvektoren verhalten sich also umgekehrt wie die Zustandsvektoren. Ein Schrödinger-Zustand lässt sich dann in Basisvektoren entwickeln

$$|\Psi(t)\rangle_S = \sum_l c_l(t)|a_l\rangle ,$$

wobei die Zeitabhängigkeit jetzt in den Entwicklungskoeffizienten steckt.

Im Heisenberg-Bild ist die Situation umgekehrt, die Basisvektoren sind zeitabhängig,
$$|a_l, t\rangle_H \equiv U^\dagger(t) |a_l, 0\rangle_H = U^\dagger(t) |a_l\rangle \ .$$
D. h, die Basisvektoren entwickeln sich mit $U^\dagger(t)$.

Beweis, dass die so definierten $|a_l, t\rangle_H$ Eigenzustände von $A_H(t)$ sind

$$A_H(t) |a_l, t\rangle_H = A_H(t) U^\dagger(t) |a_l\rangle = U^\dagger(t) A_H(0) U(t) U^\dagger(t) |a_l\rangle$$
$$= U^\dagger(t) A_H(0) |a_l\rangle = U^\dagger(t) A |a_l\rangle = a_l U^\dagger(t) |a_l\rangle \ ,$$

da $A_H(0) = A_S = A$ ist. □

16.6 Energie-Eigenzustände

Wir nehmen wieder an, dass H nicht explizit von der Zeit abhängt und arbeiten im Schrödinger-Bild (den Index S lassen wir weg). Wir betrachten einen physikalischen Zustand $|\Psi(t)\rangle$, der zur einer Zeit t_0 ein Energie-Eigenzustand ist und wählen o.B.d.A. $t_0 = 0$,

$$H |\Psi(0)\rangle = E |\Psi(0)\rangle \ .$$

Zur Zeit t befindet sich das System im Zustand

$$|\Psi(t)\rangle = e^{\frac{1}{i\hbar} H t} |\Psi(0)\rangle = e^{\frac{1}{i\hbar} E t} |\Psi(0)\rangle \ .$$

D. h. mit fortschreitender Zeit bleibt ein Energie-Eigenzustand ein Energie-Eigenzustand,

$$H |\Psi(t)\rangle = H e^{\frac{1}{i\hbar} E t} |\Psi(0)\rangle = E e^{\frac{1}{i\hbar} E t} |\Psi(0)\rangle = E |\Psi(t)\rangle \ .$$

$|\Psi(t)\rangle$ ändert sich mit der Zeit nur um einen Phasenfaktor $e^{-\frac{i}{\hbar} E t}$, auf den es aber bei Messgrößen nicht ankommt. Solche Zustände bezeichnet man daher auch als *stationäre Zustände*. Sie sind die einzigen Zustände im Hilbertraum, die in ihrer zeitlichen Entwicklung keine Deformation erfahren. Sie eignen sich zur Beschreibung von Quantensystemen zwischen Störungen wie z. B. Messungen.

Die Erwartungswerte beliebiger Observabler zwischen stationären Zuständen sind zeitlich konstant,

$$\langle \Psi(t)| A |\Psi(t)\rangle = \langle \Psi(0)| e^{-\frac{1}{i\hbar} E t} A e^{\frac{1}{i\hbar} E t} |\Psi(0)\rangle = \langle \Psi(0)| A |\Psi(0)\rangle \ .$$

Dies gilt aber nicht für Überlagerungen von stationären Zuständen.

Entwicklung in Energie-Eigenzuständen

Wir nehmen wieder an, dass die Hamilton-Funktion H nicht explizit von der Zeit abhängt und, dass das Spektrum von H diskret ist. Die Eigenwertgleichung von H lautet

$$H |E_n\rangle = E_n |E_n\rangle \ . \tag{16.14}$$

Dies ist die *zeitunabhängige Schrödinger-Gleichung*. Da H nicht von der Zeit abhängt, hängen auch die Eigenwerte E_n und die Eigenvektoren $|E_n\rangle$ nicht von der Zeit ab. Die Eigenvektoren bilden eine Basis, d. h. wir können einen beliebigen Zustand in Energieeigenzuständen entwickeln

$$|\Psi(t)\rangle = \sum_n c_n(t) |E_n\rangle,$$

wo die Entwicklungskoeffizienten

$$c_n(t) = \langle E_n|\Psi(t)\rangle$$

offensichtlich von t abhängen. Die Zeitabhängigkeit des Zustandes ist durch die Schrödinger-Gleichung gegeben

$$i\hbar \frac{d}{dt} |\Psi(t)\rangle = H |\Psi(t)\rangle$$

$$i\hbar \frac{d}{dt} \sum_n c_n(t) |E_n\rangle = \sum_n E_n c_n(t) |E_n\rangle$$

oder, wenn wir von links mit $\langle E_m|$ multiplizieren,

$$\frac{d}{dt} c_m(t) = \frac{1}{i\hbar} E_m c_m(t).$$

Die Lösung dieser Differentialgleichung lautet

$$c_n(t) = c_n(0) \exp\left[\frac{1}{i\hbar} E_n t\right].$$

Damit wird

$$|\Psi(t)\rangle = \sum_n c_n(0) \exp\left[\frac{1}{i\hbar} E_n t\right] |E_n\rangle \tag{16.15}$$

Erwartungswert eines Operators B zwischen Superpositionen von Energie-Eigenzuständen

Zur Zeit $t = 0$ sei ein Zustand durch folgende Überlagerung gegeben

$$|\Psi(0)\rangle = \sum_n c_n(0) |E_n\rangle.$$

Wir betrachten die zeitliche Entwicklung des Erwartungswertes eines Operators B in diesem Zustand

$$\langle B \rangle = \langle \Psi(t)| B |\Psi(t)\rangle.$$

Setzen wir Gl. (16.15) ein, so erhalten wir

$$\langle B \rangle = \sum_{m,n} e^{\frac{1}{i\hbar}(E_n - E_m)t} c_m^*(0) c_n(0) \langle E_m| B |E_n\rangle.$$

Die Matrixelemente $\langle E_m| B |E_n\rangle$ sind zeitlich konstant. Man erhält eine Summe von Termen, die mit Frequenz

$$\omega_{mn} \equiv \frac{E_m - E_n}{\hbar} \quad \text{(Bohrsche Bedingung)}$$

oszillieren. Die *Bohrschen Frequenzen* sind unabhängig vom Operator B. Für ein Atom oszillieren daher die Mittelwerte aller Observablen (elektrische Dipolmomente, ...) mit den Frequenzen ω_{mn}. Es liegt nahe zu vermuten, dass Strahlung nur mit diesen Frequenzen absorbiert oder emittiert werden können.

Bemerkung: Im Allgemeinen braucht es für die eindeutige Bestimmung eines quantenmechanischen Systems neben H weitere Observable. Diese müssen kompatibel sein, sie müssen gleichzeitig mit H messbar sein, d. h. mit H vertauschen. Wir betrachten den Fall einer weiteren Observable A, die mit dem Hamilton-Operator vertauscht

$$[A, H] = 0 \,.$$

Dann gibt es gemeinsame Eigenkets

$$H |E_n; a_i\rangle = E_n |E_n; a_i\rangle, \quad A |E_n; a_i\rangle = a_i |E_n; a_i\rangle$$

nach denen wir einen beliebigen Zustand entwickeln können,

$$|\Psi(t)\rangle = \sum_{n,i} c_{n,i}(t) |E_n; a_i\rangle \,.$$

Dar Argument geht weiter genau wie oben, mit dem Ergebnis

$$|\Psi(t)\rangle = \sum_{n,i} c_{n,i}(0) \exp\left[\frac{1}{i\hbar} E_n\right] |E_n; a_i\rangle \,.$$

Konstante der Bewegung

In der Quantenmechanik ist eine Konstante der Bewegung eine nicht explizit zeitabhängige Observable A, die mit H vertauscht, $\frac{\partial A}{\partial t} = 0$ und $[A, H] = 0$. Dann folgt aus Gl. (16.10), d. h. aus $\frac{d}{dt} \langle A \rangle = \frac{1}{i\hbar} \langle [A, H] \rangle$, dass

$$\frac{d}{dt} \langle \Psi(t)| A |\Psi(t)\rangle = 0$$

für beliebige Zustände $|\Psi(t)\rangle$. Der Mittelwert von A ist also zeitlich konstant.

Bemerkungen:
1. Die Schrödinger-Gleichung ist linear in der Zeitableitung, während die Newtonschen Bewegungsgleichungen quadratisch sind.
2. Die zeitliche Entwicklung eines Zustandes, die durch die Schrödinger-Gleichung gegeben ist, ist absolut deterministisch. Ist $|\Psi(0)\rangle$ gegeben, so lässt sich $|\Psi(t)\rangle$ zu einer späteren Zeit eindeutig berechnen.

3. Dagegen ist die Messung probabilistisch. Die Theorie macht keine definiten Vorhersagen über das Ergebnis einer Messung, nur Wahrscheinlichkeitsaussagen.
4. Wenn $H = H(t)$ zeitabhängig wird, lässt sich das quantenmechanische Problem im Allgemeinen nur störungstheoretisch lösen. Dazu muss angenommen werden, dass $H = H_0 + H_1(t)$ mit konstantem H_0 und $H_1(t) \ll H_0$ ist.

Die klassische Mechanik ist ein in sich selbst völlig konsistenter abstrakter Formalismus. Die Quantenmechanik lässt sich jedoch auf keine Weise aus den Newtonschen Gleichungen ableiten. Die umgekehrte Situation ist der Fall, die Quantenmechanik im Heisenberg-Bild gleicht formal der Hamiltonschen Mechanik und führt für die Erwartungswerte von Observablen im Limes $\hbar \to 0$ auf die klassische Mechanik. Oft kann man allerdings die Quantenbeschreibung eines Systems aus der klassischen Hamiltonschen Formulierung erraten. In diesem Fall spricht man von kanonischer Quantisierung. Die kanonische Quantisierung generiert aber nicht die gesamte Quantenmechanik. Nicht alle quantenmechanische Observable, wie z. B. der Spin oder Konzepte wie das Pauli-Prinzip, haben ein klassisches Analogon. Die ganze Quantenmechanik lässt sich aus dem Experiment oder aus der übergeordneten Quantenfeldtheorie ableiten. Die kanonische Quantisierung dient als nützlicher Ausgangspunkt für die vollständige Formulierung.

Die oben aufgestellten Postulate erlauben unterschiedliche Interpretationen. Die populäre Kopenhagener Interpretation besagt, dass jede Messung eine Observablen unmittelbar zu einem Kollaps des Zustandes in eine der Eigenvektoren der Observablen, die in der Superposition aufscheinen, führt. Über die Ergebnisse können nur Wahrscheinlichkeitsaussagen gemacht werden. Die zeitliche Entwicklung der Zustände erfolgt dagegen vollkommen derterministisch. Wie dieser Kollaps des Zustandes passiert und woher die Bornschen Regeln kommen, werden nicht erklärt. Der Beobachter und die Messung werden klassisch behandelt. Dies ist sicher falsch. Der Beobachter, Messapparat und das ganze Universum folgen den selben quantenmechanischen Gesetzen. Die Kopenhagener Regeln funktionieren offensichtlich, daher müssen wir sie akzeptieren. Es bleibt aber das Problem, diese Regeln zu erklären. Es ist nicht einfach zu verstehen, wie ein Zustand gleichzeitig einer deterministischen Dynamik gehorcht, dann aber in einem ungenau definierten Messprozess einen probabilistischen Kollaps in einen der Eigenzustände erfährt. In der Kopenhagener Interpretation repräsentiert der Zustandsvektor unsere Kenntnis des betrachteten physikalischen Systems, er selbst besitzt keine physikalische Realität. Hätte der Zustandsvektor eine echte ontologische Bedeutung, so müsste es möglich sein den unbekannten Zustand eines einzelnen Quantensystems durch eine Reihe von Messungen zu bestimmen. Bei eine Messung findet man aber nur eines, von vielen möglichen Ergebnissen. Dabei wird die ursprüngliche Zustand zerstört, er kollabiert. Weitere Messungen sagen nichts über den ursprünglichen Zustandsvektor aus. Niels Bohr war der Meinung, es sei nicht Aufgabe der Physik herauszufinden wie die Welt ist, sondern wie wir sie beschreiben können. Wäre dies allerdings die Einstellung von Galilei und Kopernikus gewesen, so würden wir vielleicht noch heute an das Ptolemäische Weltbild glauben. Neuere Entwicklungen legen nahe, dass das mysteriöse Phänomen des Kollapses des Zustandes durch die Theorie der Dekohärenz, die später kurz behandelt wird, erklärt werden kann.

17 Quantentheorie des Spins

Im letzten Kapitel haben wir den kinematischen und dynamische Rahmen der Quantenmechanik aufgestellt, der viel allgemeiner als die elementare Wellenmechanik ist. Die Folgerungen werden aber erst klar, wenn wir physikalische Anwendungen betrachten. Wir untersuchen die Postulate der Quantenmechanik zuerst an Zwei-Zustandssystemen, d. h. Systeme, für die nur zwei Zustände von Bedeutung sind. Der zugehörige Hilbert-Raum ist so einfach, dass alle physikalischen Anwendungen analytisch berechnet werden können. Trotz dieser Einfachheit sind die quantenmechanische Effekte in Zweizustandssystemen besonders deutlich ausgeprägt. Es ist nicht verwunderlich, dass viele aktuelle theoretische und experimentelle Untersuchungen, wie z. B. auf den Gebieten Kryptographie und Quantencomputer auf Zwei-Zustandssystemen basieren. Der Spin-Zustand eines Elektrons bildet einen typischen Repräsentanten für ein Zwei-Zustandssystem.

Im Gegensatz zur klassischen Mechanik und zur Elektrodynamik lassen sich die allgemeinen Gesetze der Quantenmechanik induktiv aus einem einzigen Typ von Experiment ableiten. Die zuerst von Stern und Gerlach 1922 durchgeführten Experimente betreffen die magnetischen Eigenschaften eines Atomstrahles. Ein Magnetfeld induziert eine Magnetisierung in paramagnetischen Substanzen. Diese entsteht dadurch, dass die Magnetmomente der einzelnen Atome durch das Magnetfeld ausgerichtet werden, wobei die thermische Bewegung der Ausrichtung entgegen wirkt. Eine Messung der induzierten Magnetisierung stellt also einen indirekte Messung des atomaren Magnetmoments dar. Wir wollen hier nur zeigen, dass der abstrakt im vorigen Kapitel eingeführte Formalismus alle Einzelheiten der Stern-Gerlach Experimente beschreibt, das der Formalismus also hinreichend ist. Für die Notwendigkeit verweisen wir auf die Quantenmechanik Vorlesung von J. Schwinger (J. Schwinger, 2003).

17.1 Das Stern-Gerlach Experiment

Die Abbildung 17.1 zeigt schematisch den Aufbau des Stern-Gerlach Experiments. Ein Strahl von Silberatomen mit fest vorgegebener Energie wird in einem Ofen erzeugt, durchläuft ein stark inhomogenes Magnetfeld in y-Richtung und trifft auf eine Wand. Das Atom ist neutal (keine Lorentz-Kraft), hat aber ein Magnetmoment, das allein vom Eigendrehimpuls (Spin) des äußersten $5s$ Elektrons herrührt (Kernspin vernachlässigt). Die restlichen 46 Elektronen im Silberatom haben keinen Netto-Drehimpuls und tragen daher nicht zum Magnetmoment des Atoms bei.

Der Gradient des Magnetfeldes $\vec{B}$ zeige in z-Richtung. Dann wirkt auf das Atom eine Kraft

$$\vec{F} = \vec{\nabla}(\vec{\mu} \cdot \vec{B}), \qquad F_z = \mu_z \frac{\partial B_z}{\partial z} \;.$$

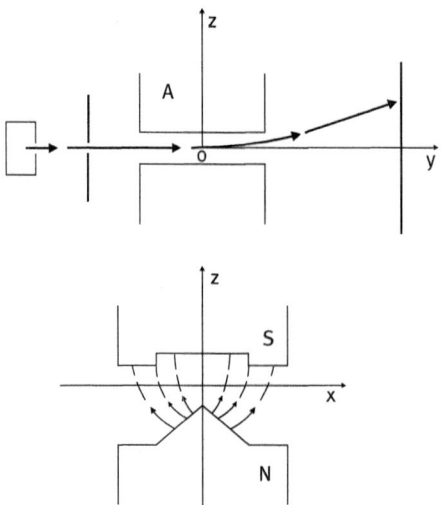

Abb. 17.1: Stern-Gerlach-Experiment.

Das Magnetmoment ist proportional zum Spin $\vec{s}$ des Atoms (Elektrons),

$$\vec{\mu} = \frac{e}{mc}\vec{s},$$

mit dem gyromagnetischer Faktor $\frac{e}{mc}$. Für einen klassischen Drehimpuls wäre $\vec{\mu} = \frac{e}{2mc}\vec{L}$, d. h. das quantenmechanische Magnetmoment für den Spin des Elektrons ist um einen Faktor 2 größer als erwartet (g-Faktor). Dieser Faktor folgt aus der Dirac-Gleichung für Fermionen.

Anmerkung: Der g-Faktor ist nicht genau 2. Neue Experimente liefern

$$\frac{1}{2}(g-2) = 1.15965218 \times 10^{-3}$$

in Übereinstimmung mit der theoretischen Vorhersage der Quantenelektrodynamik.

Der Strahl wird in z-Richtung aufgespalten. Die magnetischen Momente der einlaufenden Silberatome sind wegen der hohen Temperatur gleichmäßig über alle Richtungen verteilt. Da der einlaufende Strahl somit unpolarisiert ist, würde man, nachdem das Experiment eine Weile gelaufen ist, auf der Wand eine gleichmäßige Verteilung zwischen dem Maximal- und Minimalwert $-m_z$ und $+m_z$ erwarten. Experimentell beobachtet man aber, dass der Strahl nur auf zwei Punkte fällt. Es ist als ob die Elektronen in dem Ofen schon die Richtung des Magnetfeldes erahnt haben, und sich entsprechend in z-Richtung ausgerichtet haben, was natürlich Unsinn ist. D. h. die z-Komponenten des magnetischen Moments eines Elektrons und damit auch des Spins nehmen nur zwei Werte an, die man ↑ und ↓ oder (s_z+) und (s_z-) bezeichnet. Die gemessenen numerischen Werte sind

$$s_z = \frac{1}{2}\hbar \quad \text{und} \quad s_z = -\frac{1}{2}\hbar,$$

wo $\hbar$ das Plancksche Wirkungsquantum ist. Für einen unpolarisierten Atomstrahl erwarten wir, dass die beiden Möglichkeiten mit gleicher Wahrscheinlichkeit auftreten, was auch beobachtet wird. Die Observable S_z ist also quantisiert, ihr Spektrum umfasst nur zwei Werte (Eigenwerte) $+\frac{1}{2}\hbar$ und $-\frac{1}{2}\hbar$.

Bemerkung: In der Elementarteilchenphysik werden meist sogenannte natürliche Einheiten mit $\hbar = 1$ verwendet. Dann ist die z-Komponente des Elektronspins $\pm \frac{1}{2}$ (in Einheiten von $\hbar$) und man sagt, das Elektron habe Spin $\frac{1}{2}$. Es gibt auch andere Elementarteilchen mit Spin $\frac{1}{2}$, wie Proton, Neutron, Quarks, ... Diese Teilchen werden, wegen ihrer von Fermi entdeckten und noch zu besprechenden statistischen Eigenschaften, als *Fermionen* bezeichnet.

$\cos^2 \frac{\theta}{2}$-Regel

Wir decken jetzt einen Strahl, sagen wir den unteren, durch einen Blende ab. Auf diese Weise erhalten wir einen Strahl, der nur aus Silberatomen mit Spin ↑ besteht. Dies lässt sich verifizieren indem wir diesen Strahl durch einen weiteren zweiten parallelen Stern-Gerlach Apparat schicken und feststellen, dass alle Atome auf einen einzigen Punkt nach oben abgelenkt werden. Oft bezeichnet man der ersten Stern-Gerlach Apparat als Polarisator, den zweiten als Analysator. Drehen wir (für den erzeugten ↑-Strahl) jetzt den Analysator um einen Winkel θ um die y-Achse, dann misst der Analysator den Spin in Richtung

$$\vec{n} = \sin\theta\, \vec{e}_x + \cos\theta\, \vec{e}_z.$$

Der Strahl wird wieder auf zwei Punkte abgebildet. Zählt man jeweils die Atome, die im Analysator nach ↑ bzw. ↓ abgelenkt werden, so findet man

$$N_\uparrow = N \cos^2 \frac{\theta}{2}, \quad N_\downarrow = N \sin^2 \frac{\theta}{2},$$

wobei N die Gesamtzahl der Atome im Strahl, der auf den Analysator fällt, ist. Da die Zahl der Atome im Strahl als groß angenommen wurde, können wir von zugehörigen Wahrscheinlichkeiten sprechen,

$$w(\uparrow) = \cos^2 \frac{\theta}{2}, \quad w(\downarrow) = \sin^2 \frac{\theta}{2}.$$

$w(\uparrow)$ ist die Wahrscheinlichkeit, das ein *einzelnes* Atom (Elektron) nach oben abgelenkt wird ($\cos^2 \frac{\theta}{2}$-Regel). Dreht man den Polarisator um 90° um die y-Achse, so dass das Magnetfeld in x-Richtung zeigt, dann findet man, dass der Strahl in zwei gleich wahrscheinliche Komponenten in x-Richtung aufspaltet, mit

$$s_x = \frac{1}{2}\hbar \quad \text{und} \quad s_x = -\frac{1}{2}\hbar.$$

Diese experimentellen Beobachtungen müssen theoretisch beschrieben werden.

17.2 Der zwei-dimensionale Zustandsraum $\mathbb{C}^2$

Wir wollen den zweidimensionalen Zustandsraum in etwas mehr Detail besprechen, da er den Rahmen für die Spinphysik bildet. Der Hilbert-Raum $\mathbb{C}^2$ wird von zwei Basisvektoren $|1\rangle$ und $|2\rangle$ aufgespannt, die orthonormal und vollständig sein sollen,

$$\langle i|k\rangle = \delta_{ik}, \quad \sum_{i=1}^{2} |i\rangle \langle i| = \mathbf{1}.$$

Die Standard Basis im Hilbertraum $\mathbb{C}^2$ wird durch die Vektoren

$$|1\rangle \doteq \begin{bmatrix} 1 \\ 0 \end{bmatrix} \quad \text{und} \quad |2\rangle \doteq \begin{bmatrix} 0 \\ 1 \end{bmatrix}. \tag{17.1}$$

dargestellt (Das Symbol $\doteq$ soll die Gleichheit in einer speziellen Basis bedeuten). Die Observablen sind Hermitischen Operatoren in diesem Hilbertraum, d. h. Hermitesche 2×2 Matrizen. Die Operatoren in $\mathbb{C}^2$ bilden selbst einen Vektorraum, in dem es eine Basis von Operatoren gibt. Eine spezielle Wahl der Operatorbasis sind die *Pauli-Matrizen*:

$$\mathbf{1} = \begin{bmatrix} 1 & 0 \\ 0 & 1 \end{bmatrix}, \; \sigma_x = \begin{bmatrix} 0 & 1 \\ 1 & 0 \end{bmatrix}, \; \sigma_y = \begin{bmatrix} 0 & -i \\ i & 0 \end{bmatrix}, \; \sigma_z = \begin{bmatrix} 1 & 0 \\ 0 & -1 \end{bmatrix}. \tag{17.2}$$

Eine beliebige 2×2 Matrix A mit 4 unabhängigen Elementen lässt sich offensichtlich als Linearkombination dieser 4 Matrizen schreiben,

$$A = \alpha_0 \mathbf{1} + \vec{\alpha} \cdot \vec{\sigma}$$

mit

$$\vec{\alpha} \cdot \vec{\sigma} = \sum_{k=1}^{3} \alpha_k \sigma_k$$

und $\sigma_1 \equiv \sigma_x$, etc. Für Hermitesche Matrizen A sind die Koeffizienten α_i reell. Die Eigenwerte aller drei Pauli-Matrizen sind ± 1. Man zeigt durch direktes Nachrechnen, dass folgende Relationen erfüllt sind:

$$\sigma_i^2 = 1 \tag{17.3}$$

$$[\sigma_i, \sigma_j] = 2i\varepsilon_{ijk}\sigma_k. \tag{17.4}$$

$$[\sigma_i, \sigma_j]_+ = 2\delta_{ij} \tag{17.5}$$

$$\sigma_i \sigma_j = \delta_{ij} \mathbf{1} + i\varepsilon_{ijk}\sigma_k. \tag{17.6}$$

Durch Exponenzierung erhält man unitäre Matrizen mit besonders einfachen Eigenschaften. Wir definieren

$$M \equiv e^{i\vec{\alpha}\cdot\vec{\sigma}}$$

$$= \mathbf{1} + i\vec{\alpha}\cdot\vec{\sigma} + \frac{i^2}{2!}(\vec{\alpha}\cdot\vec{\sigma})^2 + \frac{i^2}{3!}(\vec{\alpha}\cdot\vec{\sigma})^3 + \cdots.$$

Mit Hilfe der Relation (17.5) zeigt man, dass

$$(\vec{a} \cdot \vec{\sigma})^2 = \sum_{i,k} a_i a_k \sigma_i \sigma_k = \sum_{i,k} a_i a_k \frac{1}{2}(\sigma_i \sigma_k + \sigma_k \sigma_i) = \sum_{i,k} a_i a_k \delta_{ik} \,.$$

D. h.

$$(\vec{a} \cdot \vec{\sigma})^2 = \alpha^2 \text{ mit } \alpha = |\vec{a}|, \quad (\vec{a} \cdot \vec{\sigma})^3 = (\vec{a} \cdot \vec{\sigma})\alpha^2 \,.$$

Damit lässt sich die Reihe aufsummieren,

$$M = \mathbf{1} \cos \alpha + i \frac{\vec{a} \cdot \vec{\sigma}}{\alpha} \sin \alpha \,. \tag{17.7}$$

Man kann auch abstrakte Operatoren Σ_i definieren, deren Matrixelemente in der Pauli-Basis Gl. (17.1) gleich den Matrizen σ_i sind. Den Operator Σ_z findet man mit Hilfe der Spektralzerlegung. Für einen beliebigen Hermiteschen Operator A lautet die Spektralzerlegung:

$$A = \sum_{k=1}^{2} a_k |a_k\rangle \langle a_k| \,.$$

wo a_k die Eigenwerte und $|a_k\rangle$ die Eigenvektoren sind. Für den Operator Σ_z mit Eigenwerten ± 1 und Eigenvektoren $|1\rangle$ und $|2\rangle$ gilt entsprechend

$$\Sigma_z = |1\rangle \langle 1| - |2\rangle \langle 2| \,. \tag{17.8}$$

Die Matrixelemente von Σ_z in der Basis Gl. (17.1) kann man sofort hinschreiben,

$$\langle i|\Sigma_z|j\rangle \Rightarrow \begin{bmatrix} 1 & 0 \\ 0 & -1 \end{bmatrix} = \sigma_z \,,$$

z. B.

$$\langle 1|\Sigma_z|2\rangle = \langle 1|[|1\rangle \langle 1| - |2\rangle \langle 2|]|2\rangle = \langle 1|1\rangle \langle 1|2\rangle - \langle 1|2\rangle \langle 2|2\rangle = 0 \,.$$

Die Basis Gl. (17.1) bildet also die Eigenvektoren von Σ_z,

$$\Sigma_z |1\rangle = (|1\rangle \langle 1| - |2\rangle \langle 2|) |1\rangle = |1\rangle$$
$$\Sigma_z |2\rangle = (|1\rangle \langle 1| - |2\rangle \langle 2|) |2\rangle = -|2\rangle \,.$$

Die Spektralzerlegung der anderen Σ_i-Operatoren kann man erraten, wenn man beachtet, dass deren Matrixelemente in der Pauli-Basis gleich den σ_i sein müssen,

$$\Sigma_y = i(-|1\rangle \langle 2| + |2\rangle \langle 1|) \Rightarrow \begin{bmatrix} 0 & -i \\ i & 0 \end{bmatrix} = \sigma_y \,, \tag{17.9}$$

$$\Sigma_x = |1\rangle \langle 2| + |2\rangle \langle 1| \Rightarrow \begin{bmatrix} 0 & -i \\ i & 0 \end{bmatrix} = \sigma_y, \tag{17.10}$$

z. B.

$$\langle 1|\Sigma_y|2\rangle = \langle 1|[-i|1\rangle \langle 2| + i|2\rangle \langle 1|]|2\rangle = -i \langle 1|1\rangle \langle 2|2\rangle = -i \,.$$

17.3 Spin-Operatoren

Da wir im Stern-Gerlach Experiment genau zwei Messergebnisse (Eigenwerte nach den Axiomen der Quantenmechanik) beobachten, assoziieren wir einen beliebigen Spinzustand zu einen gegebenen Zeit mit einem zwei-komponentigen komplexen Zustandsvektor, den wir auch Spinor nennen. Die Observablen, hier der Spin des Elektrons, müssen Hermitesche Operatoren sein, und da bieten sich die Pauli-Operatoren an. Da die gemessenen Eigenwerte $\pm\frac{\hbar}{2}$ sind, definieren wir

$$S_i \equiv \frac{\hbar}{2}\Sigma_i \,.$$

Außerdem ersetzen wir

$$|1\rangle \to |S_z;+\rangle, \quad |2\rangle \to |S_z;-\rangle \,.$$

Die verwendete Notation lautet, zusammengefasst:

Operator (Observable): S_z

Eigenwerte: s_z

Eigenzustände: $|S_z;+\rangle, |S_z;-\rangle$

Eigenwert-Gleichung: $S_z |S_z;\pm\rangle = \pm\frac{\hbar}{2} |S_z;\pm\rangle$

Der Kürze halber schreiben wir meist

$$|S_z;\pm\rangle \equiv |\pm\rangle \,,$$

d. h. wenn nichts dabei steht, dann sei der Spin immer in z-Richtung analysiert. Diese Vektoren bilden ein vollständiges Orthogonalsystem (im zweidimensionalen Hilbert-Raum):

$$\langle+|+\rangle = \langle-|-\rangle = 1; \quad \langle+|-\rangle = 0$$

$$|+\rangle\langle+| + |-\rangle\langle-| = \mathbf{1} \quad \text{Vollständigkeit.}$$

Ein allgemeiner normierter Spinor (physikalischer Zustand) ist von der Form

$$|\Psi\rangle = \alpha |+\rangle + \beta |-\rangle \quad \text{mit } |\alpha|^2 + |\beta|^2 = 1 \,.$$

Wir können die abstrakten Dirac-Vektoren $|\pm\rangle$ durch Spaltenvektoren in der Pauli-Basis darstellen:

$$|+\rangle \doteq \begin{bmatrix} 1 \\ 0 \end{bmatrix}; \quad |-\rangle \doteq \begin{bmatrix} 0 \\ 1 \end{bmatrix}.$$

Für einem allgemeinen Vektor gilt entsprechend

$$|\Psi\rangle \doteq \begin{bmatrix} \alpha \\ \beta \end{bmatrix} = \alpha \begin{bmatrix} 1 \\ 0 \end{bmatrix} + \beta \begin{bmatrix} 0 \\ 1 \end{bmatrix}.$$

Der Operator S_z wird dargestellt durch die Matrix

$$S_z \doteq \frac{\hbar}{2}\begin{bmatrix} 1 & 0 \\ 0 & -1 \end{bmatrix}.$$

Projektionsoperatoren

Der Projektionsoperator auf die Spinrichtung $+\frac{1}{2}\hbar$ ist definiert durch

$$P_+ = |+\rangle\langle+|,$$

denn

$$P_+[\alpha|+\rangle + \beta|-\rangle] = \alpha|+\rangle.$$

Analog projiziert $P_- = |-\rangle\langle-|$ auf Spin $-\frac{1}{2}\hbar$. Es gilt offensichtlich $P_+ + P_- = 1$. Wichtig sind auch die folgenden Operatoren:

$$S_+ = |+\rangle\langle-|, \quad S_- = |-\rangle\langle+|,$$

Man bezeichnet $S_\pm$ als *Leiteroperatoren*, da sie folgende Relationen erfüllen:

$$S_+|-\rangle = |+\rangle\langle-||-\rangle = |+\rangle$$
$$S_+|+\rangle = |+\rangle\langle-||+\rangle = 0$$

S_+ erhöht den Spin um $1\hbar$ bis zum Maximalwert, aber nicht weiter. S_- erniedrigt den Spin um $1\hbar$ bis zum Minimalwert, aber nicht weiter. Diese Technik wird aber erst für höhere Drehimpulse interessant.

Die Spinoperatoren erfüllen wegen Gl. (17.4) die Vertauschungsrelation

$$[S_i, S_j] = i\hbar\varepsilon_{ijk}S_k.$$

Diese Vertauschungsrelationen sind identisch mit denen, die aus der Diracschen Quantisierungsvorschrift für Drehimpulsoperatoren folgen,

$$\{L_i, L_j\} = \varepsilon_{ijk}L_k \rightarrow [L_i, L_j] = i\hbar\varepsilon_{ijk}L_k.$$

Wir können daher den Spin als Eigendrehimpuls interpretieren.

Es sei jetzt ein Richtungsvektor $\vec{n}$ in räumlichen Polarkoordinaten gegeben

$$\vec{n} = \sin\theta\cos\varphi\,\vec{e}_x + \sin\theta\sin\varphi\,\vec{e}_y + \cos\theta\,\vec{e}_z. \tag{17.11}$$

Wir nehmen an, dass sich der Spin-Operator unter Drehungen wie ein klassischer Vektor verhält. Dann ist $S(\vec{n}) = \vec{S}\cdot\vec{n}$ seine Komponente in Richtung $\vec{n}$,

$$S(\vec{n}) = \sin\theta\cos\varphi\,S_x + \sin\theta\sin\varphi\,S_y + \cos\theta\,S_z.$$

Im Paulischen Zwei-Komponenten-Formalismus wird

$$S(\vec{n}) \doteq \frac{\hbar}{2}\left\{\sin\theta\cos\varphi\begin{bmatrix} 0 & 1 \\ 1 & 0 \end{bmatrix} + \sin\theta\sin\varphi\begin{bmatrix} 0 & -i \\ i & 0 \end{bmatrix} + \cos\theta\begin{bmatrix} 1 & 0 \\ 0 & -1 \end{bmatrix}\right\}$$

$$\doteq \frac{\hbar}{2}\begin{bmatrix} \cos\theta & \sin\theta(\cos\varphi - i\sin\varphi) \\ \sin\theta(\cos\varphi + i\sin\varphi) & -\cos\theta \end{bmatrix}.$$

oder

$$S(\vec{n}) \doteq \frac{\hbar}{2}\begin{bmatrix} \cos\theta & \sin\theta\, e^{-i\varphi} \\ \sin\theta\, e^{i\varphi} & -\cos\theta \end{bmatrix}. \qquad (17.12)$$

Wir haben Gl. (17.12) unter verschiedenen plausiblen Annahmen hergeleitet. Wir postulieren also:

Wird in einem Experiment die Komponente des Spins eines Spin 1/2 Teilchens in Richtung $\vec{n}$ gemessen, so ist die entsprechende quantenmechanische Spinobservable durch den Operator $S(\vec{n})$ aus Gl. (17.12) gegeben.

Man kann zeigen, dass die Eigenwerte von $S(\vec{n})$ wieder $\pm\hbar/2$ sind, und dass die zugehörigen Eigenvektoren gegeben sind durch

$$e_+(\vec{n}) = \begin{bmatrix} \cos\frac{\theta}{2} \\ \sin\frac{\theta}{2} e^{i\varphi} \end{bmatrix}, \quad e_-(\vec{n}) = \begin{bmatrix} \sin\frac{\theta}{2} \\ -\cos\frac{\theta}{2} e^{i\varphi} \end{bmatrix}, \qquad (17.13)$$

modulo Gesamtphasenfaktor. Es ist leicht zu überprüfen, dass $e_\pm(\vec{n})$ wirklich die Eigenvektoren von $S(\vec{n})$ zum Eigenwert $\pm\frac{\hbar}{2}$ sind, z. B.

$$\frac{\hbar}{2}\begin{bmatrix} \cos\theta & \sin\theta\, e^{-i\varphi} \\ \sin\theta\, e^{i\varphi} & -\cos\theta \end{bmatrix}\begin{bmatrix} \cos\frac{\theta}{2} \\ \sin\frac{\theta}{2} e^{i\varphi} \end{bmatrix}$$

$$= \frac{\hbar}{2}\begin{bmatrix} \cos\theta\cos\frac{1}{2}\theta + (\sin\theta\sin\frac{1}{2}\theta) e^{-i\varphi} e^{i\varphi} \\ (\sin\theta\cos\frac{1}{2}\theta) e^{i\varphi} - (\cos\theta\sin\frac{1}{2}\theta) e^{i\varphi} \end{bmatrix} = \frac{\hbar}{2}\begin{bmatrix} \cos\frac{1}{2}\theta \\ (\sin\frac{1}{2}\theta) e^{i\varphi} \end{bmatrix},$$

wo wir verwendet haben, dass $\cos(a-b) = \cos a\cos b + \sin a\sin b$ und $\sin(a-b) = \cos b\sin a - \cos a\sin b$.

Der *Erwartungswert* des Spins im Zustand $|\Psi\rangle$ ist nach den Axiomen der Quantenmechanik

$$\langle S(\vec{n})\rangle = \langle\Psi|\, S(\vec{n})\,|\Psi\rangle = \sum_k a_k w(a_k)$$

$$= \frac{\hbar}{2} w(+) - \frac{\hbar}{2} w(-).$$

Bemerkung: In vielen quantenmechanischen Rechnungen braucht man die Eigenzustände um Wahrscheinlichkeiten auszurechnen. In Zwei-Zustandssystemen kann man jedoch die Wahrscheinlichkeiten einfach aus den Erwartungswerten berechnen, was man wie folgt sieht:

$$w(+) + w(-) = 1$$
$$w(+) - w(-) = \frac{2}{\hbar}\langle S(\vec{n})\rangle$$

oder

$$w(\pm) = \frac{1}{2}\left\{1 \pm \frac{2}{\hbar}\langle S(\vec{n})\rangle\right\}. \qquad (17.14)$$

Die Erwartungswerte sind einfacher zu berechnen und zu messen, man braucht weder Eigenzustände noch Eigenwerte.

In der Dirac-Notation schreiben sich die Eigenvektoren von $S(\vec{n})$ entsprechend Gl. (17.13) als

$$|S(\vec{n}), +\rangle = \left[\cos\frac{\theta}{2}|+\rangle + \sin\frac{\theta}{2}e^{i\varphi}|-\rangle\right]$$
$$|S(\vec{n}), -\rangle = \left[\sin\frac{\theta}{2}|+\rangle - \cos\frac{\theta}{2}e^{i\varphi}|-\rangle\right], \tag{17.15}$$

mit $|\pm\rangle \equiv |S_z, \pm\rangle$.

Von Interesse sind folgende Spezialfälle:

a) $\theta = 0$, $\cos\frac{\theta}{2} = 1$, $\sin\frac{\theta}{2} = 0$, $\vec{n} = \vec{e}_z$

$$|S_z, \pm\rangle = |\pm\rangle \tag{17.16}$$

b) $\theta = \pi/2$, $\cos\frac{\theta}{2} = \frac{1}{\sqrt{2}}$, $\sin\frac{\theta}{2} = \frac{1}{\sqrt{2}}$; $\varphi = 0$, $\vec{n} = \vec{e}_x$

$$|S_x, \pm\rangle = \frac{1}{\sqrt{2}}[|+\rangle \pm |-\rangle] \tag{17.17}$$

c) $\theta = \pi/2$, $\cos\frac{\theta}{2} = \frac{1}{\sqrt{2}}$, $\sin\frac{\theta}{2} = \frac{1}{\sqrt{2}}$; $\varphi = \pi/2$, $e^{\pm i\varphi} = \pm i$, $\vec{n} = \vec{e}_y$

$$|S_y, \pm\rangle = \frac{1}{\sqrt{2}}[|+\rangle \pm i|-\rangle] \tag{17.18}$$

Der allgemeine Spin-Vektor

$$|S(\vec{n}), +\rangle = \left[\cos\frac{\theta}{2}|+\rangle + \sin\frac{\theta}{2}e^{i\varphi}|-\rangle\right] \tag{17.19}$$

stellt einen Zustand mit Spin $+\frac{\hbar}{2}$ in Richtung $\vec{n}(\theta, \varphi)$ oder einen Zustand mit Spin $-\frac{\hbar}{2}$ in Richtung $-\vec{n}(\theta, \varphi)$ dar. Dagegen bildet

$$|S(\vec{n}), -\rangle = \left[\sin\frac{\theta}{2}|+\rangle - \cos\frac{\theta}{2}e^{i\varphi}|-\rangle\right]$$

einen Zustand mit Spin $-\frac{\hbar}{2}$ in Richtung $\vec{n}(\theta, \varphi)$ oder einen Zustand mit Spin $\frac{\hbar}{2}$ in Richtung $-\vec{n}(\theta, \varphi)$.

Operator-Darstellung des Spins

Wenn wir die Matrixelemente des Spinoperators kennen, so können wir mit Hilfe der Formel

$$S = \sum_{m,k} s_{mk} |a_m\rangle\langle a_k| \tag{17.20}$$

aus Kapitel 16 die basisunabhängige Operator-Darstellung finden,

$$S(\vec{n}) = s_{++}|+\rangle\langle+| + s_{+-}|+\rangle\langle-| + s_{-+}|-\rangle\langle+| + s_{--}|-\rangle\langle-| .$$

Der Vergleich mit Gl. (17.12) liefert

$$S(\vec{n}) = \frac{\hbar}{2}\{\cos\theta\,|+\rangle\langle+| + \sin\theta\,e^{-i\varphi}\,|+\rangle\langle-| + \sin\theta\,e^{i\varphi}\,|-\rangle\langle+| - \cos\theta\,|-\rangle\langle-|\} \quad (17.21)$$

Spezialfälle:
a) $\theta = 0$, $\cos\theta = 1$

$$S_z = \frac{\hbar}{2}\{|+\rangle\langle+| - |-\rangle\langle-|\} \quad (17.22)$$

b) $\theta = \pi/2$, $\cos\theta = 0$, $\sin\theta = 1$; $\varphi = 0$

$$S_x = \frac{\hbar}{2}\{|+\rangle\langle-| + |-\rangle\langle+|\} \quad (17.23)$$

c) $\theta = \pi/2$, $\cos\theta = 0$, $\sin\theta = 1$; $\varphi = \pi/2$, $e^{-i\varphi} = -i$, $e^{i\varphi} = i$

$$S_y = \frac{\hbar}{2}\{-i\,|+\rangle\langle-| + i\,|-\rangle\langle+|\} \quad (17.24)$$

Diese Ergebnisse stimmen mit den vorherigen aus Gl. (17.8), (17.9) und (17.10) wie erwartet überein. Mit diesem Rüstzeug sind wir in der Lage, alle statischen Spin-Probleme zu behandeln.

Beispiel 1:
Ein Stern-Gerlach-Polarisator produziert Elektronen, die in y-Richtung fliegen und in der +z-Richtung polarisiert sind, d. h. den Zustand $|+\rangle$. Die Elektronne fliegen durch einen zweiten Stern-Gerlach-Apparat, den Analysator, der den Spin $S(\vec{n})$ in Richtung eines Einheitsvektors

$$\vec{n} = \sin\theta\,\vec{e}_x + \cos\theta\,\vec{e}_z,$$

misst, der senkrecht zur y-Achse steht, d. h. in der (x,z)-Ebene ($\varphi = 0$). Es ergeben sich folgende Fragen:
a) Was ist die Wahrscheinlichkeit für ein einzelnes Elektron, dass der Analysator Spin $+1/2\hbar$ (in Richtung $\vec{n}$) misst? ($\cos^2\frac{\theta}{2}$ Regel)
b) Was ist der Erwartungswert des Spins?

Wir wollen diese Fragen im folgenden beantworten. Allgemein galt, wenn ein Zustand $|\Psi\rangle$ nach Basisvektoren, die Eigenkets eines Operators A sind, entwickelt wird,

$$|\Psi\rangle = \sum_k c_k\,|a_k\rangle,$$

dann ist die Wahrscheinlichkeit bei einer anschließenden Messung der Observablen A den Wert a_j zu messen gegeben durch

$$w(a_j) = |c_j|^2 = |\langle a_j|\Psi\rangle|^2.$$

Wir müssen also hier den Zustand

$$|\Psi\rangle = |+\rangle,$$

nach Eigenvektoren der Observablen $S(\vec{n})$

$$|+\rangle = c_+ |S(\vec{n}), +\rangle + c_- |S(\vec{n}), -\rangle \qquad (17.25)$$

entwickeln. Gesucht ist der Koeffizient c_+, er lässt sich mit Hilfe der Gl. (17.15) ($|S(\vec{n}), +\rangle = \cos\frac{\theta}{2} |+\rangle + \sin\frac{\theta}{2} |-\rangle$) bestimmen, indem wir die Orthogonalität der $|S(\vec{n}), \pm\rangle$ ausnützen und Gl. (17.25) von links mit $\langle S(\vec{n}), +|$ multiplizieren. Das Ergebnis ist

$$c_+ = \langle S(\vec{n}), +|+\rangle = \cos\frac{\theta}{2}$$

Die Wahrscheinlichkeit in Richtung $\vec{n}$ der Spin +1/2 zu messen, ist also durch die $\cos^2\frac{\theta}{2}$-Regel

$$w(+) = |c_+|^2 = \cos^2\frac{\theta}{2}$$

gegeben, die auch experimentell gefunden wurde. Den Erwartungswert oder Mittelwert des Spins für den Zustand $|+\rangle$

$$\langle S(\vec{n}) \rangle = \langle +|S(\vec{n})|+\rangle$$

berechnet man mit Hilfe von Gl. (17.21) für $\varphi = 0$,

$$S(\vec{n})_{\varphi=0} = \frac{\hbar}{2} \{\cos\theta\, |+\rangle\langle +| + \sin\theta\, |+\rangle\langle -| + \sin\theta\, |-\rangle\langle +| - \cos\theta\, |-\rangle\langle -|\}.$$

Damit wird

$$\langle +|S(\vec{n})|+\rangle = \frac{\hbar}{2}\cos\theta$$

Speziell gilt

$$\langle +|S_z|+\rangle = \frac{\hbar}{2}, \quad \langle +|S_x|+\rangle = 0$$

Wie erwähnt, lassen sich die Wahrscheinlichkeiten für Zwei-Zustandssysteme auch einfach aus dem Erwartungswert berechnen. Nach Gl. (17.14)

$$w(\pm) = \frac{1}{2}\left\{1 \pm \frac{2}{\hbar} \langle S(\vec{n}) \rangle\right\}$$
$$= \frac{1}{2}\left\{1 \pm \frac{2}{\hbar}\frac{\hbar}{2}\cos\theta\right\} = \frac{1}{2}\{1 \pm \cos\theta\}$$
$$w(+) = \cos^2\frac{\theta}{2}, \quad w(-) = \sin^2\frac{\theta}{2}$$

Beispiel 2:
Wir betrachten den Zustand

$$|\Psi\rangle = \frac{1}{\sqrt{2}}\{|+\rangle + |-\rangle\}.$$

Wenn wir an diesem Zustand den Spin in z-Richtung messen, so finden wir $\frac{\hbar}{2}$ oder $-\frac{\hbar}{2}$, jeweils mit Wahrscheinlichkeit $\frac{1}{2}$. Was passiert, wenn wir den Spin in x-Richtung messen?

a) für klassische Wahrscheinlichkeiten würden wir argumentieren, dass wir zwei Zustände $|\pm\rangle$ haben, die jeweils die Ergebnisse $\pm\frac{\hbar}{2}$ mit Wahrscheinlichkeit $\frac{1}{2}$ liefern. Wir finden also z. B. $+\frac{\hbar}{2}$ mit Wahrscheinlichkeit $\frac{1}{2}$.
b) In der Quantenmechanik ist obiger Zustand $|\Psi\rangle = |S_x, +\rangle$, nur anders geschrieben (entwickelt in den Eigenvektoren von S_z). Wir finden also $+\frac{\hbar}{2}$ mit Wahrscheinlichkeit 1. Dieser Unterschied ist ein typisches Beispiel für Quanteninterferenz.

Beispiel 3:
Der Operator
$$S^2 \equiv S_x^2 + S_y^2 + S_z^2$$
vertauscht mit allen Komponenten des Spinoperators,
$$[S^2, S_i] = 0,$$
wie man durch direktes Nachrechnen sieht. Dies ist eine Konsequenz der Drehinvarianz von S^2 und gilt für alle Drehimpulsoperatoren (siehe unten). Für Spin $\frac{1}{2}$ ist S^2 wegen Gl. (17.3) sogar proportional zur Einheitsmatrix
$$S^2 = \frac{3}{4}\hbar^2 \mathbf{1}$$

Bemerkung: Der obige Formalismus ist nicht nur für den Spin, sondern für alle Systeme anwendbar, die nur zwei Zustände besitzen, oder für die nur zwei Zustände wichtig sind, weil die anderen nur durch viel höhere Energien erreicht werden können. Ein solches Beispiel wäre das Ammoniak-Molekül, NH_3, bei dem sich das Stickstoffatom entweder oberhalb (+) oder unterhalb (−) der Ebene befindet, die durch die 3 Wasserstoffatome gebildet wird. Die Energie, die für den Übergang (+) ⟷ (−) benötigt wird, ist viel kleiner als die andere Anregungen.

17.4 Spinpräzession

Ein Spin-$\frac{1}{2}$-System mit Ladung e ($e < 0$ für Elektronen), Masse m und magnetischem Moment
$$\vec{\mu} = \frac{e}{mc}\vec{S}$$
befindet sich in einem homogenen Magnetfeld $\vec{B}$. Klassisch präzessiert der Bahndrehimpuls des Teilchens um das Magnetfeld. Wir untersuchen den rein quantenmechanischen Fall des Spin-$\frac{1}{2}$-Systems. Das System wird durch die Hamilton-Funktion
$$H = -\frac{e}{mc}\vec{S}\cdot\vec{B}$$

beschrieben. Das Magnetfeld sei homogen, konstant und in z-Richtung

$$\vec{B} = B\vec{e}_z \, .$$

Dann ist die Hamilton-Funktion gegeben durch

$$H = \omega S_z, \quad \text{wo } \omega \equiv \frac{|e|}{mc} B \, .$$

Da H proportional zu S_z ist, sind die S_z Eigenzustände $|\pm\rangle$ ($\equiv |S_z, \pm\rangle$) auch Energie-Eigenzustände.

$$H|\pm\rangle = E_\pm |\pm\rangle, \quad \omega S_z |\pm\rangle = E_\pm |\pm\rangle$$

Da $S_z |\pm\rangle = \pm\frac{\hbar}{2} |\pm\rangle$, folgt für die Energie-Eigenwerte

$$E_\pm = \pm\frac{1}{2}\hbar\omega \, .$$

D. h.

$$H|\pm\rangle = \pm\frac{1}{2}\hbar\omega |\pm\rangle \, . \tag{17.26}$$

Beachte, dass ω die Dimension s^{-1} (Frequenz) hat. Die Matrixelemente von H in dieser Basis lauten

$$\langle \pm |H| \pm \rangle = \pm \frac{1}{2}\hbar\omega, \quad \langle \pm |H| \mp \rangle = 0 \, .$$

Die zeitliche Entwicklung des Systems wird nach den Postulaten der Quantenmechanik durch den unitären Operator

$$U(t) = e^{\frac{1}{i\hbar} Ht} = e^{\frac{1}{i\hbar}\omega S_z t} \doteq e^{-i\frac{\omega}{2}\sigma_3 t}$$

beschrieben. Die Formel (17.7),

$$e^{i\vec{\alpha}\cdot\vec{\sigma}} = \mathbf{1}\cos\alpha + i\frac{\vec{\alpha}\cdot\vec{\sigma}}{\alpha}\sin\alpha \quad \text{mit } \vec{\alpha} = -\frac{\omega}{2}\vec{e}_3, \, \alpha = \frac{\omega}{2} \, ,$$

ergibt dann

$$U(t) = \mathbf{1}\cos\alpha + i\sigma_3 \sin\alpha \, . \tag{17.27}$$

Sei $|\Psi(0)\rangle$ ein beliebiger Zustandsvektor zur Zeit $t = 0$. Dieser Zustand kann als Superposition der festen Basisvektoren $|\pm\rangle$ geschrieben werden

$$|\Psi(0)\rangle = a_+ |+\rangle + a_- |-\rangle \quad \text{mit } |a_+|^2 + |a_-|^2 = 1 \, .$$

Wir betrachten die zeitliche Entwicklung im Schrödinger-Bild. Wie in Kapitel 16 diskutiert, sind die Energie-Eigenzustände stationär, nicht aber deren Überlagerungen. Zu einer späteren Zeit ist der Zustand gegeben durch

$$\begin{aligned}|\Psi(t)\rangle &= a_+ e^{\frac{1}{i\hbar}Ht}|+\rangle + a_- e^{\frac{1}{i\hbar}Ht}|-\rangle \\ &= a_+ e^{-i\frac{\omega}{2}t}|+\rangle + a_- e^{i\frac{\omega}{2}t}|-\rangle \, .\end{aligned} \tag{17.28}$$

In der Pauli-Darstellung wird der Zustand

$$|\Psi(t)\rangle \doteq a_+ e^{-i\frac{\omega}{2}t} \begin{bmatrix} 1 \\ 0 \end{bmatrix} + a_- e^{i\frac{\omega}{2}t} \begin{bmatrix} 0 \\ 1 \end{bmatrix}$$

$$= \begin{bmatrix} a_+ e^{-i\frac{\omega}{2}t} \\ a_- e^{i\frac{\omega}{2}t} \end{bmatrix}. \tag{17.29}$$

Beispiel:
Zur Zeit $t = 0$ sei das System im Zustand $|\Psi(0)\rangle = |S_x, +\rangle$, d. h. in einem Zustand mit Spin nach oben in x-Richtung, dem Eigenzustand $|S_x, +\rangle$ von S_x. Um die zeitliche Entwicklung zu berechnen, sollte man in einer Basis arbeiten, in der H diagonal ist, hier also in der Standard-Basis $\{|\pm\rangle\}$. In diese Basis lautet

$$|\Psi(0)\rangle = |S_x, +\rangle = \frac{1}{\sqrt{2}}\{|+\rangle + |-\rangle\},$$

d. h. $a_+ = a_- = 1/\sqrt{2}$. Zu einer späteren Zeit t befindet sich das System im Zustand

$$|\Psi(t)\rangle = \frac{1}{\sqrt{2}}\{e^{-i\frac{\omega}{2}t}|+\rangle + e^{i\frac{\omega}{2}t}|-\rangle\}. \tag{17.30}$$

Damit wird die Wahrscheinlichkeit, dass sich das System zur Zeit t noch in $|S_x, +\rangle$ befindet (d. h. wieder Spin nach oben gemessen wird)

$$w(+, t) = |\langle\Psi(t)|S_x, +\rangle|^2 = \frac{1}{4}\left|e^{-i\frac{\omega}{2}t} + e^{i\frac{\omega}{2}t}\right|^2 = \cos^2\left(\frac{\omega t}{2}\right).$$

Auf analoge Weise finden wir für die Wahrscheinlichkeit, den Wert $-\frac{1}{2}\hbar$ zu messen

$$w(-, t) = \sin^2\left(\frac{\omega t}{2}\right).$$

Obwohl der Spin ursprünglich ↑ in x-Richtung zeigt, verursacht das Magnetfeld $\vec{B} = B\vec{e}_z$, dass zu einer späteren Zeit eine nicht-verschwindenden Komponente ↓ in x-Richtung gemessen wird.

Der Erwartungswert von S_x ist in diesem Beispiel:

$$\langle S_x \rangle = \langle \Psi(t)|S_x|\Psi(t)\rangle$$

$$= \frac{\hbar}{\sqrt{2}} \langle \Psi(t)| \{|+\rangle\langle-| + |-\rangle\langle+|\} |\Psi(t)\rangle,$$

wo $|\Psi(t)\rangle$ in Gl. (17.30) gegeben ist. Unter Verwendung der Orthonormalität der $|\pm\rangle$ erhält man mit Gl. (17.30)

$$\langle S_x \rangle = \frac{\hbar}{2} \cos \omega t, \tag{17.31}$$

d. h. der Erwartungswert von S_x oszilliert mit Frequenz ω.

Eine analoge Rechnung liefert den Erwartungswert von S_y und S_z

$$\langle S_y \rangle = \frac{\hbar}{2} \sin\omega t, \quad \langle S_z \rangle = 0. \tag{17.32}$$

Damit gilt

$$\langle S_x \rangle^2 + \langle S_y \rangle^2 = \frac{\hbar^2}{4}:$$

Der Spin-Erwartungswert präzessiert also mit Frequenz ω um die z-Achse.

Bemerkung: Des Zustandsvektor Gl. (17.29) braucht zweimal so lange wie der Erwartungswert um wieder den Ausgangswert zu erreichen. So lange wir nur ein einzelnes Teilchen betrachten kann man diese mathematische Eigenschaft des Zustandsvektors nicht sehen, sie macht sich erst in Interferenzexperimenten bemerkbar.

Spin-Erwartungswerte für einen allgemeinen Anfangszustand

Sei

$$|\Psi(0)\rangle = a|+\rangle + b|-\rangle \quad \text{mit } |a|^2 + |b|^2 = 1$$

Wir hatten in Gl. (17.19) gesehen, dass man o.B.d.A.

$$a = \cos\frac{\theta}{2} \quad \text{und} \quad b = \sin\frac{\theta}{2} e^{i\varphi} \tag{17.33}$$

setzen kann. Dann stellt $|\Psi(0)\rangle$ einen Zustand mit Spin $+\frac{\hbar}{2}$ in Richtung $\vec{n}(\theta,\varphi)$ oder einen Zustand mit Spin $-\frac{\hbar}{2}$ in Richtung $-\vec{n}(\theta,\varphi)$ dar. Zur Zeit $t = 0$ sind die Erwartungswerte des Spins:

$$\langle S_x \rangle_{t=0} = \frac{\hbar}{2} [a^* \langle +| + b^* \langle -|] [|+\rangle\langle -| + |-\rangle\langle +|] [a|+\rangle + b|-\rangle]$$
$$= \frac{\hbar}{2} [a^*b + b^*a]$$

$$\langle S_y \rangle_{t=0} = \frac{\hbar}{2} [a^* \langle +| + b^* \langle -|] [-i|+\rangle\langle -| + i|-\rangle\langle +|] [a|+\rangle + b|-\rangle]$$
$$= \frac{\hbar}{2} [-ia^*b + ib^*a]$$

$$\langle S_z \rangle_{t=0} = \frac{\hbar}{2} [a^* \langle +| + b^* \langle -|] [|+\rangle\langle +| - |-\rangle\langle -|] [a|+\rangle + b|-\rangle]$$
$$= \frac{\hbar}{2} \left[|a|^2 - |b|^2\right]$$

Bemerkung: $a^*b + b^*a$ und $-ia^*b + ib^*a$ sind reell, wenn $|a|^2 + |b|^2 = 1$ ist.

Für $t \neq 0$ erhält man mit Gl. (17.33):

$$\langle S_x \rangle_t = \langle S_x \rangle_0 \cos\omega t - \langle S_y \rangle_0 \sin\omega t \tag{17.34}$$
$$\langle S_y \rangle_t = \langle S_y \rangle_0 \cos\omega t + \langle S_x \rangle_0 \sin\omega t$$
$$\langle S_z \rangle_t = \langle S_z \rangle_0$$

Dies sind die Gleichungen eines klassischen Vektors, der mit Winkelfrequenz ω um die z-Achse rotiert.

Diese Ergebnisse bilden den Mittelwert über sehr viele Messungen oder für einen Strahl von Spin-$\frac{1}{2}$-Teilchen. Sie sind den klassischen Ergebnissen sehr ähnlich. Zu beachten ist aber, dass in der Quantentheorie für einzelne Messungen in einer gegebenen Richtung immer nur die Werte $\pm\frac{\hbar}{2}$ gefunden werden.

17.5 Allgemeinere Zwei-Zustandssysteme

Wir nehmen an, die Hamilton-Funktion eines Zwei-Zustandssystems sei von der Form

$$H = E_0(|+\rangle\langle+| + |-\rangle\langle-|) + A(|(+\rangle\langle-| + |-\rangle\langle+|\},$$

wo E_0 und A reelle Zahlen sind. Diese Form der Hamilton-Funktion kommt relativ oft vor. Ein Beispiel wäre ein Spin-$\frac{1}{2}$-System im $|z, \pm\rangle$ Zustand, das sich in einem Magnetfeld in x-Richtung befindet. Dann lautet

$$H = E_0 \mathbf{1} - A\sigma_x \, .$$

Ein weiteres Beispiel ist das Ammoniak Molekül. Die drei H-Atome im NH_3-Molekül bilden ein gleichseitiges Dreieck. Das N-Atom befindet sich oberhalb oder unterhalb des Dreiecks, wo „oben" oder „unten" willkürlich definiert sind. Wenn x der Abstand zwischen dem Dreieck und dem N-Molekül ist, dann besitzt das Potential zwei Minima, d. h. wenn sich die drei H-Atome jeweils unterhalb und oberhalb vom N-Atom befinden. Die Minima sind durch einen kleinen Potentialberg getrennt. Wir bezeichnen die beiden Zustände mit $|+\rangle$ und $|-\rangle$. Wir nehmen zunächst an, das die N-Atome nicht von einem Minimum zum anderen gelangen (tunneln) können. Da die beiden Konfigurationen Spiegelbilder voneinander sind, erwarten wir, dass sie die selben Energien haben, d. h. dass

$$H_0 = E_0 \mathbf{1}$$

und

$$H_0 |+\rangle = E_0 |+\rangle \, , \quad H_0 |-\rangle = E_0 |-\rangle \, .$$

Quantenmechanisch kann das N-Atom durch dem Potentialberg tunneln. Dies führt zu einer kleinen Mischung der beiden Zustände. Wir setzen daher für den Hamilton-Operator an

$$H = H_0 + H' \quad \text{mit } H_0 \doteq \begin{bmatrix} 1 & 0 \\ 0 & 1 \end{bmatrix}, \quad H' \doteq -\begin{bmatrix} 0 & A \\ A & 0 \end{bmatrix}$$

$$H \doteq \begin{bmatrix} E_0 & -A \\ -A & E_0 \end{bmatrix} = E_0 \mathbf{1} - \sigma_x A \, ,$$

wo wir $A > 0$ reell annehmen. Es ist für das N-Atom gleich wahrscheinlich von oben nach unten zu tunneln, wie von unten nach oben. Um die stationären Zustände des

Moleküls zu finden, müssen wir H diagonalisieren. Die Eigenzustände sind offensichtlich die früher bestimmten Eigenzustände von σ_x,

$$|1\rangle = \frac{1}{\sqrt{2}}[|+\rangle - |-\rangle] \doteq \frac{1}{\sqrt{2}}\begin{bmatrix} 1 \\ -1 \end{bmatrix},$$

$$|2\rangle = \frac{1}{\sqrt{2}}[|+\rangle + |-\rangle] \doteq \frac{1}{\sqrt{2}}\begin{bmatrix} 1 \\ 1 \end{bmatrix}.$$

Z. B.

$$\begin{bmatrix} E_0 & -A \\ -A & E_0 \end{bmatrix}\begin{bmatrix} 1 \\ -1 \end{bmatrix} = \begin{bmatrix} E_0 + A \\ -A - E_0 \end{bmatrix} = (E_0 + A)\begin{bmatrix} 1 \\ -1 \end{bmatrix}.$$

Die zugehörigen Eigenwerte sind

$$(E_0 + A) \text{ zu } |1\rangle, \quad (E_0 - A) \text{ zu } |2\rangle.$$

Die Energieeigenzustände $|1\rangle$ und $|2\rangle$ sind antisymmetrisch bzw. symmetrisch unter Austausch $|+\rangle \leftrightarrow |-\rangle$, d. h. Spiegelung an der H_3 Ebene. Die ursprüngliche Entartung wird durch die Mischung A aufgehoben. Der antisymmetrische Zustand liegt oberhalb des symmetrischen Zustands.

Typischer Fall:
Zur Zeit $t = 0$ sei das Molekül im Zustand

$$|\Psi(0)\rangle = |+\rangle = \frac{1}{\sqrt{2}}[|1\rangle + |2\rangle],$$

d. h. das N Atom liegt über den drei H Atomen. Wir haben $|\Psi(0)\rangle$ durch die Energie-Eigenzustände ausgedrückt, da die zeitliche Entwicklung durch H erzeugt wird. Zu einer späteren Zeit t wird der Zustand damit

$$\begin{aligned}|\Psi(t)\rangle &= e^{\frac{1}{i\hbar}Ht}\frac{1}{\sqrt{2}}[|1\rangle + |2\rangle] \\ &= \frac{1}{\sqrt{2}}\left(e^{\frac{1}{i\hbar}(E_0+A)t}|1\rangle + e^{\frac{1}{i\hbar}(E_0-A)t}|2\rangle\right) \\ &= \frac{1}{\sqrt{2}}e^{\frac{1}{i\hbar}E_0 t}\left(e^{\frac{1}{i\hbar}At}|1\rangle + e^{-\frac{1}{i\hbar}At}|2\rangle\right) \\ &= \frac{1}{\sqrt{2}}e^{\frac{1}{i\hbar}E_0 t}\left(e^{\frac{1}{i\hbar}At}\frac{1}{\sqrt{2}}[|+\rangle - |-\rangle] + e^{-\frac{1}{i\hbar}At}\frac{1}{\sqrt{2}}[|+\rangle + |-\rangle]\right) \\ &= e^{\frac{1}{i\hbar}E_0 t}\left[\cos\left(\frac{1}{\hbar}At\right)|+\rangle + i\sin\left(\frac{1}{\hbar}At\right)|-\rangle\right].\end{aligned}$$

Das Molekül oszilliert also periodisch zwischen den beiden Zuständen $|+\rangle$ (oben) und $|-\rangle$ (unten). Das N-Atom schwingt damit von einer Seite der H_3-Ebene zur anderen. Die gemessene Frequenz für NH_3 ist etwa 24000 MHz, was einer Wellenlänge im Mikrowellenbereich von circa $1 cm$ entspricht. Zu dieser Inversionsfrequenz gibt es keine klassische Entsprechung, da sie vom Tunneleffekt herrührt. Ein Molekül, dass sich anfangs in einem Energie-Eigenzustand befand, oszilliert natürlich nicht.

Neutrale Kaonen

Die pseudoskalare Mesonen K^0 und $\bar{K}^0$ sind Quark-Antiquark Bindungszustände, $K^0 \sim d\bar{s}$ und $\bar{K}^0 \sim \bar{d}s$. Ihnen wird eine additive Quantenzahl zugeordnet, die Strangeness, die in der starken und elektromagnetischen Wechselwirkung erhalten ist, nicht aber in der schwachen Wechselwirkung. Die zugehörigen Zustände $|K^0\rangle$ mit Strangeness $S = 1$ und $|\bar{K}^0\rangle$ mit Strangeness $S = -1$ bilden die sogenannte Strangeness- oder Starke-Wechselwirkungsbasis. Die Kaonen werden über die starken oder elektromagnetischen Wechselwirkungen erzeugt (z. B. $p\bar{p} \to K^0\bar{K}^0$ oder $e^+e^- \to \Phi(1020) \to K^0\bar{K}^0$). $|K^0\rangle$ und $|\bar{K}^0\rangle$ sind Eigenzustände der starken und elektromagnetischen Wechselwirkung H_0. Im Ruhsystem der Teilchen ist

$$H_0|K^0\rangle = mc^2|K^0\rangle$$
$$H_0|\bar{K}^0\rangle = mc^2|\bar{K}^0\rangle$$

mit $mc^2 = 497.65$ MeV (Masse ist die Energie im Ruhsystem). Beide Massen sind auf Grund des CPT-Theorems (C: Ladungsaustausch, P: Paritätsumkehr, T: Zeitumkehr) gleich. Bei dem anschließenden Zerfall über die schwache Wechselwirkung wird die Strangeness verletzt. Daher haben K^0 und $\bar{K}^0$ keine wohldefinierte Lebensdauer. Experimentell stellt sich heraus, dass die Eigenzustände der schwachen Wechselwirkung in guter Näherung Eigenzustände von CP sind. Unter CP transformieren sich

$$CP|K^0\rangle = -|\bar{K}^0\rangle, \quad CP|\bar{K}^0\rangle = -|K^0\rangle.$$

Die Linearkombinationen

$$|K_1^0\rangle = \frac{1}{\sqrt{2}}\left[|K^0\rangle - |\bar{K}^0\rangle\right]$$
$$|K_2^0\rangle = \frac{1}{\sqrt{2}}\left[|K^0\rangle + |\bar{K}^0\rangle\right]$$

sind dann jeweils Eigenzustände zu $CP = 1$ und $CP = -1$. Wir ignorieren hier die kleine CP-Verletzung $\sim 10^{-3}$ in der schwachen Wechselwirkung und identifizieren die CP-Eigenzustände mit den Eigenzuständen der schwachen Wechselwirkung. Der Zustand $|K_1^0\rangle$ kann wegen CP in 2 Pionen zerfallen. Wegen des großen Phasenraums, der den 2 Pionen zur Verfügung steht, ist die Lebensdauer kurz und man bezeichnet $|K_1^0\rangle$ auch als $|K_S^0\rangle$, wo S für „short" steht. $|K_2^0\rangle$ kann wegen CP nur in 3 Pionen zerfallen und lebt daher länger, man bezeichnet $|K_2^0\rangle$ auch als $|K_L^0\rangle$, wo L für „long" steht. In der Pauli-Darstellung schreiben wir

$$|K_S^0\rangle \doteq \begin{bmatrix} 1 \\ 0 \end{bmatrix}, \quad |K_L^0\rangle \doteq \begin{bmatrix} 0 \\ 1 \end{bmatrix}.$$

Wir betrachten einen Strahl neutraler Kaonen im Vakuum, wo sie zerfallen können. In der $K_S K_L$ Basis ist der Hamilton-Operator H diagonal. Da die Kaonen zerfallen, sind die Wahrscheinlichkeiten nicht mehr erhalten (es sei denn die Pionen im Endzustand werden mitberücksichtigt) und H ist nicht mehr Hermitesch. Der Zeitentwicklungsoperator lautet dann in der $K_S K_L$ Basis

$$U(t) = \begin{bmatrix} \exp\left(\frac{1}{i\hbar}Et - \frac{t}{2\tau_S}\right) & 0 \\ 0 & \exp\left(\frac{1}{i\hbar}Et - \frac{t}{2\tau_L}\right) \end{bmatrix}$$

wo $\tau_{S,L}$ die Lebensdauer (Halbwertszeit) der $K^0_{S,L}$ ist. Die schwachen Wechselwirkungen verursachen auch eine kleine Massendifferenz ($\to$ Energiedifferenz) der K^0_S und K^0_L, die wir hier vernachlässigen.

Beispiel: Zur Zeit $t = 0$ sei ein reiner K^0-Strahl produziert worden,

$$|\Psi(0)\rangle = |K^0\rangle = \frac{1}{\sqrt{2}}[|K_S\rangle + |K_L\rangle] = \frac{1}{\sqrt{2}}\begin{bmatrix} 1 \\ 1 \end{bmatrix}.$$

Die Kaonen zerfallen mit der Zeit,

$$|\Psi(t)\rangle = U(t)|\Psi(0)\rangle = \frac{1}{\sqrt{2}} \exp[\frac{1}{i\hbar}Et] \begin{bmatrix} \exp(\frac{-t}{2\tau_S}) \\ \exp(\frac{-t}{2\tau_L}) \end{bmatrix}.$$

Das Quadrat des Zustandsvektors

$$\langle\Psi(t)|\Psi(t)\rangle = \frac{1}{2}[e^{-t/\tau_S} + e^{-t/\tau_L}]$$

gibt an, wie der Strahl zerfällt. Da $\tau_L/\tau_S \approx 500$ besteht deren Strahl schon nach kurzer Zeit nur noch aus K^0_L Mesonen.

Zusammenfassung Alle die hier behandelten Experimente mit Spin-$\frac{1}{2}$-Teichen lassen sich durch komplexe Zustandsvektoren und Hermitesche Operatoren zusammen mit den Postulaten der Quantenmechanik beschreiben. Die mathematische Grundstruktur der Quantentheorie ist der komplexe Vektorraum im Gegensatz zum reellen Vektorraum der klassischen Mechanik.

18 Quanteninformation und Verschränkung

18.1 Qubits

Grundstein der klassischen Informationstheorie ist das Bit (Abkürzung für „binary digit"), das die Werte 0 oder 1 annehmen kann. In einem Computer werden die beiden Werte z. B. durch einen Kondensator, der entweder ungeladen oder geladen sein kann, realisiert. Die genaue Zahl der Elektronen auf dem Kondensator spielt dabei keine Rolle, ein Kondensator mit 10^8 Elektronen und ein Kondensator mit 10^9 Elektronen stellen beide den Wert 1 dar. Es gibt keinen Wert zwischen den beiden Bits und keine Superposition. Die Situation ändert sich, wenn wir einzelne Elektronen oder andere quantenmechanische Zwei-Zustandssysteme betrachten. Die entsprechende quantenmechanische Einheit der Information heißt Quantenbit oder kurz Qubit. Es beschreibt das einfachste Quantensystem, das auf zwei Zuständen basiert. Der kleinste nichttriviale Hilbertraum $\mathbb{C}^2$ ist zweidimensional. Wir bezeichnen die zugehörige orthonormale Basis mit $\{|0\rangle, |1\rangle\}$. Dabei könnte z. B. $|0\rangle$ der Grundzustand und $|1\rangle$ der angeregte Zustand eines H-Atoms sein, wenn wir die höheren Zustände vernachlässigen. Wenn die Messwerte nur +1 und −1 ($\times \frac{\hbar}{2}$) sein können, wie z. B. bei den einfachsten Spin-Systemen, verwendet man stattdessen die Notation $\{|+\rangle, |-\rangle\}$. Die Standardbasis für $\mathbb{C}^2$ ist

$$|0\rangle = \begin{bmatrix} 1 \\ 0 \end{bmatrix}, \quad |1\rangle = \begin{bmatrix} 0 \\ 1 \end{bmatrix}.$$

Das wichtigste Beispiel für einen zweidimensionalen Hilbert-Raum ist der Spinzustand eines Teilchens mit Spin 1/2, das wir im vorigen Kapitel ausführlich behandelt haben. Der wesentliche Unterschied zu den klassischen Bits ist, dass wir jetzt Superpositionen bilden können. Neben den Möglichkeiten „0" und „1", die durch die Zustände $|0\rangle$ und $|1\rangle$ realisiert werden, gibt es auch kohärente Superpositionen zwischen den beiden Werten,

$$|\Psi\rangle = a|0\rangle + b|1\rangle \quad \text{mit } |a^2| + |b^2| = 1.$$

Wir können also in einem einzigen Quantenbit 2 Werte a und b darstellen. Bei einer Messung finden wir entweder $|0\rangle$ (mit Wahrscheinlichkeit $|a^2|$) oder $|1\rangle$ (mit Wahrscheinlichkeit $|b^2|$). Die Messung ändert den Zustand unwiderruflich in $|0\rangle$ oder $|1\rangle$, je nachdem was gefunden wurde. Die komplexen Zahlen a, b enthalten mehr Information als nur die Wahrscheinlichkeiten. Die relative Phase hat auch physikalische Bedeutung. Der Vorteil gegenüber klassischen Bits wird noch deutlicher, wenn man Mehrzustandsysteme betrachtet. Eine kohärente Superposition von 3 Zuständen hat z. B. die Form

$$\begin{aligned}|\Psi\rangle = & a_1|0,0,0\rangle + a_2|0,0,1\rangle + a_3|0,1,0\rangle + a_4|1,0,0\rangle \\ & + a_5|0,1,1\rangle + a_6|1,0,1\rangle + a_7|1,1,0\rangle + a_8|1,1,1\rangle.\end{aligned}$$

Dieser Zustand kann 8 unterschiedliche Binärzahlen darstellen. Allgemein kann eine Superposition von n Qubits in 2^n unterschiedlichen Quantenzuständen existieren, von denen jeder eine Binärzahl darstellt. Mit Hilfe einen unitären Transformation kann man dann 2^n Binärzahlen gleichzeitig verarbeiten. Damit könnten Parallelrechnungen auf einen Quanten-Computer exponentiell schneller als auf einen klassischen Computer ausgeführt werden.

18.2 Verschränkung

Viele unerwartete Effekte der Quantentheorie beruhen auf den Superpositionsprinzip. Im Gegensatz zur klassischen Superposition von Wellen, gibt es in der Quantentheorie auch Superpositionen in Produkträumen. Als einfaches Beispiel betrachten wir den Produktraum $\mathbb{V} \times \mathbb{W}$ mit $\mathbb{V} = \mathbb{C}^2$ und $\mathbb{W} = \mathbb{C}^2$. Die möglichen Zustände sind $|-,-\rangle, |-,+\rangle, |+,-\rangle, |+,+\rangle$, wo $|-,-\rangle$ in abgekürzter Notation für $|-\rangle_\mathbb{V} \otimes |-\rangle_\mathbb{W}$ usw. steht. Einige Zustände sind besonders einfach, z. B.

$$\frac{1}{2}[|-,-\rangle + |-,+\rangle + |+,-\rangle + |+,+\rangle] = \frac{1}{2}\{|-\rangle(|+\rangle + |-\rangle) + |+\rangle((|+\rangle + |-\rangle)\}$$
$$= \frac{1}{\sqrt{2}}(|+\rangle + |-\rangle) \otimes \frac{1}{\sqrt{2}}(|+\rangle + |-\rangle).$$

Diese sogenannten *Produktzustände* stellen ein einzelnes Tensorprodukt zwischen zwei Vektoren, jeweils einer in $\mathbb{V}$ und einer in $\mathbb{W}$, dar. Eine Messung am ersten System ergibt mit gleicher Wahrscheinlichkeit $|+\rangle$ oder $|-\rangle$. Eine anschließende Messung am zweiten System bleibt davon unbeeinflusst und ergibt wieder mit gleicher Wahrscheinlichkeit $|+\rangle$ oder $|-\rangle$.

Es gibt aber auch Zustände, die nicht in ein einfaches Tensorprodukt reduziert werden können. Solche Zustände werden als *verschränkt* bezeichnet. Ein Beispiel zwei Fermionen a und b im Zustand

$$|\Psi\rangle_{ab} = [\alpha \, |+\rangle_a |+\rangle_b + \beta \, |-\rangle_a |-\rangle_b] \quad \text{mit } \alpha^2 + \beta^2 = 1, \tag{18.1}$$

wo das erste Fermion $|\pm\rangle_a \in \mathbb{V} = \mathbb{C}^2_{(a)}$ und das zweite Fermion $|\pm\rangle_b \in \mathbb{W} = \mathbb{C}^2_{(b)}$ ist. In diesem Zustand sind Fermion a und b korreliert im folgenden Sinne: Wenn wir den Spin von Fermion a messen, dann projizieren wir auf die Basis $\{|+\rangle_a, |+\rangle_a\}$. Mit Wahrscheinlichkeit $|\alpha|^2$ wird $\uparrow$ gemessen und das System befindet sich anschließend im Zustand

$$|\Psi\rangle_{ab} = |+\rangle_a |+\rangle_b \, .$$

Wenn wir also $\uparrow$ am Fermion a gemessen haben, liegt das Ergebnis einer anschließenden Messung des Spins am Fermion b fest (mit Wahrscheinlichkeit 1).

Wenn wir alternativ bei der ursprünglichen Messung des Spins von Fermion a den Wert $\downarrow$ gefunden haben (mit Wahrscheinlichkeit $|\beta|^2$), dann befindet sich das System sich anschließend im Zustand

$$|\Psi\rangle_{ab} = |-\rangle_a |-\rangle_b$$

und wir messen am Fermion b mit Gewissheit im Zustand ↓. Die Messergebnisse sind korreliert. Diesen Sachverhalt bezeichnet man als *Verschränkung*, engl. entanglement. Gl. (18.1) ist ein Beispiel für einen maximal verschränktes Zwei-Zustandssystem. Die beiden Zustände können dabei über riesige Entfernungen getrennt sein. Dieses sogenannte Einstein-Podolsky-Rosen-Paradox steht nur scheinbar im Widerspruch zu Relativitätstheorie, da durch Verschränkung keine Information mit Überlichtgeschwindigkeit übertragen werden kann.

Die Situation kann bis hier her auch klassisch erklärt werden, in dem man annimmt, dass es mit Wahrscheinlichkeiten $|\alpha|^2$ bzw. $|\beta|^2$ in diesem System zwei Typen von Elektronenpaaren gibt, eines mit z-Komponenten des Spins ↑↑ und eines mit z-Komponenten des Spins ↓↓. Die Quantentheorie ist jedoch komplizierter. Dies wir besonders deutlich, wenn man $\alpha = -\beta = 1/\sqrt{2}$ setzt. Dann ist

$$|\Psi\rangle_{ab} = \frac{1}{\sqrt{2}} \left[|S_z+\rangle_a |S_z+\rangle_b - |S_z-\rangle_a |S_z-\rangle_b \right] . \tag{18.2}$$

Dieser Zustand ist invariant unter Drehung der Basis. Ausgedrückt durch die Eigenzustände von S_x,

$$|S_x\pm\rangle = \frac{1}{\sqrt{2}} \left[|S_z+\rangle \pm |S_z-\rangle \right] ,$$

lautet er

$$|\Psi\rangle_{ab} = \frac{1}{\sqrt{2}} \left[|S_x+\rangle_a |S_x+\rangle_b - |S_x-\rangle_a |S_x-\rangle_b \right] \tag{18.3}$$

und analog für die Basis $|S_y\pm\rangle$ (und $|S_{\vec{n}}\pm\rangle$). Die Zustände auf der rechten Seite von Gl. (18.2) und Gl. (18.3) sehen sehr verschieden aus, stellen aber das selbe System $|\Psi\rangle_{ab}$ dar und sind völlig legale Superpositionen. Die Zustände, aus denen das System $|\Psi\rangle_{ab}$ aufgebaut ist, sind nicht unbekannt, sondern sie sind nicht definiert, bevor nicht eine Messung des Spins in einer bestimmten Richtung vorgenommen wird.

Theorien mit versteckten Variablen (hidden variables): Einstein hat darauf bestanden, dass jede Observable ein „*Element der Realität*" bilden müsse, d. h. dass eine Observable schon vor der Messung einen wohldefinierten Wert besitzt. Die Idee, dass die Physik vollständig durch Wahrscheinlichkeitsaussagen über mögliche Ergebnisse von Observablen beschrieben wird, konnte Einstein nicht akzeptieren. Die wahren Zustände wären nicht verschränkt, und jeder Zustand wäre eindeutig bei der Erzeugung festgelegt (nicht erst nach der Messung). In unserem 2. Beispiel wäre das Zwei-Teilchensystem schon bei der Erzeugung entweder $|-,-\rangle$ oder $|+,+\rangle$, jeweils mit Wahrscheinlichkeit $1/2$. Die Theorie ist unvollständig und wir sind nur noch nicht in der Lage um zwischen den zwei Zuständen zu unterscheiden. Diese Annahme führt auf die Bellschen Ungleichungen, die durch das Experiment widerlegt sind.

18.3 Die Bellsche Ungleichung

Bei einfachen Experimenten vom Stern-Gerlach-Typ unterscheiden sich die beiden Interpretationen der Quantenmechanik noch nicht. John Bell[1] hat 1964 entdeckt, dass sich eine Theorie mit versteckten Variablen von der konventionellen Quantenmechanik unterscheidet, wenn man den Spin von zwei verschränkten Teichen in zwei unterschiedlichen Richtungen misst. Wir wollen dies an dem Beispiel des Spinzustandes zweier Elektronen demonstrieren. Wir nehmen an, dass folgender Zustand experimentell präpariert wurde

$$|\Psi\rangle = \frac{1}{\sqrt{2}}(|\uparrow\rangle \otimes |\downarrow\rangle - |\downarrow\rangle \otimes |\uparrow\rangle)$$

wo $|\uparrow\rangle$ ein in z-Richtung polarisiertes Elektron darstellt. Wir betrachten die Observable

$$A = (\vec{\sigma} \cdot \vec{n}_a) \doteq \begin{bmatrix} \cos\theta & \sin\theta e^{-i\varphi} \\ \sin\theta e^{i\varphi} & -\cos\theta \end{bmatrix},$$

die die Messung des Spins des einen Teilchens in Richtung $\vec{n}_a$ darstellt, wo

$$\vec{n}_a = \sin\theta\cos\varphi\vec{e}_x + \sin\theta\sin\varphi\vec{e}_y + \cos\theta\vec{e}_z, \qquad (18.4)$$

und die Observable

$$B = (\vec{\sigma} \cdot \vec{n}_b) \doteq \begin{bmatrix} \cos\alpha & \sin\theta e^{-i\beta} \\ \sin\alpha e^{\beta} & -\cos\alpha \end{bmatrix}$$

mit

$$\vec{n}_b = \sin\alpha\cos\beta\vec{e}_x + \sin\alpha\sin\beta\vec{e}_y + \cos\alpha\vec{e}_z, \qquad (18.5)$$

die die Messung des Spins des anderen Teilchens in der Richtung $\vec{n}_b$ darstellt. Beide Messungen ergeben, dass die Spins nur parallel oder antiparallel zu $\vec{n}_a$ bzw. $\vec{n}_b$ sein können. Es gibt jeweils nur zwei Messwerte, nämlich $\pm\frac{\hbar}{2}$. Wir wiederholen die Messung N-mal. Bei der i-ten Messung des Spins in Richtung $\vec{n}_a$ ($\vec{n}_b$) ordnen wir dem Ergebnis $+\frac{\hbar}{2}$ den Wert $a(i) = 1$ ($b(i) = 1$) und dem Ergebnis $-\frac{\hbar}{2}$ den Wert $a(i) = -1$ ($b(i) = -1$) zu. Die experimentelle Korrelation zwischen den beiden Messungen berechnet sich dann aus

$$C(\vec{n}_a, \vec{n}_b) = \lim_{N\to\infty} \frac{1}{N}\sum_{i=1}^{N} a(i)b(i). \qquad (18.6)$$

Für zwei Observable, die jeweils verschwindenden Erwartungswert haben, ist die Korrelation gleich dem Erwartungswert des Produktes der beiden Observablen.

$$C(\vec{n}_a, \vec{n}_b) = \langle AB \rangle.$$

---

[1] J. S. Bell, On the Einstein Podolsky Rosen Paradox. Physics 1, 195 (1964).

a) In der konventionellen Quantenmechanik ist die Korrelation durch den Erwartungswert

$$\langle \Psi | (\vec{\sigma} \cdot \vec{n}_a)(\vec{\sigma} \cdot \vec{n}_b) | \Psi \rangle = \frac{1}{2} (\langle \uparrow | \otimes \langle \downarrow | - \langle \downarrow | \otimes \langle \uparrow |)(\vec{\sigma} \cdot \vec{n}_a) \otimes (\vec{\sigma} \cdot \vec{n}_b)(|\uparrow\rangle \otimes |\downarrow\rangle - |\downarrow\rangle \otimes |\uparrow\rangle)$$

gegeben. Die Berechnung ergibt

$$C(\vec{n}_a, \vec{n}_b) = \langle \Psi | (\vec{\sigma} \cdot \vec{n}_a)(\vec{\sigma} \cdot \vec{n}_b) | \Psi \rangle = -(\vec{n}_a \cdot \vec{n}_b) \tag{18.7}$$

Wenn $\vec{n}_a$ und $\vec{n}_b$ in einer Ebene liegen, reduziert sich das Ergebnis auf

$$C(\vec{n}_a, \vec{n}_b) = \langle \Psi | (\vec{\sigma} \cdot \vec{n}_a)(\vec{\sigma} \cdot \vec{n}_b) | \Psi \rangle = -\cos(\theta_a - \theta_b) \tag{18.8}$$

wo θ_a und θ_b die üblichen Polarwinkel sind.

Die einzelnen Rechenschritte seien hier ausgeführt, um zu zeigen, wie man mit Tensorprodukten umgeht. Das Tensorprodukt von linearen Operatoren war wie folgt definiert

$$A \otimes B(|\Psi\rangle_A \otimes |\Phi\rangle_B) = (A|\Psi\rangle_A) \otimes (B|\Phi\rangle_B) .$$

Damit wird:

$$(\vec{\sigma} \cdot \vec{n}_a)(\vec{\sigma} \cdot \vec{n}_b)(|\uparrow\downarrow\rangle - |\downarrow\uparrow\rangle) = (\vec{\sigma} \cdot \vec{n}_a)|\uparrow_a\rangle \otimes (\vec{\sigma} \cdot \vec{n}_b)|\downarrow_b\rangle - (\vec{\sigma} \cdot \vec{n}_a)|\downarrow_a\rangle \otimes (\vec{\sigma} \cdot \vec{n}_b)|\uparrow_b\rangle$$

Für die einzelnen Terme erhält man:

$$(\vec{\sigma} \cdot \vec{n}_a)|\uparrow_a\rangle = \begin{bmatrix} \cos\theta & \sin\theta e^{-i\varphi} \\ \sin\theta e^{i\varphi} & -\cos\theta \end{bmatrix} \begin{bmatrix} 1 \\ 0 \end{bmatrix} = \begin{bmatrix} \cos\theta \\ (\sin\theta)e^{i\varphi} \end{bmatrix}$$

$$(\vec{\sigma} \cdot \vec{n}_b)|\downarrow_b\rangle = \begin{bmatrix} \cos\alpha & \sin\theta e^{-i\beta} \\ \sin\alpha e^{\beta} & -\cos\alpha \end{bmatrix} \begin{bmatrix} 0 \\ 1 \end{bmatrix} = \begin{bmatrix} (\sin\theta)e^{-i\beta} \\ -\cos\alpha \end{bmatrix}$$

$$(\vec{\sigma} \cdot \vec{n}_a)|\downarrow_a\rangle = \begin{bmatrix} \cos\theta & \sin\theta e^{-i\varphi} \\ \sin\theta e^{i\varphi} & -\cos\theta \end{bmatrix} \begin{bmatrix} 0 \\ 1 \end{bmatrix} = \begin{bmatrix} (\sin\theta)e^{-i\varphi} \\ -\cos\theta \end{bmatrix}$$

$$(\vec{\sigma} \cdot \vec{n}_b)|\uparrow_b\rangle = \begin{bmatrix} \cos\alpha & \sin\theta e^{-i\beta} \\ \sin\alpha e^{i\beta} & -\cos\alpha \end{bmatrix} \begin{bmatrix} 1 \\ 0 \end{bmatrix} = \begin{bmatrix} \cos\alpha \\ (\sin\alpha)e^{i\beta} \end{bmatrix} .$$

Das Tensorprodukt zwischen zwei Vektoren ist wie folgt definiert:

$$\begin{bmatrix} a_1 \\ a_2 \end{bmatrix} \otimes \begin{bmatrix} b_1 \\ b_2 \end{bmatrix} = \begin{bmatrix} a_1 \begin{bmatrix} b_1 \\ b_2 \end{bmatrix} \\ a_2 \begin{bmatrix} b_1 \\ b_2 \end{bmatrix} \end{bmatrix} = \begin{bmatrix} a_1 b_1 \\ a_1 b_2 \\ a_2 b_1 \\ a_2 b_2 \end{bmatrix} .$$

Damit wird

$$(\vec{\sigma} \cdot \vec{n}_a)|\uparrow_a\rangle \otimes (\vec{\sigma} \cdot \vec{n}_b)|\downarrow_b\rangle = \begin{bmatrix} \cos\theta \\ (\sin\theta)e^{i\varphi} \end{bmatrix} \otimes \begin{bmatrix} (\sin\alpha)e^{-i\beta} \\ -\cos\alpha \end{bmatrix}$$

$$= \begin{bmatrix} \cos\theta (\sin\theta)e^{-i\beta} \\ -\cos\theta \cos\alpha \\ (\sin\theta)e^{i\varphi}(\sin\theta)e^{-i\beta} \\ -(\sin\theta)e^{i\varphi}\cos\alpha \end{bmatrix}$$

$$(\vec{\sigma}\cdot\vec{n}_a)|\downarrow_a\rangle \otimes (\vec{\sigma}\cdot\vec{n}_b)|\uparrow_b\rangle = \begin{bmatrix} (\sin\theta)e^{-i\varphi} \\ -\cos\theta \end{bmatrix} \otimes \begin{bmatrix} \cos\alpha \\ (\sin\alpha)e^{i\beta} \end{bmatrix}$$

$$= \begin{bmatrix} (\sin\theta)e^{-i\varphi}\cos\alpha \\ (\sin\theta)e^{-i\varphi}(\sin\alpha)e^{i\beta} \\ -\cos\theta\cos\alpha \\ -\cos\theta(\sin\alpha)e^{i\beta} \end{bmatrix}$$

und wir erhalten für

$$(\vec{\sigma}\cdot\vec{n}_a)|\uparrow_a\rangle \otimes (\vec{\sigma}\cdot\vec{n}_b)|\downarrow_b\rangle - (\vec{\sigma}\cdot\vec{n}_a)|\downarrow_a\rangle \otimes (\vec{\sigma}\cdot\vec{n}_b)|\uparrow_b\rangle$$

$$= \begin{bmatrix} \cos\theta\sin\theta e^{-i\beta} \\ -\cos\theta\cos\alpha \\ \sin\theta e^{i\varphi}\sin\alpha e^{-i\beta} \\ -\sin\theta e^{i\varphi}\cos\alpha \end{bmatrix} - \begin{bmatrix} \sin\theta e^{-i\varphi}\cos\alpha \\ \sin\theta e^{-i\varphi}\sin\alpha e^{i\beta} \\ -\cos\theta\cos\alpha \\ -\cos\theta\sin\alpha e^{i\beta} \end{bmatrix}$$

$$= \begin{bmatrix} (\cos\theta\sin\theta)e^{-i\beta} - (\cos\alpha\sin\theta)e^{-i\varphi} \\ -\cos\theta\cos\alpha - (\sin\theta\sin\alpha)e^{i\beta}e^{-i\varphi} \\ \cos\theta\cos\alpha + (\sin\theta\sin\alpha)e^{-i\beta}e^{i\varphi} \\ (\cos\theta\sin\alpha)e^{i\beta} - (\cos\alpha\sin\theta)e^{i\varphi} \end{bmatrix}.$$

$$= \sqrt{2}(\vec{\sigma}\cdot\vec{n}_a)(\vec{\sigma}\cdot\vec{n}_b)|\Psi\rangle.$$

Für die Bra-Vektoren ist:

$$(\langle\uparrow\downarrow| - \langle\downarrow\uparrow|) = (\langle\uparrow|\otimes\langle\downarrow| - \langle\downarrow|\otimes\langle\uparrow|) = \begin{bmatrix}1 & 0\end{bmatrix} \otimes \begin{bmatrix}0 & 1\end{bmatrix} - \begin{bmatrix}0 & 1\end{bmatrix} \otimes \begin{bmatrix}1 & 0\end{bmatrix}$$

$$= \begin{bmatrix}1*0 & 1*1 & 0*0 & 0*1\end{bmatrix} - \begin{bmatrix}0*1 & 0*0 & 1*1 & 1*0\end{bmatrix}$$

$$= \begin{bmatrix}0 & 1 & -1 & 0\end{bmatrix} = \sqrt{2}\langle\Psi|.$$

Das Skalarprodukt $\langle\Psi|(\vec{\sigma}\cdot\vec{n}_a)(\vec{\sigma}\cdot\vec{n}_b)|\Psi\rangle$ wird damit:

$$\frac{1}{2}\begin{bmatrix}0 & 1 & -1 & 0\end{bmatrix}\begin{bmatrix} (\cos\theta\sin\theta)e^{-i\beta} - (\cos\alpha\sin\theta)e^{-i\varphi} \\ -\cos\theta\cos\alpha - (\sin\theta\sin\alpha)e^{i\beta}e^{-i\varphi} \\ \cos\theta\cos\alpha + (\sin\theta\sin\alpha)e^{-i\beta}e^{i\varphi} \\ (\cos\theta\sin\alpha)e^{i\beta} - (\cos\alpha\sin\theta)e^{i\varphi} \end{bmatrix}$$

$$= \frac{1}{2}\left[-2\cos\theta\cos\alpha - (\sin\theta\sin\alpha)e^{-i\beta}e^{i\varphi} - (\sin\theta\sin\alpha)e^{i\beta}e^{-i\varphi}\right]$$

$$= \frac{1}{2}\left[-2\cos\theta\cos\alpha - (\sin\theta\sin\alpha)\left(e^{i(\varphi-\beta)} + e^{-i(\varphi-\beta)}\right)\right]$$

$$= \frac{1}{2}\left[-2\cos\theta\cos\alpha - 2(\sin\theta\sin\alpha)\cos(\varphi-\beta)\right]$$

Andererseits ist das Skalarprodukt der zwei Einheitsvektoren auf der rechten Seite von Gl. (18.7) in Polarkoordinaten gegeben durch

$$(\vec{n}_a\cdot\vec{n}_b) = (\sin\theta\cos\varphi\,\vec{e}_x + \sin\theta\sin\varphi\,\vec{e}_y + \cos\theta\,\vec{e}_z)(\sin\alpha\cos\beta\,\vec{e}_x + \sin\alpha\sin\beta\,\vec{e}_y + \cos\alpha\,\vec{e}_z$$

$$= (\sin\theta\cos\varphi\sin\alpha\cos\beta + \sin\theta\sin\varphi\sin\alpha\sin\beta + \cos\alpha\cos\theta)$$

$$= \sin\theta\sin\alpha\cos(\beta - \varphi) + \cos\alpha\cos\theta.$$

Damit ist Gl. (18.7) bewiesen.

b) In Theorien mit versteckten Variablen hat eine Messung des Spins des Teilchen 1 keinen Einfluss auf die Messung des Spins des Teilchen 2. Damit sind die kombinierten Wahrscheinlichkeiten einfach durch die Produkte der Wahrscheinlichkeiten für das Ergebnis a_i einer Messung in Richtung $\vec{n}_a$ mit der Wahrscheinlichkeit eines Ergebnisses b_i der Messung in Richtung $\vec{n}_b$ gegeben. Wenn die kombinierten Wahrscheinlichkeiten für 4 Messungen von A, A', B, B' existieren und die Bedingungen

$$P(a_i, a'_j, b_k, b'_l) \geq 0, \quad \sum_{i,j,k,l} P(a_i, a'_j, b_k, b'_l) = 1$$

erfüllen, dann gelten die Bellschen Ungleichungen

$$|\langle AB' \rangle + \langle B'A' \rangle + \langle A'B \rangle - \langle AB \rangle| \leq 2. \tag{18.9}$$

Beweis der Bellschen Ungleichungen Wir nehmen an, dass sich die Korrelationen aus den Wahrscheinlichkeiten ableiten lassen,

$$\langle AB \rangle = \sum_{i,k} a_i b_k \sum_{j,l} P(a_i, a'_j, b_k, b'_l) \tag{18.10}$$

$$\langle AB' \rangle = \sum_{i,k} a_i b'_l \sum_{j,l} P(a_i, a'_j, b_k, b'_l)$$

$$\langle A'B \rangle = \sum_{i,k} a'_j b_k \sum_{j,l} P(a_i, a'_j, b_k, b'_l)$$

$$\langle A'B' \rangle = \sum_{i,k} a'_j b'_l \sum_{j,l} P(a_i, a'_j, b_k, b'_l) \ .$$

Für alle Zahlen $a, a', b, b' \in [-1, 1]$ gilt

$$|a(b' - b) + a'(b' + b)| \leq |a(b' - b)| + |a'(b' + b)| = |a||(b' - b)| + |a'||(b' + b)|$$
$$\leq |(b' - b)| + |(b' + b)| \leq 2$$

Wenn wir über Größen, die ≤ 2 sind, mitteln, dann gilt die Schranke auch für das Mittel

$$\sum_{i,j,k,l} P(a_i, a'_j, b_k, b'_l) |[a_i(b'_l - b_k) + a'_j(b'_l + b_i)]| \leq 2 \ .$$

Der Absolutwert des Mittels ist aber gleich dem Mittel des Absolutwertes,

$$|\sum_{i,j,k,l} P(a_i, a'_j, b_k, b'_l) [a_i(b'_l - b_k) + a'_j(b'_l + b_i)]| \leq 2 \ .$$

Verwendet man diese Ergebnis zusammen mit den Gleichungen (18.10) in der Bellschen Ungleichung (18.9), so sieht man direkt, dass die Ungleichung erfüllt ist. □

Das quantenmechanische Ergebnis widerspricht dieser Ungleichung für die meisten Winkel. In der Quantenmechanik gilt

$$|\langle AB' \rangle + \langle B'A' \rangle + \langle A'B \rangle - \langle AB \rangle| = |(\vec{n}_a \cdot \vec{n}_{b'}) + (\vec{n}_{a'} \cdot \vec{n}_{b'}) + (\vec{n}_{a'} \cdot \vec{n}_b) - (\vec{n}_a \cdot \vec{n}_b)| \ .$$

Der Einfachheit halber nehmen wir an, dass in Gl. (18.5) und (18.4) die Richtungsvektoren $\vec{n}_a, \vec{n}_b, \vec{n}_{a'}, \vec{n}_{b'}$ alle in einer Ebene liegen ($\varphi = 0$), dann ist $(\vec{n}_a \cdot \vec{n}_b) = -\cos(\theta_a - \theta_b)$ etc. Wir setzen

$$\theta_a = 0, \, \varphi_a = 0; \quad \theta_b = \frac{\pi}{3}, \, \varphi_b = 0$$

$$\theta_{a'} = \frac{\pi}{6}, \, \varphi_{a'} = 0; \quad \theta_{b'} = \frac{\pi}{6}, \, \varphi_{b'} = 0.$$

Mit $\vec{n} = \sin\theta \cos\varphi \, \vec{e}_x + \sin\theta \sin\varphi \, \vec{e}_y + \cos\theta \, \vec{e}_z$ gilt:

$$(\vec{n}_a \cdot \vec{n}_b) = -\cos(\theta_a - \theta_b) = -\cos\left(\frac{\pi}{3}\right) = -0.5$$

$$(\vec{n}_a \cdot \vec{n}_{b'}) = -\cos(\theta_a - \theta_{b'}) = -\cos\left(\frac{\pi}{6}\right) = -0.866\,025\,4$$

$$(\vec{n}_{a'} \cdot \vec{n}_b) = -\cos(\theta_{a'} - \theta_b) = -\cos\left(\frac{\pi}{6} - \frac{\pi}{3}\right) = -0.866\,025\,4$$

$$(\vec{n}_{a'} \cdot \vec{n}_{b'}) = -\cos(\theta_{a'} - \theta_{b'}) = -\cos\left(\frac{\pi}{6} - \frac{\pi}{6}\right) = -1.0.$$

Da

$$|(\vec{n}_a \cdot \vec{n}_{b'}) + (\vec{n}_{a'} \cdot \vec{n}_{b'}) + (\vec{n}_{a'} \cdot \vec{n}_b) - (\vec{n}_a \cdot \vec{n}_b)| = 2.232\,050\,8 > 2,$$

sind die Bellschen Ungleichungen in der Quantenmechanik verletzt. Experimentell wurde gezeigt, dass die Bellsche Ungleichungen tatsächlich verletzt sind. Damit scheiden Theorien mit versteckten Variablen aus.

19 Der harmonische Oszillator

Der harmonische Oszillator spielt eine wichtige Rolle in der Quantentheorie. In der Nähe eines stabilen Gleichgewichts lässt sich fast jede Kraft durch eine harmonische Kraft approximieren. Sie beschreibt so verschiedene Phänomene, wie molekulare Schwingungen und Modelle für die Kernkraft. Besonders wichtig ist die Darstellung des freien elektromagnetischen und anderer Quantenfelder als unendliche Summe von harmonischen Oszillatoren. Der harmonische Oszillator in der Quantenmechanik lässt sich exakt lösen und eignet sich daher bestens, die Prinzipien und teilweise unerwarteten Konsequenzen des Formalismus zu illustrieren.

19.1 Energieeigenwerte

Da der Hamilton-Operator eines n-dimensionalen Oszillators sich als eine Summe von n vertauschenden Operatoren schreiben lässt, können wir uns auf den eindimensionalen Fall beschränken. Wir ersetzen in der klassischen Hamilton-Funktion die kanonischen Variablen q und p durch die entsprechenden Hermiteschen Operatoren und erhalten den Hamilton-Operator der Quantenmechanik,

$$H = \frac{P^2}{2m} + \frac{1}{2}kQ^2 , \tag{19.1}$$

wobei k die Federkonstante ist. Wir wollen die Energieeigenwerte und Eigenvektoren, d. h. die stationären Zustände mit einer basisunabhängigen algebraischen Methode, die auf Dirac zurückgeht, bestimmen. Dazu führen wir folgende Linearkombinationen von Operatoren ein

$$A = \sqrt{\frac{m\omega}{2\hbar}} \left(Q + i\frac{P}{m\omega} \right) \tag{19.2}$$

$$A^\dagger = \sqrt{\frac{m\omega}{2\hbar}} \left(Q - i\frac{P}{m\omega} \right) ,$$

wo

$$\omega \equiv \sqrt{\frac{k}{m}} . \quad \text{(entspricht der klassischen Frequenz)}$$

Die Operatoren A und $A^\dagger$ sind nicht Hermitesch. Die inversen Relationen lauten

$$Q = \sqrt{\frac{\hbar}{2m\omega}}(A + A^\dagger) \tag{19.3}$$

$$P = \frac{1}{i}\sqrt{\frac{\hbar m\omega}{2}}(A - A^\dagger) .$$

Aus dem kanonischen Kommutator

$$[Q,P] = i\hbar$$

folgt

$$[A, A^\dagger] = 1 \,. \tag{19.4}$$

Dies sieht man sofort, wenn man schreibt $[A, A^\dagger] = \frac{1}{2}[(A - A^\dagger), (A + A^\dagger)]$. Für den Hamilton-Operator findet man

$$H = \hbar\omega \left(A^\dagger A + \frac{1}{2} \right) \,. \tag{19.5}$$

Man beachte, dass die Masse im Hamilton-Operator nicht mehr explizit aufscheint. Das Spektrum wird nur noch von ω abhängen. Man erhält die Eigenwerte von H also aus den Eigenwerten des Operators

$$N = A^\dagger A \,.$$

Der Operator N heißt, aus Gründen, die gleich ersichtlich werden, *Besetzungszahloperator*. Aus der Vertauschungsrelationen Gl. (19.4) folgt

$$[N, A^\dagger] = A^\dagger \tag{19.6}$$

$$[N, A] = -A \,. \tag{19.7}$$

Beweis Wir verwenden die Identität $[AB, C] = A[B, C] + [A, C]B$,

$$[A^\dagger A, A^\dagger] = A^\dagger \underbrace{[A, A^\dagger]}_{=1} + \underbrace{[A^\dagger, A^\dagger]}_{=0} A = A^\dagger \,.$$

Die zweite Gleichung (19.7) erhält man durch Hermitesche Konjugation. □

Diese Vertauschungsrelationen sind typisch für sog. *Leiteropatoren* (siehe unten). Wir berechnen jetzt die Eigenwerte λ von N und die zugehörigen (normierten) Eigenvektoren $|\lambda\rangle$. Sie erfüllen die Eigenwertgleichung

$$N |\lambda\rangle = \lambda |\lambda\rangle \,.$$

Wir zeigen zunächst:
1. Die Eigenwerte von N sind ≥ 0.

   Beweis

   $$\langle \lambda | N | \lambda \rangle = \langle \lambda | \lambda | \lambda \rangle = \lambda$$
   $$= \langle \lambda | A^\dagger A | \lambda \rangle = \langle \alpha | \alpha \rangle \geq 0$$

   mit

   $$|\alpha\rangle \equiv A |\lambda\rangle \quad \text{und} \quad \langle \alpha | = (|\alpha\rangle)^\dagger = (A |\lambda\rangle)^\dagger = \langle \lambda | A^\dagger \,.$$

   Mit Gl. (19.5) folgt, dass die Eigenwerte E von H nach unten beschränkt sind, $E \geq \frac{1}{2}\hbar\omega$. □

2. Wenn λ ein Eigenwert ist, dann auch $(\lambda - 1)$.

   Beweis
   $$NA|\lambda\rangle = (AN + \underbrace{[N,A]}_{=-A})|\lambda\rangle = A(N-1)|\lambda\rangle$$
   $$= A(\lambda - 1)|\lambda\rangle = (\lambda - 1)A|\lambda\rangle.$$

   D. h.
   $$N\underline{A|\lambda\rangle} = (\lambda - 1)\underline{A|\lambda\rangle}.$$
   $A|\lambda\rangle$ ist daher Eigenzustand von N zum Eigenwert $(\lambda - 1)$,
   $$A|\lambda\rangle \equiv |\lambda - 1\rangle. \tag{19.8}$$
   □

   Der neue Eigenzustand ist noch nicht normiert. Man bezeichnet den Operator A auch als Absteige- oder Vernichtungsoperator.

3. Wenn λ eine positive ganze Zahl ist, $\lambda = 0, 1, 2, \ldots$, dann erreicht man durch wiederholte Anwendung des Operators A irgendwann den Eigenwert $\lambda = 0$ mit zugehörigem Eigenvektor $|0\rangle \equiv |\lambda = 0\rangle$, den *Grundzustand*. Wenn dies der Fall ist, dann muss wegen $\lambda \geq 0$ gelten
   $$A \underbrace{|0\rangle}_{\text{Grundzustand}} = \underbrace{|null\rangle}_{\text{Nullvektor}}.$$

   Beweis
   $$\langle \lambda = 0|A^\dagger A|\lambda = 0\rangle = 0$$

   D. h. Der Vektor $A|\lambda = 0\rangle$ ist der Nullvektor $|null\rangle$. Weitere Anwendung des Absteigeoperators A ergibt immer wieder 0,
   $$A|null\rangle = 0|null\rangle,$$
   d. h. die Folge $A^n|\lambda\rangle$ bricht ab. Wenn λ keine positive ganze Zahl ist, dann bricht auf Grund von Gl.19.8 die Folge $A^n|\lambda\rangle$ nie ab und man erhält unweigerlich negative λ, wenn man den Absteige-Operator A genügend oft anwendet. Es folgt, dass λ eine positive ganze Zahl sein muss. □

4. Wenn $|\lambda\rangle$ ein Eigenvektor von N ist, dann ist auch $A^\dagger|\lambda\rangle$ ein Eigenvektor, und zwar zum Eigenwert $\lambda + 1$.

   Beweis
   $$NA^\dagger|\lambda\rangle = (A^\dagger N + \underbrace{[N,A^\dagger]}_{=A^\dagger})|\lambda\rangle = A^\dagger(N+1)|\lambda\rangle$$
   $$= A^\dagger(\lambda + 1)|\lambda\rangle = (\lambda + 1)A^\dagger|\lambda\rangle.$$

   D. h. $A^\dagger|\lambda\rangle$ ist Eigenvektor von N zum Eigenwert $(\lambda + 1)$, $|\lambda + 1\rangle \equiv A^\dagger|\lambda\rangle$ (bis auf die Normierung). Man bezeichnet den Operator $A^\dagger$ auch als Aufsteige- oder Erzeugungsoperator. □

Man kann zeigen, dass es zu jedem Eigenwert nur einen Eigenvektor gibt, die Eigenwerte sind nicht entartet (siehe C. Cohen-Tannoudji, B. Diu und F. Laloë, 1997). Wir schreiben n für λ, mit $n = 0, 1, 2, \ldots$. Die Eigenwerte sind nach oben nicht beschränkt, d. h. wir haben es mit einem (abzählbar) unendlich-dimensionalen Hilbert-Raum zu tun.

Die Eigenvektoren von N sind auch Eigenvektoren von H, da $H = \hbar\omega\left(N + \frac{1}{2}\right)$,

$$H|n\rangle = \hbar\omega\left(N + \frac{1}{2}\right)|n\rangle = \hbar\omega\left(n + \frac{1}{2}\right)|n\rangle. \tag{19.9}$$

Die Eigenwerte von H sind damit

$$E_n = \left(n + \frac{1}{2}\right)\hbar\omega; \quad n = 0, 1, 2, \ldots.$$

Die *Grundzustandsenergie* (der kleinste Eigenwert),

$$E_0 = \frac{1}{2}\hbar\omega \neq 0,$$

ist, im Gegensatz zum klassischen Oszillator, ungleich Null. Die Eigenwerte E_n bilden die möglichen Messwerte, sie sind diskret d. h. *quantisiert*.

Anmerkung zur Normierung

Die mit den Erzeugungsoperator generierten Zustände sind noch nicht normiert,

$$|n\rangle \simeq (A^\dagger)^n |0\rangle.$$

Wir bestimmen jetzt die normierten Zustände. Sei

$$\langle 0|0\rangle = 1.$$

Dann ist

$$\langle 1|1\rangle = \langle 0|AA^\dagger|0\rangle = \langle 0|\underbrace{[A, A^\dagger]}_{\text{da } A|0\rangle=0}|0\rangle = \langle 0|0\rangle = 1$$

$$\langle 2|2\rangle = \langle 0|AAA^\dagger A^\dagger|0\rangle = \langle 0|\{A[A, A^\dagger]A^\dagger + AA^\dagger \underbrace{AA^\dagger}_{\to [A, A^\dagger]}\}|0\rangle = 2.$$

Mit vollständiger Induktion zeigt man, dass die normierten Zuständen durch

$$|n\rangle = \frac{(A^\dagger)^n}{\sqrt{n!}}|0\rangle \tag{19.10}$$

gegeben sind. Dies sind die Eigenzustände von H, d. h. die stationären Zustände. Aus Gl. (19.10) folgt

$$A^\dagger|n\rangle = \sqrt{n+1}\,|n+1\rangle \qquad \text{Erzeugungsoperator.} \tag{19.11}$$

Analog

$$A|n\rangle = \sqrt{n}\,|n-1\rangle \qquad \text{Vernichtungsoperator.} \tag{19.12}$$

Beweis der Gl. (19.11)

$$A^\dagger |n\rangle = \frac{(A^\dagger)^{n+1}}{\sqrt{n!}} |0\rangle = \sqrt{n+1}\, \frac{(A^\dagger)^{n+1}}{\sqrt{(n+1)!}} |0\rangle = \sqrt{n+1}\, |n+1\rangle. \qquad \square$$

Die Operatoren Q und P wirken wie folgt auf die Energieeigenkets:

$$\begin{aligned} Q|n\rangle &= \sqrt{\frac{\hbar}{2m\omega}} (A^\dagger + A)|n\rangle \\ &= \sqrt{\frac{\hbar}{2m\omega}} \left[\sqrt{n+1}\,|n+1\rangle + \sqrt{n}\,|n-1\rangle \right] \end{aligned} \qquad (19.13)$$

und

$$\begin{aligned} P|n\rangle &= i\sqrt{\frac{m\hbar\omega}{2}} (A^\dagger - A)|n\rangle \\ &= i\sqrt{\frac{m\hbar\omega}{2}} \left[\sqrt{n+1}\,|n+1\rangle - \sqrt{n}\,|n-1\rangle \right]. \end{aligned} \qquad (19.14)$$

Die Energieeigenzustände $\{|n\rangle\}$ sind weder Eigenzustände des Ortsoperators noch des Impulsoperators.

Matrixdarstellungen der Operatoren

Die Matrixdarstellung des Hamilton-Operators,

$$H_{mn} = \langle m|H|n\rangle = \left\langle m\Big|\hbar\omega\left(N + \tfrac{1}{2}\right)\Big|n\right\rangle = \left(n + \tfrac{1}{2}\right)\hbar\omega\, \delta_{mn}, \qquad (19.15)$$

hat folgende diagonale Form

$$H_{mn} = \tfrac{1}{2}\hbar\omega \begin{bmatrix} 1 & 0 & 0 & \dots \\ 0 & 3 & 0 & \dots \\ 0 & 0 & 5 & \dots \\ \dots & \dots & \dots & \dots \end{bmatrix}.$$

Die zugehörigen orthonormierten Eigenvektoren sind

$$|0\rangle = (1,0,0,\dots),\quad |1\rangle = (0,1,0,\dots),\quad |2\rangle = (0,0,1,\dots),\dots,$$

mit

$$\langle m|n\rangle = \delta_{mn}.$$

Sie bilden eine Basis im Hilbert-Raum. Mit Hilfe der Gleichungen (19.11)–(19.14) bestimmt man die Matrixdarstellungen der anderen Operatoren

$$\begin{aligned} A_{mn} &= \langle m|A|n\rangle = \sqrt{n}\,\delta_{m,n-1} \\ A^\dagger_{mn} &= \langle m|A^\dagger|n\rangle = \sqrt{n+1}\,\delta_{m,n+1} \end{aligned}$$

$$Q_{mn} = \langle m|Q|n\rangle = \sqrt{\frac{\hbar}{2m\omega}} \left[\sqrt{n+1}\delta_{m,n+1} + \sqrt{n}\delta_{m,n-1} \right] \qquad (19.16)$$

$$P_{mn} = \langle m|P|n\rangle = i\sqrt{\frac{m\hbar\omega}{2}} \left[\sqrt{n+1}\delta_{m,n+1} - \sqrt{n}\delta_{m,n-1} \right] . \qquad (19.17)$$

Die Diagonalelemente der Matrizen A_{mn}, $A^\dagger_{mn}$, Q_{mn}, P_{mn} verschwinden alle. Damit gilt

$$\langle n|Q|n\rangle = \langle n|P|n\rangle = 0 . \qquad (19.18)$$

Die Mittelwerte des Orts- und des Impulsoperators zwischen den stationären Zuständen des harmonischen Oszillators verschwinden. Dies gilt nicht für Überlagerungen von stationären Zuständen.

Unbestimmtheitsrelation

Weder der Ortsoperator Q noch der Impulsoperator P vertauschen mit dem Hamilton-Operator. Da die Spektren von Q und P alle reellen Zahlen einschließt, können Ort und Impuls bei einem stationären Zustand jeden Wert annehmen. Wir wollen in diesem Zusammenhang den Mittelwert und das Schwankungsquadrat von Q und P berechnen. Da Q_{mn} und P_{mn} keine Diagonalelemente besitzen (Gl. (19.16), (19.17)) gilt

$$\langle Q\rangle = \langle P\rangle = 0 .$$

Aus Gl. (19.15) folgern wir

$$\langle H\rangle = \left\langle \frac{P^2}{2m}\right\rangle + \left\langle \frac{k}{2}Q^2\right\rangle .$$

In geeigneten Einheiten ist H symmetrisch unter dem Austausch von P und Q. Daher erwarten wir

$$\left\langle \frac{P^2}{2m}\right\rangle = \frac{1}{2}\langle H\rangle = \frac{1}{2}\hbar\omega\left(N+\frac{1}{2}\right) \;\rightarrow\; \langle P^2\rangle = m\hbar\omega\left(N+\frac{1}{2}\right)$$
$$\left\langle \frac{k}{2}Q^2\right\rangle = \frac{1}{2}\langle H\rangle = \frac{1}{2}\hbar\omega\left(N+\frac{1}{2}\right) \;\rightarrow\; \langle Q^2\rangle = \frac{\hbar\omega}{m}\left(N+\frac{1}{2}\right) .$$

Dies kann man auch explizit nachrechnen. Die Unschärfen von Q und P für einen harmonischen Oszillator in einem Energieeigenzustand erfüllen somit

$$\Delta Q \Delta P = \left(n+\frac{1}{2}\right)\hbar . \qquad (19.19)$$

Die Heisenbergsche Unbestimmtheitsrelation

$$\Delta Q \Delta P \geq \frac{1}{2}|\langle [Q,P]\rangle| = \frac{\hbar}{2}$$

ist erfüllt. Der Grundzustand besitzt das minimale Schwankungsquadrat, das mit der Heisenbergschen Unbestimmtheitsrelation konsistent ist.

19.2 Zeitliche Entwicklung

Wir hatten gesehen, dass die Mittelwerte des Orts- und des Impulsoperators zwischen den stationären Zuständen verschwinden. Um Oszillationen zu erhalten, müssen wir Überlagerungen von stationären Zuständen, sogenannte Wellenpakete, betrachten. Zur Zeit $t = 0$ sei der Zustand eines harmonischen Oszillators als eine Überlagerungen von stationären Zuständen,

$$|\Psi(0)\rangle = \sum_{n=0}^{\infty} c_n(0) |n\rangle \; ,$$

gegeben. Wenn wir die zeitliche Entwicklung im Schrödinger-Bild betrachten, so gilt zur Zeit t

$$|\Psi(t)\rangle = \sum_{n=0}^{\infty} c_n(t) |n\rangle \; .$$

Der Zustand $|\Psi(t)\rangle$ erfüllt die Schrödinger-Gleichung

$$i\hbar \frac{d}{dt} |\Psi(t)\rangle = H |\Psi(t)\rangle \; .$$

In Kapitel 16 hatten wir gesehen, dass damit der Erwartungswert einer Observablen A zu einer Zeit t gegeben ist durch

$$\langle \Psi(t)|A|\Psi(t)\rangle = \sum_{m,n}^{\infty} e^{i\omega_{mn}t} c_m^*(0) c_n(0) A_{mn} \; ,$$

wo

$$\omega_{mn} = \frac{E_m - E_n}{\hbar}$$

die Bohrschen Frequenzen sind und

$$A_{mn} = \langle m|A|n\rangle \; .$$

Für den harmonischen Oszillator ist

$$\omega_{mn} = \frac{E_m - E_n}{\hbar} = \left(m + \frac{1}{2}\right)\omega - \left(n + \frac{1}{2}\right)\omega$$
$$= (m - n)\omega \; .$$

Als Beispiel betrachten wir die zeitliche Entwicklung der Erwartungswerte des Ortes und des Impulses. Da die Matrixelemente Q_{mn} und P_{mn} des harmonischen Oszillators nur für $m = n \pm 1$ ungleich 0 sind, gilt $m - n = \pm 1$ und $e^{i\omega_{mn}t} = \cos\omega t \pm \sin\omega t$. Damit tragen zu den Mittelwerten nur sinusartige Schwingungen mit Frequenz ω bei.

Es ist interessant die Zeitabhängigkeit auch im Heisenberg-Bild zu betrachten. In diesem Bild hängen die Operatoren von der Zeit ab, während die Zustände zeitunabhängig sind. Die Zeitabhängigkeit des Vernichtungsoperators $A(t)$ mit $A(0) = A$ ist im Heisenberg-Bild gegeben durch,

$$A(t) = \exp\left[-\frac{1}{i\hbar}Ht\right] A(0) \exp\left[\frac{1}{i\hbar}Ht\right] \; . \tag{19.20}$$

Um diesen Ausdruck zu vereinfachen benötigen wir die Baker-Hausdorff-Operatoridentität:
$$e^A B e^{-A} = B + [A,B] + \frac{1}{2!}[A,[A,B]] + \cdots . \qquad (19.21)$$

In Gl. (19.20) und Gl. (19.21) wird der folgende Kommutator benötigt
$$\left[\frac{-1}{i\hbar}Ht, A\right]t = \left[\frac{i}{\hbar}\hbar\omega t\left(N + \frac{1}{2}\right), A\right] = [i\omega tN, A] .$$

Da $[N, A] = -A$ ist, folgt
$$\frac{-1}{i\hbar}[Ht, A] = -i\omega tA . \qquad (19.22)$$

Wir können also die Identität (19.21) verwenden und erhalten
$$A(t) = e^{-i\omega t} A(0) . \qquad (19.23)$$

Damit wird
$$Q(t) = \sqrt{\frac{\hbar}{2m\omega}}(A(t) + A^\dagger(t))$$
$$= \sqrt{\frac{\hbar}{2m\omega}}[A(0)e^{-i\omega t} + A^\dagger(0)e^{i\omega t}]$$
$$= \sqrt{\frac{\hbar}{2m\omega}}\left\{\cos\omega t[A(0) + A^\dagger(0)] - i\sin\omega t[A(0) - A^\dagger(0)]\right\}$$
$$= Q(0)\cos\omega t + P(0)\frac{1}{m\omega}\sin\omega t ,$$

da $P(0) = \frac{1}{i}\sqrt{\frac{\hbar m\omega}{2}}(A(0) - A^\dagger(0))$. Auf die gleiche Weise erhalten wir für den Impulsoperator
$$P(t) = P(0)\cos\omega t - m\omega Q(0)\sin\omega t .$$

Im Heisenberg-Bild gleicht die Zeitabhängigkeit der Operatoren $P(t)$ und $Q(t)$ der der klassischen Bewegung des harmonischen Oszillators. Diese Übereinstimmung kann aber trügerisch sein, da nur die Erwartungswerte der Operatoren gemessen werden,
$$\langle Q \rangle (t) = \langle Q \rangle (0) \cos\omega t + \frac{1}{m\omega}\langle P \rangle (0) \sin\omega t$$
$$\langle P \rangle (t) = \langle P \rangle (0) \cos\omega t - m\omega \langle Q \rangle (0) \sin\omega tm.$$

Da per Definition $Q(0)_H = Q_S$ und $P(0)_H = P_S$, gilt für die Mittelwerte des Ortes und des Impulses im Fall stationärer Zustände wegen (19.18)
$$\langle Q \rangle (t) = \langle P \rangle (t) = 0 \quad \text{(für stationäre Zustände)}.$$

Wir sehen wieder, dass Oszillationen nur für Überlagerungen von Energieeigenzuständen auftreten.

In elementaren Darstellungen der Quantenmechanik wird oft behauptet, dass man Grenzfall großer Quantenzahlen den klassischen Limes erhält. Die gilt nicht für einzelne Energieeigenzustände. Ein einzelner Energieeigenzustand ist ein stationärer Zustand, für den die Mittelwerte aller Observablen zeitlich konstant sind, auch für $n \to \infty$. Das Schwankungsquadrat der Ortsobservablen z. B. wächst mit n (siehe Gl. (19.19). Ein Teilchen in einem Energieeigenzustand im Oszillatorpotential ist weit davon entfernt lokalisiert zu sein. Statt der Energieeigenzustände kann man sogenannte kohärente Zustände einführen, die sich eher wie klassische Teilchen verhalten.

20 Orts- und Impulsdarstellung

In der Quantenmechanik gibt es Hermitesche Operatoren (Observable), die ein kontinuierliches Spektrum besitzen. Beispiele sind der Ortsoperator und der Impulsoperator, die in einem unbeschränkten räumlichen Gebiet definiert sind. Als konkretes Beispiel betrachten wir zunächst den Ortsoperator in einer Dimension.

20.1 Der Ortsoperator

Da wir die Position x eines Teilchens messen können, muss es einen Ortsoperator X geben, zu dem die Eigenzuständen $|x\rangle$ und Eigenwertgleichung

$$X|x\rangle = x|x\rangle$$

gehören, mit dem kontinuierlichen Spektrum

$$-\infty \leq x \leq +\infty\,.$$

Streng genommen kann $|x\rangle$ kein Element des Hilbert-Raumes sein. Wir folgen Dirac und rechnen mit den Zuständen $|x\rangle$ als seien sie Hilbert-Vektoren, wobei die *Orthogonalitätsrelation* jetzt lautet

$$\langle x|x'\rangle = \delta(x - x')\,.$$

Wir betrachten also die Diracsche Deltafunktion als Kontinuumslimes des Kronecker-Deltas δ_{ij}. Diese pragmatische Vorgehensweise kann mathematisch streng begründet werden. Die Eigenzustände des Ortsoperators sind nicht auf 1 normierbar. Wenn wir sagen ein Teilchen befindet sich im Zustand $|x_0\rangle$, dann meinen wir, dass der Zustand bei $x = x_0$ ein so scharfes Maximum hat, so dass wir $\langle x|x_0\rangle$ durch die δ-Funktion $\delta(x - x_0)$ approximieren können.

Auch für Hermitesche Operatoren mit kontinuierlichem Spektrum gilt ein Spektraltheorem. Dieses lässt sich als *Vollständigkeitsrelation* schreiben,

$$\int_{-\infty}^{\infty} dx\, |x\rangle\langle x| = I,$$

wobei wir angenommen haben, dass sich das Spektrum des Ortsoperators über die gesamten reellen Zahlen erstreckt. Ein physikalischer Zustand kann in der Basis $\{|x\rangle\}$ entwickelt werden

$$|\Psi\rangle = \int dx\, |x\rangle\langle x|\Psi\rangle$$

$\langle x|\Psi\rangle$ ist die Komponente von $|\Psi\rangle$ in der Ortsdarstellung, d. h. in der Basis $\{|x\rangle\}$. In Analogie zum diskreten Fall postulieren wir, dass für einen physikalischen Zustand $|\Psi\rangle$,

$$w(x \in [a,b]) = \int_a^b dx\, |\langle x|\Psi\rangle|^2$$

die Wahrscheinlichkeit ist, die Observable X mit Werten im endlichen Intervall $[a, b]$ zu messen. Die Wahrscheinlichkeitsamplitude

$$\Psi(x) \equiv \langle x|\Psi\rangle$$

heißt *Wellenfunktion* und ist eine komplexwertige Funktion der reelen Variablen x.

Interpretation

Die Größe $|\langle x|\Psi\rangle|^2$ stellt eine Wahrscheinlichkeitsdichte dar, d. h. $|\langle x|\Psi\rangle|^2 \, dx$ ist die Wahrscheinlichkeit, das Teilchen im Intervall $(x, x + dx)$ zu finden.

Die Wellenfunktion eines Ortseigenvektors ist

$$\Psi_{x_0}(x) \equiv \langle x|x_0\rangle = \delta(x - x_0).$$

Mit Hilfe der Vollständigkeitsrelation kann man das Skalarprodukt zwischen zwei physikalischen Zuständen $|\Psi_1\rangle, |\Psi_2\rangle$ umschreiben

$$\langle \Psi_2|\Psi_1\rangle = \int dx \, \langle \Psi_2|x\rangle \langle x|\Psi_1\rangle$$
$$= \int dx \, \Psi_2^*(x)\Psi_1(x).$$

Speziell gilt für die Normierung eines physikalischen Zustandes

$$\langle \Psi|\Psi\rangle = \int dx \, \Psi^*(x)\Psi(x) = \int dx \, |\Psi(x)|^2.$$

Matrixelement eines Operators in der Ortsdarstellung

Das Matrixelement eines beliebigen Operators A mit Eigenzuständen $|a_i\rangle$ und Eigenwerten a_i in der Ortsdarstellung ist

$$\langle x|A|x'\rangle = \sum_{i,k} \langle x|a_i\rangle \langle a_i|A|a_k\rangle \langle a_k|x'\rangle$$
$$= \sum_k a_k \langle x|a_k\rangle \langle a_k|x'\rangle$$
$$= \sum_k a_k a_k(x) a_k^*(x').$$

Die Funktionen

$$a_k(x) \equiv \langle x|a_k\rangle$$

heißen *Eigenfunktionen* des Operators A. Die Wirkung eines Operators auf einen Vektor,

$$A|f\rangle = |g\rangle,$$

kann als Integralgleichung geschrieben werden

$$\int dx' \, \langle x|A|x'\rangle \langle x'|f\rangle = \langle x|g\rangle$$

oder
$$\int dx' A(x,x') f(x') = g(x), \qquad (20.1)$$
wo
$$A(x,x') = \langle x|A|x' \rangle, \quad f(x') = \langle x'|f \rangle, \quad g(x) = \langle x|g \rangle \ .$$

Umgekehrt kann auch die Wellenfunktion $\langle x|\Psi \rangle$ nach den Eigenfunktionen $\{a_k(x)\}$ eines Operators A entwickelt werden:
$$\Psi(x) = \langle x|\Psi \rangle = \sum_n \langle x|a_n \rangle \langle a_n|\Psi \rangle$$
oder
$$\Psi(x) = \sum_n c_n a_n(x), \quad \text{mit} \ \ a_n(x) \equiv \langle x|a_n \rangle, \ \ c_n = \langle a_n|\Psi \rangle \ .$$

Matrixelemente zwischen beliebigen Zuständen

Einen Operator wird in der Ortsdarstellung durch eine Matrix mit kontinuierlichen Indizes dargestellt
$$\langle \Psi_2|A|\Psi_1 \rangle = \int dx dx' \, \langle \Psi_2|x \rangle \langle x|A|x' \rangle \langle x'|\Psi_1 \rangle$$
$$= \int dx dx' \, \Psi_2^*(x) \langle x|A|x' \rangle \Psi_1(x')$$
$$= \int dx dx' \, \Psi_2^*(x) A(x,x') \Psi_1(x')$$

Um das Matrixelement auszurechnen, benötigen wir
$$A(x,x') \equiv \langle x|A|x' \rangle \ ,$$
eine Funktion von zwei Variablen. Einfach wird es, wenn A eine Funktion des Ortsoperators ist, z. B. für $A = X$ wird
$$\langle x|X|x' \rangle = x' \langle x|x' \rangle = x \delta(x - x') \ . \qquad (20.2)$$
Allgemein gilt
$$\langle x|f(X)|x' \rangle = f(x') \langle x|x' \rangle = f(x) \delta(x - x') \ . \qquad (20.3)$$
Wir sagen, dieses Matrixelement ist *diagonal*.

Wirkung des Operators $f(X)$ auf einen beliebigen Zustand $|\Psi \rangle$

$$f(X)|\Psi \rangle = \int dx f(X)|x \rangle \langle x|\Psi \rangle$$
$$= \int dx |x \rangle f(x) \Psi(x) \ .$$

Damit erhält man für die Matrixelemente
$$\langle x|f(X)|\Psi \rangle = f(x) \Psi(x) \qquad (20.4)$$

und
$$\langle \Psi_2 | f(X) | \Psi_1 \rangle = \int dx \, \Psi_2^*(x) f(x) \Psi_1(x) \,. \tag{20.5}$$

Verallgemeinerung auf drei Dimensionen
Für die Ortskoordinate gibt es drei vertauschende Operatoren X, Y, Z. Wir bezeichnen ihre verallgemeinerten Eigenvektoren mit $|x, y, z\rangle$ oder $|\vec{x}\rangle$. Die zugehörigen Wellenfunktionen sind jetzt Funktionen von 3 Variablen

$$\Psi(x, y, z) \equiv \langle x, y, z | \Psi \rangle$$

Bemerkung: Eine quadratintegrable Wellenfunktion $\Psi(x)$ bleibt nicht unbedingt quadratintegrabel, wenn sie mit dem Argument x multipliziert wird.

20.2 Translationen und der Impulsoperator:

In der klassischen Mechanik war der Impuls die Erzeugende der Translationen. Wir wollen sehen, wie sich das in die Quantenmechanik übersetzt. Dazu definieren wir den Translationsoperator. Der Translationsoperator D_ξ verschiebt die Koordinate eines Ortseigenzustandes (d. h. den Wert den wir bei einer Messung der Observablen X finden) um eine konstante Distanz ξ,

$$D_\xi |x\rangle = |x + \xi\rangle$$

Man beachte, dass wir den Zustand (das physikalische System) transformieren und nicht das Koordinatensystem. In der Quantenmechanik werden wir stets diese aktiven Transformationen verwenden. Für zwei aufeinander folgende Translationen gilt

$$D_\eta D_\xi |x\rangle = |x + \xi + \eta\rangle$$

und
$$\left(D_\xi\right)^n |x\rangle = |x + n\xi\rangle = D_{n\xi} |x\rangle \,. \tag{20.6}$$

Da die verschobenen Vektoren wieder orthonormal sein sollen, muss D_ξ ein unitärer Operator sein, d. h.
$$D_\xi = e^{iA(\xi)} \,,$$

mit A Hermitesch. Wegen (20.6) gilt

$$nA(\xi) = A(n\xi)$$

für n ganzzahlig. Wenn A stetig sein soll, dann muss diese Relation nicht nur für ganzzahlige sondern auch für reelle n gelten, d. h. $A(\xi)$ muss proportional zu ξ sein

$$A \simeq \xi P \quad \text{oder} \quad D \equiv e^{\frac{1}{i\hbar} \xi P} \,. \tag{20.7}$$

P heißt die *Erzeugende* der Translation. Der Faktor $\hbar$ wurde eingeführt, um den Operator später mit dem Impulsoperator identifizieren zu können.

Wir untersuchen die Wirkung des Translationsoperators auf einen beliebigen Zustand $|\Psi\rangle = \int dx\, |x\rangle\, \Psi(x)$:

$$D_\xi |\Psi\rangle = D_\xi \int_{-\infty}^{\infty} dx\, |x\rangle \langle x|\Psi\rangle = \int_{-\infty}^{\infty} dx\, |x+\xi\rangle \langle x|\Psi\rangle$$

$$= \int_{-\infty}^{\infty} dx\, |x\rangle \langle x-\xi|\Psi\rangle = \int_{-\infty}^{\infty} dx\, |x\rangle\, \Psi(x-\xi) \quad (20.8)$$

und

$$\langle x|D_\xi|\Psi\rangle = \int dx'\, \langle x|x'\rangle\, \Psi(x'-\xi) = \Psi(x-\xi). \quad (20.9)$$

D. h. ein Zustand mit Wellenfunktion $\Psi(x)$ transformiert sich in einen Zustand mit Wellenfunktion $\Psi(x-\xi)$. Die Wahrscheinlichkeitsverteilung der Ortsoperators wird zu positiven x hin verschoben

$$|\Psi(x)|^2 \to |\Psi(x-\xi)|^2.$$

Andererseits ist auch

$$\langle x|D_\xi|\Psi\rangle = \langle x|e^{\frac{1}{i\hbar}\xi P}|\Psi\rangle$$

$$= \int dx'\, \langle x|\exp\left[\frac{1}{i\hbar}\xi P\right]|x'\rangle \langle x'|\Psi\rangle$$

$$= \int dx'\, \langle x|\exp\left[\frac{1}{i\hbar}\xi P\right]|x'\rangle\, \Psi(x'). \quad (20.10)$$

Die Taylor-Entwicklung Wellenfunktion $\Psi(x-\xi)$ in Gl. (20.9) kann in exponentieller Form geschrieben werden,

$$\langle x|D_\xi|\Psi\rangle = \Psi(x-\xi) = \sum \frac{(-1)^n}{n!}\xi^n \left(\frac{d}{dx}\right)^n \Psi(x) = \exp\left[\xi\left(\frac{-d}{dx}\right)\right]\Psi(x). \quad (20.11)$$

Wir vermuten daher, dass der Operator P mit dem Ableitungsoperator in Beziehung steht. Wenn wir die linearen Terme in Gl. (20.10) und Gl. (20.11) vergleichen, so identifizieren wir

$$\langle x|P|x'\rangle = -i\hbar\frac{d}{dx}\delta(x-x'). \quad (20.12)$$

Beweis

$$\int dx'\, \langle x|\frac{1}{i\hbar}\xi P|x'\rangle\, \Psi(x') = \int dx'\, \left[-\frac{1}{i\hbar}i\hbar\frac{d}{dx}\delta(x-x')\xi\right]\Psi(x')$$

$$= \left[\xi\left(\frac{-d}{dx}\right)\right]\Psi(x). \qquad \square$$

Analog erhält man für die höheren Potenzen:

$$\langle x|P^n|x'\rangle = \left(-i\hbar\frac{d}{dx}\right)^n \delta(x-x'). \qquad (20.13)$$

Für jede Funktion $f(P)$, die in eine Potenzreihe entwickelt werden kann, gilt dann

$$\langle x|f(P)|x'\rangle = f\left(-i\hbar\frac{d}{dx}\right)\delta(x-x'). \qquad (20.14)$$

Daraus leitet man ab,

$$\langle x|f(P)|\Psi\rangle = f\left(-i\hbar\frac{d}{dx}\right)\Psi(x). \qquad (20.15)$$

Beweis

$$\langle x|f(P)|\Psi\rangle = \int dx'\,\langle x|f(P)|x'\rangle\langle x'|\Psi\rangle$$
$$= \int dx'\,f\left(-i\hbar\frac{d}{dx}\right)\delta(x-x')\Psi(x')$$
$$= f\left(-i\hbar\frac{d}{dx}\right)\Psi(x). \qquad \square$$

Für das Matrixelement zwischen zwei physikalischen Zuständen gilt

$$\langle\Psi_2|f(P)|\Psi_1\rangle = \int dx\,\Psi_2^*(x)f\left(-i\hbar\frac{d}{dx}\right)\Psi_1(x). \qquad (20.16)$$

Beweis

$$\langle\Psi_2|f(P)|\Psi_1\rangle = \int dx\,\langle\Psi_2|x\rangle\langle x|f(P)|\Psi_1\rangle$$
$$= \int dx\,\Psi_2^*(x)f\left(-i\hbar\frac{d}{dx}\right)\Psi_1(x). \qquad \square$$

Der Operator P kann mit dem Impuls identifiziert werden. Dazu betrachten wir den fundamentalen Kommutator

$$[X,P] = i\hbar\mathbf{1} \qquad (20.17)$$

$$\langle x|[X,P]|x'\rangle = i\hbar\,\langle x|x'\rangle = i\hbar\delta(x-x')$$
$$= (x-x')\langle x|P|x'\rangle.$$

D. h. ein Impulsoperator sollte die Gleichung

$$(x-x')\langle x|P|x'\rangle = i\hbar\delta(x-x') \qquad (20.18)$$

erfüllen. Ein Vergleich dieses Ergebnis mit Gl. (20.12) und der Formel

$$x\frac{d}{dx}\delta(x) = -\delta(x)$$

(Beweis durch partielle Integration), zeigt, dass die Erzeugende P diese Beziehung (Gl. (20.18)) erfüllt.

Die wichtigsten Formeln, die den Impulsoperator betreffen, lauten in der Ortsdarstellung zusammengefasst:

$$\langle x|P|x'\rangle = -i\hbar \frac{d}{dx}\delta(x-x') \tag{20.19}$$

$$\langle x|f(P)|x'\rangle = f\left(-i\hbar\frac{d}{dx}\right)\delta(x-x') \tag{20.20}$$

$$\langle x|f(P)|\Psi\rangle = f\left(-i\hbar\frac{d}{dx}\right)\Psi(x), \tag{20.21}$$

$$\langle \Psi_2|f(P)|\Psi_1\rangle = \int dx \Psi_2^*(x) f\left(-i\hbar\frac{d}{dx}\right)\Psi_1(x). \tag{20.22}$$

20.3 Der Hamilton-Differentialoperator

Wir wollen zeigen, dass die Schrödinger-Gleichung,

$$H|\Psi\rangle = E|\Psi\rangle,$$

in der Ortsdarstellung als partielle Differentialgleichung geschrieben werden kann. Der Hamilton-Operator sei von der Form

$$H = \frac{P^2}{2m} + V(X).$$

Dann erhält man für das Matrixelement in der Ortsdarstellung mit Gl. (20.20)

$$\langle x|H|x'\rangle = \frac{1}{2m}\langle x|P^2|x'\rangle + \langle x|V(X)|x'\rangle$$

$$= \frac{1}{2m}\left(-i\hbar\frac{d}{dx}\right)^2 \delta(x-x') + V(x)\delta(x-x').$$

Oder

$$\langle x|H|x'\rangle = \frac{-\hbar^2}{2m}\frac{d^2}{dx'^2}\delta(x'-x) + V(x)\delta(x'-x).$$

Mit Hilfe von Gl. (20.21) finden wir

$$\langle x|H|\Psi\rangle = \frac{1}{2m}\left(-i\hbar\frac{d}{dx}\right)^2 \Psi(x) + V(x)\Psi(x) \tag{20.23}$$

$$\equiv H(x)\Psi(x),$$

wo

$$H(x) = \left\{\frac{-\hbar^2}{2m}\frac{d^2}{dx^2} + V(x)\right\}$$

der Schrödingersche Hamilton-Differentialoperator ist (man verwendet üblicherweise den selben Buchstaben für den Differentialoperator wie für den abstrakten Hamilton-Operator). In der sogenannten Wellenmechanik arbeitet man mit diesem Differential-Operator.

Wir betrachten die Eigenwertgleichung $H|\Psi\rangle = E|\Psi\rangle$ in der Ortsdarstellung

$$\langle x|H|\Psi\rangle = E\langle x|\Psi\rangle \text{ m,}$$

oder mit Gl. (20.23),

$$\left\{\frac{-\hbar^2}{2m}\frac{d^2}{dx^2} + V(x)\right\}\Psi(x) = E\Psi(x). \tag{20.24}$$

Dies ist die *zeitunabhängige Schrödingersche Differentialgleichung*,

$$H(x)\Psi(x) = E\Psi(x).$$

Die *zeitabhängige Schrödingergleichung*

$$i\hbar\frac{\partial}{\partial t}|\Psi(t)\rangle = H|\Psi(t)\rangle$$

lautet entsprechend in der Ortsdarstellung

$$i\hbar\frac{\partial}{\partial t}\Psi(x,t) = H(x)\Psi(x,t)$$

wo

$$\Psi(x,t) = \langle x|\Psi(t)\rangle \quad \text{und} \quad H(x)\Psi(x,t) = \langle x|H|\Psi(t)\rangle.$$

Die Verallgemeinerung auf drei Dimensionen erhält man einfach mit der Ersetzung

$$\int dx \to \int d^3x, \quad \delta(\ldots) \to \delta^3(\ldots)$$

$$i\hbar\frac{d}{dx} \to i\hbar\vec{\nabla}.$$

Im Folgenden werden einige Anwendungen der Schrödingerschen Quantenmechanik besprochen.

20.4 Teilchen im Potentialtopf

Wir betrachten ein Teilchen der Masse m in einem unendlich hohen Potentialtopf, zunächst in einer Dimension. Das Teilchen bewegt sich frei im Bereich $0 < x < L$. Im Inneren ist das Potential null und die zeitunabhängige Schrödinger-Gleichung wird:

$$H\Psi(x) = E\Psi(x) \quad \text{mit} \quad H = -\frac{\hbar^2}{2m}\frac{d^2}{dx^2}.$$

Im Außenraum setzen wir $\Psi(x) = 0$. Wir kennen 2 linear unabhängige Funktionen die nach zweimaliger Ableitung sich selbst reproduzieren,

$$e^{ikx}, \; e^{-ikx} \quad \text{oder} \quad \sin(kx), \; \cos kx.$$

Die Wellenfunktionen müssen stetig sein, deshalb verlangen wir, dass sie die Randbedingungen erfüllen

$$\Psi(0) = \Psi(L) = 0.$$

Nur der Sinus erfüllt stets $\sin(0) = 0$. Die zweite Bedingung kann aber nur für

$$kL = n\pi \quad \text{mit} \quad n = 0, \pm 1, \pm 2, \ldots$$

erfüllt werden. Die zugehörigen normierten *Energie-Eigenfunktion* sind damit

$$\Psi_n(x) = \sqrt{\frac{2}{L}} \sin \frac{n\pi x}{a}.$$

Setzen wir die $\Psi_n(x)$ in die Schrödinger-Gleichung ein, so erhalten wir die Energie-Eigenwerte

$$E_n = \frac{n^2 \pi^2 \hbar^2}{2mL^2}.$$

In diesem Randwertproblem sind nur diskrete, quantisierte Energien erlaubt. In 3 Dimensionen sind die Eigenfunktionen einfach die Produkte der eindimensionalen Eigenfunktionen

$$\Psi_{n_x n_y n_z}(x) = \sqrt{\frac{8}{L^3}} \sin \frac{n_x \pi x}{a} \sin \frac{n_y \pi x}{a} \sin \frac{n_z \pi x}{a}$$

mit $n_{x,y,z} = 0, \pm 1, \pm 2, \ldots$ und die Eigenwerte die Summe

$$E_{n_x n_y n_z} = \frac{n_x^2 \pi^2 \hbar^2}{2mL^2} + \frac{n_y^2 \pi^2 \hbar^2}{2mL^2} + \frac{n_z^2 \pi^2 \hbar^2}{2mL^2}.$$

Wenn der Potentialtopf nur eine endliche Tiefe hat müssen wie getrennte Lösungen für den Innen- und den Außenraum ansetzen und fordert, dass Wellenfunktion und deren Ableitung an der Grenze stetig sind.

Wenn das System sehr groß wird kommt es auf die Randbedingungen nicht mehr so genau an und man fordert manchmal periodische Randbedingungen

$$\Psi(x, y, z) = \Psi(x + L, y + L, z + L).$$

Für periodische Randbedingungen ergeben sich die Eigenfunktionen und Eigenwerte

$$\Psi_{\vec{k}}(\vec{x}) = \sqrt{\frac{1}{L^3}} e^{i\vec{k}\cdot\vec{x}} \quad \text{mit} \quad E(\vec{k}) = \frac{\hbar^2 \vec{k}^2}{2m} \tag{20.25}$$

wo $\vec{k}$ der Wellenvektor ist, mit

$$\vec{k} = \frac{\pi \vec{n}}{L}, \quad \text{und} \quad n_{x,y,z} = 1, 2, 3, \ldots.$$

Unterschiedliche Werte der Konstanten k_i entsprechen unterschiedlichen Energieeigenwerten,

$$E_n = \frac{\pi^2 \hbar^2}{2mL^2} n^2 \quad \text{mit } n^2 = (n_x^2 + n_y^2 + n_z^2). \tag{20.26}$$

Außer im eindimensionalen Fall sind die Energieeigenwerte für höhere n massiv entartet. Das Volumen $V = L^3$ und die Form des Behälters sind in diesem Beispiel fest vorgegeben. Sie bestimmen den Hilbert-Raum.

20.5 Der harmonische Oszillator

Der Hamilton-Operator war

$$H = \frac{P^2}{2m} + \frac{m\omega^2}{2} X^2$$

In Kapitel 19 hatten wir dieses Problem in der Energie-Basis $\{|n\rangle\}$ gelöst

$$H |n\rangle = E_n |n\rangle$$
$$\text{mit } E_n = \left(n + \frac{1}{2}\right) \hbar \omega; \quad n = 0, 1, 2, \ldots.$$

Dazu führten wir die Erzeugungs- und Vernichtungsoperatoren ein,

$$A^\dagger = \sqrt{\frac{m\omega}{2\hbar}} \left(X - i\frac{P}{m\omega}\right)$$

$$A = \sqrt{\frac{m\omega}{2\hbar}} \left(X + i\frac{P}{m\omega}\right)$$

Der Grundzustand $|0\rangle$ war definiert durch

$$A |0\rangle = \underbrace{|null\rangle}_{\text{Nullvektor}}. \tag{20.27}$$

In der Ortsdarstellung lautet diese Gleichung

$$\langle x|A|0\rangle = 0,$$

oder

$$0 = \left\langle x \left| \left(X + i\frac{P}{m\omega}\right) \right| 0 \right\rangle$$
$$= \left(x + \frac{\hbar}{m\omega} \frac{d}{dx}\right) \Psi_0(x),$$

wo $\Psi_0(x) \equiv \langle x|0\rangle$ die Grundzustand-Wellenfunktion ist. Zur Vereinfachung der Notation führen wir die dimensionslose Variable

$$u = \sqrt{\frac{m\omega}{\hbar}} x$$

ein. Dann lautet die Differentialgleichung

$$\left(u + \frac{d}{du}\right)\Psi_0(u) = 0,$$

oder

$$\left(1 + 2\frac{d}{du^2}\right)\Psi_0(u) = 0.$$

Die allgemeine Lösung ist damit

$$\Psi_0(u) = c\exp\left\{-\frac{1}{2}u^2\right\}$$

Die Konstante c wird (bis auf eine Phase) durch die Normierung festgelegt

$$c = \left(\frac{m\omega}{\pi\hbar}\right)^{\frac{1}{4}}$$

Anmerkung: Man sieht, dass der Grundzustand (abgesehen von einer Phase) nicht entartet ist. Dann lässt sich zeigen, dass auch alle anderen Energieeigenzustände des harmonischen Operators nicht entartet sind.

Wenn man die Grundzustandswellenfunktion hat, kann man alle anderen Wellenfunktionen mit der Formel

$$|n\rangle = \frac{(A^\dagger)^n}{\sqrt{n!}}|0\rangle$$

erzeugen:

$$\Psi_n(x) = \langle x|n\rangle = \langle x|\frac{(A^\dagger)^n}{\sqrt{n!}}|0\rangle = \frac{1}{\sqrt{n!}}\langle x|\left(\sqrt{\frac{m\omega}{2\hbar}}\left(X - i\frac{P}{m\omega}\right)\right)^n|0\rangle$$

$$= \frac{1}{\sqrt{2^n n!}}\left(u - \frac{d}{du}\right)^n \Psi_0(u)$$

Einsetzen für $\Psi_0(u)$ ergibt

$$\Psi_n(x) = \frac{1}{\sqrt{2^n n!}}\left(\frac{m\omega}{\pi\hbar}\right)^{\frac{1}{4}}\left(u - \frac{d}{du}\right)^n \exp\left\{-\frac{1}{2}u^2\right\} \text{ mit } u = \sqrt{\frac{m\omega}{\hbar}}x.$$

Beginnend mit $\Psi_0(x)$ erzeugt man auf diese Weise die Hermiteschen Polynome $H_n(u)$ mit

$$H_0(u) = 1, \; H_1(u) = 2u, \; H_2(u) = -2 + 4u^2$$
$$H_3(u) = -12u + 8u^2; \text{ usw.}$$

Die Hermiteschen Polynome sind normierbare Lösungen der Differentialgleichung

$$\left[\frac{d^2}{dx^2} - 2x\frac{d}{dx} + 2n\right]H_n(x) = 0.$$

Sie erfüllen die gewichtete Orthogonalitätsrelation

$$\int_{-\infty}^{\infty} dx\, e^{-x^2} H_n(x)H_m(x) = \sqrt{\pi}\, 2^n n!\, \delta_{nm}. \tag{20.28}$$

20.6 Bahndrehimpuls

Dem Drehimpuls der klassischen Mechanik entspricht in der Quantenmechanik der Bahndrehimpulsoperator. Den Zusatz „Bahn" verwenden wir, da es in der Quantenmechanik auch Drehimpulse gibt, wie den Spin, die kein klassisches Äquivalent haben. Der Bahndrehimpulsoperator ist definiert durch

$$L_i = \varepsilon_{ijk} X_j P_k \;.$$

Man zeigt mit Hilfe der fundamentalen Kommutators, Gl. (20.17), dass

$$[L_i, L_j] = i\hbar \varepsilon_{ijk} L_k \;.$$

Die drei Komponenten des Bahndrehimpulses sind also *nicht kompatibel*. Dies führt, im Gegensatz zum Impuls, zu besonderen quantenmechanischen Effekten. Betrachten wir z. B. die z-Komponente des Bahndrehimpulses in Polarkoordinaten in Verbindung mit einen allgemeinen Zustand $|\Psi\rangle$ in der Ortsdarstellung

$$\Psi(\vec{x}) = \langle \vec{x} | \Psi \rangle \;.$$

Wir verwenden die, auf drei Dimensionen verallgemeinerten Formeln Gl. (20.19), (20.20) und (20.22) für den Impuls- und den Ortsoperator,

$$\langle \vec{x} | \vec{x}' \rangle = \delta^3(\vec{x} - \vec{x}')$$
$$\langle \vec{x} | \vec{X} | \Psi \rangle = \vec{x} \langle \vec{x} | \Psi \rangle = \vec{x} \Psi(\vec{x})$$
$$\langle \vec{x} | \vec{P} | \Psi \rangle = -i\hbar \vec{\nabla} \langle \vec{x} | \Psi \rangle = -i\hbar \vec{\nabla} \Psi(\vec{x})$$
$$\langle \vec{x} | \vec{P} | \vec{x}' \rangle = -i\hbar \vec{\nabla} \delta^3(\vec{x} - \vec{x}') \;,$$

in der Berechnung von

$$\langle \vec{x} | (X_i P_k) | \Psi \rangle = \int d^3x' \, \langle \vec{x} | X_i | \vec{x}' \rangle \langle \vec{x}' | P_k | \Psi \rangle$$
$$= x_i \int d^3x' \, \langle \vec{x} | \vec{x}' \rangle \langle \vec{x}' | P_k | \Psi \rangle$$
$$= x_i \int d^3x' \, \delta^3(\vec{x} - \vec{x}') \langle \vec{x}' | P_k | \Psi \rangle$$
$$= x_i \langle \vec{x} | P_k | \Psi \rangle = x_i (-i\hbar \nabla_k) \langle \vec{x} | \Psi \rangle \;.$$

Damit wird die z-Komponente des Bahndrehimpuls-Operators in der Ortsdarstellung

$$\langle \vec{x} | L_z | \Psi \rangle = \langle \vec{x} | (\vec{X} \times \vec{P})_z | \Psi \rangle \tag{20.29}$$
$$= -i\hbar (\vec{x} \times \vec{\nabla})_z \langle \vec{x} | \Psi \rangle$$
$$= -i\hbar (x \frac{\partial}{\partial y} - y \frac{\partial}{\partial x}) \langle \vec{x} | \Psi \rangle \;.$$

In räumliche Polarkoordinaten,

$$x = r \sin\theta \cos\varphi$$
$$y = r \sin\theta \sin\varphi$$
$$z = r \cos\theta \, ,$$

gilt

$$x\frac{\partial}{\partial y} - y\frac{\partial}{\partial x} = \frac{\partial}{\partial \varphi}$$

und die Gl. (20.29) lautet

$$\langle \vec{x}| L_z |\Psi\rangle = -i\hbar \frac{\partial}{\partial \varphi} \langle \vec{x} |\Psi\rangle \, . \qquad (20.30)$$

Verwendet man die Wellenfunktion in Polarkoordinaten $\Psi(r,\theta,\varphi) = \langle \vec{x}|\Psi\rangle$ mit $|\vec{x}\rangle = |r,\theta,\varphi\rangle$, so findet man

$$L_z \Psi(r,\theta,\varphi) \equiv -i\hbar \frac{\partial}{\partial \varphi} \Psi(r,\theta,\varphi) \, , \qquad (20.31)$$

wo

$$\Psi(r,\theta,\varphi) = \langle r,\theta,\varphi|\Psi\rangle$$
$$L_z(r,\theta,\varphi)\Psi(r,\theta,\varphi) \equiv \langle r,\theta,\varphi|L_z|\Psi\rangle \, .$$

$L_z = -i\hbar \frac{\partial}{\partial \varphi}$ bezeichnet hier wieder nicht den abstrakten, basisunabhängigen Operator im Hilbert-Raum, sondern der Differentialoperator, d. h. den Operator in der Ortsdarstellung. Diese Mehrdeutigkeit ist in der Quantenmechanik üblich. Aus dem Zusammenhang ist aber stets klar was gemeint ist. Die Gl. (20.31) ist mathematisch analog zu Gl. (20.15) für den Impuls. Der Drehimpuls wird in einem späteren Kapitel ausführlich behandelt.

20.7 Starrer Rotator

Betrachte ein Teilchen, das sich auf einer Kreisbahn vom Radius 1 bewegt. Die Position des Teilchens wird durch den Winkel x bestimmt. Der Hilbertraum ist der Raum der quadratintegrierbaren Funktionen mit Periode 2π auf dem Intervall $[-\pi,\pi]$,

$$\int_{-\pi}^{\pi} dx\, |\Psi(x)|^2 < \infty \, ,$$

und Skalarprodukt

$$\langle \Phi|\Psi\rangle = \int_{-\pi}^{\pi} dx\, \Phi^*(x)\Psi(x) \, .$$

Betrachte den Operator
$$|\Psi\rangle \to L|\Psi\rangle,$$
der definiert ist durch
$$\langle \Phi|L|\Psi\rangle = \int_{-\pi}^{\pi} dx\, \Phi^*(x)\left(-i\hbar\frac{d}{dx}\right)\Psi(x)$$
oder
$$L(x)\Psi(x) \equiv \left(-i\frac{d}{dx}\right)\Psi(x).$$

Der Operator ist proportional zum Drehimpuls. Mit Hilfe von partieller Integration zeigt man, dass L Hermitesch ist,

$$\langle \Phi|L|\Psi\rangle = \int_{-\pi}^{\pi} dx\, \left(i\frac{d}{dx}\Phi^*(x)\right)\Psi(x) + [\Phi^*(x)(-i)\Psi(x)]_{-\pi}^{\pi}$$
$$= \left[\int_{-\pi}^{\pi} dx\, \Psi^*(x)\left(-i\frac{d}{dx}\Phi(x)\right)\right]^*$$
$$= \langle \Psi|L|\Phi\rangle^*.$$

Die Randwerte tragen nicht bei, da $\Phi^*(-\pi)\Psi(-\pi) = \Phi^*(\pi)\Psi(\pi)$ wegen der Periodizitätsbedingung. Die Eigenwertgleichung für L lautet

$$-i\hbar\frac{d}{dx}\Phi(x) = m\Phi(x).$$

Die Eigenfunktionen des Operators sind offensichtlich

$$e_m(x) = \frac{1}{\sqrt{2\pi}}e^{imx}.$$

Die Eigenwerte m von L sind die ganzen Zahlen $m = 0, \pm 1, \pm 2, \ldots$. Dies folgt aus der Periodizität,
$$e^{im(x+2\pi)} = e^{imx} \quad \text{für} \quad m = 0, \pm 1, \pm 2, \ldots.$$

Die Eigenfunktionen bilden eine orthonormale Basis im oben definierten Hilbertraum. Jedes Element des Hilbertraumes kann geschrieben werden als

$$\Psi(x) = \sum_n \alpha_n e_n(x)$$

mit
$$\alpha_n = \langle e_n|\Psi\rangle = \frac{1}{\sqrt{2\pi}}\int_{-\pi}^{\pi} dx\, e^{inx}\Psi(x)$$

(Fourier-Transformation). Wenn wir x mit dem Polarwinkel φ identifizieren, so ist L proportional zum Drehimpulsoperator L_z. Die Eigenwerte von L_z sind also *diskret*, im Gegensatz zum Impulsoperator.

20.8 Impulsraum

Die Eigenkets des Impuls-Operators bilden eine Basis

$$P|p\rangle = p|p\rangle$$

mit Orthogonalität und Vollständigkeit

$$\langle p|p'\rangle = \delta(p-p'), \quad \int dp\,|p\rangle\langle p| = 1.$$

Damit können wir zu einem beliebigen Ket $|\Psi\rangle$ eine Impulsraum Wellenfunktion definieren:

$$\langle p|\Psi\rangle \equiv \Psi(p).$$

Der Zusammenhang zwischen $\Psi(x)$ und $\Psi(p)$ lautet:

$$\Psi(x) = \langle x|\Psi\rangle = \int dp\,\langle x|p\rangle\langle p|\Psi\rangle$$
$$= \int dp\,\langle x|p\rangle\Psi(p).$$

Beachte den Missbrauch der Notation: $\Psi(x)$ und $\Psi(p)$ sind verschiedene Funktionen ihrer Argumente. Um den Zusammenhang zwischen der Wellenfunktion im Ortsraum und der im Impulsraum herzustellen müssen wir die Übergangskoeffizienten $\langle x|p\rangle$ berechnen,

$$\langle x|P|p\rangle = p\,\langle x|p\rangle = \int dx'\,\langle x|P|x'\rangle\langle x'|p\rangle$$
$$= \int dx'(-i\hbar\frac{d}{dx})\delta(x-x')\langle x'|p\rangle$$
$$= -i\hbar\frac{d}{dx}\int dx'\,\delta(x-x')\langle x'|p\rangle$$
$$= -i\hbar\frac{d}{dx}\langle x|p\rangle.$$

D. h. die Übergangskoeffizienten erfüllen die Differentialgleichung

$$-i\hbar\frac{d}{dx}\langle x|p\rangle = p\,\langle x|p\rangle$$

mit Lösung

$$\langle x|p\rangle = \frac{1}{\sqrt{2\pi\hbar}}e^{\frac{i}{\hbar}px}.$$

Die Konstante ist durch die Normierung festgelegt:

$$\langle p'|p\rangle = \delta(p-p')$$
$$= \int dx\,\langle p'|x\rangle\langle x|p\rangle$$
$$= \frac{1}{2\pi\hbar}\int dx\,e^{-\frac{i}{\hbar}p'x}e^{\frac{i}{\hbar}px}$$
$$= \frac{1}{2\pi\hbar}2\pi\hbar\delta(p-p').$$

Zusammenhang der Wellenfunktionen

Aus
$$\Psi(x) = \int dp \, \langle x|p \rangle \, \Psi(p)$$
folgt
$$\Psi(x) = \frac{1}{\sqrt{2\pi\hbar}} \int dp \, e^{\frac{i}{\hbar}px} \Psi(p),$$
und aus
$$\Psi(p) = \int dx \, \langle p|x \rangle \langle x|\Psi \rangle = \int dx \, \langle p|x \rangle \, \Psi(x)$$
folgt
$$\Psi(x) = \frac{1}{\sqrt{2\pi\hbar}} \int dp \, e^{-\frac{i}{\hbar}px} \Psi(p),$$
wie bei der Fourier-Transformation.

Bei der Verallgemeinerung auf drei Dimensionen ersetzt man:
$$\frac{1}{\sqrt{2\pi\hbar}} \to \frac{1}{(\sqrt{2\pi\hbar})^3}, \quad dp \to d^3p, \quad e^{\frac{i}{\hbar}px} \to e^{\frac{i}{\hbar}\vec{p}\cdot\vec{x}}.$$

21 Der Dichteoperator

21.1 Der Dichteoperator für reine Zustände

Bisher hatten wir Systeme betrachtet, die durch einen einzigen Zustandsvektor, der auch eine Superposition sein konnte, beschrieben werden. Solche Zustände werden als *reine Zustände* bezeichnet. Wir wollen jetzt einen weiteren Formalismus einführen, der die beobachtbaren Ergebnisse der Quantenmechanik der reinen Zustände reproduziert, der sich aber auch auf Systeme übertragen lässt, deren Zustand nur ungenau bekannt ist. Sei A eine Observable, $|\Psi\rangle$ ein reiner Zustand und $\{|u_n\rangle\}$ eine diskrete Basis mit $\sum |u_n\rangle\langle u_n| = \mathbf{1}$ (die Erweiterung auf kontinuierliche Basen erfolgt später). Dann lässt sich der Zustand zu einer festen Zeit t in der Basis entwickeln.

$$|\Psi\rangle = \sum_n c_n |u_n\rangle \quad \text{mit} \quad c_n = \langle u_n|\Psi\rangle \quad \text{und} \quad \sum_n |c_n|^2 = 1 \, .$$

Der Erwartungswert der Observablen war gegeben durch

$$\langle A \rangle = \langle \Psi|A|\Psi\rangle = \sum_{m,n} \langle \Psi|u_n\rangle \langle u_n|A|u_m\rangle \langle u_m|\Psi\rangle$$

$$= \sum_{m,n} \langle u_m|\Psi\rangle \langle \Psi|u_n\rangle \langle u_n|A|u_m\rangle$$

$$= \sum_{m,n} c_m c_n^* \langle u_n|A|u_m\rangle \, .$$

Den Operator

$$\rho = |\Psi\rangle\langle\Psi| \tag{21.1}$$

bezeichnet man als *Dichteoperator*. Dann sind $c_m c_n^*$ die Matrixelemente des Operators $|\Psi\rangle\langle\Psi|$ in der Basis $\{|u_n\rangle\}$,

$$c_m c_n^* = \langle u_m| \, |\Psi\rangle\langle\Psi| \, |u_n\rangle \, .$$

Der Dichteoperator wird in einer gegebenen Basis $\{|u_n\rangle\}$ durch die *Dichtematrix* dargestellt,

$$\rho_{mn} = \langle u_m|\rho|u_n\rangle = c_m c_n^* \, . \tag{21.2}$$

Wir zeigen jetzt, dass man für ein quantenmechanisches System statt des Zustandes $|\Psi\rangle$ auch den Dichte-Operator ρ vorgeben kann, d. h. dass alle messbaren Größen sich aus ρ bestimmen lassen.

a) **Erwartungswert von A:**

$$\langle A \rangle = \langle \Psi|A|\Psi\rangle = \sum_{m,n} c_m c_n^* \langle u_n|A|u_m\rangle \tag{21.3}$$

$$= \sum_{m,n} \langle u_m|\rho|u_n\rangle \langle u_n|A|u_m\rangle = \sum_m \langle u_m|\rho A|u_m\rangle$$

$$= \text{Sp}\{\rho A\} \tag{21.4}$$

b) **Wahrscheinlichkeit** einen der möglichen Eigenwerte a_n eines Operators A mit Eigenzuständen $|a_n\rangle$ zu messen:

$$w(a_n) = |\langle a_n|\Psi\rangle|^2$$
$$= \langle\Psi|a_n\rangle\langle a_n|\Psi\rangle \quad \text{(nicht summiert)}$$
$$= \langle\Psi|P_n|\Psi\rangle = \langle P_n\rangle,$$

wo $P_n = |a_n\rangle\langle a_n|$ der Projektor auf den Eigenvektor $|a_n\rangle$ des Operators A ist. Mit Gl. (21.3) gilt dann

$$w(a_n) = Sp\{\rho P_n\}$$

Eigenschaften des Dichte-Operators für reine Zustände

$$\rho^\dagger = \rho \tag{21.5}$$
$$Sp\{\rho\} = 1 \tag{21.6}$$
$$\rho^2 = \rho \tag{21.7}$$
$$Sp\{\rho\}^2 = 1 \tag{21.8}$$

Dies sieht man wie folgt:

(21.5):

$\rho = \rho^\dagger$ folgt unmittelbar aus der Definition $\rho_{mn} = c_m c_n^*$.

(21.7):

$$Sp\{\rho\} = \sum_n \rho_{nn} = \sum_n |c_n|^2 = 1$$

(21.6):

$$\rho^2 = |\Psi\rangle\langle\Psi|\Psi\rangle\langle\Psi| = |\Psi\rangle\langle\Psi| = \rho$$

Die letzten beiden Relationen (21.6) und (21.6)gelten nur für reine Zustände. Die Zustände $|\Psi\rangle$ und $e^{i\theta}|\Psi\rangle$ ergeben den gleichen Dichte-Operator. Diese Mehrdeutigkeit der konventionellen Quantentheorie verschwindet. Andererseits kann man einem gegebenen Dichteoperator nicht mehr eindeutig mit einem Zustand in Verbindung setzen, da $|\Psi\rangle$ und $U|\Psi\rangle$, mit U unitär, auf die selbe Dichtematrix führen. Man könnte meinen, der Dichteoperator wäre schlecht definiert, da er zwischen verschiedenen experimentellen Realisierungen nicht unterscheidet. Dies ist aber nicht der Fall, da alle die unterschiedlichen Realisierungen zu den selben experimentellen Konsequenzen führen.

21.2 Der Dichte-Operator für statistische Gemische

In der Praxis ist der Zustand eines Systems meist nicht genau bekannt. Neben der quantenmechanischen Unbestimmtheit gibt es also auch noch eine klassische statistische Unbestimmtheit. Einen solchen Zustand bezeichnet man als *statistisches Gemisch*.

Beispiele für unvollständig bekannte Systeme oder statistische Gemische sind:
a) Unpolarisiertes Licht, alle Polarisationszustände sind gleich wahrscheinlich.
b) Ein System im thermischen Gleichgewicht ist bei der Temperatur T mit Wahrscheinlichkeit $e^{-E_n/kT}$ in einem Zustand der Energie E_n.
c) Systeme mit entarteten Eigenwerten.
d) Beobachtung nur eines Teils eines größeren Quantensystems.

Um den Zusammenhang zwischen einem quantenmechanischem Gemisch und dem Dichteoperator-Formalismus zu erklären, untersuchen wir ein Experiment mit einem Strahl von n Zwei-Zustandssystemen, z. B. Elektronen, die nicht miteinander wechselwirken sollen. Sei a_i der Wert einer Observablen A, z. B. der Spin S_z, der am i-ten Mitglied des Strahles gemessen wird. Dann ist

$$\langle A \rangle = \lim_{n \to \infty} \frac{1}{n} \sum_{i=1}^{n} a_i$$

der gemessene Mittelwert der Observablen A. Die unvollständige Information über ein quantenmechanisches System lässt sich wie folgt in den Formalismus einbauen: Ein System mit 2 möglichen Zuständen ist entweder im Zustand $|\Psi_1\rangle$ und zwar mit Wahrscheinlichkeit p_1, oder im Zustand $|\Psi_2\rangle$ mit Wahrscheinlichkeit p_2 und $p_1 + p = 1$. Wir bezeichnen diese klassischen statistischen Wahrscheinlichkeiten mit p_i Im allgemeineren Fall von N mögliche Zustände gilt

$$p_1 + p_2 + \cdots + p_N = \sum_{k=1}^{N} p_k = 1.$$

In dem Teilchenstrahl ist jedes einzelne Teilchen in einem reine Zustand $|\Psi_i\rangle$. Bei n ($n \to \infty$) Teilchen im Strahl, sind $n_i = p_i n$ Teilchen im reinen Zustand $|\Psi_i\rangle$. Der Erwartungswert einer Observablen A für jeden dieser reinen Zustände ist gegeben durch

$$\langle A \rangle_i = \langle \Psi_i | A | \Psi_i \rangle = Sp\{A |\Psi_i\rangle \langle \Psi_i|\} = Sp\{A\rho_i\}. \tag{21.9}$$

Bei einer Messung tritt der Zustand n_i-mal, d. h. mit Wahrscheinlichkeit $p_i = n_i/n$ auf. Der gemessene experimentelle Mittelwert ist somit gegeben durch

$$\langle A \rangle = \sum_{i=1}^{n} p_i \langle A \rangle_i = \sum_{i=1}^{n} p_i Sp\{A\rho_i\}.$$

Man muss in dieser Formel n verschiedene Erwartungswerte ausrechnen, was sehr umständlich sein kann. Wir formen den Ausdruck daher etwas um,

$$\langle A \rangle = \sum_{i=1}^{n} p_i Sp\{A \, |\Psi_i\rangle \langle \Psi_i|\} = Sp\{A \sum_{i=1}^{n} p_i \, |\Psi_i\rangle \langle \Psi_i|\} \, .$$

Wenn wir den Dichte-Operator für das System einführen,

$$\rho \equiv \sum_{i=1}^{n} p_i \{|\Psi_i\rangle \langle \Psi_i|\}, \qquad (21.10)$$

dann gilt wie im reinen Fall

$$\langle A \rangle = Sp\{\rho A\} \, .$$

Bemerkungen:
a) Man darf ein statistisches Gemisch nicht mit einer Superposition von reinen Zuständen verwechsel. Sei z. B.

$$|\Psi\rangle = \sum_n c_n \, |a_n\rangle$$

ein reiner Zustand, wo $|a_n\rangle$ Eigenzustände des Operators A sind. Dann ist $w_i = |c_i|^2$ *nicht* die Wahrscheinlichkeit, dass sich das System im Zustand $|a_i\rangle$ befindet, sondern die Wahrscheinlichkeit, dass man bei einer Messung der Observablen A den Eigenwert a_i misst.

b) Wahrscheinlichkeiten treten auf zwei Stufen auf. Einmal in der Anfangsinformation p_i über den Gemisch-Zustand, und zum anderen durch die quantenmechanischen Postulate der Messung. Die beiden Konzepte der Wahrscheinlichkeit lassen sich nicht in die übliche Quantenmechanik einbauen, sondern verlangen nach der Formulierung der Theorie durch Dichte-Operatoren.

c) Die Formel $\langle A \rangle = Sp\{\rho A\}$ ist äußerst nützlich. Da die Spur unabhängig von der Darstellung ist, kann $Sp\{\rho A\}$ in jeder Basis ausgerechnet werden.

Wie berechnet man bei einem Gemisch die Wahrscheinlichkeit $W(a_k)$, dass eine Messung der Observablen A den Wert a_k ergibt? Für ein System im reinen Zustand $|\Psi_n\rangle$ war

$$w_n(a_k) = \langle \Psi_n|P_k|\Psi_n\rangle \quad \text{mit } P_k = |a_k\rangle \langle a_k|$$

die Wahrscheinlichkeit den Eigenwert a_k zu messen, wo P_k die Projektion auf den relevanten Eigenraum des Operators A war. Um die diese Wahrscheinlichkeit für ein Gemisch zu erhalten, bilden wir

$$W(a_k) = \sum_n p_n w_n(a_k) = Sp\{\rho P_k\} \, .$$

Aus der Dichtematrix erhält man alle möglichen Aussagen über ein physikalisches System. Zwei gemischte Zustände sind identisch, wenn sie durch die selbe Dichtematrix beschrieben werden. Da $\langle A \rangle = Sp\{\rho A\}$ für beliebige Observable A ist, ist es konsistent zu behaupten, dass ρ ein System von Zuständen mit vorgegebenen Wahrscheinlichkeiten beschreibt. Bei statistischen Mischungen ist der Dichteoperator-Formalismus unumgänglich.

Für Gemische gilt im Gegensatz zu den Axiomen der Quantenmechanik aus Kapitel 2, dass
- der Zustand eines Systems nicht mehr durch einen einzelnen Hilbert-Vektor (Strahl) beschrieben wird (es gibt keinen mittleren Zustand für ein Gemisch),
- Messungen nicht mehr orthogonale Projektionen sind,
- die zeitliche Entwicklung nicht durch einen unitären Operator erzeugt wird.

Über ein Gemisch lässt sich folgende Aussage machen: *Das System befindet sich mit Wahrscheinlichkeit p_i im reinen Zustand $|\Psi_i\rangle$.* Man muss die p_i und die möglichen Zustände $|\Psi_i\rangle$ vorher kennen, eine typische Aufgabe der Quantenstatistik. Statt durch Vektoren im Hilbert-Raum, wird ein statistisches Gemisch in den Erwartungswerten formuliert.

21.3 Dichtematrix für Spin-$\frac{1}{2}$-Systeme

Wir betrachten die Dichtematrix für ein Spin-$\frac{1}{2}$-System in der Pauli-Basis,

$$|S_z, +\rangle \equiv |+\rangle \doteq \begin{pmatrix} 1 \\ 0 \end{pmatrix}, \quad |S_z, -\rangle \equiv |-\rangle \doteq \begin{pmatrix} 0 \\ 1 \end{pmatrix}$$

und beschränken uns zunächst auf reine Zustände. Jeder reine Zustand hat die Form

$$a|+\rangle + b|+\rangle \doteq a \begin{pmatrix} 1 \\ 0 \end{pmatrix} + b \begin{pmatrix} 1 \\ 0 \end{pmatrix} \tag{21.11}$$

mit
$$|a|^2 + |b|^2 = 1.$$

Einge wichtige Spezialfälle sind:

---

a) Ein vollständig polarisierter Strahl mit $s_z = +1$ führt auf den Dichteoperator

$$\rho = |+\rangle\langle+| \rightarrow \rho_{11} = \langle+|\rho|+\rangle = 1, \rho_{12} = \langle+|\rho|-\rangle = 0, \text{ usw.}$$

$$\rho = \begin{pmatrix} 1 & 0 \\ 0 & 0 \end{pmatrix}.$$

b) Analog erhält man für einen vollständig polarisierten Strahl mit $s_z = -1$

$$\rho = \begin{pmatrix} 0 & 0 \\ 0 & 1 \end{pmatrix}.$$

c) Ein unpolarisierter Strahl kann betrachtet werden als 50% s_z+ plus 50% s_z-,

$$\rho = \frac{1}{2}\begin{pmatrix} 1 & 0 \\ 0 & 0 \end{pmatrix} + \frac{1}{2}\begin{pmatrix} 0 & 0 \\ 0 & 1 \end{pmatrix}$$
$$= \begin{pmatrix} \frac{1}{2} & 0 \\ 0 & \frac{1}{2} \end{pmatrix}.$$

Der gleiche Strahl kann ebenso aufgefasst werden als als 50 % s_x+ plus 50 % s_x-,

$$\rho = \frac{1}{2}\frac{1}{2}\begin{pmatrix} 1 & 1 \\ 1 & 1 \end{pmatrix} + \frac{1}{2}\frac{1}{2}\begin{pmatrix} 1 & -1 \\ -1 & 1 \end{pmatrix} = \begin{pmatrix} \frac{1}{2} & 0 \\ 0 & \frac{1}{2} \end{pmatrix}.$$

Man sieht an diesem Beispiel, dass die Dichtematrix für ein völlig unkorreliertes System proportional zur Einheitsmatrix ist, unabhängig von der Wahl der Basis und, dass man eine gegebene Dichtematrix auf viele Weisen erhalten kann. Zwei Beschreibungen, die auf die selbe Dichtematrix führen, führen aber zu den selben Vorhersagen für alle möglichen Messungen.

21.4 Eigenschaften der allgemeinen Dichtematrix

Die Dichtematrix für ein Gemisch war definiert durch

$$\rho = \sum_{n=1}^{N} p_n |\Psi_n\rangle \langle \Psi_n|.$$

Da die Koeffizienten p_k reell sind, ist ρ Hermitesch. Da ρ Hermitesch ist, kann man stets eine orthonormale Basis $\{|u_i\rangle\}$ finden, in der die Matrix ρ_{ik} diagonal mit reellen Eigenwerten ist,

$$\rho = \sum_i p_i |u_i\rangle \langle u_i|$$
$$\rho_{lm} = \sum_i p_i \langle u_l|u_i\rangle \langle u_i|u_m\rangle = p_l \delta_{lm}.$$

Wie im reinen Fall gilt

$$Sp\rho = 1.$$

Beweis

$$Sp\rho = \sum_n p_n Sp\rho_n,$$

wo

$$\rho_n = |\Psi_n\rangle \langle \Psi_n|.$$

Wie oben gezeigt, ist $Sp\rho_n = 1$ (wegen $Sp|\alpha\rangle\langle\beta| = \langle\beta|\alpha\rangle$) und damit

$$Sp\rho = \sum_k p_k = 1 \qquad \square$$

Dagegen ist im allgemeinen Fall

$$\rho^2 \neq \rho \; .$$

Beweis

$$\rho^2 = \sum_n p_n |\Psi_n\rangle \langle \Psi_n| \sum_m p_m |\Psi_m\rangle \langle \Psi_m|$$
$$= \sum_{n,m} p_n p_m |\Psi_n\rangle \langle \Psi_n| |\Psi_m\rangle \langle \Psi_m|$$
$$= \sum_n p_n^2 |\Psi_n\rangle \langle \Psi_n| \; .$$

Dies ist nur gleich ρ, wenn eines der p_n gleich 1 ist. Die anderen sind dann wegen $\sum p_k = 1$ gleich 0, d. h. wir haben einen reinen Zustand. Wir erhalten durch Spurbildung

$$Sp\rho^2 = Sp\left[\sum_n p_n^2 |\Psi_n\rangle \langle \Psi_n|\right] = \sum_n p_n^2 Sp\rho_n = \sum_n p_n^2 \; ,$$

da $Sp\rho_n = Sp|\Psi_n\rangle \langle \Psi_n| = 1$. Es gilt

$$Sp\rho^2 \leq 1 \; , \tag{21.12}$$

da aus $\sum_n p_n = 1$ und $p_n \geq 0$ folgt, dass $\sum_n p_n^2 \leq 1$. Das Gleichheitszeichen gilt für einen reinen Zustand. □

Mit Hilfe von Gl. (21.12) kann man feststellen, ob eine Dichtematrix ein Gemisch oder einen reinen Zustand darstellt. Dieses Kriterium ist invariant unter unitären Transformationen, d. h. basisunabhängig.

21.5 Zeitliche Entwicklung eines gemischten Systems

Wir arbeiten im Schrödinger-Bild, in dem die Zeitabhängigkeit in den Zuständen steckt. Zu einer Zeit t sei die Dichtematrix

$$\rho(t) = \sum_k p_k |\Psi_k(t)\rangle \langle \Psi_k(t)| \; .$$

Wir setzen voraus, dass das Ensemble nicht gestört wird, und dass die einzelnen Zustände, z. B. die Elektronen in einem Strahl, nicht durch den Hamilton-Operator gekoppelt sind. Dann bleiben die statistischen Wahrscheinlichkeiten p_i konstant. Wir nehmen weiter an, das der Hamilton-Operator (im Gegensatz zu den Zuständen) bekannt ist. Die zeitliche Entwicklung der Zustände war im Schrödinger-Bild gegeben durch

$$|\Psi_k(t)\rangle = e^{\frac{1}{i\hbar}Ht} |\Psi_k(0)\rangle \; .$$

Damit wird

$$\rho(t) = \sum_k p_k e^{\frac{1}{i\hbar}Ht} |\Psi_k(0)\rangle \langle \Psi_k(0)| e^{\frac{-1}{i\hbar}Ht} = e^{\frac{1}{i\hbar}Ht} \rho(0) e^{\frac{-1}{i\hbar}Ht} \; .$$

Die Ableitung nach der Zeit ergibt

$$i\hbar\frac{\partial}{\partial t}\rho(t) = -[\rho(t), H(t)] \:. \tag{21.13}$$

Diese Gleichung heißt *Von-Neumann-Gleichung*. Bis auf das Minuszeichen, sieht sie aus wie die Heisenbergsche Bewegungsgleichung für Operatoren im Heisenberg-Bild.

Im Gegensatz zu ρ ist der Operator ρ^2 zeitunabhängig. Das bedeutet, dass sich ein reiner Zustand ($\rho^2 = \rho$) niemals in ein Gemisch verwandeln kann (und umgekehrt), wenn die zeitliche Entwicklung durch die Schrödinger-Gleichung, d. h. unitäre Zeitentwicklung, beschrieben wird.

Beweis Das System sei zur Zeit $t = t_0$ in einem reinen Zustand, $\rho^2(t_0) = \rho(t_0)$. Dann wird

$$\rho^2(t) = e^{\frac{1}{i\hbar}Ht}\rho(t_0)e^{\frac{-1}{i\hbar}Ht}e^{\frac{1}{i\hbar}Ht}\rho(t_0)e^{\frac{-1}{i\hbar}Ht} = e^{\frac{1}{i\hbar}Ht}\rho^2(t_0)e^{\frac{-1}{i\hbar}Ht}$$
$$= e^{\frac{1}{i\hbar}Ht}\rho(t_0)e^{\frac{-1}{i\hbar}Ht} = \rho(t)$$

Zur Zeit t gilt also immer noch $\rho^2(t) = \rho(t)$, wie für einen reinen Zustand.

Für die Spur der Dichtematrix ergibt sich

$$Sp\rho^n(t) = Sp e^{\frac{1}{i\hbar}Ht}\rho^n(0)e^{\frac{-1}{i\hbar}Ht} = Sp\rho^n(0)$$

$Sp\rho^n(t)$ ist also zeitlich konstant, und damit auch die Spur einer Funktion $f(\rho)$. □

21.6 Dichte-Operator für Teilsysteme

Bisher haben wir den Formalismus des Dichte-Operators nur für ungenau präparierte Systeme eingeführt. Man kann diesen Formalismus auch verwenden, wenn dass betrachtete Quantensystem Teil eines größeren, einer Messung nicht zugänglichen Systems ist. Selbst wenn das Gesamtsystem ein reiner Zustand ist, verhält sich das Teilsystem wie ein Gemisch und muss durch einen Dichte-Operator beschrieben werden. Die Axiome aus Kapitel 2 charakterisieren das Quantenverhalten eines abgeschlossenen Systems, streng genommen des ganzen Universums. In der Praxis interessieren wir uns oft für sogenannte offene Systeme, die einen kleinen Bereich des Gesamtsystems bilden. Will man die Quantenmechanik auf ein offenes System anwenden, so muss man es zunächst unter Hinzunahme der Umgebung abschließen. Die Schrödinger-Gleichung gilt dann für das Gesamtsystem,

$$i\hbar\frac{d}{dt}|\Psi(t)\rangle = H|\Psi(t)\rangle \:,$$

wo H der Hamilton-Operator des Gesamtsystems ist, der sich zusammensetzt aus dem Hamilton-Operator des Teilsystems, dem der Umgebung und der Wechselwirkung zwischen Umgebung und Teilsystem. Wurde das Teilsystem ursprünglich in einem reinen

21.6 Dichte-Operator für Teilsysteme

Zustand präpariert, so formiert sich durch die Wechselwirkung mit der Umgebung sehr schnell ein verschränkter Zustand des Gesamtsystems. Eine Messung an dem offenen Teilsystem zeigt nur noch die Eigenschaften eines Gemisches. Um die Situation zu verstehen, betrachten wir das einfachste System von zwei nicht-wechselwirkenden Spin-$\frac{1}{2}$-Teilchen, von denen nur eines beobachtet wird. Wir bezeichnen die beiden Fermionen mit a und b. Wenn die Teilchen ein Gesamtsystem bilden, dann ist der Zustand ein Vektor im Produktraum. Der Hilbertraum des Zwei-Teilchensystems ist $\mathcal{H}_a \otimes \mathcal{H}_b$, wo $\mathcal{H}_a = \mathbb{C}^2$ und $\mathcal{H}_b = \mathbb{C}^2$ die Hilberträume der Einzelsysteme sind. Die zugehörigen orthonormalen Basen für die beiden Teilchen seien $\{|+\rangle_a, |-\rangle_a\}$ und $\{|+\rangle_b, |-\rangle_b\}$.

Als **Beispiel** betrachten wir folgenden (reinen) Zwei-Fermionenzustand

$$|\Psi\rangle_{ab} = [\alpha \,|+\rangle_a |+\rangle_b + \beta \,|-\rangle_a |-\rangle_b] \quad \text{mit } \alpha^2 + \beta^2 = 1 \,. \tag{21.14}$$

Die zugehörige Dichtematrix ist

$$\begin{aligned}\rho_{ab} = &|\alpha|^2 (|+\rangle_a |+\rangle_b {}_a\langle +| {}_b\langle +|) + \alpha\beta^* (|+\rangle_a |+\rangle_b {}_a\langle -| {}_b\langle -|) \\ &+ \alpha^*\beta (|-\rangle_a |-\rangle_b {}_a\langle +| {}_b\langle +|) + |\beta|^2 (|-\rangle_a |-\rangle_b {}_a\langle -| {}_b\langle -|) \,.\end{aligned}$$

In diesem Zustand sind Fermion a und b korreliert im folgenden Sinne: Wenn wir den Spin von Fermion a messen, dann projizieren wir auf die Basis $\{|+\rangle_a, |-\rangle_a\}$. Mit Wahrscheinlichkeit $|\alpha|^2$ wird $\uparrow$ gemessen und das System befindet sich anschließend im Zustand

$$|\Psi\rangle_{ab} = |+\rangle_a |+\rangle_b$$

Wenn wir also $\uparrow$ am Fermion a gemessen haben, liegt das Ergebnis einer Messung des Spins am Fermion b fest (mit Wahrscheinlichkeit 1). Wenn wir alternativ bei der ursprünglichen Messung des Spins von Fermion a den Wert $\downarrow$ gefunden haben (mit Wahrscheinlichkeit $|\beta|^2$), dann befindet sich das System anschließend im Zustand

$$|\Psi\rangle_{ab} = |-\rangle_a |-\rangle_b$$

und wir messen am Fermion b mit Gewissheit $\downarrow$. Die Messergebnisse sind korreliert. Diesen Sachverhalt bezeichnet man als Verschränkung.

Wir interessieren uns für die Situation, wo nur der Spin des Fermions a gemessen wird, der Spin des Fermions b aber unbeobachtet bleibt (weil es z. B. experimentell nicht zugänglich ist). Eine Observable A, die nur auf das Fermion a wirkt, kann man schreiben als

$$A = A_a \otimes \mathbf{1}_b$$

wo A_a nur auf den Raum $\{|+\rangle_a, |-\rangle_a\}$ wirkt und $\mathbf{1}_b$ der Einheitsoperator im Raum $\{|+\rangle_b, |-\rangle_b\}$ ist. Der Erwartungswert des Operators im Zustand $|\Psi\rangle$ aus Gl. (21.14) wird somit

$$\begin{aligned}\langle \Psi | A | \Psi \rangle &= (\alpha^* {}_a\langle +| {}_b\langle +| + \beta^* {}_a\langle -| {}_b\langle -|) (A_a \otimes \mathbf{1}_b) (\alpha \,|+\rangle_a |+\rangle_b + \beta \,|-\rangle_a |-\rangle_b) \\ &= |\alpha|^2 \,{}_a\langle +| A_a |+\rangle_a + |\beta|^2 \,{}_a\langle -| A_a |-\rangle_a \,,\end{aligned}$$

wo wir die Orthogonalität der $|\pm\rangle_b$ verwendet haben. Wir erhalten also

$$\langle A \rangle = Sp\,[A\rho_a]_a \,,$$

wo

$$\rho_a = |\alpha|^2 (|+\rangle_a {}_a\langle+|) + |\beta|^2 (|-\rangle_a {}_a\langle-|)$$

und die Spur über das System a zu nehmen ist. Obwohl sich das Gesamtsystem in einem reinen Zustand befindet, beschreibt die *reduzierte Dichtematrix* ρ_a ein Gemisch, in dem der Zustand $|+\rangle_a$ mit Wahrscheinlichkeit $|\alpha|^2$ und der Zustand $|-\rangle_a$ mit Wahrscheinlichkeit $|\beta|^2$ auftritt. Man erhält also den reduzierten Dichteoperator, d. h. den Dichteoperator für ein Subsystem a indem man in der Dichtematrix des Gesamtsystems ab die Spur über das Subsystem b bildet,

$$\rho_a = Sp[|\Psi\rangle_{ab}\langle\Psi|_{ab}]_b$$

Der Erwartungswert einer beliebigen Observablen A im Subsystem a ist

$$\langle A \rangle = Sp\,[A\rho_a]_a = \sum_a p_a {}_a\langle\Psi|A|\Psi\rangle_a\,.$$

Wir haben an obigem Beispiel gesehen, dass Freiheitsgrade, die für den Beobachter nicht zugängig sind, Quantenkorrelationen zum Verschwinden bringen. Die Verschränkung eines Quantensystems mit den externen Freiheitsgraden, d. h. mit der Umgebung, stellt eine solche Situation dar. Makroskopische Systeme können praktisch nie von der Umgebung isoliert werden mit der sie verschränkt sind. Ist man nur an den Eigenschaften des offenen Systems, d. h. des Systems ohne Umgebung, interessiert, so muss man über die Umgebungsfreiheitsgrade mitteln. Daher treten keine Kohärenzen auf. Bei einer Messung werden quantenmechanische Zustände und Korrelationen mit ihren probabilistischen Inhalten in klassische eindeutige Ergebnisse konvertiert.

21.7 Von Neumansches Messpostulat

Während in der Kopenhagener Interpretation die quantenmechanischen Zustände und der klassische Messapparat völlig voneinander getrennt sind, wird in der von Neumannschen Version des Messprozesses in der Quantenmechanik auch der Messapparat quantentheoretisch behandelt. Wir betrachten als Modellbeispiel ein Quantensystem

$$|\Psi\rangle_S = \sum_i^n c_i |s_i\rangle_S\,, \qquad (21.15)$$

wobei $|s_i\rangle_S$ die Eigenzustände eines Operators S sind, der gemessen werden soll. Der Einfachheit halber nehmen wir an, dass der Operator S ein nicht-entartetes diskretes

Spektrum besitzt. Den zugehörigen Hilbert-Raum bezeichnen wir mit $\mathcal{H}_S$. Bei einer Messung erfolgt eine Wechselwirkung des Zustandes $|\Psi\rangle_S$ mit dem Detektor, der durch einen Quantenzustand

$$|\Phi\rangle_D = \sum_{j}^{n} a_j |d_j\rangle_D \, ,$$

in einem Hilbert-Raum $\mathcal{H}_D$ beschieben wird. Jede Zeigerstellung wird durch einen Vektor $|d_j\rangle_D$ dargestellt. Um eine eindeutige Zuordnung des Zeigers mit der Eigenwerten der Observablen S herzustellen, nehmen wir an, dass die Dimension von $\mathcal{H}_D$ gleich der von $\mathcal{H}_S$ ist. In einem ersten Schritt werden Quantensystem und Detektor D als abgeschlossene Systeme behandelt und die Wechselwirkung mit der Umgebung vernachlässigt. Vor der Wechselwirkung ist der Zustand System plus Detektor durch das äußere Produkt

$$|\Psi\rangle_S |\Phi\rangle_D \equiv |\Psi\rangle_S \otimes |\Phi\rangle_D$$

gegeben. Der unitäre Zeitentwicklungsoperator $U(t_f, t_i)$ für das wechselwirkende System $(S + D)$ erstrecke sich über ein Zeitintervall $[t_i, t_f]$. Sei der Anfangszustand des zu messenden Systems $|\Psi\rangle_S$ zunächst gegeben durch $|s_i\rangle_S$. Der Anfangszustand System plus Detektor geht mit der unitären Zeitentwicklung im Laufe der Messung über in den Zustand $|s_i\rangle_S |d_i\rangle_D$,

$$U(t_f - t_i) |\Psi\rangle_S |\Phi\rangle_D = U(t_f - t_i) \left[|s_i\rangle_S \sum_{j}^{n} a_j |d_j\rangle_D \right] = |s_i\rangle_S |d_i\rangle_D \, .$$

Für den allgemeinen Zustand $|\Psi\rangle_S = \sum_{i}^{n} c_i |s_i\rangle_S$ lautet diese Beziehung

$$U(t_f - t_i) \left[\sum_{i}^{n} c_i |s_i\rangle_S \sum_{j}^{n} a_j |d_i\rangle_D \right] = \sum_{i}^{n} c_i |s_i\rangle_S |d_i\rangle_D \equiv |\Psi\rangle_K \quad (21.16)$$

$|\Psi\rangle_K$ ist eine *kohärente* Superposition des makroskopischen Systems $S + D$. Der korrelierte Zustandsvektor $|\Psi\rangle_K$ garantiert, dass das System im Zustand $|s_i\rangle_S$ ist, wenn das Messinstrument $|d_i\rangle_D$ anzeigt.

Von Neumann postuliert, dass es anschließend zu einem instantanen, nichtunitären Kollaps des Zustandsvektors kommt, der den kohärenten Zustand $|\Psi\rangle_K$ in ein passendes Gemisch überführt. Bei einem Zweizustandssystem wäre

$$|\Psi\rangle_K = [c_1 |+\rangle_S |+\rangle_D + c_2 |-\rangle_S |-\rangle_D] \quad \text{mit } |c_1|^2 + |c_2|^2 = 1 \, .$$

Eine Messung führt dazu, dass der zugehörige Dichteoperator

$$\begin{aligned} \rho_c = |\Psi_K\rangle \langle \Psi_K| &= c_1 c_1^* |+\rangle_S \langle +|_S |+\rangle_D \langle +|_D + c_1 c_2^* |+\rangle_S \langle -|_S |+\rangle_D \langle -|_D \\ &+ c_1^* c_2 |-\rangle_S \langle -|_S |+\rangle_D \langle +|_D + c_2 c_2^* |-\rangle_S \langle -|_S |-\rangle_D \langle -|_D \\ &\doteq \begin{pmatrix} c_1 c_1^* & c_1 c_2^* \\ c_2 c_1^* & c_2 c_2^* \end{pmatrix} \end{aligned}$$

instantan durch einen unbekannten, nicht-unitären Prozess in den reduzierten Dichte-Operator eines Gemisches,

$$\rho = |c_1|^2 \,|+\rangle\,\langle+| + |c_2|^2 \,|-\rangle\,\langle-| \doteq \begin{pmatrix} aa^* & 0 \\ 0 & bb^* \end{pmatrix} \tag{21.17}$$

übergeht. Das von Neumannsche Messmodell bildet den Ausgangspunkt der modernen Theorie der Dekohärenz.

21.8 Dekohärenz

Zur Erklärung des von Neumannschen Messmechanismus, benötigen wir neben dem System S, dem Detektor D auch noch die Umgebung U. Der Anfangszustand der Umgebung sei $|u\rangle_U$. Dann ist der Zustand vor einer Wechselwirkung zwischen dem System $|\Psi\rangle_K$ (Gl. (21.16)) und der Umgebung gegeben durch

$$|\Psi\rangle = |\Psi\rangle_K \,|u\rangle_U = \left(\sum_i^n c_i \,|s_i\rangle_S \,|d_i\rangle_D\right) |u\rangle_U \;.$$

Die Wechselwirkung mit der Umgebung führt zu dem verschränkten Gesamtzustand $S + D + U$

$$|\Psi\rangle_f = \sum_i^n c_i \,|s_i\rangle_S \,|d_i\rangle_D \,|u_i\rangle_U$$

mit zugehörigem Dichteoperator

$$\rho_{SDU} = \sum_{i,k} c_i^* c_k \left(|s_k\rangle\,\langle s_i|\right) \left(|d_k\rangle\,\langle d_i|\right) \left(|u_k\rangle\,\langle u_i|\right)$$

Da die Umgebung nicht beobachtet wird, geht der reduzierte Dichteoperator in die Messung ein,

$$\rho_{SD} = Sp\,[\rho_{SDU}]_U = \sum_{i,k} c_i^* c_k \left(|s_k\rangle\,\langle s_i|\right) \left(|d_k\rangle\,\langle d_i|\right) \underbrace{\langle u_i|u_k\rangle}_{=\delta_{ik}},$$

mit dem Ergebnis

$$\rho_{SD} = \sum_i c_i^* c_i \left(|s_i\rangle\,\langle s_i|\right) \left(|d_i\rangle\,\langle d_i|\right)$$

Die entspricht genau dem in Gl. (21.17) gegebenen kollabierten Zustand. Die durch die Umgebung verursachte Dekohärenz liefern den dynamischen Mechanismus für die Reduktion des Zustandsvektors. Es muss betont werden, dass die Dekohärenz nicht durch Dämpfung oder Dissipation verursacht wird, sondern durch die Verschränkung mit der Umgebung. Die Zeitskala der Dissipation ist sehr viel größer als die der Verschränkung.

Wenn man also Interferenzmuster beobachten will, bedarf es spezieller Techniken, um reine Zustände zu erzeugen, die nicht mit der Umgebung verschränkt sind.

In anspruchsvollen Experimenten ließen sich Quanteninterferenzen auch für andere massive Teilchen, wie Neutronen oder sogar für das C_{60} Molekül, zeigen. Die Kohärenz wird bei größer werdenden Objekten schnell durch die unkontrollierbare Wechselwirkung mit der Umgebung, die zur Verschränkung und einem sehr komplizierten Zustand führt, zerstört. Die Dekohärenz löst vermutlich auch das bekannte Schrödingersche Katzenparadox. Schrödinger wies darauf hin, dass im Rahmen der Quantenmechanik für eine Katze Zustände der Form

$$|\text{Katze}\rangle = \frac{1}{\sqrt{2}} \left[|\text{tot}\rangle + |\text{lebendig}\rangle\right]$$

prinzipiell möglich sind. Da Katzen niemals beobachtet wurden, die halb tot halb lebendig waren, ließ Schrödinger an der Quantenmechanik zweifeln. Der makroskopische Quantenzustand $|\text{Katze}\rangle$ existiert im Prinzip, aber er kann in der Praxis nicht beobachtet werden, da extrem instabil ist. Die Verschränkung mit der Umgebung erfolgt fast instantan. In letzter Zeit hat man makroskopische Quantenzustände, sogenannte Schrödingersche Katzenzustände, aus Lichtwellen erzeugt, an denen sich demonstrieren ließ, wie sich die reinen Zustände sukzessive durch Einfluss der Umgebung in Gemische verwandeln.

In der Kopenhagener Interpretation gelten die in Kapitel 2 aufgelisteten Postulate der Quantenmechanik allein für das Quantensystem, der Beobachter und der Messprozess werden klassisch behandelt. Dies führt zu dem mysteriösen Kollaps des Superpositionszustandes in einen der Eigenzustände der Messobservablen. Diese Vorstellung ist sicherlich falsch. Beobachter und Messapparatur folgen den selben quantenmechanischen Regeln wie das zu untersuchende, vergleichsweise einfache Teilsystem. Die Theorie der Dekohärenz liefert auch für die kontrovers diskutierte Interpretation der Messprozesses in der Quantenmechanik neue Anstöße. Die Dekohärenz hat für ein, aus Quantenzustand und Messapparat bestehendes, Gesamtsystem die selbe Wirkung wie der Kollaps des Zustandes. Dekohärenz kann allerdings nicht erklären, warum bei einer Messung nur einer der möglichen Eigenwerte, und das mit einer bestimmten Wahrscheinlichkeit, gefunden wird. Das eigentliche Problem der Quantenmechanik besteht darin, den Zusammenhang zwischen dem probabilistischen Messprozess und der deterministischen zeitlichen Entwicklung der Zustände zu verstehen. Es muss aber betont werden, dass die Problematik nur die Interpretation des Messprozesses betrifft. Vom pragmatischen Standpunkt funktionieren die probabilistischen Regeln der Quantenmechanik für isolierte Quantensysteme hervorragend.

22 Die Feynmansche Quantenmechanik

Angeregt durch eine Fußnote Diracs, entwickelte Feynman eine Formulierung der Quantenmechanik, die auf Pfadintegralen und nicht auf Vektoren und Operatoren im Hilbert-Raum basiert. Wir diskutieren diese Formulierung der Quantenmechanik, da sie auf eine interessante Weise den Zusammenhang zwischen Quantenmechanik und klassischer Mechanik deutlich macht. Sie stellt eine Verbindung zwischen quantendynamischen Übergangsamplituden und den Trajektorien der klassischen Dynamik her. Außerdem findet die Pfadintegralmethode verbreitet Anwendung in der Quantisierung von Feldern und in der statistischen Mechanik.

22.1 Der Propagator

Wir betrachten ein quantenmechanisches System mit einem Freiheitsgrad und verallgemeinerter Koordinate q und Impuls p. Die *Eigenzustände* des Ortsoperators Q sind im Heisenberg- und Schrödinger-Bild jeweils:

$$Q_H(t)|q,t\rangle_H = q|q,t\rangle_H \quad \text{Heisenberg-Bild}$$
$$Q_S|q\rangle_S = q|q\rangle_S \quad \text{Schrödinger-Bild}$$

Im Schrödinger-Bild sind die physikalischen Zustände zeitabhängig, aber die Eigenzustände des zeitunabhängigen Ortsoperators (Basis) zeitunabhängig. Im Heisenberg-Bild ist es umgekehrt, die Operatoren und die zugehörigen Basiszustände sind zeitabhängig, die physikalischen Zustände aber zeitunabhängig. Um die Notation zu vereinfachen schreiben wir

$$|q,t\rangle_H \equiv |q,t\rangle \quad \text{und} \quad |q\rangle_S \equiv |q\rangle \ .$$

Der Zeitentwicklungsoperator

$$U(t) = e^{-\frac{i}{\hbar}Ht}$$

liefert den Zusammenhang zwischen den beiden Bilder ist (siehe Kapitel 16)

$$|\ldots\rangle_S \equiv U(t)|\ldots\rangle_H \quad \text{bzw.} \quad |\ldots\rangle_H \equiv U^\dagger(t)|\ldots\rangle_S \ .$$

Damit wird

$$|q,t\rangle = U^\dagger(t)|q\rangle = U^\dagger(t)|q,0\rangle = e^{\frac{i}{\hbar}Ht}|q,0\rangle \ .$$

Für das Matrixelement des Zeitentwicklungsoperators in der Ortsdarstellung erhält man

$$U(q_f, t_f; q_i, t_i) = \langle q_f|U(t_f - t_i)|q_i\rangle = \langle q_f|e^{-\frac{i}{\hbar}H(t_f-t_i)}|q_i\rangle = \langle q_f, t_f|q_i, t_i\rangle \ . \tag{22.1}$$

Nach der Bornschen Regel stellt $U(q_f, t_f; q_i, t_i)$ die Wahrscheinlichkeitsamplitude dafür dar, dass ein Teilchen, das sich zur Anfangszeit t_i am Punkt q_i befand, sich zur Zeit

t_f am Punkt q_f befindet, d. h. zum Punkt q_f propagiert. Man bezeichnet den Zeitentwicklungsoperator daher auch als *Propagator* oder *Green-Funktion*. Der Propagator beschreibt in der Ortsdarstellung die zeitliche Entwicklung der Wellenfunktion:

$$\Psi(q_f, t_f) = \langle q | \Psi, t_f \rangle = \langle q_f | e^{\frac{1}{i\hbar} H(t_f - t_i)} | \Psi, t_i \rangle$$

$$= \int dq_i \, \langle q_f | e^{\frac{1}{i\hbar} H(t - t')} | q_i \rangle \langle q_i | \Psi, t_i \rangle$$

oder

$$\Psi(q, t) = \int dx' \, U(q, t; q', t_0) \Psi(q_i, t_0) \, .$$

Zur Demonstration betrachten wir den Fall eines bei q_0 lokalisierten Teilchens

$$\Psi(q, t_0) = \delta(q_i - q_0) \, .$$

Dann ist

$$\Psi(q, t) = U(q, t; q_0, t_0) \, .$$

Man sieht explizit, dass der Zeitentwicklungsoperator in der Ortsdarstellung die Wahrscheinlichkeitsamplitude dafür ist, dass ein Teilchen, das sich zur Anfangszeit t_0 am Punkt q_0 befindet, sich zur Zeit t am Punkt q befindet.

Wir zeigen jetzt, dass sich die Green-Funktion $\langle q_f, t_f | q_i, t_i \rangle$ durch ein *Pfadintegral* darstellen lässt. Dazu teilen wir das Zeitintervall $t_f - t_i$ in $n + 1$ Subintervalle

$$\Delta t = \frac{t_f - t_i}{n + 1} \, ,$$

auf, wobei wir am Schluss $n \to \infty$ gehen lassen. Dann wird

$$\langle q_f, t_f | q_i, t_i \rangle = \langle q_f | e^{-\frac{i}{\hbar} H(t_f - t_i)} | q_i \rangle$$

$$= \langle q_f | e^{-\frac{i}{\hbar} H(n+1)\Delta t} | q_i \rangle \qquad ((n+1)\Delta t = t_f - t_i)$$

$$= \langle q_f | \left(e^{-\frac{i}{\hbar} H \Delta t} \right)^{n+1} | q_i \rangle$$

$$= \int dq_1, \ldots, \int dq_n \, \langle q_f | e^{-\frac{i}{\hbar} H \Delta t} | q_n \rangle \langle q_n | e^{-\frac{i}{\hbar} H \Delta t} | q_{n-1} \rangle \times \cdots$$

$$\times \langle q_2 | e^{-\frac{i}{\hbar} H \Delta t} | q_1 \rangle \langle q_1 | e^{-\frac{i}{\hbar} H \Delta t} | q_i \rangle \, . \qquad (22.2)$$

Wir betrachten einen einzelnen Term und setzen einen vollständigen Satz von Impulseigenfunktionen ein,

$$\langle q_{k+1} | e^{-\frac{i}{\hbar} H(P,Q)\Delta t} | q_k \rangle = \int dp_k \, \langle q_{k+1} | p_k \rangle \langle p_k | e^{-\frac{i}{\hbar} H(P,Q)\Delta t} | q_k \rangle$$

(Die Integrationsvariablen müssen in jedem Term anders bezeichnet werden, daher p_k). Im Hamilton-Operator seien in Produkten von P und Q die Q rechts von den P angeordnet. Dann gilt

$$\langle q_{k+1} | e^{-\frac{i}{\hbar} H(P,Q)\Delta t} | q_k \rangle = \int dp_k \, \langle q_{k+1} | p_k \rangle \langle p_k | q_k \rangle \, e^{-\frac{i}{\hbar} H(p_k, p_k)\Delta t} \, .$$

Wir hatten gezeigt, dass das Überlappmatrixelement durch

$$\langle q|p \rangle = \frac{1}{\sqrt{2\pi\hbar}} e^{\frac{i}{\hbar}pq}$$

gegeben ist. Damit erhalten wir

$$\langle q_{k+1}|e^{-\frac{i}{\hbar}H\Delta t}|q_k \rangle = \frac{1}{2\pi\hbar} \int dp_k e^{\frac{i}{\hbar}p_k q_{k+1}} e^{-\frac{i}{\hbar}p_k q_k} e^{-\frac{i}{\hbar}H(p_k,q_k)\Delta t}$$

$$= \frac{1}{2\pi\hbar} \int dp_k e^{\frac{i}{\hbar}p_k(q_{k+1}-q_k)} e^{-\frac{i}{\hbar}H(p_k,q_k)\Delta t} \,.$$

Wir erwenden dieses Ergebnis in Gl. (22.2),

$$\langle q_f, t_f | q_i, t_i \rangle = \int dq_1, \ldots, dq_n \left[\frac{1}{2\pi\hbar}\right]^{n+1}$$

$$\times \int dp_n e^{\frac{i}{\hbar}p_n(q_f-q_n)} e^{-\frac{i}{\hbar}H(p_n,q_n)\Delta t} \times \cdot$$

$$\times \int dp_1 e^{\frac{i}{\hbar}p_1(q_2-q_1)} e^{-\frac{i}{\hbar}H(p_1,q_1)\Delta t}$$

$$\times \int dp_0 e^{\frac{i}{\hbar}p_0(q_1-q_i)} e^{-\frac{i}{\hbar}H(p_0,q_i)\Delta t}$$

und erhalten mit $q_0 = q_i$, $q_{n+1} = q_f$,

$$\langle q_f, t_f | q_i, t_i \rangle = \int dq_1, \ldots, dq_n \int \frac{dp_0}{2\pi\hbar} \frac{dp_1}{2\pi\hbar}, \ldots, \frac{dp_n}{2\pi\hbar} \quad (22.3)$$

$$\exp \frac{i}{\hbar} \Delta t \sum_{k=0}^{n} \left[p_k \frac{(q_{k+1}-q_k)}{\Delta t} - H(p_k, q_k) \right] \,.$$

Wir betrachten den Limes $n \to \infty$ und $\Delta t \to 0$ mit $(n+1)\Delta t = t_f - t_i$ fest. Da $\Delta t \to 0$, setzen wir

$$\frac{(q_{k+1}-q_k)}{\Delta t} \simeq \dot{q} \,.$$

Für die Produkte von Integralen führen wir eine kompakte Notation ein,

$$\prod_{k=1}^{n} \int dq_k \prod_{j=0}^{n} \int \frac{dp_j}{2\pi\hbar} \ldots \equiv \int [dq(t)][dp(t)] \ldots \quad (n \to \infty),$$

und erhalten

$$\langle q_f, t_f | q_i, t_i \rangle = \int [dq(t)][dp(t)] \quad (22.4)$$

$$\times \exp \frac{i}{\hbar} \int_{t_i}^{t_f} dt \, [p\dot{q} - H(p,q)]$$

mit $q(t_i) = q_i$ und $q(t_f) = q_f$. Diese Formel setzt die Quantenamplitude $\langle q_f, t_f | q_i, t_i \rangle$ mit einem sogenannten *Pfadintegral* über die klassischen Phasenraum-Variablen (p, q) in

Verbindung. Man muss über *alle* Phasenraum-Trajektorien summieren, die zur Zeit t_i durch den Punkt q_i und zur Zeit t_f durch den Punkt q_f gehen. Jede Funktion $q(t)$ und $p(t)$ definiert einen Pfad im Phasenraum. Das Integral in Gl. (22.4) erstreckt sich über alle Funktionen, man spricht auch von einem Funktionalintegral.

Die Darstellung wird noch transparenter, wenn die Hamilton-Funktion die einfache Form besitzt

$$H = \frac{p^2}{2m} + V(q).$$

Dann kann man die p-Integration analytisch ausführen. Dazu benötigt man die Gaußschen Integrale

$$\int_{-\infty}^{\infty} dy\, e^{-\frac{a}{2}y^2} = \sqrt{2\pi}(a)^{-\frac{1}{2}} \qquad (a > 0)$$

$$\int_{-\infty}^{\infty} dy\, y\, e^{-\frac{a}{2}y^2} = 0$$

$$\int_{-\infty}^{\infty} dy\, y^2 e^{-\frac{a}{2}y^2} = -2\frac{d}{da}\int_{-\infty}^{\infty} dy\, e^{-\frac{a}{2}y^2} = \sqrt{2\pi}(a)^{-\frac{3}{2}}$$

Beweis der ersten Formel

$$\left[\int_{-\infty}^{\infty} dy\, e^{-\frac{a}{2}y^2}\right]^2 = \int_{-\infty}^{\infty} dy\, e^{-\frac{a}{2}y^2} \int_{-\infty}^{\infty} dx\, e^{-\frac{a}{2}x^2}$$

$$= \int_{-\infty}^{\infty} dx\, dy\, e^{-\frac{a}{2}(x^2+y^2)} = \int_{0}^{\infty} r\, dr \int_{0}^{2\pi} d\varphi\, e^{-\frac{a}{2}r^2}$$

$$= 2\pi \frac{1}{2}\int_{0}^{\infty} dr^2\, e^{-\frac{a}{2}r^2} = 2\pi \frac{1}{2}\frac{-2}{a}\left[e^{-\frac{a}{2}r^2}\right]_0^{\infty}$$

$$= \frac{2\pi}{a}. \qquad \square$$

Die Formeln gelten auch für komplexe a, solange Re $a > 0$.

Wir betrachten einen der Terme in Gl. (22.3):

$$\int_{-\infty}^{\infty} \frac{dp}{2\pi\hbar} \exp\left(\frac{i}{\hbar}\Delta t\left[p\dot{q} - \frac{p^2}{2m}\right]\right)$$

$$= \int_{-\infty}^{\infty} \frac{dp}{2\pi\hbar} \exp\left(\frac{i}{\hbar}\Delta t \frac{1}{2m}\left[-(p - \dot{q}m)^2 + \dot{q}^2 m^2\right]\right)$$

$$= \exp\left(\frac{i}{\hbar}\Delta t \frac{m\dot{q}^2}{2}\right) \int_{-\infty}^{\infty} \frac{dp}{2\pi\hbar} \exp\left(\frac{i}{\hbar}\Delta t \frac{1}{2m}[-p^2]\right)$$

$$= \sqrt{\frac{m}{i2\pi\hbar\Delta t}} \exp\left(\frac{i}{\hbar}\Delta t \frac{m\dot{q}^2}{2}\right).$$

Die p_k-Integrationen liefern also nur einen konstanten, möglicherweise unendlichen, Faktor $\lim_{n\to\infty,\,\Delta t\to 0}\left[\sqrt{\frac{m}{i2\pi\hbar\Delta t}}\right]^n$. Als Ergebnis erhalten wir die *Feynmansche Formel*,

$$\langle q_f, t_f | q_i, t_i \rangle = (\text{const}) \int [dq(t)] \times \exp\left(\frac{i}{\hbar}\int_{t_i}^{t_f} dt \left[\frac{m}{2}\dot{q}^2 - V(q)\right]\right),$$

oder

$$\langle q_f, t_f | q_i, t_i \rangle = (\text{konst.}) \int [dq(t)] \exp\left(\frac{i}{\hbar}\int_{t_i}^{t_f} dt L(q,\dot{q})\right).$$

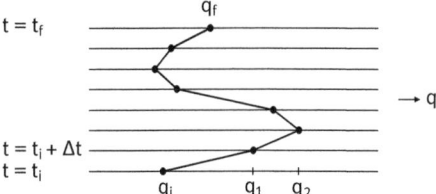

Abb. 22.1: Feynmansches Pfadintegral.

Wir haben damit die Quantenamplitude durch eine Summe über klassische Trajektorien vom Anfangspunkt q_i zur Zeit t_i zum Endpunkt q_f und Zeit t_f ausgedrückt. Der Phasenfaktor ist die *klassische Wirkung* in Einheiten von $\hbar$. Die Idee, dass jede Trajektorie mit der Wirkung in Verbindung gebracht wird, kommt auch in der klassischen Mechanik in der Form des Hamiltonschen Prinzips vor. Neu ist, dass die Wirkung in Einheiten von $\hbar$ gemessen wird. Als einfache Illustration der Feynmanschen Formel kann das Doppelspaltexperiment für Elektronen dienen. Das Elektron ist nicht durch den einen Spalt *oder* den anderen Spalt auf den Schirm gelangt, sonder durch beide, d. h. über beide Pfade. In der Pfadintegralformulierung erhalten wir einen expliziten Ausdruck für die Übergangsamplitude. Dieser Zugang ist daher besonders für Streuprobleme geeignet, weniger für gebundene Zustände.

In der klassische Mechanik besagt das Hamiltonsche Prinzip, dass der Pfad angenommen wird, der die Wirkung minimiert

$$\delta \int_{t_i}^{t_f} dt L_{\text{klass.}}(q(t),\dot{q}(t)) = 0.$$

Dagegen tragen in der Quantenmechanik alle Pfade bei. Es gibt keine einzelne Trajektorie $q(t)$ sondern unendlich viele Trajektorien. Für jeden Pfad berechnet man die klassische Wirkung

$$S = \int_{t_0}^{t} L(q, \dot{q}) dt \tag{22.5}$$

und definiert die Green-Funktion durch

$$U(q_f, t_f; q_i, t_i) \equiv \sum_{\text{alle Pfade}} e^{\frac{i}{\hbar} S}.$$

Der Begriff des Teilchens, den man normalerweise mit einem eindeutigen Pfad in Verbindung bringt, macht also in den Quantenmechanik strenggenommen keinen Sinn. Stattdessen erkennt man den wellenartigen Charakter der Quantendynamik. Eine klassische Welle kann aufgefasst werden als ein Strom von Teilchen, die sich im rechten Winkel zu Wellenfront bewegen.

Im Limes $\hbar \to 0$ sollte man des klassische Ergebnis erhalten. Wenn $\hbar \to 0$, dann oszilliert die Exponentialfunktion immer stärker. Die Beiträge der benachbarten Pfade heben sich größtenteils weg, da sich für $\hbar \to 0$ die Phasen von $e^{\frac{i}{\hbar} S}$ eines bestimmten Pfades und eines benachbarten Pfades sehr stark unterscheiden. Eine Ausnahme bildet der Pfad mit stationärer Phase

$$\delta S(t_i, t_f) = 0.$$

In der Nähe dieses Pfades ändert sich die Phase nicht, selbst für $\hbar \to 0$. Die benachbarten Phasen interferieren konstruktiv. Im Limes für $\hbar \to 0$ erhält man also einen einzigen Pfad, d. h. eine Trajektorie, und zwar die klassische. Man erhält die klassische Mechanik, wenn die Wirkung, die zum klassischen Pfad gehört, sehr viel größer ist als $\hbar$ (wie z. B. für einen Billard-Ball).

23 Symmetrien in der Quantenmechanik

23.1 Das Wignersche Theorem

Wir betrachten eine, auf dem ganzen Hilbert-Raum definierte, Transformation T, die einen quantenmechanischen Zustand $|\Psi\rangle$ in einen anderen Zustand $|\Psi'\rangle$ überführt.

$$|\Psi\rangle \to |\Psi'\rangle = T|\Psi\rangle .$$

Man spricht von einer aktiven Transformation, da der Zustand, d. h. das physikalische System, transformiert wird und nicht das Koordinatensystem. Von besonderen Interesse sind Transformationen, wenn die alten und die neuen Zustände auf die gleichen experimentellen Ergebnisse führen.

Symmetrietransformationen
Eine Transformation, die auf die Zustandsvektoren wirkt, heißt *Symmetrietransformation*, wenn sie beobachtbaren Größen unverändert lässt. Eine Symmetrie in der Quantenmechanik ist demnach eine Abbildung von Vektoren im Hilbertraum, $|\Psi\rangle \to |\Psi'\rangle = T|\Psi\rangle$ und $|\Phi\rangle \to |\Phi'\rangle = T|\Phi\rangle$, die den Betrag von Skalarprodukten invariant lässt

$$|\langle\Phi|\Psi\rangle| = |\langle\Phi'|\Psi'\rangle| \quad \text{für alle } |\Psi\rangle \text{ und } |\Phi\rangle .$$

Den Observablen entsprechen Hermitesche Operatoren A mit reellen Eigenwerten a_i und Eigenvektoren $|a_i\rangle$. Da A in der Eigenbasis gegeben ist durch

$$A = \sum_i a_i |a_i\rangle \langle a_i|,$$

folgt, dass die Observable sich unter $|a_i\rangle' = T|a_i\rangle$ transformiert wie

$$A' = \sum_i a_i T|a_i\rangle \langle a_i| T^\dagger , \quad \text{oder } A' = TAT^\dagger.$$

Unitären Transformationen, die das Skalarprodukt selbst invariant lassen, bilden offensichtlich Symmetrietransformationen. Die Klasse von Transformationen, die den *Betrag* des Skalarproduktes invariant lassen, geht aber über die unitären Transformationen, hinaus.

Eugene Wigner hat in einem bemerkenswerten Theorem gezeigt, dass es für Transformationen, die den Betrag des Skalarproduktes invariant lassen, nur zwei Möglichkeiten gibt.

Wignersches Theorem
Eine eindeutige Abbildung eines Hilbert-Raumes auf sich selbst, die $|\langle\Psi|\Phi\rangle|^2$ invariant lässt, ist entweder unitär oder anti-unitär (Beweis: siehe z. B. Gottfried (2003)).

$$\langle\Psi'|\Phi'\rangle = \langle\Psi|\Phi\rangle , \quad \text{unitär}$$
$$\langle\Psi'|\Phi'\rangle = \langle\Psi|\Phi\rangle^* , \quad \text{anti-unitär.}$$

Wir beschränken uns zunächst auf Symmetrietransformationen, die stetig aus der Einheit hervorgehen, so dass nur die unitäre Option in Frage kommt. Anti-unitäre Transformationen treten in der Quantentheorie nur bei Zeitumkehr auf.

23.2 Unitäre Transformationen

Eine Transformation U ist unitär, wenn
$$UU^\dagger = U^\dagger U = \mathbf{1}.$$

Wir hatten gesehen, dass eine unitäre Tranformation den Übergang von einer orthonormalen Basis zu einer anderen beschreibt. Im Folgenden wollen wir die physikalischen Auswirkungen einer solchen Transformation genauer untersuchen. Die Eigenwertgleichung
$$A|a\rangle = a|a\rangle$$
einer Observablen A bedeutet, dass eine Messung von A den Wert a ergibt, wenn sich das System im Zustand $|a\rangle$ befindet. Multiplikation mit U ergibt
$$UA|a\rangle = aU|a\rangle$$
oder
$$UAU^\dagger U|a\rangle = aU|a\rangle.$$
Sei
$$|a\rangle' = U|a\rangle \quad \text{und} \quad A' = UAU^\dagger.$$
Dann gilt
$$A'|a\rangle' = a|a\rangle'.$$

D. h. eine Messung der Observablen in der transformierten Basis liefert den selben Wert a. Der Erwartungswert einer Messung (Mittelwert) von A in einem allgemeinen System $|\Psi\rangle$ ist gleich dem Erwartunswert von A' in System $|\Psi'\rangle$,
$$\langle\Psi'|A'|\Psi'\rangle = \langle\Psi|U^\dagger UAU^\dagger U|\Psi\rangle = \langle\Psi|A|\Psi\rangle.$$
Dies gilt für alle $|\Psi\rangle$.

Auch die quantenmechanischen Vertauschungsrelationen sind offensichtlich invariant unter unitären Transformationen,
$$[A, B] = [A', B'].$$

Die Dynamik wird durch den Hamilton-Operator bestimmt. Die Bewegungsgleichungen im Heisenberg-Bild,
$$i\hbar \frac{dA}{dt} = [A, H], \qquad (23.1)$$

sind invariant unter *konstanten* unitären Transformationen,

$$i\hbar\frac{dA'}{dt} = [A', H'], \text{ wo } A' = UAU^\dagger \text{ und } H' = UHU.$$

Wenn die unitäre Transformation U von der Zeit abhängt, ändert sich die transformierte Bewegungsgleichung in

$$i\hbar\frac{dA'}{dt} = [A', K],$$

wo der neue Hamilton-Operator gegeben ist durch

$$K = H' - i\hbar\frac{dU}{dt}U^\dagger.$$

Beweis

$$i\hbar\frac{dA'}{dt} = i\hbar\frac{d}{dt}UAU^\dagger$$
$$= i\hbar\left[\frac{dU}{dt}\left(U^\dagger U\right)AU^\dagger + U\frac{dA}{dt}U^\dagger + UA(U^\dagger U)\frac{dU^\dagger}{dt}\right],$$

wo wir Faktoren $UU^\dagger = U^\dagger U = 1$ eingefügt haben. Da $UU^\dagger = 1$ folgt

$$\frac{dU}{dt}U^\dagger + U\frac{dU^\dagger}{dt} = 0.$$

Damit wird

$$i\hbar\frac{dA'}{dt} = i\hbar\left[\frac{dU}{dt}U^\dagger A' - A'\frac{dU}{dt}U^\dagger\right] + U[A,H]\,U^\dagger,$$
$$= -i\hbar\left[A', \frac{dU}{dt}U^\dagger\right] + [A', H'].\quad\square$$

Die unitären Transformationen der Quantenmechanik lassen die Heisenbergsche Bewegungsgleichungen invariant und entsprechen damit den kanonischen Transformationen der klassischen Physik, die die Hamiltonschen Gleichungen invariant lassen.

Jede unitäre Transformation kann man schreiben als

$$U = e^{-iG},$$

wo G Hermitesch und damit eine Observable ist.

Die unitären Symmetrietransformationen eines physikalischen Systems bilden eine Gruppe, die *Symmetriegruppe*, da zwei aufeinander folgende unitäre Transformationen $U_1 U_2$ wieder eine unitäre Transformation ergeben und ein Einselement und die inverse Transformation definiert sind.

Eine *kontinuierliche Symmetriegruppe* ist eine Menge von Symmetrietransformationen, die von einem Parameter abhängen, und die sich nach dem Parameter differenzieren lassen. In diesem Fall kann man sich auf Transformationen beschränken, die sich nur infinitesimal von der Einheit unterscheiden,

$$U = e^{-i\delta\alpha G} \simeq 1 - i\delta\alpha G.$$

Eine Observable A transformiert sich dann in

$$\begin{aligned}A' &= UAU^\dagger \\ &= (1 - i\delta\alpha G)A(1 + i\delta\alpha G) \\ &= A + i\delta\alpha[A, G] + O[(\delta\alpha)^2]\,,\end{aligned}$$

oder

$$\frac{\delta A}{\delta\alpha} = i[A, G]\,, \quad \text{wo } \delta A = A' - A\,.$$

G heißt die *Erzeugende* der Transformation. Die endliche Transformation erhält man durch Iteration

$$e^{-iG}Ae^{+iG} = A + i[A, G] + \frac{i^2}{2!}[[A, G]G] + \cdots \,. \tag{23.2}$$

Dies ist die *Baker-Hausdorff-Formel*.

23.3 Symmetrie

Nicht jede Symmetrietransformation eines quantenmechanischen Systems ist wirklich eine Symmetrie im physikalischen Sinne. Wir müssen zusätzlich verlangen, dass die Symmetrie unter der Dynamik, d. h. der zeitlichen Entwicklung erhalten bleibt. Nur dann führt eine Symmetrie auf Erhaltungsgrößen. Es ist wichtig, diese zu identifizieren, um quantenmechanische Probleme effizient zu formulieren und zu lösen. Soweit hatte der Begriff Symmetrietransformation nichts mit der Dynamik zu tun, sie bezog sich auf eine feste Zeit, z. B. $t = 0$. Die Symmetrietransformation führt einen Zustand in einen anderen über

$$|\Psi', t = 0\rangle = U|\Psi, t = 0\rangle\,.$$

Die zeitliche Entwicklung eines Zustandes ist im Schrödinger-Bild gegeben durch

$$|\Psi, t\rangle = e^{\frac{-i}{\hbar}Ht}|\Psi, 0\rangle\,.$$

Wenn wir verlangen, dass die Symmetrie die dynamische Evolution respektiert, sollte es keine Rolle spielen, ob wir das System zuerst transformieren und dann die zeitliche Entwicklung durchführen, oder das Ganze in umgekehrter Reihenfolge ausführen,

$$Ue^{\frac{-i}{\hbar}Ht} = e^{\frac{-i}{\hbar}Ht}U\,. \tag{23.3}$$

Anders geschrieben

$$Ue^{\frac{-i}{\hbar}Ht}U^\dagger = e^{\frac{-i}{\hbar}Ht}$$

Daraus folgt mit Hilfe der Baker-Hausdorff-Formel Gl. (23.2), dass

$$H' = U^\dagger HU = H \quad \text{oder } [H, U] = 0\,. \tag{23.4}$$

Eine Symmetrie, die für alle Zeiten gelten soll, wird durch eine unitäre Transformation beschrieben, die den Hamilton-Operator invariant lässt.

Setzen wir die infinitesimale Form $U \approx 1 - \frac{i}{\hbar}\delta\alpha G$ in Gl. (23.4) ein, dann finden wir, dass auch G mit H vertauscht,

$$[G, H] = 0 . \tag{23.5}$$

Wenn wir Zeit $t = 0$ einen Eigenzustand von G mit Eigenwert g betrachten,

$$G\,|g, 0\rangle = g\,|g, 0\rangle ,$$

dessen zeitliche Entwicklung durch die Schrödinger-Gleichung beschrieben wird, d. h.

$$|g, t\rangle = e^{\frac{-i}{\hbar}Ht}\,|g, 0\rangle ,$$

dann bleibt dieser ein Eigenzustand von G zum Eigenwert g,

$$G\,|g, t\rangle = g\,|g, t\rangle ,$$

für alle t. Da die Operatoren im Schrödinger-Bild zeitunabhängig sind, folgt, dass auch die Erwartungswerte des Operators G zeitunabhängig sind.

Beweis Sei

$$|\Psi, t\rangle = |\Psi, t\rangle = e^{\frac{-i}{\hbar}Ht}\,|\Psi, 0\rangle = e^{\frac{-i}{\hbar}Ht}\sum_i c_i\,|g_i, 0\rangle = \sum_i c_i\,|g_i, t\rangle .$$

Da c_i und g_i zeitunabhängig sind, gilt

$$\frac{d}{dt}\langle\Psi|G|\Psi\rangle = \frac{d}{dt}\sum_{i,k} c_i^* c_k \langle g_i, t|G|g_k, t\rangle$$

$$= \frac{d}{dt}\sum_{i,k} c_i^* c_k g_k \langle g_i, t|g_k, t\rangle = \frac{d}{dt}\sum_i c_i^* c_i g_i = 0 . \qquad \square$$

Wir erhalten zusammenfassend das wichtige Ergebnis:
Jeder kontinuierlichen Symmetrietransformation, die den Hamilton-Operator invariant lässt, entspricht ein Erhaltungssatz, und umgekehrt. Der Erwartungswert der zugehörigen Erzeugenden ist zeitunabhängig.

Die Symmetrie des Hamilton-Operators bedeutet, dass die Transformation Energieeigenvektoren auf Energieeigenvektoren zum selben Eigenwert abbildet,

$$H\,|E\rangle = E\,|E\rangle \quad \rightarrow \quad HU\,|E\rangle = EU\,|E\rangle .$$

Wenn $|E\rangle$ und $U\,|E\rangle$ linear unabhängig sind, dann führt die Symmetrie auf eine *Entartung* der Eigenwerte.

In Kapitel 23 hatten wir bereits diskutiert, wie die Symmetrietransformationen der Translationen auf den Impuls-Operator führen. Entsprechend hat der Drehimpuls die geometrische Bedeutung, dass er die Erzeugende der Drehungen ist. Wegen ihrer Wichtigkeit wollen wir die Drehungen im Folgenden im Detail analysieren.

23.4 Drehungen in der klassischen Mechanik

Die Symmetrie unter Drehungen und ihre Erzeugende, der Drehimpuls, ist wahrscheinlich die wichtigste Symmetrie in der Quantenmechanik. Die Bedeutung des Drehimpulses beruht darauf, dass er oft erhalten ist und damit für dir Charakterisierung von dreidimensionalen Zuständen verwendet werden kann. In Kapitel 21 haben wir den Bahndrehimpuls schon eingeführt. In der Quantenmechanik gibt es aber auch Manifestationen des Drehimpulses, die keine klassische Entsprechung haben, wie z. B. der Spin des Elektrons. Im folgenden wollen wir daher die Theorie des quantenmechanischen Drehimpulses allgemein über den Begriff der Darstellung von Drehungen formulieren.

Wenn wir in der Quantenmechanik die Eigenschaften der unitären Transformationen der Drehungen bestimmen wollen, dann hilft es, sich noch einmal die wichtigsten Eigenschaften von Drehungen in der klassischen Mechanik vor Augen zu führen. Dabei interessieren besonders Relationen, die nach dem Korrespondenzprinzip auch von den quantenmechanischen Erwartungswerten erfüllt sein sollten. Im physikalischen dreidimensionalen Ortsraum stellen Drehungen Transformationen dar, die die Richtung von Vektoren aber nicht deren Länge ändern. Der klassische Ortsvektor transformiert sich unter aktiven Drehungen, d. h. Drehung des Vektors (Apparatur) bei festen Koordinatenachsen, wie

$$\vec{x}' = R\vec{x} \quad \text{oder} \quad x_i' = R_{ik}x_k; \quad (i, k = 1, 2, 3).$$

Wir verwenden das Symbol R sowohl für die Transformation des Vektors $\vec{x}$ als auch für die 3×3 Matrix, die auf den Spaltenvektor x_i in kartesischen Koordinaten wirkt. (Beachte: Im der klassischen Mechanik hatten wir passive Drehungen betrachtet, d. h. Drehungen des Koordinatensystems, mit Drehmatrix $M = R^\top$). Aus der Invarianz der Länge zweier Vektoren $\vec{x}$ und $\vec{y}$ und deren relativer Orientierung folgt die Invarianz des Skalarprodukts ($\vec{x} \cdot \vec{y} = |\vec{x}||\vec{y}|\cos(\vec{x},\vec{y})$). Das bedeutet, dass die 3×3 Matrizen R orthogonal sind,

$$\forall \vec{x}, \vec{y} \in \mathbb{E}^3: \quad (Rx)^T(Ry) = x^T y \iff R^T R = \mathbf{1}.$$

wo $\mathbf{1}$ die 3×3 Einheitsmatrix ist. Die Drehungen bilden eine Gruppe, da zwei aufeinander folgende Drehungen offensichtlich wieder eine Drehung ergeben und ein Einselement und die inverse Drehung definiert sind. Wir betrachte hier nur Drehungen, die stetig aus der Einheit hervorgehen, d. h. wir schließen Spiegelungen aus.

Die Drehungen hängen stetig von einem Parameter ab, dem Drehwinkel. Als Beispiel betrachten wir die Drehung um einen Winkel φ um die z-Achse,

$$R_z(\varphi) = \begin{pmatrix} \cos\varphi & -\sin\varphi & 0 \\ \sin\varphi & \cos\varphi & 0 \\ 0 & 0 & 1 \end{pmatrix}.$$

Für infinitesimale Drehwinkel ε kann man entwickeln, $\cos\varepsilon = 1 + O(\varepsilon^2)$, $\sin\varepsilon = \varepsilon + O(\varepsilon^3)$. Dann wird

$$R_z(\varepsilon) \simeq \begin{pmatrix} 1 & -\varepsilon & 0 \\ \varepsilon & 1 & 0 \\ 0 & 0 & 1 \end{pmatrix} = \begin{pmatrix} 1 & 0 & 0 \\ 0 & 1 & 0 \\ 0 & 0 & 1 \end{pmatrix} - \varepsilon \begin{pmatrix} 0 & 1 & 0 \\ -1 & 0 & 0 \\ 0 & 0 & 0 \end{pmatrix}.$$

Wir definieren die Erzeugende für infinitesimale Drehungen um die z-Achse durch

$$R_z(\varepsilon) = \mathbf{1} - \varepsilon I_z,$$

wo

$$I_z = \begin{pmatrix} 0 & 1 & 0 \\ -1 & 0 & 0 \\ 0 & 0 & 0 \end{pmatrix}.$$

Der Name Erzeugende rührt daher, dass man endliche Drehungen durch sukzessive infinitesimale Drehungen mittels der Formel

$$\lim_{n\to\infty}(1 - \frac{\varphi}{n}I_z)^n = e^{-I_z\varphi}$$

aufbauen kann. Analog erhält man für Drehungen um die anderen Koordinatenachsen

$$R_i(\varepsilon) = \mathbf{1} - \varepsilon^{(i)}I_i, \quad i = x, y$$

mit

$$I_y = \begin{pmatrix} 0 & 0 & -1 \\ 0 & 0 & 0 \\ 1 & 0 & 0 \end{pmatrix}, \quad I_x = \begin{pmatrix} 0 & 0 & 0 \\ 0 & 0 & 1 \\ 0 & -1 & 0 \end{pmatrix}.$$

Dies sind die Erzeugenden für Drehungen um die x und y-Achse. In der üblichen Konvention ($x \to 1, y \to 2, z \to 3$) ist dann

$$(I_i)_{kl} = \varepsilon_{ikl}.$$

Durch explizites Nachrechnen beweist man die Vertauschungsrelationen

$$[I_i, I_k] = -\varepsilon_{ikl}I_l, \tag{23.6}$$

Anmerkung: Man muss den hier gebrauchten Begriff der infinitesimalen Erzeugenden unterscheiden von den Erzeugenden der infinitesimalen kanonischen Transformationen.

23.5 Drehungen in der Quantenmechanik

Gegeben sei eine orthogonale Matrix R die ein klassisches physikalisches System im $\mathbb{R}^3$ dreht, während die Koordinatenachsen festgehalten werden. Wird ein quantenmechanisches System $|\Psi\rangle$ entsprechend gedreht, so erhält man ein neues System,

d. h. einen neuen Zustandsvektor $|\Psi'\rangle = D(R)|\Psi\rangle$, wo $D(R)$ ein linearer Operator im Hilbert-Raum der Zustände ist. Beispiel: Wir drehen den üblichen Stern-Gerlach-Magneten um eine Winkel θ um die y-Achse, d. h. um die Ausbreitungsrichtung.

Anmerkung: R ist eine 3×3 Matrix, während die Dimension N der Matrixdarstellung von $D(R)$ vom jeweiligen Zustandsraum abhängt, z. B. $N = 2$ für das Spin-$\frac{1}{2}$-System und $N = \infty$ für den harmonischen Oszillator.

Bei einer Drehung kann man auch die Operatoren (Observablen) drehen. Als Beispiel mag das Stern-Gerlach-Experiment dienen. Drehen wir den Präparationsmagneten, dann drehen wir den Zustand. Drehen wir den Analysator, dann drehen wir den Operator. Sei A eine Observable, dann ist $A' = DAD^\dagger$ die gedrehte Observable.

Euklidisches Relativitätsprinzip

Lage und Orientierung eines physikalischen Systems im ansonsten leeren Raum haben keine absolute Bedeutung, da der Raum homogen und isotrop ist.

Das bedeutet für die Quantenmechanik, dass alle Wahrscheinlichkeiten gegenüber Drehungen (und Translationen) invariant sind. D. h.

$$|\langle \Psi'|\Phi'\rangle|^2 = |\langle \Psi|\Phi\rangle|^2 ,$$

wo $|\Psi'\rangle = D(R)|\Psi\rangle$ und $|\Phi'\rangle = D(R)|\Phi\rangle$.

Da Drehungen stetig aus der Einheit hervorgehen, muss $D(R)$ unitär sein. Für eine Drehung um einen Winkel φ um die i-Achse ($i = 1, 2, 3$) schreiben wir

$$D_{(i)}(\varphi) = e^{-\frac{i}{\hbar}J_i \varphi}$$

mit J_i Hermitesch. Die Erzeugende J_i der Drehungen um die Achse i ist definiert durch

$$D_{(i)}(\delta\varphi) = \mathbf{1} - \frac{i}{\hbar}\delta\varphi J_i .$$

J_i heißt *quantenmechanischer Drehimpuls*. Der Zusammenhang mit dem klassischen Drehimpuls wird gleich klar.

23.6 Observable und Drehungen

Zur Demonstration betrachten wir wieder das Stern-Gerlach Experiment. Der Analysator (Observable) sei festgehalten, der Polarisator (Zustand) kann gedreht werden,

$$|\Psi\rangle \to |\Psi'\rangle = D(R)|\Psi\rangle .$$

Dabei ändern sich die Erwartungswerte einer Observablen A,

$$\langle \Psi|A|\Psi\rangle \to \langle \Psi'|A|\Psi'\rangle = \langle \Psi|D^\dagger AD|\Psi\rangle .$$

Eine Messung einer Observablen kann entweder den selben Wert ergeben (z. B. J^2) oder einen anderen Wert (z. B. J_z). Wir fragen uns: Wie transformiert sich eine Observable unter Drehungen?

Skalar
Eine Observable S ist ein Skalar oder invariant, wenn

$$S' = D^\dagger S D = S \quad \text{oder} \quad [S, D] = 0\,.$$

D. h. eine drehinvariante Observable vertauscht mit allen Drehoperatoren. Sehr oft ist der Hamilton-Operator drehinvariant. Dann gilt

$$[H, D] = 0 \quad \text{oder} \quad [H, J_i] = 0 \quad \text{für alle } i = 1, 2, 3..$$

Für drehinvariante Hamilton-Operatoren ist der Drehimpuls erhalten.

Vektoroperator
Wie transformiert sich der Ortsoperator $\vec{X}$? Da sich der Ortsvektor der klassischen Mechanik unter Drehungen transformiert wie

$$x_i \to x_i' = R_{ik} x_k\,,$$

erwarten wir, dass für die quantenmechanischen Operatoren

$$X_i \to X_i' = D^\dagger X_i D$$

gilt. Dabei ändern sich die Erwartungswerte,

$$\langle \Psi | X_i | \Psi \rangle \to \langle \Psi | D^\dagger X_i D | \Psi \rangle\,.$$

Um den klassischen Limes für die Erwartungswerte zu erhalten, verlangen wir andererseits, dass bei einer Drehung

$$\langle \Psi | X_i | \Psi \rangle \to \sum_k R_{ik} \langle \Psi | X_k | \Psi \rangle\,.$$

Dann muss für den gedrehten Ortsoperator gelten

$$D^\dagger(R) X_i D(R) = \sum_k R_{ik} X_k\,. \tag{23.7}$$

Für einen Vektoroperator A_i gilt daher per Definition

$$D^\dagger(R) A_i D(R) = \sum_k R_{ik} A_k\,. \tag{23.8}$$

Ein Operator, der sich unter Drehungen wie der Ortsoperator $\vec{X}$ transformiert, heißt Vektoroperator.

Operator-Darstellungen der Drehgruppe

Definition *Eine Operator-Darstellung einer Gruppe ist eine Abbildung der Gruppenelemente auf Operatoren, die die Produkteigenschaft erhält.* □

Wir betrachten zwei aufeinander folgende Drehungen. Diese entsprechen einer einzigen Drehung $R_1 R_2 = R_3$. Die $D(R)$ bilden eine *Operatordarstellung* der Drehgruppe, wenn

$$D(R_1)D(R_2) = D(R_1 R_2) = D(R_3) \,.$$

In der Quantenmechanik genügt es, wenn diese Beziehung bis auf eine Phase gilt. Bei der Konstruktion von Darstellungen der Drehgruppe können wir in der Quantenmechanik nur verlangen, dass

$$D(R_1)D(R_2)|\Psi\rangle = e^{i\alpha} D(R_3)|\Psi\rangle \quad \text{für alle } |\Psi\rangle \,,$$

wo α von R_1 und R_2 abhängen kann. Man spricht von einer projektiven Darstellung. Mit einigem Aufwand kann man zeigen, dass nur die Möglichkeiten $\alpha = 0, \pi$ betrachtet werden müssen. Für den Bahndrehimpuls ist $\alpha = 0$ und für den Spin $\frac{1}{2}$ ist $\alpha = \pi$.

Zur Illustration betrachten wir das Verhalten des Vektoroperators bei zwei auf einander folgenden Drehungen mit $R_1 R_2 = R_3$. Für die einzelnen Drehungen gilt quantenmechanisch

$$D^\dagger(R_1) X_k D(R_1) = (R_1)_{kj} X_j \,, \quad D^\dagger(R_2) X_i D(R_2) = (R_2)_{il} X_l \,.$$

Dann wird

$$D^\dagger(R_3) X_i D(R_3) = D^\dagger(R_2) D^\dagger(R_1) X_i D(R_1) D(R_2)$$
$$= D^\dagger(R_2)(R_1)_{ij} X_j D(R_2) = (R_1)_{ij} (R_2)_{jl} X_l = (R_3)_{il} X_l \,.$$

23.7 Drehimpuls-Vertauschungsrelationen

Für Drehungen um eine feste Achse $\vec{n}$ werden die unitären Operatoren $D(R_{\vec{n}})$ durch einen einzigen Parameter, den Drehwinkel, parametrisiert. Für infinitesimale Drehungen $D(R_i)$ um eine Koordinatenachse $\vec{e}_i$ ($i = 1, 2, 3$) um den Winkel $\delta\theta_i$ gilt

$$D(\delta\theta_i) = \mathbf{1} - \frac{i}{\hbar} J_i \delta\theta_i \,.$$

Wir identifizieren den Hermiteschen Operator $\vec{J}$ mit dem Drehimpuls (Bahndrehimpuls oder Spin). Der Faktor $\hbar$ wurde eingeführt, damit J_i die Dimension eines Drehimpulses hat. Wenn die $D(R)$ eine Darstellung der Drehgruppe bilden sollen, müssen die $D(R)$ die gleichen algebraischen Relationen erfüllen wie die 3×3 Drehmatrizen R. Für infinitesimale Drehungen war

$$R_i(\delta\theta_i) = \mathbf{1} - \delta\theta_i I_i \quad \text{mit} \quad (I_i)_{kl} = \varepsilon_{ikl} \,.$$

Dann müssen speziell die $\frac{i}{\hbar}J_i$ die gleichen Vertauschungsrelationen erfüllen, wie die klassischen Erzeugenden der infinitesimalen Drehungen I_i Gl. (23.6)

$$[I_i, I_k] = -\varepsilon_{ikl}I_l \quad \rightarrow \quad [\frac{i}{\hbar}J_i, \frac{i}{\hbar}J_k] = -\varepsilon_{ikl}\frac{i}{\hbar}J_l,$$

oder

$$[J_i, J_k] = i\hbar\varepsilon_{ikl}J_l$$

Die Vertauschungsregeln können auch auf andere Weise abgeleitet werden:
a) Aus der Definition $\vec{L} = \vec{X} \times \vec{P}$ mit $[X_i, P_j] = i\hbar\delta_{ij}$.
b) Aus der Poisson-Klammer $\{L_i, L_k\} = \varepsilon_{ikl}L_l$ und der Diracschen Quantisierungsvorschrift $\{,\} \rightarrow \frac{1}{i\hbar}[,.]$.

Die letzten beiden Ableitungen gelten nur für den Bahndrehimpuls und nicht für den Spin.

Vertauschungsrelation für Vektoroperatoren

Der Ortsoperator transformiert sich unter Drehungen wie (23.7)

$$D^\dagger(R_i)X_k D(R_i) = (R_i)_{kj} X_j .$$

Wir betrachten die linke und rechte Seite dieser Gleichung:

$$l.S. = (\mathbf{1} + \frac{i}{\hbar}J_i\delta\theta_i)X_k(\mathbf{1} - \frac{i}{\hbar}J_i\delta\theta_i)$$

$$= X_k - \frac{i}{\hbar}\delta\theta_i[X_k, J_i]$$

$$r.S. = (\mathbf{1} - \delta\theta_i I_i)_{kl}X_l$$

$$= X_k - \delta\theta_i(I_i)_{kl}X_l$$

Da $(I_i)_{kl} = \varepsilon_{ikl}$, folgt

$$[X_i, J_k] = i\hbar\varepsilon_{ikl}X_l . \tag{23.9}$$

Jeder Vektoroperator A_i erfüllt wegen Gl. (23.8) die gleichen Vertauschungsrelationen mit $\vec{J}$ wie X_i.

23.8 Endliche Drehungen

Eine infinitesimale Drehung um eine Achse $\vec{n}$ wird beschrieben durch den Drehoperator

$$D(\vec{n}, \delta\varphi) = \mathbf{1} - \frac{i}{\hbar}\vec{J} \cdot \vec{n}\delta\varphi .$$

Eine endliche Drehung um die Achse $\vec{n}$ kann durch aufeinanderfolgende infinitesimale Drehungen um diese Achse aufgebaut werden. Wir unterteilen den Drehwinkel in N Elemente $\Delta\varphi$,

$$\varphi = N\Delta\varphi\,.$$

Dann ist

$$D(\vec{n},\varphi) = \lim_{N\to\infty}\left(\mathbf{1} - \frac{i}{\hbar}\vec{J}\cdot\vec{n}\frac{\varphi}{N}\right)^N \quad (23.10)$$
$$= \exp\left(-\frac{i}{\hbar}\vec{J}\cdot\vec{n}\,\varphi\right)\,.$$

Euler-Winkel
Eine beliebige Drehung kann in drei Schritten durchgeführt werden.

$$R(\alpha,\beta,\gamma) = R^{(z)}(\alpha)R^{(y)}(\beta)R^{(z)}(\gamma)\,.$$

Die Koordinatenachsen werden festgehalten. Die Euler-Winkel in der Quantenmechanik sind anders definiert als die in der Mechanik! Da die Drehoperatoren eine Darstellung bilden, muss gelten

$$D(\alpha,\beta,\gamma) = D^{(z)}(\alpha)D^{(y)}(\beta)D^{(z)}(\gamma)\,.$$

23.9 Darstellungen von Spin-$\frac{1}{2}$-Systemen

Die definierende Darstellung (R) der Gruppe ist dreidimensional, aber die einfachste nicht-triviale Operatordarstellung ist zweidimensional und ist gegeben durch

$$D(\vec{n},\varphi) = \exp\left(-\frac{i}{\hbar}\vec{S}\cdot\vec{n}\varphi\right) = \exp\left(-i\frac{1}{2}\vec{n}\cdot\vec{\sigma}\varphi\right)\,, \quad (23.11)$$

mit

$$\vec{S} = \frac{1}{2}\hbar\vec{\sigma}\,.$$

Die S_i bilden eine Darstellung der Drehgruppe, da

$$[S_i, S_k] = i\hbar\varepsilon_{ikl}S_l\,,$$

was aus der früher gezeigten Relation der Pauli-Matrizen

$$[\sigma_i, \sigma_k] = 2i\varepsilon_{ikl}\sigma_l$$

folgt. Da die Eigenwerte von $\vec{S}$ gleich $\pm\frac{1}{2}\hbar$ sind, bezeichnen wir diese Darstellung als Spin-$\frac{1}{2}$-Darstellung. Durch Entwicklung der Exponentialfunktion in Gl. (23.11) und Verwendung von $(\vec{n}\cdot\vec{\sigma})^2 = 1$ erhält man das erstaunliche einfache Ergebnis

$$D(\vec{n},\varphi) = e^{-i\frac{1}{2}\vec{n}\cdot\vec{\sigma}\varphi} = \cos\frac{\varphi}{2}\mathbf{1} - i\sin\frac{\varphi}{2}\vec{n}\cdot\vec{\sigma}\,. \quad (23.12)$$

Dies ist auch die Form der allgemeinsten unitären 2 × 2 Matrix mit Determinante 1. Eine allgemeine unitäre Transformation eines Zwei-Zustandssystems (Qbit) kann man sich damit auch als Drehung eines Spins vorstellen. An der Formel (23.12) erkennt man die *Mehrdeutigkeit* der Darstellung:

$$D(\vec{n}, \varphi = 2\pi) = -1 . \tag{23.13}$$

Solche doppelwertigen Darstellungen heißen Spinor-Darstellungen. Wir übersetzen jetzt einige Ergebnisse aus Kapitel 18 in der Sprache der Drehmatrizen. Für eine beliebige Drehachse $\vec{n}$, die in Polarkoordinaten durch

$$\vec{n} = (\sin\theta \cos\varphi, \sin\theta \sin\varphi, \cos\theta)$$

gegeben ist, ergibt in der Pauli-Darstellung

$$\vec{n} \cdot \vec{\sigma} = \begin{bmatrix} \cos\theta & e^{-i\varphi} \sin\theta \\ e^{i\varphi} \sin\theta & -\cos\theta \end{bmatrix} .$$

Der zugehörigen Eigenvektor zu Eigenwert 1 berechnet sich zu

$$|(\theta,\varphi),+\rangle = \begin{pmatrix} e^{-i\frac{\varphi}{2}} \cos\frac{\theta}{2} \\ e^{i\frac{\varphi}{2}} \sin\frac{\theta}{2} \end{pmatrix} .$$

Dies ist der Eigenvektor für den Spin in Richtung $\vec{n}$,

$$\vec{S} \cdot \vec{n} |(\theta,\varphi),+\rangle = \frac{\hbar}{2} |(\theta,\varphi),+\rangle .$$

Wir zeigen jetzt, das die Drehung der Erwartungswerte, der Drehung eines klassischen Vektors entspricht. Dazu betrachten wir den Erwartungswert von S_x für einen Zustand $|\alpha\rangle$:

$$\langle \alpha | S_x | \alpha \rangle \rightarrow {}_R\langle \alpha | S_x | \alpha \rangle_R = \langle \alpha | D_z^\dagger(\varphi) S_x D_z(\varphi) | \alpha \rangle$$

Unter der Drehung transformiert sich S_x in

$$S_x \rightarrow D_z^\dagger(\varphi) S_x D_z(\varphi) = S_x \cos\varphi - S_y \sin\varphi . \tag{23.14}$$

Beweis Verwende die Basis $\{|\pm\rangle\}$ mit $S_z |\pm\rangle = \pm\frac{\hbar}{2} |\pm\rangle$. Dann ist

$$\begin{aligned}
D_z^\dagger(\varphi) S_x D_z(\varphi) &= e^{\frac{i}{\hbar} S_z \varphi} \frac{\hbar}{2} \{|+\rangle\langle -| + |-\rangle\langle +|\} e^{-\frac{i}{\hbar} S_z \varphi} \\
&= \frac{\hbar}{2} \{e^{i\frac{\varphi}{2}} |+\rangle\langle -| e^{i\frac{\varphi}{2}} + e^{-i\frac{\varphi}{2}} |-\rangle\langle +| e^{-i\frac{\varphi}{2}}\} \\
&= \frac{\hbar}{2} \{e^{i\varphi} |+\rangle\langle -| + e^{-i\varphi} |-\rangle\langle +|\} \\
&= \frac{\hbar}{2} (|+\rangle\langle -| + |-\rangle\langle +|) \cos\varphi + \frac{\hbar}{2} i (|+\rangle\langle -| - |-\rangle\langle +|) \sin\varphi \\
&= S_x \cos\varphi - S_y \sin\varphi .
\end{aligned}$$

$\square$

Wir bilden in Gl. (23.14) Erwartungswerte $\langle S_x \rangle_\alpha \equiv \langle \alpha | S_x | \alpha \rangle$,

$$\langle S_x \rangle_\alpha \to {}_R\langle \alpha | S_x | \alpha \rangle_R = \langle S_x \rangle_\alpha \cos\varphi - \langle S_y \rangle_\alpha \sin\varphi \,. \tag{23.15}$$

Auf analoge Weise findet man

$$\langle S_y \rangle_\alpha \to {}_R\langle \alpha | S_x | \alpha \rangle_R = \langle S_x \rangle_\alpha \sin\varphi + \langle S_y \rangle_\alpha \cos\varphi \tag{23.16}$$

$$\langle S_z \rangle_\alpha \to {}_R\langle \alpha | S_z | \alpha \rangle_R = \langle S_z \rangle_\alpha \tag{23.17}$$

Wenn also ein Drehoperator auf einen Spin-Zustand wirkt, dann drehen sich die Erwartungswerte von $\vec{S}$ wie die Komponenten eines klassischen Vektors

$$\langle S_i \rangle \to \sum_k R_{ik} \langle S_k \rangle \,, \tag{23.18}$$

wo R_{ik} die üblichen Drehmatrizen sind. Z. B. für eine Drehung um die z-Achse ist

$$R = \begin{pmatrix} \cos\varphi & -\sin\varphi & 0 \\ \sin\varphi & \cos\varphi & 0 \\ 0 & 0 & 1 \end{pmatrix}.$$

Das Ergebnis (23.18) gilt für alle Drehimpulse J_i, Bahndrehimpuls oder Spin,

$$\langle J_i \rangle \to \sum_k R_{ik} \langle J_k \rangle \,.$$

Bei einer Drehung um 360° geht wegen Gl. (23.13)

$$|\alpha\rangle_{R_z(2\pi)} = -|\alpha\rangle \qquad (e^{\pm i\pi} = -1)$$

Dieses $(-)$ ist der Grund warum Spin-$\frac{1}{2}$-Teilchen in der klassischen Mechanik nicht auftreten können. Das $(-)$ verschwindet, wenn man Erwartungswerte bildet, kann aber in Interferenz-Experimenten beobachtet werden.

23.10 Neutronen-Interferenz

Spin-Präzession
Wir wiederholen einige Ergebnisse aus Kapitel 20. Für ein Spin-$\frac{1}{2}$-Teilchen im Magnetfeld ist die Hamilton-Funktion

$$H = -\vec{\mu} \cdot \vec{B}\,.$$

Das Magnetmoment $\vec{\mu}$ ist gegeben durch

$$\vec{\mu} = g \frac{e}{2mc} \vec{S},$$

wo g das gyromagnetische Verhältnis ist mit $g = 2$ für Elektronen. Zeigt das Magnetfeld in die negative z-Richtung, dann ist

$$H = \omega S_z\,,$$

wo
$$\omega = g\frac{eB}{2mc}$$
die *Lamor-Frequenz* und m die Masse des Teilchens ist. Der Zeitentwicklungsoperator zu dieser Hamilton-Funktion war
$$U(t) = e^{-\frac{i}{\hbar}Ht} = e^{-\frac{i}{\hbar}S_z\omega t}.$$
Dann ist die Zeitabhängigkeit eines Zustandes gegeben durch
$$|\Psi(t)\rangle = U(t)|\Psi(0)\rangle = e^{-\frac{i}{\hbar}S_z\omega t}|\Psi(0)\rangle.$$
Man kann $U(t)$ auch als einen Drehoperator zum Drehwinkel $\varphi = \omega t$ auffassen. Das $(-)$ Zeichen bei Drehungen um 360° für Spin-$\frac{1}{2}$-Teilchen lässt sich durch Interferenz nachweisen.

Interferometrie für Neutronen
Ein mono-energetischer, in z-Richtung polarisierter Neutronenstrahl wird durch einen perfekten Siliziumkristall in zwei Teile kohärent aufgespalten. Die beiden Teilstrahlen können über mehrere Zentimeter auseinandergeführt und dann wieder zusammengeführt werden. Strahl 1 bleibt unbeeinflusst und Strahl 2 geht durch ein Magnetfeld B. Dadurch erfährt er eine Phasenverschiebung um
$$e^{-i\omega T},$$
wo T die Zeit im Magnetfeld und ω die Lamor-Frequenz für Neutronen ist,
$$\omega = 1.91\frac{eB}{m_n c}.$$
Ausgedrückt durch den Impuls p der Neutronen und die Länge L des Magneten ist
$$T = \frac{mL}{p},$$
wobei angenommen ist, dass das Magnetfeld so schwach ist, dass es den Impuls des Neutrons nicht ändert. Der Strahl im Interferenzgebiet setzt sich aus den beiden Teilstrahlen aus den Strahlwegen 1 und 2 zusammen:
$$|\Psi\rangle = |\Psi_1\rangle + |\Psi_2\rangle$$

Strahl 1:
$$|\Psi_1(0)\rangle \doteq \frac{1}{2}\begin{pmatrix}1\\0\end{pmatrix}$$

Strahl 2:
$$|\Psi_2(\varphi)\rangle \doteq \frac{1}{2}e^{-i\frac{\varphi}{2}}\begin{pmatrix}1\\0\end{pmatrix}$$

mit
$$\varphi = \frac{-1.91e}{2m_n c} T .$$

Man erhält dann
$$|\Psi_2(2\pi)\rangle = -|\Psi_2(0)\rangle, \quad |\Psi_2(4\pi)\rangle = |\Psi_2(0)\rangle .$$

Die Intensität im Interferenzgebiet ist
$$I(\varphi) = \||\Psi_1(0)\rangle + |\Psi_2(\varphi)\rangle\|^2$$
$$= \left| \frac{1}{2}\left(1 + e^{-i\frac{\varphi}{2}}\right)\begin{pmatrix}1\\0\end{pmatrix} \right|^2$$
$$= \frac{1}{4}\left|e^{-i\frac{\varphi}{2}} + 1\right|^2$$
$$= \frac{1}{2}\left(1 + \cos\frac{\varphi}{2}\right) \qquad \left(\left|e^{-i\frac{\varphi}{2}} + 1\right|^2 = 1 + 1 + 2\cos\frac{\varphi}{2}\right) .$$

Für $\varphi = 2\pi$ ist $I(2\pi) = 0$. Das Experiment kann auch mit einer großen Zahl von einzelnen Neutronen ausgeführt werden, die als $|S_z, +\rangle$-Zustände präpariert werden. Das Interferenzmuster wurden 1975 von Rauch et al. beobachtet[1].

Bemerkung: Es sind nicht Teilchen, die in der Quantenmechanik interferieren, sondern die Wahrscheinlichkeitsamplituden für bestimmte Ereignisse.

23.11 Drehinvarianz und Drehimpulserhaltung

Wir betrachten die infinitesimale Drehung eines Zustands $|\Psi\rangle$
$$\left|\Psi'\right\rangle = D(R)|\Psi\rangle = (1 - \frac{i}{\hbar}\vec{J}\cdot\vec{n}\delta\varphi)|\Psi\rangle .$$

Ein *Zustand* ist drehinvariant, wenn
$$|\Psi\rangle = \left|\Psi'\right\rangle = (1 - \frac{i}{\hbar}\vec{J}\cdot\vec{n}\delta\varphi)|\Psi\rangle ,$$

oder
$$J_i|\Psi\rangle = 0, \quad \text{für alle } i .$$

Hinreichend ist schon, dass
$$J^2|\Psi\rangle = 0,$$

da J^2 ein positiv-definiter Operator ist. Diese Bedingungen sind z. B. für s-Wellen-Zustände erfüllt, die nur von r abhängen.

---
[1] Rauch et al., Phys. Letters 54A,425 (1975)

Ein *Operator A* ist drehinvariant, wenn

$$D^\dagger(R) A D(R) = A,$$

d. h. wenn er mit den Drehoperatoren vertauscht

$$[A, D(R)] = 0 \quad \text{oder} \quad [A, J_i] = 0$$

d. h. wenn A mit allen Komponenten des Drehimpulses vertauscht. Insbesondere gilt, wenn der Hamilton-Operator drehinvariant ist, d. h. wenn $[H, J_i] = 0$ ist, dass dann der *Drehimpuls* eine *Erhaltungsgröße* bildet.

24 Eigenwertproblem von Drehimpulsoperatoren

24.1 Drehimpuls-Eigenvektoren:

Auf der Basis der fundamentalen Vertauschungsrelationen des Drehimpulses

$$[J_i, J_k] = i[\hbar]\varepsilon_{ikl}J_l \tag{24.1}$$

wollen wir die Struktur der Eigenvektoren und Eigenwerte der Drehimpulsoperatoren bestimmen. Um den Formalismus etwas zu vereinfachen, setzen wir in diesem Kapitel $\hbar = 1$, d. h. wir messen alle Drehimpulse in Einheiten von $\hbar$. Die Operatoren J_i müssen nicht unbedingt dem klassischen Bahndrehimpuls $\vec{L} = \vec{X} \times \vec{P}$ entsprechen, sie können auch für den Spin oder Isospin stehen. Wir untersuchen daher das Eigenwertproblem Gl. (24.1) ganz allgemein. Da die Operatoren J_i, nicht vertauschen, müssen wir uns bei der Konstruktion der Eigenvektoren zunächst auf eine Komponente festlegen, traditionell ist dies die z-Komponente J_z. Das Quadrat des Drehimpulses, definiert durch

$$J^2 = J_x^2 + J_y^2 + J_z^2,$$

ist ein positiv-definiter Operator, der mit jeder Komponente von $\vec{J}$ vertauscht,

$$[J^2, J_i] = 0.$$

Der einfache Beweis erfolgt mit Hilfe von Gl. (24.1). D. h. J^2 ist ein Skalar, wie man erwarten würde. Man kann also gemeinsame Eigenvektoren von J^2 und J_z finden. Wir bezeichnen die Eigenwerte von J_z mit m und die von J^2 mit λ, d. h.

$$J_z |\lambda, m\rangle = m |\lambda, m\rangle$$
$$J^2 |\lambda, m\rangle = \lambda |\lambda, m\rangle .$$

Theorem
Die Eigenwerte m und λ erfüllen
$$\lambda \geq m^2 .$$

Beweis $J^2 - J_z^2 = J_x^2 + J_y^2$ ist ein positiv definiter Hermitescher Operator. Dessen Erwartungswerte sind ≥ 0,

$$\langle \lambda, m| J^2 - J_z^2 |\lambda, m\rangle = \langle \lambda, m| \lambda - m^2 |\lambda, m\rangle \geq 0 \quad \rightarrow \lambda \geq m^2 .$$

Für gegebenes λ ist damit m nach oben und unten beschränkt. □

24.2 Leiteroperatoren

Wenn wir einen Eigenvektor kennen, so lassen sich mit Hilfe von Leiteroperatoren andere Eigenvektoren finden. Wir definieren folgende Nicht-Hermitesche Operatoren:

$$J_+ = J_x + iJ_y$$
$$J_- = J_x - iJ_y \,.$$

Diese erfüllen typische Vertauschungsrelationen für Leiteroperatoren

$$[J_z, J_+] = J_+ \tag{24.2}$$
$$[J_z, J_-] = -J_-$$

Weiters gilt

$$[J_+, J_-] = 2J_z \tag{24.3}$$
$$[J^2, J_\pm] = 0$$

Der einfache Beweis erfolgt mit Hilfe von Gl. (24.1).

Wie zeigen jetzt, dass $J_\pm$ den Eigenwert m von J_z um 1 erhöht, bzw. erniedrigt. Dazu betrachten wir

$$J_z J_\pm |\lambda, m\rangle = \{[J_z, J_\pm] + J_\pm J_z\} |\lambda, m\rangle$$
$$= \{\pm J_\pm + m J_\pm\} |\lambda, m\rangle \,,$$

oder

$$J_z \{J_\pm |\lambda, m\rangle\} = (m \pm 1)\{J_\pm |\lambda, m\rangle\} \,.$$

D. h. $J_\pm |\lambda, m\rangle$ ist Eigenvektor von J_z zum Eigenwert $(m \pm 1)$. Da $[J^2, J_\pm] = 0$ ist, bleibt λ ungeändert,

$$J^2 \{J_\pm |\lambda, m\rangle\} = J_\pm J^2 |\lambda, m\rangle = \lambda \{J_\pm |\lambda, m\rangle\} \,.$$

D. h. $J_\pm |\lambda, m\rangle$ ist Eigenvektor von J^2 zum Eigenwert λ. Allerdings ist der Vektor $J_\pm |\lambda, m\rangle$ im Allgemeinen noch nicht normiert. Wir setzen daher

$$J_\pm |\lambda, m\rangle = C_\pm(\lambda, m) |\lambda, m \pm 1\rangle \,,$$

wo $C_\pm$ eine später zu bestimmende Normierungskonstante ist.

24.3 Eigenwerte von J^2 und J_z

Für einen gegebenen Wert von λ ist m nach oben beschränkt (da $\lambda \geq m^2$). Wir bezeichnen den **größten** Wert von m mit j,

$$m_{\max} \equiv j \,.$$

Die Anwendung von Aufstiegsoperatoren darf dann keinen neuen Zustandsvektor ergeben,
$$J_+ |\lambda, j\rangle = 0.$$
Wir verwenden jetzt eine nützliche **Identität**:
$$J_\pm J_\mp = J^2 - J_z^2 \pm J_z. \tag{24.4}$$

Beweis
$$J_- J_+ = (J_x - iJ_y)(J_x + iJ_y) = J_x^2 + J_y^2 - i(J_yJ_x - J_xJ_y)$$
$$= J^2 - J_z^2 - J_z$$
da $[J_x, J_y] = iJ_z$. □

Damit wird
$$J_- J_+ |\lambda, j\rangle = 0$$
$$= (J^2 - J_z^2 - J_z)|\lambda, j\rangle$$
$$= (\lambda - j^2 - j)|\lambda, j\rangle = 0$$
und es folgt
$$\lambda = j(j+1). \tag{24.5}$$

Der Eigenwert m ist auch nach unten beschränkt (da $\lambda \geq m^2$). Wir bezeichnen den **kleinsten** Wert von m mit j',
$$m_{\min} \equiv j'.$$
Eine analoge Überlegung wie oben ergibt
$$J_+ J_- |\lambda, j'\rangle = 0$$
$$= (J^2 - J_z^2 + J_z)|\lambda, j'\rangle$$
$$= (\lambda - j'^2 + j')|\lambda, j'\rangle = 0$$
und es folgt
$$\lambda = j'(j'-1). \tag{24.6}$$
Die beiden Gleichungen (24.5) und (24.6) sind nur konsistent, wenn
$$j' = -j.$$
Die zweite Lösung $j' = j+1$ widerspricht der Annahme, dass $j = m_{\max}$ der größte Wert von m ist.

Da der Eigenwert m eine obere und untere Schranke hat, muss der Übergang $|\lambda, j\rangle \to |\lambda, -j\rangle$ durch eine endliche Zahl von Anwendungen von J_- erfolgen. Es folgt somit, dass
$$j + (-j') = 2j = n$$

eine positive ganze Zahl sein muss. D. h.

$$j = 0, \frac{1}{2}, 1, \frac{3}{2}, 2, \ldots$$

Die Drehimpulse können *ganzzahlig* oder *halbzahlig* sein. Ersteres gilt für den Bahndrehimpuls und ganzzahligen Spin (Eigendrehimpuls), letzteres ausschließlich für den halbzahligen Spin. Für gegebene j gibt es $2j + 1$ Eigenwerte m, und zwar

$$-j, -j + 1, -j + 2, \ldots, j - 1, j.$$

Wenn wir die Bezeichnung anpassen, $|\lambda, m\rangle \to |j, m\rangle$, lauten die Eigenwertgleichungen

$$J_z |j, m\rangle = m |j, m\rangle \qquad (-j \leq m \leq j)$$
$$J^2 |j, m\rangle = j(j + 1) |j, m\rangle \qquad (j = 0, \frac{1}{2}, 1, \frac{3}{2}, 2, \ldots).$$

Bestimmung des Normierungsfaktors

Zum Schluss wollen wir den Normierungsfaktor der Drehimpuls-Eigenzustände bestimmen. Diesen erhält man aus

$$J_\pm |j, m\rangle = C_\pm(j, m) |j, m \pm 1\rangle .$$

Wenn $|j, m\rangle$ als normiert vorausgesetzt ist, dann muss der Faktor $C_+(j, m)$ so bestimmt werden, dass auch $|j, m + 1\rangle$ normiert ist. Es muss also gelten

$$|C_+(j, m)|^2 = |J_+ |j, m\rangle|^2 = \langle j, m| J_- J_+ |j, m\rangle$$
$$= \langle j, m| J^2 - J_z^2 - J_z |j, m\rangle$$
$$= j(j + 1) - m(m + 1)$$

Auf die gleiche Weise findet man

$$|C_-(j, m)|^2 = j(j + 1) - m(m - 1)$$

Wir haben $C_\pm$ bis auf einen unwichtigen Phasenfaktor bestimmt, der üblicherweise gleich 1 gesetzt wird. Man erhält also für die Wirkung der Leiteroperatoren

$$J_+ |j, m\rangle = \sqrt{j(j + 1) - m(m + 1)} |j, m + 1\rangle$$

und ganz analog

$$J_- |j, m\rangle = \sqrt{j(j + 1) - m(m - 1)} |j, m - 1\rangle .$$

Natürlich gilt

$$J_+ |j, m = j\rangle = 0, \quad J_- |j, m = -j\rangle = 0 .$$

Damit ergibt sich für die Matrixelemente der Leiteroperatoren

$$\langle j', m'| J_\pm |j, m\rangle = \sqrt{j(j + 1) - m(m \pm 1)} \delta_{jj'} \delta_{m \pm 1, m'} . \qquad (24.7)$$

24.4 Matrixdarstellung des Drehoperators

Eine Drehung wird bestimmt durch die Drehachse $\vec{n}$ und den Drehwinkel φ. In der Quantenmechanik wird die Darstellung einer Drehung durch den Drehoperator bzw. seine Matrixelemente festgelegt. Wir untersuchen jetzt die Matrixelemente des Drehoperators in einer gegebenen Basis. Sie haben die einfachste Form, wenn wir eine Basis wählen, in der eine Komponente des Drehimpulses diagonal ist, üblicherweise J_z. Wählen wir gleichzeitige Eigenzustände von J^2, d. h. die oben beschriebene Basis $\{|j, m\rangle\}$, so zerfällt die Matrix-Darstellung von $D(R)$ in eine Zahl von Blöcken *jeweils mit festem j*. Dies sieht man wie folgt: Die Drehoperatoren

$$D(R) = e^{-i\vec{J}\cdot\vec{n}\varphi}$$

lassen, wegen $[J^2, J_i] = 0$, den Eigenwert von J^2 unverändert,

$$J^2 \underbrace{D(R) |j, m\rangle}_{} = D(R) J^2 |j, m\rangle$$
$$= j(j+1) \underbrace{D(R) |j, m\rangle}_{} .$$

Der Hilbert-Raum zerfällt also in eine Anzahl von $(2j+1)$-dimensionalen Unterräumen, die invariant unter Drehungen sind.

Wir betrachten nur Matrixelemente zum selben j. Eine beliebige Drehung wird im Unterraum mit festem j durch die Matrix

$$D^{(j)}_{m'm} = \langle j, m' | e^{-i\vec{J}\cdot\vec{n}\varphi} | j, m \rangle , \qquad (24.8)$$

dargestellt, die Wigner-Funktionen heißen. Die $(2j+1)(2j+1)$ Matrix $D_{m'm}$ bildet eine $(2j+1)$-dimensionale *irreduzible Darstellung* des Operators $D(R)$. Irreduzibel soll bedeuten, dass man durch Drehung nicht aus der Darstellung heraus kommt. Die irreduziblen Darstellungen zu festen j bilden selbst eine *Gruppe*.

Die wichtigste Eigenschaft dieser Gruppe ist:

$$\sum_{m'} D^{(j)}_{m''m'}(R_1) D^{(j)}_{m'm}(R_2) = D^{(j)}_{m''m}(R_1 R_2) . \qquad (24.9)$$

Beweis Da die Operatoren $D(R)$ eine Darstellung bilden, muss, wie oben diskutiert, gelten

$$D(R_1) D(R_2) = D(R_1 R_2)$$

Wir bilden Matrixelemente und verwenden die Vollständigkeit im Unterraum mit festem j

$$\sum_{m'} \langle j, m'' | D(R_1) | j, m' \rangle \langle j, m' | D(R_2) | j, m \rangle$$
$$= \langle j, m'' | D(R_1 R_2) | j, m \rangle$$

Dies ist die Gl. (24.9). □

Physikalische Bedeutung der Drehmatrix

Wir drehen den Zustand

$$|j,m\rangle \to D(R)|j,m\rangle$$

Der neue Zustand enthält in der Regel eine Summe von Zuständen zu verschiedenen m,

$$D(R)|j,m\rangle = \sum_{m'} c_{m'}|j,m'\rangle\,.$$

Um die $c_{m'}$ zu bestimmen, multiplizieren wir die linke Seite mit dem Einheitsoperator, $\mathbf{1}^{(j)} = \sum_{m'}|j,m'\rangle\langle j,m'|$, wo $\mathbf{1}^{(j)}$ die $(2j+1)$-dimensionale Einheitsmatrix im Unterraum für feste j ist,

$$D(R)|j,m\rangle = \sum_{m'}|j,m'\rangle\langle j,m'|D(R)|j,m\rangle$$
$$= \sum_{m'} D^{(j)}_{m'm}(R)|j,m'\rangle\,.$$

Daraus folgt

$$c_{m'} = D^{(j)}_{m'm}(R)$$

$\left|D^{(j)}_{m'm}(R)\right|^2$ ist daher die Wahrscheinlichkeit nach einer Drehung des Zustandes $|j,m\rangle$ den Eigenwert m' zu messen.

Die Berechnung der Drehmatrizen mit Hilfe von Gl. (24.8) ist im allgemeinen Fall kompliziert, da $\vec{J}\cdot\vec{n}$ alle Drehimpulskomponenten enthält, die $|j,m\rangle$ aber nur Eigenzustände von J_z sind. Einfach sind Drehungen um die z-Achse, für die

$$D^{(j)}_{m'm}(\theta) = \langle j,m'|e^{-iJ_z\theta}|j,m\rangle = e^{-im\theta}\delta_{m',m}\,.$$

24.5 Drehmatrix und Euler-Winkel

Der Drehoperator lautete mit den Euler-Winkeln

$$D(\alpha,\beta,\gamma) = D_z(\alpha)D_y(\beta)D_z(\gamma)\,.$$

Die Euler-Winkel werden in der Quantenmechanik so definiert, dass die Drehmatrix einfach wird

$$D^{(j)}_{m'm}(\alpha,\beta,\gamma) = \langle j,m'|e^{-iJ_z\alpha}e^{-iJ_y\beta}e^{-iJ_z\gamma}|j,m\rangle$$
$$= e^{-im'\alpha}\langle j,m'|e^{-iJ_y\beta}|j,m\rangle e^{-im\gamma}$$

Die Drehungen um die z-Achsen sind bei dieser Wahl der Euler-Winkel trivial. Die interessante Matrixelemente werden mit $d_{m'm}$ bezeichnet,

$$d^{(j)}_{m'm}(\beta) \equiv \langle j,m'|e^{-J_y\beta}|j,m\rangle$$

Beispiel: Spin $\frac{1}{2}$

Die Basisvektoren sind $|j = \frac{1}{2}, m = \pm\frac{1}{2}\rangle$, oder in der Pauli-Darstellung $\begin{bmatrix} 1 \\ 0 \end{bmatrix}$, $\begin{bmatrix} 0 \\ 1 \end{bmatrix}$. Der Drehoperator $e^{-iJ_y\beta}$ lauten in der Pauli-Darstellung:

$$e^{-iJ_y\beta} \underset{\text{Matrix-Darstellung}}{\doteq} e^{-i\frac{\sigma_2}{2}\beta}$$

Durch Entwicklung der Exponentialfunktion hatten wir das Ergebnis abgeleitet:

$$\exp\left(i\frac{\vec{\sigma}\cdot\vec{n}}{2}\varphi\right) = \mathbf{1}\cos\frac{\varphi}{2} - i\vec{\sigma}\cdot\vec{n}\sin\frac{\varphi}{2}.$$

Für $\vec{n} = \vec{e}_y$ erhalten wir speziell

$$e^{-i\frac{\sigma_2}{2}\beta} = \begin{pmatrix} 1 & 0 \\ 0 & 1 \end{pmatrix}\cos\frac{\beta}{2} - i\begin{pmatrix} 0 & -i \\ i & 0 \end{pmatrix}\sin\frac{\beta}{2} = \begin{pmatrix} \cos\frac{\beta}{2} & -\sin\frac{\beta}{2} \\ \sin\frac{\beta}{2} & \cos\frac{\beta}{2} \end{pmatrix}$$

D. h.

$$d^{(\frac{1}{2})} = \begin{pmatrix} \cos\frac{\beta}{2} & -\sin\frac{\beta}{2} \\ \sin\frac{\beta}{2} & \cos\frac{\beta}{2} \end{pmatrix}$$

und

$$\begin{aligned} D^{(\frac{1}{2})}(\alpha,\beta,\gamma) &= \begin{pmatrix} e^{-i\frac{\alpha}{2}} & 0 \\ 0 & e^{i\frac{\alpha}{2}} \end{pmatrix} \begin{pmatrix} \cos\frac{\beta}{2} & -\sin\frac{\beta}{2} \\ \sin\frac{\beta}{2} & \cos\frac{\beta}{2} \end{pmatrix} \begin{pmatrix} e^{-i\frac{\gamma}{2}} & 0 \\ 0 & e^{i\frac{\gamma}{2}} \end{pmatrix} \\ &= \begin{pmatrix} e^{-i\frac{\alpha+\gamma}{2}}\cos\frac{\beta}{2} & -e^{-i\frac{\alpha-\gamma}{2}}\sin\frac{\beta}{2} \\ e^{i\frac{\alpha-\gamma}{2}}\sin\frac{\beta}{2} & e^{i\frac{\alpha+\gamma}{2}}\cos\frac{\beta}{2} \end{pmatrix}. \end{aligned}$$

Bemerkung:

$$D^{(\frac{1}{2})}(2\pi, 0, 0) = \begin{pmatrix} -1 & 0 \\ 0 & -1 \end{pmatrix}.$$

D. h. die Darstellung ist doppeldeutig. Wegen der Phasenambiguität der Quantenmechanik ist dagegen nichts einzuwenden, so lange in der Reduktion der Drehmatrix ausschließlich doppelwertige Darstellungen auftreten, was bei halbzahligen Drehimpulsen der Fall ist.

24.6 Entartungen

Wenn H drehinvariant ist, dann vertauschen J^2, J_z, H jeweils miteinander. Diese 3 Operatoren bilden für viele physikalische Systeme einen vollständigen Satz von vertauschenden Operatoren. Die $\{|E, j, m\rangle\}$ bilden also eine Basis im gesamten physikalischen Hilbertraum.

Wenn die Hamilton-Funktion drehinvariant ist, dann vertauschen die Erzeugenden der Drehung mit dem Hamilton-Operator, $[H, J_i] = 0$, $i = 1, 2, 3$. Nach den allgemeinen Überlegungen zu Symmetrien aus Kapitel 23 bedeutet das: *Alle Vektoren, die man aus einem Energie-Eigenvektor durch Drehung erhalten kann, sind Eigenvektoren von H zum selben Energie-Eigenwert.* D. h. für festes j sind die Energie-Eigenwerte für alle m gleich. Für jedes E_j existieren $2j+1$ entartete Eigenwerte $E_{j,m}$. Die Eigenvektoren für festes j spannen einen irreduziblen, d. h. gegen Drehungen invarianten Unterraum auf. *Die Drehinvarianz manifestiert sich also in einer $2j+1$ fachen Entartung der Energie-Eigenwerte.* Energie-Eigenwerte für verschieden j sind nicht entartet.

24.7 Ganzzahlige und Halbzahlige j

Wir betrachten die endliche Drehung um einen Winkel φ um eine Achse $\vec{n}$,
$$D(R) = \exp\left\{-i\vec{n}\cdot\vec{J}\varphi\right\} .$$
Zu diesem Operator existiert eine unendliche Zahl von äquivalenten Operatoren,
$$D^{(k)}(R) = \exp\left\{-i\vec{n}\cdot\vec{J}(\varphi + 2\pi k)\right\} \quad k = 0, \pm 1, \pm 2, \ldots$$
$$= \exp\left\{-i\vec{n}\cdot\vec{J}\varphi\right\}\exp\left\{-i\vec{n}\cdot\vec{J}2\pi k\right\} .$$
Hat diese Mehrdeutigkeit eine physikalische Bedeutung?

Der Einfachheit halber wählen wir $\vec{n}$ entlang der z-Achse. Es gilt
$$e^{-iJ_z 2\pi k}|j,m\rangle = e^{-im2\pi k}|j,m\rangle$$
$$= (-1)^{2km}|j,m\rangle .$$
Der Phasenfaktor $(-1)^{2km}$ muss (für gegebenes k) für alle Vektoren $|j,m\rangle$ des Hilbert-Raumes *gleich* sein (dann sind die Skalarprodukte invariant). Für ganzzahlige Drehimpulse ist der Phasenfaktor gleich $+1$, für halbzahlige Drehimpulse gleich -1. Bei einer Drehung um 2π müssen sich alle Zustände eines Systems gleich transformieren

$$\text{entweder} \quad |j,m\rangle \to |j,m\rangle$$
$$\text{oder} \quad |j,m\rangle \to -|j,m\rangle$$

Es folgt, dass m (und damit j) entweder ganzzahlig oder halbzahlig ist. Im Rahmen der gewöhnlichen Quantenmechanik gibt es keine Superposition ganzzahliger und halbzahliger Drehimpulse. In anderen Worten, das Matrixelement einer Observablen zwischen einem Zustand mit ganzzahligem j und einem Zustand mit halbzahligen j verschwindet. Eine solche Regel wird mit Superauswahlregel oder engl. super selection rule bezeichnet. Die Superauswahlregel kann natürlich nicht voraussagen welche Möglichkeit von der Natur realisiert wird. Ein Zustand in der klassischen Mechanik darf sein Vorzeichen bei einer Drehung nicht ändern. Wegen des Diracschen Korrespondenzprinzips

$$\{L_i, L_j\} \underset{\hbar \to 0}{\to} \frac{i}{\hbar}[L_i, L_j] ,$$

kann der Bahndrehimpuls nur ganzzahlige Werte annehmen. Der Spin kann, da es kein klassisches Äquivalent gibt, ganzzahlig oder halbzahlig sein.

25 Addition von Drehimpulsen

Im vorigen Kapitel haben wir den Drehimpuls eines einzelnen Teilchens betrachtet. Quantensysteme bestehen aber oft aus mehreren Teilchen, wobei jedes einen Drehimpuls haben kann. Ein Beispiel wäre die beiden Spins eines Zwei-Elektronen-Systems. Sogar ein einzelnes Teilchen kann mehrere Drehimpulse haben. Ein Elektron in einem Zentralpotential besitzt einen inneren Drehimpuls oder Spin und einen Bahndrehimpuls. Wir suchen eine mathematische Beschreibung, die es erlaubt mehrere Drehimpulse zu kombinieren, vulgo zu addieren. Zur Vereinfachung der Notation setzen wir wieder $\hbar = 1$, d. h. Drehimpulse werden in Einheiten von $\hbar$ gemessen.

25.1 Produktraum

Wir gehen noch einmal kurz auf das in Kapitel 18 behandelte Problem der Zusammenfassung zweier unterschiedliche physikalischer Systeme ein, d. h. zweier unterschiedlicher Mengen von dynamischen Variablen, die in zwei unterschiedlichen Vektorräumen beschrieben werden. Die Zustandsvektoren des Gesamtsystems sind dann Vektoren im direkten Produktraum der ursprünglich getrennten Vektorräume. Ein wichtiges Beispiel ist die Kombination von Bahnbewegung mit dem Spin, der einen inneren Freiheitsgrad darstellt.

Bahnbewegung und Spin
Wir betrachten ein Spin-$\frac{1}{2}$-Teilchen im Ortsraum. Die Zustände seien

$$\{|\vec{x}\rangle\} \quad \text{Ortseigenkets}$$
$$\{|\pm\rangle\} \quad \text{Spineigenkets.}$$

Der Produktrum ist definiert durch die Basisvektoren

$$|\vec{x}\rangle \otimes |\pm\rangle \equiv |\vec{x}\rangle |\pm\rangle \equiv |\vec{x}, \pm\rangle .$$

Jeder Operator in $\mathcal{H}_1 = \{|\vec{x}\rangle\}$ vertauscht mit jedem Operator in $\mathcal{H}_2 = \{|\pm\rangle\}$.

Wir betrachten als Beispiel die Drehungen. Eine Drehung wirkt auf jedes einzelne System und ist daher gegeben durch ($\hbar = 1$)

$$D(R) = D^{Bahn}(R) \otimes D^{Spin}(R)$$
$$= e^{-i\vec{L}\cdot\vec{n}\varphi} \otimes e^{-i\vec{S}\cdot\vec{n}\varphi}$$
$$= e^{-i[\vec{L}\cdot\vec{n}\otimes 1 + 1\otimes\vec{S}\cdot\vec{n}]\varphi} .$$

Der Beweis folgt unmittelbar aus der Identität

$$e^A e^B = e^{(A+B)+\frac{1}{2}[A,B]} .$$

Wir schreiben
$$D(R) = e^{-i\vec{J}\cdot\vec{n}\varphi}$$
wo
$$\vec{J} = \vec{L} \otimes 1 + 1 \otimes \vec{S}$$
oder kurz
$$\vec{J} = \vec{L} + \vec{S}.$$

$\vec{J}$ heißt *Gesamtdrehimpuls* des kombinierten Systems. Man spricht von der Addition der Drehimpulse.

25.2 Spin-Bahn-Kopplung

Warum brauchen wir eigentlich die Addition von Drehimpulsen? Dazu betrachten wir das Beispiel der Spin-Bahn-Kopplung. Der Hamilton-Operator für ein Elektron im Coulomb-Potential ist
$$H_0 = \frac{\vec{P}^2}{2m} + V(R),$$

mit $V(R) = -\frac{e^2}{R}$ und $R = |\vec{X}|$. Für diesen Hamilton-Operator ist der Bahndrehimpuls $\vec{L}$ erhalten, da H_0 invariant ist unter Rotationen um eine beliebige Achse. Für ein Elektron im Wasserstoff-Atom ist H_0 aber nicht alles. Es gibt noch eine weitere Wechselwirkung, da das Elektron einen Spin besitzt. Anschaulich gesehen rotiert das Elektron um den Kern. Für das Elektron sieht es so aus, als rotiere der Kern um das Elektron. Auf das Elektron wirkt dann neben dem elektrischen Feld auch ein magnetisches Feld, das bei der Lorentz-Transformation ins Ruhsystem des Elektrons entsteht.

Klassische Abschätzung: Das e^- bewegt sich im Coulomb-Potential $V_c(\vec{x}) = e/r$ des ruhenden Kerns
$$\vec{E} = -\vec{\nabla}V_c(\vec{x}) = -\vec{\nabla}\frac{e}{r} = e\frac{\vec{x}}{r^3}.$$

Im Ruhsystem I' des e^- (in dem der Kern um das e^- kreist) beobachtet man ein elektromagnetisches Feld. Für $\frac{v}{c} \ll 1$ ist
$$\vec{E}' = \vec{E} + \frac{\vec{v}}{c} \times \vec{B} \qquad \vec{B}' = \vec{B} - \frac{\vec{v}}{c} \times \vec{E}, \qquad (25.1)$$

mit $\vec{B} = 0$ im Ruhsystem des Kerns. Das Elektron sieht also ein Magnetfeld
$$\vec{B}' = -\frac{\vec{v}}{c} \times \vec{E} = -\frac{e}{cr^3}\vec{v} \times \vec{x} = \frac{e}{mcr^3}\vec{l},$$

wo m die Masse des Elektrons ist. In der Quantentheorie ersetzen wir die Observablen durch die entsprechenden Operatoren,
$$\vec{B}' = \frac{e}{mcR^3}\vec{L}.$$

Für einen Kreisstrom lautet die Wechselwirkung mit dem Magnetmoment $\vec{\mu}$ des e^-,

$$H_{LS} = -\vec{\mu} \cdot \vec{B}' \quad \text{mit} \quad \vec{\mu} = \frac{e}{mc}\vec{S}.$$

Damit wird der Hamilton-Operator der Spin-Bahn-Kopplung

$$H_{LS} = \frac{1}{2}\frac{e^2}{m^2c^2}\vec{L}\cdot\vec{S}\frac{1}{R^3},$$

wobei sich der Faktor 1/2 erst aus der Dirac-Theorie ergibt. Die Ableitung ist heuristisch, weil wir in Gl. (25.1) die Lorentz-Transformation für Inertialsysteme angenommen hatten (bessere Ableitung in Jackson 2002, ganz richtig in der Dirac-Theorie). Der gesamte Hamilton-Operator ist dann

$$H = \frac{P^2}{2m} - \frac{e^2}{R} - \frac{e^2}{2mc^2}\frac{1}{R^3}\vec{L}\cdot\vec{S}. \tag{25.2}$$

Man muss wieder beachten, dass die beiden Operatoren $\vec{L}$ und $\vec{S}$ in zwei verschiedenen Hilbert-Räumen wirken. $\vec{S}$ wirkt auf den zweidimensionalen Spin-Raum und $\vec{L}$ auf den abzählbaren Hilbert-Raum des Bahndrehimpulses des Elektrons,

$$\vec{L}\cdot\vec{S} \equiv \sum_{i=1}^{3} L_i \otimes S_i.$$

Der zusätzliche $\vec{L}\cdot\vec{S}$-Term ist nicht mehr invariant unter separaten Drehungen des Spins und des Bahndrehimpulses, d. h. es gibt keine gemeinsamen Eigenvektoren von H, L_z und S_z. Der Hamilton-Operator H ist aber invariant, wenn $\vec{L}$ und $\vec{S}$ zusammen gedreht werden. Eine solche Drehung wird durch den Gesamtdrehimpuls erzeugt, $\vec{J} = \vec{L}\otimes\mathbf{1} + \mathbf{1}\otimes\vec{S} \equiv \vec{L}+\vec{S}$. Für die Hamilton-Operator der Form (25.2) sucht man gemeinsame Eigenvektoren der Energie und des Gesamt-Drehimpulses, da $\vec{L}\cdot\vec{S}$ (Skalar bzgl. Drehungen) mit J^2 und J_z vertauscht,

$$[(\vec{L}\cdot\vec{S}), J_3] = [L_i^{(1)}S_i^{(2)}, L_3^{(1)} + S_3^{(2)}]$$
$$= [L_i^{(1)}, L_3^{(1)}]S_i^{(2)} + L_i^{(1)}[S_i^{(2)}, S_3^{(2)}]$$
$$= i\varepsilon_{i3l}L_l^{(1)}S_i^{(2)} + L_i^{(1)}i\varepsilon_{i3l}S_l^{(2)} = 0.$$

Die beiden Terme heben sich weg, da

$$L_i^{(1)}\varepsilon_{i3l}S_l^{(2)} = L_l^{(1)}\varepsilon_{l3i}S_i^{(2)} = -L_l^{(1)}\varepsilon_{i3l}S_i^{(2)}.$$

Dagegen vertauscht $\vec{L}\cdot\vec{S}$ nicht mit L_z und S_z. Da L^2 und S^2 Skalare sind, vertauschen auch sie mit mit J^2 und J_z,

$$[J^2, L^2] = [J^2, S^2] = [J_z, L^2] = [J_z, S^2] = 0.$$

Man kann also gemeinsame Eigenvektoren zu $J^2, J_z, L^2, S^2(=\frac{1}{2}\mathbf{1})$ finden. Das Problem besteht darin, die Eigenvektoren von J^2, J_z, L^2, S^2 durch die Eigenvektoren von L^2, L_z

und von S^2, S_z, die eine Basis im Produktraum bilden, auszudrücken. Dabei wird angenommen, dass die Eigenwerte l und $s = \frac{1}{2}$ fest vorgegeben sind.

Wir betrachten im Weiteren gleich den allgemeinen Fall der *Addition* zweier Drehimpulse $\vec{J}_{(1)}$ und $\vec{J}_{(2)}$ zu einem Gesamtdrehimpuls. Sei

$$\vec{J} = \vec{J}^{(1)} \otimes \mathbf{1}^{(2)} + \mathbf{1}^{(1)} \otimes \vec{J}^{(2)} ,$$

kurz

$$\vec{J} = \vec{J}^{(1)} + \vec{J}^{(2)} .$$

Jede Komponente von $\vec{J}^{(1)}$ vertauscht mit jeder Komponente von $\vec{J}^{(2)}$, da sie in verschiedenen Hilberträumen wirken. Daraus folgt, dass auch $\vec{J}$ die üblichen Drehimpulsvertauschungsrelationen erfüllt

$$[J_i, J_k] = i\varepsilon_{ikl} J_l . \tag{25.3}$$

Damit vertauscht J^2 mit J_z und es gibt gemeinsame Eigenvektoren mit Eigenwerten $j(j+1)$ bzw. m, wo $j \geq |m|$. Die Eigenwerte j sind, wie bei jedem Drehimpuls, ganz- oder halbzahlig. man kann wieder Leiteroperatoren definieren $J_\pm = J_x \pm iJ_y$, die die üblichen Vertauschungsrelationen erfüllen:

$$[J_z, J_\pm] = \pm J_\pm , \qquad [J_+, J_-] = 2J_z , \qquad [J^2, J_\pm] = 0 .$$

Da $\vec{J}^2$, $\vec{J}^{(1)2}$ und $\vec{J}^{(2)2}$ Skalare sind, vertauschen sie mit allen Komponenten von $\vec{J}$,

$$[J_i, J^2] = [J_i, J^{(1)2}] = [J_i, J^{(2)2}] = [J^2, J^{(1)2}] = [J^2, J^{(2)2}] = 0 .$$

Aber J^2 vertauscht nicht mit $J_z^{(1)}$ und $J_z^{(2)}$, da $\vec{J}^{(1)} \cdot \vec{J}^{(2)}$ nicht mit $J_z^{(1)}$ oder $J_z^{(2)}$ vertauscht. Man kann also gemeinsame Eigenvektoren finden von $J, m, J^{(1)2}, J^{(2)2}$ finden, die wir durch die zugehörigen Quantenzahlen kennzeichnen:

$$|j_1, j_2, j, m\rangle .$$

Das Problem bei der Addition zweier Drehimpulse besteht darin, die Eigenvektoren von $J, J_z, J^{(1)2}, J^{(2)2}$ durch die Eigenvektoren von $J^{(1)2}, J_z^{(1)}$ und von $J^{(2)2}, J_z^{(2)}$ auszudrücken, die eine Basis im Produktraum bilden. Dabei wird angenommen, dass die Eigenwerte j_1 und j_2 fest vorgegeben sind. Wir schreiben

$$|j_1 m_1\rangle |j_2 m_2\rangle \equiv |j_1 j_2 m_1 m_2\rangle .$$

Die Zahl dieser Vektoren ist $(2j_1 + 1)(2j_2 + 1)$. Sie sind keine Eigenvektoren von J^2.

Die $|j_1 m_1\rangle |j_2 m_2\rangle$ für festes j_1 und j_2 bilden eine Basis im Unterraum $|m_1| \leq j_1$, $|m_2| \leq j_2$,

$$\sum_{m_1 m_2} |j_1 j_2; m_1 m_2\rangle \langle j_1 j_2; m_1 m_2| = \mathbf{1} .$$

Bei festen j_1 und j_2 bilden auch die Zustände $\{|j_1 j_2, jm\rangle\}$ eine alternative Basis im Produktraum. Da, wie wir gleich argumentieren werden, $|j_1 - j_2| \leq j \leq j_1 + j_2$ und $m \leq |j|$

kann man zeigen, dass die Zahl dieser Vektoren wieder $(2j_1+1)(2j_2+1)$ ist. Als Eigenvektoren eines Hermiteschen Operators sind sie orthogonal

$$\langle j_1' j_2'; j'm' | j_1 j_2, jm \rangle = \delta_{j_1' j_1} \delta_{j_2' j_2} \delta_{j'j} \delta_{m'm} .$$

Da j_1 und j_2 fest vorgegeben sind, schreibt man nur

$$\langle j_1 j_2; j'm' | j_1 j_2, jm \rangle = \delta_{j'j} \delta_{m'm} .$$

Die Vollständigkeitsrelation lautet in der (j, m)-Basis

$$\sum_{j,m} |j_1 j_2; jm\rangle \langle j_1 j_2; jm| = \mathbf{1} . \tag{25.4}$$

25.3 Clebsch-Gordan-Koeffizienten

Die gekoppelten Vektoren $|j_1, j_2, j, m\rangle$ und die ungekoppelten Vektoren $|j_1 j_2 m_1 m_2\rangle$ spannen jeweils den Unterraum für feste j_1 und j_2 auf. Man kann man daher die Tranformation aufschreiben, die die beiden Sätze von Eigenvektoren verbindet

$$|j_1 j_2; jm\rangle = \sum_{m_1 m_2} |j_1 j_2; m_1 m_2\rangle \langle j_1 j_2; m_1 m_2 | j_1 j_2; jm\rangle . \tag{25.5}$$

Die Transformationskoeffizienten $\langle j_1 j_2 m_1 m_2 | j_1 j_2 jm \rangle$ werden Clebsch-Gordan-Koeffizienten genannt. Sie sind bis auf eine Gesamtphase festgelegt. Da j_1 und j_2 die maximalen Werte von m_1 und m_2 sind, und vorgegeben sind, schreiben wir für die Clebsch-Gordan-Koeffizienten auch einfach

$$\langle j_1 j_2; m_1 m_2 | j_1 j_2 jm \rangle \equiv \langle j_1 j_2; m_1 m_2 | jm \rangle .$$

Um die gekoppelten und ungekoppelten Vektoren besser auseinander zu halten, schreiben wir die j_1 und j_2 bei den ungekoppelten Kets mit auf.

Die Vollständigkeitsrelationen im Unterraum mit festen j_1, j_2 ergeben

$$\sum_{j,m} \langle j_1 j_2; m_1' m_2' | jm \rangle \langle jm | j_1 j_2; m_1 m_2 \rangle = \delta_{m_1' m_1} \delta_{m_2' m_2} \tag{25.6}$$

$$\sum_{m_1, m_2} \langle j'm' | j_1 j_2; m_1 m_2 \rangle \langle j_1 j_2; m_1 m_2 | jm \rangle = \delta_{j'j} \delta_{m'm} . \tag{25.7}$$

Die Clebsch-Gordan-Koeffizienten erfüllen eine Reihe von Symmetrierelationen, viele sind gleich Null. Speziell ist

$$\langle j_1 j_2 \, m_1 m_2 | jm \rangle \neq 0 \quad \text{nur für} \quad m = m_1 + m_2 . \tag{25.8}$$

Beweis

$$(J_z - J_z^{(1)} - J_z^{(2)})|jm\rangle = 0$$

Wir multiplizieren von links mit $\langle j_1 j_2; m_1 m_2|$. Dann ist

$$\langle j_1 j_2; m_1 m_2|(J_z - J_z^{(1)} - J_z^{(2)})|jm\rangle = 0,$$

oder

$$(m - m_1 - m_2)\langle j_1 j_2 m_1 m_2|jm\rangle = 0.$$

Wenn der Clebsch-Gordan-Koeffizient $\neq 0$ sein soll, muss also $m = m_1 + m_2$ sein. □

Da die j die Maximalwerte der m sind, folgt aus $m_{max} = m_{1\,max} + m_{2\,max}$,

$$j_{max} = j_1 + j_2.$$

Mit wesentlich mehr Aufwand bestimmt man auch den minimalen möglichen Wert von j,

$$j_{min} = |j_1 - j_2|.$$

Für jeden gekoppelten Zustand $|jm\rangle$ gibt es genau einen ungekoppelten Zustand. Dies sieht man z. B. aus der mathematischen Identität

$$\sum_{j=|j_1-j_2|}^{j_1+j_2}(2j+1) = (2j_1+1)(2j_2+1).$$

Die Sätze der gekoppelten und der ungekoppelten Zustände bilden jeweils eine Basis.

Wir fassen zusammen:
a) Die Clebsch-Gordan-Koeffizienten $\langle j_1 j_2 m_1 m_2|jm\rangle$ sind nur $\neq 0$ für $j = j_1 + j_2, j_1 + j_2 - 1, \ldots, |j_1 - j_2|$ und $m = m_1 + m_2$.
b) Die Clebsch-Gordan-Koeffizienten werden konventionell reell gewählt.
c) Der Clebsch-Gordan-Koeffizient $\langle j_1 j_2 m_1 m_2|jj\rangle$ mit maximalem m wird positiv gewählt. Die Vorzeichen der weitren Koeffizienten liegen dann fest, sie können positive oder negativ sein.
d) Es gibt genau $(2j+1)$ unabhängige Kets (d. h. Werte von m) zu jedem Wert von j.

Oft sagt man statt a) etwas unpräzise, die drei Drehimpuls-Quantenzahlen erfüllen die **Dreiecksungleichung**

$$|j_1 - j_2| \leq j \leq j_1 + j_2.$$

Die Dreieckdungleichung gilt trivialerweise im elementaren Vektormodell des Drehimpulses.

Die Clebsch-Gordan-Koeffizienten können auf verschiedene Art berechnet werden. Am einfachsten sieht man in Tabellen nach. Wegen unterschiedlichen Phasenkonventionen macht man dann aber leicht Fehler. Man kann den Übergang von der ungekoppelten Basis zur gekoppelten auch als Eigenwertproblem für den Operator J^2

auffassen. Effizienter ist es die Koeffizienten rekursiv zu berechnen. Da der Gesamtdrehimpuls die Drehimpulsvertauschungsrelation Gl. (25.3) erfüllt, können wir die gesamte, im vorigen Kapitel entwickelte, Drehimpulsmaschinerie anwenden. Dabei gehen wir in zwei Schritten vor:

1. Schritt: Ausgangspunkt ist der Zustand $|j, m\rangle$ mit maximalem $j = j_1 + j_2$ und maximalem $m = j$. Durch wiederholte Anwendung der Beziehung

$$J_- |j, m\rangle = \sqrt{j(j+1) - m(m-1)} |j, m-1\rangle$$
$$= \sqrt{(j+m)(j-m+1)} |j, m-1\rangle \qquad (25.9)$$

produzieren wir die $2j + 1$ Zustände $|j, j\rangle, |j, j-1\rangle, \ldots, |j, -j\rangle$.

2. Schritt: Wir identifizieren den Zustand $|j-1, j-1\rangle$ und wenden wiederholt den Operator J_- an, bis wir den Zustand $|j-1, -(j-1)\rangle$ erreicht haben, u.s.w.

Wir wollen die Methode am Beispiel der Kopplung zweier Spin-$\frac{1}{2}$-Systeme demonstrieren.

25.4 Zwei Spin-$\frac{1}{2}$-Systeme

Der Gesamtspin-Operator ist durch die Spinoperatoren der einzelnen Spin-$\frac{1}{2}$-Teilchen gegeben,

$$\vec{S} = \vec{S}_1 + \vec{S}_2 \,.$$

Der Hilbert-Raum $\mathcal{H}_1 \otimes \mathcal{H}_2$ ist 4-dimensional mit Basis

$$|s_1 = \frac{1}{2}, m_1 = \pm\frac{1}{2}\rangle, \quad |s_2 = \frac{1}{2}, m_2 = \pm\frac{1}{2}\rangle \,.$$

Die Eigenwerte $s_{1,2} = \frac{1}{2}$ sind fest vorgegeben, wir schreiben sie im Folgenden nicht mehr hin und verwenden die Kurzbezeichnung $\{|\pm\pm\rangle\}$ für die Basisvektoren in $\mathcal{H}_1 \otimes \mathcal{H}_2$. Dann lauten die Eigenwertgleichungen

$$S_{1z} |\pm\pm\rangle = \frac{1}{2} |+\pm\rangle, \, S_{1z} |-\pm\rangle = -\frac{1}{2} |-\pm\rangle, \, S_{2z} |\pm+\rangle = \frac{1}{2} |\pm+\rangle, \, S_{2z} |\pm-\rangle = -\frac{1}{2} |\pm-\rangle \,.$$

Die Eigenwerte von S_{1z}, S_{2z} sind damit $\pm\frac{1}{2}$ und die von $S_z = S_{1z} + S_{2z}$ gleich 1, 0. Die möglichen Eigenwerte von S^2 sind durch $s(s+1)$ mit $s = 1, 0$ gegeben, da $|s_1 - s_2| \leq s \leq s_1 + s_2$. Die jeweiligen Leiteroperatoren $S_- = S_x - iS_y$ und analog für S_{1-} und S_{2-} hängen zusammen über

$$S_- = S_{1-} + S_{2-} \,.$$

Erster Schritt: Der größte Wert des Gesamtdrehimpulses ist $s = 1$. Der zugehörige Zustand in der Produktbasis ist

$$|s = 1, m = 1\rangle = |++\rangle \,.$$

Wir bestimmen jetzt den Zustand $|s = 1, m = 0\rangle$:

$$S_- |s = 1, m = 1\rangle = \sqrt{s(s+1) - m(m-1)} |s = 1, m = 0\rangle$$
$$= \sqrt{2} |s = 1, m = 0\rangle .$$

D. h.

$$|s = 1, m = 0\rangle = \frac{1}{\sqrt{2}} S_- |s = 1, m = 1\rangle$$
$$= \frac{1}{\sqrt{2}} (S_-^{(1)} + S_-^{(2)}) |++\rangle$$
$$= \frac{1}{\sqrt{2}} |-+\rangle + \frac{1}{\sqrt{2}} |+-\rangle .$$

Als nächstes bestimmen wir den Zustand $|s = 1, m = -1\rangle$ in dem wir noch einmal mit S_- multiplizieren,

$$S_- |s = 1, m = 0\rangle = \sqrt{s(s+1) - m(m-1)} |s = 1, m = 0\rangle = \sqrt{2} |s = 1, m = -1\rangle .$$

Oder, ausgedrückt durch die ungekoppelte Basis,

$$|s = 1, m = -1\rangle = \frac{1}{\sqrt{2}} S_- |s = 1, m = 0\rangle$$
$$= \frac{1}{\sqrt{2}} (S_-^{(1)} + S_-^{(2)}) \left(\frac{1}{\sqrt{2}} |-+\rangle + \frac{1}{\sqrt{2}} |+-\rangle \right)$$
$$= \frac{1}{2} (0 + |--\rangle + |--\rangle + 0) = |--\rangle .$$

Jetzt fehlt nur noch der Zustand mit Gesamtdrehimpuls $s = 0$. Der Zustand $|s = 0, m = 0\rangle$ muss orthogonal zu den Zuständen $|s = 1, m = 1\rangle, |s = 1, m = 0\rangle, |s = 1, m = -1\rangle$ sein. Wie man direkt sieht, erfüllt

$$|s = 0, m = 0\rangle = \frac{1}{\sqrt{2}} (|+-\rangle - |-+\rangle)$$

diese Bedingung. Als Ergebnis erhalten wir:

a) ein **Triplett** mit $s = 1$ und $m = (1, 0, -1)$

$$|1, 1\rangle = |+\rangle |+\rangle$$
$$|1, 0\rangle = \frac{1}{\sqrt{2}} (|+\rangle |-\rangle + |-\rangle |+\rangle)$$
$$|1, -1\rangle = |-\rangle |-\rangle .$$

b) ein **Singulett** mit $s = 0$, $m = 0$

$$|0, 0\rangle = \frac{1}{\sqrt{2}} (|+\rangle |-\rangle - |-\rangle |+\rangle) .$$

Spin-Bahn-Kopplung

Hier ist $j_2 = s = \frac{1}{2}$ fest und $j_1 = l$ beliebig vorgegeben, aber dann festgehalten. Die zugehörigen Clebsch-Gordan-Koeffizienten werden oft gebraucht und lassen sich leicht explizit berechnen, da j für alle l nur zwei Werte annehmen kann $j = l \pm 1/2$. Für die ungekoppelten Zustände wählen wir die Bezeichnungen

$$j_1 = l, \quad m_1 = m_l, \quad m_{1\,\text{max}} = l$$
$$j_2 = s = \frac{1}{2}, \quad m_2 = m_s = \pm\frac{1}{2}, \quad m_{2\,\text{max}} = \frac{1}{2}$$

und für die gekoppelten

$$j = l \pm 1/2, \quad m = m_l + m_2 \quad \text{oder} \quad m_l = m - m_2 = m \pm 1/2.$$

Es gibt somit vier nicht–verschwindenden Clebsch-Gordan-Koeffizienten:

$j = l \pm \frac{1}{2}, \, m_2 = +\frac{1}{2}$:

$$\left\langle l, \frac{1}{2}; m_l = m - \frac{1}{2}, \frac{1}{2} \middle| j = l \pm \frac{1}{2}, m \right\rangle = \pm\sqrt{\frac{l \pm m + \frac{1}{2}}{2l + 1}} \tag{25.10}$$

$j = l \pm \frac{1}{2}, \, m_2 = -\frac{1}{2}$:

$$\left\langle l, \frac{1}{2}; m_l = m + \frac{1}{2}, -\frac{1}{2} \middle| j = l \pm \frac{1}{2}, m \right\rangle = \sqrt{\frac{l \mp m + \frac{1}{2}}{2l + 1}} \tag{25.11}$$

Den Beweis findet man z. B. in Gottfried 2003.

26 Bahndrehimpuls in der Ortsdarstellung

26.1 Bahndrehimpuls

In diesem Kapitel nehmen wir die Faktoren $\hbar$ wieder mit. Wir betrachten einen allgemeinen Zustand $|\Psi\rangle$ in der Ortsdarstellung

$$\Psi(\vec{x}) \equiv \langle \vec{x}|\Psi\rangle \,.$$

Für den Impuls und den Ortsoperator gelten die in Kapitel 20 abgeleiteten Formeln:

$$\langle \vec{x}|\vec{X}|\Psi\rangle = \vec{x}\,\langle \vec{x}|\Psi\rangle = \vec{x}\Psi(\vec{x})$$
$$\langle \vec{x}|\vec{P}|\Psi\rangle = -i\hbar\vec{\nabla}\,\langle \vec{x}|\Psi\rangle = -i\hbar\vec{\nabla}\Psi(\vec{x})$$
$$\langle \vec{x}|\vec{P}|\vec{x}'\rangle = -i\hbar\vec{\nabla}\delta(\vec{x}-\vec{x}') \,.$$

Durch Einschieben eines vollständigen Satzes von Ortseigenfunktionen leitet man weiter folgende Formeln ab:

$$\langle \vec{x}|X_iP_j|\Psi\rangle = x_i(-i\hbar\nabla_j)\langle \vec{x}|\Psi\rangle = x_i(-i\hbar\nabla_j)\Psi(\vec{x})\,, \tag{26.1}$$

$$\langle \vec{x}|X^2P^2|\Psi\rangle = x^2(-i\hbar\vec{\nabla})^2\Psi(\vec{x})\,, \tag{26.2}$$

$$\langle \vec{x}|(\vec{X}\cdot\vec{P})(\vec{X}\cdot\vec{P})|\Psi\rangle = x_i(-i\hbar\nabla_i)x_k(-i\hbar\nabla_k)\Psi(\vec{x})\,. \tag{26.3}$$

Beweis z. B. der Formel (26.3)

$$\langle \vec{x}|X_iP_iX_kP_k|\Psi\rangle = \int d^3x'\,\langle \vec{x}|X_iP_i|\vec{x}'\rangle\,\langle \vec{x}'|X_kP_k|\Psi\rangle$$
$$= x_i\int d^3x'\,x'_k\,\langle \vec{x}|P_i|\vec{x}'\rangle\,\langle \vec{x}'|P_k|\Psi\rangle$$
$$= x_i\int d^3x'\,x'_k\,\langle \vec{x}'|P_k|\Psi\rangle\,(-i\hbar\nabla_i\delta(\vec{x}-\vec{x}'))$$
$$= x_i(-i\hbar\nabla_i)\int d^3x'\,x'_k\,\langle \vec{x}'|P_k|\Psi\rangle\,\delta(\vec{x}-\vec{x}')$$
$$= x_i(-i\hbar\nabla_i)x_k(-i\hbar\nabla_k)\Psi(\vec{x})\,. \qquad\square$$

Als erste Anwendung berechnen wir die z-Komponente des Drehimpuls-Operators in der Ortsdarstellung

$$\langle \vec{x}|L_z|\Psi\rangle = \langle \vec{x}|(\vec{X}\times\vec{P})_z|\Psi\rangle \tag{26.4}$$
$$= -i\hbar(\vec{x}\times\vec{\nabla})_z\Psi(\vec{x})$$
$$= -i\hbar\left(x\frac{\partial}{\partial y}-y\frac{\partial}{\partial x}\right)\Psi(\vec{x})\,.$$

In räumlichen Polarkoordinaten,

$$x = r \sin\theta \cos\varphi$$
$$y = r \sin\theta \sin\varphi$$
$$z = r \cos\theta ,$$

lautet Gl. (26.4)

$$\langle \vec{x} | L_z | \Psi \rangle = -i\hbar \frac{\partial}{\partial \varphi} \Psi(\vec{x}) , \qquad (26.5)$$

da in Polarkoordinaten

$$x \frac{\partial}{\partial y} - y \frac{\partial}{\partial x} = \frac{\partial}{\partial \varphi} .$$

Verwendet man die Wellenfunktion $\Psi(\vec{x}) = \langle \vec{x} | \Psi \rangle$, so definiert man

$$L_z(\varphi) \Psi(\vec{x}) \equiv -i\hbar \frac{\partial}{\partial \varphi} \Psi(\vec{x}) , \qquad (26.6)$$

wo $L_z(\varphi)$ nicht der abstrakte koordinatenfreie Operator im Hilbert-Raum, sondern der Differentialoperator ist (Achtung: ein Buchstabe für zwei verschiedene Dinge). Auf analoge Weise erhält man für $L_\pm = L_x \pm i L_y$,

$$\langle \vec{x} | L_\pm | \Psi \rangle = -i\hbar e^{\pm i\varphi} \left(\pm i \frac{\partial}{\partial \theta} - \cot\theta \frac{\partial}{\partial \varphi} \right) \Psi(\vec{x}) . \qquad (26.7)$$

Entsprechend definieren wir wieder einen Differentialoperator

$$L_\pm(\theta, \varphi) \equiv -i\hbar e^{\pm i\varphi} \left(\pm i \frac{\partial}{\partial \theta} - \cot\theta \frac{\partial}{\partial \varphi} \right) .$$

Für L^2 findet man, wie gleich gezeigt wird

$$\langle \vec{x} | L^2 | \Psi \rangle = -\hbar^2 \left[\frac{1}{\sin^2\theta} \frac{\partial^2}{\partial \varphi^2} + \frac{1}{\sin\theta} \frac{\partial}{\partial \theta} \left(\sin\theta \frac{\partial}{\partial \theta} \right) \right] \Psi(\vec{x}) \qquad (26.8)$$

und definiert entsprechend

$$L^2(\theta, \varphi) \equiv -\hbar^2 \left[\frac{1}{\sin^2\theta} \frac{\partial^2}{\partial \varphi^2} + \frac{1}{\sin\theta} \frac{\partial}{\partial \theta} \left(\sin\theta \frac{\partial}{\partial \theta} \right) \right] . \qquad (26.9)$$

Wenn $|\Psi\rangle = |\Psi\rangle_{lm}$ ein *Drehimpuls-Eigenzustand* ist und

$$\Psi_{lm}(\vec{x}) \equiv \langle \vec{x} | \Psi \rangle_{lm}$$

die Drehimpulseigenfunktionen sind, dann gilt

$$-i\hbar \frac{\partial}{\partial \varphi} \Psi(\vec{x})_{lm} = \hbar m \Psi(\vec{x})_{lm} , \qquad (26.10)$$

$$-\hbar^2 \left[\frac{1}{\sin^2\theta} \frac{\partial^2}{\partial \varphi^2} + \frac{1}{\sin\theta} \frac{\partial}{\partial \theta} \left(\sin\theta \frac{\partial}{\partial \theta} \right) \right] \Psi(\vec{x})_{lm} = \hbar^2 l(l+1) \Psi(\vec{x})_{lm} , \qquad (26.11)$$

$$-i\hbar e^{\pm i\varphi} \left(\pm i \frac{\partial}{\partial \theta} - \cot\theta \frac{\partial}{\partial \varphi} \right) \Psi(\vec{x})_{lm} = \Psi(\vec{x})_{lm\pm 1} . \qquad (26.12)$$

Beweis der Formel (26.8) Es ist zu beachten, dass X und P nicht vertauschen.

$$\begin{aligned} L^2 &= (\vec{X} \times \vec{P}) \cdot (\vec{X} \times \vec{P}) = \varepsilon_{ijk}\varepsilon_{ilm} X_j P_k X_l P_m \\ &= (\delta_{jl}\delta_{km} - \delta_{jm}\delta_{kl}) X_j P_k X_l P_m \\ &= X_j P_k X_j P_k - X_j P_k X_k P_j \end{aligned}$$

Wir verwenden die kanonischen Vertauschungsregeln $[X_i, P_j] = i\hbar\delta_{ij}$, $[X_i, X_j] = 0$, $[P_i, P_j] = 0$.

1. Term

$$\begin{aligned} X_j P_k X_j P_k &= X_j X_j P_k P_k - X_j [X_j, P_k] P_k \\ &= X^2 P^2 - i\hbar(\vec{X} \cdot \vec{P}) \end{aligned}$$

2. Term

$$\begin{aligned} X_j P_k X_k P_j &= \{P_k X_j + [X_j, P_k]\} X_k P_j \\ &= P_k X_k X_j P_j + i\hbar\delta_{jk} X_k P_j \\ &= \{X_k P_k - [X_k, P_k]\} X_j P_j + i\hbar\delta_{jk} X_k P_j \\ &= (\vec{X} \cdot \vec{P})(\vec{X} \cdot \vec{P}) - i\hbar\delta_{kk} X_j P_j + i\hbar\delta_{jk} X_k P_j \\ &= (\vec{X} \cdot \vec{P})(\vec{X} \cdot \vec{P}) - 2i\hbar(\vec{X} \cdot \vec{P}) \end{aligned}$$

Beide Terme zusammen ergeben:

$$L^2 = X^2 P^2 - (\vec{X} \cdot \vec{P})(\vec{X} \cdot \vec{P}) + i\hbar(\vec{X} \cdot \vec{P}) \,. \tag{26.13}$$

Wir bestimmen die einzelnen Beiträge in der Ortsdarstellung mit Hilfe der Formeln (26.1)–(26.3). Der erste Term wird

$$\langle \vec{x} | X^2 P^2 | \Psi \rangle = r^2 ([-i\hbar]^2 \nabla^2 \Psi(\vec{x})) \,,$$

der zweite

$$\begin{aligned} \langle \vec{x} | (\vec{X} \cdot \vec{P})(\vec{X} \cdot \vec{P}) | \Psi \rangle &= x_i(-i\hbar\nabla_i) x_j(-i\hbar\nabla_j) \Psi(\vec{x}) \\ &= -\hbar^2 r \frac{\partial}{\partial r} r \frac{\partial}{\partial r} \Psi(\vec{x}) \\ &= -\hbar^2 \left[r^2 \frac{\partial^2}{\partial r^2} + r \frac{\partial}{\partial r} \right] \Psi(\vec{x}) \end{aligned}$$

und der dritte Term

$$\begin{aligned} i\hbar \langle \vec{x} | (\vec{X} \cdot \vec{P}) | \Psi \rangle &= i\hbar x_i (-i\hbar\nabla_i) \Psi(\vec{x}) \\ &= \hbar^2 r \frac{\partial}{\partial r} \Psi(\vec{x}) \,, \end{aligned}$$

da $x_i \nabla_i = \vec{x} \cdot \vec{\nabla} = r\vec{n} \cdot \vec{\nabla} = r\frac{\partial}{\partial r}$ mit $r = |\vec{x}|$.

Der Differentialoperator L^2 lautet daher

$$L^2 = \hbar^2 r^2 \left[\frac{\partial^2}{\partial r^2} + \frac{2}{r} \frac{\partial}{\partial r} - \nabla^2 \right]. \tag{26.14}$$

Der Laplace-Operator ∇^2 ist in Polarkoordinaten gegeben durch

$$\nabla^2 = \left\{ \left(\frac{\partial^2}{\partial r^2} + \frac{2}{r} \frac{\partial}{\partial r} \right) + \frac{1}{r^2} \left[\frac{1}{\sin^2 \theta} \frac{\partial^2}{\partial \varphi^2} + \frac{1}{\sin \theta} \frac{\partial}{\partial \theta} \left(\sin \theta \frac{\partial}{\partial \theta} \right) \right] \right\}.$$

Setzt man diesen Ausdruck in Gl. (26.14) ein, so heben sich die ersten beiden Terme weg und man erhält für den Differentialoperator L^2:

$$L^2(\theta, \varphi) = -\hbar^2 \left[\frac{1}{\sin^2 \theta} \frac{\partial^2}{\partial \varphi^2} + \frac{1}{\sin \theta} \frac{\partial}{\partial \theta} \left(\sin \theta \frac{\partial}{\partial \theta} \right) \right]. \qquad \square$$

Der Operator L^2 entspricht also, bis auf einen Faktor $-\hbar^2$, gerade dem Winkelanteil des Laplace-Operators. Entsprechend erhält man für den Laplace-Operator

$$\nabla^2 = \left\{ \left(\frac{\partial^2}{\partial r^2} + \frac{2}{r} \frac{\partial}{\partial r} \right) - \frac{1}{\hbar^2} \frac{L^2(\theta, \varphi)}{r^2} \right\} = \left\{ \frac{1}{r} \frac{\partial^2}{\partial r^2} r - \frac{1}{\hbar^2} \frac{L^2(\theta, \varphi)}{r^2} \right\}.$$

In der Ortsdarstellung lässt sich der Hamilton-Operator für ein Teilchen der Masse M in der Form schreiben:

$$\langle \vec{x} | H | \Psi \rangle = \langle \vec{x} | \left[\frac{P^2}{2M} + V(\vec{X}) \right] | \Psi \rangle \tag{26.15}$$

$$= \left[\frac{1}{2M} (-\hbar^2) \nabla^2 + V(\vec{x}) \right] \Psi(\vec{x})$$

$$= \left\{ \frac{-\hbar^2}{2M} \left[\frac{1}{r} \frac{\partial^2}{\partial r^2} r - \frac{1}{\hbar^2} \frac{L^2(\theta, \varphi)}{r^2} \right] + V(\vec{x}) \right\} \Psi(\vec{x})$$

$$= \left\{ \frac{-\hbar^2}{2M} \frac{1}{r} \frac{\partial^2}{\partial r^2} r + \frac{L^2(\theta, \varphi)}{2Mr^2} + V(\vec{x}) \right\} \Psi(\vec{x})$$

Wenn wir definieren $\langle \vec{x} | H | \Psi \rangle \equiv H(\vec{x}) \Psi(\vec{x})$, dann ist der Hamilton-Operator als Differentialoperator darstellbar

$$H(\vec{x}) = \left\{ \frac{-\hbar^2}{2M} \frac{1}{r} \frac{\partial^2}{\partial r^2} r + \frac{L^2(\theta, \varphi)}{2Mr^2} + V(\vec{x}) \right\}. \tag{26.16}$$

26.2 Drehimpuls-Eigenfunktionen

Wir nehmen jetzt an, dass das Potential drehinvariant ist, $V = V(r)$. Dann vertauscht H mit $\vec{L}$ und L^2 und die zugehörigen Eigenwerte sind E und l, m. Wir können gemeinsame Eigenvektoren $|\Psi\rangle = |Elm\rangle$ finden, die im Ortsraum die Form haben

$$\langle \vec{x} | Elm \rangle = \langle r, \theta, \varphi | Elm \rangle \equiv \Psi_{Elm}(r, \theta, \varphi).$$

Dann lautet die Schrödinger-Gleichung

$$\left\{\frac{-\hbar^2}{2M}\frac{1}{r}\frac{\partial^2}{\partial r^2}r + \frac{L^2(\theta,\varphi)}{2Mr^2} + V(r)\right\}\Psi_{Elm}(r,\theta,\varphi) = E\Psi_{Elm}(r,\theta,\varphi).$$

Wir machen den Ansatz

$$\Psi_{Elm}(r,\theta,\varphi) = f_{Elm}(r)Y_l^m(\theta,\varphi). \tag{26.17}$$

Die $Y_l^m(\theta,\varphi)$ heißen Kugelfunktionen oder Kugelflächenfunktionen. Die $\Psi_{Elm}(r,\theta,\varphi)$ sind Eigenfunktionen der *Differentialoperatoren* H, L_z, L^2,

$$H\Psi_{Elm} = E\Psi_{Elm} \tag{26.18}$$
$$L_z\Psi_{Elm} = \hbar m\Psi_{Elm} \tag{26.19}$$
$$L^2\Psi_{Elm} = \hbar^2 l(l+1)\Psi_{Elm}. \tag{26.20}$$

Für die Leiteroperatoren folgt aus

$$L_\pm |l,m\rangle = \hbar\sqrt{l(l+1) - m(m\pm 1)}\,|l,m\pm 1\rangle$$

und $[H, L_\pm] = 0$, dass für die Energieeigenfunktionen gilt

$$L_\pm |E,l,m\rangle = \hbar\sqrt{l(l+1) - m(m\pm 1)}\,|E,l,m\pm 1\rangle.$$

Multipliziert man von links mit $\langle r,\theta,\varphi|$, so sieht man, dass für die Differentialoperatoren $L_\pm(\theta,\varphi)$, die auf die Wellenfunktionen wirken, gilt

$$L_\pm(\theta,\varphi)\Psi_{Elm}(r,\theta,\varphi) = \hbar\sqrt{l(l+1) - m(m\pm 1)}\,\Psi_{Elm\pm1}(r,\theta,\varphi). \tag{26.21}$$

Der radiale Anteil $f_{Elm}(r)$ hängt nicht von m ab:

$$\Psi_{Elm}(r,\theta,\varphi) = f_{El}(r)Y_l^m(\theta,\varphi).$$

Beweis Da $L_\pm$ ein Differential-Operator in θ und φ ist, gilt

$$L_\pm(\theta,\varphi)\Psi_{Elm} = f_{Elm}(r)L_\pm(\theta,\varphi)Y_l^m(\theta,\varphi).$$

Andererseits folgt aus Gl. (26.21), dass

$$L_\pm(\theta,\varphi)\Psi_{Elm} = \hbar\sqrt{l(l+1) - m(m\pm 1)}\,\Psi_{Elm\pm1}$$
$$= \hbar\sqrt{l(l+1) - m(m\pm 1)}\,f_{Elm\pm1}(r)Y_l^{m\pm1}(\theta,\varphi).$$

Die beiden Gleichungen sind nur konsistent, wenn

$$f_{Elm\pm1}(r) = f_{Elm}(r) \quad \text{für alle } m, r,$$

d. h. wenn f_{nlm} unabhängig von m ist, und wenn

$$L_\pm Y_l^m(\theta,\varphi) = \hbar\sqrt{l(l+1) - m(m\pm 1)}\,Y_l^{m\pm1}(\theta,\varphi). \qquad \square$$

Mit dem Produktansatz (26.17) hebt sich $f_{El}(r)$ in Gl. (26.10)- (26.12) weg und wir erhalten

$$L_z Y_l^m(\theta,\varphi) = \hbar m Y_l^m(\theta,\varphi),$$

$$L^2 Y_l^m(\theta,\varphi) = \hbar^2 l(l+1) Y_l^m(\theta,\varphi),$$

$$L_\pm Y_l^m(\theta,\varphi) = \hbar\sqrt{l(l+1) - m(m\pm 1)}\, Y_l^{m\pm 1}(\theta,\varphi),$$

wo L_z und L^2 jetzt die Differentialoperatoren sind:

$$L_z = -i\hbar \frac{\partial}{\partial \varphi}$$

$$L^2 = -\hbar^2 \left[\frac{1}{\sin^2\theta} \frac{\partial^2}{\partial \varphi^2} + \frac{1}{\sin\theta} \frac{\partial}{\partial \theta} \sin\theta \frac{\partial}{\partial \theta} \right]$$

$$L_\pm = -i\hbar e^{\pm i\varphi} \left(\pm i \frac{\partial}{\partial \theta} - \cot\theta \frac{\partial}{\partial \varphi} \right)$$

Normierung

Das Volumenelement lautet in Polarkoordinaten

$$d^3x = r^2 dr \sin\theta\, d\theta\, d\varphi,$$

wo $\sin\theta\, d\theta\, d\varphi$ das Raumwinkelelement ist. Wir normieren jeweils $f(r)$ und $Y_l^m(\theta,\varphi)$ getrennt

$$\int_0^{2\pi} d\varphi \int_0^\pi \sin\theta\, d\theta\, Y_{l'}^{m'*}(\theta,\varphi) Y_l^m(\theta,\varphi) = \delta_{m'm}\delta_{l'l}$$

$$\int_0^\infty r^2 dr |f_{El}(r)|^2 = 1$$

Dann ist auch $\Psi_{Elm}(r,\theta,\varphi)$ normiert.

Vollständigkeit

Die Vollständigkeit der Eigenfunktionen für den Winkelanteil bedeutet hier, dass jede (quadratintegrable) Funktion von θ und φ in Kugelfunktionen entwickelt werden kann,

$$f(\theta,\varphi) = \sum_{l=0}^\infty \sum_{m=-l}^l c_{l,m} Y_l^m(\theta,\varphi).$$

Wir schreiben oft kurz

$$(\theta,\varphi) \equiv \Omega, \quad d\Omega \equiv \sin\theta\, d\theta\, d\varphi = d\cos\theta\, d\varphi.$$

Dann ist

$$c_{l,m} = \int d\Omega\, Y_l^{m*}(\Omega) f(\Omega).$$

D. h. die Y_l^m bilden eine orthonormale Basis in H_Ω, dem Hilbert-Raum der quadratintegriebaren Funktionen von θ und φ. Die Vollständigkeitsrelation lautet in kompakter Schreibweise

$$\sum_{l=0}^{\infty}\sum_{m=-l}^{l} Y_l^{m*}(\Omega')Y_l^m(\Omega) = \delta(\Omega - \Omega')$$

$$\equiv \frac{1}{\sin\theta}\delta(\theta - \theta')\delta(\varphi - \varphi')$$

Ebenso bilden die $f_{nl}(r)$ eine Basis im entsprechenden Hilbertraum.

26.3 Bestimmung der $Y_l^m(\theta, \varphi)$

φ-Abängigkeit

Sie bestimmt sich aus der Eigenwertgleichung (26.19).Da sich $f(r)$ weghebt erfüllen die Y_l^m die Differentialgleichung

$$-i\frac{\partial}{\partial\varphi}Y_l^m(\theta,\varphi) = mY_l^m(\theta,\varphi)$$

mit Lösung (Produktansatz)

$$Y_l^m(\theta,\varphi) = e^{im\varphi}R_l^m(\theta).$$

θ-Abhängigkeit

Wir gehen aus von $m_{\max} = l$

$$L_+|l,l\rangle = 0$$

oder im der Ortsdarstellung

$$-i\hbar e^{i\varphi}\left(i\frac{\partial}{\partial\theta} - \cot\theta\frac{\partial}{\partial\varphi}\right)Y_l^l(\theta,\varphi) = 0.$$

Die Lösung dieser Gleichung ist

$$Y_l^l(\theta,\varphi) = c_l e^{il\varphi}\sin^l\theta,$$

wie man direkt zeigt. Der Faktor c_l folgt aus der Normierung. In der üblichen Phasenkonvention ist

$$c_l = \left[\frac{(-1)^l}{2^l l!}\right]\sqrt{\frac{(2l+1)(2l)!}{4\pi}}.$$

Die Kugelfunktionen mit $m < l$ erhält man durch sukzessive Anwendung von L_-

$$-i\hbar e^{-i\varphi}\left(-i\frac{\partial}{\partial\theta} - \cot\theta\frac{\partial}{\partial\varphi}\right)Y_l^m(\theta,\varphi) = \hbar\sqrt{l(l+1) - m(m-1)}Y_l^{m-1}\theta.$$

Ergebnis für $m \geq 0$: (siehe z. B. Gottfried (2003))

$$Y_l^m(\theta,\varphi) = \left[\frac{(-1)^l}{2^l l!}\right]\sqrt{\frac{2l+1}{4\pi}\frac{(l+m)!}{(l-m)!}}e^{im\varphi} \qquad (26.22)$$

$$\times \frac{1}{\sin^m\theta}\frac{d^{l-m}}{d(\cos\theta)^{l-m}}(\sin\theta)^{2l}.$$

Für $m < 0$ kann man die Beziehung verwenden

$$Y_l^{-m}(\theta,\varphi) = (-1)^m Y_l^{m*}(\theta,\varphi).$$

Für $m = 0$ sind die Kugelfunktionen proportional zu den *Legendre-Polynomen*,

$$Y_l^0(\theta,\varphi) = \sqrt{\frac{(2l+1)}{4\pi}}P_l(\cos\theta).$$

Beispiele:

$l = 0:\quad Y_0^0 = \sqrt{\dfrac{1}{4\pi}}$

$l = 1:\quad Y_1^1 = \sqrt{\dfrac{3}{8\pi}}\sin\theta\, e^{i\varphi}$

$\quad Y_1^0 = \sqrt{\dfrac{3}{4\pi}}\cos\theta$

$l = 2:\quad Y_2^2 = \dfrac{1}{4}\sqrt{\dfrac{15}{2\pi}}\sin^2\theta\, e^{2i\varphi}$

$\quad Y_2^1 = -\sqrt{\dfrac{15}{8\pi}}\sin\theta\cos\theta\, e^{i\varphi}$

$\quad Y_2^0 = \sqrt{\dfrac{5}{4\pi}}\left(\dfrac{3}{2}\cos^2\theta - \dfrac{1}{2}\right)$

27 Das Wasserstoffatom

27.1 Zentralpotentiale

Wir betrachten Zentralpotentiale, d. h. Potentiale, die nur von $r = |\vec{x}|$ abgängen. Beispiele sind:

$$\text{konstantes Potential} \quad V(r) = k$$
$$\text{Coulomb-Potential} \quad V(r) = -\frac{e^2}{r}$$
$$\text{Oszillator-Potential} \quad V(r) = \frac{1}{2}m\omega^2 r^2 \,.$$

Zentralpotentiale sind invariant unter Drehungen. Daher vertauschen H, L^2, L_z, und es gibt gemeinsame Eigenzustände. Die Eigenwert-Gleichung lautet dann:

$$H\,|E,l,m\rangle = E\,|E,l,m\rangle \,.$$

Die Eigenvektoren für verschiedene m gehen durch Drehungen ineinander über, d. h. E ist unabhängig von m, jeder Energiewert ist $(2l+1)$-fach entartet. Wir nehmen an dieser Stelle noch nicht an, dass die Eigenwerte E von H diskret sind. In der Ortsdarstellung gehen die Eigenvektoren über in

$$\langle \vec{x}|E,l,m\rangle \equiv \Psi_{E,l,m}(\vec{x}) \,.$$

Für die Lösungen für feste l, m setzen wir an

$$\Psi_{E,l,m}(\vec{x}) = \frac{u(r)}{r} Y_l^m(\theta, \varphi)\,, \qquad (27.1)$$

wo der Faktor $1/r$ zur Vereinfachung späterer Ergebnisse dient, und die l und E-Abhängigkeit von $u(r)$ unterdrückt ist. Der Hamilton-Operator im Ortsraum wurde im letzten Kapitel abgeleitet

$$H = \frac{-\hbar^2}{2\mu}\frac{1}{r}\frac{\partial^2}{\partial r^2}r + \frac{1}{2\mu r^2}L^2 + V(r) \,. \qquad (27.2)$$

Wir müssen also folgendes System von Eigenwert-Gleichungen lösen:

$$H\Psi_{E,l,m}(\vec{x}) = E\Psi_{E,l,m}(\vec{x}) \qquad (27.3)$$
$$L^2\Psi_{E,l,m}(\vec{x}) = \hbar^2 l(l+1)\Psi_{E,l,m}(\vec{x}) \qquad (27.4)$$
$$L_z\Psi_{E,l,m}(\vec{x}) = \hbar m\Psi_{E,l,m}(\vec{x}) \,. \qquad (27.5)$$

Mit dem Ansatz (27.1) geht die die Schrödinger-Gleichung über in

$$\left[\frac{-\hbar^2}{2\mu}\frac{1}{r}\frac{\partial^2}{\partial r^2}r + \frac{\hbar^2 l(l+1)}{2\mu r^2} + V(r)\right]\frac{u(r)}{r}Y_l^m(\theta,\varphi) = E\frac{u(r)}{r}Y_l^m(\theta,\varphi)\,.$$

Die radiale Wellenfunktion erfüllt somit die Gleichung

$$\left[\frac{-\hbar^2}{2\mu}\frac{d^2}{dr^2} + \frac{\hbar^2 l(l+1)}{2\mu r^2} + V(r)\right]u(r) = Eu(r). \tag{27.6}$$

Diese Gleichung entspricht einer eindimensionalen Schrödinger-Gleichung mit einem *effektiven Potential*

$$V_{\mathit{eff}}(r) = V(r) + \frac{\hbar^2 l(l+1)}{2\mu r^2}.$$

Der zusätzliche Term ist stets ≥ 0. Sein negative Gradient ergibt eine abstoßende Zentrifugalkraft, die mit zunehmenden l immer stärker wird. Obwohl Gl. (27.6) wie eine eindimensionale Schrödinger-Gleichung aussieht, sind die *Randbedingungen ganz anders*, da stets $r \geq 0$ ist. Wenn $\Psi_{E,l,m}(\vec{x})$ überall endlich sein soll, dann muss

$$u(r=0) = 0 \tag{27.7}$$

sein.

Für $l \neq 0$ und *kleine* r überwiegt bei nicht-singulären Potentialen das Zentrifugalpotential. D. h.

$$\frac{d^2 u(r)}{dr^2} - \frac{l(l+1)}{r^2} u(r) = 0 \quad \text{für } r \to 0. \tag{27.8}$$

Dies ist eine Differentialgleichung vom Eulerschen Typ. Der Ansatz

$$u = r^\alpha$$

ergibt in Gl. (27.8)

$$\alpha(\alpha - 1) = l(l+1).$$

Daraus folgt

$$\alpha = l + 1 \quad \text{oder} \quad \alpha = -l$$

und

$$u \underset{r \to 0}{=} c_1 r^{l+1} + c_2 r^{-l}.$$

Wegen der Normierbarkeitsbedingung Gl. (27.7) muss $c_2 = 0$ sein.

Wenn das Potential für *große* r genügend schnell verschwindet, dann reduziert sich die Schrödinger-Gleichung auf

$$\frac{-\hbar^2}{2\mu}\frac{d^2}{dr^2} u(r) = Eu(r) \quad \text{für } r \to \infty.$$

Die allgemeine Lösung dieser Differentialgleichung ist offensichtlich

$$u \underset{r \to \infty}{=} b_1 e^{-\kappa r} + b_2 e^{\kappa r} \quad \text{mit } \kappa \equiv \sqrt{\frac{-2\mu E}{\hbar^2}}.$$

Die Notation berücksichtigt, dass für gebundene Zustände die Energien negativ sind. Die Lösung ist nur normierbar, wenn $b_2 = 0$ ist. Diese Forderung, zusammen mit der

Forderung $u(r = 0) = 0$, ist, wie wir sehen werden, nur für bestimmte diskrete Energie-Eigenwerte erfüllbar. Die $(2l + 1)$-fach entarteten Eigenfunktionen sind somit von der Form

$$\Psi_{El}(\vec{x}) = \frac{u_{El}(r)}{r} \sum_m C_l^m Y_l^m(\theta, \varphi) .$$

27.2 Das Wasserstoff-Atom

Wir betrachten ein Elektron der Masse μ im Feld eines unendlich schwer angenommenen Wasserstoffkerns (Protons). Mit dem Potential

$$V(r) = -\frac{e^2}{r}$$

lautet die radiale Schrödinger-Gleichung

$$\left[\frac{-\hbar^2}{2\mu} \frac{d^2}{dr^2} + \frac{\hbar^2 l(l + 1)}{2\mu r^2} - \frac{e^2}{r} \right] u(r) = E u(r) .$$

Wenn wir mit $\frac{2\mu}{\hbar^2}$ multiplizieren, geht die Differentialgleichung über in

$$\left[-\frac{d^2}{dr^2} + \frac{l(l + 1)}{r^2} - \frac{2\mu}{\hbar^2} \frac{e^2}{r} \right] u(r) = \frac{2\mu}{\hbar^2} E u(r) .$$

Wir führen folgende Abkürzungen ein

$$\kappa^2 = \frac{-2\mu E}{\hbar^2}, \quad \kappa^2 > 0 \quad \text{(betrachte nur gebundene Zustände)}$$

$$\gamma = \sqrt{\frac{-\mu}{2E}} \frac{e^2}{\hbar}, \quad \to \quad \kappa\gamma = \frac{\mu e^2}{\hbar^2} .$$

Damit wird die Gleichung

$$\left[-\frac{d^2}{dr^2} + \frac{l(l + 1)}{r^2} - \frac{2\gamma\kappa}{r} + \kappa^2 \right] u(r) = 0 .$$

Da $u(r \to 0) \simeq r^{l+1}$ und $u(r \to \infty) \simeq e^{-\kappa r}$ versuchen wir den Ansatz

$$u(r) = r^{l+1} e^{-\kappa r} f(r) .$$

Nach einer weiteren Variablentransformation

$$\rho = 2\kappa r$$

erhält man für $f(\rho)$ die *konfluente hypergeometrische Gleichung*

$$\left[\rho \frac{d^2}{d\rho^2} + (2l + 2 - \rho) \frac{d}{d\rho} - (l + 1 - \gamma) \right] f(\rho) = 0 .$$

Die Standardform dieser Gleichung ist

$$z\frac{d^2w}{dz^2} + (b-z)\frac{dw}{dz} - aw = 0, \tag{27.9}$$

so dass wir identifizieren

$$a = l + 1 - \gamma \quad \text{und} \quad b = 2l + 2, \; z = \rho.$$

Eine Lösung der Gl. (27.9) ist die *hypergeometrische Funktion*,

$$F(a,b,z) = 1 + \frac{a}{b}z + \frac{a(a+1)}{b(b+1)}\frac{z^2}{2!} + \cdots \frac{(a)_n}{(b)_n}\frac{z^n}{n!} + \cdots, \tag{27.10}$$

wo

$$(a)_n = a(a+1)(a+2)\cdots(a+n-1).$$

Der Beweis erfolgt durch Einsetzen in die Differentialgleichung. Asymptotisch geht

$$\frac{(a)_n}{(b)_n} \xrightarrow[n\to\infty]{} 1.$$

D. h. $F(a,b,z)$ divergiert für große z wie die Exponentialfunktion. Es gibt noch eine zweite Lösung, die aber für $z \to \infty$ noch mehr divergiert, so dass wir uns auf $F(a,b,z)$ beschränken können. Da

$$u(r) \sim e^{-\kappa r} \quad \text{aber} \quad F(a,b,z) \sim e^{+\kappa r},$$

erhält man keine normierbare Lösung, es sei denn die *Reihe* (27.10) *bricht ab*. Dies ist der Fall, wenn

$$a = -n_r \quad \text{mit} \quad n_r = 0, 1, 2, \ldots.$$

Setzen wir für a ein, so lautet diese *Eigenwertbedingung*

$$l + 1 - \gamma = -n_r.$$

Gehen wir wieder zurück zu den ursprünglichen Energievariablen ($\gamma = \sqrt{\frac{-\mu}{2E}}\frac{e^2}{\hbar}$), so erhalten wir

$$E_n = -\frac{\mu e^4}{2\hbar^2 n^2},$$

wo

$$n \equiv n_r + l + 1 \quad (n_r = 0, 1, 2, \ldots)$$

die *Hauptquantenzahl* ist. Im Wasserstoffatom sind für die Energien der Bindungszustände nur diskrete Werte erlaubt, d. h. die Energien sind quantisiert. Die Hauptquantenzahl n kann alle positiven ganzzahligen Werte $\neq 0$ annehmen, $n = 1, 2, \ldots$. Zum Energieeigenwert E_n gehört die Eigenfunktion

$$\Psi_{nlm}(\vec{x}) = cr^l e^{-\kappa r} F(l+1-n, 2l+1; 2\gamma r) Y_l^m(\theta, \varphi).$$

Bei gegebenen n kann l die Werte $l = 0, 1, 2, \ldots, (n-1)$ annehmen, da $n - l - 1 = n_r \geq 0$, d. h. $n - 1 \geq l$, sein muss. Zu jedem l gehören noch einmal $(2l + 1)$ verschiedene Werte der Quantenzahl m. Zu jeder Energie E_n (d. h. zu einem n) gehören also

$$\sum_{l=0}^{n-1} (2l + 1) = n^2 \tag{27.11}$$

verschiedene Eigenfunktionen. *Jeder Energie-Eigenwert E_n ist n^2-fach entartet.*

Beweis der Formel (27.11) durch Induktion:

$$\sum_{l=0}^{n} (2l + 1) = 2n + 1 + \sum_{l=0}^{n-1} (2l + 1)$$
$$= 2n + 1 + n^2 = (n + 1)^2 \,.$$

Beispiele für den Radialteil der Wellenfunktionen sind:

K-Schale ($n = 1$) 1s : $\phi_{10} = 2 \left(\dfrac{1}{a_0} \right)^{\frac{3}{2}} e^{-\frac{r}{a_0}}$

L-Schale ($n = 2$) 2s : $\phi_{20} = \left(\dfrac{1}{2a_0} \right)^{\frac{3}{2}} (2 - \dfrac{r}{a_0}) e^{-\frac{r}{a_0}}$

2p : $\phi_{21} = \left(\dfrac{1}{2a_0} \right)^{\frac{3}{2}} \dfrac{1}{\sqrt{3}} \dfrac{r}{a_0} e^{-\frac{r}{a_0}}$

wo

$$\Psi_{nlm}(\vec{x}) = \phi_{nl}(r) Y_l^m(\theta, \varphi)$$

und

$$a_0 = \dfrac{\hbar^2}{e^2} \quad \text{Bohrscher Radius}$$

Bedeutung des Bohrschen Radius

Betrachte ein Elektron im Grundzustand. Die zugehörige Aufenthaltswahrscheinlichkeitsdichte ist

$$d^3 W(r) = r^2 dr \left| 2 \left(\dfrac{1}{a_0} \right)^{\frac{3}{2}} e^{-\frac{r}{a_0}} \right|^2 .$$

Deren Maximum liegt bei $r = a_0$, wegen

$$\dfrac{d}{dr} r^2 e^{-2\frac{r}{a_0}} = 0$$

$$(2r - 2\dfrac{r^2}{a_0}) e^{-2\frac{r}{a_0}} = 0 \quad \rightarrow \quad r = a_0 \,.$$

Oft schreibt man auch

$$E_n = -\frac{1}{2}\mu c^2 \alpha^2 \frac{1}{n^2}, \qquad (27.12)$$

wo α die *Feinstrukturkonstante* ist,

$$\alpha = \frac{e^2}{\hbar c} \simeq \frac{1}{137}.$$

Aus (27.12) folgt, dass

$$E_n \ll \mu c^2.$$

D. h. die nicht-relativistische Näherung ist berechtigt. Für schwere wasserstoffähnliche Atome, für die $e \to Ze$ übergeht, wo Z die Kernladungszahl ist, ist diese Näherung weniger gut. In der spektroskopischen Notation ist es üblich die Bahndrehimpuls-Quantenzahlen mit den Buchstaben $s, p, d, \ldots$ zu bezeichnen,

$$n(l = 0, l = 1, l = 2, \ldots) \Rightarrow n(s, p, d, f, g, \ldots).$$

So bezeichnet z. B. 3s einen Wasserstoff-Eigenzustand mit Hauptquantenzahl 3 und Drehinpuls 0. Die sogenannte magnetische Quantenzahl m wird nicht angegeben.

28 Diskrete Symmetrien

Bisher haben wir kontinuierliche Symmetrien, Translationen und Drehungen diskutiert. In der Quantenmechanik gibt es auch diskrete Symmetrien, die in der makroskopischen Physik kaum eine Rolle spielen. Zu diesen gehören die Parität, mit der wir eine Quantenzahl verbinden können, und die Zeitumkehr, die zu Phasenbeziehungen zwischen Matrixelementen führt.

28.1 Raumspiegelungen, Parität

Bei einer Spiegelung an der (y, z)-Ebene geht

$$x \to -x, y \to y, z \to z$$

d. h. ein rechtshändiges Koordinatensystem geht in ein linkshändiges über. Dagegen stellt die Transformation

$$x \to x, y \to -y, z \to -z$$

eine 180° Drehung um die x-Achse mit Determinante $+1$ dar. Unter einer Raumspiegelung oder Inversion wollen wir die Kombination der beiden Transformationen verstehen,

$$x \to -x, y \to -y, z \to -z \,.$$

Wieder geht ein rechtshändiges Koordinatensystem in ein linkshändiges über. In Matrixnotation lautet die Inversion I:

$$x_i = I_{ik} x_k \quad \text{mit} \quad I = \begin{pmatrix} -1 & 0 & 0 \\ 0 & -1 & 0 \\ 0 & 0 & -1 \end{pmatrix}, \quad I^2 = \mathbf{1} \,.$$

Die Raumspiegelungen bilden eine Gruppe mit nur zwei Elementen. I ist eine orthogonale Matrix, aber

$$\det I = -1 \,.$$

D. h. I ist keine Drehung. Da $I \sim \mathbf{1}$ ist, folgt, dass I mit den Drehmatrizen R vertauscht

$$[I, R] = 0 \,. \tag{28.1}$$

Spiegelungen vertauschen mit Drehungen. Wenn wir Spiegelungen und Drehungen durch unitäre Operatoren im Hilbert-Raum darstellen wollen, müssen auch die Operatoren die obigen algebraischen Relationen erfüllen.

Wir wollen jetzt untersuchen, wie sich in der Quantenmechanik ein Zustand unter Raumspiegelungen verhält (aktive Betrachtungsweise). Sei $|\Psi\rangle$ ein Zustand und $|\Psi'\rangle$ der reflektierte Zustand mit

$$|\Psi'\rangle = \Pi |\Psi\rangle \,,$$

wo Π der Paritätsoperator ist. Nach den früheren Überlegungen kann Π entweder unitär oder antiunitär sein. Wir setzen voraus, dass die unitäre Option realisiert ist und definieren den Paritätsoperator durch seine Wirkung auf die Ortseigenkets eines einzelnen spinlosen Teilchens

$$\Pi|\vec{x}\rangle = |-\vec{x}\rangle \ . \tag{28.2}$$

Wenden wir Π ein zweites Mal an, so erhalten wir den ursprünglichen Zustand zurück

$$\Pi\Pi|\vec{x}\rangle = \Pi|-\vec{x}\rangle = |\vec{x}\rangle \ .$$

D. h.

$$\Pi^2 = \mathbf{1}$$

Damit wird Π nicht nur unitär sondern auch Hermitesch

$$\Pi^\dagger \underset{\text{unitär}}{=} \Pi^{-1} \underset{\Pi^2=1}{=} \Pi \ .$$

D. h. Π ist eine *Observable* und die (reellen) Eigenwerte können nur ± 1 sein. Diese Eigenwerte heißen *Parität* des Zustandes. Für das Transformatinsverhalten des Ortsoperators erhalten wir:

$$\Pi \vec{X} \Pi^\dagger = -\vec{X} \tag{28.3}$$

Beweis

$$\Pi \vec{X} |\vec{x}\rangle = \vec{x} \Pi |\vec{x}\rangle$$

l.S.: $\Pi \vec{X} \Pi^{-1} \Pi |\vec{x}\rangle = \Pi \vec{X} \Pi^{-1} |-\vec{x}\rangle$

r.S.: $\vec{x} \Pi |\vec{x}\rangle = \vec{x} |-\vec{x}\rangle = -\vec{X} |-\vec{x}\rangle$, (da $\vec{X} |-\vec{x}\rangle = -\vec{x} |-\vec{x}\rangle$).

Da Π unitär sein soll, folgt daraus

$$\Pi \vec{X} \Pi^{-1} = \Pi \vec{X} \Pi^\dagger = -\vec{X}$$

oder

$$\vec{X} \Pi = -\Pi \vec{X} \ .$$

D. h. die Operatoren $\vec{X}$ und Π anti-vertauschen, es gibt keine gemeinsamen Eigenvektoren. Der Vektor $\Pi |\vec{x}\rangle$ ist Eigenzustand von $\vec{X}$ zum Eigenwert $-\vec{x}$,

$$\vec{X} \Pi |\vec{x}\rangle = -\Pi \vec{X} |\vec{x}\rangle = -\vec{x} \Pi |\vec{x}\rangle \ ,$$

in Einklang mit Gl. (28.2). D. h. $\Pi |\vec{x}\rangle = |-\vec{x}\rangle$, bis auf einen möglichen Phasenfaktor, der üblicherweise gleich 1 gesetzt wird. Die Eigenvektoren von Π,

$$|\vec{x}\rangle \pm |-\vec{x}\rangle \ ,$$

besitzen gerade bzw. ungerade Parität. Sie entsprechen in der Ortsdarstellung den geraden und ungeraden Wellenfunktionen

$$\Psi(\vec{x}) \pm \Psi(-\vec{x}) \ . \qquad \square$$

Verhalten des Bahndrehimpulses $\vec{L}$ unter Spiegelungen

Wenn Π eine unitäre Operatordarstellung der Spiegelung sein soll, dann folgt aus Gl. (28.1), dass

$$[D(R), \Pi] = 0 \quad \text{oder} \quad [\vec{L}, \Pi] = 0,$$

wo $D(R)$ der Drehoperator ist. Wir postulieren, dass diese Relation auch für den Spin $\vec{S}$ und damit für den Gesamtdrehimpuls $\vec{J} = \vec{L} + \vec{S}$ gilt.

Verhalten des Impulsoperators unter Spiegelungen

Aus der Beziehung $\vec{L} = \vec{X} \times \vec{P}$ folgt, für den Impulsoperator

$$\Pi^\dagger \vec{P} \Pi = -\vec{P} \quad \text{oder} \quad \vec{P}\Pi = -\Pi\vec{P}$$

gelten muss. Damit gilt für die Impuls-Eigenvektoren

$$\Pi |\vec{p}\rangle = |-\vec{p}\rangle .$$

Wir betrachten als **Beispiel** die Impulswellenfunktion

$$\langle \vec{x} | \vec{p} \rangle = \frac{1}{(2\pi\hbar)^{3/2}} \exp\left[\frac{i}{\hbar} \vec{x} \cdot \vec{p}\right] . \tag{28.4}$$

Dann ist

$$\langle \vec{x} | \Pi | \vec{p} \rangle = \langle -\vec{x} | \vec{p} \rangle = \frac{1}{(2\pi\hbar)^{3/2}} \exp\left[-\frac{i}{\hbar} \vec{x} \cdot \vec{p}\right]$$

$$= \langle \vec{x} | -\vec{p} \rangle .$$

D. h.

$$\Pi |\vec{p}\rangle = |-\vec{p}\rangle \quad \text{und} \quad \Pi^\dagger \vec{P} \Pi = -\vec{P} .$$

Dies ist das physikalisch zu erwartende Ergebnis. Unter einer Raumspiegelung dreht der Impuls sein Vorzeichen um, da der Impuls proportional zur Geschwindigkeit ist. Da $[\vec{P}, \Pi] \neq 0$ ist, gibt es wieder keine gemeinsamen Eigenvektoren. Vektoren, die unter Spiegelungen ihr Vorzeichen wechseln heißen *polare* Vektoren.

Stationäre Zustände unter Parität

Wir betrachten jetzt Systeme, deren Hamilton-Operator invariant unter der Paritätsoperation sind, d. h. $[H, \Pi] = 0$. Es gibt also gemeinsame Eigenvektoren. Ist der Hamilton-Operator paritätsinvariant, so besitzen die nicht-entarteten Eigenvektoren (stationären Zustände) eine eindeutige Parität. Dies sieht man wie folgt. Sei $|E\rangle$ ein Eigenvektor von H,

$$H |E\rangle = E |E\rangle .$$

Dann gilt
$$H\Pi |E\rangle = \Pi H |E\rangle = E\Pi |E\rangle \,.$$

$\Pi |E\rangle$ ist also ein Eigenvektor zum selben Eigenwert. Da dieser Eigenwert nicht-entartet sein soll, muss
$$\Pi |E\rangle = \alpha |E\rangle$$

sein, wo α eine komplexe Zahl ist. $|E\rangle$ ist also ein Eigenvektor von Π. Bei entarteten Zuständen kann man stets Linearkombinationen mit definierter Parität wählen. Wenn der Hamilton-Operator invariant unter Spiegelungen ist,
$$\Pi H \Pi^{-1} = H \quad \text{oder} \quad [\Pi, H] = 0 \,,$$

dann ist Π eine Erhaltungsgröße und der Paritätsoperator kann als Element des vollständigen Satzes von Operatoren gewählt werden. Somit ist die Parität $\pi = \pm 1$ (Eigenwert von Π) ein Element des vollständigen Satzes von Quantenzahlen. Ist H drehinvariant, dann gibt es wegen $[\vec{J}, \Pi] = 0$ gemeinsame Eigenvektoren von H, J^2, J_z, Π. Aus $[\vec{J}, \Pi] = 0$ folgt auch, dass alle Zustände mit $|j, m\rangle$ mit festem j die gleiche Parität haben, da sie durch Anwendung von $J_\pm$ auseinander hervorgehen.

Der Paritätsoperator in der Ortsdarstellung

In der Ortsdarstellung erhält man für die Matrixelemente des Paritätsoperators
$$\langle \vec{x}|\Pi|\vec{x}'\rangle = \langle \vec{x}|-\vec{x}'\rangle = \delta(\vec{x} + \vec{x}') \,.$$

Für einen beliebigen Zustand $|\Psi\rangle$ ist die Wellenfunktion $\Psi(\vec{x})$ definiert durch
$$|\Psi\rangle = \int d^3x\, |\vec{x}\rangle \langle \vec{x}|\Psi\rangle = \int d^3x\, \Psi(\vec{x}) |\vec{x}\rangle \,.$$

Damit wird
$$\langle \vec{x}|\Pi|\Psi\rangle = \int d^3x'\, \langle \vec{x}|\Pi|\vec{x}'\rangle \langle \vec{x}'|\Psi\rangle$$
$$= \int d^3x'\, \delta(\vec{x} + \vec{x}') \Psi(\vec{x}') = \Psi(-\vec{x}) \,.$$

Wir definieren einen Paritätsoperator, der auf die Wellenfunktion wirkt durch
$$\Pi \Psi(\vec{x}) = \Psi(-\vec{x}) \,.$$

Da der Bahndrehimpuls mit Π vertauscht und gemeinsame Eigenfunktionen existieren, ist das Verhalten der Bahndrehimpuls-Eigenvektoren von besondere Bedeutung. Betrachten wir z. B. ein Teichen im Zentralpotential mit Wellenfunktion
$$\langle \vec{x}|n, l, m\rangle = \Psi_{nlm}(\vec{x}) = f_{nl}(r) Y_l^m(\theta, \varphi)$$

in Polarkoordinaten ($x = r\sin\theta\cos\varphi$, $y = r\sin\theta\sin\varphi$, $z = r\cos\theta$). Die Transformation $\Pi\Psi_{nlm}(\vec{x}) = \Psi_{nlm}(-\vec{x})$ bedeutet

$$r \to r$$
$$\theta \to \pi - \theta \quad \text{d.h.} \quad \cos\theta \to -\cos\theta$$
$$\varphi \to \varphi + \pi \quad \text{d.h.} \quad e^{-im\varphi} \to (-1)^m e^{-im\varphi}.$$

Da für die Kugelfunktionen die Beziehung gilt

$$Y_l^m(\pi - \theta, \varphi + \pi) = (-1)^l Y_l^m(\theta, \varphi),$$

folgt

$$\langle\vec{x}|\Pi|n,l,m\rangle = (-1)^l \langle\vec{x}|n,l,m\rangle$$
$$\text{oder} \quad \Psi_{nlm}(-\vec{x}) = (-1)^l \Psi_{nlm}(\vec{x}).$$

Die Parität eines Ein-Teilchen-Drehimpuls-Eigenzustands ist also $(-1)^l$. Daneben haben Elementarteilchen auch noch eine innere Parität.

Auswahlregeln

Viele Operatoren haben wohldefiniertes Verhalten unter der Paritätstransformation

$$\Pi A \Pi^{-1} = \pm A \quad \begin{matrix} \text{gerade} \\ \text{ungerade} \end{matrix}.$$

Für solche Operatoren gelten folgende Auswahlregeln:
a) Das Matrixelement eines geraden Operators (bzgl. Parität) verschwindet, wenn die Zustände unterschiedliche Parität haben.
b) Das Matrixelement eines ungeraden Operators (bzgl. Parität) verschwindet, wenn die Zustände gleiche Parität haben.

Beweis $|a\rangle$ und $|b\rangle$ seien zwei Paritätseigenzustände

$$\Pi|a\rangle = \pi_a|a\rangle, \quad \Pi|b\rangle = \pi_b|b\rangle$$
$$\text{mit} \quad \pi_{a,b} = \pm 1.$$

Wir betrachten einen Operator K mit der Eigenschaft

$$\Pi^\dagger K \Pi = \varepsilon K \quad \text{mit} \quad \varepsilon = \pm 1.$$

Dann ist

$$\langle a|K|b\rangle = \langle a|\Pi^{-1}\Pi K \Pi^{-1}\Pi|b\rangle = \pi_a \pi_b \varepsilon \langle a|K|b\rangle.$$

Beispiel: Sei $\pi_a = \pi_b$ und $\varepsilon = -1$. Dann ist nach Gl. (28.3) $\langle a|K|b\rangle = -\langle a|K|b\rangle = 0$. □

Die Auswahlregel gilt speziell für den Ortsoperator zwischen nicht-entarteten Energie-Eigenzuständen

$$\langle nlm|\vec{X}|nlm\rangle = 0\,.$$

Dieses Ergebnis bedeutet z. B., dass nicht-entartete Energie-Eigenzustände kein elektrisches Dipolmoment haben.

Bemerkung: Da Zustände gerader Parität sich signifikant von solchen mit ungerader Parität unterscheiden, haben Zustände unterschiedlicher Parität im Allgemeinen nicht die selbe Energie. Das Wasserstoffatom ist ein Beispiel für eine zufällige Entartung. Hier sind die Energie-Eigenzustände mit $n = 2, 3, 4, \ldots$ entartet und enthalten Komponenten mit unterschiedlichen l und damit unterschiedlicher Parität. Die Entartung bezüglich m hat keinen Einfluss auf die Parität der Zustände.

28.2 Zeitumkehr

Die klassischen Naturgesetze sind invariant gegen Zeitumkehr $t \to -t$, d. h. gegenüber der Richtung des Zeitablaufs. Wenn wir einen physikalischen Bewegungsablauf filmen, dann ist auch der rückwärts abgespielte Film eine mögliche Bewegung. Dies leuchtet ein für einen Ball, der von der Tischkante fällt und wieder hochspringt. Aber es gilt im Prinzip auch für ein Ei das vom Tisch fällt und zerbricht, wenn man die nötigen Anfangsbedingungen für die Umkehrbewegung kennen würde. Wir verdeutlichen das Konzept der Zeitumkehr an zwei Beispielen.

a) Newtonsche Bewegungsgleichung

Wenn $\vec{x}(t)$ eine Lösung der Newtonsche Bewegungsgleichung

$$m\ddot{x}_i = -\nabla_i V(\vec{x})$$

ist, dann ist offensichtlich auch die Umkehr der Bewegung $\vec{x}(-t)$ eine Lösung. Bewegt sich ein Teilchen entlang der positiven x-Achse mit Geschwindigkeit v, dann ist auch eine Bewegung mit der gleichen Geschwindigkeit in umgekehrter Richtung, d. h. entlang der negativen x-Achse, eine mögliche Lösung der Bewegungsgleichung, d. h.

Zeitumkehr=Bewegungsumkehr .

b) Schrödinger-Gleichung

$$i\hbar\frac{\partial}{\partial t}\Psi(\vec{x},t) = \left(-\frac{\hbar^2}{2m}\nabla^2 + V(\vec{x})\right)\Psi(\vec{x},t)\,. \tag{28.5}$$

Wenn $\Psi(\vec{x},t)$ eine Lösung ist, dann ist $\Psi(\vec{x},-t)$ *keine* Lösung, da die Zeitableitung nur in erster Ordnung vorkommt. Dagegen ist $\Psi^*(\vec{x},-t)$ Lösung. Um das zu sehen nehmen wir die komplex konjugierte Gleichung (28.5)

$$-i\hbar\frac{\partial}{\partial t}\Psi^*(\vec{x},t) = \left(-\frac{\hbar^2}{2m}\nabla^2 + V(\vec{x})\right)\Psi^*(\vec{x},t)$$

Diese Gleichung wird mit $t \to -t$

$$i\hbar\frac{\partial}{\partial t}\Psi^*(\vec{x},-t) = \left(-\frac{\hbar^2}{2m}\nabla^2 + V(\vec{x})\right)\Psi^*(\vec{x},-t)$$

D. h. $\Psi^*(\vec{x},-t)$ erfüllt die selbe Gleichung wie $\Psi(\vec{x},t)$. Zeitumkehr hat also etwas mit komplexer Konjugation zu tun.

Zur Erinnerung
Eine Symmetrieoperation

$$|\Psi\rangle \to |\Psi'\rangle = \Theta|\Psi\rangle, \quad |\Phi\rangle \to |\Phi'\rangle = \Theta|\Phi\rangle,$$

die Wahrscheinlichkeiten invariant lässt

$$|\langle\Psi|\Phi\rangle|^2 = |\langle\Psi'|\Phi'\rangle|^2,$$

kann unitär oder anti-unitär sein. Für anti-unitäre Operationen gilt:

$$\Theta\{c_1|\Psi\rangle + c_2|\Phi\rangle\} = c_1^*\Theta|\Psi\rangle + c_2^*\Theta|\Phi\rangle \tag{28.6}$$

(antilinear) und

$$\langle\Psi'|\Phi'\rangle = \langle\Phi|\Psi\rangle^* = \langle\Phi|\Psi\rangle \tag{28.7}$$

Um konsistente Rechenregeln zu erhalten, sollte eine komplexe Zahl immer auf die linke Seite des Vektors gezogen werden,

$$\Theta|\Psi\rangle c = \Theta c|\Psi\rangle = c^*\Theta|\Psi\rangle.$$

Das oben diskutierten Verhalten der Schrödinger-Gleichung legt nahe, dass der Zeitumkehr-Operator ein solcher anti-unitärer Operator ist.

Definition
Wir erwarten, dass Zeitumkehr den Impuls umdreht,

$$\Theta|\vec{p}\rangle = |-\vec{p}\rangle.$$

Dann folgt für das Transformationsverhalten des Impulsoperators unter Zeitumkehr

$$\Theta\vec{P}\Theta^{-1} = -\vec{P} \quad \text{oder} \quad \Theta\vec{P} = -\Theta\vec{P}. \tag{28.8}$$

Beweis

$$\Theta \vec{P} |\vec{p}\rangle = \Theta \vec{p} |\vec{p}\rangle = \vec{p}\Theta |\vec{p}\rangle = \vec{p}|-\vec{p}\rangle = -\vec{P}|-\vec{p}\rangle, \quad (\text{da } \vec{P}|-\vec{p}\rangle = -\vec{p}|-\vec{p}\rangle)$$

$$\Theta \vec{P} |\vec{p}\rangle = \Theta \vec{P} \Theta^{-1} \Theta |\vec{p}\rangle = \Theta \vec{P} \Theta^{-1} |-\vec{p}\rangle.$$

Gl. (28.8) folgt aus dem Vergleich der beiden Ergebnisse. □

Für ein freies Teilchen ist $H = P^2/2m$, d. h.

$$[H, \Theta] = 0.$$

Wir hatten gefordert, dass Θ, im Gegensatz zu Π anti-unitär ist

$$\Theta(\alpha |\Psi\rangle) = \alpha^* \Theta |\Psi\rangle.$$

Dann folgt für die Ortseigenzustände:

$$\Theta |\vec{x}\rangle = |\vec{x}\rangle.$$

Beweis

$$\Theta |\vec{x}\rangle = \Theta \int d^3 p \, |\vec{p}\rangle \langle \vec{p}|\vec{x}\rangle = \Theta \int d^3 p \, \langle \vec{p}|\vec{x}\rangle |\vec{p}\rangle$$

$$= \int d^3 p (\langle \vec{p}|\vec{x}\rangle)^* |-\vec{p}\rangle = \int d^3 p \, \langle -\vec{p}|\vec{x}\rangle |-\vec{p}\rangle$$

$$= \int d^3 p \, |-\vec{p}\rangle \langle -\vec{p}|\vec{x}\rangle = \int d^3 p \, |\vec{p}\rangle \langle \vec{p}|\vec{x}\rangle$$

$$= |\vec{x}\rangle,$$

wo wir $\langle \vec{x}|\vec{p}\rangle = \frac{1}{(2\pi\hbar)^{3/2}} \exp\left[\frac{i}{\hbar}\vec{x}\cdot\vec{p}\right]$ verwendet haben. □

Der Zeitumkehr-Operator Θ lässt die Raumkoordinaten unverändert, dreht aber die Geschwindigkeiten um. Wir erhalten daher folgendes Transformationsverhalten für die Operatoren

$$\Theta \vec{X} \Theta^{-1} = \vec{X}$$

$$\Theta \vec{P} \Theta^{-1} = -\vec{P}$$

$$\Theta \vec{L} \Theta^{-1} = -\vec{L}$$

Damit erfüllen die Erwartungswerte die klassischen Beziehungen. Wir postulieren, dass die letzte Relation auch für Spin-Operatoren gelten soll.

Regel: Der Zeitumkehroperator Θ wirkt nur auf Kets (nach rechts). Wir brauchen $\Theta^\dagger$ nicht zu definieren. Die Dirac-Notation darf nur für lineare Operatoren verwendet werden.

Phasenbeziehung

Da Θ kein unitärer Operator ist, folgt aus der Tatsache dass H mit Θ vertauscht nicht, dass Θ eine Erhaltungsgröße ist. Es folgen aber nicht-triviale Phasenbeziehungen. Diese werden im Folgenden beschrieben. Sei

$$|\alpha\rangle \to |\alpha'\rangle = \Theta|\alpha\rangle, \ |\beta\rangle \to |\beta'\rangle = \Theta|\beta\rangle \ .$$

Dann gilt für einen beliebigen *linearen* Operator A folgende **Identität**:

$$\langle\alpha|A|\beta\rangle = \langle\beta'|\Theta A^\dagger \Theta^{-1}|\alpha'\rangle \ .$$

Beweis Der Beweis ist nicht so offensichtlich, da Θ nur nach rechts wirkt. Der Vektor

$$|\gamma\rangle \equiv (A^\dagger|\beta\rangle)$$

wird im dualen Raum

$$\langle\gamma| = (\langle\beta|A) \ .$$

Symmetrie unter Zeitumkehr bedeutet $\langle\gamma|\alpha\rangle = \langle\alpha'|\gamma'\rangle$. Dann folgt

$$\begin{aligned}
\langle\beta|A|\alpha\rangle = \langle\gamma|\alpha\rangle &\underset{\text{Gl. (28.7)}}{=} \langle\alpha'|\gamma'\rangle \\
&= \langle\alpha'|\Theta|\gamma\rangle = \langle\alpha'|\Theta A^\dagger|\beta\rangle \\
&= \langle\alpha'|\Theta A^\dagger \Theta^{-1}\Theta|\beta\rangle = \langle\alpha'|\Theta A^\dagger \Theta^{-1}|\beta'\rangle \ .
\end{aligned}$$
□

Für Hermitesche Operatoren $A = A^\dagger$ gilt speziell

$$\langle\beta|A|\alpha\rangle = \langle\alpha'|\Theta A \Theta^{-1}|\beta'\rangle \ . \tag{28.9}$$

Viele Operatoren haben wohldefiniertes Verhalten unter Zeitumkehr

$$\Theta A \Theta^{-1} = \pm A \quad \begin{cases} \text{gerade} \\ \text{ungerade} \end{cases},$$

z. B.

$$\Theta \vec{X} \Theta^{-1} = \vec{X}$$
$$\Theta \vec{P} \Theta^{-1} = -\vec{P} \ .$$

Dann führt die Identität Gl. (28.9) auf nicht-triviale **Phasenbedingungen**

$$\begin{aligned}
\langle\beta|A|\alpha\rangle = \langle\alpha'|\Theta A \Theta^{-1}|\beta'\rangle &= \pm \langle\alpha'|A|\beta'\rangle \\
&= \pm \langle\beta'|A|\alpha'\rangle^* \ .
\end{aligned}$$

Für die (stets reellen) Erwartungswerte Hermitescher Operatoren bedeutet dies:

$$\langle\alpha|A|\alpha\rangle = \pm \langle\alpha'|A|\alpha'\rangle \ .$$

Aus der Relation

$$\Theta \vec{P} \Theta^{-1} = -\vec{P}$$

folgt z. B.
$$\langle \alpha | \vec{P} | \alpha \rangle = -\langle \alpha' | \vec{P} | \alpha' \rangle ,$$
wo $|\alpha'\rangle$ die Zustände mit umgekehrter Bewegungsrichtung sind. Die Erwartungswerte entsprechen also den klassischen Ergebnissen

Zeitumkehr im Ortsraum (spinlose Teilchen)
Wir entwickeln einen beliebigen Zustand nach Ortsraum-Eigenfunktionen
$$|\Psi\rangle = \int d^3x\, |\vec{x}\rangle \langle \vec{x} | \Psi \rangle = \int d^3x\, \Psi(\vec{x}) |\vec{x}\rangle .$$
(Wegen der Regel Gl. (28.1) müssen wir die Wellenfunktion vor den Zustand schreiben). Bei Zeitumkehr geht der Zustand über in
$$\Theta |\Psi\rangle = \int d^3x\, \Theta \Psi(\vec{x}) |\vec{x}\rangle = \int d^3x\, \Psi^*(\vec{x}) |\vec{x}\rangle ,$$
oder
$$\Psi(\vec{x}) \to \Psi^*(\vec{x}) .$$
Wir definieren einen Zeitumkehr-Operator, der auf die Wellenfunktion wirkt durch
$$\Theta \Psi(\vec{x}) = \Psi^*(\vec{x}) .$$

Als **Beispiel** betrachten wir ein Teilchen in einem Drehimpuls-Eigenzustand. In unserer Phasenkonvention wurde der radiale Teil der Wellenfunktion reell gewählt. Für den winkelabhängigen Teil der Wellenfunktion gilt dann
$$Y_l^m(\theta,\varphi) \xrightarrow{\Theta} Y_l^{m*}(\theta,\varphi) = (-1)^m Y_l^{-m}(\theta,\varphi)$$
und damit wird
$$\Theta |l,m\rangle = (-1)^m |l,-m\rangle .$$

Wir wenden Θ zweimal an:
$$\Theta^2 |l,m\rangle = (-1)^{2m} |l,m\rangle = (-1)^{2l} |l,m\rangle = |l,m\rangle .$$
Die Verallgemeinerung für ganzzahlige und halbzahlige Drehimpulse lautet
$$\Theta^2 |j,m\rangle = (-1)^{2m} |j,m\rangle = (-1)^{2j} |j,m\rangle$$
(wenn j ganzzahlig (halbzahlig) ist, dann ist es auch m).
Es gilt also
$$\Theta^2 = \mathbf{1} \quad \text{für ganzzahlige Drehimpulse} \tag{28.10}$$
$$\Theta^2 = -\mathbf{1} \quad \text{für halbzahlige Drehimpulse.}$$

Im Allgemeinen braucht es zur vollständigen Beschreibung eines Systems mehr Observable als den Drehimpuls, z. B. die radiale Variable. Dir Wirkung auf solche Systeme kann unter Umständen komplizierter sein als oben beschrieben. Als Beispiel betrachten wir das Elektron im Wasserstoffatom, das durch den Gesamtdrehimpuls und die Energie beschrieben werden kann. Wenn der Hamilton-Operator zeitumkehrinvariant ist, dann wird ein gegebener Energieeigenvektor durch Θ auf einen anderen mit der selben Energie abgebildet. Man überprüft leicht, dass Θ^2 ein linearer Operator und mit dem zeitumkehrinvarianten Hamilton-Operator vertauscht. Für Energieeigenzustände, die gleichzeitig Drehimpulseigenzustände sind gilt wieder Gl. (28.10).

Kramers-Entartung

Die Eigenschaft, dass Zustände mit halbzahligen Drehimpulsen das Vorzeichen unter Θ^2 wechseln, manifestiert sich in der Kramers-Entartung. Betrachte einen zeitumkehrinvarianten Hamilton-Operator. Die Eigenvektoren $|E\rangle$ und die zeitumgekehrten $\Theta |E\rangle$ sind Eigenvektoren zum selben Eigenwert E. Wenn die beiden Vektoren linear unabhängig sind, dann ist der Eigenwert entartet. Dies ist der Fall für halbzahlige Drehimpulse.

Beweis Sei $|E\rangle$ nicht-entartet, dann sind $|E\rangle$ und $\Theta |E\rangle$ der selbe Zustand,

$$\Theta |E\rangle = e^{i\alpha} |E\rangle \quad \rightarrow \quad \Theta^2 |E\rangle = |E\rangle .$$

Dies widerspricht der Tatsache, dass Θ^2 das Vorzeichen eines Zustandes mit halbzahligen Spin ändert. Stationäre Zustände für halbzahlige Drehimpulse eines zeitumkehrinvarianten Systems müssen also jeweils paarweise entartet sein. □

Satz

Ist ein Hamilton-Operator invariant unter Zeitumkehr, so können die nicht-entarteten Energie-Eigenfunktionen reell gewählt werden.

Beweis
$$H\Theta |n\rangle = \Theta H |n\rangle = E_n \Theta |n\rangle .$$

Es gibt zwei Möglichkeiten:
a) $|n\rangle$ und $\Theta |n\rangle$ sind verschiedene Zustände, dann sind die zugehörigen Energien entartet
b) Es gibt keine Entartung und $|n\rangle$ und $\Theta |n\rangle$ sind bis auf einen Phasenfaktor der selbe Zustand,
$$\Theta |n\rangle = e^{i\alpha} |n\rangle .$$

Für die Wellenfunktion war

$$\Psi_n(\vec{x}) = \langle \vec{x} | n \rangle$$
$$\Psi_n^*(\vec{x}) = \langle \vec{x} | \Theta | n \rangle = e^{i\alpha} \Psi_n(\vec{x})$$

$\Psi_n^*(\vec{x})$ und $\Psi_n(\vec{x})$ können sich daher höchstens um einen irrelevanten konstanten Phasenfaktor unterscheiden. Man kann also

$$\Psi_n(\vec{x}) = \Psi_n^*(\vec{x})$$

wählen. Beim Wasserstoffatom geht das nur für die $l = 0$ Zustände, da alle anderen entartet sind. Beim harmonischen Oszillator sind alle Energie-Eigenzustände nichtentartet, d. h. die Wellenfunktionen können alle reell gewählt werden. □

29 Zeitunabhängige Störungstheorie

29.1 Nicht-Entarteter Fall

Oft kann man den Hamilton-Operator in der Form schreiben

$$H = H_0 + \lambda H_1,$$

wobei das Eigenwertproblem für H_0 gelöst und der schwierige Teil λH_1 klein ist, d. h. $\lambda \ll 1$. Die Eigenwerte $E_n^{(0)}$ und die Eigenfunktionen $|\Psi_n^{(0)}\rangle$ von H_0 seien bekannt,

$$H_0 |\Psi_n^{(0)}\rangle = E_n^{(0)} |\Psi_n^{(0)}\rangle, \quad n = 0, 1, 2, \ldots .$$

Gesucht sind die diskreten Eigenzustände (Bindungszustände) $|\Psi_n\rangle$ und Eigenwerte E_n von H,

$$H|\Psi_n\rangle = E_n |\Psi_n\rangle .$$

Wir beschränken uns in der Ableitung auf die *führender Ordnung* in λ. Dazu entwickeln wir Eigenwerte und Eigenvektoren in eine Potenzreihe in λ

$$E_n = E_n^{(0)} + \lambda E_n^{(1)} + \lambda^2 E_n^{(2)} + \cdots$$

$$|\Psi_n\rangle = |\Psi_n^{(0)}\rangle + \lambda |\Psi_n^{(1)}\rangle + \cdots .$$

Die Konvergenz der Störungsreihe muss jeweils geprüft werden. Aus den Normierungsbedingungen

$$\langle \Psi_n | \Psi_n \rangle = \langle \Psi_n^{(0)} | \Psi_n^{(0)} \rangle = \langle \Psi_n^{(1)} | \Psi_n^{(1)} \rangle = \cdots = 1$$

folgt

$$\langle \Psi_n | \Psi_n \rangle = \left[\langle \Psi_n^{(0)} | + \lambda \langle \Psi_n^{(1)} | \right] \left[|\Psi_n^{(0)}\rangle + \lambda |\Psi_n^{(1)}\rangle \right]$$
$$= \left[\langle \Psi_n^{(0)} | \Psi_n^{(0)} \rangle + \lambda \langle \Psi_n^{(0)} | \Psi_n^{(1)} \rangle + \lambda \langle \Psi_n^{(1)} | \Psi_n^{(0)} \rangle + \text{-cdots} \right] = 1 .$$

Ein Vergleich der Koeffizienten von λ^1 liefert

$$\langle \Psi_n^{(1)} | \Psi_n^{(0)} \rangle = \langle \Psi_n^{(0)} | \Psi_n^{(1)} \rangle = 0 . \tag{29.1}$$

d. h. die Zustände nullter Ordnung und erster Ordnung in der Störungstheorie sind orthogonal zueinander.

Bestimmung von $E_n^{(1)}$

Die Schrödinger-Gleichung ergibt in $O(\lambda)$

$$(H_0 + \lambda H_1) \left[|\Psi_n^{(0)}\rangle + \lambda |\Psi_n^{(1)}\rangle \right] = (E_n^{(0)} + \lambda E_n^{(1)}) \left[|\Psi_n^{(0)}\rangle + \lambda |\Psi_n^{(1)}\rangle \right] .$$

Ein Vergleich der Koeffizienten von λ liefert

$$H_1 \left|\Psi_n^{(0)}\right\rangle + H_0 \left|\Psi_n^{(1)}\right\rangle = E_n^{(1)} \left|\Psi_n^{(0)}\right\rangle + E_n^{(0)} \left|\Psi_n^{(1)}\right\rangle . \tag{29.2}$$

Wir multiplizieren Gl. (29.2) von links mit $\left\langle\Psi_n^{(0)}\right|$, verwenden Gl. (29.1) und erhalten

$$E_n^{(1)} = \left\langle\Psi_n^{(0)}|H_1|\Psi_n^{(0)}\right\rangle . \tag{29.3}$$

D. h. wir brauchen zur Berechnung der Energieverschiebung in erster Ordnung nur die ungestörten Zustände. Da die Matrixelemente von H_1 zwischen ungestörten Zuständen in vielen Anwendungen verschwinden, ist auch noch die nächste Approximation von Bedeutung. Das Ergebnis sei hier ohne Beweis angeführt,

$$E_n^{(2)} = \sum_{m \neq n} \frac{|\left\langle\Psi_n^{(0)}|H_1|\Psi_m^{(0)}\right\rangle|^2}{E_n^{(0)} - E_m^{(0)}} . \tag{29.4}$$

Man kann zeigen, dass die Korrektur 2. Ordnung immer negativ ist.

Für die Korrektur zum Zustandsvektor findet man $\left|\Psi_n^{(1)}\right\rangle$

$$\left|\Psi_n^{(1)}\right\rangle = \sum_{m \neq n} \frac{\left\langle\Psi_n^{(0)}|H_1|\Psi_m^{(0)}\right\rangle}{E_n^{(0)} - E_m^{(0)}} \left|\Psi_n^{(0)}\right\rangle \tag{29.5}$$

Beweis Die $\{\left|\Psi_n^{(0)}\right\rangle\}$ bilden ein vollständiges Orthonormalsystem. D. h. der Vektor $\left|\Psi_n^{(1)}\right\rangle$ kann in der Basis $\{\left|\Psi_n^{(0)}\right\rangle\}$ entwickelt werden

$$\left|\Psi_n^{(1)}\right\rangle = \sum_{m \neq n} c_m \left|\Psi_m^{(0)}\right\rangle \quad \text{mit} \quad c_m = \left\langle\Psi_m^{(0)}|\Psi_n^{(1)}\right\rangle .$$

Der Fall $m = n$ braucht nicht betrachtet zu werden, da $\left|\Psi_n^{(1)}\right\rangle$ nach Gl. (29.1) keine Komponente in Richtung $\left|\Psi_n^{(0)}\right\rangle$ besitzt. Wir multiplizieren jetzt Gl. (29.2) von links mit $\left\langle\Psi_m^{(0)}\right|$ und erhalten

$$\left\langle\Psi_m^{(0)}\right| \left(H_1 \left|\Psi_n^{(0)}\right\rangle + H_0 \left|\Psi_n^{(1)}\right\rangle\right) = \left\langle\Psi_m^{(0)}\right| E_n^{(1)} \left|\Psi_n^{(0)}\right\rangle + \left\langle\Psi_m^{(0)}\right| E_n^{(0)} \left|\Psi_n^{(1)}\right\rangle)$$

oder

$$\left\langle\Psi_m^{(0)}|H_1|\Psi_n^{(0)}\right\rangle + E_m^{(0)} \left\langle\Psi_m^{(0)}|\Psi_n^{(1)}\right\rangle = E_n^{(1)} \underbrace{\left\langle\Psi_m^{(0)}|\Psi_n^{(0)}\right\rangle}_{=0,\ da\ m \neq n} + E_n^{(0)} \left\langle\Psi_m^{(0)}|\Psi_n^{(1)}\right\rangle .$$

Damit wird

$$\left\langle\Psi_m^{(0)}|H_1|\Psi_n^{(0)}\right\rangle = (E_n^{(0)} - E_m^{(0)}) \left\langle\Psi_m^{(0)}|\Psi_n^{(1)}\right\rangle$$

$$= (E_m^{(0)} - E_n^{(0)}) \sum_{r \neq n} c_r \underbrace{\left\langle\Psi_m^{(0)}|\Psi_r^{(0)}\right\rangle}_{\delta_{mr}}$$

und

$$c_m = \frac{\left\langle\Psi_m^{(0)}|H_1|\Psi_n^{(0)}\right\rangle}{E_n^{(0)} - E_m^{(0)}} . \qquad \square$$

Der Faktor λ wurde eingeführt um die Ordnungen der Störungstheorie explizit zu sehen. Im Folgenden lassen wir diesen Faktor weg und schreiben nur $H = H_0 + H_1$ mit $H_1 \ll H_0$, $E_n = E_n^{(0)} + E_n^{(1)} + \cdots$, usw. Wenn $E_m^{(0)} = E_n^{(0)}$ für $\left|\Psi_m^{(0)}\right\rangle_0 \neq \left|\Psi_n^{(0)}\right\rangle$, d. h. bei Entartung, muss die Störungstheorie modifiziert werden.

Beispiel: Harmonischer Oszillator im elektrischen Feld
Ein eindimensionaler harmonischer Oszillator in einem konstanten elektrischen Feld E wird durch den Hamilton-Operator

$$H = H_0 + H_1$$

beschrieben, mit

$$H_0 = \frac{P^2}{2\mu} + \frac{1}{2}kX^2 \quad \text{und} \quad H_1 = -qEX.$$

Die Eigenzustände $|n\rangle$ von H_0 mit zugehörigen Eigenwerten

$$E_n^{(0)} = (n + \frac{1}{2})\hbar\omega, \quad n = 0, 1, 2, \ldots, \quad \omega = \sqrt{\frac{k}{\mu}}$$

sind alle nicht entartet, so dass die Störungstheorie direkt anwendbar ist. Da wir nur die die Zustände in 0-Ordnung benötigen, schreiben wir kompakt $|n\rangle \equiv \left|\Psi_n^{(0)}\right\rangle$.

Der Ortsoperator X ist ungerade und H_0 invariant unter Parität. Damit verschwindet die Korrektur 1. Ordnung,

$$\langle n|H_1|n\rangle = 0.$$

Für die Korrektur 2. Ordnung verwenden wir das Ergebnis aus Kapitel 19

$$\langle m|X|n\rangle = \frac{1}{a}\left[\sqrt{\frac{m}{2}}\delta_{n,m-1} + \sqrt{\frac{m+1}{2}}\delta_{n,m+1}\right].$$

mit $a = \sqrt{\frac{\mu\omega}{\hbar}}$.

Wir betrachten ppeziell die Korrektur 2. Ordnung zur Grundzustandsenergie. Dafür benötigen wir allein das Matrixelement

$$-qE\langle 0|X|n\rangle = -\frac{qE}{\sqrt{2}a}\delta_{n,1}.$$

Mit Gl. (29.4) wird

$$E_0^{(2)} = \frac{q^2E^2}{2a^2}\sum_{n\neq 0}\frac{\delta_{n,1}}{E_0^{(0)} - E_n^{(0)}} = \frac{q^2E^2}{2a^2}\frac{1}{E_0^{(0)} - E_1^{(0)}}$$

$$= \frac{q^2E^2}{2a^2}\frac{1}{-\hbar\omega} = -\frac{q^2E^2}{2\mu\omega^2}.$$

29.2 Entartung

Bei Entartung müssen wir dafür sorgen, dass in Gl. (29.5) die Nicht-Diagonalelemente *im jeweiligen Entartungsraum* verschwinden,

$$\langle \Psi_m^{(0)}|H_1|\Psi_n^{(0)}\rangle = 0 \quad \text{für } m \neq n,$$

da $E_n^{(0)} = E_m^{(0)}$ im Entartungsraum ist. Dazu verwenden wir die Tatsache, dass der ungestörte Hamilton-Operator im Entartungsraum proportional zur Einheitsmatrix ist,

$$\langle \Psi_r^{(0)}|H_0|\Psi_s^{(0)}\rangle = E_r^0 \delta_{rs} \quad \text{(im Entartungsraum)}.$$

Wenn wir im Entartungsraum unitäre Transformationen durchführen, dann bleiben die Matrixelemente von H_0 invariant. Diese Freiheit lässt sich benützen, um auch H_1 dort zu diagonalisieren. Wir suchen also in einer Basis von H_0, in der H_1 in den Entartungsräumen diagonal ist. In dieser Basis ist

$$E_n^{(1)} = \langle \Psi_n^{(0)}|H_1|\Psi_n^{(0)}\rangle,$$

wie vorher.

Anmerkung: Man muss nur in endlich-dimensionalen Unterräumen diagonalisieren, während man zur Lösung des vollen Problems im Allgemeinen eine unendlich-dimensionale Matrix diagonalisieren müsste.

Auswahlregel

Das Problem lässt sich vereinfachen, wenn es einen Operator A gibt, der sowohl mit H_0 als auch mit H vertauscht, d. h.

$$[A, H_0] = [A, H_1] = 0.$$

Wenn $|\ldots a\rangle$ die gemeinsamen Eigenvektoren von A, H_0 und H sind,

$$A|\ldots a\rangle = a|\ldots a\rangle,$$

dann gilt

$$\langle\ldots a'|[H_1, A]|\ldots a\rangle = (a - a')\langle\ldots a'|H_1|\ldots a\rangle = 0$$

oder

$$\langle\ldots a'|H_1|\ldots a\rangle \neq 0 \quad \text{nur für } a = a'. \tag{29.6}$$

Auswahlregel: *Gibt es einen Operator A, der sowohl mit H_0 als auch mit H_1 vertauscht, dann braucht man im Entartungsraum, in dem diagonalisiert werden muss, nur diejenigen Eigenvektoren mitzunehmen, die zum selben Eigenwert von A gehören.*

Der lineare Stark-Effekt

Wir demonstrieren die entartete Störungstheorie am linearen Stark-Effekt für ein Wasserstoff-Atom, das sich in einem elektrischen Feld $\vec{E} = E\vec{e}_z$ befindet. Der Hamilton-Operator ist

$$H = \frac{P^2}{2m} - \frac{e^2}{R} + eEZ.$$

wo Z die z-Komponente des Ortsoperators ist. Der letzte Term kann als kleine Störung betrachtet werden, da die typischen atomaren Felder ($\sim 10^{10}$ V/m) wesentlich stärker sind als das äußeres Feld $\vec{E}$. Als Eigenzustände von $H_0 = \frac{P^2}{2m} - \frac{e^2}{R}$ können die Zustände $|n, l, m\rangle$ aus Kapitel 27 gewählt werden. Hier ist die oben diskutierte Situation gegeben, dass sowohl H_0 als auch das gesamte H mit L_z vertauschen, da X_i ein Vektoroperator ist,

$$[L_i, X_k] = i\hbar\varepsilon_{ikl}X_l \to [L_z, Z] = 0.$$

Man braucht daher im Entartungsraum nur Zustände mit gleichem m zu betrachten.

Wir diskutieren als Beispiel die entarteten $2s$ und $2p$ Zustände. Von den entarteten Eigenzuständen

$$|2, 0, 0\rangle, \ |2, 1, 0\rangle, \ |2, 1, 1\rangle, \ |2, 1, -1\rangle$$

besitzen nur zwei das selbe m, $|2, 0, 0\rangle$ und $|2, 1, 0\rangle$. Für die anderen zwei Zustände $|2, 1, 1\rangle$ und $|2, 1, -1\rangle$ verschwinden alle Matrixelemente mit der Störung $H_1 = eEZ$. Wir müssen also die 2×2 Matrix

$$M = \begin{pmatrix} eE\langle 2,0,0|Z|2,0,0\rangle & eE\langle 2,0,0|Z|2,1,0\rangle \\ eE\langle 2,1,0|Z|2,0,0\rangle & eE\langle 2,1,0|Z|2,1,0\rangle \end{pmatrix}$$

diagonalisieren. Die Matrixelemente für $m = 0$ sind reell, die Diagonalelemente $\langle 2,0,0|Z|2,0,0\rangle$ und $\langle 2,1,0|Z|2,1,0\rangle$ verschwinden wegen Parität, siehe Kapitel 38. Die Matrix M ist damit von der Form

$$M = \begin{bmatrix} 0 & a \\ a & 0 \end{bmatrix}.$$

mit $a = E\langle 2,0,0|Z|2,1,0\rangle$. Die zugehörigen Eigenvektoren und Eigenwerte sind:

$$\begin{bmatrix} 1 \\ 1 \end{bmatrix} \leftrightarrow a, \text{ und } \begin{bmatrix} -1 \\ 1 \end{bmatrix} \leftrightarrow -a.$$

Für die Eigenwerte von M erhält man also

$$\Delta E = \pm eE\langle 2,0,0|Z|2,1,0\rangle.$$

Man braucht daher nur ein Matrixelement zu berechnen. Zu diesem Zweck benötigen wir die ungestörten Eigenfunktionen des Wasserstoff-Atoms aus Kapitel 27,

$$2s: \quad \phi_{200} = Y_0^0(\theta,\varphi)\left(\frac{1}{2a_0}\right)^{\frac{3}{2}} (2 - \frac{r}{a_0})e^{-\frac{r}{2a_0}}$$

$$2p: \quad \phi_{210} = Y_1^0(\theta,\varphi)\left(\frac{1}{2a_0}\right)^{\frac{3}{2}} \frac{r}{a_0} e^{-\frac{r}{2a_0}}$$

wo $Y_0^0(\theta,\varphi) = \frac{1}{\sqrt{4\pi}}$, $Y_1^0(\theta,\varphi) = \frac{1}{\sqrt{4\pi}}\cos\theta$ und a_0 der Bohrsche Radius ist, $a_0 = \frac{\hbar^2}{me^2} = 0.529 \times 10^{-8}$cm. Damit wird

$$\langle 2,0,0|Z|2,1,0\rangle = \int d^3x\, d^3x'\, \langle 2,0,0|\vec{x}\rangle \langle \vec{x}|Z|\vec{x}'\rangle \langle \vec{x}'|2,1,0\rangle$$

$$= \int d^3x\, d^3x'\, \langle 2,0,0|\vec{x}\rangle\, z\delta^3(\vec{x}-\vec{x}')\, \langle \vec{x}'|2,1,0\rangle$$

$$= \frac{1}{4\pi}\left(\frac{1}{2a_0}\right)^3 \int_0^\infty r^2\, dr \int_0^1 d(\cos\theta) \int_0^{2\pi} d\varphi$$

$$\times r\cos\theta \frac{r}{a_0}(2 - \frac{r}{a_0})e^{-\frac{r}{a_0}}\cos\theta$$

$$= -3a_0\,.$$

Der lineare Stark-Effekt spaltet also die entarteten $m = 0$ Niveaus in zwei Komponenten auf mit

$$\Delta E = \pm 3a_0 eE\,.$$

Die zugehörigen Eigenfunktionen sind

$$\frac{1}{\sqrt{2}}(\phi_{200} \mp \phi_{210})\,.$$

30 Feinstruktur des Wasserstoffatoms

Wir hatten das Eigenwertproblem des Wasserstoffatoms unter Vernachlässigung des Elektronspins und anderer kleiner Störungen gelöst. Der Hamilton-Operator

$$H_0 = \frac{P^2}{2m_e} - \frac{e^2}{R}, \quad R = |\vec{X}|$$

führte auf die Energieeigenwerte

$$E_n^0 = -\frac{\alpha^2 m_e c^2}{2n^2} \quad (n = 1, 2, 3, \ldots)$$

mit $n = n_r + l + 1, n_r = 0, 1, 2, \ldots$ und

$$\alpha = \frac{e^2}{\hbar c} \simeq \frac{1}{137} \quad \text{Feinstrukturkonstante.}$$

Jeder Energie-Eigenwert E_n^0 ist n^2-fach entartet. Die nicht-entartete Grundzustandsenergie war

$$E_0^0 = -13.60 eV$$

und der Bohrsche Radius

$$a_0 = \frac{\hbar^2}{m_e e^2}.$$

Die Störung besteht aus drei Termen, der Spin-Bahn-Kopplung, einer relativistischen Korrektur und den Darwin-Term,

$$H_1 = H_{LS} + H_{kin} + H_D,$$

die im Folgenden besprochen werden.

30.1 Spin-Bahn-Kopplung

Im Wasserstoffatom bewegt sich das Elektron mit Spin-Magnetmoment $\vec{\mu} = \frac{e}{m_e c}\vec{S}$ im elektrischen Feld. Wir hatten in Kapitel 27 gesehen, dass dies zu einer Spin-Bahn-Wechselwirkung führt mit

$$H_{LS} = \frac{1}{2}\frac{e^2}{m_e^2 c^2}\vec{L}\cdot\vec{S}\frac{1}{R^3}.$$

Dies ist eine kleine Störung, wie folgende Abschätzung der Größenordnungen zeigt:

$$\frac{H_{LS}}{H_0} \simeq \frac{\left(\frac{1}{2m_e c}\right)^2 e^2 \hbar^2/r^3}{(E_0)} \simeq \frac{\left(\frac{\hbar}{2m_e c}\right)^2 e^2/a_0^3}{(\alpha^2 m_e c^2/2)} \simeq \left(\frac{\hbar}{m_e c a_0}\right)^2 = \alpha^2.$$

Daher stammt der Name „Feinstrukturkonstante". Wir haben r abgeschätzt durch den Bohrschen Radius $a_0 = \hbar^2/m_e e^2$. Die Quantenelektrodynamik (QED) zeigt, dass alle weiteren Korrekturen (relativistischen Korrekturen und der Darwin-Term) auch um den zusätzlichen Faktor α unterdrückt sind.

Um die Energieeigenwerte zu bestimmen, verwenden wir die Störungstheorie in erster Ordnung, wobei aber die n^2-fache Entartung zu beachten ist. Das Problem wird vereinfacht, wenn wir einen oder mehrere Operatoren finden können, die mit H_0 und H_{LS} vertauschen. Wir hatten in Kapitel 25 gesehen, dass man zwei verschiedene Sätze von kompatiblen (vertauschenden) Observablen wählen kann, nämlich

$$\{H_0, L^2, L_z, S_z, (S^2)\} \text{ oder } \{H_0, L^2, J^2, J_z, (S^2)\},$$

wo

$$\vec{J} = \vec{L} + \vec{S}$$

der Gesamtdrehimpuls ist. Zu diesen Observablen gehören 2 äquivalente Sätze von Basiszuständen

$$\{|n, l, l_z, (s), s_z\rangle\} \quad \text{und} \quad \{|n, l, j, j_z, (s)\rangle\}.$$

Der Eigenwert $s = 1/2\hbar$ von S^2 ist fest und muss nicht explizit geschrieben werden. Es ist vorteilhaft, den zweiten Satz von Operatoren zu verwenden, da $H_0 + H_{LS}$ zwar mit L^2, S^2, aber nicht mit S_z oder L_z vertauscht (wegen des Terms $\vec{L} \cdot \vec{S} = L_x L_x + L_y L_y + L_z L_z$) dafür aber mit J^2 (wegen $J^2 = L^2 + S^2 + 2\vec{L} \cdot \vec{S}$) und J_z (da $\vec{L} \cdot \vec{S}$ invariant unter Drehungen des Gesamtsystems, Bahndrehimpuls und Spin, ist). Die adäquate Basis, in der H_0 und H_{LS} diagonal sind, ist damit

$$\{|n, l, j, m, s\rangle\} = \{|nl\rangle |, |j, m, s\rangle\},$$

wo wir $j_z = m$ gesetzt haben. Ausgedrückt durch Wellenfunktionen lautet die Basis

$$\langle \vec{x} | \{|nl\rangle |j, m, s\rangle\} = \langle r, \theta, \varphi | \{|nl\rangle |j, m, s\rangle\} = \phi_{nl}(r) Y_l^m(\theta, \varphi).$$

Der Eigenwert j des Gesamtdrehimpulses J^2 kann nur die Werte $j = l \pm 1/2$ annehmen.

Im letzten Kapitel hatten wir folgende Auswahlregel für die entartete Störunstheorie für $H = H_0 + H_1$ abgeleitet: Gibt es einen Operator der sowohl mit H_0 als auch mit H vertauscht, d. h.

$$[A, H_0] = [A, H_1] = 0,$$

und sind $|\ldots a\rangle$ die gemeinsamen Eigenvektoren von A, H_0 und H bzw. H_1,

$$A |\ldots a\rangle = a |\ldots a\rangle,$$

dann gilt

$$\langle \ldots a' | H_1 | \ldots a \rangle \neq 0 \quad \text{nur für} \quad a = a'. \tag{30.1}$$

Aus der Auswahlregel folgt, dass man im Entartungsraum, in dem diagonalisiert werden muss, nur diejenigen Eigenvektoren mitnehmen muss, die zum selben Eigenwert von A gehören. Das bedeutet hier, dass wir nur Eigenvektoren mit gleichen l, j und m betrachten müssen. D. h. in der Produktbasis ist H im Entartungsraum schon diagonal. In dieser Basis lautet das Diagonalelement von H_0:

$$\langle l, j, m, s | H_0 | l, j, m, s \rangle = E_n^0 .$$

mit

$$E_n^0 = -\frac{\alpha^2 m_e c^2}{2n^2} \quad (n = 1, 2, 3, \ldots)$$

Für die Spin-Bahn-Kopplung benötigen wir die Matrixelemente

$$\langle n, l, j, m, s | \vec{L} \cdot \vec{S} \frac{1}{R^3} | n, l, j, m, s \rangle$$

Da $\vec{L} \cdot \vec{S}$ und $1/R^3$ vertauschen können wir beide Beiträge getrennt betrachten. Der $\vec{L} \cdot \vec{S}$-Term berechnet sich zu

$$\langle n, l, j, m, s | \vec{L} \cdot \vec{S} | n, l, j, m, s \rangle = \langle n, l, j, m, s | \frac{1}{2}(J^2 - L^2 - S^2) | n, l, j, m, s \rangle$$

$$= \frac{1}{2}\hbar^2 \{j(j+1) - l(l+1) - \underbrace{s(s+1)}_{3/4}\}$$

$$= \begin{cases} \frac{l}{2}\hbar^2 & \text{für } j = l + \frac{1}{2} \\ -\frac{1}{2}(l+1)\hbar^2 & \text{für } j = l - \frac{1}{2} \end{cases}$$

Die nicht-diagonalen Matrixelemente verschwinden entsprechend der obigen Auswahlregel. Ein Niveau mit gegebenen l, welches für H_0 entartet war, spaltet also in zwei Komponenten mit $j = l + \frac{1}{2}$ und $j = l - \frac{1}{2}$ auf. Für $l = 0$ sind offensichtlich alle Matrixelemente von $\vec{L} \cdot \vec{S}$ gleich Null.

Wir brauchen noch den radialen Anteil für $l \neq 0$,

$$\langle n, l, j, m, s | \frac{1}{R^3} | n, l, j, m, s \rangle = \langle nl | \frac{1}{R^3} | nl \rangle = \int_0^\infty r^2 dr \phi_{nl}^*(r) \frac{1}{r^3} \phi_{nl}(r) . \quad (30.2)$$

Die radialen Wellenfunktionen waren gegeben durch

$$\langle r | nl \rangle = \phi_{nl}(r)$$

Anmerkung: Die Normierung der radialen Wellenfunktionen ist

$$\int_0^\infty r^2 dr \phi_{nl}(r) \phi_{n'l'}^*(r) = \delta_{nn'} \delta_{ll'}$$

und die Vollständigkeit

$$\sum_{n=1}^\infty \sum_{l=0}^{n-1} \phi_{nl}^*(r) \phi_{nl}(r') = \frac{1}{r^2} \delta(r - r').$$

Beweis der Gl. (30.2)

$$\langle nl|\frac{1}{R^3}|nl\rangle = \int_0^\infty r^2 dr \int_0^\infty r'^2 dr' \langle nl|r\rangle \langle r|\frac{1}{R^3}|r'\rangle \langle r'|nl\rangle$$

$$= \int_0^\infty r^2 dr \int_0^\infty r'^2 dr' \langle nl|r\rangle \frac{1}{r^3} r^2 \delta(r-r') \langle r'|nl\rangle$$

$$= \int_0^\infty r^2 dr \phi_{nl}^*(r) \frac{1}{r^3} \phi_{nl}(r). \qquad \square$$

Das Integral in (30.2) kann analytisch berechnet werden

$$\int_0^\infty r^2 dr \phi_{nl}^*(r) \frac{1}{r^3} \phi_{nl}(r) = \frac{1}{a_0^3} \frac{1}{n^3(l+1)(l+\frac{1}{2})l}. \qquad (30.3)$$

Wenn wir die Ergebnisse für den radialen und den Winkelanteil zusammenfassen, erhalten wir

$$\langle H_{LS}\rangle_{nlj} = E_n^0 \alpha^2 \frac{1}{n(2l+1)} \begin{cases} \frac{1}{l+1} & j = l+\frac{1}{2} \\ -\frac{1}{l} & j = l-\frac{1}{2} \end{cases}$$

Die Zustände mit gleichem l und $j = l+1/2$ sind entartet, ebenso wie die Zustände mit gleichem l und $j = l-1/2$.

30.2 Relativistische Korrektur

Klassisch erhält man für die relativistische Korrektur der kinetischen Energie:

$$E_{kin} = \sqrt{(m_e c^2)^2 + \vec{p}^2 c^2} - m_e c^2 = m_e c^2 \sqrt{1 + \frac{\vec{p}^2 c^2}{(m_e c^2)^2}} - m_e c^2$$

$$= \frac{\vec{p}^2}{2m_e} - \frac{1}{8}\frac{\vec{p}^4}{m_e^3 c^2} + \cdots + \left(\sqrt{1+\varepsilon} = 1 + \frac{1}{2}\varepsilon - \frac{1}{8}\varepsilon^2 + \cdots + \right)$$

$$= \frac{\vec{p}^2}{2m_e} - \frac{1}{2}\left(\frac{\vec{p}^2}{2m_e}\right)^2 \frac{1}{m_e c^2} + \cdots + .$$

Damit setzen wir für die erste relativistische Korrektur

$$H_{kin} = -\frac{1}{8}\frac{\vec{P}^4}{m_e^3 c^2}.$$

Eine Abschätzung der Größenordnung ergibt:

$$\frac{H_{kin}}{H_0} \simeq \frac{\vec{P}^2}{m_e^2 c^2} \simeq \frac{H_0}{m_e c^2} = \frac{E_0}{m_e c^2} \simeq \alpha^2.$$

Auch H_{kin} ist in der Darstellung $\{|n, l, j, m, (s)\rangle\}$ bei festem n diagonal.
Es gilt
$$\frac{\vec{P}^4}{8m_e^3 c^2} = \frac{1}{2m_e c^2}\left(\frac{\vec{P}^2}{2m_e}\right)^2 = \frac{1}{2m_e c^2}\left(H_0 - \frac{e^2}{R}\right)^2.$$

Wir benötigen die diagonalen Matrixelemente
$$\langle nljm| H_{kin} |nljm\rangle = -\frac{1}{m_e c^2} \langle nl| \left(E_n^0 - \frac{e^2}{R}\right)^2 |nl\rangle.$$

Mit den Integralen
$$\langle nl| \frac{1}{R} |nl\rangle = \frac{1}{a_0 n^2},$$
$$\langle nl| \frac{1}{R^2} |nl\rangle = \frac{1}{a_0^2 n^3 (l + \frac{1}{2})}$$

und $E_n^0 = -\alpha^2 \frac{m_e c^2}{2n^2}$, $a_0 = \frac{\hbar^2}{m_e e^2}$, $\alpha = \frac{e^2}{\hbar c}$ finden wir

$$\langle H_{kin}\rangle_{nlj} = -E_n^0 \alpha^2 \frac{1}{n}\left(\frac{1}{l + \frac{1}{2}} - \frac{3}{4n}\right).$$

30.3 Darwin-Term

Berücksichtigt man die Ausdehnung des Elektrons über eine Compton-Wellenlänge $\lambda/2\pi = \hbar/m_e c$ (Lokalisierbarkeit des Elektrons, Zitterbewegung), dann spürt es nicht nur das Potential am Ort $\vec{x}$, sondern auch in der Umgebung

$$V(\vec{x} + \delta\vec{x}) = V(\vec{x}) + \delta x_i \partial_i V(\vec{x}) + \frac{1}{2}\delta x_i \delta x_k \partial_i \partial_k V(\vec{x}) + \cdots + .$$

Da die zeitlichen Bahnschwankungen zufällig sind, ist keine Richtung ausgezeichnet, d. h.
$$\overline{\delta x_i} = 0; \quad \overline{\delta x_i \delta x_k} = \delta_{ik} \delta l^2$$

wo δl eine typische Länge ist. Aus der relativistischen Quantentheorie folgt

$$\delta l^2 = \left(\frac{\hbar}{2m_e c}\right)^2.$$

Damit wird
$$V(\vec{x} + \delta\vec{x}) = V(\vec{x}) + \frac{1}{2}\delta l^2 \nabla^2 V(\vec{x}).$$

Da
$$\nabla^2 \frac{1}{r} = -4\pi \delta^3(\vec{x}) = -4\pi \frac{1}{r^2} \delta(r) \delta(\cos\theta) \delta(\varphi),$$

gilt für das Coulomb-Potential

$$V(\vec{x}+\delta\vec{x}) = -\frac{e^2}{r} - \frac{1}{2}\delta l^2 e^2 \frac{4\pi}{r^2}\delta(r)\delta(\cos\theta)\delta(\varphi),$$

oder

$$H_D = -\frac{1}{8}e^2\frac{\hbar^2}{m_e^2 c^2}\frac{4\pi}{r^2}\delta(r)\delta(\cos\theta)\delta(\varphi).$$

Damit erhalten wir für das Matrixelement

$$\langle nl|H_D|nl\rangle = -\frac{1}{8}e^2\frac{\hbar^2}{m_e^2 c^2}4\pi\int_0^\infty r^2\,dr\,d(\cos\theta)\,d\varphi\,\phi_{nl}^*(r)\frac{\delta(r)\delta(\cos\theta)\delta(\varphi)}{r^2}\phi_{nl}(r)$$

$$= \frac{e^2}{2}\frac{\hbar^2}{m_e^2 c^2}4\pi|\phi_{nl}(0)|^2\,\delta_{l0},$$

da nur s-Wellen im Ursprung nicht verschwinden. Setzen wir jetzt ein für die Wellenfunktion,

$$\phi_{n,l=0}(0) = \sqrt{\frac{1}{n^3\pi a_0^3}} \quad \text{mit } a_0 = \frac{\hbar^2}{m_e e^2} = \frac{\hbar}{\alpha m_e c}$$

und die Grundzustandsenergie

$$E_n^0 = -\alpha^2\frac{m_e c^2}{2n^2},\quad \alpha = \frac{e^2}{\hbar c},$$

so erhalten wir

$$\langle nl|H_D|nl\rangle = \delta_{l0}\frac{1}{8}(\hbar c\alpha)\frac{\hbar^2}{m_e^2 c^2}4\pi\frac{1}{n^3\pi a_0^3}$$

$$= \delta_{l0}\frac{1}{8}(\hbar c\alpha)\frac{\hbar^2}{m_e^2 c^2}4\frac{1}{n^3}\frac{\alpha^3 m_e^3 c^3}{\hbar^3}$$

$$= \delta_{l0}\frac{m_e c^2 \alpha^4}{2n^3} = -\delta_{l0}E_n^0\alpha^2\frac{1}{n}.$$

Fassen wir alle Korrekturen der Ordnung α^2 zusammen, so finden wir:

a) für $l \neq 0$:

$$-\frac{2}{2l+1} + \frac{1}{(2l+1)} \times \begin{cases} \frac{1}{l+1} & j = l+\frac{1}{2} \\ -\frac{1}{l} & j = l-\frac{1}{2} \end{cases}$$

$$= \begin{cases} \frac{1}{2l+1}\left(\frac{-2(l+1)+1}{l+1}\right) = \frac{1}{2l+1}\left(\frac{-(2l+1)}{l+1}\right) = -\frac{1}{l+1} = -\frac{1}{j+\frac{1}{2}} \\ \frac{1}{2l+1}\left(\frac{-2l-1}{l}\right) = \frac{1}{2l+1}\left(\frac{-(2l+1)}{l}\right) = -\frac{1}{l} = -\frac{1}{j+\frac{1}{2}} \end{cases}.$$

Damit wird die Feinstruktur in Ordnung α^2 für $l \neq 0$

$$E_{nlj} = -E_n^0 \left\{ 1 + \alpha^2 \frac{1}{n} \left(\frac{1}{j+\frac{1}{2}} - \frac{3}{4n} \right) \right\} . \tag{30.4}$$

für beide Fälle $j = l \pm \frac{1}{2}$. Die Korrekturen in $O(\alpha^2)$ heben die Entartung der Eigenzustände partiell auf, so dass Zustände mit unterschiedlichem Gesamtdrehimpuls j auch unterschiedliche Energien aufweisen. Die Bindungsenergien werden abgesenkt.

b) Für $l = 0$ tragen nur H_{kin} und H_D bei,

$$-E_n^0 \alpha^2 \frac{1}{n} \left(\frac{1}{\frac{1}{2}} - \frac{3}{4n} \right) - E_n^0 \alpha^2 \frac{1}{n} = -E_n^0 \alpha^2 \frac{1}{n} \left(1 - \frac{3}{4n} \right) .$$

Wenn man setzt

$$1 \to \left. \frac{1}{j+\frac{1}{2}} \right|_{j=\frac{1}{2}} ,$$

dann gilt die Formel (30.4) auch für $l = 0$. Konventionell bezeichnet man die Energieeigenzustände des Wasserstoffatoms, die gleichzeitig Eigenzustände von J^2 sind, mit nl_j, wo $l = (S, P, D, F, \ldots)$ (für $l = 0, 1, 2, 3, \ldots$) und j die Gesamtdrehimpulsquantenzahl ist. Wir betrachten speziell die Aufspaltung des $n = 2$ Energieniveaus.

H_0 :   Die zwei $2S_{1/2}$, die zwei $2P_{1/2}$ und die drei $2P_{3/2}$ Zustände sind alle entartet.

$H_0 + H_{SB} + H_{kin}$:   Die Feinstruktur bricht die Entartung der $2P_{3/2}$ Zustände relativ zu den $2S_{\frac{1}{2}}$ und $2P_{\frac{1}{2}}$ Zuständen. Die Entartung der $2S_{1/2}$ und $2P_{1/2}$ Zustände bleibt bestehen.

Explizit ergibt sich für die $n = 2$ Aufspaltung:

$$E_{2lj}^1 = -E_2^0 \alpha^2 \frac{1}{2} \left(\frac{1}{j+\frac{1}{2}} - \frac{3}{8} \right) \quad \text{mit } E_2^0 = -\alpha^2 \frac{m_e c^2}{8}$$

oder

$$E_{2,l=0,j=\frac{1}{2}}^1 = E_{2S_{\frac{1}{2}}}^1 = -\frac{5}{128} m_e c^2 \alpha^4$$

$$E_{2,l=1,j=\frac{1}{2}}^1 = E_{2P_{\frac{1}{2}}}^1 = -\frac{5}{128} m_e c^2 \alpha^4$$

$$E_{2,l=1,j=\frac{3}{2}}^1 = E_{2P_{\frac{3}{2}}}^1 = -\frac{1}{128} m_e c^2 \alpha^4 .$$

Die l-Abhängigkeit der Aufspaltung hebt sich für das Coulomb-Potential *zufällig* heraus, wenn man die *LS*-Kopplung zusammen mit der relativistischen Korrektur berücksichtigt. Diese Entartung wird erst durch die Lamb-Shift der Quantenelektrodynamik aufgehoben. Daneben besteht natürlich noch immer die $2j + 1$-fache Richtungsentartung bzgl. $m = j_z$.

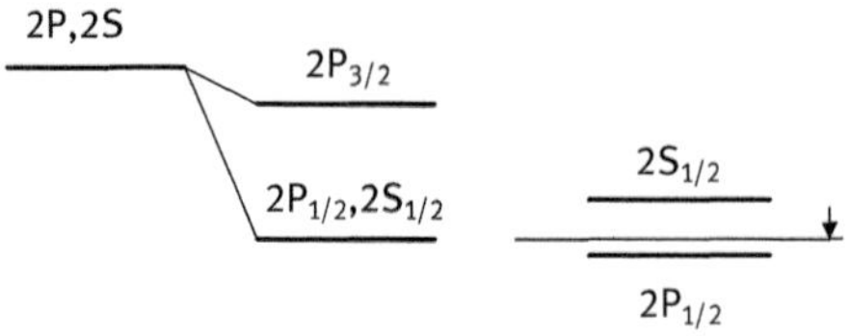

```
2P,2S
           2P₃/₂
                        2S₁/₂
  2P₁/₂,2S₁/₂
                        2P₁/₂
```

Abb. 30.1: Wasserstoff Feinstruktur.

Bemerkung: Einschließlich der 2. Ordnung hatten wir für die Energieverschiebung

$$\Delta E_n = \langle \Psi_m^{(0)}|H_1|\Psi_m^{(0)}\rangle + \sum_{m \neq n} \frac{|\langle \Psi_n^{(0)}|H_1|\Psi_m^{(0)}\rangle|^2}{E_n^0 - E_m^0} .$$

In der Summe tragen nur Zustände bei, die in verschiedenen Entartungsräumen liegen. Der Beitrag der nicht-diagonalen Terme ist aber von der Ordnung $\alpha^6 m_e c^2$ und damit sehr klein.

31 Identische Teilchen

31.1 Permutationssymmetrie

In der klassischen Mechanik sind identische Massenpunkte prinzipiell unterscheidbar, da sie sich auf eindeutigen Trajektorien bewegen. Dies ist in der Quantenmechanik nicht mehr der Fall. Wir betrachten einen quantenmechanischen Zustand von N Teilchen, die sich in Ihren physikalischen Eigenschaften, wie Masse, Spin, Ladung etc. nicht unterscheiden. Nach den Postulaten der Quantenmechanik ist der Zustandsraum eines zusammengesetzten Systems (z. B. von zwei oder mehr Elektronen) das Tensorprodukt der einzelnen Zustandsräume. Wenn z. B. eine Komponente eines Zweiteilchensystems durch den Zustand $|a_1\rangle$ und die zweite durch den Zustand $|a_2\rangle$ beschrieben wird, dann ist der Zustand des zusammengesetzten Systems $|a_1\rangle \otimes |a_2\rangle$. Dabei sollen $a_{1,2}$ die Gesamtheit aller messbaren Quantenzahlen darstellen. Wenn beide Einzelsysteme im selben Zustand sind, d. h. $a_1 = a_2$, dann kann man die beiden Teilchen nicht mehr unterscheiden. In der Quantenmechanik sind Teilchen mit den gleichen vollständigen Satz von Quantenzahlen wahrhaft ununterscheidbar. Die Tatsache, dass die Teilchen identisch sind, bedeutet, dass alle Observablen symmetrisch unter Teilchenaustausch sein müssen. Wenn wir z. B. gleichzeitig Raum- und Spinkoordinaten zweier Elektronen austauschen, dann gibt es keine physikalische Möglichkeit diese Änderung zu erkennen. Diese Symmetrie unter Teilchenaustausch muss im Formalismus der Quantenmechanik aufscheinen.

Wir betrachten zunächst ein System von zwei Teilchen und führen einen Permutationsoperator P_{12} ein, der die Quantenzahlen des Teichen 1 mit denen des Teilchen 2 vertauscht,

$$P_{12} |a_1\rangle_1 |a_2\rangle_2 = |a_2\rangle_1 |a_1\rangle_2 ,$$

wo a_i einen Satz aus den vollständigen Eigenwerten charakterisiert (z. B. $a_1 = n_1, l_1, m_1$ für Wasserstoffeigenzustände). Der Index am Ket bezeichnet das Teilchen. Wenn die Teilchen identisch sind, dann muss der Hamilton-Operator symmetrisch unter der Vertauschung $(1 \leftrightarrow 2)$ sein. Ein Beispiel wäre der Hamilton-Operator des Heliumatoms bei Vernachlässigung der Spinwechselwirkungen

$$H = \frac{1}{2m}\left(P_1^2 + P_2^2\right) - \left(\frac{2e^2}{R_1} + \frac{2e^2}{R_2}\right) + \frac{e^2}{R_{12}} .$$

Der Hamilton-Operator vertauscht mit dem Permutationsoperator,

$$[P_{12}, H] = 0$$

d. h. der Permutation entspricht eine Erhaltungsgröße. Ein symmetrische Zweiteilchenzustand bleibt symmetrisch für alle Zeiten. Das gleiche gilt für einen antisymmetrischen Zustand. Außerdem vertauscht P_{12} mit dem Gesamtimpuls und dem Gesamtbahndrehimpuls,

$$[P_{12}, \vec{P}] = 0 \quad \vec{P} = \vec{P}_1 + \vec{P}_2$$
$$[P_{12}, \vec{L}] = 0 \quad \vec{L} = \vec{L}_1 + \vec{L}_2 \,.$$

Wegen der Ununterscheidbarkeit, soll der Operator P_{12} die Wahrscheinlichkeiten nicht ändern, d. h., P_{12} ist unitär:

$$P_{12}^\dagger P_{12} = \mathbf{1} \quad \text{oder} \quad P_{12}^\dagger = P_{12}^{-1} \,.$$

Offensichtlich gilt

$$P_{12}^2 = \mathbf{1} \quad \text{oder oder} \quad P_{12} = P_{12}^{-1} \,.$$

Damit ist der Permutationsoperator P_{12} auch Hermitesch $P_{12}^\dagger = P_{12}$ und seine Eigenwerte sind reell und gleich ± 1.

Beweis Wir betrachten die Eigenfunktion $|\Psi\rangle$ und die Eigenwerte λ von P_{12}. Dann gilt

$$P_{12} |\Psi\rangle = \lambda |\Psi\rangle \quad \text{und} \quad P_{12}^2 |\Psi\rangle = \lambda^2 |\Psi\rangle \,.$$

Andererseits gilt, wegen $P_{12}^2 = \mathbf{1}$

$$P_{12}^2 |\Psi\rangle = \mathbf{1} |\Psi\rangle = |\Psi\rangle \,.$$

Da P_{12} Hernmitesch ist, muss λ reell sein, und damit ist $\lambda = \pm 1$. Die Eigenvektoren zum Eigenwert $\lambda = 1$ heißen symmetrisch, die zu $\lambda = -1$ heißen antisymmetrisch. □

Für die betrachteten Zwei-Teilchensysteme lassen sich zwei linear unabhängige Zustände bilden, die symmetrisch bzw. antisymmetrisch sind

$$|a_1 a_2\rangle_\pm = \frac{1}{\sqrt{2}} \left[|a_1\rangle_1 |a_2\rangle_2 \pm |a_2\rangle_1 |a_1\rangle_2 \right] \tag{31.1}$$

mit

$$P_{12} |a_1 a_2\rangle_\pm = \pm |a_1 a_2\rangle_\pm \,.$$

Für 3 und mehr Teilchen gibt es neben vollständig symmetrischen oder antisymmetrischen Zusständen noch weitere Kombinationen mit komplizierterem Verhalten unter Permutationen. In Mehrteilchensystemen sind nur Zustände erlaubt die entweder symmetrisch oder antisymmetrisch bezüglich der Vertauschung *jedes* Teilchenpaars sind.

Spin-Statistik-Theorem

Ein wichtiges Theorem der Quantenfeldtheorie besagt, dass ein System von identischen Teilchen symmetrisch für ganzzahlige Spins (Bose-Einstein-Statistik) und antisymmetrisch für halbzahligen Spins (Fermi-Statistik) ist. Da die Quantenmechanik den Niederenergielimes der Quantenfeldtheorie darstellt, kann das Spin-Statistik-Theorem mit zu den Axiomen der Quantenmechanik gezählt werden. Für Elektronen und andere Fermionen folgt speziell das Pauli-Prinzip.

Pauli-Prinzip
Zwei identische Fermionen können nicht im selben Quantenzustand sein (wie direkt aus Gl. (31.1) ersichtlich ist).

31.2 Das Heliumatom

Wenn wir die Spin-Bahn- und Spin-Spin-Wechselwirkung der beiden Elektronen in einem Heliumatom vernachlässigen, dann ist der Hamilton-Operator gegeben durch

$$H = H_1 + H_2 + H'$$

mit

$$H_1 = \frac{\vec{P}_1^2}{2m} - \frac{2e^2}{|\vec{X}_1|}; \quad H_2 = \frac{\vec{P}_2^2}{2m} - \frac{2e^2}{|\vec{X}_2|}, \quad H' = \frac{e^2}{|\vec{X}_1 - \vec{X}_2|}.$$

Dabei sind $\vec{X}_i$ und $\vec{P}_i$, $i = 1, 2$, jeweils die Orts- und Impulsoperatoren der beiden Elektronen. Wenn wir zusätzlich den letzten Term H', der die Abstoßung zwischen den beiden Elektronen darstellt, vernachlässigen, dann ist die Wellenfunktion gleich dem Produkt von zwei Wassestoff-Wellenfunktionen jeweils mit der Ladungszahl 2. Unter der Annahme, dass H' eine kleine Störung ist lässt sich die Störungstheorie für $H = H_1 + H_2 + H'$ anwenden. Dabei spielt die Fermi-Statistik der Elektronen eine wichtige Rolle.

Der Hamilton-Operator ist unabhängig von den Spins der Teilchen. Damit vertauschen die beiden Spinoperatoren mit H

$$[\vec{S}_i, H] = 0, \quad i = 1, 2.$$

Die symmetrisierten Zustände können dann als (äußeres) Produkt von Raum und Spinzuständen gewählt werden. Wir definieren zwei Permutationsoperatoren

P_{12} tauscht die Teilchen aus (die Position, nicht die Spins)

S_{12} tauscht nur die beiden Spins aus

und einen Gesamtspinoperator

$$\vec{S} = \vec{S}_1 + \vec{S}_2.$$

Der Permutationsoperator S_{12} vertauscht nicht mit den den einzelnen Spinoperatoren S_{1z}, S_{2z}. Da der Spin in H nicht vorkommt, vertauscht H mit den Spinoperatoren,

$$[H, \vec{S}] = 0, \quad [H, \vec{S}_i] = 0 \quad i = 1, 2.$$

Nachdem wir die Spin-Bahn- und Spin-Spin-Wechselwirkungen vernachlässigt haben, tritt der Spinteil in den Zustandsvektoren nur als Etikett auf, welches die Symmetrie bzw. Antisymmetrie des jeweiligen Bahnteils angibt.

Wir betrachten zunächst die Spinsymmetrie. Wir hatten in Kapitel 28 die Eigenzustände des Gesamtspins von zwei Elektronen bestimmt. Es gibt

a) ein **Triplett** mit $s = 1$ und $s_z = (1, 0, -1)$

$$|11\rangle = |+\rangle |+\rangle$$
$$|10\rangle = \frac{1}{\sqrt{2}}(|+\rangle |-\rangle + |-\rangle |+\rangle)$$
$$|1,-1\rangle = |-\rangle |-\rangle$$

b) ein **Singulett** mit $s = 0$, $s_z = 0$

$$|00\rangle = \frac{1}{\sqrt{2}}(|+\rangle |-\rangle - |-\rangle |+\rangle) \,.$$

Dies sind offensichtlich auch die symmetrischen bzw. antisymmetrischen Eigenzustände von S_{12}.

Als nächstes betrachten wir die Symmetrie der Ortswellenfunktionen. H ist invariant, wenn die beiden Elektronen gemeinsam gedreht werden, d. h.

$$[H, \vec{L}] = 0 \quad \text{wo} \quad \vec{L} = \vec{L}_1 + \vec{L}_2$$

aber

$$[H, \vec{L}_i] \neq 0 \quad i = 1, 2$$

Als Ortsbasis verwenden wir die Energieeigenzustände $|n, l, m\rangle$ bzw. die Energieeigenfunktionen $\Phi_{nlm}(\vec{x}_2) = \langle \vec{x}|n, l, m\rangle$. Die mit der Fermi-Statistik kompatiblen Helium-Wellenfunktionen sind von der Form

Singulett-Spinwellenfunktionen × symmetrische Bahnwellenfunktion

oder

Triplett-Spinwellenfunktion × antisymmetrische Bahnwellenfunktion.

Ein Elektron ist stets im Grundzustand, da sonst die Ionisierungsenergie überschritten wird. Somit sind die Helium-Wellenfunktionen gegeben durch:

$$\Phi(\vec{x}_1, \vec{x}_2) = \frac{1}{\sqrt{2}} \{\Phi_{100}(\vec{x}_1)\Phi_{nlm}(\vec{x}_2) \pm \Phi_{100}(\vec{x}_2)\Phi_{nlm}(\vec{x}_1)\} \times \begin{cases} \text{Spin-Singulett} \\ \text{Spin-Triplett} \end{cases}$$

Grundzustand

Die Raumwellenfunktion für den Grundzustand $(1s)^2$ ist notwendigerweise symmetrisch, da beide Elektronen $n = 0, l = 0$ haben und damit ein antisymmetrisches Spin-Singulett bilden müssen. Wir vernachlässigen zunächst die Wechselwirkung H',

$$\Phi_{100}(\vec{x}_1)\Phi_{100}(\vec{x}_2)\chi_{\text{sing.}} = \frac{8}{\pi a_0^3} \exp\left[-2\frac{r_1 + r_2}{a_0}\right] \chi_{\text{sing.}} \qquad (31.2)$$

wo a_0 der Bohrsche Radius war,

$$a_0 = \frac{\hbar^2}{me^2} \,,$$

und $\chi_{\text{sing.}}$ die Spin-Singulett Eigenfunktion

$$\chi_{\text{sing.}} = \frac{1}{\sqrt{2}}\left[\begin{pmatrix}1\\0\end{pmatrix}\begin{pmatrix}0\\1\end{pmatrix} - \begin{pmatrix}0\\1\end{pmatrix}\begin{pmatrix}1\\0\end{pmatrix}\right].$$

In dieser Näherung ist

$$H = H_1 + H_2, \quad H' = 0$$

$$E = E_1 + E_2 = 2 \times 4\left(\frac{-e^2}{2a_0}\right) \simeq 1.3 E_{\text{exp}}.$$

Eine bessere Näherung erhält man in der Störungstheorie 1. Ordnung mit Gl. (31.2) als ungestörte Wellenfunktion

$$\Delta E_{(1s)^2} = \left\langle \frac{e^2}{|\vec{x}_1 - \vec{x}_2|} \right\rangle_{(1s)^2} = \int d^3x_1 d^3x_2 |\Psi_{100}(x_1)|^2 |\Psi_{100}(x_2)|^2 \frac{e^2}{|\vec{x}_1 - \vec{x}_2|}$$

$$= \int d^3x_1 d^3x_2 \frac{2^6}{\pi^2 a_0^6} \exp\left(\frac{-4(r_1 + r_2)}{a_0}\right) \frac{e}{|\vec{x}_1 - \vec{x}_2|}.$$

Die Inintegration kann ausgeführt werden mit den Formeln

$$\frac{1}{|\vec{x}_1 - \vec{x}_2|} = \sum_l \frac{r_<^l}{r_>^{l+1}} \frac{4\pi}{2l+1} \sum_{m=-l}^{l} Y_l^{m*}(\Omega_1) Y_l^m(\Omega_2),$$

wo $r_<(r_>)$ der Kleinere (Größere) von r_1 und r_2 ist, und

$$\int d\Omega Y_l^{m*}(\Omega) Y_{l'}^{m'}(\Omega) = \delta_{ll'}\delta_{mm'}.$$

Speziell gilt

$$\int d\Omega Y_l^{m*}(\Omega) 1 = \int d\Omega Y_l^{m*}(\Omega) \sqrt{4\pi} Y_0^0(\Omega)$$

$$= \sqrt{4\pi}\delta_{l0}\delta_{m0}.$$

Damit ergibt die Winkelintegration

$$\int d\Omega_1 Y_l^{m*}(\Omega_1) \int d\Omega_2 Y_l^m(\Omega_2) = \left(\sqrt{4\pi}\delta_{l0}\delta_{m0}\right)^2.$$

Außerdem ist die radiale Integration für $l = 0$ auszuführen. Man muss zwischen $r_1 > r_2$ und $r_1 < r_2$ unterscheiden,

$$\int_0^\infty r_1^2 dr_1 \int_0^{r_1} r_2^2 dr_2 \frac{1}{r_1} \exp\left(\frac{-4(r_1 + r_2)}{a_0}\right)$$

$$+ \int_0^\infty r_1^2 dr_1 \int_{r_1}^\infty r_2^2 dr_2 \frac{1}{r_2} \exp\left(\frac{-4(r_1 + r_2)}{a_0}\right)$$

$$= \frac{5}{128}\left(\frac{a_0}{2}\right)^5,$$

wo wir die Integrale $\int xe^{-x} dx = -e^{-x} - xe^{-x}$ und $\int x^2 e^{-x} dx = -2e^{-x} - 2xe^{-x} - x^2 e^{-x}$ verwendet haben. Damit ergibt sich für die Energieverschiebung

$$\Delta E_{(1s)^2} = \frac{5}{2} \frac{e^2}{2a_0} = \frac{5}{2} 13.6 eV = 34 eV.$$

Das Ergebnis für die gesamte Grundzustandsenergie,

$$E_{(1s)^2} = \left(-8 + \frac{5}{2}\right) \frac{e^2}{2a_0} = 74.8 eV,$$

stimmt recht gut mit dem experimentellen Wert

$$E^{\exp}_{(1s^2)} = 78.8 eV.$$

überein.

Angeregte Zustände

Sie sind interessant vom Standpunkt der identischen Teilchen. Wir betrachten wieder nur $(1s)_1 (nl)_2$ Zustände. Die Bindungsenergie ist

$$E = E_{100} + E_{nlm} + \Delta E.$$

Wir berechnen ΔE wieder in der Störungstheorie

$$\left\langle \frac{e^2}{|\vec{x}_1 - \vec{x}_2|} \right\rangle = D \pm A,$$

mit dem direkten Integral

$$D = \int d^3 x_1 d^3 x_2 |\Psi_{100}(x_1)|^2 |\Psi_{nlm}(x_2)|^2 \frac{e^2}{|\vec{x}_1 - \vec{x}_2|}$$

und dem Austauschterm

$$A = \int d^3 x_1 d^3 x_2 \Psi_{100}(x_1) \Psi_{nlm}(x_2) \Psi^*_{100}(x_2) \Psi^*_{nlm}(x_1) \frac{e^2}{|\vec{x}_1 - \vec{x}_2|}.$$

$D + A$ ist symmetrisch und muss daher mit der antisymmetrischen Spinfunktion (Singulett) multipliziert werden. $D - A$ ist antisymmetrisch und muss daher mit der symmetrischen Spinfunktion (Triplett) multipliziert werden. Der Spin-Singulett Zustand liegt stets höher in Energie, weil die Raumwellenfunktion symmetrisch ist, die Elektronen daher näher zusammen kommen und die elektrische Abstoßung stärker ist. Die Spin-Singulett Zustände heißen Para-Helium und die Spin-Triplett Zustände Ortho-Helium.

Bemerkungen:
a) Der ursprüngliche Hamilton-Operator war spinunabhängig! Die Aufspaltung der Niveaus ist eine Folge des Pauli-Prinzips.
b) Der Austauschterm verschwindet für große Abstände (große l) zwischen den Elektronen.

32 Quanten-Statistische Mechanik

32.1 Einführung

In der klassischen Mechanik wird der Zustand eines Systems von n Teilchen zu einer Zeit t durch einen Satz von Koordinaten $\vec{q}_i(t)$ und Impulsen $\vec{p}_i(t)$ beschrieben, d. h. durch einen Punkt im $6n$-dimensionalen Phasenraum. Wir bezeichnen die Menge $\{\vec{q}_i(t), \vec{p}_i(t), i = 1, 2, \ldots, n\}$ als *Mikrozustand* des Systems. Jeder Punkt im Phasenraum entspricht genau einem Mikrozustand des gesamten Systems von n Teichen. Wenn wir von den klassischen Bewegungsgleichungen ausgehen, dann folgt ein gegebener Mikrozustand mit der Zeit t einer Trajektorie im Phasenraum. Die Trajektorie bestimmt sich aus den Hamiltonschen Gleichungen

$$\dot{q}_i = \frac{\partial H}{\partial p_i}, \quad \dot{p}_i = -\frac{\partial H}{\partial q_i},$$

wo $H(q(t), p(t), t)$ die Hamilton des Gesamtsystems ist. Für die circa 10^{23} Moleküle eines makroskopischen Körpers lässt sich dieses System von gekoppelten Differentialgleichungen auch mit den größten Computern nicht mehr lösen. Ein Mikrozustand ändert sich außerdem sehr schnell mit der Zeit, etwa 10^{35} mal pro Sekunde. Es scheint unmöglich so großen Zahl von Gleichungen sinnvoll zu behandeln. Einen Hinweis auf die Lösung des Dilemmas kann die kinetische Gastheorie geben. In dieser Theorie berechnet sich der Druck eines Gases aus dem *Mittelwert* der Änderung des Impulses der Moleküle beim Aufprall auf die Randfläche. Wenn wir nur makroskopische Messungen durchführen, dann müssen wir über die mikroskopische Abstände und Zeiten mitteln. Ziel der Statistischen Mechanik ist es ein makroskopisches System vieler Teilchen ohne Kenntnis aller mikroskopischen Details durch eine geringe Zahl von makroskopischen Zustandsgrößen, wie Druck, Temperatur oder Magnetisierung, zu beschreiben, die den *Makrozustand* des Systems festlegen.

Es gibt viele Mikrozustände, die mit einem gegebenen Makrozustand kompatibel sind. Als Beispiel betrachten wir ein thermisch isoliertes System, z B. ein Gas in einem isolierten Behälter. Nach einer gewissen Zeit befindet sich das System im *Gleichgewicht*, d. h. die makroskopischen Observablen sind zeitlich konstant. Einer der Grundpfeiler der statistischen Mechanik ist die Annahme gleicher a priori Wahrscheinlichkeiten für alle Mikrozustände eines Systems im Gleichgewicht. Ein System im Gleichgewicht befindet sich mit gleicher Wahrscheinlichkeit in jedem der kompatiblen Mikrozustände.

Was bebeutet das Postulat, dass alle zugänglichen Zustände gleich wahrscheinlich sind? Dazu stellen wir uns ein große Zahl von Kopien des Systems, die alle durch gleichen makroskopischen Observablen, wie Volumen, Druck und Temperatur, charakterisiert sind, vor. Mikroskopisch können alle Kopien verschieden sein. „Gleich wahrscheinlich" bedeutet, dass jeder mikroskopische Zustand in der Menge der Kopien gleich oft vorkommt. Die Kopien des Systems heißen *Statistische Ensembles*. Ein

Ensemble-Mittelwert ist der Mittelwert über alle Mikrozustände, die zu einem gegebenen Makrozustand gehören. Ein Beispiel aus der Wahrscheinlichkeitstheorie mag den Sachverhalt erläutern: Wir werfen zehn Münzen (auf einmal) Dann ist die Wahrscheinlichkeit für eine Münze „Kopf" oder „Zahl" zu werfen jeweils 1/2. Wir bezeichnen das Ergebnis „Kopf" mit +1 bezeichnen und das Ergebnis „Zahl" mit −1. Die Wahrscheinlichkeit, dass alle 10 Münzen auf Kopf fallen, d. h. dass wir die Konfiguration $(+1, +1, +1, +1, +1, \ldots, +1)$ ist offenbar sehr klein, nämlich $(1/2)^{10} = 9.765\,625 \times 10^{-4}$. Das selbe gilt für jede andere gegebene Konfiguration, z. B. die Konfiguration $(+1, +1, -1, -1, -1, \ldots, -1)$. Jede dieser Einzelkonfigurationen, die wir mit Mikrozustand bezeichnen, ist gleich wahrscheinlich. Wenn man sich jedoch für Mittelwerte (Makrozustände) interessiert, dann ist die Wahrscheinlichkeit für den Mittewert 0 nahe 1. Andere Mittelwerte sind möglich, aber sehr viel weniger wahrscheinlich. Diese Beispiel hat offensichtlich seine Entsprechung im quantenmechanischen Zwei-Zustandssystem.

In Situationen, wo die Umgebung des betrachteten Systems zeitunabhängig ist, kann man „gleich wahrscheinlich" auch durch eine zeitliche Mittelung definieren. Die beiden Betrachtungsweisen sind gleich, wenn das System über einen langen Zeitraum viele Male jeden zugänglichen Zustand einnehmen kann. Dies ist die *Ergodenhypothese*.

Bevor wir uns der formalen quantenmechanische Statistischen Mechanik zuwenden, wollen wir zu Einführung ein einfaches semi-klassisches Modell behandeln[1]. Wir betrachten ein System von N Atomen mit erlaubten Energien $0, \varepsilon, 2\varepsilon, \ldots$ in einem festen Volumen V. Ein Zustand des Systems ist charakterisiert durch die Energieniveaus. In Hinblick auf die Quantenmechanik haben wir diskrete (nicht-entartete) Energieniveaus angenommen. In jedem Enegieniveau $\varepsilon_0, \varepsilon_1, \varepsilon_2, \ldots, \varepsilon_i$ gebe es $n_0, n_1, n_2, \ldots, n_i$ Atome, d. h. n_i ist die Zahl der Atom mit Energie ε_i. Ein *Mikrozustand* beschreibt welche Teilchen in welchem Zustand sind. Die Atome sollen einen festen Körper bilden, so dass sie entsprechend ihrer Position im Kristall unterschieden werden können. Die Teilchen sind unterscheidbar selbst wenn sie identisch sind, wie z. B. die Kohlenstoffatome in einem Diamantenkristall, weil jedes in seinem eigenen Potential lokalisiert ist. Wenn allerdings mehrere Atome im gleichen Energiezustand sind, dann kann ich diese Atome nicht unterscheiden und die Anordnung der Atome in diesem Zustand ist egal.

Wir beschränken uns auf ein *isoliertes System*. Dann ist neben der Gesamtteilchenzahl N auch die Gesamtenergie E konstant. Wir betrachten als konkretes Beispiel den Fall $N = 5$ und $E = 5\varepsilon$.

$$\sum_i n_i = N \ (= 5), \quad \sum_i n_i \varepsilon_i = E \ (= 5\varepsilon) \tag{32.1}$$

---

[1] Dugdale J. S.: Entropy and its Physical Meaning, Taylor & Francis 2007

Ein *Makrozustand* ist charakterisiert durch $N = 6$ und $E = 5\varepsilon$. Die unterschiedlichen *Mikrozustände* werden durch die möglichen Verteilungen $\{n_0, n_1, \ldots, n_5\}$ unterschieden. Die Energien können unterschiedlich auf die einzelnem Niveaus verteilt sein:

Verteilung (k)	n_0	n_1	n_2	n_3	n_4	n_5	Ω_k
1	4					1	5
2	3	1			1		20
3	3		1	1			20
4	2	1	2				60
5	2	2		1			30
6	1	3	1				20
7	0	5					1

n_i sind die Besetzungszahlen der einzelnen Zustände für eine bestimmte Verteilung, Ω_k die Zahl der Möglichkeiten eine Verteilunh k zu realisieren.

Verteilung 1: 4 Atome im Grundzustand, eines im angeregten Zustand 5. Jedes der Atome kann im angeregten Zustand sein, daher ist die Zahl der Möglichkeiten (Mikrozustände) $\Omega_{k=1} = 5$.

Verteilung 2: hat $n_0 = 3$, $n_1 = 1$, $n_4 = 1$. Es gibt 5 Möglichkeiten ein Atom mit Energie ε zu wählen und anschließend 4 Möglichkeiten ein Atom mit Energie 4ε. Das macht zusammen 20 Möglichkeiten, $\Omega_{k=2} = 20$.

Wir erinnern uns, dass die Zahl der Möglichkeiten N unterscheidbare Objekte in Gruppen einzuteilen, die jeweils aus $n_1, n_2, \ldots, n_j$ Elementen bestehen (mit $n_1 + n_2 + \cdots + n_j = N$) im Fall, dass die Anordnung der Element in den jeweiligen Gruppen keine Rolle spielt, gegeben ist durch

$$\Omega_k = \frac{N!}{n_0! n_1!, \ldots, n_5!} = \frac{N!}{\prod_i n_i!}.$$

Mit Hilfe dieser Formel bestimmt man die Zahl der Möglichkeiten einen bestimmten Makrozustand k zu bilden. Ω_k ist also die Zahl der Mikrozustände pro Makrozustand.

Die Wahrscheinlichkeit für einen bestimmten Makrozustand hängt davon ab, wie viele Möglichkeiten es gibt diesen zu realisieren. Unter der Annahme, dass alle Verteilungen gleich wahrscheinlich sind, ist die Verteilung $k = 4$ mit 60 Mikrozuständen die *wahrscheinlichste Verteilung*. Für größere N wird das Maximum der Vereilung schärfer.

Wir wollen versuchen, die wahrscheinlichste Verteilung für den Fall $N \to \infty$ zu bestimmen. Wenn $N \to \infty$, dann geht auch die Zahl der Atome in der wahrscheinlichsten Verteilung $n_i \to \infty$.

Boltzmann postulierte, dass das statistische Gewicht durch die Verteilung dominiert wird, die $\ln \Omega$ maximiert. Wir werden sehen, dass dies die maximal-ungeordnete Verteilung ist. Da die Besetzungszahlen n_i um das Maximum sehr groß sind, können wir die *Stirlingsche Näherung* verwenden,

$$\ln n_i! \simeq n_i \ln n_i - n_i.$$

Wir maximieren $\ln \Omega$ unter den Nebenbedingungen Gl. (32.1), wo N und E konstant gehalten werden. Dazu dient die Lagrangesche Methode der unbestimmten Multiplikatoren. D. h. wir maximieren,

$$\ln \Omega - \alpha \left(\sum_i n_i - N \right) - \beta \left(\sum_i n_i \varepsilon_i - E \right)$$

ohne Nebenbedingungen. Damit lautet die Bedingung für ein Maximum:

$$\frac{\delta}{\delta n_j} \left[\ln \frac{N!}{\prod_i n_i!} - \alpha \left(\sum_i n_i - N \right) - \beta \left(\sum_i n_i \varepsilon_i - E \right) \right]$$

$$= \frac{\delta}{\delta n_j} \left[\ln N! - \sum_i n_i! \right] - \alpha - \beta \varepsilon_j$$

$$= 0 - \frac{\delta}{\delta n_j} \left[\sum_i (n_i \ln n_i - n_i) \right] - \alpha - \beta \varepsilon_j$$

$$0 = -\ln n_j - \alpha - \varepsilon_j \quad \text{(für jeden Zustand)},$$

oder

$$\bar{n}_i = e^{-\alpha - \beta \varepsilon_i}. \tag{32.2}$$

Dies sind die Besetzungszahlen für die Verteilung mit dem höchsten statistischen Gewicht d. h. der höchsten Wahrscheinlichkeit. Der Lagrangesche Multiplikator ergibt sich, nachdem über alle Teilchen summiert wurde

$$e^\alpha = \frac{\sum_i e^{-\beta \varepsilon_i}}{N}. \tag{32.3}$$

Gl. (32.3) und (32.2) ergeben die mittlere Besetzungszahl der Verteilung $\bar{n}_i$,

$$\frac{\bar{n}_i}{N} = \frac{e^{-\beta \varepsilon_i}}{Z_1}$$

mit

$$Z_1 = \sum_{i=1}^{N} e^{-\beta \varepsilon_i} = \sum_i e^{-\beta \varepsilon i} = \frac{1}{1 - e^{-\beta \varepsilon}},$$

wo wir die Formel für die geometrische Reihe benutzt haben. Z_1 wird als *Einteilchen-Zustandssumme* bezeichnet. Die Bezeichnung rührt daher, dass Z_1 unabhängig von der Teilchenzahl N ist und die Summe über die Einteilchen-Zustände darstellt. Die mittlere Energie des Gesamtsystems ist gegeben durch

$$\frac{E}{N} = \frac{1}{N}\sum_{i=1}^{N} \bar{n}_i E_i = \sum_{i=1}^{N} \frac{e^{-\beta \varepsilon_i}}{Z_1} E_i = \frac{\sum E_i e^{-\beta \varepsilon_i}}{\sum e^{-\beta \varepsilon_i}} .$$

Wir untersuchen die Energie als Funktion von β:

$$\beta \to \infty : \quad \frac{E}{N} = E_0 \quad \text{(alle Teilchen im Grundzustand))}$$

$$\beta \to 0 : \quad \frac{E}{N} = \frac{\sum E_i}{\sum 1} \quad \text{(alle Teilchen gleichverteilt)} .$$

Für nicht-wechselwirkende Systeme unterscheidbarer Teilchen kann die Zustandsumme für das Gesamtsystem Z_N definieren,

$$\begin{aligned} Z_N &= \sum_{n_1=0}^{\infty} \sum_{n_2=0}^{\infty} \ldots \sum_{n_N=0}^{\infty} \exp[-\beta(n_1 + n_2 + \cdots + n_N)\varepsilon] \\ &= \sum_{n_1=0}^{\infty} \sum_{n_2=0}^{\infty} \ldots \sum_{n_N=0}^{\infty} \exp[-\beta n_1 \varepsilon] \exp[-\beta n_2 \varepsilon], \ldots, \exp[-\beta n_N \varepsilon] \\ &= \sum_{n_1=0}^{\infty} \exp[-\beta n_1 \varepsilon] \sum_{n_2=0}^{\infty} \exp[-\beta n_2 \varepsilon] \ldots \sum_{n_N=0}^{\infty} \exp[-\beta n_N \varepsilon] \\ &= [Z_1]^N \end{aligned}$$

Für wechselwirkende Systeme lässt sich Z nicht nicht einfach durch die Einteilchenzustände ausdrücken, da die Wechselwirkungen eines Teilchen mit allen anderen berücksichtigt werden müssen.

Wir definieren einen *Gleichgewichtszustand* als den Zustand mit der höchsten Wahrscheinlichkeit. Angenommen ein System befinde sich in einem eher unwahrscheinlichen Zustand, dann geht dieser Zustand durch die kleinste Wechselwirkung der Teilchen miteinander und mit der Umgebung fast instantan in den Zustand höchster Wahrscheinlichkeit über. Ein Beispiel aus der Wahrscheinlichkeitsrechnung kann diesen Effekt wieder verdeutlichen. Durch Zufall seien alle Würfel eines Satzes von 100 Würfeln auf 6 gefallen mit Mittelwert 6. Eine Wechselwirkung entspricht einem erneuten Schütteln des Bechers. Bei so einer großen Zahl von Würfeln wäre das Ergebnis nahezu unweigerlich die wahrscheinlichste Verteilung mit Mittelwert $(1 + 2 + 3 + 4 + 5 + 6)/6 = 7/2$.

Die *Entropie* eines Systems der festen Energie E ist definiert als den Logarithmus der gesamten Zahl der Zustände, multipliziert mit einer noch zu bestimmenden Konstante k,

$$S(E) = k \ln \Omega(E) .$$

Wenn alle Mikrozustände gleich wahrscheinlich sind, ist die Wahrscheinlichkeit für eine Mikrozustand gleich $1/\Omega(E)$. Damit kann die Entropie durch die Wahrscheinlichkeit für einen Mikrozustand ausgedrückt werden,

$$S(E) = -k \ln\left[\frac{1}{\Omega(E)}\right]. \tag{32.4}$$

Dieser Ausdruck lässt sich auch als Mittelwert über alle Mikrozustände schreiben,

$$S(E) = \sum_{i=1}^{N} \frac{1}{\Omega(E)} \left(-k \ln\left[\frac{1}{\Omega(E)}\right]\right). \tag{32.5}$$

Da alle Terme in der Summe gleich sind und es genau $\Omega(E)$ Terme gibt, folgt Gl. (32.4). Wir können die Formel (32.5) in der Form schreiben

$$S(E) = -k \sum_{i=1}^{N} \rho_i \ln \rho_i, \tag{32.6}$$

wo ρ_i die Wahrscheinlichkeit für den einzelnen Mikrozustand i ist (hier ist $\rho_i = 1/\Omega(E)$ für alle $i = 1, \ldots, N$). Das Ergebnis (32.6) lässt sich auch auf den Fall übernehmen, dass $\Omega(E)$ nicht konstant ist

Im Gleichgewicht gilt für unser Beispielsystem

$$\begin{aligned} \ln \Omega &= N \ln N - N - \sum_i (\bar{n}_i \ln \bar{n}_i - \bar{n}_i) \\ &= N \ln N - N \sum_i \frac{e^{-\beta \varepsilon_i}}{Z_1} \ln\left(N \frac{e^{-\beta \varepsilon_i}}{Z_1}\right) \\ &= N \ln N - N \sum_i \frac{e^{-\beta \varepsilon_i}}{Z_1} (\ln N - \beta \varepsilon_i - \ln Z_1) \\ &= \beta E + N \ln Z_1, \end{aligned}$$

wo wir verwendet haben, dass

$$N = \sum_i \bar{n}_i, \quad \frac{\bar{n}_i}{N} = \frac{e^{-\beta \varepsilon_i}}{Z_1}, \quad Z_1 = \sum_i e^{-\beta \varepsilon_i}, \quad E = \sum_i \bar{n}_i \varepsilon_i = N \sum_i \frac{e^{-\beta \varepsilon_i}}{Z_1} \varepsilon_i.$$

Damit wird die Entropie

$$S = k \ln \Omega = k\beta E + Nk \ln Z_1. \tag{32.7}$$

Wir werden später sehen, dass $1/k\beta$ mit der Temperatur identifiziert werden kann.

In der obigen Analyse ist vorausgesetzt, dass das System thermisch isoliert ist, d. h. dass keine Energie von außen in das System gelangen oder von innen aus dem System entweichen kann. Neben der Energie E wurden Volumen V und Teilchenzahl N konstant gehalten, damit die erlaubten Energiewerte sich nicht ändern.

32.2 Temperatur

Um den Begriff der Temperatur einzuführen, betrachte wir zwei Systeme obigen Typs mit Energien E_1 und E_2 im thermischen Gleichgewicht. Die Teilchenzahl in jedem der beiden Behälter sei konstant. Die beiden Systeme seien durch eine wärmeleitende Wand getrennt. Sie tauschen Energie aus, so dass E_1 und E_2 sich ändern aber E konstant bleibt. Die Zahl der Mikrozustände im Gesamtsystem hängt damit nur von E_1 ab und ist nicht die Summe der Zustände sondern das Produkt

$$\Omega_{\text{tot}}(E_1) = \Omega_1(E_1)\Omega(E_2) = \Omega_1(E_1)\Omega(E-E_1).$$

Die zwei Systeme sollen jetzt in thermischen Kontakt kommen. Gleichgewicht stellt sich für diejenigen Werte von E_1 und E_2 ein, die die Zahl der Mikrozustände des Gesamtsystems maximieren, d. h. für die

$$\frac{\partial \Omega(E_1)}{\partial E_1} = 0.$$

Ausgedrückt durch die Entropien wird

$$\Omega_{\text{tot}}(E_1) = e^{\frac{1}{k}S_1(E_1)} e^{\frac{1}{k}S_2(E-E_1)} = e^{\frac{1}{k}[S_1(E_1)+S_2(E-E_1)]},$$

und damit erhält man für die Gleichgewichtsbedingung

$$0 = \frac{\partial S(E_1)}{\partial E_1} + \frac{\partial S(E-E_1)}{\partial E_1} = \frac{\partial S(E_1)}{\partial E_1} - \frac{\partial S(E-E_1)}{\partial (E-E_1)} = \frac{\partial S(E_1)}{\partial E_1} - \frac{\partial S(E_2)}{\partial E_2}.$$

D. h.

$$\frac{\partial S(E_1)}{\partial E_1} = \frac{\partial S(E_2)}{\partial E_2}$$

oder mit Gl. (32.7)

$$\frac{\partial}{\partial E_1} k\beta_1 E_1 = \frac{\partial}{\partial E_2} k\beta_2 E_2 \;\rightarrow\; \beta_1 = \beta_2.$$

Also ist β für beide Systeme gleich. Aus der elementaren Thermodynamik wissen wir, dass die beiden Systeme die gleiche Temperatur T aufweisen, wenn sie das Gleichgewicht erreicht haben („Nullter" Hauptsatz der Thermodynamik). Wir vermuten also, dass $\beta = \beta(T)$. Es stellt sich raus, dass die Temperatur in der Statistischen Physik wie folgt zu definieren ist:

$$\frac{1}{T} = \frac{\partial S}{\partial E} \quad \text{oder} \quad \beta = \frac{1}{kT}. \tag{32.8}$$

Wir werden sehen, dass diese Definition mit der Definition der Temperatur eines idealen Gases als mittlere kinetische Energie der Moleküle übereinstimmt. Vom Prinzip her bestimmt man daher die Temperatur eines Körpers, indem man ihn in thermischen Kontakt mit einem viel kleineren Gasthermometer bringt und wartet bis sich Gleichgewicht eingestellt hat.

32.3 Statistische Quantenmechanik

Die Statistischen Mechanik versucht statistische makroskopische Phänomene, z. B. die Thermodynamik, aus der mikroskopischen Physik des Vielteilchen-Systems abzuleiten. Auf der mikroskopischen Skala wird die Physik durch die Quantenmechanik beschrieben. Man muss die Statistische Mechanik also korrekterweise im Rahmen der Quantentheorie formulieren. Die Theorie wird dadurch auch nicht viel komplizierter, da die auftretenden Wahrscheinlichkeiten ein wesentliches Element der schon behandelten Quantenmechanik gemischter Zustände bilden. Dieser Zusammenhang zwischen der alltäglichen Erfahrung und der Quantenwelt eines Vielteilchen-Systems bildet einen Triumph der modernen Physik. Wir können zum Beispiel den Druck eines Gases (einen Makrozustand) aus den Lösungen der Schrödinger-Gleichung eines Teilchens in einem Potentialtopf (dem Mikrozustand) ableiten.

Teilchen eines klassischen Systems mit Koordinaten und Impulsen $(\vec{q}_1, \vec{p}_1)$, $(\vec{q}_2, \vec{p}_2), \ldots, (\vec{q}_n, \vec{p}_n)$ können in $n!$ unterschiedlichen Konfigurationen vorkommen. Diese Teilchen sind notwendigerweise unterscheidbar, unter anderem wegen der Eindeutigkeit der Teilchentrajektorien im Phasenraum. Dies führt zu Widersprüchen, wie z. B. dem Gibbsschen Paradox, das besagt, dass bei der Vermischung zweier gleicher Systeme die Entropie zunimmt. Experimentel bleibt die Entropie unverändert. Wie bei der Hohlraumstrahlung löst erst die Quantenmechanik dieses Problem. Dafür instrumental sind zwei Eigenschaften der Quantenmechanik: Zum einem existieren in der Quantenmechanik keine Teilchentrajektorien, zum anderen sind Teilchen gleichen Typs in der Quantentheorie ununterscheidbar. Wahrhaft identische Teilchen lassen sich nur im Rahmen der Quantenmechanik konsistent beschreiben, und zwar durch Bedingungen an die erlaubten Zustände im Hilbert-Raum.

In der statistischen Quantenmechanik ist der genaue quantenmechanische Mikrozustand unbekannt. Es gibt viele Zustände, die mit den makroskopischen Vorgaben, wie z. B. einer vorgegebenen mittleren Energie der Teilchen, konsistent sind. Viele Mikrozustände entsprechen jeweils mit bestimmten Wahrscheinlichkeiten dem selben Makrozustand. Ein statistisches Ensemble besteht in der Quantentheorie aus der Gesamtheit der $\mathcal{N}$ (möglicherweise unendlich vielen) zugänglichen (reinen) Mikrozuständen $|\Psi_1\rangle, |\Psi_2\rangle, |\Psi_3\rangle, \ldots, |\Psi_{\mathcal{N}}\rangle$ des Systems, die alle gleichzeitig betrachtet werden. Ein Ensemble besteht also aus sehr vielen solcher Systeme, die mikroskopisch verschieden aber makroskopisch gleich sind. Ein solches Ensemble von äquivalenten Quantenzuständen ist eindeutig durch Zahlen $n_1, n_2, n_3, \ldots, n_{\mathcal{N}}$ beschrieben, die angeben, wie oft die zugehörige Mikrozustände $|\Psi_1\rangle, |\Psi_2\rangle, |\Psi_3\rangle, \ldots, |\Psi_{\mathcal{N}}\rangle$ vorkommen. Jeder Mikrozustand $|\Psi_i\rangle$ ist ein Vielteilchen-Zustand, der für nicht-wechselwirkende Teilchen, als Tensorprodukt von Einteilchen-Zuständen geschrieben werden kann. Ein Beispiel für einen Einteilchen-Zustand wäre der eines einzelnen nicht wechselwirkenden Teilchens in einem kubischen Kasten der Seitenlänge a mit Hamilton-

Operator
$$H = \frac{\vec{P}^2}{2m} = -\frac{\hbar^2}{2m}\nabla^2$$
und Eigenwertgleichung
$$H|\vec{k}\rangle = E(\vec{k})|\vec{k}\rangle \ .$$

Für periodische Randbedingungen ergeben sich die Eigenfunktionen und Eigenwerte zu

$$\Psi_{k_x k_y k_z}(x,y,z) = \langle \vec{x}|\vec{k}\rangle = \sqrt{\frac{1}{a^3}}e^{i\vec{k}\cdot\vec{x}} \quad \text{mit} \quad E(\vec{k}) = \frac{\hbar^2 \vec{k}^2}{2m}, \tag{32.9}$$

wo $\vec{k}$ der Wellenvektor ist, mit

$$k_i = \frac{\pi n_i}{a}, \quad n_i = 1, 2, 3, \ldots \ .$$

Das Volumen $V = a^3$ und die Form des Behälters sind in diesem Beispiel fest vorgegeben. Unterschiedliche Werte der Konstanten k_i entsprechen unterschiedlichen Einteilchen-Energien,

$$E_k = \frac{\hbar^2}{2m}(k_x^2 + k_y^2 + k_z^2) = \frac{\hbar^2}{2m}k^2 \frac{\pi^2 \hbar^2}{2ma^2}(n_x^2 + n_y^2 + n_z^2) \ . \tag{32.10}$$

Ein beliebiger Vektor in diesem Einteilchen-Hilbertraum wird durch die (unendlich vielen) Komponenten entlang dieser Basiszustände festgelegt. Für N nichtwechselwirkende Teilchen lässt sich ein Mikrozustand $|\Psi_\alpha\rangle$ des gesamten Systems als Tensorprodukt der Einteilchen-Eigenzustände $|\vec{k}_i\rangle$ schreiben,

$$|\Psi_\alpha\rangle = |\vec{k}_1\rangle|\vec{k}_2\rangle\ldots|\vec{k}_N\rangle \equiv |\vec{k}_1, \vec{k}_2, \ldots, \vec{k}_N\rangle \ . \tag{32.11}$$

Der Mikrozustand für wechselwirkende Teilchen kann als lineare Superposition solcher Tensorprodukte angesetzt werden.

Die Darstellung ist in einem Punkt ergänzungsbedürftig. Ein statistisches System kann nicht durch reine Zustände beschrieben werden sondern, wie in Kapitel 22 ausführlich beschrieben, durch den von Neumannschen Formalsimus des Dichteoperators. Wir behandeln ein statistisches System daher als ein Ensemble von $\mathcal{N}$ äquivalenten reinen Quantenzuständen $|\Psi_\alpha\rangle$, die ein quantenmechanisches Gemisch bilden, das durch den abstrakten und basisunabhängigen *Dichteoperator*

$$\rho = \sum_{\alpha=1}^{\mathcal{N}} p(\alpha)|\Psi_\alpha\rangle\langle\Psi_\alpha| \ , \tag{32.12}$$

beschrieben wird, d. h. durch die inkohärente Mischung von orthonormierten Mikrozuständen. Dabei ist $p(\alpha)$ die Wahrscheinlichkeit, den (reinen) Mikrozustand $|\Psi_\alpha\rangle$ im gemischten Zustand des Gesamtensembles anzutreffen. Die *Dichtematrix* ist das Matrixelement von ρ in einer gegebenen Basis.

Wir beschränken uns auf *Systeme im Gleichgewicht*, d. h. auf stationäre Zustände. Zu jedem Zeitpunkt ist das makroskopische System in einem wohldefinierten, durch eine Dichtematrix beschriebenen Gemisch-Quantenzustand. Ein makroskopisches Experiment bedingt eine zeitliche Mittelung. Wir nehmen an, dass im Laufe der Zeit alle prinzipiell möglichen Quantenzustände auch wirklich eingenommen werden. In einem System im Gleichgewicht ist es möglich, die im Experiment vollzogene zeitliche Mittelung durch eine Ensemblemittelung zu ersetzen (Ergodenhypothese). Die Aufgabe der statistischen Mechanik besteht darin, die wahrscheinlichste Verteilung der Mikrozustände in einem Makrosystem zu finden und anschließend für diese Verteilung die Besetzungszahlen der einzelnen Mikrozustände zu bestimmen.

Wiederholung der wichtigsten Eigenschaften der Dichtematrix

Aus der Forderung, dass Wahrscheinlichkeiten reell, positiv und normiert sein müssen, folgt für den Dichteoperator, dass

$$\rho^\dagger = \rho, \quad Sp\{\rho\} = 1 \tag{32.13}$$

mit positiv-semidefiniten Eigenwerten. Die zeitliche Entwicklung des Dichteoperators wird durch die von-Neumann-Gleichung

$$i\hbar \frac{\partial}{\partial t}\rho(t) = -[\rho(t), H(t)] \tag{32.14}$$

beschrieben. Der Mittelwert einer Observablen A ist gegeben durch

$$[A] = Sp\{\rho A\}. \tag{32.15}$$

Eine eckige Klammer soll den Mittelwert über ein Ensemble bezeichnen. Wenn man nur an Mittelwerten interessiert ist, dann ist es von Vorteil in einer Basis $\{|\varphi_i\rangle\}$ zu arbeiten, in der die Dichtematrix ρ diagonal ist,

$$\rho = \sum_i \lambda_i |\varphi_i\rangle \langle \varphi_i| \quad \text{mit} \quad \rho_{ik} = \lambda_i \delta_{ik}, \tag{32.16}$$

wo λ_i die Eigenwerte der Dichtematrix sind. Da ρ Hermitesch ist, existiert eine solche Basis. Die Eigenwerte λ_i repräsentieren die relativen Wahrscheinlichkeiten der Basiszustände $|\varphi_i\rangle$. In anderen Worten, λ_i ist die Wahrscheinlichkeit $p(i)$, dass der Eigenzustand im Gemisch zu finden ist. In einer Basis in der ρ_{ij} diagonal ist, gibt $\mathcal{N}\rho_{ii}$ die Anzahl der linear unabhängigen Zustände zu einem gegebenen Eigenwert oder die *Entartung* an.

Für ein makroskopisches System ist allesdings nicht einmal die Dichtematrix bekannt. Stattdessen kennt man nur ein paar makroskopische Parameter. Diese können in verschiedener Weise gegeben sein:

a) Äußere, exakt vorgegebene Parameter, wie z. B. das Volumen und die Form eines Körpers. Diese Vorgaben bestimmen den Hilbertraum des Systems. Ein Beispiel wäre das System Gl. (32.11) von nicht-wechselwirkenden Teilchen (ideales Gas) in einem kubischen Kasten. Das Volumen $V = a^3$ und die Form des Behälters sind in diesem Beispiel fest vorgegeben.

b) Andere Parameter des makroskopischen Systems sind nur als Mittelwerte, d. h. als Erwartungswerte gewisser makroskopischer Observablen G_a vorgegeben,

$$[G_a] = g_a, \quad a = 1, \ldots, m.$$

Ein Beispiele wäre die mittlere Energie eines Systems, das sich im Kontakt mit einem Wärmebad befindet, d. h. eines Teilsystems, das mit dem Gesamtsystem in Wechselwirkung steht und Energie austauscht.

Zustandsgrößen sind wohldefinierte makroskopische Variablen, die für ein gegebenes System im Gleichgewicht eindeutig definiert sind. Wir unterscheiden:
- Extensive Zustandsgrößen, die proportional zur Größe des Systems sind. Beispiele sind die innere Energie E, das Volumen V und die Teilchenzahl N.
- Intensive Zustandsgrößen, die unabhängig von der Größe des Systems sind. Beispiele sind der Druck P und die Temperatur T.

32.4 Entropie

Für eine gegebene Dichtematrix ρ ist die *Entropie* durch

$$S = -Sp(\rho \ln \rho) \tag{32.17}$$

definiert, wobei S noch mit einer Konstanten multipliziert sein kann. Die Entropie stellt ein Maß für den Informationsgehalt der Dichtematrix, genauer für den Mangel an Information der Dichtematrix, dar. Populär ausgedrückt ist die Entropie ein Maß für die Unordnung eines Systems. Da die Spur unabhängig von der Basis ist, berechnet man S am besten in der Basis $\{|\varphi_i\rangle\}$, in der ρ diagonal ist,

$$S = -\sum_i \rho_{ii} \ln \rho_{ii} = -\sum_i \lambda_i \ln \lambda_i.$$

Für reine Zustände ist $S = 0$, da eines der λ_i gleich 1 ist und alle anderen verschwinden. Da $0 \leq \lambda_i \leq 1$, folgt $S \geq 0$. Für die Zufallsverteilung, mit $\lambda_i = \frac{1}{\mathcal{N}}$ für alle i, erhält man,

$$S = -\sum_{i=1}^{\mathcal{N}} \frac{1}{\mathcal{N}} \ln \frac{1}{\mathcal{N}} = -\mathcal{N} \times \left(\frac{1}{\mathcal{N}} \ln \frac{1}{\mathcal{N}} \right) = \ln \mathcal{N} \tag{32.18}$$

wo $\mathcal{N}$ die Zahl der möglichen Mikro-Quantenzustände ist und ρ die Dimension $\mathcal{N} \times \mathcal{N}$ besitzt. Man kann zeigen, dass dies eine obere Schranke für S darstellt. Wir finden also die Entsprechung

$$S = 0 \quad \text{maximale Information (reiner Zustand)}$$
$$S = \ln \mathcal{N} \quad \text{geringste Information (Zufallsverteilung)}$$

S ist somit ein Maß für die Unbestimmtheit einer Verteilung.

Als **Beispiel** betrachten wir die Dichtematrix für zwei unabhängige Systeme, die auf Hilbert-Räumen $\mathcal{H}_1$ und $\mathcal{H}_2$ definiert sind. Wir wollen zeigen, dass die Entropie des Gesamtsystems die Summe der beiden Einzelentropien ist. In diesem Fall ist $\rho = \rho_1 \otimes \rho_2$ die Dichtematrix der beiden Einzelsysteme auf dem Produktraum $\mathcal{H}_1 \otimes \mathcal{H}_2$. Dann gilt

$$\begin{aligned} S(\rho) &= -Sp(\rho \ln \rho) = -Sp\left((\rho_1 \otimes \rho_2) \ln(\rho_1 \otimes \rho_2)\right) \\ &= -Sp\left((\rho_1 \otimes \rho_2)(\ln \rho_1 \otimes \mathbf{1} + \mathbf{1} \otimes \ln \rho_2)\right) \\ &= -[Sp(\rho_1 \ln \rho_1)]_{\mathcal{H}_1} [Sp\rho_2]_{\mathcal{H}_2} - [Sp\rho_1]_{\mathcal{H}_1} [Sp(\rho_2 \ln \rho_2)]_{\mathcal{H}_2} \ . \end{aligned}$$

Da $Sp(\rho_1) = Sp(\rho_2) = 1$, erhalten wir

$$S(\rho) = S(\rho_1) + S(\rho_2) \ .$$

Dieses Ergebnis bedeutet, dass die Entropie additiv ist. Die Entropie stellt an dieser Stelle nur eine etwas willkürlich definiertes Maß für die Unbestimmtheit einer Verteilung dar, dessen Bedeutung sich erst in der Thermodynamik manifestiert. Bei Anwendungen in der Statistischen Mechanik führt man bei der Definition der Entropie noch einen konstanten Faktor k ein,

$$S = -kSp(\rho \ln \rho) \ ,$$

dessen Bedeutung später klar wird.

32.5 Stationäre Ensembles

Ein System befindet sich im *Gleichgewicht*, wenn die makroskopischen Zustandsgrößen zeitunabhängig sind. Zeitunabhängige Mittelwerte werden durch eine stationäre Dichtematrix beschrieben (wegen Gl. (32.14)),

$$\frac{\partial \rho}{\partial t} = 0 \quad \text{oder} \quad [\rho, H] = 0 \ , \tag{32.19}$$

wo H die Hamilton-Operator des Systems ist. Die Bedingung ist erfüllt, wenn ρ irgendeine Funktion von H ist, $\rho = \rho(H)$. Da die Operatoren ρ und H vertauschen, können sie gleichzeitig diagonalisiert werden. Man kann für die Kets in Gl. (32.16) also Energie-Eigenkets wählen, die mit $|i\rangle$ bezeichnet seien, und die definiert sind durch

$$H|i\rangle = E_i |i\rangle \ , \quad H = \sum_i E_i |i\rangle \langle i| \ .$$

Dann ist die Dichtematrix diagonal

$$\rho = \sum_i p(E_i) |i\rangle \langle i| \ .$$

In dieser Basis ist $p(E_i)$ die Wahrscheinlichkeit, dass der Zustand $|i\rangle$ mit Energie E_i im Ensemble vertreten ist. Jedes Matrixelement $\rho_{ii} = p(E_i)$ gehört zu einem Eigenket mit Energie E_i. Wenn es mehrere Zustände zu der selben Energie gibt, dann hat offensichtlich jeder dieser entarteten Zustände die gleiche Wahrscheinlichkeit. Es gibt verschiedene Typen solcher stationären Ensembles, die sich jeweils durch die Wahl von $p(E_i)$ unterscheiden. Das mikrokanonische Ensemble, das aus isolierten Systemen aufgebaut ist, das kanonische, dessen mittlere Energie konstant gehalten wird und das großkanonische Ensemble bei dem neben der Energie auch die Teilchenzahl im Mittel gegeben ist. Wir wollen zwei dieser Ensembles genauer betrachten.

Kanonisches Ensemble

Wir betrachten den Fall, dass das statistische System mit einem großen thermischen Reservoir in Wechselwirkung steht, dessen Temperatur T konstant gehalten wird. Zwischen dem System und dem Reservoir findet Energieausgetausch statt, wobei die gemittelte Energie des Systems durch die Temperatur T des Reservoirs bestimmt wird. Ein *kanonisches Ensemble* ist definiert durch die Bedingung, dass die Energie des Ensembles *im Mittel* gegeben ist, während die anderen makroskopischen Größen, wie Volumen oder Teilchenzahl fest vorgegeben sind. Die Dichtematrix kann diagonal in der Energiebasis gewählt werden. Dann stellt ρ_{ii} die Wahrscheinlichkeit dar, dass das makroskopische System, das sich im Gleichgewicht mit dem Reservoir befindet, sich in einem Mikrozustand mit Energie E_i befindet

Sei $U = [H]$ die mittlere Energie des Ensembles, die sogenannte *innere Energie*,

$$U = Sp\{\rho H\}.$$

Wir suchen die Dichtematrix ρ, die die Entropie S bei festgehaltenem U maximiert, d. h. unter den Nebenbedingungen

$$Sp\{\rho H\} = U = konst. \quad \text{und} \quad Sp\rho = \sum_{i=1}^{N} \rho_{ii} = 1. \tag{32.20}$$

Nach Lagrange maximiert man das Funktional

$$\tilde{S} = -Sp[\rho \ln \rho + \beta \rho H + \xi \rho])$$

$$= -\sum_{i=1}^{N} \rho_{ii}[\ln \rho_{ii} + \beta E_i + \xi]$$

ohne Nebenbedingungen, wo β und ξ Lagrangesche Multiplikatoren sind. Zur Vereinfachung der späteren Ergebnisse schreiben wir $\xi = -(1 + \ln A)$. Die Extremalbedingung ergibt dann

$$\delta \tilde{S} = \sum_{i=1}^{N} \delta \rho_{ii}[(\ln \rho_{ii} + 1) + \beta E_i - (\ln A + 1)] = 0.$$

Für beliebige Variationen ist dies ist nur möglich, wenn

$$[\ln \rho_{ii} + \beta E_i - \ln A] = 0$$

oder
$$\rho_{ii} = A \exp(-\beta E_i) \,. \tag{32.21}$$

Die Konstante A wird durch die Nebenbedingung $Sp\rho = 1$ festgelegt, mit dem Ergebnis

$$\rho_{ii} = \frac{\exp(-\beta E_i)}{\sum_{j=1}^{\mathcal{N}} \exp(-\beta E_j)} = \frac{\exp(-\beta E_i)}{Z}, \tag{32.22}$$

wo

$$Z_1 = \sum_{j=1}^{\mathcal{N}} \exp(-\beta E_j) \tag{32.23}$$

als *kanonische Zustandssumme* bezeichnet wird. Es handelt sich hier um die *Einteilchen-Zustandssumme*, da wir in der Summe nicht über die die einzelnen Teilchen des Ensembles summiert haben (zur Erinnerung: $\mathcal{N}$ ist die Zahl der Mikrozustände des Ensembles). Da jeder Mikrozustand $|\Psi_i\rangle$ ein Vielteilchen-Zustand ist, der für nicht-wechselwirkende Teilchen, als Tensorprodukt von N Einteilchen-Zuständen geschrieben werden kann, erhält man für die gesamte Zustandssumme:

$$Z = (Z_1)^N \,.$$

Die Konstante β bestimmt sich aus der Nebenbedingung $[H] = U = konstant$. In einem kanonischen Ensemble gibt ρ_{ii} direkt die relative Besetzungszahl für einen Energieeigenzustand zur Energie E_i an. Die Summe erstreckt sich auch über mögliche entartete Zustände mit $E_i = E_j = \ldots$ Wir werden sehen, dass sich alle thermodynamischen Größen aus der Zustandssumme des Systems berechnen lassen. Die kanonische Wahrscheinlichkeitsverteilung erfüllt die fundamentale Annahme der Quantenstatistik, dass Eigenfunktionen zur selben Energie E_i gleich wahrscheinlich sind. Der *Boltzmann-Faktor* $\exp(-\beta E_i)/Z$ sorgt dafür, dass die Verteilung extrem schnell mit der Energie abfällt.

Mit dem Ergebnis (32.22) lässt sich der Ensemble-Mittelwert einer Observablen Q berechnen,

$$[Q] = Sp(\rho Q) = \frac{\sum_{i=1}^{\mathcal{N}} Q_i \exp(-\beta E_i)}{Z},$$

wo Q_k die Matrixelemente von Q in der Energie-Basis sind. Für die *inneren Energie*, d. h. den Mittelwert der Energie erhält man z. B.

$$U = [H] = \frac{\sum_{i=1}^{\mathcal{N}} E_i e^{-\beta E_i}}{\sum_{i=1}^{n} e^{-\beta E_i}} = -\frac{\partial}{\partial \beta}\left(\ln \sum_{i=1}^{\mathcal{N}} e^{-\beta E_i}\right) = -\frac{\partial}{\partial \beta}(\ln Z) \,. \tag{32.24}$$

Der Parameter β dient dazu, die Konstanz der mittleren Energie sicherzustellen. Dies bewirkt auch das Wärmereservoir, es überträgt Energie in der Form von Wärme auf das System.

Wir definieren die Temperatur:

$$T = \left.\frac{\partial U}{\partial S}\right|_{V,N} \quad \text{(statistische Definition der Temperatur)} . \tag{32.25}$$

Der Parameter β hängt mit der inversen Temperatur zusammen über,

$$\beta = \frac{1}{kT} . \tag{32.26}$$

Wir werden sehen, dass die Definition (32.25) das bekannte Ergebnis $\frac{3}{2}kT$ für die mittlere kinetische Energie pro Atom eines idealen Gases liefert.

Für die Entropie erhält man

$$\begin{aligned}
S &= -kSp\,(\rho\ln\rho) = -k\sum_{i=1}^{N}\left(\frac{\exp(-\beta E_i)}{Z}\left[\ln\exp(-\beta E_i) - \ln Z\right]\right) \\
&= -k\sum_{i=1}^{N}\left(\frac{\exp(-\beta E_i)}{Z}(-\beta E_i) - \ln Z\right) \\
&= k\ln Z + k\beta U = k\ln Z + \frac{1}{T}U .
\end{aligned} \tag{32.27}$$

Ensemble von harmonischen Oszillatoren

Die Konstante β hängt über die mittlere Energie $[H]$ mit der Temperatur T des Wärmebades zusammen. Wir wollen dies am Beispiel eines kanonischen Ensembles, dessen Elemente jeweils aus *einzelnen* eindimensionalen harmonischen Oszillatoren bestehen, demonstrieren. Der Hilbert-Raum wird durch die (nicht entarteten) Eigenvektoren $\{|j\rangle\}$ des Hamilton-Operators

$$H = \frac{P^2}{2m} + \frac{1}{2}m\omega^2 X^2$$

mit Energie-Eigenwerten

$$E_j = (\frac{1}{2} + j)\hbar\omega, \quad j = 0, 1, \ldots, \infty$$

aufgespannt (siehe Kapitel 19). Die Einteilchen-Zustandssumme für dieses System lässt sich berechnen,

$$\begin{aligned}
Z_1 &= Sp\exp(-\beta H) = \sum_{j=0}^{\infty}\exp(-\beta E_j) = \sum_{j=0}^{\infty}\exp[-\beta(j+\frac{1}{2})\hbar\omega] \\
&= \exp[-\beta\frac{\hbar\omega}{2}]\sum_{j=0}^{\infty}\exp[-\beta j\hbar\omega] = \exp[-\beta\frac{\hbar\omega}{2}]\sum_{j=0}^{\infty}(\exp[-\beta\hbar\omega])^j .
\end{aligned}$$

Der zweite Faktor ist eine geometrische Reihe, die aufsummiert werden kann,

$$Z_1 = \frac{\exp(-\beta\frac{\hbar\omega}{2})}{1 - \exp(-\beta\hbar\omega)} = \frac{1}{\exp(\beta\frac{\hbar\omega}{2}) - \exp(-\beta\frac{\hbar\omega}{2})} . \tag{32.28}$$

Die gemittelte Energie ist nach Gl. (32.24)

$$U_1 = [H] = -\frac{\partial}{\partial \beta}(\ln Z_1) = \frac{\hbar\omega}{2} \frac{\exp(\beta\frac{\hbar\omega}{2}) + \exp(-\beta\frac{\hbar\omega}{2})}{\exp(\beta\frac{\hbar\omega}{2}) - \exp(-\beta\frac{\hbar\omega}{2})}$$

$$= \frac{\hbar\omega}{2} \coth\left(\beta\frac{\hbar\omega}{2}\right). \tag{32.29}$$

Um den klassischen Limes zu untersuchen, entwickeln wir den coth für kleine $\hbar$ in eine Taylor-Reihe,

$$\coth\left(\beta\frac{\hbar\omega}{2}\right) = \frac{2}{\beta\hbar\omega} + \frac{1}{6}\beta\hbar\omega + O(\beta^2).$$

Für die gemittelte Energie ergibt sich somit

$$[H] = \frac{\hbar\omega}{\beta\hbar\omega} + \frac{1}{12}(\beta\hbar\omega)^2 + \dots.$$

Im klassischen Limes, $\hbar \to 0$, gilt also

$$[H] = \frac{1}{\beta}.$$

Wir identifizieren die Temperatur T mit der mittleren Energie des kanonischen Ensembles im klassischen Limes, d. h.

$$\beta = \frac{1}{kT},$$

wo k die *Boltzmann-Konstante* ist ($k = 1.380658 \times 10^{-23}$ Joule/Kelvin), die von den gewählten Einheiten abhängt und experimentell bestimmt werden muss. Diese Zuordnung gilt für allgemeine kanonische Ensembles nicht-wechselwirkender Teilchen.

Die Rechnung lässt sich auf N harmonische Oszillatoren (Teilchen im Oszillatorpotential) mit dem selben ω, die nicht miteinander wechselwirken, verallgemeinern. Der Vielteilchen-Hamilton-Operator ist dann der einer Summe von unabhängigen einfachen harmonischen Oszillatoren. Die Eigenvektoren $|n_1, n_2, \dots, n_N\rangle$ und Eigenwerte $\frac{N}{2} + n_1 + \dots + n_N$ werden durch die Besetzungszahlen $n_j \in \mathbb{N}$ repräsentiert. Die zugehörige Zustandssumme ist

$$Z = \exp\left(-\beta\hbar\omega\frac{N}{2}\right) \sum_{n_1=0}^{\infty} \sum_{n_2=0}^{\infty} \dots \sum_{n_N=0}^{\infty} \exp[-\beta(n_1 + n_2 + \dots + n_N)\hbar\omega]$$

$$= \sum_{n_1=0}^{\infty} \sum_{n_2=0}^{\infty} \dots \sum_{n_N=0}^{\infty} \exp\left[-\beta\left(n_1 + \frac{1}{2}\right)\hbar\omega\right] \exp\left[-\beta\left(n_2 + \frac{1}{2}\right)\hbar\omega\right], \dots,$$

$$\exp\left[-\beta\left(n_N + \frac{1}{2}\right)\hbar\omega\right]$$

$$= \sum_{n_1=0}^{\infty} \exp\left[-\beta\left(n_1 + \frac{1}{2}\right)\hbar\omega\right] \sum_{n_2=0}^{\infty} \exp\left[-\beta\left(n_2 + \frac{1}{2}\right)\hbar\omega\right], \dots,$$

$$\sum_{n_N=0}^{\infty} \exp\left[-\beta\left(n_N + \frac{1}{2}\right)\hbar\omega\right]$$

$$= [Z_1]^N,$$

wo Z_1 die Zustandssumme für einen einzelnen Oszillator (32.28) ist.

Die mittlere Energie des Ensembles wird

$$U = [E] = -\frac{\partial}{\partial \beta}(\ln Z) = -\frac{\partial}{\partial \beta}(N \ln Z_1) \tag{32.30}$$

$$= NU_1 = N\frac{\hbar\omega}{2}\coth\left(\beta\frac{\hbar\omega}{2}\right). \tag{32.31}$$

Zustandssumme für Systeme nicht-wechselwirkender Teilchen

Wir betrachten zunächst wieder ein hypothetisches statistisches Ensemble, dessen Elemente nur die Einteilchen-Zustände $|E_i\rangle$ mit Energie E_i sind. Jedes Element des Ensembles besteht aus einem einzigen Teilchen, das unterschiedliche Energien haben kann. Die Einteilchen-Zustandssumme ist die Summe

$$Z_1 = \sum_{i=0}^{\infty} e^{-\beta E_i}. \tag{32.32}$$

Die Summe erstreckt sich über die Zustände $|E_i\rangle$ mit Energie E_i, also auch über mögliche entartete Zustände mit der selben Energie. Alternativ kann man die Summe auch über die Energieniveaus schreiben. Dann muss man aber die Entartung $w(E)$ explizit berücksichtigen

$$Z_1 = \sum_E w(E) e^{-\beta E}. \tag{32.33}$$

Für ein Ensemble aus nicht-wechselwirkende Teilchen verteilt sich die Gesamtenergie eines Mikrozustandes auf die einzelnen Einteilchen-Zustände und ist gleich der Summe der Energien zu den einzelnen Einteilchen-Zuständen,

$$E_r = E_{i_1} + E_{i_2} + \cdots + E_{i_N}.$$

Dann erhalten wir für die gesamte Zustandssumme

$$Z = \sum_{\text{Alle Zustände } r} e^{-\beta E_r} = \sum_{i_1=0}^{\infty}\sum_{i_2=0}^{\infty}\cdots\sum_{i_N=0}^{\infty} \exp[-\beta(E_{i_1} + E_{i_2} + \cdots + E_{i_N})]$$
$$\text{(Summen über Zustände)}$$

$$= \sum_{i_1=0}^{\infty} \exp[-\beta E_{i_1}] \sum_{i_2=0}^{\infty} \exp[-\beta E_{i_2}] \cdots \sum_{i_N=0}^{\infty} \exp[-\beta E_{i_N}]$$

$$= [Z_1]^N$$

Die gesamte Entropie eines kanonischen Ensembles wird mit (32.27)

$$S = k \ln Z + \frac{1}{T}U = kN \ln Z_1 + \frac{1}{T}U. \tag{32.34}$$

Wechselwirkende Systeme lassen sich nicht auf Einteilchenzustände zurückführen. Die entsprechende Zustandssumme ist entsprechend schwer zu berechnen und wird im Folgenden nicht weiter diskutiert.

Großkanonisches Ensemble

Oft ist neben der Energie auch die Teilchenzahl eines Ensembles nicht genau, sondern nur im Mittel bekannt. Dies ist bei einem Gas der Fall, das mit einem sehr großen Reservoir Energie und Teilchen austauschen kann. Der Dichteoperator ρ wirkt in einem Raum, der Zustände mit einer beliebigen Zahl N von Teilchen enthält. Die Teilchenzahl eines einzelnen Mikrozustands wird dargestellt durch einen Operator N mit Eigenwerten $n = 0, 1, 2, \ldots$. Bei nicht-relativistischen Energien ist die Teilchenzahl in einem gegebenen Mikrozustand zeitlich konstant. Die Teilchenzahl N vertauscht daher mit dem Hamilton-Operator. Im Gleichgewicht vertauscht daher der Dichteoperator mit H und N,

$$[\rho, H] = 0, \quad [\rho, N] = 0 \quad \to \quad [H, N] = 0.$$

Es gibt also gemeinsame Eigenzustände von H und N. Die nötigen Spuren über den Dichteoperator lassen sich am einfachsten in der Basis der gemeinsamen Eigenvektoren von H und N berechnen.

Wir maximieren wieder die Entropie

$$\delta S = \delta (Sp\rho \ln \rho) = 0$$

unter den Nebenbedingungen

$$SpH\rho = [E], \quad SpN\rho = [N], \quad Sp\rho = 1.$$

Dann erhalten wir ähnlich wie oben

$$\sum_k \delta\rho_{kk}[\ln \rho_{kk} + \beta E_k + \mu n_k - \ln A)] = 0$$

mit Lösung

$$\rho_{kk} = A \exp(-\beta E_k - \mu n_k), \tag{32.35}$$

wo β, μ, $A = 1/Z$ Konstante sind, die durch die Nebenbedingungen zu bestimmen sind. Die Konstante $A = 1/Z$ wird durch die Nebenbedingung $Sp\rho = 1$ festgelegt,

$$Z = Sp\left[e^{-(\beta E_k - \mu n_k)}\right] = \sum_{\{n_k\}} e^{-(\beta E_k - \mu n_k)} \tag{32.36}$$

wobei $\sum_{\{n_k\}}$ bedeutet, dass über alle Mengen $\{n_k\}$ zu summieren ist, die $\Sigma[n_k] = [N]$ erfüllen (z. B. für Bosonen nimmt jedes n_k die Werte $0, 1, 2, \ldots$ an).

$$\rho_{kk} = \frac{\exp(-\lambda E_k - \mu n_k)}{Z}.$$

Ein durch eine Dichtematrix der Form Gl. (32.35) gegebenes Ensemble heißt *großkanonisch*. Mit diesem Ergebnis lässt sich wieder der Ensemble-Mittelwert einer Observablen A berechnen,

$$[A] = sp(\rho A) = \frac{\sum_{i=k}^{n} A_{ik} \exp(-\lambda E_k - \mu n_k)}{Z} \tag{32.37}$$

wo A_{ik} die Matrixelemente von A in der Energie-Basis sind.

Die Wahl des Ensembletyps (mikrokanonisch, kanonisch, großkanonisch) scheint zu Teil willkürlich. Es kann aber gezeigt werden, dass im thermodynamischen Limes alle drei Beschreibungen die gleichen Ergebnisse liefern.

32.6 Thermodynamik

Die klassische Thermodynamik folgt aus Gl. (32.34) im Limes sehr großer Systeme, d. h. für $N \to \infty$ und $V \to \infty$ wobei die Teilchendichte $\rho = N/V$ gegen einen endlichen Grenzwert strebt. In diesem Limes bleibt die Zahl der Teilchen praktisch konstant und man kann das kanonische Ensemble verwenden. Um die Verbindung mit der Thermodynamik zu verdeutlichen, definieren wir die Helmholtzsche *freie Energie*

$$F \equiv U - TS. \tag{32.38}$$

Aus Gl. (32.34) folgt dann

$$F = -NkT \ln Z_1,$$

wo Z_1 die Einteilchen-Zustandssumme ist, $Z_1 = \sum_{i=0}^{\infty} e^{-\beta E_i}$. Die freie Energie ist also gleich dem Logarithmus der Zustandssumme! Dieses Ergebnis ermöglicht es, alle thermodynamischen Größen aus der Zustandssumme zu berechnen. Die Entropie zum Beispiel berechnet sich aus

$$S = -\left(\frac{\partial F}{\partial T}\right)_V = -Nk\left(\frac{\partial \ln Z_1}{\partial T}\right)_V$$

und die mittlere Energie aus

$$U = \frac{N \sum_i E_i e^{-\beta E_i}}{Z_1} = NkT^2 \frac{\partial}{\partial T}(\ln Z_1) = -T^2 \left(\frac{\partial}{\partial T}\frac{F}{T}\right)_V. \tag{32.39}$$

Wie zu erwarten, sind die Zustandsgrößen F, S, U extensiv, d. h. proportional zu N.

Die innere Energie ist eine Funktion der Entropie, des Volumens und der Teilchenzahl $U = U(S, V, N)$. Die Thermodynamikgröße F hängt dagegen von Temperatur, Volumen und Teilchenzahl $F = F(T, V, N)$ ab. Da T konstant ist, hat die freie Energie F ein Minimum, wenn die Entropie S ein Maximum hat. Der Druck ist definiert durch

$$P = -\frac{\partial U}{\partial V}$$

(Die Kraft ist Druck×Fläche, sie ist senkrecht zur Fläche; die Energieänderung ist gleich Arbeit ist gleich Kraft × Verschiebung in der Richtung der Kraft; Fläche × Verschiebung senkrecht zu der Fläche ergibt die Volumensänderung).

Das chemische Potential ist definiert als

$$\mu = \frac{\partial U}{\partial N}.$$

Das chemische Potential stellt die Energieerhöhung des Systems bei Zuführung eines weiteren Teilchens dar.

Die freie Energie ist die Legendre-Transformation der inneren Energie $U = U(S, V, N)$ bezüglich der aktiven Variablen S

$$F(T, V, N) = (U(S, V, N) - TS)|_{S=S(T,V,N)} ,$$

wo
$$T = \frac{\partial U}{\partial S}\bigg|_{V,N}$$

die neue Variable ist und $S(T, V, N)$ aus dieser Gleichung berechnet wird (siehe die ausführliche Behandlung der Legendre-Transformation in Kapitel 5). Auf diese Weise haben wir die Entropie-Variable S gegen die, in der Thermodynamik verwendete Temperatur-Variable eingetauscht. Die Umkehrtransformation lautet

$$U(S, V, N) = (F(T, V, N) - TS)|_{T=T(S,V,N)} ,$$

mit der aktiven Variablen $S = -\frac{\partial F}{\partial T}\big|_{V,N}$. Die passiven Variablen V und N erfüllen die Bedingungen $\frac{\partial F}{\partial V} = \frac{\partial U}{\partial V}$; $\frac{\partial F}{\partial N} = \frac{\partial U}{\partial N}$. Wenn wir $-\frac{\partial U}{\partial V}$ mit dem Druck und $\frac{\partial U}{\partial N}$ mit dem chemischen Potential identifizieren, dann können wir alle thermodynamischen Größen aus $F(T, V, N)$ berechnen,

$$S = -\frac{\partial F}{\partial T}\bigg|_{V,N}, \quad P = -\frac{\partial F}{\partial V}\bigg|_{T,N}, \quad \mu = -\frac{\partial F}{\partial N}\bigg|_{T,V}. \tag{32.40}$$

Wir wollen jetzt zeigen, dass die Temperaturdefinitionen $T = \frac{\partial U}{\partial S}\big|_{V,N}$ und $\beta = \frac{1}{kT}$ äquivalent sind. Dazu betrachten wir Gl. (32.38) und Gl. (32.24) und erhalten

$$\frac{\partial F}{\partial T} = \frac{\partial}{\partial T}(-kT \ln Z) = -k \ln Z - kT \frac{\partial \beta}{\partial T} \frac{\partial}{\partial \beta} \ln Z$$

$$= -k \ln Z - kT \left(\frac{-1}{kT^2}\right)(-U) = -k \ln Z - \frac{U}{T} = -S$$

wie in Gl. (32.40).

32.7 Das ideale Boltzmann-Gas

Wir nehmen an, dass die Symmetrie unter Teilchenaustausch keine Rolle spielt. Dann kann die Zustandssumme für ein ideals Gas nach (32.33) geschrieben werden als

$$Z_1 = \sum_{\vec{p},\vec{x},\alpha} w(\vec{k}, \alpha) \exp\left\{-\frac{1}{kT}\left[\frac{\hbar^2}{2m}k^2 + E_{int}(\alpha)\right]\right\} .$$

Wo $w(\vec{p}, \alpha)$ die Entartung ist und E_{int} die innere Energie, z. B. Vibration, Drehimpuls oder Spin. Dabei sei angenommen, dass alle Freiheitsgrade von einander entkoppelt sind. Um eine Verbindung mit einem klassischen Gas herzustellen verwenden wir die de Broglie-Beziehung $\vec{p} = \hbar \vec{k}$ zwischen Wellenvektor $\vec{k}$ und Impuls $\vec{p}$ des Moleküls. In diesem Fall faktorisiert die Zustandssumme

$$Z_1 = Z_{int} \sum_{\vec{p}} w(\vec{k}) e^{-\frac{1}{kT} \frac{\hbar^2 k^2}{2m}} = Z_{int} \sum_{\vec{p}} w(\vec{p}) e^{-\frac{1}{kT} \frac{\vec{p}^2}{2m}}$$

Z_{int} ist die Zustandssumme für die internen Freiheitsgrade. Da die Impulse sehr dicht beisammen liegen, können wir die Summe durch ein Integral ersetzen

$$Z_1 = Z_{int} \frac{1}{\hbar^3} \int d^3 p \, e^{-\frac{1}{kT} \frac{\vec{p}^2}{2m}} = Z_{int} \int d^3 k \, w e^{-\frac{1}{kT} \frac{\hbar^2 k^2}{2m}}$$
$$= Z_{int} Z_p \,.$$

Da für nicht-wechselwirkende Gase alle Energien unabhängig sind, können alle Mittelwerte unabhängig von einander berechnet werden. Der Mittelwert des Impulses ist z. B. geben durch

$$\langle |\vec{p}|^2 \rangle = \frac{\frac{1}{\hbar^3} \int \frac{d^3 p}{\hbar^3} p^2 \sum_\alpha \exp\left\{-\frac{1}{kT}\left[\frac{\vec{p}^2}{2m} + E_{int}(\alpha)\right]\right\}}{Z_{int} Z_p}$$

$$= \frac{\sum_\alpha \exp\left\{-\frac{1}{kT} E_{int}(\alpha)\right\} \frac{1}{\hbar^3} \int \frac{d^3 p}{\hbar^3} p^2 \exp\left\{-\frac{1}{kT}\frac{\vec{p}^2}{2m}\right\}}{Z_{int} Z_p}$$

$$= \frac{\frac{1}{\hbar^3} \int \frac{d^3 p}{\hbar^3} p^2 \exp\left\{-\frac{1}{kT}\frac{\vec{p}^2}{2m}\right\}}{Z_p} \,. \tag{32.41}$$

Die innere Zustandssumme hat sich weggekürzt! Die in Z_p auftretende Zustandssumme heißt Maxwell-Boltzmannsche Geschwindigkeitsverteilung, da $\vec{p}/m = \vec{v}$ die Geschwindigkeit ist.

Das Gaußsche Integral in Gl. (32.41) kann berechnet werden und ergibt für die Einteilchen-Zustandssumme

$$Z_1 = V \left(\frac{2\pi m kT}{h^2}\right)^{3/2} Z_{int}$$

oder, für das gesamte System

$$Z = \frac{V^N}{N!} \left(\frac{2\pi m kT}{h^2}\right)^{3N/2} Z_{int}^N \,.$$

Für den Übergang zur Thermodynamik berechnen wir die Helmholtzsche Freie Energie

$$F = -kT \ln Z \tag{32.42}$$
$$= -NkT \ln\left(\frac{eV}{N}\left(\frac{2\pi m kT}{h^2}\right)^{3/2} Z_{int}(T)\right),$$

wo wir die Stirlingsche Näherung

$$N! \simeq (N/e)^N \quad (N \to \infty)$$

verwendet haben. Der Faktor $1/N!$, der sich hier, im Gegensatz zur klassischen Statistischen Physik, automatisch ergibt, erweist sich als notwendig, damit die Freie Energie und damit die Entropie extensive Zustandsgrößen (proportional zu N) werden. Die Entropie lässt sich aus F mittels der Formel $S = -\left(\frac{\partial F}{\partial T}\right)_V$ berechnen. Für den Druck erhält man aus F

$$p = -\left(\frac{\partial F}{\partial V}\right)_T = \left(\frac{\partial}{\partial V}\right)_T NkT \left[\ln V + \ln\left(\frac{e}{N}\left(\frac{2\pi mkT}{h^2}\right)^{3/2} Z_{int}(T)\right)\right] = \frac{NkT}{V}.$$

Dies ist die bekannte *Zustandsgleichung* für ein ideales Gas,

$$p = \frac{NkT}{V}.$$

Die internen Freiheitsgrade tragen zur Zustandsgleichung nicht bei. Dies ist aber bei anderen Variablen, wie der Entropie, nicht der Fall. Die mittlere Energie berechnet sich nach Gl. (32.39) und Gl. (32.42) zu

$$U = -T^2 \left(\frac{\partial}{\partial T}\frac{F}{T}\right)_V = T^2 Nk \frac{\partial}{\partial T}\left[\left(\ln\frac{eV}{N} + \frac{3}{2}\ln\left(\frac{2\pi mkT}{h^2}\right) + Nk \ln Z_{int}(T)\right)\right]_V$$

$$= NkT^2 \left(\frac{h^2}{2\pi mkT}\right) \frac{3}{2}\frac{2\pi mk}{h^2} + \text{innere Energie}$$

$$= \frac{3}{2}NkT + \text{innere Energie}.$$

Dieses Ergebnis ist wieder aus der elementaren kinetischen Theorie eines idealen Gases bekannt.

In der bisherigen Diskussion wurde implizit angenommen, dass die Teilchendichte sehr niedrig und die Temperatur hoch ist, so dass die Ununterscheidbarkeit der Teilchen keine Rolle spielt. Die mittlere Teilchenzahl pro Einteilchen-Zustand sollte viel kleiner als eins sein. Wenn diese Bedingungen nicht erfüllt sind, dann muss die Symmetrie unter Teilchenaustausch berücksichtigt werden.

32.8 Systeme identischer Teilchen

In der Quantenmechanik sind identischer Teilchen wahrhaft ununterscheidbar. Die Identität der Teilchen schränkt die erlaubten Zustände im Hilbertraum ein. Die Zustände müssen entweder symmetrisch oder antisymmetrisch unter Teilchenaustausch sein, d. h. sie erfüllen die Bose- oder Fermistatistik.

Als Beispiel betrachten wir wieder N freie Teilchen in einem Potentialtopf aus Gl. (32.9) mit dem (nicht entarteten) Hamilton-Operator

$$H = \sum_{\alpha=1}^{N} H_\alpha \quad \text{mit } H_\alpha = \frac{\vec{P}_\alpha^2}{2m} = -\frac{\hbar^2}{2m}\nabla_\alpha^2.$$

Der Hilbertraum $\mathcal{H}^N$ von N freien Teilchen wird durch das Produkt der Einteilchen-Zustände gebildet,

$$|\vec{k}_1, \vec{k}_2, \ldots, \vec{k}_N\rangle = |\vec{k}_1\rangle |\vec{k}_2\rangle, \ldots, |\vec{k}_N\rangle ,$$

mit

$$H|\vec{k}_1, \vec{k}_2, \ldots, \vec{k}_N\rangle = \left(\sum_{\alpha=1}^{N} \frac{\hbar^2}{2m} \vec{k}_\alpha^2\right) |\vec{k}_1, \vec{k}_2, \ldots, \vec{k}_N\rangle .$$

Die Produktzustände erfüllen aber noch nicht die Symmetrieanforderungen und wir müssen den Unterraum mit der richtigen Symmetrie identifizieren.

Der symmetrische *bosonische Unterraum* $\mathcal{H}^N_+$ wird aufgespannt durch

$$|\vec{k}_1, \vec{k}_2, \ldots, \vec{k}_N\rangle = \frac{1}{\sqrt{N_+}} \sum_P P |\vec{k}_1\rangle |\vec{k}_2\rangle, \ldots, |\vec{k}_N\rangle \qquad (32.43)$$

wo P eine Permutation (Austausch) von zwei Teilchen bedeutet, N_+ ein noch zu diskutierender Normierungsfaktor ist und die Summe sich über alle Permutationen erstreckt. Ein gegebener Einteilchenzustand $|\vec{k}_i\rangle$ kommt im Gesamtzustand $n_{\vec{k}_i}$-mal vor. Dann ist jeder Zustand eindeutig durch die Menge seiner Besetzungszahlen $\{n_{\vec{k}}\}$ festgelegt mit

$$\sum n_{\vec{k}_i} = N .$$

Wir zeigen jetzt, dass der Normierungsfaktor N_+ für Bosonen gegeben ist durch

$$N_+ = N! \prod_l n_{\vec{k}_l}!$$

Beweis Sei

$$|\vec{k}\rangle \equiv \frac{1}{\sqrt{N_+}} \sum_P P |\vec{k}_1\rangle |\vec{k}_2\rangle, \ldots, |\vec{k}_N\rangle$$

dann gilt

$$\langle \vec{k}|\vec{k}\rangle = \frac{1}{N_+} \sum_{P,P'} \left[P' \langle \vec{k}_1| \langle \vec{k}_2|, \ldots, \langle \vec{k}_N|\right] \left[P |\vec{k}_1\rangle |\vec{k}_2\rangle, \ldots, |\vec{k}_N\rangle\right]$$

$$= \frac{N!}{N_+} \sum_P \left[\langle \vec{k}_1| \langle \vec{k}_2|, \ldots, \langle \vec{k}_N|\right] \left[P |\vec{k}_1\rangle |\vec{k}_2\rangle, \ldots, |\vec{k}_N\rangle\right]$$

$$= \frac{N!}{N_+} \prod_l n_{\vec{k}_l}! = 1 \quad \rightarrow \quad N_+ = N! \prod_l n_{\vec{k}_l}!$$

Der Term $[\langle \vec{k}_1|\langle \vec{k}_2|, \ldots, \langle \vec{k}_N|] [P'|\vec{k}_1\rangle|\vec{k}_2\rangle, \ldots, |\vec{k}_N\rangle]$ verschwindet, außer wenn die Menge der $\vec{k}_i$ mit der ursprünglichen Konfiguration übereinstimmen, was $\prod_l n_{\vec{k}_l}!$-mal der Fall ist. □

Zur Veranschaulichung betrachten wir einen bosonischen 3-Teilchenzustand, der aus einem Einteilchenzustand $|a\rangle$ und zwei Einteilchenzuständen $|b\rangle$ aufgebaut ist. Mit $N!\prod_l n_{\vec{k}_l}! = 3!1!2! = 12$ folgt nach Gl. (32.43)

$$|abb\rangle_+ = \frac{1}{\sqrt{12}} [|b\rangle |b\rangle |a\rangle + |b\rangle |a\rangle |b\rangle + |a\rangle |b\rangle |b\rangle + |b\rangle |b\rangle |a\rangle + |a\rangle |b\rangle |b\rangle + |b\rangle |a\rangle |b\rangle]$$

$$|abb\rangle_+ = \frac{1}{\sqrt{3}} [|b\rangle |b\rangle |a\rangle + |b\rangle |a\rangle |b\rangle + |a\rangle |b\rangle |b\rangle] .$$

Der antisymmetrische *fermionische Unterraum* $\mathcal{H}_-^N$ wird aufgespannt durch

$$\left|\vec{k}_1, \vec{k}_2, \ldots, \vec{k}_N\right\rangle = \frac{1}{\sqrt{N_-}} \sum_P (-1)^P P \left|\vec{k}_1\right\rangle \left|\vec{k}_2\right\rangle, \ldots, \left|\vec{k}_N\right\rangle$$

wo $(-1)^P$ bedeuten soll

$$(-1)^P = \begin{cases} +1 & \text{wenn } P \text{ eine gerade Permutation ist} \\ -1 & \text{wenn } P \text{ eine ungerade Permutation ist} \end{cases}.$$

Für den Normierungsfaktor erhält man

$$N_- = N! \prod_l n_{\vec{k}_l}! = N!$$

Aus der Antisymmetrie folgt, dass alle $\vec{k}_i$ verschieden sein müssen. Für Fermionen mit Spin 1/2 gibt es zusätzlich noch zwei Spineinstellungen, so dass jeder Impuls-Eigenzustand $\left|\vec{k}_i\right\rangle$ doppelt besetzt sein kann.

32.9 Das ideale Quantengas

Wir betrachten den Fall eines idealen Quantengases, das aus N ($N \to \infty$) identischen Bosonen oder Fermionen besteht, deren gegenseitige Wechselwirkung vernachlässigt werden kann. Anders als in Abschnitt 5, soll jetzt die Symmetrie unter Teilchenaustausch berücksichtigt werden. Der Vielteilchen-Hamilton-Operator bestehe aus einer Summe von N gleichen (nicht entarteten) Einteilchen-Hamilton-Operatoren

$$H = H_1 + H_2 + \cdots + H_N.$$

Der Vielteilchen-Hilbertraum, in dem die Mikrozustände leben, ist dann das direkte Produkt der Einteilchen-Hilbert-Räume. Als Beispiel kann das oben diskutierte System von N unabhängigen harmonischen Oszillatoren dienen. Zu jedem Einteilchen-Hamilton-Operator H_α gehören die selben Eigenvektoren $|i\rangle$ mit $i = 1, 2, \ldots, \infty$ und Eigenwerte E_i

$$H_\alpha |i\rangle = E_i |i\rangle \quad \text{für alle } \alpha = 1, 2, \ldots, N.$$

Ein Energieeigenwert kann mit sehr vielen Teilchen besetzt sein. Ein gegebener Mikrozustand ist durch die Besetzungszahlen n_i der Einteilchen-Zuständen eindeutig bestimmt. Für identische Teilchen ist es nicht wichtig, welches Teilchen welchen Zustand besetzt, sondern nur wie viele Teilchen einen gegebenen Zustand besetzen.

Wir verwenden einen Index (σ) um einen bestimmten Mikrozustand zu bezeichnen. Die Eigenvektoren $\left|\Psi^{(\sigma)}\right\rangle_\pm = \left|n_0^{(\sigma)}, n_1^{(\sigma)}, \ldots, n_\infty^{(\sigma)}\right\rangle_\pm$ bestehen aus normierten, vollständig symmetrisierten $(|, \ldots, \rangle_+)$ bzw. antisymmetrisierten $(|, \ldots, \rangle_-)$ Tensorprodukten von Eigenzuständen von H_α mit $n_0^{(\sigma)}$ Faktoren $|0\rangle$, $n_1^{(\sigma)}$ Faktoren $|1\rangle, \ldots, n_i^{(\sigma)}$

Faktoren $|i\rangle, \ldots$. Man spricht von der *Besetzungszahl-Darstellung* in Bezug auf den Hamilton-Operator H. Es gilt

$$H|\Psi^{(\sigma)}\rangle_\pm = E^{(\sigma)}|\Psi^{(\sigma)}\rangle_\pm, \quad E^{(\sigma)} = \sum_{k=1}^\infty n_k^{(\sigma)} E_k, \quad N^{(\sigma)} = \sum_k n_k^{(\sigma)}. \tag{32.44}$$

Dabei ist $n_i^{(\sigma)}$ die Zahl der Teilchen in $|n_0^{(\sigma)}, n_1^{(\sigma)}, \ldots, n_i^{(\sigma)}, \ldots, n_\infty^{(\sigma)}\rangle_\pm$, die sich im Ein-Teilchen-Zustand $|i\rangle$ befinden. Die gesamte Teilchenzahl des mit (σ) bezeichneten Mikrosystems ist $N^{(\sigma)} = \sum n_k^{(\sigma)}$. Für Fermionen können die $n_i^{(\sigma)}$ wegen des Pauli-Prinzips nur die Werte 0 und 1 annehmen, für Bosonen sind alle Werte zwischen 0 und ∞ erlaubt. Die Menge

$$\left\{ |n_0^{(\sigma)}, n_1^{(\sigma)}, \ldots, n_i^{(\sigma)}, \ldots, n_\infty^{(\sigma)}\rangle_\pm \quad \text{mit} \quad \sum_k n_k^{(\sigma)} = N^{(\sigma)} \right\}$$

bildet eine orthonomale Basis im Unterraum $\mathcal{H}_\pm^N$. Die Permutationssymmetrie führt (wie beim Helium-Atom) auch im einfachen System eines freien Quantengases zu dramatischen Effekten. Diese lassen sich am einfachsten im Rahmen des großkanonischen Ensembles untersuchen. Bei der Berechnung der großkanonischen Zustandssumme wird zuerst für feste Teilchenzahl $N^{(\sigma)} = \sum_k n_k^{(\sigma)}$ über alle zugänglichen Zustände und dann über alle Teilchenzahlen $N^{(\sigma)} = 0, 1, \ldots, \infty$ summiert,

$$Z = \sum_{N^{(\sigma)}=0}^\infty {\sum_\sigma}' \prod_i \exp[-\beta n_i^{(\sigma)}(E_i - \mu)].$$

$\sum_\sigma'$ bedeutet, dass über alle Sätze von Besetzungszahlen $\{n^{(\sigma)}\}$ mit Gesamtteilchenzahl $N^{(\sigma)} = \sum_k n_k^{(\sigma)}$ summiert wird,

$${\sum_\sigma}' \equiv \sum_{\{n_k^{(\sigma)}|\sum_k n_k^{(\sigma)} = N^{(\sigma)}\}}.$$

Die letzte Summe erfolgt über alle $N^{(\sigma)}$, d. h. über die Zahl, die die Summe über die Besetzungszahlen $n_k^{(\sigma)}$ einschränkt. Wenn wir stattdessen die Summe über die Besetzungszahlen nicht einschränken, dann kann die Summe $\sum_k n_k^{(\sigma)}$ jeden Wert annehmen. Im Zuge der uneingeschränkten Summe über die Besetzungszahlen $n_k^{(\sigma)}$ erhalten wir für $\sum_k n_k^{(\sigma)}$ jeden möglichen Wert von $N^{(\sigma)}$, der in der letzten Summe über $N^{(\sigma)}$ vorkommt. Wir können also die Einschränkung bei der Summe über $\{n_\sigma\}$ weglassen und über alle $n_i^{(\sigma)}$ unabhängig summieren. Dann können wir auch den den Index (σ) weglassen und erhalten wir für die Zustandssumme

$$Z = \sum_{n_i}^\infty \prod_i \exp[-\beta n_i(E_i - \mu)] \tag{32.45}$$

$$= \sum_{n_1}^\infty \exp[-\beta n_1(E_1 - \mu)] + \sum_{n_2}^\infty \exp[-\beta n_2(E_2 - \mu)] + \cdots + \sum_{n_k}^\infty \exp[-\beta n_k(E_k - \mu)] + \cdots \tag{32.46}$$

Für Bosonen gehen die Summen über n_i von 0 bis ∞, für Fermionen nur von 0 bis 1. Die Effekte der Symmetrie stecken implizit in der Notation.

Bose-System

Die stationären Mikrozustände $|\Psi^{(\sigma)}\rangle_+ = |n_0^{(\sigma)}, n_1^{(\sigma)}, \ldots, n_\infty^{(\sigma)}\rangle_+$ eines Quantengases von Bosonen sind symmetrisch unter Permutationen, d. h. er ändern sich nicht unter Teilchenaustausch. Ein solcher Mikrozustand wird vollständig durch die Besetzungszahlen n_i beschrieben. Für ein großkanonisches Ensemble ist die Zahl N der Teilchen in einem solchen Zustand nicht exakt, sondern nur im Mittel vorgegeben. In der Zustandssumme können Summation und Produkt vertauscht werden,

$$Z = \sum_{n_i} \prod_i \exp[-\beta n_i(E_i - \mu)] = \prod_i \sum_{n_i=0}^\infty \exp[-\beta n_i E_i - \mu n_i].$$

Dies sieht man an einem **Beispiel**, $i = 2$ (mit $f_i = -\beta E_i - \mu$):

$$\sum_{n_i=0}^\infty \prod_{i=1}^2 e^{n_i f_i} = \sum_{n_1=0}^\infty \sum_{n_2=0}^\infty e^{n_1 f_1} e^{n_2 f_2} = \sum_{n_1=0}^\infty e^{n_1 f_1} \sum_{n_2=0}^\infty e^{n_2 f_2} = \prod_{i=1}^2 \sum_{n_i=0}^\infty e^{n_i f_i}$$

Für die Besetzungszahlen gibt es keine Einschränkungen, so dass die Summe über n_i von Null bis unendlich reicht. Jeder Zustand kann mit 1, 2, 3, ... Bosonen besetzt sein. Die Summe bildet eine geometrische Reihe und kann aufsummiert werden

$$Z = \prod_i \frac{1}{\exp[-\beta E_i - \mu] - 1}. \tag{32.47}$$

Dies zeigt man wie folgt (mit $f_i = -\beta E_i - \mu$):

$$\prod_i \frac{1}{1 - \exp f_i} = \prod_i \left[1 + \exp f_i + (\exp f_i)^2 + \cdots\right] = \prod_i \left[1 + \exp f_i + \exp 2f_i + \cdots\right]$$

$$= \prod_i \sum_{n_i=0}^\infty \exp[n_i f_i].$$

Die Zustandssumme ist gleich dem Produkt der einzelnen großkanonischen Zustandssummen. Aus Gl. (32.47) folgt:

$$\ln Z = \sum_i \ln \frac{1}{\exp[-\beta E_i - \mu] - 1}. \tag{32.48}$$

Die mittleren Besetzungszahlen berechnet sich nach Gl. (32.46) und Gl. (32.37) zu

$$[n_k] = \frac{\sum_{n_1=0}^\infty \sum_{n_2=0}^\infty, \ldots, n_k e^{-\beta(n_1 E_1 - \mu n_1)} e^{-\beta(n_2 E_2 - \mu n_2)}, \ldots, e^{-\beta(n_k E_k - \mu n_k)}, \ldots}{\sum_{n_1=0}^\infty \sum_{n_2=0}^\infty, \ldots, e^{-\beta(n_1 E_1 - \mu n_1)} e^{-\beta(n_2 E_2 - \mu n_2)}, \ldots, e^{-\beta(n_k E_k - \mu n_k)} \ldots}.$$

Im Zähler und Nenner hebt sich alles weg, bis auf den Faktor $e^{-\beta(n_k E_k - \mu n_k)}$. Damit wird

$$[n_k] = \frac{\sum_{n_k=0}^{\infty} n_k e^{-\beta(n_k E_k - \mu n_k)}}{\sum_{n_k=0}^{\infty} e^{-\beta(n_k E_k - \mu n_k)}} = \frac{1}{\exp[\beta E_k + \mu] - 1}.$$

Rechnerisches Detail:

$$[n_k] = \frac{1}{Z_k} \frac{\partial Z_k}{\partial \beta E_k} \quad \text{mit} \quad Z_k \equiv \sum_{n_k=0}^{\infty} e^{-\beta n_k (E_k - \mu n_k)} = \frac{1}{e^{-\beta E_k} - 1}$$

$$= -\frac{\partial \ln Z_k}{\partial \beta E_k} = \frac{1}{\exp[\beta E_k + \mu] - 1}$$

$$\left(-\frac{d}{dx} \ln \frac{1}{e^{-x} - 1} = \frac{d}{dx} \ln(e^{-x} - 1) = -\frac{1}{e^{-x} - 1} e^{-x} = \frac{1}{e^{x} - 1} \right).$$

Die Konstante μ entspricht im thermodynamischen Limes dem chemischen Potential. Sie berechnet sich aus der Bedingung

$$[N] = \sum_i [n_i] = \sum_i \frac{1}{\exp[\beta E_i + \mu] - 1}. \tag{32.49}$$

Fermi-System

Die Besetzungszahlen können wegen des Pauli-Prinzips nur 0 und 1 sein. Analog zum Bose-System finden wir

$$Z = \sum_{n_1=0}^{1} \sum_{n_2=0}^{1} \ldots \exp\left[-\beta \sum_{j}^{\infty} (n_j E_j - \mu n_j)\right]. \tag{32.50}$$

Die Zustandssumme lässt sich, ähnlich wie für Bosonen, in die Form

$$Z = \prod_i [1 + \exp(-\beta E_i - \mu)]$$

bringen. Die mittlere Besetzungszahl im Zustand $|k\rangle$ ist

$$[n_k] = \frac{1}{Z} \sum_{n_1=0}^{1} \sum_{n_1=2}^{1} \ldots n_k \exp\left[-\beta \sum_{j}^{\infty} (n_j E_j - \mu n_j)\right]$$

$$= \frac{1}{Z} \sum_{n_1=0}^{1} \sum_{n_2=0}^{1} \ldots n_k e^{-\beta(n_1 E_1 - \mu n_1)} e^{-\beta(n_2 E_2 - \mu n_2)}, \ldots, e^{-\beta(n_k E_k - \mu n_k)} \ldots$$

$$= \frac{1}{\exp[\beta E_{ki} + \mu] + 1}.$$

Wieder hebt sich alles weg, bis auf den Faktor $n_k e^{-\beta(n_k E_k - \mu n_k)}$. Die Konstante μ berechnet sich wie bei den Bosonen aus der Bedingung

$$\sum [n_i] = [N].$$

Im Falle von Fermionen schreibt man die Konstante μ oft in der Form

$$\mu = -\frac{E_F}{kT},$$

wo F_E als *Fermi-Energie* bezeichnet wird.

Die mittlere Zahl der Teilchen mit Energie E_i ist für beide Statistiken von der gleichen Form,

$$[n_i] = -\frac{\partial \ln Z}{\partial(\beta E_i)} = \frac{1}{\exp[\beta E_i + \mu] + \epsilon}, \qquad (32.51)$$

mit $\epsilon = +1, -1$ für Bose- und Fermistatistik respektive. Es sei erwähnt, dass für unterscheidbare Teilchen, wie klassische Massenpunkte, die Boltzmann-Statistik gilt. Sie gilt auch näherungsweise für Gase von Molekülen mit hohem Spin, die durch ihre Spinorientierung unterschieden werden können. In diesem Fall ist in Formel (32.51) $\epsilon = 0$ zu setzen.

Das Plancksche Strahlungsgesetz

Als Beispiel betrachten wir ein ideales Gas masseloser Bosonen in einem kubischen Kasten mit Volumen $V = L^3$ und periodischen Randbedingungen. Es folgt aus den Maxwell-Gleichungen oder der Quantenelektrodynamik, dass die Wellenlösungen quantisiert sind. Die einzelnen Moden sind gegeben durch

$$\varphi_k(\vec{x}, t) = \frac{1}{\sqrt{2\omega_k}} e^{-i(\omega_k t - \vec{k}\cdot\vec{x})}$$

mit

$$\vec{k} = \frac{2\pi}{L}\vec{n}, \quad \frac{\omega_k}{c} = |\vec{k}| \equiv k; \ n_i = 1, 2, \ldots, .$$

Die Energie E und Impuls $\vec{p}$ der masselosen Bosonen hängen mit der Frequenz ω und Wellenzahlvektor $\vec{k}$ zusammen über

$$E = \hbar\omega = \frac{hcn}{L}, \quad \vec{p} = \hbar\vec{k} \quad \text{mit } n = \sqrt{n_x^2 + n_y^2 + n_z^2}.$$

Diese Formel gilt nicht-relativistisch z. B. für Phononen, wo c die Schallgeschwindigkeit ist, und relativistisch z. B. für Photonen, wo c die Lichtgeschwindigkeit ist. Wir behandeln im Folgenden nur die Photonen.

Im Gegensatz zu den Heliumatomen, ist die Teilchenzahl der Photonen nicht erhalten. Dies sieht man z. B. bei der Abstrahlung eines einzelnen Photons beim Übergang eines Atoms von einem angeregten Zustand in ein niedrigeres Niveau. Da keine Bedingung an die Teilchenzahl existiert, brauchen wir keinen entsprechenden Lagrangeschen Multiplikator einzuführen. Alternativ können wir in obigen Formeln das chemische Potential einfach Null setzen, $\mu = 0$.

Der Hilbertraum der Mikrozustände ist der Produktraum der einzelnen Moden, so dass die Zustandssumme gegeben ist durch

$$Z = \prod_k Z_k = \prod_k \frac{1}{\exp[-\beta E_k] - 1}.$$

Wir betrachten den Logarithmus von Z

$$\ln Z = \sum_{n_x=1}^{\infty} \sum_{n_y=1}^{\infty} \sum_{n_z=1}^{\infty} \ln Z_{n_x,n_y,n_z} \, .$$

Für makroskopische Systeme geht $L \to \infty$ und die $\vec{k}$-Intervalle werden so klein, dass wir annehmen können, sie seien kontinuierlich verteilt. Mit $dn_i = \frac{L}{\pi} dk_i$ wird

$$\ln Z = \frac{L^3}{\pi^3} \int_0^{\infty} dk_x \int_0^{\infty} dk_y \int_0^{\infty} dk_z \ln Z(k) \, .$$

Wenn die Zustandssumme, wie meist der Fall, nur von $|\vec{k}|$ abhängt, kann man über den gesamten Raum integrieren

$$\ln Z = V \int \frac{d^3 k}{(2\pi)^3} \ln Z(k) = V \int \frac{4\pi k^2 dk}{(2\pi)^3} \ln Z(k) = V \frac{1}{c^3} \int_0^{\infty} 2 \frac{\omega^2 d\omega}{(2\pi)^2} \ln Z(\omega) \, .$$

Mit der großkanonischen Zustandssumme aus Gl. (32.48) wird für $\mu = 0$

$$\ln Z = V \frac{1}{c^3} \int 2 \frac{\omega^2 d\omega}{(2\pi)^2} \ln \left[1 - \exp(-\beta \hbar \omega)\right]^{-1} \, .$$

Für die Phasenraumintegrale der gemittelten Teilchenzahl N und der gemittelten Energie erhält man aus Gl. (32.51)

$$[N] = \frac{\partial \ln Z}{\partial (\beta \mu)} = V \frac{1}{c^3} \int 2 \frac{\omega^2 d\omega}{(2\pi)^2} \frac{1}{\exp(\beta \hbar \omega) - 1}$$

$$[E] = -\frac{\partial \ln Z}{\partial \beta} = V \frac{1}{c^3} \int 2 \frac{\omega^2 d\omega}{(2\pi)^2} \frac{\omega}{\exp(\beta \hbar \omega) - 1} \, .$$

Es ist zu beachten, dass Photonen in zwei Polarisationszuständen (z. B. links- und rechtshändige Polarisation) vorkommen, so dass die obigen Formeln noch mit einem Faktor 2 multipliziert werden müssen. Damit wird die mittlere Zahl der Photonen pro Volumeneinheit im Frequenzintervall ω bis $\omega + d\omega$

$$dn_\omega = \frac{1}{c^3} \frac{\omega^2 d\omega}{\pi^2} \frac{1}{\exp(\beta \hbar \omega - 1)}$$

und die Energiedichte

$$de_\omega = \hbar \omega \, dn_\omega = \frac{1}{c^3} \frac{\omega^2 d\omega}{\pi^2} \frac{1}{\exp(\beta \hbar \omega - 1)} \, .$$

Dies ist das Plancksche Strahlungsgesetz für die Energiedichte als Funktion der Frequenz für Hohlraumstrahlung im thermischen Gleichgewicht.

33 Quantenfelder

33.1 Felder und Teilchen

In der klassischen Physik besteht eine fundamentale Gegensätzlichkeit (Dichotomie) zwischen Teilchen als Massenpunkt und dem elektromagnetischen Feld. Der Feldbegriff beinhaltet eine kontinuierliche Beschreibung, während der Teilchenbegriff das diskrete, irreduzible Quantum von Masse und Energie darstellt. Daraus folgt, dass die Phänomene der klassischen Physik in zwei getrennte Bereiche zerfallen, die Wellenphänomene der Felder und die Newtonsche Mechanik der Massenpunkte. Wenn auch durch die Variationsformulierung von Euler, Lagrange und Hamilton eine gewisse Vereinheitlichung des mathematischen Formalismus erreicht wurde, bleiben Feld und Teilchen in der klassischen Physik komplementär und inkommensurabel. Diese fundamentale Dichotomie manifestiert sich auch in der Quantenmechanik. Das Elektron verhält sich manchmal wie ein Teilchen, das durch die Schrödinger-Gleichung beschrieben wird und manchmal wie eine Welle. Das elektromagnetische Feld ist ein Feld, wenn es sich auch manchmal wie ein Teilchen (Photon) verhält. Es ist eine interessante Beobachtung, dass Photonen in elementaren Büchern über Quantenmechanik eine prominente Rolle einnehmen, während sie in den fortgeschrittenen Büchern kaum vorkommen. Der Grund ist, dass sich die masselosen Photonen mit Lichtgeschwindigkeit bewegen. Es existiert keine Wellenfunktion für Photonen. Historisch gesehen geht der Begriff des Lichtquants oder Photons zurück auf die Erklärung des Planckschen Strahlungsgesetzes durch Einstein. Planck hatte erkannt, dass sich die Daten der Hohlraumstrahlung erklären ließen, wenn die *Quellen* der Strahlung unabhängige Oszillatoren mit Energien, die ganzzahlige Vielfache von $\hbar\omega$ betragen, wären. Er nahm an, dass die Energiequanten nicht von den Eigenschaften des Strahlung selbst herrühren, sondern von den intrinsischen Eigenschaften der Moleküle, die Strahlung nur in diskreten Quanten absorbieren oder abstrahlen können. Planck postulierte nur die Quantisierung der Energien der molekularen Oszillatoren in der Wand des Hohlraums. Dagegen setzte Einstein die Lichtquanten-Hypothese. Einstein postuliert, dass die Hohlraumstrahlung in ihren *thermodynamischen Eigenschaften* aus unabhängigen Lichtquanten aufgebaut ist, d. h. dass eine elektromagnetische Feldmode der Frequenz ω und Wellenvektor $\vec{k}$ im sich wie ein Teilchen mit diskreter Energie $E = \hbar\omega$ und Impuls $\vec{p} = \hbar\vec{k}$ verhält. Gleichzeitig lieferte Einstein mit Hilfe der postulierten Photonen eine Erklärung des Photoeffekts und eine Beschreibung der Compton-Streuung. Erst mehr als zwanzig Jahre später mit der Geburt der Quantenmechanik konnte eine quantitative Analyse dieser Effekte durchgeführt werden. Es stellte sich allerdings heraus[1], dass dazu gar keine Photonen benötigt wurden. Es genügt die

---

[1] G. Wentzel, Z. Physik 41 (1927), 828.

semiklassische Näherung, in der massive Teilchen im Rahmen der Quantenmechanik und das elektromagnetische Feld in der Maxwell-Theorie behandelt werden. Einzig die spontane Emission von Licht blieb rätselhaft. Im Rahmen der üblichen Quantenmechanik wird ein Atom, das sich in einem angeregten Zustand befindet, für immer in diesem Zustand bleiben, da dieser Zustand stationär ist. Um das Phänomen der spontanen Emission zu verstehen, muss man zu einer vollständigen Beschreibung der Wechselwirkung der Atome mit der elektromagnetischen Strahlung gelangen, die auch die Quantisierung des notwendigerweise relativistischen Strahlungsfeldes beinhaltet. Die Existenz von Photonen folgt notwendigerweise erst aus der Quantisierung der Maxwell-Theorie.

Für die Väter der Quantenmechanik lag es nahe, den Formalismus der kanonische Quantisierung auch auf Felder anzuwenden. Schon 1926, in einer der ersten Arbeiten zur Quantenmechanik, präsentierten Born, Heisenberg und Jordan [2] die Quantentheorie des elektromagnetischen Feldes. Der Einfachheit halber vernachlässigten sie den Spin des Feldes und betrachteten nur eine Zeit- und eine Raumdimension, eine Näherung, die die wichtigsten Ergebnisse nicht berührt. Mit Hilfe der kanonischen Vertauschungsrelationen interpretierten diese Autoren die Fourier-Koeffizienten des Feldes als Erzeugungs- und Vernichtungsoperatoren von Photonen.

Wenig später, beginnend mit dem Jahr 1928, entwickelte Dirac die Theorie der Quantisierung des massiven Spin-$\frac{1}{2}$-Feldes, das Elektronen und Positronen zugeordnet werden kann. Lange Zeit glaubte man, dass Dirac eine relativistische Verallgemeinerung der Schrödinger-Gleichung gefunden hätte, die ein einzelnes Elektron beschreibt. Die Welt war immer noch zweigeteilt. Sie bestand auf der einen Seite aus massiven Teilchen wie die Elektronen, Protonen und Pi-Mesonen, und auf der anderen Seite aus dem elektromagnetischen Feld. Heute wissen wir, dass in einem weiten Gültigkeitsbereich alle Elementarteilchen, seien sie massiv oder masselos, durch Quantenfelder beschrieben werden. Quantenfelder bilden die Grundstrukturen des Universums. Teilchen werden durch Eigenzustände von Energie, Impuls und Drehimpuls des Quantenfeldes definiert. Diese „Teilchen" unterscheiden sich in ihren Eigenschaften wesentlich von klassischen Massepunkten: Sie können erzeugt und vernichtet werden, sie sind ununterscheidbar, sie sind nicht lokalisierbar und manifestieren sich im Messprozess.

Wir wollen im folgenden Abschnitt die Quantisierung eines Skalarfeldes behandeln, das beispielsweise die Pi-Mesonen und das Higgs-Boson beschreibt. Der Formalismus kann auch als Modell für die Quantisierung des elektromagnetischen Feldes dienen, wenn die Masse des Feldes Null gesetzt wird. Damit geht allerdings jegliche Information über die Polarisation und den Spin verloren.

---

[2] M. Born, W. Heisenberg, und P. Jordan, Z.f.Physik 35 (1926), 557.

33.2 Quantisierung von Feldern

Wir betrachten zunächst ein *klassisches*, freies, reelles Skalarfeld $\varphi(x)$ mit $x = x^\mu = (x^0, \vec{x})$, dessen lorentzinvariante *Lagrangedichte* gegeben ist durch

$$L(\varphi, \partial^\mu \varphi \Phi) = \frac{1}{2}\partial_\mu \varphi(x)\partial^\mu \varphi(x) - \frac{1}{2}\kappa^2 \varphi(x)^2 \,. \tag{33.1}$$

Das Wirkungsintegral über die vierdimensionale Raum-Zeit ist definiert als

$$S(\Omega) = \int_\Omega d^4 x L(\varphi, \partial^\mu \varphi) \,.$$

Der Parameter κ mit der Dimension Länge^{-1} hängt, wie wir sehen werden, in der quantisierten Theorie mit der Masse m des Quantenfeldes zusammen über $m = \kappa c/\hbar$. Die Größe $\lambda = 1/\kappa$ wird als Compton-Wellenlänge bezeichnet. Eine Wechselwirkung des Feldes φ mit sich selbst oder mit anderen Feldern sei vernachlässigt. Wenn man $\varphi(x)$ als klassisches Feld betrachtet, dann folgen aus dem Variationsprinzip $\delta S = 0$ die Euler-Lagrange-Gleichungen,

$$\partial_\mu \left(\frac{\partial L}{\partial(\partial_\mu \varphi)} \right) - \frac{\partial L}{\partial \varphi} = 0 \,,$$

oder

$$(\partial_\mu \partial^\mu + \kappa^2)\varphi(x) = 0 \,. \tag{33.2}$$

Dies ist die Klein-Gordon-Gleichung für ein klassisches Skalarfeld. Eine beliebige reelle Lösung dieser Gleichung kann in ein Fourier-Integral nach ebenen Wellen entwickelt werden,

$$\varphi(x) = \int \frac{d^3 k}{(2\pi)^3 2\omega_k} \left[a(\vec{k})e^{-ikx} + a^*(\vec{k})e^{ikx} \right] \,, \tag{33.3}$$

mit

$$kx = \omega_k x^0 - \vec{k}\cdot\vec{x} \quad \text{und} \quad \omega_k = \sqrt{\vec{k}^2 + m^2} > 0 \,.$$

(Beweis durch Einsetzen in Gl. (33.3)). Das Integrationsmaß ist lorentzinvariant, da

$$\frac{d^3 k}{(2\pi)^3 2\omega_k} = \frac{d^4 k}{(2\pi)^4} 2\pi \delta(k^2 - m^2)\theta(k^0) \,.$$

Für das kanonisch konjugierte Impulsfeld erhält man aus Gl. (33.1)

$$\Pi(x) = \frac{\partial L}{\partial(\partial^0 \varphi)} = \partial_0 \varphi(x)$$

$$= \int \frac{d^3 k}{(2\pi)^3 2\omega_k} i\omega \left[a(\vec{k})e^{-ikx} - a^*(\vec{k})e^{ikx} \right] \,. \tag{33.4}$$

Wir wissen aus Kapitel 10, dass mit der Lagrangefunktion L ein Energie-Impuls-Tensor $T_{\mu\nu}$ und, auf Grund der Translationsinvarianz, ein erhaltener 4-Impuls verbunden ist,

$$p_\nu = \int d^3x T_{0\nu} = \int d^3x \left[-g_{0\nu} L + \frac{\partial L}{\partial(\partial_0 \varphi)} \partial_\nu \varphi(x) \right]. \tag{33.5}$$

Speziell ist die erhaltene Energie

$$H = \int d^3x T_{00} = \int d^3x \left[-g_{00} L + \frac{\partial L}{\partial(\partial_0 \varphi)} \partial_0 \varphi(x) \right] \tag{33.6}$$

und der erhaltene 3-Impuls

$$p^i = -\int d^3x T^{0i} = \int d^3x \left[-\frac{\partial L}{\partial(\partial_0 \varphi)} \partial^i \varphi(x) \right]. \tag{33.7}$$

Für eine relativistische Quantisierung muss das Feld selbst als Operator definiert werden. Der *Feldoperator* $\Phi(x)$ ist die eigentliche dynamische Variable, die Komponenten des 4-Vektors x^μ sind in der relativistischen Theorie nur Parameter, wie die Zeit in der Quantenmechanik. Ein Ortsoperator kann nicht definiert werden. Wie in der Literatur zur Quantenfeldtheorie üblich, setzen wir im Folgenden

$$\hbar = 1, c = 1,$$

d. h. wir messen alle Energien in Einheiten von $\hbar$ und Geschwindigkeiten in Einheiten von c. Die Quantisierung erfolgt mit Hilfe des Diracschen Zusammenhangs zwischen Poisson-Klammern und Vertauschungsrelationen von Operatoren.

Quantisierung

Um die Quantisierungsvorschrift zu motivieren, schließen wir zunächst das System in einen großen Kubus V ein. Die *Lagrange-Funktion* $\mathcal{L}$ sei definiert als das räumliche Integral über die Lagrangedichte L,

$$\mathcal{L}[\Phi(x), \dot\Phi(x)] \equiv \int_V d^3x L(\Phi(x), \partial_\mu \Phi(x))$$

$$= \int_V d^3x \left[\frac{1}{2} \partial_\mu \Phi(x) \partial^\mu \Phi(x) - \frac{1}{2} m^2 \Phi^2 \right]. \tag{33.8}$$

Für die Quantisierung teilen wir V in ein Gitter von N kleinen Kuben vom Volumen τ mit $V = N\tau$. Das Feld in einer kleinen Zelle ist in guter Näherung konstant,

$$\Phi(\vec{x}_i, t) = \Phi_i(t).$$

Wir setzen

$$Q_i(t) \equiv \tau \Phi_i(t).$$

Damit wird die Lagrangefunktion

$$\mathcal{L} = \frac{1}{2}\int_V d^3x \dot{\Phi}^2 - \int_V d^3x [\frac{1}{2}(\nabla \Phi)^2 + m^2 \Phi^2]$$

$$\Rightarrow \frac{1}{2}\sum_{i=1}^{N} \frac{\dot{Q}_i^2}{\tau} - \cdots$$

wo ... Terme sind, die nicht von $\dot{Q}_i$ abhängen. Aus $\mathcal{L}$ berechnen sich die kanonischen Impulse zu

$$P_i(t) = \frac{\partial \mathcal{L}}{\partial \dot{Q}_i} = \frac{\dot{Q}_i}{\tau} = \dot{\Phi}_i(t) \equiv \Pi(\vec{x}_i, t).$$

Entsprechend lässt sich die Hamilton-Funktion definieren,

$$H = \sum_{i=1}^{N} P_i \dot{Q}_i - \mathcal{L} = \sum_{i=1}^{N} \tau P_i P_i - \mathcal{L}.$$

Wenn das Volumenelement $\tau \to 0$ geht, wird

$$H = \int_V d^3x [\frac{1}{2}\Pi^2(\vec{x}, t) + \frac{1}{2}(\vec{\nabla}\Phi(\vec{x}, t))^2 + m^2 \Phi^2]. \tag{33.9}$$

Die Quantisierungsvorschrift

$$[P_i(t), Q_j(t)] = -i\delta_{ij} \quad (= -i\hbar\delta_{ij} \text{ in den Standardeinheiten}) \tag{33.10}$$

geht dann über in

$$[\Pi(\vec{x}_i, t), \Phi(\vec{x}_j, t)] = -i\frac{\delta_{ij}}{\tau}$$

und im Limes $\tau \to 0$ erhält man den gleichzeitigen Kommutator für die Feldoperatoren

$$[\Pi(\vec{x}, t), \Phi(\vec{x}', t)] = -i\delta^3(\vec{x} - \vec{x}'). \tag{33.11}$$

Da

$$[Q_i(t), Q_j(t)] = 0 \text{ und } [P_i(t), P_j(t)] = 0$$

gilt auch

$$[\Phi(\vec{x}, t), \Phi(\vec{x}', t)] = 0 \text{ und } [\Pi(\vec{x}, t), \Pi(\vec{x}', t)] = 0.$$

Die Heisenbergsche Bewegungsgleichung

$$[H, \Phi(\vec{x}, t)] = -i\dot{\Phi}(\vec{x}, t) \tag{33.12}$$

liefert mit (33.9) und (33.11) wie erwartet

$$\Pi(\vec{x}, t) = \dot{\Phi}(\vec{x}, t).$$

Fourier-Entwicklung

Im endlichen Volumen $V = L^3$ und periodischen Randbedingungen kann man den Feldoperator in eine Fourier-Reihe, d. h. nach Normalmoden entwickeln

$$\Phi(x) = \sum_{\vec{k}} \left[A_{\vec{k}} f_{\vec{k}}(x) + A_{\vec{k}}^{\dagger} f_{\vec{k}}^{*}(x) \right] \tag{33.13}$$

$$\Pi(x) = -i\omega_k \sum_{\vec{k}} \left[A_{\vec{k}} f_{\vec{k}}(x) - A_{\vec{k}}^{\dagger} f_{\vec{k}}^{*}(x) \right]$$

wo die $f_{\vec{k}}(x)$ Lösungen der Klein-Gordon-Gleichung sind

$$f_{\vec{k}}(x) = \frac{1}{\sqrt{2\omega_k V}} e^{-i(\omega_k t - \vec{k}\cdot\vec{x})}$$

mit

$$\vec{k} = \frac{2\pi}{L}\vec{n}, \quad n_i = 0, \pm 1, \pm 2, \ldots, \quad \omega_k = \sqrt{\vec{k}^2 + m^2}. \tag{33.14}$$

(In einer Basis des Hilbert-Raumes können die Operatoren $\Phi(\vec{x},t)$ und $\Pi(\vec{x},t)$ als Matrizen dargestellt werden; jedes Matrixelement ist eine gewöhnliche Funktion von $\vec{x}$ und t, die nach Lösungen der Klein-Gordon-Gleichung entwickelt werden kann). Die Definition $\omega_k = \sqrt{\vec{k}^2 + m^2}$ wird als *Dispersionsrelation* bezeichnet.

Man kann diese Entwicklung in den Hamilton-Operator Gl. (33.2) einsetzen und erhält

$$H = \frac{1}{2} \sum_{\vec{k}} \omega_k \left[A_{\vec{k}} A_{\vec{k}}^{\dagger} + A_{\vec{k}}^{\dagger} A_{\vec{k}} \right].$$

Der Hamilton-Operator sieht aus wie der eines Systems von (unendlich vielen) unabhängigen harmonischen Oszillatoren mit Frequenz ω_k. Jeder Mode des Feldes entspricht ein Oszillator. Bei der Quantisierung gehen wir daher so vor wie bei den harmonischen Oszillatoren. Die Dynamik jeder einzelnen Mode gleicht formal der eines harmonischen Oszillators mit Amplitude $Q_{\vec{k}}$ und konjugiertem Impuls $P_{\vec{k}}$,

$$Q_{\vec{k}} = \left[A_{\vec{k}} + A_{\vec{k}}^{\dagger} \right], \quad P_{\vec{k}} = \frac{-i}{\sqrt{2}} \left[A_{\vec{k}} - A_{\vec{k}}^{\dagger} \right].$$

Aus den kanonischen Vertauschungsrelationen für Q und P folgen dann diejenigen für $A_{\vec{k}}$ und $A_{\vec{k}}^{\dagger}$

$$\left[A_{\vec{k}}, A_{\vec{k}'}^{\dagger} \right] = \delta_{\vec{k}\vec{k}'} = \delta_{k_1 k_1'} \delta_{k_2 k_2'} \delta_{k_3 k_3'}. \tag{33.15}$$

Mit Hilfe dieser Vertauschungsrelationen lässt sich der Hamilton-Operator in der Form schreiben

$$H = \sum_{\vec{k}} \omega_k \left[A_{\vec{k}}^{\dagger} A_{\vec{k}} + \frac{1}{2} \right].$$

Aus den Vertauschungsrelationen Gl. (33.15) und den Definitionen der Feldoperatoren Gl. (33.13) erhält man für den gleichzeitigen Kommutator

$$[\Phi(x,t), \Pi(x',t),] = \frac{i}{2L^3}\sqrt{\frac{\omega_{k'}}{\omega_k}} \sum_k \sum_{k'} \left(-[A_k, A_{k'}^\dagger]\, e^{-i(\vec{k}\cdot\vec{x}-\vec{k}'\cdot\vec{x}')} + [A_k^\dagger, A_{k'}]\, e^{i(\vec{k}\cdot\vec{x}-\vec{k}'\cdot\vec{x}')}\right)$$

$$= \frac{i}{2L^3}\sqrt{\frac{\omega_{k'}}{\omega_k}} \sum_k \sum_{k'} \delta_{\vec{k}\vec{k}'} \left(-e^{-i(\vec{k}\cdot\vec{x}-\vec{k}'\cdot\vec{x}')} - e^{i(\vec{k}\cdot\vec{x}-\vec{k}'\cdot\vec{x}')}\right)$$

$$= -i \sum_k \frac{1}{L^3} e^{-i\vec{k}\cdot(\vec{x}-\vec{x}')} = -i\delta^3(\vec{x}-\vec{x}'),$$

wie erwartet. Die gleichzeitigen Vertauschungsrelationen gelten auch wenn die Lagrange-Funktion einen Wechselwirkungsterm enthält, wenn man im Wechselwirkungsbild arbeitet.

Es ist wahrhaft erstaunlich, dass die Vertauschungsrelationen des harmonischen Oszillators uns ein vollständiges Bild des Hilbert-Raumes der Zustände des Quantenfeldes $\Phi(x,t)$ geben. Die Vertauschungsrelationen (33.15) besagen, dass wir mit jeder der (unendlich vielen) unabhängigen Wellenmoden k des Quantensystems einen harmonischen Oszillator verbinden können, der seinerseits durch unendlich viele diskrete Energieeigenwerte $E_k = \omega_k(n_k + \frac{1}{2})$, $n_k = 0, 1, 2, \ldots$ beschrieben wird.

Der Fock-Raum

Um die Notation übersichtlich zu halten, betrachten wir in diesem Abschnitt nur eine Raumdimension. Die Hamilton-Funktion Gl. (33.9) für ein freies Skalarfeld kann nach partieller Integration in die Form gebracht werden:

$$H = \frac{1}{2}\int_{-\frac{L}{2}<x<\frac{L}{2}} dx[\Pi^2(x,t) + \nabla^2\Phi(x,t) + m^2\Phi(x,t)].$$

Wir ersetzen mit Hilfe von Gl. (33.15) die Feldoperatoren durch die A_k und erhalten

$$H = \frac{1}{2}\sum_{k=-\infty}^{\infty} \omega_k(A_k A_k^\dagger + A_k^\dagger A_k) = \sum_k \omega_k\left(A_k^\dagger A_k + \frac{1}{2}\right).$$

Der Impulsoperator ist nach Gl. (33.7)

$$P = -\int dx\, \Phi^\dagger(x,t)\frac{\partial}{\partial x}\Phi(x,t)$$

$$= \sum_k k\left(A_k^\dagger A_k + \frac{1}{2}\right).$$

Wir wissen von der Diskussion des harmonischen Oszillators in der Quantenmechanik, dass $n_k = 0, 1, 2, \ldots$ die Eigenwerte des Besetzungszahl-Operators.

$$N_k \equiv A_k^\dagger A_k$$

sind, d. h. n_k ist die Zahl der Quanten, die für eine gegebene Feldkonfiguration die Mode k bevölkern. Man zeigt direkt mit Gl. (33.15), dass die Vertauschungsrelation

$$[N_k, A_k^\dagger] = A_k^\dagger$$

gilt, die typisch für Leiteroperatoren ist. Der Operator $\sum_k \omega_k a_k^\dagger a_k$ ist nach unten beschränkt aber nicht nach oben. Die Eigenvektoren des einfachen harmonischen Oszillators sind

$$|n_k\rangle = \frac{1}{\sqrt{n!}}(A_k^\dagger)^n |0\rangle$$

wo $A_k |0\rangle = 0$. Bemerkenswert ist, dass diese Zustände auch Eigenzustände von H und P sind. Ein Teilchen in der QFT ist definiert durch Energie Impuls und Spin, eine Lokalisierung im Ortsraum wird nicht verlangt. Den Zustand niedrigster Energie $|0\rangle$ bezeichnet man als Grundzustand oder Vakuumzustand. Die Einteilchenzustände sind $A_k^\dagger |0\rangle$ und die Zwei-Teilchen-Zustände $A_k^\dagger A_{k'}^\dagger |0\rangle$. Da $[A_k^\dagger, A_{k'}^\dagger] = 0$, haben wir

$$A_k^\dagger A_{k'}^\dagger |0\rangle = A_{k'}^\dagger A_k^\dagger |0\rangle \,,$$

d. h. die Teilchen erfüllen die Bose-Statistik.

Ein beliebiger Zustand wird durch den Satz von Zahlen $\{n_1, n_2, n_3, \ldots\}$ bestimmt, die die Anregungen der Moden k_i mit n_i Quanten charakterisieren. Da die Oszillatoren mit unterschiedlichen k unabhängig sind, folgt dass der physikalische Hilbert-Raum durch das unendliche Produkt der unendlichdimensionalen Hilbert-Räume der einzelnen Moden gegeben ist,

$$|n_1, n_2, \ldots, n_j, \ldots, \rangle = \prod_i |n_i\rangle$$
$$= \frac{1}{\sqrt{n_1!}}(A_{k_1}^\dagger)^{n_1} |0_{k_1}\rangle \frac{1}{\sqrt{n_2!}}(A_{k_2}^\dagger)^{n_2} |0_{k_2}\rangle, \ldots, \frac{1}{\sqrt{n_{k_j}!}}(A_{k_j}^\dagger)^{n_j} |0_{k_j}\rangle, \ldots, . \quad (33.16)$$

Dieser Raum heißt Fock-Raum.

Die Gesamtenergie und der Gesamtimpuls eines generische Zustandes $|\{n_k\}\rangle = \prod_k |n_k\rangle$ im Fock-Raum sind

$$E(\{n_k\}) = \sum_{k=-\infty}^{\infty} \omega_k \left(n_k + \frac{1}{2}\right) \quad (\omega_k = \sqrt{k^2 + m^2})$$

$$p(\{n_k\}) = \sum_{k=-\infty}^{\infty} k \left(n_k + \frac{1}{2}\right).$$

Der Impuls des Vakuums, in dem alle Wellen-Moden im Grundzustand sind ($n_k = 0 \ \forall k$) ist gleich Null, da sich entgegengerichtete Impulse wegheben,

$$\sum_{k=-\infty}^{\infty} k \frac{1}{2} = 0 \,.$$

Dagegen ist die Energie des Vakuums nicht gleich Null, sondern divergiert

$$\sum_{k=-\infty}^{\infty} \omega_k \frac{1}{2} \to \infty .$$

Hier begegnet uns in der Quantenfeldtheorie zum ersten Mal eine Divergenz. Die pragmatische Einstellung der Quantenfeldtheoretiker ist, diese Divergenz unter den Tisch zu kehren, indem postuliert wird, dass die Operatorprodukte in der Hamilton-Operator normalgeordnet sein sollen, d. h.,dass die Vernichtungsoperatoren stets rechts von den Erzeugungsoperatoren stehen sollen, damit Vakuumerwartungswerte von normalgeordneten Produkten verschwinden. Damit wird die Energie des Vakuums als Nullpunkt definiert. Beobachtbar sind nur Energiedifferenzen, solange man die Gravitation vernachlässigt, die an den Energie-Impuls-Tensor der Quantenfeldtheorie koppelt. Die Divergenz kann man auch umgehen, indem man annimmt, dass der Raum für ganz kleine Abstände „gekörnt" ist. Auch für eine solche endliche Version der Quantenfeldtheorie besteht das Problem weiter, da die sich ergebende kosmologische Konstante viel zu groß ist.

Ein allgemeiner n-Teilchenzustand besteht aus einer Superposition von n-Teilchenzuständen mit unterschiedliche Impulsen. Ein allgemeiner Einteilchenzustand wird z. B. durch das Wellenpaket beschrieben,

$$|\{f(k_i)\}\rangle = f_{k_1} |1_{k_1}, 0_{k_2}, 0_{k_3}, \ldots, \rangle + f_{k_2} |0_{k_1}, 1_{k_2}, 0_{k_3}, \ldots, \rangle + f_{k_3} |0_{k_1}, 0_{k_2}, 1_{k_3}, \ldots, \rangle + \cdots$$
$$= \sum_{k_i} f(k_i) |1_{k_i}\rangle \xrightarrow[\Omega \to \infty]{} \int dk f(k) |1_k\rangle .$$

Ein solcher Zustand ist Eigenzustand des Teilchenzahlopratrors $N |\{f(k_i)\}\rangle = 1 |\{f(k_i)\}\rangle$, aber er ist weder Energie- noch Impulseigenzustand.

Für $m \neq 0$ stellt der Feldoperator $\Phi(x)$ in der Lagrange-Funktion Gl. (33.8) ein massives skalares Quantenfeld dar, wie das eines neutralen Pi-Mesons.

Das Volumen V sei jetzt der gesamte Raum. Wir zerlegen den Feldoperator wieder in Normalmoden

$$\Phi(x) = \int d^3\tilde{k} \left[A(\vec{k}) e^{ikx} + A^\dagger(\vec{k}) e^{-ikx} \right] \tag{33.17}$$

mit

$$d^3\tilde{k} \equiv \frac{d^3k}{(2\pi)^3 2\omega_k}, \quad kx = \omega_k x^0 - \vec{k} \cdot \vec{x} \quad \text{und} \quad \omega_k = \sqrt{\vec{k}^2 + m^2} > 0 .$$

Die Entwicklung entspricht der in Gl. (33.13). Die Dispersionsrelation ist Ausdruck der Quantisierung. Die kanonischen gleichzeitigen Vertauschungsrelationen Gl. (33.11) ergeben sich, wenn man die folgenden Vertauschungsrelationen für die Erzeugungs- und Vernichtungsoperatoren annimmt

$$[a(\vec{k}), a^\dagger(\vec{k}')] = (2\pi)^3 2\omega_k \delta^3(\vec{k} - \vec{k}') .$$

Für den freien Klein-Gordon-Operator kann man auch den nicht-gleichzeitigen Kommutator berechnen,

$$[\Phi(x), \Phi(x')] = \int d^3\vec{k}\, d^3\vec{k}'\, \left\{[a(\vec{k}), a^\dagger(\vec{k}')]e^{-ikx+ik'x'} + [a^\dagger(\vec{k}), a(\vec{k}')]e^{ikx-ik'x'}\right\}$$

$$= \int d^3\vec{k}\, \left[e^{-ik(x-x')} - e^{+ik(x-x')}\right] \equiv i\Delta(x-x').$$

Die invariante Funktion $\Delta(x)$ ist singulär. Für raumartige Abstände, $(x - x')^2 < 0$, gibt es ein Inertialsystem in dem $x_0 - x'_0 = 0$ ist. Wenn man dann im ersten Term des Integranden $\vec{k} \to -\vec{k}$ setzt und beachtet, dass sich das Integral über diesen Term dabei nicht ändert, das sieht man, dass

$$[\Phi(x), \Phi(x')] = 0 \quad \text{für } (x - x')^2 < 0. \tag{33.18}$$

Diese Eigenschaft heißt Mikrokausalität. Zwischen zwei raumartigen Punkten x und x' kann kein Signal übertragen werden, d. h. Observable an diesen Punkten müssen unabhängig voneinander sein. Das Hermitesche Klein-Gordon-Feld ist eine Observable, daher muss der Kommutator $[\Phi(x), \Phi(x')]$ für raumartige Abstände verschwinden. Ein Feld beschreibt die Weise in der sich ein bestimmtes Raum-Zeit-Gebiet vom Vakuum unterscheidet. Wenn die Messung an einem Punkt durchgeführt wird, dann gehören die Koordinaten dieses Punktes zum Beobachter, das Feld selbst ist nicht lokalisiert. Eine Messung des Feldes in einem lokalisierten Raum-Zeit-Gebiet bedeutet den Übergang des Feldes von einem Energiezustand zu einem anderen in diesem Gebiet.

Fermionen
Teilchen oder Felder mit halbzahligem Spin haben keine klassische Entsprechung, daher wundert es auch nicht, dass die obige Quantisierungsvorschrift versagt. Statt über Kommutatoren müssen Fermionen über Anti-Kommutatoren quantisiert werden, um die Antisymmetrie der Feldoperatoren zu gewährleisten.

Bemerkung: Die elementare Herleitung der Klein-Gordon-Gleichung geht von der Energie-Impuls-Beziehung $E^2 - \vec{p}^2 c^2 = \mu^2 c^2$ der speziellen Relativitätstheorie aus und verwendet die quantenmechanischen Operatoren $E = \frac{1}{\hbar}\frac{\partial}{\partial t}$, $\vec{p} = -\frac{1}{\hbar}\vec{\nabla}$, die auf Wellenfunktionen $\varphi(x)$ wirken. Die Klein-Gordon-Gleichung kann jedoch nicht als relativistische Verallgemeinerung der Schrödinger-Gleichung dienen, da sie u. A. auf einen nicht-positiven Wahrscheinlichkeitsstrom führt. Das Feld $\Phi(x)$ ist keine Wellenfunktion mit der Bedeutung einer Wahrscheinlichkeitsamplitude, sondern ein Operator. Wenn $|\Psi\rangle$ ein beliebiger Zustand ist, dann ist die Wahrscheinlichkeit bei einer Messung, das System im n-Teilchenzustand $|n_k\rangle$ zu finden, gegeben durch

$$P_n = |\langle \Psi | n_k \rangle|^2 \geq 0.$$

Photonen
Setzen wir die Masse $m = 0$ in obigen Ausdrücken, so erhalten wir Zustände mit einem oder mehreren Photonen. Die Dispersionsrelation aus Gl. (33.14) reduziert sich auf die

Einsteinsche Quantisierungsbedingung für Photonen,

$$E = \omega \quad \text{mit} \quad \omega = \sqrt{\vec{k}^2}, \text{ (in Einheiten von) } \hbar. \tag{33.19}$$

Im Gegensatz zur klassischen Maxwell-Theorie, nimmt die Energie eines Feldes der Frequenz ω nur diskrete Werte an. Ein Zustand mit $n_{\vec{k}}$ Photonen ist definiert durch

$$H|n_{\vec{k}}\rangle = n_{\vec{k}} \omega_k |n_{\vec{k}}\rangle, \quad \vec{P}|n_{\vec{k}}\rangle = n_{\vec{k}} \vec{k} |n_{\vec{k}}\rangle.$$

Er ist Eigenzustand von Energie ω_k und Impuls $\vec{k}$, was die Bezeichnung „Photon" rechtfertigt. Der Vektor $|n_{\vec{k}}\rangle$ beschreibt einen Zustand mit $n_{\vec{k}}$ Photonen mit Impuls $\vec{k}$ und Energie ω_k. Wenn der Spin des Feldes mit berücksichtigt wird, dann sind auch die Komponenten des Spin-Operators in und entgegen der Bewegungsrichtung diagonal. Ein allgemeiner Zustand im Fock-Raum war durch $|\{n_{\vec{k}}\}\rangle = \prod_{\vec{k}} |n_{\vec{k}}\rangle$ gegeben. Er entspricht einer Konfiguration des Quantenfeldes, in der die Mode $\vec{k}$ mit $n_{\vec{k}}$ Quanten (Photonen) besetzt ist, die sich *kinematisch* so verhält, wie ein System von $n_{\vec{k}}$ klassischen Teichen mit Energie $\hbar \omega_k$ und Impuls $\hbar \vec{k}$. Die Vorstellung von Photonen als kleine Korpuskel kann irreführend sein, da monoenergetische Photonen räumlich nicht lokalisiert werden können. Eine Observable „Ort" existiert nicht. Eine makroskopische Lokalisierung lässt jedoch über Wellenpakete erreichen.

Neben den (eingeschränkten) Teilcheneigenschaften beschreibt das Quantenfeld auch Interferenzphänomene. Die Interferenzen werden in der Quantenfeldtheorie durch die Normal-Moden-Funktionen $\exp(\pm ikx)$ in Gl. (33.13) produziert, ganz wie für eine klassische elektromagnetische Welle. Es besteht keine Veranlassung den mysteriösen Welle-Teilchen-Dualismus einzuführen, um Interferenz zu erklären. Man kann Laserlicht, das auf einen Doppelschlitz fällt, so stark abblenden, dass auf der Photozelle einzelne Lichtblitze, erscheinen. Dies ist kein Beweis dafür, dass Photonen kleine lokalisierte Korpuskel sind, sondern hat wieder seine Ursache darin, dass die Energieniveaus der Atome des Detektors quantisiert sind und folglich die Übertragung von Energie und Impuls auf die Atome der Photozelle in diskreten Päckchen, d. h. digital erfolgt. Eine befriedigende Definition des Begriffes „Photon" ist nur im Rahmen der Quantenelektrodynamik möglich. Das bedeutet nicht, dass bestimmte anschauliche Bilder wie das Korpuskelbild, das Wellenpaketbild oder die semi-klassische Näherung in begrenzten praktischen Anwendungsbereichen legitim und nützlich sein können. Anschauliche Bilder trügen allerdings gelegentlich. Ein bekanntes Beispiel wurde von N. Mott in einer klassischen Arbeit beschrieben[3]. Mott zeigt, dass ein Elektron in einer Nebelkammer eine geradlinige Spur hinterlässt, selbst wenn die ursprüngliche Wellenfunktion des Elektrons kugelsymmetrisch war. Die Spur entsteht durch die Wechselwirkung des Elektrons mit den Atomen in der Kammer, die durch das Elektron ionisiert werden. Die erste Ionisation erfolgt natürlich unter einem zufällig

---

[3] N. Mott, Proc. Roy. Soc. A 126 (1929), 79

verteilten Raumwinkel. Die Wahrscheinlichkeiten für die anschließenden weiteren Ionisationen sind nur dann nicht vernachlässigbar, wenn die Atome entlang einer Geraden unter dem Raumwinkel der ersten Ionisation liegen.

Die Quantenelektrodynamik (QED) beschreibt die Wechselwirkung von Photonen mit Elektronen und Positronen mit unglaublicher Genauigkeit. Das Paradebeispiel ist das Magnetmoment des Elektrons. Ein aktuelles Experiment[4] liefert:

$$\left[\frac{g}{2}\right]_{e^-}^{Exp.} = 1.0011596521807(\pm 3) \times 10^{-13}.$$

Dieses Ergebnis ist zu vergleichen mit dem theoretischen Wert [5]

$$\left[\frac{g}{2}\right]_{e^-}^{Theor.} = 1.0011596521828(\pm 77) \times 10^{-13}.$$

In dem theoretischen Wert sind kleine Effekte der schwachen und starken Wechselwirkung enthalten. Der Fehler im theoretischen Wert stammt hauptsächlich vom Fehler in der Feinstrukturkonstante.

Ein wichtiges Ergebnis der Quantenfeldtheorie ist das *Spin-Statistik-Theorem*, das aus der Kausalität folgt. Danach gehorchen Teilchen mit ganzzahligem Spin der Bose-Statistik und Teilchen mit halbzahligem Spin der Fermi-Statistik. Diese Forderung wird in der Quantenmechanik ad hoc aufgestellt. Die nicht-relativistische Quantenmechanik wäre auch für Elektronen mit Bose- oder Boltzmann-Statistik völlig konsistent, würde aber natürlich, z. B. für das Helium Atom, nicht mit dem Experiment übereinstimmen.

Kohärente Zustände

Interessant ist auch, auf welche Weise sich die Maxwellsche Elektrodynamik aus dem quantisierten Strahlungsfeld ergibt. Am Beispiel des einfachen harmonischen Oszillators in der Quantenmechanik (Kapitel 21) hatten wir gezeigt, dass die Energieeigenzustände $|n\rangle$ nicht „oszillieren", auch nicht für $n \to \infty$. Es werden Superpositionen benötigt, um den klassischen Limes zu erhalten. Hier lautet die Frage: wie erhält man klassische kohärente elektromagnetische Strahlung, wie Radiowellen oder Laserstrahlen, aus den diskutierten Quantenfeldern? Übersetzt auf das masselose Skalar-Feld bedeutet das, was sind die Fock-Raum-Vektoren $|\varphi(t,x)\rangle$, für die gilt

$$\langle \varphi(x,t)|\Phi(x,t)|\varphi(x,t)\rangle = \varphi(x,t), \tag{33.20}$$

wo φ die klassischen Felder und Φ die Feldoperatoren sind. Dazu betrachten wir die Entwicklung der klassischen Feldes $\varphi(x,t)$ nach ebenen Wellen

$$\varphi(x,t) = \sum_k [a_k f_k(x,t) + a_k^* f_k^*(x,t))] \quad \text{mit} \quad f_k(x,t) = \frac{1}{\sqrt{2\omega_k L}} e^{-i(\omega_k t - kx)} \tag{33.21}$$

---

[4] Hanneke et al., Phys. Rev. Letters 100 (2008), 120801
[5] T. Aoyama et al., Phys. Review D 77 (2008), 053012

(hier sind die a_k Entwicklungskoeffizienten, keine Operatoren) und die entsprechende, in Gl. (33.13) angegebene Entwicklung der Feldoperatoren $\Phi(x,t)$ in Erzeugungs- und Vernichtungsoperatoren. Wir werden zeigen, dass die kohärenten Zustände die Antwort auf obige Frage bilden,

$$|\varphi(x,t)\rangle = \prod_k |\alpha_k(t)\rangle ,$$

wo die $|\alpha_k\rangle$ die, durch die Eigenvektoren des Vernichtungsoperators A_k definiert sind,

$$A_k |\alpha_k\rangle = \alpha_k |\alpha_k\rangle . \tag{33.22}$$

Einsetzen der Entwicklung des Feldoperators in Gl. (33.20) ergibt

$$\langle \varphi(t,x)|\Phi(x,t)|\varphi(t,x)\rangle = \langle \varphi(t,x)| \sum_k \left[A_k f_k(x) + A_k^\dagger f_k^*(x) \right] |\varphi(t,x)\rangle .$$

Wenn wir verwenden, dass

$$\langle \alpha_k| A_k |\alpha_k\rangle = \alpha_k, \quad \langle \alpha_k| A_k |\alpha_k\rangle = \alpha_k^* ,$$

dann erhalten wir

$$\langle \varphi(t,x)|\Phi(x,t)|\varphi(t,x)\rangle = \sum_k [\alpha_k f_k(x) + \alpha_k^* f_k^*(x)]$$

wie in Gl. (33.21). Wir müssen noch den Zusammenhang zwischen den kohärenten Zuständen und den Enegieeigenzuständen, die die Teilchen definieren, herstellen.

Die Entwicklung der kohärente Zustände nach Energieeigenzuständen war

$$|\alpha_k\rangle = \exp\left(-\frac{|\alpha_k|^2}{2}\right) \sum_{n=0}^\infty \frac{\alpha_k^n}{\sqrt{n!}} |n\rangle = \exp\left(-\frac{|\alpha_k|^2}{2}\right) \exp(\alpha_k A_k^\dagger) |0\rangle .$$

Der Eigenwert ist eine komplexe Zahl $\alpha_k = |\alpha_k| e^{i\varphi_k}$, da A_k kein Hermitescher Operator ist. Die Zustände $|n\rangle$ sind Eigenzustände des Teilchenzahloperators $N = A^\dagger A$. Das Schwankungsquadrat dieses Operators in einem kohärenten Zustand war

$$(\Delta N)^2 = \langle \alpha|(A^\dagger A)^2|\alpha\rangle - (\langle \alpha|A^\dagger A|\alpha\rangle)^2 = \langle \alpha|A^\dagger A|\alpha\rangle = |\alpha|^2 = \langle N\rangle .$$

Dies ist eine Poisson-Verteilung der Photonen um den Mittelwert $\langle N\rangle$. Um eine scharfe Phase zu erhalten, müssen wir die Zahl der Photonen nach unendlich gehen lassen. Dies sieht man, wenn man den Vernichtungsoperator schreibt als

$$A_k = e^{i\Theta_k} N_k^{1/2}$$

wo $N_k = A_k^\dagger A_k$ der Teilchenzahloperator und Θ_k der Phasenoperator ist. Aus den Vertauschungsrelationen Gl. (33.15) für A_k und $A_k^\dagger$ folgt

$$[\Theta_k, N_k] = -1\hbar ,$$

d. h. die Operatoren Θ_k und N_k sind kanonisch konjugiert zueinander. Wir wissen aus Kapitel 20, dass aus diesem Kommutator die Unbestimmtheitsrelation folgt,

$$\Delta\Theta\Delta N \geq \frac{1}{2} |\langle [\Theta, N]\rangle| = \frac{1}{2}\hbar. \tag{33.23}$$

Das bedeutet, dass für einen Zustand mit einer festen Zahl von Teilchen die Phase völlig unbestimmt ist. Für den Erwartungswert des Phasenoperators findet man für große $|\alpha_k|$

$$\langle \alpha_k | e^{i\Theta_k} | \alpha_k \rangle \underset{|\alpha_k|\to\infty}{\simeq} e^{i\varphi_k} \quad (\alpha_k = |\alpha_k| e^{i\varphi_k}).$$

Für große $|\alpha_k|$ sind die kohärenten Zustände also Eigenzustände des Phasenoperators, wobei der Eigenwert gleich der Phase von α_k ist. Für ein klassisches Feld mit wohldefinierter Phase, wie eine Radiowelle oder für ein Laserfeld ist die Teilchenzahl wegen Gl. (33.23) völlig unbestimmt, d. h. eine Teilchenzahl kann nicht definiert werden.

Effektive Theorien

Die Existenz von effektiven Theorien war für die Entwicklung unseres Verstehens der physikalischen Welt eine Grundvoraussetzung. Für die Beschreibung der Dynamik des starren Körpers in der klassischen Mechanik spielt es z. B. keine Rolle, dass der Körper aus Molekülen aufgebaut ist. Die Dynamik bei großen Abständen (kleinen Energien) hängt nicht von der Dynamik bei kleinen Abständen (großen Energien) ab. Ein weiteres Beispiel sind die Energieniveaus des Wasserstoffatoms. In der Quantenmechanik beschränkt man sich dabei auf die Lösung der Schrödiger-Gleichung für ein Elektron im statischen Feld des Kerns. Die Tatsache, dass das Proton eine Struktur besitzt und aus Quarks und Gluonen aufgebaut ist, wird ausgeblendet. Die aus der Quantenmechanik berechneten Energieniveaus des H-Atoms stimmen gut mit dem Experiment überein, aber nicht exakt. Kleine Korrekturen, wie die Lamb-Shift, lassen sich erst in der QED berechnen. Die QED ist als Theorie der Quantenmechanik übergeordnet. Es ist aber nicht offensichtlich, wie man die Schrödinger-Gleichung aus der fundamentaleren QED ableitet, geschweige denn, wie man systematisch Korrekturen berechnet. In dieser Frage wurden in neuester Zeit mit den effektiven Feldtheorien große Fortschritte erzielt. Im nicht-relativistischem Limes, $p/m_e \ll 1$ (dieser Limes ist äquivalent zum Limes $v/c \ll 1$), ergeben sich Vereinfachungen, wenn man die Lagrange-Funktion der QED in Potenzen von p/m_e entwickelt. Die resultierende Theorie bezeichnet man als NRQED. In der NRQED lässt sich die Verbindung zur Schrödinger-Gleichung systematisch ableiten, einschließlich der relativistischen Korrekturen. So wurde z. B. die Lamb-Shift der Wasserstoff-Energieniveaus $2S_{1/2}$ und $2P_{1/2}$ in der Ordnung α^5 unter Vernachlässigung des Rückstoßes des Protons ($m_e/m_p = 0$) in der NRQED berechnet[6]. Es ist aber nicht so, dass die Hochenergietheorie bei niedrigen Energien völlig verborgen bleibt. So müssen sich die Symmetrien der Hochenergietheorie auch in der effek-

---

6 P. Labelle, S. M. Zebarjad, Can.J.Phys.77(1999), 267.

tiven Theorie manifestieren. Die Lagrange-Funktion der NRQED ist wie die eigentliche QED eichinvariant, links-rechts-symmetrisch für $m_e = 0$, lorentzinvariant im photonischen kinetischen Term, aber nicht lorentzinvariant in den anderen Termen.

33.3 Beobachtbarkeit und Realität in der Quantentheorie

In der klassischen Mechanik kann man die mathematische Theorie auf direkte Weise mit der Realität, d. h. mit den Attributen der Welt in Verbindung setzen. Man ordnet den dynamischen Variablen der Massenpunkte in der Theorie reelle Zahlen zu, die im Prinzip mit beliebiger Genauigkeit gemessen werden können. In der Quantenmechanik ist die Situation komplizierter. In die Theorie gehen zwei Strukturen ein, die Operatoren, die in einem Hilbert-Raum wirken und die Vektoren in diesem Hilbert-Raum. Es ist aber zunächst nicht klar, wie diese Strukturen mit der physikalischen Welt zusammenhängen. Die Operatoren stellen die dynamischen Variablen dar und stehen daher in einer gewissen Beziehung zur realen Welt. Man kann den Operatoren aber nicht direkt eine Zahl zuordnen. Dies ist, in der Form von Eigenwerten, nur möglich, wenn die Operatoren auf die zugehörigen Eigenvektoren, d. h. auf ganz spezielle Vektoren im Hilbert-Raum wirken. Man kann nicht gleichzeitig allen Operatoren eines Systems einen Wert zuordnen. Erst die Kenntnis des Zustandsvektors (Wellenfunktion) gibt darüber Auskunft, welchen der verschiedenen Operatoren eine Zahl und damit Realität zugeordnet werden kann. Die Werte der anderen dynamischen Variablen sind nur mit bestimmten Wahrscheinlichkeiten zu berechnen. Der Zustandsvektor spielt daher eine epistemologische Rolle, d. h. er repräsentiert unsere Kenntnis über das betrachtete physikalische System. Seit den Anfängen der Quantentheorie gab es viele Versuche der Wellenfunktion auch ontologische Bedeutung zuzuschreiben, d. h. mit der Wellenfunktion ein reales Bild der Welt zu verbinden. Wenn dies der Fall wäre, dann sollte es möglich sein, die Wellenfunktion eines *einzelnen Systems zu messen*. Man kann die Wellenfunktion eines Systems bestimmen, indem man die Erwartungswerte einer Zahl von Operatoren bestimmt. Erwartungswerte beziehen sich aber auf eine große Zahl von Messungen an identisch präparierten Systemen. Man erhält dann die Wellenfunktion eines Ensembles, aber nicht die eines einzelnen Systems. Die Wellenfunktion eines einzelnen unbekannten Systems ist dagegen nicht messbar und ist damit kein ontologisches Objekt mit realer Bedeutung.

Wenn man punktförmige Teilchen als fundamentale Objekte der Quantenmechanik ansieht, dann sollte man es bei der statistische Interpretation (Ensembleinterpretation) der Wellenfunktion belassen. Welle-Teilchen-Dualität stellen in dieser Interpretation keinen Widerspruch dar. Bezogen auf ein einzelnes Teilchen würde die Welle-Teilchen-Dualität einem einzelnen physikalischen Objekt zwei, sich widersprechende Eigenschaften zuordnen, und ist damit ist sinnlos. Auch die Unbestimmtheitsrelation bezieht sich hier einzig auf die Eigenschaften des statistischen Ensembles. Allerding fehlt in der statistischen Interpretation das berühmte Einsteinsche „Element der Realität". Fragen nach realistischen Eigenschaften eines einzelnen Teilchens liegen außerhalb der Anwendbarkeit der Quantenmechanik.

Will man ohne die schizophrene Widersprüche der Komplementarität ein einzelnes Quantenobjekt beschreiben, so muss man zum Formalismus der umfassenden Quantenfeldtheorie greifen. In dieser Theorie haben Quantenfelder eine ontologische Bedeutung, sie bilden die fundamentalen Bausteine des Universums. Die relativistische Wellenfunktion ist ein Funktional der Quantenfelder, nicht eine Funktion der Koordinaten eines Teilchens. Der Begriff „Teilchen" muss allerdings relativiert werden: Teilchen sind Päckchen von Energie, Impuls und Drehimpuls der Felder, die nicht lokalisiert sind. Raum- und Zeitkoordinaten sind nur noch Parameter, die durch die Messapparatur des Beobachters festgelegt werden. Lokalisierte Quantenteilchen besitzen keine eigene Realität, sie sind Ergebnis des lokalisierten Messprozesses. Nur das Quantenfeld besitzt das verlangte Element der Realität.

34 Allgemeine Relativitätstheorie

34.1 Gravitation in der klassischen Mechanik

Die Newtonsche Bewegungsgleichung eines Körpers im Gravitationsfeld der Erde lautet

$$m_t \frac{d^2\vec{x}}{dt^2} = -m_s \frac{GM}{r^3}\vec{x},$$

wo

$$G = 6.674 \times 10^{-11} m^3 kg^{-1} \sec^{-2}$$

die Gravitationskonstante, m_s die schwere Masse der Gravitation des Körpers, m_t seine träge Masse und M die schwere Masse der Erde ist ($GM \equiv g = 9.81 m/\sec^2$). Die Newtonsche Theorie ist im Prinzip völlig konsistent für $m_t \neq m_s$. Experimentell findet man aber, dass $m_s = m_t = m$, und die Bewegungsgleichung reduziert sich auf

$$\frac{d^2\vec{x}}{dt^2} = -\frac{g}{r^3}\vec{x}.$$

Die Bewegung der Körper im Gravitationsfeld hängt nicht von ihren Massen ab. Man spricht von der Geometrisierung der Gravitation. Alle Körper bewegen sich im Gravitationsfeld auf die gleiche Weise. Diese Eigenschaft des Gravitationsfeldes führt zu einer Analogie zwischen der Bewegung eines Körpers im Gravitationsfeld und der des Körpers in einem beschleunigten Bezugssystem in Abwesenheit von Gravitation. In einen gleichmäßig beschleunigten Bezugssystem mit

$$x' = x + \frac{1}{2}gt^2$$

lautet die Bewegungsgleichung für ein freies Teilchen

$$\frac{d^2 x'}{dt^2} = g.$$

Ein gleichmäßig beschleunigtes Bezugssystem ist also einem konstanten homogenen äußeren Gravitationsfeld in einem Inertialsystem äquivalent. Ein ungleichmäßig geradlinig beschleunigtes Bezugssystem entspricht einem homogenen aber variablen äußeren Feld. Nicht alle beschleunigte Inertialsysteme entsprechen einem Gravitationsfeld. Ein von einem massiven Körper erzeugtes Feld verschwindet im Unendlichen, während die Scheinkräfte der beschleunigten Systeme im Unendlichen anwachsen (Zentrifugalkräfte in einem rotierenden System) oder konstant sind.

Einsteinsches Äquivalenzprinzip
In genügend kleinen (infinitesimalen) Raum-Zeitgebieten in einem Gravitationsfeld kann man ein lokales (frei fallendes) Inertialsystem finden, in dem sich die physikalischen Gesetze auf diejenigen der Speziellen Relativitätstheorie reduzieren; lokal ist die Gravitation nicht beobachtbar.

Der Effekt der Gravitation kann lokal (d. h. in einem kleinen Raum-Zeitintervall) eliminiert werden, wenn man ihn von einem gleichmäßig beschleunigten Bezugssystem aus betrachtet. Einsteins geniale Erkenntnis war, dass im Gegensatz zu anderen Kräften die Gravitation eine Manifestation der Krümmung der Raum-Zeit ist.

Wir können also etwas über die Gravitation lernen, wenn wir die Transformationen von einem kartesischen Inertialsystem auf krummlinige oder beschleunigte Koordinatensysteme betrachten.

34.2 Allgemeinen Koordinatentransformationen

Bisher hatten wir bei der Einführung von Tensoren bezüglich Drehungen oder Lorentz-Transformationen ausschließlich kartesische Koordinaten verwendet. Wenn wir über Gravitation sprechen, dann legt das Äquivalentsprinzip nahe, auch allgemeine beschleunigte oder krummlinige Koordinatensysteme zu betrachten. Wir gehen aus von den kartesischen Koordinaten eines Ereignisse

$$x^\mu = (x^0, x^1, x^2, x^3)$$

und unterziehen sie einer allgemeine Koordinatentransformation

$$x'^\mu = f^\mu(x^0, x^1, x^2, x^3),$$

wo f^μ beliebige reelle differenzierbare Funktionen sind mit Jacobi-Determinante,

$$\left|\frac{\partial x'^\mu}{\partial x^\nu}\right| \neq 0.$$

Wenn f^μ eine nicht-lineare Transformation ist, dann bleibt das Intervall s^2 keine quadratische Form, wohl aber das infinitesimale Intervall ds^2. Für kartesische Koordinaten ist

$$ds^2 = dx^\mu dx^\nu \eta_{\mu\nu}, \qquad (34.1)$$

wo $\eta_{\mu\nu} = \text{diag}[1, -1, -1, -1]$ der Euklidische metrische Tensor ist. Mit $dx^\mu = \frac{\partial x^\mu}{\partial x'^\nu} dx'^\nu$ erhalten wir die quadratische Form

$$ds^2 = \frac{\partial x^\mu}{\partial x'^\alpha} \frac{\partial x^\nu}{\partial x'^\beta} \eta_{\mu\nu} dx'^\alpha dx'^\beta \qquad (34.2)$$
$$= g_{\alpha\beta}(x') dx'^\alpha dx'^\beta,$$

wo

$$g_{\alpha\beta}(x') = \frac{\partial x^\mu}{\partial x'^\alpha} \frac{\partial x^\nu}{\partial x'^\beta} \eta_{\mu\nu}. \qquad (34.3)$$

Offensichtlich kann $g_{\alpha\beta}(x)$ als symmetrisch in α und β angenommen werden.

34.2 Allgemeinen Koordinatentransformationen

Als **Beispiel** betrachten wir ein gleichförmig rotierendes Koordinatensystem:

$$x = x' \cos\omega t' - y' \sin\omega t'$$
$$y = x' \sin\omega t' + y' \cos\omega t'$$
$$z = z'$$
$$t = t'.$$

Dann ist

$$ds^2 = dt^2 - dx^2 - dy^2 - dz^2$$
$$= dt'^2[1 - \omega^2(x'^2 + y'^2)] - dx'^2 - dy'^2 - dz'^2$$
$$+ 2\omega y' dx' dt' - 2\omega x' dy' dt'.$$

Dies ist nicht mehr eine Summe von Quadraten der Koordinatendifferentiale, sondern eine quadratische Form. Der zugehörige metrische Tensor ist

$$g_{\mu\nu} = \begin{pmatrix} 1 - \omega^2(x'^2 + y'^2) & 2\omega y' & 0 & 0 \\ 2\omega y' & -1 & -2\omega x' & 0 \\ 0 & -2\omega x' & -1 & 0 \\ 0 & 0 & 0 & -1 \end{pmatrix}.$$

Rechnerische Details:

$$x = x' \cos\omega t' - y' \sin\omega t'$$
$$dx = dx' \cos\omega t' - x'\omega \sin\omega t' dt' - dy' \sin\omega t' - y'\omega \cos\omega t' dt',$$
$$(dx)^2 = (dx')^2 \cos^2\omega t' + (dt')^2 (x'\omega)^2 \sin^2\omega t' + (dy')^2 \sin^2\omega t' + (dt')^2 (y'\omega)^2 \cos^2\omega t'$$
$$- 2(dx' \cos\omega t' \times x'\omega \sin\omega t' dt') - 2(dx' \cos\omega t' \times dy' \sin\omega t')$$
$$- 2(dx' \cos\omega t' \times y'\omega \cos\omega t' dt')$$
$$+ 2(x'\omega \sin\omega t dt' \times dy' \sin\omega t') + 2(x'\omega \sin\omega t' dt' \times y'\omega \cos\omega t' dt')$$
$$+ 2(dy' \sin\omega t' \times y'\omega \cos\omega t' dt')$$

$$dy = dx' \cos\omega t' - y'\omega \sin\omega t dt' = dx(x' \to y', y' \to -x')$$

$$(dx)^2 + (dy)^2 = (dx')^2 + (dy')^2 + (dt')^2[(x'\omega)^2 + (y'\omega)^2]$$
$$- 2dx' dt'(y'\omega) + 2dy' dt'(x'\omega)$$

Die $g_{\mu\nu}(x)$ heißen *Raum-Zeit-Metrik*. Sie charakterisieren die Eigenschaften des zugehörigen beschleunigten Bezugssystems. Oben wurde argumentiert, dass Nicht-Inertialsysteme gewissen Gravitationsfeldern äquivalent sind, d. h. die Gravitationsfelder hängen mit der Metrik $g_{\mu\nu}(x)$ zusammen. Jedes Gravitationsfeld stellt nichts anderes dar, als eine Änderung der Raum-Zeit-Metrik.

Was passiert, wenn wir ein krummliniges Koordinatensystem auf ein anders transformieren?

$$x'^\mu = x'^\mu(x) \quad \text{oder} \quad x^\mu = x^\mu(x') \quad \text{(Umkehrfunktion)}.$$

Dann ist

$$dx'^\mu = \frac{\partial x'^\mu}{\partial x^\nu} dx^\nu, \tag{34.4}$$

und

$$dx^\mu = \frac{\partial x^\mu}{\partial x'^\nu} dx'^\nu. \tag{34.5}$$

$$\left(\to \frac{\partial x'^\mu}{\partial x^\alpha} \frac{\partial x^\alpha}{\partial x'^\nu} = \delta^\nu_\mu\right)$$

Früher hatten wir die Kovarianz unter Lorentz-Transformationen betrachtet und dazu Lorentz-Tensoren eingeführt. Jetzt erweitern wir dir Klasse der Transformationen und betrachten die allgemeine Kovarianz. D. h. wir untersuchen Objekte die sich unter allgemeinen Transformationen wie Tensoren transformieren.

Wir beginnen mit der Definition eines Vektors unter allgemeinen Transformationen. Jedes Objekt $A^\mu(x)$, das sich wie die Differentiale dx^μ transformiert

$$A'^\mu(x') = \frac{\partial x'^\mu}{\partial x^\nu} A^\nu(x) \quad \text{und} \quad A^\mu(x) = \frac{\partial x^\mu}{\partial x'^\nu} A'^\nu(x')$$

heißt *kontravarianter Vektor*. Ein wichtiges Beispiel ist der Tangentenvektor $\dot{x}^\mu(\tau)$ an eine Kurve $x^\mu(\tau)$, wo τ ein invarianter Parameter ist, wie z. B. die Eigenzeit für die Teilchenbahn. Der Tangentenvektor transformiert sich wie

$$\dot{x}^\mu \to \dot{x}'^\mu = \frac{\partial x'^\mu}{\partial x^\nu} \dot{x}^\nu.$$

Wir zeigen jetzt, dass dieses Transformationsverhalten konsistent ist. Wenn

$$A'^\mu = \frac{\partial x'^\mu}{\partial x^\nu} A^\nu \quad \text{und} \quad A''^\alpha = \frac{\partial x''^\alpha}{\partial x'^\beta} A'^\beta,$$

dann ist

$$A''^\alpha = \frac{\partial x''^\alpha}{\partial x'^\beta} A'^\beta = \frac{\partial x''^\alpha}{\partial x'^\beta} \frac{\partial x'^\beta}{\partial x^\nu} A^\nu = \frac{\partial x''^\alpha}{\partial x^\nu} A^\nu,$$

wo wir die Kettenregel verwendet haben.

Kontravariante Tensoren höheren Ranges transformieren sich wie äußere Produkte von Vektoren, z. B.

$$T'^{\mu\nu} = \frac{\partial x'^\mu}{\partial x^\alpha} \frac{\partial x'^\mu}{\partial x^\beta} T^{\alpha\beta}.$$

Beachte, dass x^μ kein kontravarianter Vektor ist, nur dx^μ. Nur für lineare Transformationen transformiert sich x^μ wie dx^μ, z. B. Lorentz-Transformationen

$$x'^\mu = L^\mu{}_\nu x^\nu, \quad \frac{\partial x'^\mu}{\partial x^\nu} = L^\mu{}_\nu \quad \text{für } L^\mu{}_\nu = \text{konst.},$$

d. h. x^μ transformiert sich wie dx^μ. Wenn $L^\mu{}_\nu$ von x abhängen würde, dann würden noch Ableitungen von $L^\mu{}_\nu$ dazu kommen.

Ein *kovarianter Vektor* ist ein Objekt B_μ mit 4 Komponenten, dass sich wie folgt transformiert:
$$B'_\mu = \frac{\partial x^\nu}{\partial x'^\mu} B_\nu \,.$$
Entsprechend lassen sich kovariante und gemischte Tensoren höheren Ranges definieren.

Beispiel: Da δs^2 invariant ist, ist $g_{\alpha\beta}$ ein symmetrischer Tensor zweiten Ranges,
$$g'_{\mu\nu}(x') = \frac{\partial x^\alpha}{\partial x'^\mu} \frac{\partial x^\beta}{\partial x'^\nu} g_{\alpha\beta}(x) \,.$$

Beweis
$$ds^2 = g_{\alpha\beta}(x) dx^\alpha dx^\beta = g'_{\mu\nu}(x') dx'^\mu dx'^\nu$$
$$= g_{\alpha\beta}(x) \frac{\partial x^\alpha}{\partial x'^\mu} \frac{\partial x^\beta}{\partial x'^\nu} dx'^\mu dx'^\nu$$

(oder umgekehrt, wenn $g_{\alpha\beta}$ ein Tensor ist, dann ist ds^2 ein Skalar). □

Tensor-Gleichungen gelten in allen Koordinatensystemen. Ist z. B. $V^\mu = 0$ in einem System, dann ist auch in einem anderen System
$$V'^\mu = \frac{\partial x'^\mu}{\partial x^\nu} V^\nu = 0\,.$$

Ein *Skalarfeld* unter einer allgemeinen Transformationen
$$x \Longleftrightarrow x';\ x = x(x')$$
ist definiert durch
$$\varphi(x) = \varphi'(x'(x)) = \varphi(x(x'))\,.$$

Die Form der Skalarfeldes kann in zwei Koordinatensystemen verschieden sein. Beispiel: Für $\varphi(x,y) = x^2 + y^2$ in kartesischen Koordinaten wird $\varphi'(x') = r^2 + 0 \times \theta$ in Polarkoordinaten. $\varphi(x,y) = \varphi'(r,\theta)$ numerisch, aber φ' ist eine andere Funktion als φ.

Die Einheit δ^μ_ν ist ein gemischter Tensor, da
$$\delta'^\mu_\nu = \frac{\partial x'^\mu}{\partial x^\alpha} \frac{\partial x^\beta}{\partial x'^\nu} \delta^\alpha_\beta = \delta^\mu_\nu\,,$$
wo wir verwendet haben, dass
$$\frac{\partial x'^\mu}{\partial x^\alpha} \frac{\partial x^\alpha}{\partial x'^\nu} = \delta^\mu_\nu\,. \tag{34.6}$$

Mit Hilfe von $g_{\alpha\beta}$ kann man Indizes nach unten ziehen, z. B. $V_\alpha = g_{\alpha\beta} V^\beta$ ist ein kovarianter Vektor Der metrische Tensor hat eine kontravariante Form, die definiert ist durch

$$g^{\alpha\sigma} g_{\sigma\beta} = \delta^\alpha_\beta \,.$$

Die Determinante von $g_{\alpha\beta}$ ist auch interessant. Für Lorentz-Transformationen ist sie invariant, nicht aber für allgemeine Transformationen. Wir definieren

$$\det g_{\alpha\beta} \equiv -g \,. \tag{34.7}$$

Für den kontravarianten metrischen Tensor erhält man

$$\det g^{\mu\nu} = -\frac{1}{g} \tag{34.8}$$

da

$$\det g^{\alpha\beta} \det g_{\mu\nu} = \det(g^{\alpha\sigma} g_{\sigma\nu}) = \det \delta^\alpha_\nu = 1 \,.$$

Bei einer allgemeinen Transformation erhält man

$$g' = -\det g'_{\alpha\beta} = -\det\left(\frac{\partial x^\mu}{\partial x'^\alpha} \frac{\partial x^\nu}{\partial x'^\beta} g_{\mu\nu}\right) \,.$$

Wenn wir verwenden, dass $\det(AB) = \det A \det B$ erhalten wir daraus

$$g' = \left[\det\left(\frac{\partial x^\mu}{\partial x'^\alpha}\right)\right]^2 g$$

oder

$$\sqrt{g'} = \left[\det\left(\frac{\partial x^\mu}{\partial x'^\alpha}\right)\right] \sqrt{g} \,.$$

Der Faktor $\det\left(\frac{\partial x^\mu}{\partial x'^\alpha}\right)$ ist die Jacobi-Determinante der Transformation. Ein Objekt, das sich wie $\sqrt{g}$ transformiert, heißt skalare Dichte vom Gewicht -1. Das Volumenselement ist eine weitere Größe, die sich wie $\sqrt{g}$ transformiert,

$$d^4x = dx^0 dx^1 dx^2 dx^3 = \det\left(\frac{\partial x^\mu}{\partial x'^\alpha}\right) d^4x' \;:$$

Wir können ein invariantes Volumenselement $\sqrt{g} d^4x$ definieren, da

$$\sqrt{g} d^4x = \sqrt{g} \det\left(\frac{\partial x^\mu}{\partial x'^\alpha}\right) d^4x' = \sqrt{g'} d^4x' \,.$$

Entsprechend können wir auch eine invariante δ-Funktion definieren:

$$\frac{1}{\sqrt{g}} \delta^4(x-y) = \frac{1}{\sqrt{g'}} \delta^4(x'-y') \,.$$

Bisher hatten wir die allgemeinen Koordinaten durch Transformation aus kartesischen erhalten, d. h. umgekehrt lassen sich diese Koordinaten auf kartesische zurückführen. Es gibt aber auch Räume wo es nicht möglich ist ein globales kartesisches

Koordinatensystem einzuführen. Ein Beispiel wäre der zweidimensionale Raum der Oberfläche einer Kugel, z. B. der Erdoberfläche. Dennoch ist auch hier ds^2 eine quadratische Form der allgemeinen Koordinaten,

$$ds^2 = R^2(d\phi^2 + \cos^2\phi\, d\theta^2),$$

wo ϕ die geografische Länge und θ die Breite ist. Wenn in einem Raum ein quadratisches infinitesimales Intervall ds^2 definiert ist,

$$ds^2 = g_{\mu\nu}(x) dx^\mu dx^\nu$$

und invariant ist, dann sprechen wir von einem *Riemannschen Raum*. Aus der Invarianz von ds^2 folgt auch für den Riemannsche Räume die Gl. (34.3), d. h., dass $g_{\mu\nu}$ ein Tensor ist. An jedem festen Punkt x, d. h. lokal, kann $g_{\mu\nu}(x)$ auf die Form $\eta_{\mu\nu}$ gebracht werden. Wenn die Signatur $[1,-1,-1,-1]$ ist, sprechen wir von einem *Pseudo-Riemannschen Raum*. Falls $g_{\mu\nu}$ durch eine allgemeine Koordinatentransformation im gesamten Raum auf die Form $\eta_{\mu\nu}$ gebracht werden kann, so spricht man von einem *flachen Raum*.

Eine *Mannigfaltigkeit* ist ein n-dimensionaler (im Allgemeinen gekrümmter) Raum, der in der (infinitesimalen) Umgebung jedes Punktes wie der flache Raum R^n aussieht. Beispiele sind die n-Sphäre und der n-Torus. Eine Mannigfaltigkeit muss überall die selbe Dimension haben.

34.3 Die kovariante Ableitung

Eine weitere Größe die sich nicht wie ein Tensor transformiert, ist die partielle Ableitung $\partial_\mu \equiv \partial/\partial x^\mu$. Wirkt ∂_μ auf einen Skalar $\varphi(x)$, so erhält man einen Vektor. Aus der Kettenregel folgt, dass $\partial_\mu \varphi$ sich wie ein Vektor transformiert,

$$\partial'_\sigma \varphi' = \frac{\partial \varphi'}{\partial x'^\sigma} = \frac{\partial \varphi}{\partial x^\alpha} \frac{\partial x^\alpha}{\partial x'^\sigma} = \frac{\partial x^\alpha}{\partial x'^\sigma} \partial_\alpha \varphi.$$

Wenn ∂_μ auf einen Vektor V_β wirkt, dann ist $\partial_\alpha V_\beta$ aber kein Tensor. Wenn V^μ ein Vektor ist, mit dem Transformationsverhalten

$$V'^\mu(x') = \frac{\partial x'^\mu}{\partial x^\nu} V^\nu(x),$$

dann erhalten wir

$$\left(\partial_\beta V^\mu\right) \to \left(\partial_\beta V^\mu\right)' = \partial'_\beta V'^\mu = \frac{\partial x^\sigma}{\partial x'^\beta} \frac{\partial}{\partial x^\sigma}\left(\frac{\partial x'^\mu}{\partial x^\tau} V^\tau\right) \tag{34.9}$$

$$= \frac{\partial x^\sigma}{\partial x'^\beta} \frac{\partial x'^\mu}{\partial x^\tau} \frac{\partial}{\partial x^\sigma} V^\tau + V^\tau \frac{\partial x^\sigma}{\partial x'^\beta} \frac{\partial^2 x'^\mu}{\partial x^\sigma \partial x^\tau}. \tag{34.10}$$

Für lineare Transformationen, wie die Lorentz-Transformationen verschwindet der zweite Term und $\partial_\beta V^\mu$ ist ein Tensor, Für allgemeine Transformationen verletzt der zweite Term das gewünschte Transformationsverhalten. Daher definieren wir eine *kovariante Ableitung*

$$D_\beta V^\mu = \partial_\beta V^\mu + \Gamma^\mu_{\beta\tau} V^\tau , \qquad (34.11)$$

wo $\Gamma^\mu_{\beta\tau}$ eine Menge von Zahlen ist, die *Christoffel-Symbole* genannt werden. Wenn wir verlangen, dass sich die $\Gamma^\mu_{\alpha\beta}$ sich so transformieren, dass sich der unerwünschte Term in Gl. (34.9) weghebt,

$$\left(\Gamma^\mu_{\alpha\beta}\right)' = \frac{\partial x'^\mu}{\partial x^\nu} \frac{\partial x^\sigma}{\partial x'^\alpha} \frac{\partial x^\tau}{\partial x'^\beta} \Gamma^\nu_{\sigma\tau} - \frac{\partial x^\nu}{\partial x'^\alpha} \frac{\partial x^\sigma}{\partial x'^\beta} \frac{\partial^2 x'^\mu}{\partial x^\sigma \partial x^\nu} , \qquad (34.12)$$

dann transformiert sich $D_\beta V^\mu$ wie ein Tensor. Das selbe Argument kann man auch für die kovariante Ableitung eines kovarianten Vektors anwenden mit dem Ergebnis

$$D_\beta V_\mu = \partial_\beta V_\mu - \Gamma^\alpha_{\beta\mu} V_\alpha . \qquad (34.13)$$

D. h. $+\Gamma$ geht einfach über in $-\Gamma$. Für kovariante Ableitung von Tensoren höheren Grades benötigt man einen Term mit einem Faktor $+\Gamma$ für jeden oberen Index und einen Term mit einem Faktor $-\Gamma$ für jeden unteren Index, z. B.

$$D_\beta T^{\mu\nu} = \partial_\beta T^{\mu\nu} + \Gamma^\mu_{\beta\alpha} T^{\alpha\nu} + \Gamma^\nu_{\alpha\beta} T^{\mu\alpha} \qquad (34.14)$$

und

$$D_\beta T^\mu{}_\nu = \partial_\beta T^\mu{}_\nu + \Gamma^\mu_{\alpha\beta} T^\alpha{}_\nu - \Gamma^\alpha_{\beta\nu} T^\mu{}_\alpha . \qquad (34.15)$$

Die Christoffel-Symbole lassen sich durch die Metrik ausdrücken,

$$\Gamma^\alpha_{\mu\nu} = \frac{1}{2} g^{\alpha\sigma} (\partial_\mu g_{\nu\sigma} + \partial_\nu g_{\sigma\mu} - \partial_\sigma g_{\mu\nu}) . \qquad (34.16)$$

Man kann zeigen, dass sich die so definierten Symbole wie in Gl. (34.12) verlangt transformieren. Offensichtlich sind die Chistoffelsymbole symmetrisch in den beiden unteren Indizes, $\Gamma^\alpha_{\mu\nu} = \Gamma^\alpha_{\nu\mu}$. Das Christoffel-Symbol $\Gamma^\mu_{\alpha\beta}$ ist aber kein Tensor, da es sich wie in Gl. (34.12) angegeben transformiert.

Für die Wirkung der kovarianten Ableitung auf die Metrik erhalten wir mit Hilfe von Gl. (34.14) und Gl. (34.16) das einfache Ergebnis

$$D_\mu g_{\alpha\beta} = 0, \quad D_\mu g^{\alpha\beta} = 0 .$$

Viele der lorentzkovarianten Gleichungen, die im Minkowswki-Raum gelten, gelten auch im gekrümmten Raum, wenn wir die Ableitungen durch kovariante Ableitungen ersetzen. So gehen die Maxwell-Gleichungen für den elektromagnetischen Feldtensor,

$$\partial_\mu F^{\mu\nu}(x) = \frac{4\pi}{c} j^\nu(x)$$

$$\partial_\sigma F^{\mu\nu} + \partial_\nu F^{\sigma\mu} + \partial_\mu F^{\nu\sigma} = 0 ,$$

über in
$$D_\mu F^{\mu\nu}(x) = \frac{4\pi}{c} j^\nu(x)$$
$$D_\sigma F^{\mu\nu} + D_\nu F^{\sigma\mu} + D_\mu F^{\nu\sigma} = 0.$$

Ein lorentzinvarianter Ausdruck wird invariant unter allgemeinen Koordinatentransformationen, wenn man alle Ableitungen durch kovariante Ableitungen und in allen Integralen d^4x durch $d^4x\sqrt{g}$ ersetzt. Hat man eine Metrik gegeben, dann berechnet man am besten als erstes die Christoffel-Symbole um kovariante Ableitungen zur Verfügung zu haben.

34.4 Der Krümmungstensor

In einem gekrümmten Raum kann man global niemals kartesische Koordinaten verwenden, da diese nur flache Räume beschreiben. Die oben entwickelte Maschinerie für krummlinige Koordinaten lässt sich aber auch für gekrümmte Riemannsche Räume verwenden, da im Formalismus nirgends die genaue Form des metrischen Tensors einging.

Gegeben sei die Metrik $g_{\mu\nu}(x) \neq$ konstant. Dann ist die Frage, gibt es eine allgemeine Koordinatentransformation,
$$x'^\mu = x'^\mu(x)$$

mit
$$\eta^{\alpha\beta} = \frac{\partial x'^\alpha}{\partial x^\mu} \frac{\partial x'^\beta}{\partial x^\nu} g^{\mu\nu}(x) \quad \forall x \ ? \tag{34.17}$$

Wenn eine solche Transformation existiert, ist der Raum flach.

Beispiele
a) Polarkoordinaten
$$x^0 = t, \ x^1 = r, \ x^2 = \theta, \ x^3 = \phi$$

$$(ds)^2 = dt^2 - dr^2 - r^2 d\theta^2 - r^2 \sin^2\theta \, d\phi$$
$$= g_{\mu\nu} dx^\mu dx^\nu$$

mit
$$g_{\mu\nu} = \begin{pmatrix} 1 & & & \\ & -1 & & \\ & & -r^2 & \\ & & & -r^2 \sin^2\theta \end{pmatrix}.$$

Das sieht krumm aus. Die obige Transformation ist uns aber zufällig bekannt
$$x'^0 = x^0, \ x'^1 = r\sin\theta\cos\phi, \ x'^2 = r\sin\theta\sin\phi, \ x'^3 = r\cos\theta.$$

Damit wird

$$(ds)^2 = dx'^\mu dx'^\nu \eta_{\mu\nu}$$

d. h. der Raum ist flach.

b) Die 2-dimensionale Kugel S_2 (Erdoberfläche) mit den Variablen θ und ϕ, wo θ die geographische Breite und ϕ die geographische Länge ist, mit $0 \le \theta \le \pi$, $0 \le \phi \le 2\pi$. Das invariante Intervall ist wieder eine quadratische Form

$$(ds)^2 = R^2[(d\theta)^2 + \sin^2\theta\,(d\phi)^2]$$

oder

$$g_{ik} = R^2 \begin{pmatrix} 1 & \\ & \sin^2\theta \end{pmatrix}.$$

Der metrische Tensor kann durch keine Koordinatentransformation, die für die ganze Kugel definiert ist, auf die Form

$$g = \begin{pmatrix} 1 & \\ & 1 \end{pmatrix}$$

gebracht werden.

Wir suchen ein Kriterium um bei gegebenen $g_{\mu\nu}(x)$ zu entscheiden, ob der Raum flach ist (Pseudo-Euklidisch) ist oder nicht. Die Information über die Krümmung eines Raumes steckt offensichtlich im metrischen Tensor $g_{\mu\nu}(x)$, aber es ist nicht klar, wie man diese Information extrahieren kann. Sie steckt nicht direkt in den Chritoffel-Symbolen $\Gamma^\mu_{\alpha\beta}$, da diese schon im flachen Raum in einigen Koordinatensystemen gleich Null und in anderen ungleich Null sein können (Γ ist kein Tensor). Die Information über die Krümmung steckt, wie wir sehen werden, in einem 4-komponentigen Tensor, dem *Riemannschen Krümmungstensor*, der wie folgt definiert ist

$$R^\tau{}_{\mu\alpha\beta} = -\partial_\beta \Gamma^\tau_{\mu\alpha} + \partial_\alpha \Gamma^\tau_{\mu\beta,\alpha} + \Gamma^\sigma_{\mu\beta}\Gamma^\tau_{\sigma\alpha} - \Gamma^\sigma_{\mu\alpha}\Gamma^\tau_{\sigma\beta}$$

(das Gesamtvorzeichen ist Konvention). Man kann nachprüfen, dass $R^\tau{}_{\mu\alpha\beta}$ ein echter Tensor ist, obwohl die einzelnen Elemente es nicht sind. Der Riemann-Tensor besitzt die wesentliche Eigenschaft, die man von einer Definition der Krümmung verlangen muss: *Alle Komponenten von $R^\tau{}_{\mu\alpha\beta}$ verschwinden, wenn der Raum flach ist*, d. h. wenn es ein globales Koordinatensystem gibt in dem die Metrik überall konstant ist.

Wir betrachten jetzt die kovariante Ableitung eines Vektorfeldes, die gegeben war durch

$$D_\nu A^\mu = \partial_\nu A^\mu + \Gamma^\mu_{\nu\alpha} A^\alpha \quad \text{und} \quad D_\beta B_\mu = \partial_\beta B_\mu - \Gamma^\alpha_{\mu\beta} B_\alpha .$$

$D_\nu A^\mu$ ist ein Tensor für den nach Gl. (34.14) und (34.15) gilt

$$D_\lambda (D_\nu A^\mu) = \partial_\lambda (D_\nu A^\mu) + \Gamma^\mu_{\lambda\sigma}(D_\nu A^\sigma) - \Gamma^\tau_{\lambda\nu}(D_\tau A^\mu) .$$

34.4 Der Krümmungstensor

Der Ausdruck ist, bis auf den letzten Term, nicht symmetrisch in ν und λ, d. h. zwei kovariante Ableitungen vertauschen nicht. Es gilt

$$D_\lambda (D_\nu A^\mu) - D_\nu (D_\lambda A^\mu) \equiv R^\mu{}_{\alpha\nu\lambda} A^\alpha \qquad (34.18)$$

mit

$$R^\tau{}_{\mu\alpha\beta} = -\partial_\beta \Gamma^\tau_{\mu\alpha} + \partial_\alpha \Gamma^\tau_{\mu\beta,\alpha} + \Gamma^\sigma_{\mu\beta}\Gamma^\tau_{\sigma\alpha} - \Gamma^\sigma_{\mu\alpha}\Gamma^\tau_{\sigma\beta}$$

dem Riemannschen Krümmungstensor.

Beweis der Gl. (34.18)

$$\begin{aligned}
D_\lambda & (D_\nu A^\mu) - D_\nu (D_\lambda A^\mu) \\
&= \partial_\lambda(\partial_\nu A^\mu + \Gamma^\mu_{\nu\sigma} A^\sigma) + \Gamma^\mu_{\lambda\sigma}(\partial_\nu A^\sigma + \Gamma^\sigma_{\nu\tau} A^\tau) - \partial_\nu(\partial_\lambda A^\mu + \Gamma^\mu_{\lambda\sigma} A^\sigma) - \Gamma^\mu_{\nu\sigma}(\partial_\lambda A^\sigma + \Gamma^\sigma_{\lambda\tau} A^\tau) \\
&= (\partial_\lambda \Gamma^\mu_{\nu\sigma} + \Gamma^\mu_{\lambda\sigma}\partial_\nu - \partial_\nu \Gamma^\mu_{\lambda\sigma} - \Gamma^\mu_{\nu\sigma}\partial_\lambda) A^\sigma + (\Gamma^\mu_{\lambda\sigma}\Gamma^\sigma_{\nu\tau} - \Gamma^\mu_{\nu\sigma}\Gamma^\sigma_{\lambda\tau}) A^\tau \\
&= \left[(\partial_\lambda \Gamma^\mu_{\nu\sigma}) - (\partial_\nu \Gamma^\mu_{\lambda\sigma})\right] A^\sigma + (\Gamma^\mu_{\lambda\sigma}\Gamma^\sigma_{\nu\tau} - \Gamma^\mu_{\nu\sigma}\Gamma^\sigma_{\lambda\tau}) A^\tau \\
&= R^\mu{}_{\sigma\nu\lambda} A^\sigma. \qquad \square
\end{aligned}$$

Der Riemann-Tensor hat $4^4 = 256$ Komponenten. Auf Grund von Symmetrierelationen sind davon aber nur 20 linear unabhängig. Die Symmetrierelationen schreiben sich am einfachsten, wenn man alle Indizes nach unten zieht. Für

$$R_{\mu\nu\alpha\beta} = g_{\mu\lambda} R^\lambda{}_{\nu\alpha\beta}$$

gilt

$$R_{\mu\nu\alpha\beta} = -R_{\mu\nu\beta\alpha} = -R_{\nu\mu\alpha\beta} \qquad (34.19)$$

$$R_{\mu\nu\alpha\beta} = R_{\alpha\beta\mu\nu} \qquad (34.20)$$

$$R_{\mu\nu\alpha\beta} + R_{\mu\alpha\beta\nu} + R_{\mu\beta\nu\alpha} = 0 \qquad (34.21)$$

Die Beweise dieser Relationen seien hier nicht angeführt.

Wenn man den Krümmungstensor $R^\lambda{}_{\alpha\nu\beta}$ über Indizes kontrahiert, dann erhält man die folgenden Tensoren:

Ricci-Tensor

$$R_{\alpha\beta} = R^\lambda{}_{\alpha\lambda\beta}.$$

Der Ricci-Tensor ist auf Grund der Relationen (34.20) symmetrisch,

$$R_{\alpha\beta} = R_{\beta\alpha}.$$

Es gilt die *Bianchi-Identität*

$$D^\alpha \left(R_{\alpha\beta} - \frac{1}{2} g_{\alpha\beta} R\right) = 0,$$

wo R der Ricci-Skalar ist.

Ricci-Skalar
$$R = R^\lambda_\lambda = g^{\mu\nu} R_{\mu\nu} .$$

Der Ausdruck in der Klammer heißt Einstein-Tensor.

Einstein-Tensor
$$G_{\mu\nu} = R_{\mu\nu} - \frac{1}{2} g_{\mu\nu} R .$$

Die Divergenz des Einstein-Tensors verschwindet wegen der Biachi-Identität

$$D^\mu G_{\mu\nu} = 0 .$$

34.5 Geodäten

Neben der Krümmung sind die Geodäten in einem gekrümmten Raum von besonderem Interesse. Eine Geodäte ist die Kurve, für die die Länge ein Extremum bildet. Um diese zu bestimmen, betrachten wir die Intervalllänge entlang einer vorgegebenen Bahnkurve $x^\mu(\tau)$, wo τ ein invarianter Parameter ist, der auf der Extremalkurve gleich der Eigenzeit ist. Die infinitesimale Intervalllänge entlang der Kurve $x^\mu(\tau)$ ist

$$ds = \sqrt{|g_{\mu\nu} \dot{x}^\mu \dot{x}^\nu|} d\tau$$

und die gesamte „Länge" der Kurve ist

$$S = \int ds = \int \sqrt{|g_{\mu\nu} \dot{x}^\mu \dot{x}^\nu|} d\tau .$$

Eine Geodäte ist die Kurve, für die S ein Extremum annimmt (informell: die kürzeste Entfernung zwischen zwei Punkten). Wir können ebensogut verlangen, dass $\int ds^2 = \int g_{\mu\nu} \dot{x}^\mu \dot{x}^\nu d\tau$ auf der Geodäte ein Extremum annimmt. Das Extremum der Länge

$$S^2 = \frac{1}{2m} \int d\tau\, g_{\mu\nu}(x(\tau)) \dot{x}^\mu(\tau) \dot{x}^\nu(\tau)$$

bei Variation der Bahn $x^\mu(\tau)$ wird durch die Euler-Lagrange-Gleichungen

$$2 \frac{d}{d\tau} \left(g_{\mu\nu}(x(\tau)) \frac{dx^\nu}{d\tau} \right) - \left(\partial_\mu g_{\nu\sigma} \right) \dot{x}^\sigma(\tau) \dot{x}^\nu(\tau) = 0$$

bestimmt. Wir formen diese Formel etwas um:

$$\begin{aligned}
0 &= (\partial_\sigma g_{\mu\nu} \dot{x}^\sigma \dot{x}^\nu) + g_{\mu\nu} \frac{d^2 x^\nu}{d\tau^2} - \frac{1}{2} (\partial_\mu g_{\nu\sigma}) \dot{x}^\sigma \dot{x}^\nu \\
&= (\partial_\sigma g_{\mu\nu} - \frac{1}{2} \partial_\mu g_{\nu\sigma}) \dot{x}^\sigma \dot{x}^\nu + g_{\mu\nu} \frac{d^2 x^\nu}{d\tau^2} \\
&= \frac{1}{2} (\partial_\sigma g_{\mu\nu} + \partial_\nu g_{\mu\sigma} - \partial_\mu g_{\nu\sigma}) \dot{x}^\sigma \dot{x}^\nu + g_{\mu\nu} \frac{d^2 x^\nu}{d\tau^2} = 0 .
\end{aligned}$$

Wenn wir mit $g^{\rho\mu}$ multiplizieren erhalten wir

$$g^{\rho\mu}\left[\frac{1}{2}(g_{\mu\nu,\sigma} + g_{\mu\sigma,\nu} - g_{\nu\sigma,\mu})\dot{x}^\sigma \dot{x}^\nu + g_{\mu\nu}\frac{d^2 x^\nu}{d\tau^2}\right] = 0. \qquad (34.22)$$

Der erste Term lässt sich durch die Christoffel-Symbole

$$\Gamma^\mu_{\alpha\beta} = \frac{1}{2}g^{\mu\nu}(\partial_\beta g_{\nu\alpha} + \partial_\alpha g_{\beta\nu} - \partial_\nu g_{\alpha\beta})$$

ausdrücken. Damit wird Gl. (34.22):

$$\Gamma^\rho_{\sigma\nu}\dot{x}^\sigma \dot{x}^\nu + \frac{d^2 x^\rho}{d\tau^2} = 0. \qquad (34.23)$$

Dies ist die Gleichung einer Geodäte im gekrümmten Raum. Diese entspricht der Geraden als kürzester Verbindung zweier Punkte im $\mathbb{R}^3$.

Die physikalische Bedeutung der Geodäten liegt, wie wir sehen werden, darin, dass sich in der Allgemeinen Relativitätstheorie Massenpunkte im Gravitationsfeld auf Geodäten bewegen. Diese Geodäten sind zeitartig für massive Teilchen ($ds^2 > 0$) oder lichtartig für masselose Teilchen. In der Newtonschen Mechanik bewegt sich ein Teilchen entlang einer Geraden, so lange keine Kraft wirkt. Eine der möglichen Kräfte ist die Schwerkraft. In der Allgemeine Relativitätstheorie wird die Schwerkraft durch die Krümmung der Raum-Zeit dargestellt, nicht durch eine explizite Kraft. Die Teilchen bewegen sich entlang Geodäten, so lange keine Kraft wirkt. Die Schwerkraft zählt nicht als Kraft. Wenn explizite Kräfte wirken, muss man auf der rechten Seite von Gl. (34.23) noch diese Kräfte setzen. Dann bewegen sich die Teilchen allerdings nicht mehr auf Geodäten. In diesem Fall entspricht die modifizierte Geodätengleichung gerade der Newtonschen Bewegunsgleichung $m\vec{a} = \vec{F}$.

34.6 Die Einstein-Gleichungen

Nach dieser mathematischen Vorbereitung wollen wir zur Physik zurückkehren. Wir ersetzen das Einsteinsche Äquivalenzprinzip durch das verwandte Prinzip der Allgemeinem Kovarianz: *Eine physikalische Gleichung gilt in einem allgemeinen Gravitationsfeld, wenn sie allgemein kovariant ist, und wenn sie in Abwesenheit der Gravitation ($g_{\mu\nu} = \eta_{\mu\nu}$, $\Gamma^\mu_{\alpha\beta} = 0$) lorentzkovariant ist.*

Wir suchen Gleichungen, die den Zusammenhang zwischen Materie, Energie und der Raumzeit herstellen. Im Falle der Gravitation sind dies die berühmten Einstein-Gleichungen

$$R_{\mu\nu} - \frac{1}{2}R g_{\mu\nu} = 8\pi G T_{\mu\nu}$$

wo G die Gravitationskonstante ist. Der Energie-Impulstensor $T_{\mu\nu}$ setzt sich zusammen aus Energie und Impuls der Materie und der anderen Felder. Er bildet die Quelle des

Gravitationsfeldes. Die linke Seite der Gleichung misst die Krümmung der Raumzeit und die rechte Seite die darin enthaltenen Energie und Impuls.

Um die Einstein-Gleichungen herzuleiten, machen wir die Annahme, dass die Dynamik des metrischen Tensorfeldes, wie die Dynamik aller anderen Observablen, durch ein Wirkungsprinzip beschrieben werden kann. In diesem Zusammenhang ist es nützlich die Schwerkraft in Analogie zur Elektrodynamik zu betrachten. Wir hatten die Elektrodynamik einer Punktladung aus dem lorentzinvarianten Wirkungsfunktional

$$S = \int d^4x \eta_{\mu\nu} \int d\tau \delta^4(x - x(\tau)) \frac{1}{2} m \frac{dx^\mu}{d\tau} \frac{dx^\nu}{d\tau} - \frac{e}{c} \int d\tau \frac{dx^\mu}{d\tau} A_\mu(x(\tau)) - \frac{1}{4c} \int d^4x F_{\mu\nu} F^{\mu\nu}$$
(34.24)

abgeleitet. In Analogie dazu machen wir jetzt für die Gravitation von N Teilchen den einfachsten Ansatz, der invariant unter allgemeinen Koordinatentransformationen ist. Dazu müssen wir Skalare aus $g_{\mu\nu}$ und $\frac{dx_n^\mu}{d\tau}$ bilden. Für den symmetrischen Tensor $g_{\mu\nu}(x)$ die einfachste nicht-triviale Invariante der Ricci-Skalar $R(x) = g^{\mu\nu} R_{\mu\nu}$. Damit setzen wir an,

$$S = \int d^4x \frac{1}{2} g_{\mu\nu}(x) \sum_{n=1}^N m_n \int d\tau_n \delta^4(x - x(\tau_n)) \frac{dx_n^\mu}{d\tau} \frac{dx_n^\nu}{d\tau} + \frac{1}{2\kappa} \int d^4x \sqrt{g}(-2\Lambda + R(x)).$$

Λ ist die sogenannte kosmologische Konstante und κ charakterisiert die Stärke der Kopplung zwischen Geometrie (dem Gravitationsfeld) und Materie, die mit der Newtonschen Konstante zusammenhängt. Wir haben verwendet, dass $\sqrt{g} d^4x$ und $\frac{1}{\sqrt{g}} \delta^4(x-y)$ invariant unter allgemeinen Koordinatentransformationen sind. Der zweite Term heißt Hilbert-Wirkung.

Wir gehen weiter vor wie in der Elektrodynamik. Wenn wir bei gegebenem Gravitationsfeld $g_{\mu\nu}(x)$ die Teilchenbahnen $x(\tau_n)$ variieren, erhalten wir Bewegungsgleichungen für die Massenpunkte. Um die Feldgleichungen abzuleiten, halten wir die Teilchenbahnen fest und variieren den das Feld $g_{\mu\nu}(x)$. Das Ergebnis sind die *Einstein-Gleichungen*,

$$R^{\mu\nu} - (\frac{1}{2}R - \Lambda)g^{\mu\nu} = \kappa T^{\mu\nu}$$
(34.25)

Dies sind nicht-lineare Gleichungen für das Tensorfeld $g^{\mu\nu}(x)$. Der Energie-Impulstensor

$$T^{\mu\nu} = \sum_n \int d\tau_n m_n \frac{1}{\sqrt{g(x)}} \delta^4(x - x(\tau_n)) \frac{dx_n^\mu}{d\tau} \frac{dx_n^\nu}{d\tau}$$
(34.26)

bildet die Quelle der Gravitation. Er unterscheidet sich nur um die invariante δ-Funktion von dem Energie-Impulstensor im Minkowski-Raum. Wegen des Faktors $1/\sqrt{g(x)}$ steckt die Gravitation auch im mechanischen Energie-Impulstensor.

34.6 Die Einstein-Gleichungen

Ableitung der Bewegungsgleichung

Wir betrachten die Bahn eines Massenpunktes (Testteilchen) bei gegebenem äußeren Gravitationsfeld. Dann ergibt sich für den relevanten Term der Wirkung (34.24)

$$S = \frac{1}{2m} \int d\tau\, g_{\mu\nu}(x(\tau))\, \dot{x}^\mu(\tau)\dot{x}^\nu(\tau).$$

Das Extremum der Wirkung unter Variation der Bahn $x^\mu(\tau)$ liefert die Euler-Lagrange-Gleichungen

$$\frac{d}{d\tau}\left(g_{\mu\nu}(x(\tau))\frac{dx^\nu}{d\tau}\right) - \frac{1}{2}g_{\nu\sigma,\mu}\dot{x}^\sigma(\tau)\dot{x}^\nu(\tau) = 0.$$

Wir formen diesen Ausdruck etwas um:

$$g_{\mu\nu,\sigma}\dot{x}^\sigma \dot{x}^\nu + g_{\mu\nu}\frac{d^2 x^\nu}{d\tau^2} - \frac{1}{2}g_{\nu\sigma,\mu}\dot{x}^\sigma \dot{x}^\nu = 0$$

$$(g_{\mu\nu,\sigma} - \frac{1}{2}g_{\nu\sigma,\mu})\dot{x}^\sigma \dot{x}^\nu + g_{\mu\nu}\frac{d^2 x^\nu}{d\tau^2} = 0$$

$$\frac{1}{2}(g_{\mu\nu,\sigma} + g_{\mu\sigma,\nu} - g_{\nu\sigma,\mu})\dot{x}^\sigma \dot{x}^\nu + g_{\mu\nu}\frac{d^2 x^\nu}{d\tau^2} = 0.$$

Wenn wir mit $g^{\rho\mu}$ multiplizieren erhalten wir

$$g^{\rho\mu}\left[\frac{1}{2}(g_{\mu\nu,\sigma} + g_{\mu\sigma,\nu} - g_{\nu\sigma,\mu})\dot{x}^\sigma \dot{x}^\nu + g_{\mu\nu}\frac{d^2 x^\nu}{d\tau^2}\right] = 0.$$

Mit Hilfe der Chritoffel-Symbole $\Gamma^\mu_{\alpha\beta} = \frac{1}{2}g^{\mu\nu}(g_{\nu\alpha,\beta} + g_{\beta\nu,\alpha} - g_{\alpha\beta,\nu})$ wird diese Gleichung

$$\Gamma^\rho_{\sigma\nu}\dot{x}^\sigma \dot{x}^\nu + \frac{d^2 x^\rho}{d\tau^2} = 0. \quad (34.27)$$

Dies ist auch die Gleichung (34.23) einer Geodäte im gekrümmten Raum. In der Allgemeinen Relativitätstheorie bewegen sich Testteilchen also auf Geodäten.

Ableitung der Feldgleichungen

Wir betrachten kleine Variationen in der Metrik. Dann gilt für den Feldanteil der Wirkung

$$\delta S_{Grav.} = \frac{1}{2\kappa}\delta \int d^4x\, \sqrt{g}(-2\Lambda + R(x)) \quad (34.28)$$

$$= \frac{1}{2\kappa}\int d^4x\, \left[(\delta\sqrt{g})(-2\Lambda + R(x)) + \sqrt{g}\left(\delta g^{\mu\nu} R_{\mu\nu} + g^{\mu\nu}\delta R_{\mu\nu}\right)\right]. \quad (34.29)$$

Wir diskutieren die einzelnen Beiträge.

a) Wir zeigen zunächst, dass

$$g_{\mu\nu}\delta g^{\nu\alpha} = -g^{\mu\nu}\delta g_{\nu\alpha},$$

wegen

$$\delta(g_{\mu\nu}g^{\nu\alpha}) = \delta(\delta^\alpha_\mu) = 0 = \delta g_{\mu\nu}g^{\nu\alpha} + g^{\mu\nu}\delta g_{\nu\alpha}.$$

b) Berechnung von $\delta(\sqrt{g})$: Wir verwenden Formeln (34.7) und (34.8)

$$\det g_{\alpha\beta} \equiv -g, \quad \det g^{\mu\nu} = -\frac{1}{g}.$$

Damit wird

$$g + \delta g = -\det(g_{\mu\nu} + \delta g_{\mu\nu})$$

$$\frac{1}{g}(g + \delta g) = \det(g^{\sigma\tau})\det(g_{\mu\nu} + \delta g_{\mu\nu})$$

$$= \det(g^{\sigma\tau}(g_{\tau\nu} + \delta g_{\tau\nu})) = \det(\delta^{\sigma}_{\nu} + g^{\sigma\tau}\delta g_{\tau\nu})$$

$$= 1 + g^{\sigma\tau}\delta g_{\tau\sigma} + \cdots.$$

D. h.

$$\delta g = g g^{\sigma\tau} \delta g_{\tau\sigma}$$

und

$$\delta(\sqrt{g}) = \frac{1}{2}\frac{1}{\sqrt{g}}\delta g = \frac{1}{2}\sqrt{g}g^{\mu\nu}\delta g_{\mu\nu}.$$

c) Wir müssen zeigen, dass $\delta\Gamma(g) = \Gamma(g + \delta g) - \Gamma(g)$ ein Tensor ist. Die Christoffel-Symbole selbst sind wegen des inhomogenen zweiten Terms in Gl. (34.12), die das Transformationsverhalten der Christoffel-Symbole unter allgemeinen Koordinatentransformationen beschreibt, keine Tensoren. Dieser Term ist aber unabhängig von der Metrik $g_{\mu\nu}$. Daher transformiert sich $\delta\Gamma(g) = \Gamma(g + \delta g) - \Gamma(g)$ bei Variation der Metrik wie ein Tensor.

d) $g^{\mu\nu}\delta R_{\mu\nu}$ ist eine totale Ableitung.

Beweis Wir berechnen diesen Ausdruck an einem festen Punkt in einem lokal-geodätischen Koordinatensystem. Für diesen Punkt sind alle $\Gamma^{\lambda}_{\mu\nu} = 0$. Damit wird

$$g^{\mu\nu}\delta R_{\mu\nu} = g^{\mu\nu}[\partial_{\lambda}(\delta\Gamma^{\lambda}_{\mu\nu}) - \partial_{\nu}(\delta\Gamma^{\lambda}_{\mu\lambda})]$$

$$= g^{\mu\nu}\partial_{\lambda}(\delta\Gamma^{\lambda}_{\mu\nu}) - g^{\mu\lambda}\partial_{\lambda}(\delta\Gamma^{\nu}_{\mu\nu})$$

$$= \partial_{\lambda}[g^{\mu\nu}\delta\Gamma^{\lambda}_{\mu\nu} - g^{\mu\lambda}\delta\Gamma^{\nu}_{\mu\nu}] \equiv \partial_{\lambda}w^{\lambda}.$$

wo wir verwendet haben, dass in einem lokal-geodätischem System $\partial_{\lambda}g^{\mu\nu} = 0$. Da w^{λ} wegen c) ein Vektor ist, können wir das Ergebnis auf ein allgemeines System verallgemeinern,

$$g^{\mu\nu}\delta R_{\mu\nu} = D_{\lambda}w^{\lambda}. \qquad \square$$

Nach dem Gaußschen Satz trägt dieser Term nur ein Oberflächenintegral zu $\delta S_{Grav.}$ im Unendlichen bei, der keinen Einfluss auf die Feldgleichungen hat.

Damit wird

$$\delta S_{Grav.} = \frac{1}{2\kappa}\int d^4x\left[(-2\Lambda + R(x))\frac{1}{2}\sqrt{g}g^{\mu\nu}\delta g_{\mu\nu} + \sqrt{g}\delta g^{\mu\nu}R_{\mu\nu}\right]$$

oder ($\delta g^{\mu\nu} = -\delta g_{\mu\nu}$)

$$\delta S_{Grav.} = \frac{1}{2\kappa} \int d^4x \sqrt{g} \left[\left(-\frac{1}{2}R(x) + \Lambda\right) g^{\mu\nu} - R^{\mu\nu} \right] \delta g_{\mu\nu} \,.$$

Die Variation der Teilchen-Wirkung bei gegebenen Teilchenbahnen $x(\tau_n)$ ist

$$\delta S_{Part.} = \int d^4x \frac{1}{2} \delta g_{\mu\nu}(x) \sum_n m_n \int d\tau_n \delta^4(x - x(\tau_n)) \frac{dx_n^\mu}{d\tau} \frac{dx_n^\nu}{d\tau} \,.$$

Das Wirkungsprinzip besagt

$$\delta S_{Grav.} + \delta S_{Part.} = 0 \,,$$

d. h.

$$R^{\mu\nu} - \left(\frac{1}{2}R(x) + \Lambda\right) g^{\mu\nu} = \kappa T^{\mu\nu} \,, \tag{34.30}$$

wo $T^{\mu\nu}$ der Energie-Impulstensor Gl. (34.26) ist. Wenn wir kontrahieren und $\Lambda = 0$ setzen, erhalten wir

$$R = -\kappa T \,.$$

Damit lässt sich Gl. (34.25) schreiben als

$$R_{\mu\nu} = \kappa \left(T_{\mu\nu} - \frac{1}{2} T g_{\mu\nu} \right) \,. \tag{34.31}$$

Es bleibt zu zeigen, dass diese Gleichung für schwache, zeitunabhängige Felder und langsame Teilchen die Newtonsche Gravitation liefert. In diesem Limes ist die Ruhenergie T^{00} sehr viel größer als die anderen Terme in $T^{\mu\nu}$. Wir beschränken uns daher auf die $\mu = 0, \nu = 0$ Komponente der Gl. (34.31). Für schwache Felder ist

$$g_{00} = 1 + h_{00}, \quad g^{00} = 1 - h_{00} \,.$$

Die Spur des Energie-Impulstensors ist in niedrigster Ordnung

$$T = g^{00} T_{00} = T_{00} \,.$$

Damit wird Gl. (34.31)

$$R_{00} = \frac{1}{2} \kappa T_{00} \,.$$

Diese Gleichung verbindet Ableitungen der Metrik mit der Energiedichte. Um den expliziten Ausdruck zu erhalten, benötigen wir $R_{00} = R^\lambda{}_{0\lambda 0}$. Da $R^0{}_{000} = 0$, benötigen wir nur $R^i{}_{0i0}$. Betrachte

$$R^i{}_{0j0} = \partial_j \Gamma^i_{00} - \partial_0 \Gamma^i_{j0} + \Gamma^i_{j\lambda} \Gamma^\lambda_{00} - \Gamma^i_{0\lambda} \Gamma^\lambda_{j0} \,.$$

Der zweite Term ist eine Zeitableitung, die für statische Felder verschwindet. Da $\Gamma^\mu_{\alpha\beta} = 0$ für die flache Metrik $\eta_{\mu\nu}$, ist Γ linear in der Störung $h_{\mu\nu}$ der Metrik. Damit tragen die letzten beiden Terme in erster Ordnung nicht bei und

$$R^i{}_{0j0} = \partial_j \Gamma^i_{00} \,.$$

Folglich wird

$$R_{00} = R^i{}_{0i0} = \partial_i \Gamma^i_{00}$$
$$= \partial_i \left(\frac{1}{2} g^{i\lambda} (\partial_0 g_{\lambda 0} + \partial_0 g_{0\lambda} - \partial_\lambda g_{00}) \right)$$
$$= \partial_i \left(\frac{1}{2} \eta^{i\lambda} (\partial_0 g_{\lambda 0} + \partial_0 g_{0\lambda} - \partial_\lambda g_{00}) \right) + \cdots$$
$$= -\frac{1}{2} \eta^{ij} \partial_i \partial_j g_{00} \qquad (\partial_i \to \vec{\nabla})$$
$$= \frac{1}{2} \nabla^2 h_{00} \qquad (\nabla^2 = -\eta^{ij} \partial_i \partial_j)$$

Im Newtonschen Limes ergeben die Eisteingleichungen (34.31) also

$$\frac{1}{2} \nabla^2 h_{00} = \kappa T_{00} .$$

Dabei ist $T_{00}(x) = \rho(x)$ die Ruhenergiedichte, d. h. die Massendichte. Dieses Ergebnis ist zu vergleichen mit der Poisson-Gleichung für das Gravitationspotential

$$\nabla^2 \Phi(\vec{x}) = 4\pi G \rho(\vec{x}).$$

D. h. wir identifizieren

$$\kappa = 4\pi G, \quad \Phi = \frac{1}{2} h_{00} = \frac{GM}{r} . \qquad (34.32)$$

Die vollen Feldgleichungen Gl. (34.25) sind nicht-lineare Differentialgleichungen für die 10 unabhängigen Komponenten der Metrik $g_{\mu\nu}(x)$. So einfach sie aussehen, so schwierig sind sie zu lösen. Der Ricci-Skalar und der Ricci-Tensor involvieren Ableitungen und Produkte von Christoffel-Symbolen, die selber die inverse Metrik und Ableitungen der Metrik enthalten. Auch der Energie-Impulstensor involviert die Metrik: Die Gleichungen sind nicht-linear, so dass man zwei Lösungen nicht zu einer dritten überlagern kann. Selbst im Vakuum, wo sich die Einstein-Gleichungen auf

$$R_{\mu\nu} = 0$$

reduzieren sind, sind die Gleichungen sehr schwierig zu lösen. Meist macht man vereinfachende Annahmen, z. B. dass die Metrik gewisse Symmetrien besitzt.

Die Kosmologische Konstante

Als Einstein seine Allgemeine Relativitätstheorie auf das Universum anwendete, glaubte er, dass das Universum statisch wäre. Da Materie und Energie zur Gravitation beitragen, bewirken sie den Kollaps des Universums. Dies war physikalisch unakzeptabel. Daher führte Einstein seine kosmologische Konstante ein, als Gegengewicht zur Anziehung der Gravitation. Als Edwin Hubble später entdeckte, dass die Galaxien sich von uns wegbewegen, d. h. dass das Universum expandiert, verbannte man Λ wieder aus den kosmologischen Theorien. Einstein bezeichnete die kosmologische Konstante als seine „größte Eselei".

Man kann die kosmologische Konstante Λ mit in den Energie-Impulstensor ziehen. Dann lauten die Einstein-Gleichungen

$$R^{\mu\nu} - \frac{1}{2}Rg^{\mu\nu} = \kappa T^{\mu\nu} + \Lambda g^{\mu\nu}$$

Λ stellt so etwas wie eine Nullpunktsenergie und Nullpunktimpuls des Vakuums dar (vergl. die Nullpunktsenergie des harmonischen Oszillators in der Quantenmechanik). Erst seit kurzem gibt es Anzeichen dafür, dass Λ sehr klein aber > 0 ist.

Die kosmologische Konstante entspricht einem negativen Druck, der zur Energiedichte des Vakuums gehört, und der eine Beschleunigung in der Expansion des Universums verursacht. Den Grund warum eine kosmologische Konstante einem negativen Druck entspricht, sieht man schon in der klassischen Thermodynamik. Wenn sich ein Gas in einem mit einem Kolben versehenen Behälter ausdehnt, dann verrichtet es eine Arbeit pdV, wo p der Druck ist und dV die (positive) Volumensänderung ist. D. h. die Energie des Gases nimmt ab. Die Energie in einem Behälter mit Vakuumenergie nimmt aber zu, wenn sich das Volumen vergrößert ($dV > 0$). Daher ist p negativ. Die kosmologische Konstante wäre eine mögliche Quelle der dunklen Energie. Diese stellt eine konstante Energiedichte dar, die das ganze Universum ausfüllt, und die für die Erklärung der beobachteten beschleunigten Expansion des Universums herangezogen werden kann. Dunkle Energie wird gebraucht, wenn man die Geometrie des Raumes mit gesamten Masse (einschließlich dunkler Materie) des Universums vergleicht. Die Ergebnisse des WMAP-Sateliten der Mikrowellen-Hintergrund-Strahlung zeigen, dass das Universum fast flach ist. Um ein flaches Universum zu erhalten, bedarf es eines kritischen Verhältnis von Masse zu Energie. Die Gesamtmaterie (einschließlich dunkler Materie), die sich aus der Mikrowellen-Hintergrund-Strahlung bestimmt, liefert nur etwa 30% der nötigen Energie. Die WMAP Daten sind konsistent mit 74% dunkle Energie, 22% dunkle Materie und 4% gewöhnliche Materie.

34.7 Die Schwarzschild-Lösung

Wir such das Gravitationsfeld (Kraft auf ein Probeteilchen) im Außenraum eines sphärisch symmetrischen Körpers und nehmen an, dass die Metrik auch sphärisch symmetrisch ist. Für große Abstände sollte die Metrik die Minkowski-Form annehmen, d. h. (in Polarkoordinaten)

$$d\tau^2 = dt^2 - dr^2 - r^2(d\theta^2 + \sin^2\theta\, d\varphi^2).$$

Für $r \to \infty$ haben t, r, θ, φ die übliche Bedeutung. Weiters nehmen wir an, dass die Komponenten des metrischen Tensors nicht von t abhängen. Dann beobachtet man im Gebiet $r \to \infty$ ein statisches Schwerefeld. Für endliche r lautet dann die Metrik ($c = 1$)

$$d\tau^2 = A(r)dt^2 - B(r)dr^2 - r^2(d\theta^2 + \sin^2\theta\, d\varphi^2) \qquad (34.33)$$

mit

$$A(r) \xrightarrow[r\to\infty]{} 1, \quad B(r) \xrightarrow[r\to\infty]{} 1.$$

Der Winkelanteil hätte auch noch mit einer Funktion $C(r)$ mit $C(r \to \infty) = 1$ multipliziert werden können. Diese lässt sich aber durch eine neue Wahl der radialen Variablen $r \to C(r)r$ wegtransformieren. Man beachte, dass die Variablen t, r, θ, φ nur für $r \to \infty$ die übliche Bedeutung haben. Aus Gl. (34.33) lesen wir dem metrischen Tensor ab

$$g_{\mu\nu} = [A(r), -B(r), -r^2, -r^2 \sin^2 \theta]_{diag.}.$$

Der nächste Schritt ist die Lösung der Einstein-Gleichungen

$$R_{\mu\nu} = 0.$$

Dazu ist es notwendig zunächst die Chritoffel-Symbole

$$\Gamma^\mu_{\alpha\beta} = \frac{1}{2} g^{\mu\nu} (g_{\nu\alpha,\beta} + g_{\beta\nu,\alpha} - g_{\alpha\beta,\nu})$$

und anschließend den Krümmungstensor

$$R^\tau{}_{\mu\alpha\beta} = -\Gamma^\tau_{\mu\alpha,\beta} + \Gamma^\tau_{\mu\beta,\alpha} + \Gamma^\sigma_{\mu\beta}\Gamma^\tau_{\sigma\alpha} - \Gamma^\sigma_{\mu\alpha}\Gamma^\tau_{\sigma\beta}$$

zu bestimmen. Dieser wird dann zum Ricci-Tensor kontrahiert

$$\begin{aligned}R_{\alpha\beta} &= R^\lambda{}_{\alpha\lambda\beta} \\ &= -\Gamma^\lambda_{\alpha\lambda,\beta} + \Gamma^\lambda_{\beta\alpha,\lambda} + \Gamma^\sigma_{\alpha\beta}\Gamma^\lambda_{\sigma\lambda} - \Gamma^\sigma_{\alpha\lambda}\Gamma^\lambda_{\sigma\beta}.\end{aligned} \quad (34.34)$$

Wir verwenden die Indizes $(0, 1, 1, 3)$ für (t, r, θ, φ). Die Chritoffel-Symbole lassen sich hier etwas einfacher aus der Bewegungsgleichung

$$\Gamma^\rho_{\sigma\nu}\dot{x}^\sigma\dot{x}^\nu + \frac{d^2 x^\rho}{d\tau^2} = 0 \quad (34.35)$$

bestimmen, indem man die Lagrange-Gleichungen für die Schwarzschild-Metrik betrachtet. Die Wirkung

$$\begin{aligned}S &= \frac{1}{2m} \int d\tau\, g_{\mu\nu}(x(\tau))\, \dot{x}^\mu(\tau)\dot{x}^\nu(\tau) \\ &= \frac{1}{2m} \int d\tau\, [A(r)\dot{t}^2 - B(r)\dot{r}^2 - r^2(\dot\theta^2 + \sin^2\theta\,\dot\varphi^2)] \\ &\equiv \frac{1}{2m} \int d\tau\, F(\tau)\end{aligned}$$

führt auf die Lagrange-Gleichung

$$\frac{d}{d\tau} \frac{\partial F}{\partial \dot{x}^\mu} = \frac{\partial F}{\partial x^\mu}.$$

Für $\mu = 0$ ergibt sich

$$\frac{d}{d\tau}(2A\dot{t}) = 0$$

oder
$$\ddot{t} + \frac{1}{A}\left(\frac{\partial A}{\partial r}\dot{r}\right)\dot{t} = 0.$$

Um die $\Gamma^0_{\mu\nu} = \Gamma^0_{\nu\mu}$ zu bestimmen, symmetrisieren wir die Gleichung

$$\ddot{t} + \frac{1}{2}\frac{1}{A}\frac{\partial A}{\partial r}(\dot{r}\dot{t} + \dot{t}\dot{r}) = 0.$$

Der Vergleich mit (34.35) zeigt, dass alle $\Gamma^0_{\mu\nu}$ verschwinden, außer

$$\Gamma^0_{10} = \Gamma^0_{01} = \frac{A'}{2A}, \quad \left(A' \equiv \frac{dA}{dr}\right).$$

Für $\mu = 1, (r)$ erhalten wir

$$\ddot{r} + \frac{B'}{2B}\dot{r}^2 + \frac{A'}{2B}\dot{t}^2 - \frac{r}{B}\dot{\theta}^2 - \frac{r}{B}\sin^2\theta\,\dot{\varphi}^2 = 0.$$

D. h. alle $\Gamma^1_{\mu\nu}$ verschwinden außer

$$\Gamma^1_{00} = \frac{A'}{2B}, \quad \Gamma^1_{11} = \frac{B'}{2B}, \quad \Gamma^1_{22} = \frac{-r}{B}, \quad \Gamma^1_{33} = \frac{-r}{B}\sin^2\theta.$$

Analog finden wir für $\mu = 2$ und $\mu = 3$

$$\Gamma^2_{21} = \Gamma^2_{12} = \frac{1}{r}, \quad \Gamma^2_{33} = -\sin\theta\cos\theta$$

$$\Gamma^3_{23} = \Gamma^3_{32} = \cot\theta, \quad \Gamma^3_{13} = \frac{1}{r}.$$

Um die $R_{\mu\nu}$ aus Gl. (34.34) zu bestimmen, benötigen wir noch die Kontraktion

$$\Gamma^\mu_{\mu\beta} = \frac{1}{\sqrt{g}}\partial_\beta\sqrt{g} = \partial_\beta\ln\sqrt{g}.$$

Für die Metrik Gl. (34.33) gilt

$$g = -\det g_{\alpha\beta} = -[A \times (-B) \times (-r^2) \times (-r^2\sin^2\theta)],$$

oder

$$\sqrt{g} = r^2\sin\theta\sqrt{AB}.$$

Damit wird

$$\Gamma^\mu_{\mu 1} = \frac{1}{2}\frac{\partial}{\partial r}\ln[A(r)B(r)r^4\sin\theta]$$

$$= \frac{1}{2}\frac{\partial}{\partial r}[\ln A(r) + \ln B(r) + \ln r^4]$$

$$= \frac{A'}{2A} + \frac{B'}{2A} + \frac{2}{r}.$$

Jetzt lassen sich die $R_{\mu\nu}$ aus Gl. (34.34) direkt berechnen. Das Ergebnis für die freien Einstein-Gleichungen $R_{\mu\nu} = 0$ für die tt und rr Komponenten lautet:

$$R_{00} = \frac{-1}{2B}\left(A'' - \frac{A'B'}{2B} - \frac{A'^2}{2A} + \frac{2A'}{r}\right) = 0$$

$$R_{11} = \frac{-1}{2A}\left(-A'' + \frac{A'B'}{2B} + \frac{A'^2}{2A} + \frac{2AB'}{rB}\right) = 0.$$

Diese beiden Gleichungen lassen sich kombinieren

$$0 = R_{00} + R_{11} = 0 = \frac{2}{rB}(A'B + AB')$$

oder

$$\frac{2}{rB}(AB)' = 0. \qquad (34.36)$$

D. h. $AB = $ konst. Da für $r \to \infty$ gilt $A \to 1, B \to 1$, erhalten wir

$$B = \frac{1}{A}.$$

Für die $\theta\theta$-Komponenten ergibt sich

$$R_{22} = \frac{\partial}{\partial\theta}\cot\theta + \left(\frac{r}{B}\right)' - \frac{2}{B} + \cot^2\theta + \frac{r}{B}\left(\frac{2}{r} + \frac{(AB)'}{2AB}\right) = 0.$$

Mit Gl. (34.36) und $\frac{\partial}{\partial\theta}\cot\theta = -\cot^2\theta - 1$ wird daraus

$$\left(\frac{r}{B}\right)' = 1. \qquad (34.37)$$

Bei der Integration dieser Gleichung tritt eine Integrationskonstante auf, die, wie sich gleich herausstellen wird, gleich $2MG$ ist. Die Lösung der Gl. (34.37) lautet:

$$\frac{r}{B} = r - 2MG$$

oder

$$B = \left(1 - \frac{2MG}{r}\right)^{-1} \quad \text{und} \quad A = \left(1 - \frac{2MG}{r}\right)^{-1}.$$

Damit wird das Schwarzschild-Linienelement

$$d\tau^2 = \left(1 - \frac{2GM}{r}\right)dt^2 - \left(1 - \frac{2GM}{r}\right)^{-1}dr^2 - r^2(d\theta^2 + \sin^2\theta \, d\varphi^2) \qquad (34.38)$$

$$= \left(1 - \frac{r_S}{r}\right)dt^2 - \left(1 - \frac{r_S}{r}\right)^{-1}dr^2 - r^2(d\theta^2 + \sin^2\theta \, d\varphi^2)$$

wo

$$r_S \equiv 2GM \quad \left(\text{oder } r_S \equiv \frac{2GM}{[c^2]} \text{ für } c \neq 1\right)$$

der *Schwarzschild-Radius* ist. Die anderen Gleichungen von $R_{\mu\nu} = 0$ liefern nichts neues, sie sind wegen der Symmetrie und wegen der Bianchi-Identität ($D^\mu R_{\mu\nu} = 0$) nicht linear unabhängig.

Wir hatten oben die willkürliche Integrationskonstante MG eingeführt. Die Bedeutung erkennt man an

$$g_{00} \xrightarrow[r \to \infty]{} 1 - \frac{2MG}{r} = 1 + 2\Phi_{Grav.}(\vec{x})$$

d. h. M ist die Masse des zentralen Körpers und G die Gravitationskonstante.

Bemerkung: Die Masse des Testteilchens ist $m = 1$, d. h. M muss $\gg 1$ sein (in Einheiten der Masse des Testteilchens).

Diese Metrik hat offenbar ein Problem, wenn der Radius gleich dem Schwarzschildradius wird

$$r = r_S = \frac{2GM}{[c^2]} \,.$$

Bei den meisten Körpern liegt der Schwarzschildradius im Inneren, wo die Lösung nicht mehr anwendbar ist. So ist z. B. $r_S = 0.89$ cm für die Erde und $r_S = 2.95$ km für die Sonne. Es folgt aber nicht, dass im Inneren der Erde ein schwarzes Loch vom Radius 0.89 cm existiert.

Definition Ein massives sphärisch symmetrisches Objekt, dessen Radius kleiner als r_S ist, heißt *schwarzes Loch*. □

Die Zeit in der Nähe eines massiven Objektes
Wir betrachten einen Beobachter, dessen Raumkoordinaten (r, θ, φ) festgehalten werden. Für einen solchen Beobachter lautet das Zeitintervall

$$d\tau = \left(1 - \frac{r_S}{r}\right)^{1/2} dt \,.$$

Für alle Beobachter mit den gleichen r erscheint ein gegebenes Ereignis gleichzeitig, d. h. zur selben Zeit t. Die Raumzeit lässt sich daher in zweidimensionale Kugelschalen einteilen, die jeweils ihre eigene wohldefinierte Zeit haben. Das Zeitintervall zwischen zwei, auf einer Kugelschale gleichzeitigen, Ereignissen erscheint für Beobachter, die sich bei verschiedenen r befinden, aber verschieden.

Entfernungen in der Nähe eines massiven Objektes
Innerhalb einer Zeitschale $t = konst.$ werden Entfernungen durch den Raumanteil des Linienelementes bestimmt,

$$dl^2 = \left(1 - \frac{r_S}{r}\right)^{-1} dr^2 - r^2(d\theta^2 + \sin^2\theta \, d\varphi^2) \,.$$

Wir wollen jetzt zeigen, dass diese Metrik zu einem Nicht-Euklidischen Raum gehört. Dies wäre z. B. der Fall, wenn der Umfang eines Kreises nicht $2\pi R$ wäre. Wir betrachten einen konzentrischen Kreis In der Äquator-Ebene $\theta = \pi/2$ mit fester radialen Koordinate r. Der Umfang ist

$$L(r) = \int \frac{dl}{d\varphi} d\varphi = \int_0^{2\pi} r \sin \frac{\pi}{2} d\varphi = 2\pi r.$$

Der „Radius" r kann aber nicht bestimmt werden, da die Formel Gl. (34.38) nur im Außenraum des Körpers gilt. Wir können aber zwei Kreise mit Radien r_1 und r_2 betrachten. Im Schwarzschild-Raum ist die Differenz der Umfänge der beiden Kreisen $2\pi(r_1 - r_2)$. Der Abstand für $r > r_S$ wird

$$\int_{r_1}^{r_2} \frac{dl}{dr} dr = \int_{r_1}^{r_2} \frac{1}{(1 - r_S/r)^{1/2}} dr > r_2 - r_1,$$

d. h. der Raum ist gekrümmt.

Planetenbahnen

Die Ablenkung der Bahn des Merkurs im Gravitationsfeld der Sonne war eines der ersten Tests der Allgemeine Relativitätstheorie.

Wir bestimmen die Planetenbahn wieder mit dem Variationsprinzip

$$\delta S = \frac{1}{2m} \delta \int d\tau \, g_{\mu\nu}(x(\tau)) \dot{x}^\mu(\tau) \dot{x}^\nu(\tau) = 0.$$

Speziell für die Schwarzschild-Metrik ist

$$\delta S = \frac{1}{2m} \delta \int d\tau \left[\left(1 - \frac{r_S}{r}\right) \dot{t}^2 - \left(1 - \frac{r_S}{r}\right)^{-1} \dot{r}^2 - r^2(\dot{\theta}^2 + \sin^2\theta \, \dot{\varphi}^2) \right].$$

Daraus folgen die Lagrange-Gleichungen,

$$\theta : \quad \frac{d}{d\tau}(r^2 \dot{\theta}) = r^2 \sin\theta \cos\theta \, \dot{\varphi}^2 \tag{34.39}$$

$$\varphi : \quad \frac{d}{d\tau}(r^2 \sin^2\theta \, \dot{\varphi}) = 0 \tag{34.40}$$

$$t : \quad \frac{d}{d\tau}\left[\left(1 - \frac{r_S}{r}\right) \dot{t}\right] = 0. \tag{34.41}$$

Statt die Lagrange-Gleichung für $\ddot{r}$ abzuleiten, ist es bequemer die Metrik Gl. (34.38) durch $d\tau^2$ zu teilen

$$1 = \left(1 - \frac{r_S}{r}\right) \dot{t}^2 - \left(1 - \frac{r_S}{r}\right)^{-1} \dot{r}^2 - r^2(\dot{\theta}^2 + \sin^2\theta \, \dot{\varphi}^2). \tag{34.42}$$

Wir betrachten die Planetenbewegung in der Äquatorialebene und wählen als Anfangsbedingung

$$\theta = \frac{\pi}{2}, \quad \dot{\theta} = 0.$$

Diese Bedingung gilt wegen Gl. (34.39) für alle τ. Die Gleichungen (34.40) und (34.41) führen auf folgende Erhaltungsgrößen

$$r^2 \dot{\varphi} \equiv l = konst. \qquad (34.43)$$

$$\left(1 - \frac{r_S}{r}\right)\dot{t} \equiv K = konst. \qquad (34.44)$$

Damit folgt aus Gl. (34.42):

$$1 = \left(1 - \frac{2MG}{r}\right)^{-1} K^2 - \left(1 - \frac{2MG}{r}\right)^{-1} \dot{r}^2 - \frac{l^2}{r^2} \qquad (34.45)$$

oder

$$\frac{1}{2}\dot{r}^2 - \frac{MG}{r} + \frac{l^2}{2r^2} - \frac{MGl^2}{r^3} = \frac{(K^2 - 1)}{2}. \qquad (34.46)$$

Diese Gleichung hat genau die Form des Energiesatzes für ein Teilchen der Masse $m = 1$ in einem effektiven Potential

$$V_{\text{eff}}(r) = -\frac{MG}{r} + \frac{l^2}{2r^2} - \frac{MGl^2}{r^3}$$

wobei $E = (K^2 - 1)/2$. Die Allgemeine Relativitätstheorie liefert nur einen Zusatzterm $-\frac{MGl^2}{r^3}$ zu klassischen effektiven Potential. Der Drehimpulssatz (34.43) stimmt sogar fast mit dem der klassischen Gravitation überein, d. h. bis auf die Ersetzung $\frac{d}{dt} \to \frac{d}{d\tau}$, wo Gl. (34.44) den Zusammenhang zwischen t und τ liefert.

Wie im Kepler-Problem ist es günstig r als Funktion von φ zu betrachten, statt als Funktion von τ. Man findet, dass die Bahnen Ellipsen mit langsam präzisierenden Perihel sind. Für die Perihelverschiebung des Merkur lautet die Vorhersage 43.03 Bogensekunden pro Jahrhundert, ein Wert der innerhalb von 1% mit dem Experiment übereinstimmt. Beachte, dass in der obigen Analyse die Planeten als Testteilchen betrachtet werden.

Literatur

Es existieren eine Reihe von ausgezeichneten Lehrbüchern zu den einzelnen Fachgebieten der Theoretischen Physik. Eine kleine persönliche Auswahl von Büchern, die zur Vertiefung der hier angesprochene Themen dienen können und auf die teilweise verwiesen wird, ist:

Bjorken 1967 J. D. Bjorken und S. D. Drell, Relativistische Quantenmechanik, Relativistische Quantenfeldtheorie, Spektrum Akademischer Verlag, 1967
Cohen-Tannoudji C. Cohen-Tannoudji, B. Diu und F. Laloë, Quantenmechanik, Band 1 und 2, de Gruyter, Berlin 1997
Feynman 1991 R. Feynman: Vorlesungen über Physik Band 3: Quantenmechanik, Oldenbourg 1991
Goldstein 2006 H. Goldstein, C. P. Poole und J. L. Safko, Klassische Mechanik, Wiley-VCH, Weinheim 2006
Gottfried 2003 K. Gottfried, Tung-Mow Yan, Quantum Mechanics: Fundamentals, Springer 2003
Griffiths, 1994 D. J. Griffiths, Introduction to Quantum Mechanics, Prentice Hall, 1994
Hand 1998 L. N. Hand, J. D. Finch, Analytical Mechanics, Cambridge University Press, 1998
Hohnerkamp 1993 J. Honerkamp und H. Römer, Klassische Theoretische Physik. Eine Einführung, Springer 1993
Itzykson 1980 C. Itzykson und J.-B. Zuber, Quantum Field Theory, McGraw-Hill, 1980
Jackson 2002 J. D. Jackson, Klassische Elektrodynamik, de Gruyter, Berlin 2002
Marion 1980 J. B. Marion und M. A. Heald, Classical Elektromagnetic Radiation, Academic Press, London 1980
Scheck 1999 F. Scheck, Theoretische Physik 1–5, Springer-Verlag, Berlin, Heidelberg, 1999–2008
Sakurai 1985 Modern Quantum Mechanics, Benjamin/Cummings, Menlo Park 1995
Schwinger 2003 J. Schwinger, B. G. Englert (Hrsg.), Quantum Mechanics. Symbolism of Atomic Measurements, Springer, 2003
Schwabl 2006 F. Schwabl, Statistische Mechanik, Springer, Berlin 2006
Thirring 1988 W. Thirring, Lehrbuch der Mathematischen Physik 1–4, Springer, 1988–1998

Stichwortverzeichnis

4-Geschwindigkeit, 108
4-Impulserhaltung, 112
4-Intervall, 91
4-Potentiale, 121
4-Tensoren, 103
– invariante, 104
4-Vektoren, 95

Addition von Drehimpulsen, 315
Äquivalenzprinzip, 417
Äußeres Produkt, 178
Ammoniak-Molekül, 230
Antennen, 153
Arbeit, 7
Auswahlregel, 354
Auswahlregeln, 343

Bahndrehimpuls, 264
– Ortsdarstellung, 325
Baker-Hausdorff-Formel, 292
Basis
– nicht-normierbar, 195
Basis im Vektorraum, 179
Bellsche Ungleichung, 238
Besetzungszahl-Darstellung, 395
Besetzungszahlen, 407
Besetzungszahloperator, 244
Bianchi-Identität, 427
Bohrscher Radius, 337
Boltzmann-Faktor, 384
Boltzmann-Konstante, 386
Bornsche Regel, 200
Bose-System, 396
Bra- und Ket-Vektoren, 176
Brechung, 171
Brechungsgesetz, 173
Brechungsindex, 170

chemisches Potential, 390
Christoffel-Symbole, 424
Clebsch-Gordan-Koeffizienten, 319
Coriolis-Kraft, 82
Coulomb-Eichung, 125
Coulombsches Gesetz, 136

Darstellung der Drehgruppe, 70
Dekohärenz, 280
Dichtematrix, 269, 380
Dichteoperator, 269, 379
– für Teilsysteme, 276
– zeitliche Entwicklung, 275
Dielektrische Verschiebung, 162
Dielektrizitätskonstante, 163
Differentialoperator, 329
Dipol
– elektrischer, 140
Dipolmoment
– elektrisches, 148
– magnetisches, 148, 162
Diracsche Quantisierungsvorschrift, 204
Dispersion, 168
Dispersionsrelation, 406
Drehgruppe, 65
Drehimpuls, 12
– Eigenwertproblem, 307
Drehimpuls-Eigenfunktion, 328
Drehimpuls-Eigenwerte
– ganzzahlig und halbzahlig, 314
Drehimpulserhaltung, 38
– quantenmechanische, 304
Drehimpulsoperator
– Vertauschungsrelationen, 298
Drehimpulssatz, 13, 39
Drehmatrix, 61
– Euler-Winkel, 312
Drehoperator
– Matrixdarstellung, 311
Drehungen, 61
– infinitesimale, 298
Drehungen in der Quantenmechanik, 295
Dreiecksungleichung
– der Drehimpuls-Eigenwerte, 320
Dualraum, 175

Ebene elektromagnetische Wellen, 167
Effektive Theorien, 414
Eichtransformationen, 124
Eigenfunktion, 254
Eigenvektor, 185
Eigenwerte, 185

Eigenzeit, 107
Einstein-Gleichungen, 429
Einstein-Tensor, 428
Einsteinsche Formel, 111
Elektrische Dipolstrahlung, 149
Elektrische Suszeptibilität, 163
Elektromagnetischer Feldtensor, 120
Elektrostatik, 135
Energie-Impuls-Tensor, 128
Energieerhaltung, 8
Energiesatz, 13
Ensemble
– großkanonisches, 388
– kanonisches, 383
– stationäre, 378
Entartung, 313
Entropie, 375, 381
Ergodenhypothese , 372
Erhaltungsgröße, 37
– quantenmechanisch, 293
Erhaltungssätze, 33
Erwartungswert, 187, 200
Erzeugende, 292
– der Translationen, 257
– einer kanonischen Transformatioin, 58
Euklidische Geometrie, 2
Euklidisches Relativitätaprinzip, 296
Euler-Kraft, 82
Euler-Lagrangesches Variationsprinzip, 15
Euler-Winkel, 85

Feinstruktur
– Darwin-Term, 361
– relativistische Korrektur, 360
– Spin-Bahn-Kopplung, 357
Feinstrukturkonstante, 338, 357
Fermi-System, 397
Fermionen, 410
Fernzone, 151
Feynmannsche Formel, 287
Feynmannsche Quantenmechanik, 283
Fock-Raum, 407, 408
Foucaultsches Pendel, 83
Fraunhofer-Bedingung, 155
Funktionenraum, 191

g-Faktor, 216
Galilei-Transformation, 6, 91
Gaußsches Gesetz, 135

Generalisierte Koordinaten, 17
Geodäten, 428
Gesamtdrehimpuls, 316
– für 2 Spin-$\frac{1}{2}$-Systeme, 321
Gleason-Theorem, 200
Gleichgewicht, 382
Gravitation, 417
Green-Funktion, 139, 143
– retardierte, 146
Grenzbedingungen, 164
Grenzwinkel, 173

Hamilton-Funktion, 43
Hamilton-Operator, 259
Hamiltonsche Gleichungen, 46, 48
Hamiltonsche Mechanik, 45
Hamiltonsches Prinzip, 16, 19
Harmonische Oszillator
– Energieeigenwerte, 243
Harmonischer Oszillator, 243, 263
– Eigenvektoren, 247
– zeitliche Entwicklung, 249
Hauptquantenzahl, 336
Heisenberg-Bild, 206
Heisenbergsche Bewegungsgleichung, 206
Heisenbergsche Unschärferelation, 202
Heliumatom, 367
Helmholz-Gleichung, 144
Hilbert-Raum, 179
Hypergeometrische Funktion, 336

Identische Teilchen, 365
Impulserhaltung, 37
Impulsoperator, 256, 258
Impulsraum, 267
Impulssatz, 12
Inertialsystem, 6
Infinitesimale Drehungen, 63
Infinitesimale Erzeugende, 63
Integral der Bewegung, 37
Invariante Tensoren, 73
Invariantes Volumenselement, 422
Invarianz
– der Lagrangeschen Gleichungen, 24

Kanonische Quantisierung, 212
Kanonische Transformationen, 55
Kanonischer Impuls, 33
Kausalität, 145

Klein-Gordon-Gleichung, 403
kohärente Zustände, 412
Kommutator
– von Feldoperatoren, 407
Konfigurationsraum, 18
Konstanz der Lichtgeschwindigkeit, 89
Kontinuitätsgleichung, 123
Koordinatentransformationen
– allgemeine, 418
Kosmologische Konstante, 434
Kovariante Ableitung, 424
Kovariantes Wirkungsprinzip, 109
Kovarianz
– allgemeine, 420
Kovarianz der Naturgesetze, 75, 89, 105
Kramers-Entartung, 349
Kugelfunktionen, 330

Lagrange-Funktion, 20
Lagrangesche Gleichung, 21, 22, 131
Lagrangesche Multiplikatoren, 28
Lamor-Frequenz, 303
Laplace-Gleichung, 135
Legendre-Transformation, 45, 390
Leibniz, 15
Leiteroperator, 221, 244, 308
Lorentz-Transformation, 89
– Boost, 100
– des elektromagnetischen Feldes, 119
– eigentliche, 97
– homogene, 96
– infinitesimale, 99
Lorenz-Bedingung, 105
Längenkontraktion, 92

Magnetmoment quantenmechanisches, 216
Matrixelement, 181
Maxwell-Gleichungen, 105
– homogene, 122
– in Materie, 157
– inhomogene, 123
Meson-Felder, 409
Metrik, 3
Mikrokausalität, 410
Mikrozustand , 372
Multipolentwicklung, 141, 146

Nahzone, 151
Neutrale Kaonen, 232

Neutronen-Interferenz, 302
Newtonsche Gesetze, 5
Noether-Theorem, 36

Observable, 197
Ohmsches Gesetz, 128
Operator
– adjungierter, 183
– Hermitesch, 184
– inverser, 182
– linearer, 180
– Matrixdarstellung, 181
– Ortsdarstellung, 254
– Spur, 189
– unitär, 184
Operatordarstellung, 298
– Spin 12, 300
Ortho-Helium, 370
Orthogonalitätsrelation, 253
Orthogonle Matrix, 64
Ortsoperator, 253

Para-Helium, 370
Parität, 339
Paritätseigenzustände, 341
Paritätsoperator
– Ortsdarstellung, 342
Pauli-Matrizen, 218
Pauli-Prinzip, 367
Perihelverschiebung des Merkur, 441
Permutationsoperator, 365
Permutationssymmetrie, 365, 395
Pfadintegral, 286
Phasengeschwindigkeit, 168
Phasenraum, 5, 50
Photon, 410
Plancksches Strahlungsgesetz, 398
Pointingsches Theorem, 126
Poisson-Gleichung, 135
Poisson-Klammer, 52
Poissonsches Theorem, 53
Polarisation, 161
– einer elektromagnetischen Wellke, 170
– lineare, 171
– zirkulare, 171
Potentialtopf, 260
Poynting-Vektor, 126, 156
Produktraum, 189, 315
Projektionsoerator, 221

Propagator, 283
Punkttransformationen, 55

Quadrupolmoment
– elektrischesw, 148
Quantenfelder
– Fourier-Entwicklung, 406
Quantenmechanik
– Postulate, 197
Quantisierung von Feldern, 404
Qubit, 235

Raum-Zeit-Metrik, 419
Realität und Quantentheorie, 415
Reflexion, 171
Reflexionsgesetz, 172
Reine Zustände, 269
Reines Ensemle, 202
Relativistische Dynamik, 115
Relativistische Kraft, 116
Relativitätsprinzip, 91
Ricci-Tensor, 427
Riemannscher Krümmungstensor, 425
Rotierende Koordinatensysteme, 77
– Bewegungsgleichung in, 81
– Geschwindigkeit in, 80
Ruhmasse, 111
Runge-Lenz-Vektor, 41

Schrödinger-Bild, 207
Schrödinger-Gleichung, 207
– zeitabhängige, 260
– zeitunabhängige, 260
Schrödingersche Katze, 280
Schwarzsche Ungleichung, 177
Schwarzschild-Lösung, 435
Schwarzschild-Radius, 439
Schwerpunkt, 11
Singulett-Zustand, 322
Skalar, 297
Skalarprodukt, 2, 176
Spektralzerlegung, 186
Spektrum, 185
Spin-Bahn-Kopplung, 316
Spin-Operatoren, 219
Spin-Statistik-Theorem, 366, 412
Spinpräzession, 226
Stark-Effekt, 355
Starrer Rotator, 265

Statistisches Ensemble , 371
Statistisches Gemisch, 271
Stern-Gerlach-Experiment, 215
Streuung von Teilchen, 112
Störungstheorie
– Entartung, 354
– nicht entartet, 351
Symmetrie
– diskrete, 339
Symmetriegruppe, 291
Symmetrietransformation, 289
Systeme von Massenpunkten, 10

Tensor
– kontravarianter, 420
Tensoren, 69
Thermodynamik, 389
Totalreflexion, 173
Translation, 256
Triplett-Zustand, 322
Tunneleffekt, 230

Unitäre Transformation, 290

Vakuumsenergie, 409
Variation, 21
Variationsrechnung, 18
Vektor
– kontravarianter, 420
– kovarianter, 421
Vektoroperator, 297
Vektorraum
– komplexer, 175
– reeller, 1
Verallgemeinerte Koordinaten, 17
Verallgemeinerter Impuls, 33
Vertauschende Observable, 204
Vollständigkeit
– der Kugelfunktionen, 330
Vollständigkeitsrelation, 180, 253
Von Neumannsches Messpostulat, 278
Von-Neumann-Gleichung, 276

Wahrscheinlichkeitsdichte, 254
Wasserstoffatom, 335
– Feinstruktur, 357
– Spin-Bahn-Kopplung, 357
Wechselwirkungsbild, 208
Wellenfunktion, 254

Wellengleichung, 143, 167
Wignersches Theorem, 289
Winkelgeschwindigkeit, 77
Wirkung, 21

Zeitdilatation, 92
Zeitentwicklungsoperator, 283
Zeitumkehr, 344
– Ortsraum, 348
Zentralkraft, 25
Zentralpotential, 333
Zentrifugalkraft, 82

Zustand
– klassisch, 197
– quantenmechanisch, 197
Zustandsraum
– zweidimensional, 218
Zustandssumme
– kanonische, 384
Zwangsbedingungen, 16
Zwangskräfte, 17
Zwei-Zustandssysteme, 215
Zweikörpersystem, 9
Zyklische Koordinaten, 34